启迪思维之匙　开启智慧之门

现代科技概览

蔡志东　编著

东南大学出版社
·南京·

图书在版编目(CIP)数据

现代科技概览 / 蔡志东著. —南京：东南大学出版社，2010.8(2019.12重印)
ISBN 978-7-5641-2313-0

Ⅰ.①现… Ⅱ.①蔡… Ⅲ.①科学技术-概况
Ⅳ.①N1

中国版本图书馆 CIP 数据核字（2010）第 129045 号

现代科技概览

出版发行	东南大学出版社
社　　址	南京市四牌楼 2 号(邮编:210096)
出 版 人	江建中
网　　址	http://www.seupress.com
经　　销	全国各地新华书店
印　　刷	江苏凤凰数码印务有限公司
开　　本	787mm×1092mm　1/16
印　　张	27.5
字　　数	690 千字
版　　次	2010 年 8 月第 1 版
印　　次	2019 年 12 月第 8 次印刷
书　　号	ISBN 978-7-5641-2313-0
定　　价	55.00 元

* 本社图书若有印装质量问题，请直接与营销部联系，电话:025-83791830。

前　言

　　本书系统而简明扼要地介绍了现代科技的体系结构、特点及主要内容。还适当介绍了一些与日常生活密切相关的科技知识。本书的目的不在于给读者提供某一方面的具体知识，而在于在很短时间内让读者领略一下现代科技这一宏伟大厦的大致轮廓。希望本书能成为一个向导，能引领你走近现代科技，在进入一眼望不到边的知识宫殿时不至于迷路。阅读本书虽不能做到上知天文，下知地理，但是至少可以对这方面的知识有一个概括性的了解。本书具有新颖、简明、实用等基本特点。力求做到系统深入、点面结合、详略得当、简明扼要、独具特色。本书有将近四分之一的内容为编者的研究成果，其余部分是吸取了许多资料中的精华综合而成。本书可作为各类高职高专院校、教育学院等文科和理科学生学习现代科技知识的一本专门教材，也可作为综合性大学和其他各类高等学校开设《现代科技概论》这门课程时的教学参考书。对于其他想在短时间内大致了解现代科技知识的人来说，本书也不失为一本有益的科普读物。

　　作为一名当代人，特别是当代大学生，不论是学文的还是学理的，除了要掌握本专业的基础知识之外，还需要了解其他方面的一些知识，尤其是现代科技方面的知识。这是因为现代科技知识已经渗透到了我们生活的每一个领域。

　　近年来，介绍现代科技方面的书籍已经有很多，但是雷同现象比较明显。

　　本书编者在 20 世纪 90 年代初开始给音乐专业和美术专业的学生讲授《自然科学概论》，并在此基础上编写了《自然概要讲义》。在 90 年代中期，又对高年级师范生开设了《现代科技常识》。最近几年又在大专班开设了《现代科技概论》。前后经历了十几年的时间，积累了比较丰富的教学经验，对学生的学习情况和要求也比较了解。就学生而言，他们首先希望对整个现代科技的体系有一个大致的了解，能找到一个清晰明了的线索和脉络。其次是希望对现代科技各方面的主要内容能略知一二。第三，有些学生希望能了解一些比较实用的知识，因为即使是理科学生，平时学习的大多也是基础性的知识，和生活相关的一些实用知识并不了解。此外，从启发思维、培养创新能力上讲，学生也希望能接受一些与众不同的全新的观点，而不希望老生常谈，讲一些从任何一本科普读物上都能获得的东西。在这方面，现在的教科书还比较欠缺。

　　本书是在许多涉及现代科技的专著和教材的基础上，加上自己的一些创新编著而成。本书共分四篇：第一篇《现代科技总论》，介绍了现代科技的体系结构、主要特点及发展趋势。其中大部分内容为编者多年来的研究成果，具有一定的独创性。但是读者应当把这部分内容仅仅看作是编者的一家之说而不是绝对真理。第二篇为《现代科学概论》，扼要介绍了现代科学各分支学科的主要成就。第三篇为《现代技术概论》，扼要介绍了现代高技术的主要成就。第四篇为《科技与生活》，介绍一些与日常生活密切相关的科技知识。

　　如果说本书的第一篇是引领你从远处眺望（或从高空鸟瞰）现代科技这座宏伟大厦，使你对它的轮廓有一个大致印象的话，那么第二篇和第三篇就是引领你走近这座大厦，让你比较清晰地了解现代科技的主要内容。而第四篇则是引领你走进现代科技,当然也可以说是现代科技走进你(的生活)。从眺望→走近→走进,目的是使你一步一步更多地了解现代科技的基本结构、内容及其应用,至于它们的细节和由来,那不是本书的重点,对于大多数非专业的人员而言,既不可能也没必要去了解它。

本书在以下几个方面独具特色:一是编者首次提出了对任意事物进行分类时必须遵循的四项基本原则,并以此为依据对知识进行了科学的分类,同时指出了科技、宗教和艺术三者之间的相互关系。另外还提出了判别一个理论是属于科学还是伪科学的四级分类法。二是在钱学森同志关于科技体系的结构和分类思想指导下,创造性地提出了一个"科技体系结构的蛋糕模型",形象生动地描述了现代科技各部分之间的内在联系,这对于从整体上把握现代科技的结构有极大的帮助。三是以锐利的目光,对牛顿力学中两个最基本的概念或理想模型:质点和刚体,进行了有力的批判,并指出了它们和现代科学的两大支柱——相对论和量子力学之间的联系。四是对数学和物理学等基础学科各个分支进行了比较系统的、概括性的阐述,并指出了各分支学科之间的相互关系,特别是首次提出了物理理论的框架结构图。根据这些关系和结构图,你就可以对现代科学最重要、最基本的学科的主要内容有一个清晰的了解。

此外,编者以迄今为止最细腻的手法从哲学上和物理上介绍了相对论的主要思想(其中包括编者对相对论的一些独特见解),一些对相对论感兴趣,但是又担心看不懂的人,阅读本书或许会有意想不到的收获。

本书与其说是一部科普专著,不如说是一部科学哲学专著更为恰当,因为本书的目的不仅仅是向读者介绍科普知识,其最主要目的是启迪思维,开启智慧!

本书在编写过程中得到了邵志广、闵建华、李冬梅、魏军化、冷国华、束永祥、丁邦建、朱洪春等同志在各学科专业知识方面的帮助,学校领导杨国祥等同志、本系领导韦炳炳、王敏霞等同志以及科技处易向阳等同志在出版方面给予了大力支持,在此表示衷心的感谢! 此外,还要感谢苏州大学的李振亚(博导)、沈永昭(教授)、王海兴(教授),南京师范大学的刘炳升(博导)、陆建隆(教授)和江苏大学的陆正兴等同志多年来所给予的热情鼓励和帮助。

由于编者水平有限,时间仓促,错误和不当之处在所难免,敬请各位专家批评指正。

蔡志东
2010 年 3 月

目 录

第一篇 现代科技总论

第一章 知识及其分类 (1)
- 第一节 广义知识 (1)
- 第二节 狭义知识 (4)
- 第三节 知识的分类 (4)
- 第四节 三类知识的相互关系 (9)
- 第五节 科学、宗教和艺术的初步分类 (10)
- 第六节 科学、宗教和艺术的差异性和统一性 (13)

第二章 科技体系的结构及其蛋糕模型 (16)
- 第一节 科学与技术的概念及其相互关系 (16)
- 第二节 科技体系结构及其蛋糕模型 (23)
- 第三节 自然科学、社会科学和数学的分类 (29)
- 【阅读材料1】 有关数学各主要分支学科的简要说明 (36)

第三章 科技发展简史及现代科技的特点、发展趋势和影响 (43)
- 第一节 自然科学和工程技术发展简史 (43)
- 第二节 数学发展简史 (55)
- 第三节 现代科技的基本特点 (68)
- 第四节 现代科技的发展趋势及影响 (73)

第二篇 现代科学概论

第四章 现代数学概论 (77)
- 第一节 现代数学的主要分支 (77)
- 第二节 现代数学的基本特点 (81)

第五章 现代物理学概论 (83)
- 第一节 物理理论的框架结构及分支学科 (83)
- 【阅读材料2】 弦论概述 (98)
- 第二节 相对论简介* (104)
- 第三节 量子力学 (124)
- 第四节 粒子物理学概述 (128)
- 【阅读材料3】 量子场论 (131)

第六章 现代化学概论 ……………………………………………… (139)
第一节 概述 …………………………………………………… (139)
第二节 现代化学的研究内容 ………………………………… (141)
第三节 现代化学的研究方法与手段 ………………………… (145)
第四节 现代化学理念——绿色化学 ………………………… (148)
第五节 现代化学的作用 ……………………………………… (152)

第七章 现代天文学和宇宙学概论 ……………………………… (156)
第一节 人类对宇宙的认识 …………………………………… (156)
第二节 恒星的演变和宇宙的未来 …………………………… (163)
第三节 20世纪60年代天文学上的四大发现 ………………… (167)
【阅读材料4】 黑洞 ………………………………………… (168)
【阅读材料5】 暴胀宇宙与黑洞的蒸发 …………………… (171)

第八章 现代地学概论 …………………………………………… (172)
第一节 大陆漂移与板块学说 ………………………………… (172)
第二节 地震常识 ……………………………………………… (177)
第三节 环境保护与自然警示 ………………………………… (180)
第四节 恐龙灭绝的启示 ……………………………………… (181)

第九章 现代生物学概论 ………………………………………… (184)
概述 ………………………………………………………………… (184)
第一节 生命的起源与生物的进化 …………………………… (184)
第二节 探索生命的本质 ……………………………………… (193)

第三篇 现代技术概论

第十章 现代信息技术 …………………………………………… (201)
第一节 信息概述 ……………………………………………… (201)
第二节 计算机技术 …………………………………………… (202)
第三节 现代通信技术和网络技术 …………………………… (215)
第四节 传感和遥感技术 ……………………………………… (230)
第五节 自动化和机器人技术 ………………………………… (236)

第十一章 空间技术 ……………………………………………… (239)
第一节 概述 …………………………………………………… (239)
第二节 中国的空间技术 ……………………………………… (243)
第三节 航天器的种类及其应用 ……………………………… (246)

第十二章 激光技术 ……………………………………………… (254)
第一节 激光及其特性 ………………………………………… (254)
第二节 激光器的产生、工作原理及分类 …………………… (255)

第三节　激光的应用 …………………………………………………（259）
　　第四节　激光技术的发展和未来 ……………………………………（275）
第十三章　新能源技术 ………………………………………………………（276）
　　第一节　能源 …………………………………………………………（276）
　　第二节　新能源 ………………………………………………………（284）
　　第三节　核能的开发和利用 …………………………………………（289）
【阅读材料6】放射性同位素及其应用 ……………………………………（300）
第十四章　新材料技术 ………………………………………………………（302）
　　第一节　材料及其分类 ………………………………………………（302）
　　第二节　金属材料 ……………………………………………………（302）
　　第三节　非金属材料 …………………………………………………（304）
　　第四节　现代新材料技术 ……………………………………………（307）
【阅读材料7】扫描隧道显微镜(STM) ……………………………………（313）
第十五章　海洋技术 …………………………………………………………（316）
　　第一节　海洋——巨大的资源宝库 …………………………………（316）
　　第二节　海洋探测手段与探测技术 …………………………………（319）
　　第三节　海洋资源开发技术 …………………………………………（322）
第十六章　生物技术 …………………………………………………………（327）
　　第一节　概述 …………………………………………………………（327）
　　第二节　基因工程 ……………………………………………………（328）
　　第三节　细胞工程 ……………………………………………………（334）
　　第四节　酶工程、发酵工程和蛋白质工程 …………………………（337）
　　第五节　生物技术的应用 ……………………………………………（339）
　　第六节　21世纪生物技术的三座金矿 ………………………………（341）

第四篇　科技与生活

第十七章　常用医疗设备 ……………………………………………………（343）
　　第一节　超声诊断仪 …………………………………………………（343）
　　第二节　CT的结构及工作原理 ………………………………………（346）
　　第三节　磁共振成像(MRI) …………………………………………（350）
　　第四节　核医学成像 …………………………………………………（352）
　　第五节　体外冲击波碎石机 …………………………………………（355）
　　第六节　非接触式红外测温仪 ………………………………………（355）
第十八章　照明电路 …………………………………………………………（357）
　　第一节　常用照明灯具、开关 ………………………………………（357）
　　第二节　照明线路及常见问题 ………………………………………（358）

第十九章　家用电器常识 ……………………………………………… (362)

第一节　微波炉 ……………………………………………… (362)
第二节　压电陶瓷点火器 …………………………………… (366)
第三节　冰箱 ………………………………………………… (367)
第四节　空调器 ……………………………………………… (378)
第五节　电视机 ……………………………………………… (386)
第六节　高清晰度电视 ……………………………………… (407)
第七节　数字电视机顶盒 …………………………………… (411)
第八节　家用电脑 …………………………………………… (414)

参考文献 ……………………………………………………………… (430)

第一篇 现代科技总论

第一章 知识及其分类

第一节 广义知识

学习现代科技的人首先想了解的莫过于：什么是现代科技？它有哪些主要内容？要回答这个问题首先需要知道什么是科技。然后才能谈到什么是现代科技。对于大多数人来说，他们往往会把科技和科学这两个概念混为一谈。事实上，科技包括科学和技术两个概念，它和科学并不是一回事。那么什么是科学？什么是技术？两者有什么区别和联系？

关于这个问题后面会有详细论述，这里只是简单地提一下。简单地说，科学是一种系统化的知识体系，技术是改造自然的手段与方法（加工手段，工艺流程）。既然科学是一种系统化的知识体系，那么就涉及什么是知识的问题。而关于知识的定义，目前并没有定论，正所谓仁者见仁，智者见智。下面先讲讲书上已有的定义。

定义1：有些书上认为："知识是人们在实践中获得的认识和经验"，简单地说"知识是经验的固化"。编者认为，这一定义固然简洁，但是不够全面。按此定义，似乎任何个人的认识和经验都是知识。编者认为，一些个体的、无用的、点滴的、零碎的、粗浅的、错误的认识和经验并不能作为知识，只有比较系统的、（在一定程度和范围内）比较一致的认识才能算做知识。

此外，把所有的经验都归于知识也不太妥当，一些有用的实践经验或技能如果没有加以总结上升为报告或理论，一般是不能算作知识的，更别说是一些个体的无用的经验了。

定义2：教育心理学认为"知识是个体通过与环境相互作用后获得的信息及其组织"。

编者认为，这一定义虽然有其可取之处，但是也有很多不足。最明显的不足在于，把知识等同于信息是非常不妥当的。一方面，有些知识对你而言可能不是信息。所谓信息，最通俗的说法是"有用的消息"，比如你从陈旧的知识中得不到任何有用的东西，那么对你而言，它就不能叫做信息。另一方面，并不是所有的信息都能叫做知识的，比如你的家人告诉你他买彩票中了一千万的大奖，对你而言，这是一个好消息，是一个信息，但是这个信息却不是知识。所以把知识定义为（获得的）信息是很不妥当的，知识和信息这两者既有区别也有联系。

此外，有些知识不仅可以通过与环境的作用而获得，也可以通过自己的思考和想象而创造。一个数学家可以把自己关在一间房子里，断绝一切人员往来，通过思考和推理而创造出一个从未有过的数学理论，一个文学家、画家或音乐家也能靠自己的想象创作出许多伟大的作品。这些理论和作品至少不是个体和环境直接作用的产物，某种意义上可以说是"自由创造"的产物(当然,人不能生活在真空中,总是或多或少地与环境有某种联系,如果你非要说它是与环境作用的结果,那也没有办法)。只强调知识的获得或索取而不强调创造和给予是片面的。

定义3:《教育大词典》认为:"知识是人们对事物属性与联系的认识。表现为对事物的知觉、表象、概念、法则等心理形式。"

编者认为,这一定义还算不错,既简洁又通俗,但是不够全面。如果把它改成:"知识是人们对事物属性与联系的系统的、(在一定程度和一定范围内)比较一致的认识"那就比较完整了。为什么要加上"系统和比较一致"这些关键词呢?这是因为,如果没有这些限定词,就会出现一些问题。比如说,有一个人(他可能是个天才,也可能是个疯子)说,他对某个(或某些)事物有一些非常独特的认识,那么这些认识到底是不是知识呢?这很难说,如果他的认识至少(最终)能够在一定程度或一定范围内得到认可,那么它或许可以叫做知识。如果这些认识只有极少数人,甚至除了他之外没有第二个人认可,那么这样的认识就不能叫做知识而只能叫做狂想、幻想或臆想。

如果你对事物的认识没有任何系统性和条理性,那么你的这种认识将难以被人接受,而一个不被人接受的认识是很难作为知识的。因此,系统性和一致性是判别一个认识是否属于知识的必要条件(当然,这种系统性和一致性是相对的不是绝对的)。但是仅有系统性和一致性还不够,一种认识能够看做"知识"必须要满足四个"条件",这一点后面会有进一步的阐述。

定义4:《中国大百科全书·教育》卷的定义是:"所谓知识,就它反映的内容而言,是客观事物的属性与联系的反映,是客观世界在人脑中的主观映象。就它的反映活动形式而言,有时表现为主体对事物的感性知觉或表象,属于感性知识,有时表现为关于事物的概念或规律,属于理性知识"。

编者认为,这一定义看似精确,实质并不准确。这是因为有相当一部分知识并不是客观事物的属性与联系的反映,而是主观想象或纯粹虚构的产物。比如说,数学上的无穷维空间,西游记中的孙悟空、毕加索的某些抽象画等等,它们就不是客观存在的事物,而是人的主观想象物,这些数学的、文学的、绘画的部分知识不是对客观事物的反映,而是主观想象的结果或自由创造的产物。另一方面,并不是所有的反映(或认识)都属于知识。这一点上面已经有所论述。

以上罗列了一些书上已有的对知识的定义,并对这些定义逐一作了批判。编者始终认为,作为一本好的专著,仅仅传授一些资料上已有的、完全确定的知识是远远不够的,还应当在传授知识的同时培养学生的创新意识和创新精神。而创新的本质无非就是打破条条框框,讲前人没有讲过的话,做前人没有做过的事。如果完全照搬照抄书上已有的东西,或者把几本书上的东西东拼西凑,那就谈不上创新。下面谈谈编者对知识的定义。

从广义上讲,知识是人们对客观世界和主观世界比较系统的(在一定程度和范围内)比较一致的认识,这些认识(对相当一部分人)是有价值的、并且是可传播的但未必都是正确的。

由上面的定义可知,知识是一类特殊的满足一定条件的(对事物的)认识(或反映),这些认识必须具备四个条件即:系统性、一致性、有价值、可传播。这就是所谓知识的四要素。不满足这四个条件的认识是不能叫做知识的。比如某个人提出了他自认为很独特的想法,这些想法实际上只是一些幻想,得不到别人的认同,因此它不具备一致性(一定范围内的认可),也没有什么价值可言,因此它就不能叫做知识而仅仅是一种认识(很可能是不正确的)。所以把知识等同于(或定义为)认识(或反映)是不妥当的。简单地说,知识属于(一种特殊的)认识,但是认识不一定就是知识。

把知识等同于经验或技能也是不妥当的,比如有一个人经过刻苦的训练,能够在瓶子上骑自行车,这是一种极其高超的技能(车技),还有一些人通过训练可以连续顶球(头顶足球)无数次(只要他不想停可以一直顶下去),但是这种技能或经验并没有什么太多的价值,就算它有一定的观赏价值,在他没有总结自己的经验上升为比较系统的观点之前,它也只是个人的经验或技能而已,还不能叫做知识。类似的例子还有很多,比如某个人通过刻苦的训练以后能绣出一幅很好的山水画,这是一种技能,这种技能中包含了(经过无数失败后得到的)许多经验,但是如果这种技能或经验没有总结出来,不加以传播,那它也仅仅是个人的经验而已,还不能算是知识。把所有的技能和经验都作为知识来看待,抹杀知识和实践经验(或技能)之间的差异,是不可取的。我们常说"知识来源于实践而又应用于实践",即知识是实践经验的概括和总结,只有那些经过概括和总结,上升到一定高度、具有一定价值,并能广为传播的经验或技能才能叫做知识,此时的经验已经不是纯粹的经验了。

把知识等同于信息也是错误的,这一点前面已经有所论述,知识和信息都可以传播,这一点它们是相似的。但是信息有两大类,一类是个别的(对个别人或少数人而言是有意义的消息或信息)、零碎的、不系统的、对很多人来说是没有价值的信息,这一类的信息是不能叫做知识的。比如某人买彩票中了大奖,某人炒股亏1 000万等等,这些信息仅仅是(个别)信息而不是知识。另一类信息是普遍的(即对很多人来说都是有意义的消息或信息)、比较完整的、系统的、有广泛应用价值的信息,这一类的信息可以作为知识来看待。

下面再进一步讲讲知识的四要素问题。关于知识的第一要素即系统性问题,需要说明的是这种系统性是相对的,只要不是完全杂乱无章的、任何人都看不懂的东西,只要有一定的条理性就可以了,并不需要很高的要求。第二要素即一致性也是相对的,只需要在适当的范围(不需要所有的人)获得共识即可。特别要注意的是这种共识(或认可)并不要求都是正确的。因为有时候,我们关心的不是正确不正确的问题,而是是否有趣,是否能够带来精神上的享受的问题(比如刘谦的魔术、一些文学作品等)。

下面讲讲第三要素即价值的问题。价值大致有两种,一种是物质上的,另一种是精神上的。科学知识比较注重于物质上的价值,比如科学的进步使得人类社会的生产力获得了空前的发展,带给人们前所未有的物质上的享受,同时科学也会满足很多人的好奇心,带给人们精神上的享受。而艺术知识的价值在于它能带给人们精神上的享受以及情感的宣泄。宗教知识的价值在于它可以抚慰创伤的心灵,求得心境的宁静,获得精神的慰藉,追求特殊的能力(如道教中长生不老之术等等)。

第四要素即可传播性或共享性,这无需多讲。一个有系统的、一致公认的、有价值的东西当然是可以传播的、可共享的。反之,一个不可传播,不可共享,只有一个人知道的东西是没有太多价值的,它当然不能算是知识。

至此,我们给出了知识的最广泛、最精确的定义,并对此作了系统的阐述。这一定义中给出了一个认识是否属于知识的四个限制性条件,但没有对正确性加以限制。有一些人,特别是一部分从事自然科学研究的人不同意这样的说法。在他们看来,只有那些对世界正确的认识才能叫做知识,不正确的认识就不能叫做知识。于是我们就有所谓狭义知识这一概念。

第二节　狭义知识

这里的狭义知识不是指心理学上所定义的狭义知识(即所谓的描述性知识)而是编者给出的定义。狭义知识的定义是:知识是人们对客观世界和主观世界的比较系统的、一致的、正确的认识。这一定义看似精确,实际上存在很多问题。问题之一是:正确与否具有相对性。此时此地正确,彼时彼地可能就不一定正确。比如初中我们把路程和时间之比叫做速度,而到了高中,路程和时间之比不能叫做速度而只能叫做速率或平均速率,速度应当是位移和时间之比,再把路程和时间之比叫做速度那就是错误的。而到了大学,速度的定义又更进一步,它实际上是位移对时间的导数。如果按照上面的定义,那么我们在初中学的很多东西就不能叫知识,而只能叫做非知识或垃圾了,显然这是不妥当的。问题之二是,如果把知识定义为人们对世界的正确的认识,那么许多文学、艺术方面的知识都不能叫做知识了。因为文学艺术允许虚构、允许夸张,允许想象。它们有很多地方都是不正确的,甚至是完全荒谬的。如果按照上面的定义,那么不少小说,诗歌都不能叫知识。比如《西游记》、《聊斋志异》等小说,难道我们只能把它叫做垃圾而不能叫做文学作品或文学知识吗?另外,许多音乐、美术作品根本就没有什么正确与不正确之分,只有美与不美,欣赏价值高低之分。难道它们都不能叫做知识吗?由此可见,把知识定义为人们对世界的正确的认识并不十分妥当。编者倾向于第一种定义。即广义知识定义。这一定义不仅可以解决上面所说的狭义知识定义中存在的问题,更重要的是便于对知识进行分类。

第三节　知识的分类

先讲讲书上已有的几种典型的分类方法。

1. 现代心理学上的分类法

现代心理学认为:知识有广义与狭义之分。广义的知识可以分为两大类,即陈述性知识(狭义知识)和程序性知识(或操作性知识)。陈述性知识是描述客观事物的特点及关系的知识,也称为描述性知识。陈述性知识主要包括三种不同水平:符号表征、概念、命题。程序性知识是一套关于办事的操作步骤和过程的知识,也称操作性知识。这类知识主要用来解决"做什么"和"如何做"的问题,可用来进行操作和实践。

编者认为:这样的分类方法有些道理,但也有一些问题。主要是这样的分类不容易让人理解,有时候还会产生一些误解。比如有些人认为,所谓陈述性知识就是理论知识、书本知识,而所谓程序性知识也就是实践经验、操作技能。如果这样理解的话,那么相当于把所有的实践经验和技能统统都算做知识了。

把知识、经验与技能完全等同起来,完全抹杀它们之间的区别,那是不妥当的。前面已经说过,只有那些经过"去伪存真,去粗存精的提炼和总结的经验或技能才能叫做知识"(此时的经验已经不是纯粹的经验,技能也不是纯粹的技能了,因此我们只能说它是实践知识而不能再说它是经验或技能了)。

前面已经举过一个例子,一个人能在玻璃瓶上骑自行车是一件很高超的技能,这种技能有时候确实是只可意会,不可言传的,只有你自己亲自经过无数次反复训练才能掌握。按照心理学上的分类,这种技能也算是一种知识。但是编者认为,在他没有总结成书面报告,传授给更多的人,让更多的人掌握之前,是不能叫知识的。特别是假如他不愿意总结,别人也不屑于学习他的这种技能,那么他的这种技能就根本不能算作知识!

此外,技能不仅仅只有人才有,某些动物也有,比如一些狗经过严格训练后能够快速地寻找到毒品或爆炸物,有些水生动物也能像人一样连续顶球,猴子的爬树技能是人所不及的,但是这些技能仅仅是技能而不是知识。

把知识分为描述性和程序性有时候还会产生另外一些问题。比如从原则上讲,任何程序性知识(操作步骤、工艺流程等)都可以用文字或符号来描述,那些只可意会,不可言传的东西是不能叫做知识的,充其量只能叫做经验。因为知识的一个基本特征是可传播性或可解读性,少了这一条是不能叫知识的。另一方面,许多描述性知识,如求方程的解,也完全可以用一系列程序来表述,所以这样的分类容易引起一些问题。另外,一些实验报告中既有符号、概念、命题,也有操作步骤,它到底是描述性还是操作性的知识呢?集成电路制造过程好像看起来是程序性的,但是它的每一个步骤中也都包含了许多的符号、概念和命题,那么这样说来它又是描述性的了,所以这样分类会造成一些麻烦。

与其这样分类,还不把笼统地把知识分为理论知识和实践知识更容易让人理解。实践知识是指那些在实际生活应用性、操作性非常强的知识,但它不是所有经验和所有技能的代名词,并不是所有的经验、所有的技能都能够叫做知识的。

2. 亚里士多德的分类法

亚里士多德曾经将人类的知识分作三大类,纯粹理性、实践理性和技艺。所谓纯粹理性,在亚里士多德时代,大致是几何、代数、逻辑之类可以精密研究的学科。而实践理性则是人们在实际活动中用来作出选择的方法,用来确定命题之真假、对错,行为善良与否,如伦理学、政治学,还包括了另外一些科学技术学科。技艺则是指那些无法或几乎无法用言辞传达的,似乎只有通过实践才可能把握的知识,例如木匠的好手艺就无法通过教学来传授,又如医生对疾病的诊断的能力。这些几乎毫无例外都必须通过实践来自己把握,而且仅仅靠努力实践也并不是总是能有所成就的。

这个分类方法和现代心理学上的分类方法本质上并没有太大的差别。只不过现代心理学把这里的前两类合并为一个大类,并起了一个新名词:"描述性知识",仅此而已。所以它存在的问题也和分类1(现代心理学上的分类法)差不多。

3. 其他一些分类法

根据抽象程度分为:理论知识和实践知识;根据可呈现程度分为:隐形知识和显性知

识;根据存储单位分为:员工个人知识和组织知识;此外还有所谓的因果性知识:即了解事件发生的前因后果等关系的知识;情境性知识:即了解事件与背景或不同事件间互动关系的知识;关系性知识:即了解事件与其他重要因素之间关系的知识等。有人把知识分成四大类:即易访问性知识、一次性知识、综合知识和广泛适用性知识。有人把知识分为:事实性知识、概念性知识、结论性知识三类。还有人把知识分为:陈述类知识、方法类知识、情感类知识等。

编者认为:上述这些分类方法各有利弊,总的来说都不太完美。编者觉得分类的方法太多会让人无所适从,所以必须提出一个对事物进行分类的基本原则。

4. 对事物进行分类的四个原则和一个依据

在讲分类原则之前,必须先回答三个问题:为什么要分类?如何进行分类?分类的依据是什么?

众所周知,我们这个世界是由无数的事物所组成的,为了对这些事物能够有一个清晰的了解,我们就必须对它们进行分类。如果不进行分类,那么所有的事物都会混沌一片,这样我们就不能了解这些事物的性质和特点。因此,分类的根本目的是为了更清楚地了解世界,认识世界。那么究竟如何进行分类呢?既然分类的目的是为了清楚地了解世界,那么我们在对事物进行分类时就必须围绕这一目的进行。怎样的分类才更有利于了解事物呢?编者以为,一个好的分类法必须满足下面四个原则:

①清晰性原则

因为分类的根本目的是为了清晰地了解这个世界,所以这个原则是必不可少的,甚至可以说是最重要的、第一位的。因此,在对事物进行分类时,两个类型之间的界限必须分明,不能似是而非。比如我们在夜晚仰望天空,会看到无数的星星,根据这些星星本身的特点,我们可以把它们分为三大类:自身发光发热的恒星;绕恒星运动自身不发(可见)光的行星;绕行星运动自身不发光的卫星。这三类星体之间的界限是非常分明的。天上任何一个星究竟属于哪一类是一目了然的,没有任何争议的。

而像心理学上那样,把知识分为描述性和程序性两大类,就不那么分明了。试问:所有的知识中,究竟哪些知识属于描述性的?哪些属于程序性的?是不是凡是动手的都是程序性的,凡是不动手的都是描述性的?如果回答是的话,那么,我在墙上胡乱涂写,或者在本子上抄写题目,这算描述性还是程序性的?如果回答否的话,那么书上的东西就完全可以是程序性的了。还有,是否凡是按照某些步骤去做的东西都是程序性的?如果回答是的话,那么解题过程就是程序性知识了,但是按照它的定义又好像是描述性的。还有就是在许多所谓的"操作性知识"中,也包含了许多的概念、命题等,而按照它的定义,描述事物特征的一些概念、命题等属于描述性知识。所以这种分类不是一个很好的分类方法。其他一些关于知识的分类法也是如此,比如某些人把知识分为:事实性知识、概念性知识、结论性知识三类就是一个非常糟糕的分类方法。理由很简单,因为很多结论中包含了一系列概念,同时结论也是从事实中总结出来的。比如牛顿第二定律:$F=ma$,它是力学的一个重要结论,这个结论中包含了三个基本概念(力、质量和加速度),它是在许多事实的基础上通过总结推理而得,你说它属于哪一类?三类都是?抑或三类都不是?这样的分类会让人无所适从!

②连续性原则

显而易见,对有些事物而言,只进行一次分类是远远不够的,这样的分类过于粗糙,我们只能对这些事物有一个大致的印象,而不能了解得很多。如果我们能够一次又一次地、连续不断地、逐层分类从而形成一个分类网或分类树,那么我们对事物的认识就会变得很有条理,对世界的认识就会更加清晰。所以分类的第二个原则就是连续性原则。即对事物的分类可以连续不断地进行下去,可以形成一个清晰的树状结构的分类图。比如生物学上的分类(根据生物的形态特征、亲缘关系分类),生物从高级单元到低级单元构成若干分类阶层:界、门、纲、目、科、属、种(亚种、变种、品系)。这种分类方法就满足连续性原则,可以逐次分类,连续分类,能够形成一个非常清晰的分类树,让人一目了然,所以是一个非常好的分类法。

而像心理学上把知识分为描述性和操作性两类,那么它们能否连续不断地再分呢? 描述性可以分为哪几类? 操作性又可以分为哪几类? 因为它们的界限并不十分分明,所以再分的话也比较困难。就算能够再分,那么它第一次分的时候所采用的依据和第二次、第三次、第 n 次分的时候所采用的依据是否一致呢? 我看不会一致。这样它就违背了第三个原则,即统一性原则。

③统一性原则

在对某些事物进行连续分类、逐层分类时,每一次分类所采用的方法或依据必须是一致的、统一的或相同的。你不能第一次分类的时候采用的是依据 A、第二次分的时候采用的依据 B,这样分的话就会乱套,这样做是不可能给人留下清晰的印象的,会造成很多混乱,所以这一原则也是必不可少的。

比如根据研究对象、研究尺度、研究方法、研究手段以及所追求目标的不同,自然科学大致可以分为:物理、化学、生物学、天文学、地学等,物理又可以分为力学、热学、电磁学、原子物理等。每一次的分类采用的依据基本是一致的,这样的分类方法就满足统一性原则,是比较好的分类方法。

④普遍(接受)性原则

这一点是毋庸置疑的。任何一种分类方法必须得到大家的认可。不被别人接受的分类方法当然不可能是一个好的分类法。

- 对事物进行分类的最佳依据

编者认为,对事物进行分类时,主要应当依据它的研究目的、研究对象、研究的手段与方法、最终目标以及用途来进行。即首先要确定你要干什么。(要达到什么目的?),其次确定达到这一目的的途径和方法是什么。再次是确定你的最终目标是什么。最后是确定你这样做有什么用。这不仅仅是事物分类的依据,也是我们任何人一生所要面对的四个最大的问题,是任何人做任何事的时候,从此岸到彼岸的过程。

面对这人生的四大问题,我们很多人的回答是:我想赚钱,我想通过一个正当的职业(教师、医生……)赚钱,我想赚很多钱(比如一千万),因为有了钱我可以活的比较舒心!

根据上面所说依据来对事物进行分类是最自然的,也是最容易接受的。现在我们根据广义知识的定义,依据其研究的对象(或目的)、研究的方法(或到达目标的途径)、追求的终极目标以及用途来对知识进行分类。

5. 编者对知识的分类

既然知识是人们对客观世界和主观世界的较系统的认识。这种认识可能是真的，也可能是假的，可能是美的，有可能是丑的，可能是善的，也可能是恶的。因此，从最广泛的角度上来讲，知识可以分为三大类，即：科技知识、宗教知识和艺术知识。科技求真、宗教求善、艺术求美。世间一切事物都不外乎真、善、美或其反面：假、恶、丑。所以这三类知识也就可以概括一切。

有一些人竭力反对把宗教也列入知识的行列，认为宗教只不过是个人的信仰，算不上是知识。如果这样，那么国外的修道院，国内的佛学院为什么还要授予学生学士学位甚至硕士学位呢？他们学了很多年，学的不是知识难道都是垃圾吗？我们不能否认，无论是佛教、道教、儒教或其他的宗教，他们都有自己的一整套理论，这些理论有相当一部分是不正确的。但是，正如前面所说，正确与否并不是衡量某一事物是否属于知识的唯一标准。是否具有一定的系统性、一致性、有价值和可传播性（可解读性）才是衡量它是否属于知识的一个标准。一盘散沙，没有任何系统的东西就不能叫知识，充其量只能叫做"点滴经验"。如果我们把知识看作是海洋，那么这些"点滴经验"就是无数的溪流。尽管海洋是由无数溪流汇合而成，但是溪流并不就是海洋。

研究过佛教中至高无上的经书——金刚经的人都知道，这本经书其实就是一本教人如何修身养性的书，它教人如何放弃心中的一切杂念，使人达到一种极其空灵的境界。它给人的只不过是一种如何净化心灵，放松身心的方法。没有任何神秘之处，也没有什么正确与不正确的问题。如果你相信它，愿意试一试，你尽管可以大胆地去试。这对于那些精神上受到沉重打击的人，以及被各种问题困扰而又无法解脱的人来说，或许是一剂治疗心病的良药。如果你不相信它，你尽管可以去找心理医生解决，或者通过各种体育锻炼，如散步，打太极拳等去解决。就这本经书而言，它只不过是比较系统地讲述了一种修行（即放弃杂念）的方法而已。它和学练太极拳等活动并没有本质上的不同。只不过前者注重于心意，后者注重于形体。它当然是一种知识，只不过只有少数人愿意学，多数人不愿意学罢了。我们不能因为只有少数人愿意学就说它不是知识。当初相对论刚发表的时候，学的人可能比学佛教知识的人还要少，即使是现在，学习广义相对论的人仍然是极少数。我们能说相对论不是知识吗？因此编者认为，把宗教列入知识的行列并无不妥之处。但是，正如科学也是一把"双刃剑"一样。不恰当地使用科学知识，也可能会毁灭人类（比如滥用核武器）。但是，我们是否因为科学的负面作用而不学习它呢？当然不会！因此，我们也没有必要因为宗教的某些负面作用而把它一棍子打死，认为它不属于知识。更何况，有不少艺术作品，比如敦煌壁画，比如各种佛像的雕塑等都传承了许多佛教中的知识。实际上，一些庙宇建筑和佛像雕塑融合了科技、宗教和艺术的知识。从内容上讲它属于宗教、从结构上讲它符合科学（力学原理）、从表现手法和形式上讲它属于艺术。

第四节 三类知识的相互关系

以往有很多人认为,知识主要包含科学和艺术两方面,而且认为这两者是互相对立的。事实上,编者认为科学和艺术并不是互相对立的,它们既有互相独立的一面,也有互相促进、互相影响的一面。同样,宗教也是如此。科技、宗教和艺术这三大类知识究竟有什么区别和联系呢?这可从它们要回答的问题或研究的对象来诠释。

科技回答:是什么?为什么?做什么?怎么做?

宗教回答:施什么?怎么施?舍什么?怎么舍?信什么?怎么信?

艺术回答:(反)映什么?怎么(反)映?(表)现什么?怎么(表)现?

科技求真,艺术求美,宗教求善。它们所追求的目标不同。因此评判的标准也不同。

编者认为:科学、宗教和艺术的关系并不总是互相排斥的,而是互相独立或互相垂直的关系。同时它们又互相联系、互相影响成为知识的有机体。如下图 1.4-1 所示。就目前的情况而言,这个知识的有机体看起来有点像一个非常扁而且非常狭长的长方体。科学(准确地讲应该叫科技)为这个长方体的长(我们不妨用 a 来表示),艺术为此长方体的宽(用 b 来表示),宗教为此长方体的高(用 h 表示)。现在的情况是 $a \gg b \gg h$,即科技知识的容量远远大于艺术知识的容量,而艺术知识的容量又远远大于宗教知识的容量。以至于在现代社会中,宗教知识几乎可以忽略不计。所以在现代社会中,我们主要关注的是科技和艺术知识。这或许可以解释为什么一些教科书中只把这两类叫做知识的原因。不过,随着科技和艺术的发展,社会的进步,相信我们的社会将越来越注重于道德建设和个人修养,在这一方面,某些宗教的合理因素或许会发挥它应有的作用。

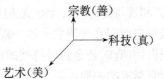

图 1.4-1 科技、宗教、艺术关系图

编者认为,与科技、宗教、艺术相对应,真、善、美也不是互相割裂的,而是互相联系的。在适当的条件下也可以互相转化,这就是所谓"真到极致自然美、美到极致自然善、善到极致自然真"。也就是说在最高境界,真、善、美是融为一体的。

至真的东西应当也是至美东西。比如哥白尼的日心说就比托勒密的地心说包含的真理成分多一些,同时从理论体系上讲也更简洁优美一些。狭义相对论比牛顿力学更接近绝对真理。而从原理上讲,狭义相对论比牛顿力学更简单,包含的内容更丰富,所以从美学角度上讲也就更优美一些。广义相对论则更上一层楼。至少在目前看来,它是至真的理论,同时又是至美的理论。而创立这至真至美理论的人——爱因斯坦,几乎是一位至善的人。爱因斯坦几乎一生都致力于和平建设。在他的文献中,有很多关于建立和平统一的新世界的构想。

关于至美的东西必然至善,这是很容易理解的。一个外表美,心灵美,事事处处都追求美的人绝对不可能是一个邪恶的人,必定是一个善良的人。我们也不能相信外表和内在都美的事物会是一个邪恶的事物(如果仅仅是外在美,那它有可能是邪恶的东西,比如一些有毒的花,这样的美不能算是真正的美)。

关于至善的东西必然至真,目前看来,这只是一个猜想或假设,当然也不排除它是一个谬论。所谓至善,就是说,不仅要善待自己,还要善待别人。包括你的亲人、朋友,以及一切与你相识或不相识的人。不仅要善待人,还要善待一切有生命的东西,包括一切高等动物和低等生物。更进一步,不仅要善待一切生命,还要善待宇宙中一切非生命的东西,包括地球以及宇宙本身。如此才能叫做至善。换句话说,你应当把你看作是宇宙的一部分,反过来,你也应当把宇宙中的一切看作你生命的一部分。如此,珍爱宇宙中的一切事物,也就等于珍爱你自己的生命。这样,当你把自己和整个宇宙融为一体的时候,你也就达到了天人合一的境界。这就是佛教和道教中所追求的最高境界:"心无杂念,天人合一"。按照中国古代的一些说法,尤其是佛教中的说法,达到了这样一个至善的境界时,人自然就能大彻大悟,自然能洞悉宇宙间的一切奥秘,自然能够掌握宇宙的一切真谛。这就是所谓至善必然至真的由来。这样的一个观点对人类的发展有有利的一面,也有不利的一面。目前提出的"和谐发展"理念实际上和"善待别人"有一定的相似之处,而"可持续发展"和善待地球实际上也是相通的。因为我们只有一个地球,所以我们不能肆意破坏它,践踏它而应当善待它。这一观点不利一面是,它会打消人们探索宇宙,学习各种新知识的积极性,有时还会阻碍科技的进步和社会的发展。我们应当看到它积极的一面,也不能忘记它消极的一面。

【注:关于图1.4-1的进一步说明。需要特别说明的是,编者提出的这个(科学、宗教和艺术的)知识长方体并不是欧几里德平直空间里的长方体,而是广义相对论中所用的黎曼空间或弯曲空间里的长方体,因为只有在弯曲空间里,在足够远处,真、善、美或科学、宗教和艺术才能真正统一(在绝对平直的欧几里德空间里,它们是永远也不可能统一的)。但是这个弯曲空间是非常接近平直空间的,因此是准欧几里德的。也就是说,除了在最原始的状态(那时候科学、宗教和艺术是不分的)之外,只有在足够远,甚至几乎为无穷远处它们才会真正统一。但是几乎为无穷远并不是真正的无穷远,因为如果是真正的无穷远处统一,那么这实际上就意味着它们是绝对不可能统一的。而编者认为,至少在理论上它们是有可能统一的,当然这是一种理想的最高境界,也许在现实生活中永远也无法真正达到。】

马克思主义的精髓和活的灵魂就是"实事求是,一分为二"。我们应当带着批判的眼光来看待一切,包括古代、近代和现代一切关于科技、宗教和艺术等方面的知识。编者的座右铭是"批判一切但不否定一切,尊重权威但不迷信权威,在批判中继承,在继承中创新"。

第五节 科学、宗教和艺术的初步分类

一位学者在了解了本书的部分内容之后问了编者一个问题:"这本书既然是一本科普专著,是介绍科普知识的,为什么要把艺术和宗教牵扯进来?为什么要去论述知识?"。编者相信,很多读者也会有同样的疑问。编者的回答是:"这是因为,要真正了解科技,就必须超越科技"。所谓"不识庐山真面目,只缘身在此山中"。你要真正了解庐山,你就必须

超越庐山。或站在庐山的最高峰,或乘飞机俯视庐山,只有这样,庐山的全貌才能尽收眼底,你对庐山才能了如指掌。同样,你若想对科技这一"宏伟大厦"有真正的了解,你也必须超越科技,你的视野要伸向科技之外。视野越开阔,思维就越灵活,智慧(之光)就愈闪耀! 这就是为什么这本书必须先从知识讲起,然后才能谈及科技的问题。

关于科技,读者首先想了解的莫过于它的分类问题,然后才是它的内容问题。关于科技的分类及体系结构问题,本书将花整整一章专门加以阐述。为了承上启下,这里先稍微提一下。

1. 科学的初步分类

科技(主体部分)大致可以分为三个层次,即基础科学(大多是理论性的东西)、技术科学(应用科学)、工程技术。基础科学又可以分为:自然科学、社会科学、数学三个大类。具体的分类可以参看下一章。

本书在第二章中将首次回答钱学森同志没有回答的问题:"为什么要把数学从自然科学中分离出来作为单独的一个大类来看待?"。同时,编者还回答了以钱学森同志为代表的一派和何祚庥同志(中科院院士)为代表的另一派长期以来争论不休的问题:"人体特异功能到底是科学还是伪科学?"。钱学森倾向于认为特异功能是(人体)科学,而何祚庥认为特异功能是伪科学。到底孰是孰非? 编者给出的答案也许出乎所有人的意料。编者认为:就目前的情况而言,特异功能既不像钱学森所认为的那样属于(人体)科学,也不像何祚庥认为的那样一定属于伪科学。事实上,由于特异功能的界定比较复杂,对什么是特异功能认识上并不统一,所以我们只能说特异功能是非科学。非科学虽然不属于科学,但也不一定就是伪科学!(或许只是个猜想或假说)。

我们很多人的思维习惯于"非黑即白,非此即彼"。事实上,除了黑白两个极端之外,还有中间的过渡状态,即非黑非白,或亦黑亦白。甲乙两军对阵,我们很多人只想到两种可能:"要么甲胜乙败,要么乙胜甲败"。这样的思维习惯禁锢了我们的大脑,扼杀了我们的创造性,极大地束缚了我们的思维! 事实上,两军对阵,除了上面所说的两种可能之外,还有两种可能:"甲乙握手言和,即双赢",或"互相毁灭,玉石俱焚,即双输"。实际上,这四种可能也只不过是比较明显的情况而已。从数学上讲,它的可能性有无数种,差别仅在于概率的大小而已! 只看到两种可能的人是目光短浅的,思维僵化的。能看到四种可能说明他的目光并不短浅,思维比较灵活。超越了四种可能的人才是真正目光远大,富有智慧。下面重点介绍宗教和艺术的分类问题。

2. 宗教的初步分类

宗教的分类方法很多,如从信仰对象这个角度,可以将宗教分为三类:自然宗教、社会宗教、自我宗教。又比如根据崇拜对象的特点,将宗教分为自然崇拜的宗教和人格神的宗教,或分成有神论的宗教与无神论的宗教,或分成多神教和一神教等等。根据形成方式和社会组织特点,将宗教分成自发宗教和人为宗教,或分成各族宗教和世界宗教,或分成政教合一和政教分离的宗教等基本类型。根据社会历史的联系,将宗教区分为原始社会宗教和阶级社会宗教,或分成史前宗教、古代宗教、历史宗教和新兴宗教等类型。各种分类方法不一而足。

编者这里主要按照它们信仰的对象,施舍的内容以及达到目标的方法来分的。

从达到目标的途径来分,大致可以分为三大类:有为宗教(有所作为),简称"有为教";从有为着手再到无为境界,简称"有为-无为教"或直接称为"有无教"、"无为教",主要以修性养心为主,放弃一切杂念,直达无为。具体如下:

宗教的分类 {
有为教:如基督教、伊斯兰教、儒教等(舍利施爱。提倡仁爱、博爱。)
有无教:如道教等(舍名、利、权、色,施法。提倡从有为到无为。)
无为教:如佛教(舍一切,施光。提倡无为。)
}

(注:佛教中的光有两层意思,一是指智慧之光,二是指佛光。)

关于佛教的精髓,编者可以用四句话来概括:"眼中有佛不是佛,心中有佛是假佛,身法两空接近佛,色空如一是真佛"。解释如下:"眼中有佛不是佛"的意思是:你整天烧香拜佛,实际上庙宇里的那些佛不过是泥做的雕塑而已,根本不是什么佛,佛不可能保佑你什么,如果说保佑,那是你自己的一善之念保佑了你自己,所以从这一点来看,烧香拜佛当然也有那么一点好处。第二句:"心中有佛是假佛"的意思是,眼中不一定有佛但是心中念念不忘佛,时刻不忘行善积德,此时可以看到佛的影子,佛的假象,但仍然是假的像而已,并不是真正的佛,因为真正的佛是不可以整天想着做某件事情的。"身法两空接近佛"的意思是:如果你能做到身体和心灵都空空如也,那么你已经非常接近佛了,但是还没有真正达到佛的境界。之所以没有到达佛的境界是因为,你追求空的过程其实也是一种有为的过程或有意识的过程,既然是有意识的,那么说明还不是真正的佛。最后一句"色空如一是真佛",如果你能做到:色即是空,空即是色,色和空完全合一,心即是物,物即是心,心和物完全统一,那才是真正的佛的境界。特别注意的是,佛也好,菩萨也好,他们都不是某个人(男人或女人),而是一种状态,一种境界!绝对不是《西游记》所描述的那样。《西游记》让许多人了解了一点佛教,但是却也让很多人完全彻底地误解了佛教!《西游记》中说"如来佛"是最大的佛,这真是一个天大的笑话!佛讲究平等,"众生皆平等"是佛的最高宗旨,在佛的国度里是没有任何高下、贵贱之分的。任何人,即使他已经成佛成仙了,只要有哪怕一点点不平等的思想,就立刻降为凡人,即使是一闪念都不行!

说"如来佛是最大的佛"是荒谬的,但是我们却可以说"如来佛是佛的最高境界"。

什么叫如来? 如来就是"如如不动,色空如一"的最高境界已经到来,所以叫做如来,此时的状态即是佛的状态,所以也叫如来佛。什么叫做"如如不动"? 就是你的心灵一尘不染,碧空如洗,没有任何一点杂念,色和空真正地融为一体,这个状态就是如,这个状态来了就叫如来,也叫如来佛! 所以原则上,任何人都可以成为如来佛,但是实际上,恐怕世界上没有一个人能真正到达这一境界,这是佛教中的理想境界。也许以前有,但是现代人要想做到这一点几乎比登天还难! 本书是科普著作,按理说不应该涉及这方面内容,实在是有感于有太多的人对佛教有太多的误解,不吐不快!

3. 艺术的分类

比较新的分法,是根据时空性质将艺术分为:时间艺术、空间艺术、综合艺术。

由于艺术主要是反映社会生活、自然景观与个人内心体验的一种手段,所以我们可以从它采用的手段来分,分类如下:

艺术的分类 ｛
　表演艺术（音乐、舞蹈等。用音符、肢体、神态反映社会生活，表达内心体验。）
　视觉艺术（绘画、摄影等。用图线、色彩反映社会生活，表达内心体验。）
　造型艺术（雕塑、建筑艺术等。用各种立体的实物反映社会生活，表达内心体验。）
　视听艺术（电影、电视等。用各种视听手段反映社会生活，表达内心体验。）
　语言文字艺术（相声、文学等。用语言、文字反映社会生活，表达内心体验。）
　综合艺术（戏剧、歌剧等。用各种综合手段反映社会生活，表达内心体验。）

第六节　科学、宗教和艺术的差异性和统一性

1. 它们观察和研究世界的方式不同、角度不同、深度不同

艺术家观察或研究世界上的事物时是横向的、表面的、联想的、主观的、情感的、夸张的。科学家观察或研究世界上的事物时是纵向的、本质的、深邃的、客观的、理性的、真实的。宗教家观察世界或研究上的事物时是超越的、统一的、忘我的、觉悟的、平和的、慈祥的。

比如，文学家和诗人观察水中的莲花（荷花）时，他的目光会从近处伸向远方（横向），他会被荷花美丽的外表所陶醉（表面），会浮想联翩（荷花除了具有美丽的外表之外，更具有"出淤泥而不染，涤清莲而不妖"的高贵品格，联想到我们的社会其实也是一个大染缸，也有一些不良现象，我们应当学习荷花的这种高贵品格，做到"出淤泥而不染，入红尘而不贪"）。面对美丽的荷花，一些诗人会诗兴大发，于是一些美妙的诗句就会脱口而出："清水出芙蓉，天然去雕饰"；"接天莲叶无穷碧，映日荷花别样红"；"小荷才露尖尖角，早有蜻蜓立上头"；"红白莲花开共塘，两般颜色一般香，恰如汉殿三千女，半是浓妆半艳妆"。

当然，看到荷花究竟会联想到什么？会引发怎样的感情共鸣？联想的深度和广度怎样？这取决于个人，因此这种观察和想象是主观的，带有感情色彩的，并且往往是夸张的。

美术家面对荷花时也是如此，他们会仔细观察和研究荷花的外部特征。或写真，或想象，或夸张，把荷花的美丽记录在纸上，呈现于人前。总之，不论是什么样的艺术家，他们观察和研究世界时具有"横向、表面、联想、主观、情感、夸张"等特性。[注：荷花又名莲花、芙蓉、芙蕖，别称"菡萏"（hàn dàn），是百花之中名称最多的花之一。]

科学家观察或研究水中的荷花时与艺术家不同，虽然他们也会被荷花的美丽所吸引，但是在赞叹它的美丽之余，会把更多的精力投身到探索和研究中去。

生物学家会研究荷花的内部结构、形态特征等。经过研究可知，荷花的地下茎（藕）横生于泥中，呈圆形或椭圆形，节上生不定根和侧芽，节间肥大，其中有多条气腔。茎上还有许多细小的运水导管，导管壁上附有增厚的黏液状木质纤维素，具有弹性。在叶柄、花柄上也有气腔，运水导管和木质纤维素，可与地下茎联通……花径最大可达 30 cm，最小仅 6 cm 左右。花色有红、粉、白、淡绿、黄、复色、间色之分……荷花的地下茎（即莲藕）以及莲子都可以食用而且极富营养价值……

物理学家面对荷花时，则会做更加深入细致的研究。比如研究"荷叶为什么具有自洁功能"。经过研究发现，荷叶的内部结构非常特殊，荷叶表面的结构与粗糙度为微米至纳米尺寸的大小。当远大于该结构的灰尘、雨水等降落在叶面上时，只能和叶面上凸状物形成点的接触，液滴在自身的表面张力作用下形成球状，在滚动中吸附灰尘，并滚出叶面，从

而达到自洁。与此相仿,人们通过对纳米材料的研究,制造出了不用洗涤剂的纳米服装。2002年,一批高科技服装面料从实验室走上了展台,不用洗涤剂也能清洁的衣物、可用做防水地图的仿真丝面料等相继出现,高科技的服装面料令人耳目一新。

由此可知,科学家观察或研究世界上的事物时具有"纵向、本质、深邃、客观、理性、真实"等特征。他们不仅关注事物的表面现象,更关注这些现象背后的本质,研究方式从平面到立体,从横向到纵向,从外部到内部,从现象到本质。

而宗教家(主要指道教和佛教家)观察荷花时,既不像艺术家那样陶醉于荷花的美丽和纯洁,也不像科学家那样痴迷于荷花内部结构的研究,而是强调反省和修行。并希望自己能做到和荷花一样"微风吹过不留痕,污泥浊水自下沉,红尘滚滚我自洁,雷雨过后见彩虹"。[注:这里的每一句话均有三层含义:一是自然景象的描写,而是现实生活的写照,三是自我意识的修行。比如"微风",既指自然界真实的微风,也指生活中小小的挫折,更指头脑中平凡的意识。"污泥浊水"既指真实的污泥浊水,也指社会中各种不良现象,更指大脑中各种邪恶的念头。"红尘"既指真实的红尘(红色的灰尘),也指纷繁的世界,更指困扰你大脑中的各种意念。"雷雨"既指真实的雷雨,也指较大的磨难,更指情绪上剧烈的波动。"彩虹"既指真实的彩虹,也指事业的成功,更指超凡脱俗的宁静、至善至美的境界、五彩缤纷的佛光。]

宗教家既不需要像艺术家那样做横向的联想,也不需要像科学家那样做纵向的探究,他需要的是舍弃一切,超越一切。他超越了纵与横,表与里,物与心的纠结,他脱离了美与丑、真与假、善与恶的困扰。他的目标是"天人合一,物我两忘","见如不见,不见如见","色即是空,空即是色","众生平等,色空如一"。因此,宗教家观察世界时是超越的、统一的、忘我的、觉悟的、平和的、慈祥的。

综上所述,艺术家、科学家和宗教家在看待事物的时候其方式、角度和深度是不同的。

2. 三者的目的不同,手段不同,但终极目标相同

科学的目的是探究宇宙间一切事物运动变化的规律,探究的方法和手段主要有观察、实验、分析、综合、总结、推理、构造、制造等等,科学的终极目标是追求(所谓的)终极真理;其用途有两个方面:一是物质上的,因为掌握了事物变化的规律和原理,我们可以制造出许多物质产品,解决我们的衣食住行问题。二是精神上的,因为了解了宇宙间一切事物的奥秘,能极大地满足人们的好奇心,能给人精神上的享受,用一句话概括就是:"因为我能洞悉一切,创造一切,所以我心自在"。

宗教的目的是寻找一个精神寄托(它可能是某个神,也可能是佛祖),解除精神上的烦恼。其手段和方法有忏悔、反省、施舍、加持、修炼、修行等等。宗教的终极目标是能达到一种至善的天人合一的境界(主要是指道教和佛教),到达想象中的某个地方,比如天堂或西方极乐世界。其用途有:解脱一切烦恼,获得精神上的绝对自由,与此同时,也能洞悉宇宙间的一切奥秘。用一句话来概括即:"因为我心自在,所以我能洞悉一切,创造一切"。

艺术的主要目的是反映自然、社会的某些现象和表达自我情感。其主要的方法和手段有:观察、模仿、感受、想象、夸张、虚构、宣泄、表现等等。其终极目标是求得一种极其美好的感觉(至美境界)。其用途有:反映一切想反映的现象,表达一切想表现的情感(喜、怒、忧、思、悲、恐、惊),表现一切想表现的景象,以此求得心灵上的绝对自由。用一句话来概括即:"因为我能表现一切,所以我心自在;因为我能我心自在,所以我能一切表现"。

(注:我心自在,即我可以让我自己的心境处于一种非常自在的状态,在这种状态下,我可以用任何手段,一切形式来表现我想表现的东西)。

所以科学、宗教和艺术虽然目的不同,手段不同,近期目标也不同,但是终极目标是一致的,即我心自在!即它们统一于自在!不仅如此,它和生活的终极目标也是一致的,我们生活在这个世界上,整天忙忙碌碌(或赚钱、或求名、或当官、或寄情……),究竟是为了什么呢?生活的真谛是什么?也是这四个字"我心自在"。

3. 它们的目的不同,途径不同,但是遵循的最高准则相同

在目前已知的所有科学理论中,好像还没有那一个理论能够像爱因斯坦广义相对论那样:原理如此简单,逻辑如此严密,结构如此严谨,应用如此广阔(用来研究整个宇宙)。而广义相对论中最重要、最基本的一个原理就是所谓的"广义协变原理"或"广义相对性原理"。编者认为,这一原理可以称之为物理学中的第一原理,甚至可以说是整个科学的第一原理,是科学的最高准则!(后面会有详细的阐述)。这一原理内容非常简单,它说,世界上所有的参考系都是平等的,无论是静止的还是匀速运动的,无论是加速的还是减速的,无论是旋转的还是不旋转的都一律平等,谁也不比谁更加优越。因为参照系是可以任意选择的,所以这也就意味着任何物体,无论处于什么运动状态,都是平等的。所以这条原理也可以称之为"平等性原理",用一句话来概括即"众系皆平等"(众系指所有的参考系,平等主要是指状态上的)。

下面来看看宗教的最高准则:编者在前面讲述佛教的初步知识时讲过,佛的最高境界是色空如一,这里的"色"代表各种事物及意识,空当然都是空无一物的状态。色空如一就是所有的一切都一样。如何才能做到这一点呢?那就是你必须时刻牢记宗教的最高准则"众生皆平等"(任何人乃至任何物都一律平等,无高下之分,亦无贵贱之别,这里的平等狭义上是指一切有生命的东西都平等,广义上是指一切物体都平等)。

艺术的最高准则是什么呢?艺术强调反映或表现人世间的一切情感、一切景象。艺术的最高境界是能够反映一切想反映的景象,表现一切想表现的情感,观察一切想观察的事物,从任意一个角度来观察等等。从不同的角度观察,用不同的手段反映,就会有不同的景象。这些景象是平等的,没有高下之分。因此,用一句话来概括,艺术的最高准则是:"众象皆平等"(这里的"象"也可以用"相"来代替,表示各种景象、各种情景、各种情感状态等等)、众法皆平等(各种表现手法都一律平等)。

由此可见,科学、宗教和艺术在最高点是统一的,它们都统一于平等!统一于自在!(前面已经有所论述),统一于平等是指它们在对世界的具体看法上,统一于自在是指它们最后获得的结果上。

编者希望读者能以批判的眼光看待一切,这也包括本书编者上面所说的一系列观点。因为上述观点也仅仅是编者的一孔之见,仅供参考。

本章思考题

1. 什么是知识?知识可以分为哪几类?
2. 科技、宗教和艺术所追求的目标是什么?三者的相互关系是什么?
3. 你认为把宗教列入知识的行列是否妥当?谈谈你自己的看法。

第二章　科技体系的结构及其蛋糕模型

第一节　科学与技术的概念及其相互关系

一、什么是科学？

科学和技术是两个既有区别又有联系的概念。关于科学的定义有很多种。国内目前比较准确的定义为：科学是正确反映客观事物的本质和发展规律的知识体系，是人类社会实践经验的概括和总结，是关于自然、社会和思维的严密的知识体系和有目的、有步骤的实践过程。由此定义可知：

首先，科学必须是正确反映人们对世界的认识。不正确的就不能叫做科学。这是它区别于宗教和艺术最显著的地方。即科学的目标是追求真理。当然真理总是相对的，没有绝对真理。因此，这种正确性也是相对的。但是至少在历史的某一阶段，在一定的范围内它必须是正确的，而且这种正确性不依赖于人的意志。不是某个人或某一部分人说对就对，说错就错。它的正确性必须受到全人类所制定的统一标准的检验。

其次，科学主要反映客观事物的本质和发展规律。即科学的研究对象主要是客观存在的事物，主观想象的完全虚构的事物不在它的研究范围内。当然，有时数学上也研究一些现实生活中并不存在的事物，比如无穷维空间等等。但是，无穷维空间是三维空间的合理外推，它和文学作品中完全虚构的事物比如神鬼等等是有区别的。它是想象中的事物，但它不是纯粹虚构的事物。

第三，科学寻求事物的本质和发展规律，寻求事物内在的联系。即科学注重探索。这也是它区别于宗教和艺术的一个地方。艺术着重于反映和表达。反映自然，反映社会，表达人们的内心体验。它注重事物的表面现象而不注重于隐藏在这现象背后的本质。所以艺术只需要回答映什么，怎么映的问题，不需要回答是什么，为什么的问题。至于宗教，它注重的是对别人或其他事物的态度问题，注重个人的反省和行为问题。它既不需要探索，也不需要反映，需要的仅仅是施舍。所以它要回答的是舍什么，怎么舍？施什么？怎么施？是舍名？舍利？舍权？舍色？还是舍一切？是施爱（基督教中的博爱）？还是施法（道教中的法术）？还是施光（佛教中的佛光）？施舍的内容不同，方式不同，就形成了不同的宗教。

第四，科学是关于自然、社会和思维的严密的知识体系和有目的、有步骤的实践过程。这一句话意味着，科学包括科学理论和科学实验（探索活动）两个部分。严密的知识体系意味着科学作为一个系统化的理论，它和零碎的、点滴的经验是不同的。一切理论当然是在人类社会实践经验的基础上概括和总结出来的。它源于实践但又高于实践。当"点滴经验"尚未系统化时我们就不能称它为科学。甚至不能称它为知识。著名科学家爱因斯坦认为："科学是有条理的思想"。这实际上也就是讲科学必须是系统化的理论。

第五，既然科学包含了科学理论和科学研究（实践活动）两个方面，而科学研究活动的过程是探求宇宙奥秘，探索自然、社会和思维规律的过程，因此科学也是一种探索过程。

第六，古代和近代的科学探索活动主要依赖于个人的努力，大多数是孤军奋战（如牛顿和爱因斯坦），而今天的科学已经步入了国际合作的跨国建制时代，已经从"小科学"发展到"大科学"，从"单科学"（单一学科的探索）发展到"多科学"（综合性科学）。科学在研究方式和应用方面都逐步走向了社会化。科学已不仅仅是科学家的事业，也是全社会的事业。比如美国的"曼哈顿计划"（研制原子弹）、"阿波罗计划"（人类登月）就是典型的大科学工程，由美、英、日、德、法、中六国参与的人类基因组计划（Human Genome Project，HGP），是人类文明史上最伟大的科学创举之一。其内容可简单地概括为遗传图、物理图与序列图的绘制，处于核心位置的是序列图的绘制——测定人类基因组的全部DNA序列，从而获得人类全面认识自我最重要的生物学信息。这一计划堪称国际合作的典范。显然，这些计划靠个人单打独斗是不可能完成的，要靠很多人共同努力，团结协作才能解决。

二、科学的基本特点

根据上面关于科学的定义，我们可以知道科学具有下面几个基本特点：

1. 实践性

一切科学理论都来源于实践又应用于实践。纯粹靠想象和虚构是不可能创立科学理论的。即使是极其抽象的数学，虽然其中有很多想象的成分，但是归根结底它仍然是在实践的基础上总结出来的，它的许多理论都可以在实践中找到其影子。它所想象的事物不过是现实事物的推广和延伸，并非完全虚构。

2. 客观真理性

这一点前面已经有所论述。任何科学理论必须或多或少地正确反映客观事物的本质和发展规律。这种本质和发展规律是不以人的意志为转移的，是客观的、正确的。因此它是一个相对真理。

3. 理论系统性

这一点前面也已有很多论述。只有系统化的知识，有条理的思想才能称之为科学。没有条理，没有系统，混沌一片，杂乱无章的东西不能叫做科学，甚至不能叫做知识。

4. 发展性

科学永远处于不断的发展之中，因此任何的科学真理都是相对真理而不是绝对真理。也不存在终极真理。

三、科学发展的动因

从哲学上讲，任何事物的发展变化不外乎两个因素，一个是外因，另一个是内因。科学的发展也不例外。

1. 科学发展的外部因素

恩格斯曾指出："经济上的需要曾经是，而且愈来愈是对自然界的认识进展的主要动力。"而经济上的需求主要是通过生产实践来解决的。19世纪中叶以前，科学、生产和技术的关系往往是生产刺激技术的进步,技术促进科学的发展,即三者的关系是生产→技术→科学。19世纪下半叶以来,这种关系发生了微妙的变化,科学的发展不仅走在了技术和生产的前面,而且为技术和生产的发展开辟了各种可能的途径,形成了科学→技术→生产的发展顺序。之所以会出现这样的转变是因为在19世纪中叶以前,科学所涉足的主要是宏观、低速领域,工业技术所利用的是人们所熟知的自然界的"力"和物质。而19世纪下半叶,特别是20世纪以来,工业技术的长足发展,已经超出了人们熟悉的范围,研究领域从宏观走向微观和宇观,从低速走向高速,从确定性的"力"和物质走向不确定性的概率和物质波。科学的任务,就是要在最短的时间内,为技术和生产的发展开拓出新的途径,科学产生了空前的先行作用。但是我们不能认为这种变化意味着"决定作用"已经由实践转向了理论,由生产和技术转向了科学。科学之所以超前于技术和生产的发展,是因为它是以现代生产技术的发展为其条件的。生产实践仍然是科学发展的动力和最终原因。理论研究可以指出把今后的工作引向什么方向才能取得最大的成就。总之,一切科学理论归根结底都来源于实践又应用于实践,科学实验和生产实践以前是,现在和将来仍然是科学发展的终极动力,科学的先行作用主要表现在它对未知现象的预言作用更加突出,对技术和生产的指导作用更加明显而已。

2. 科学发展的内部因素

科学发展的内部动因有两个。从纵向看(即从历史和现实这一时间轴线上看),主要是新事实和旧理论之间的矛盾。比如物理学上的"两朵乌云"(指"以太漂移"和"黑体辐射")催生了两个理论(狭义相对论和量子力学)的诞生就是一个典型的例子。正是因为旧理论无法解释新的事实,所以才迫使爱因斯坦去创立全新的理论——相对论,迫使普朗克提出量子假说。而宇宙大爆炸理论的提出主要也是源于"哈勃的观察结果(所有的星系都在相互远离)与旧的静态宇宙模型之间的矛盾"。科学理论的重大突破,归根结底是理论和实践不断矛盾斗争的结果,实验→理论→实验的无限循环构成了推动科学发展的内部矛盾运动。

从横向看(即从空间上不同国家,不同人群来看)各种观点、假说、理论之间的矛盾是推动科学发展的另一个主要因素。所谓百家争鸣才能百花齐放。学术上的自由争鸣是科学发展的很重要的因素之一。

四、科学的地位和作用

由于科学回答是什么,为什么的问题。因此科学能满足人的好奇心,满足人类希望了解宇宙间一切事物的奥秘这样一种渴望。它是认识世界的有力武器。是人类智慧最高贵的结晶(贝尔纳语)。科学更注重于发现(发现新事实、新理论),注重于研究(研究新的规律)。而技术更注重于发明创造。技术是改造世界的有力武器。而只有认识世界才能改造世界。所以我们可以这样讲,科学是推动人类社会发展和改变思维方式的决定性力量。这一点从人类社会所经历的三次技术革命(蒸汽革命,电力革命,信息革命)对社会的影响就可见一斑。

这并非排斥文学艺术对社会进步的作用。无论怎样,科学对社会的推动作用远胜于其他知识的作用。在评价科技的作用时,要一分为二,防止出现极端情况。一种情况是唯科技主义。认为科技是万能的,科技进步等于社会的全面进步,别的一切都微不足道(如政治制度、文化传统、人的素质等)。这是一种很片面的观点。另外一种就是反科技主义。认为科技是人类的灾难,最后会毁灭人类。这种用科学技术的负面作用来否定它的社会功能是完全错误的。

五、判别一个理论是否属于科学理论的标准

在编者几十年的教学生涯中,常常会遇到两类人。第一类人,基本上没有太多的思想。这当然是指在科学探索方面,其他方面他或许能表现出很有主见的样子。这类人基本上是书上讲什么,他就信什么,老师怎样讲,他就怎样做。至于书上没有的,老师没讲的,他当然什么都不知道,也不想知道。第二类人,当然是少数人。看起来很有探索精神,很有主见。但是他连起码的基本知识都没有掌握好,就想去创立一个新理论,这当然是不切实际的。编者上网时经常会遇到一些人,只学过一点点普通物理的知识,就想向爱因斯坦相对论挑战。并写出一系列文章,大谈特谈相对论的错误。真有点"初生牛犊不怕虎"的味道,精神可嘉,结果不佳。还有一些人,提出了所谓的"新惯性理论",梦想取代牛顿理论,并大吹特吹该理论的好处。这些人实际上并不清楚什么样的理论才能算真正的科学理论。正因为如此,所以编者觉得有必要给出"一个理论是否属于科学理论"的标准。经过编者的深入研究,一个真正的科学理论应当满足下列几个条件:

1. 逻辑上的严密性

一个好的学说或理论必须是一个严密的逻辑体系,可以从少数几个公理或经过实验检验是正确的事实出发,推导出一系列的命题和结论。并且这些结论之间是自洽的,不矛盾的。比如,欧几里德平面几何,牛顿力学,麦克斯韦电磁场理论,爱因斯坦相对论等等。

2. 现象的可解释性和预言性

一个好的理论不仅能够解释以往绝大多数实验事实和现象,而且能够预言新的事实,新的现象,这一点非常重要。比如1964年美国物理学家盖尔曼等人提出的夸克模型,取得了基本粒子理论中里程碑式的进展。它不仅能够解释已有的事实,还能预言新的事实。因此是一个成功的理论。同样还有牛顿的引力理论,它不仅能解释现象,还能准确预测海王星的轨道,并发现这个新的行星。麦克斯韦电磁场理论更是先预言了电磁波的存在,然后才有赫兹去证实它的存在,因此它是一个真正的科学理论。

3. 结论的可证性和重复检验性

一个科学理论所导出的结论或预言的现象,必须能够通过适当的实验手段或试验来证实或证伪,并且这种实验可以重复进行无数次。比如狭义相对论,它所导出的所有结论都经历了无数实验事实的检验。并且它的许多结论已经在粒子物理,量子力学,核能释放等许多领域得到了广泛的应用。因此,网上一些人企图推翻相对论,这完全是徒劳的。相对论可以进一步发展,但是它不可能被推翻。如果一个学说所得出的结论既不能证实也不能证伪,那它就不能称之为科学。而只能称之为猜想或假说。比如UFO(即不明飞行物),它就不满足这一条。我们既不能多次重复证明它的存在,也不能多次重复证明它不存在。还有就是超弦理论,尽管它是一个优美的理论,但是它的许多推论因目前的条件尚不满足而无法证实,因此它仍然只是一个假说。而像人体特异功能,心灵感应之类的东西

也不满足这一条,因此它们也就不能称之为科学。但是非科学并不一定是伪科学。这一点后面会有详述。

4. 原理上的简单性和内容上的丰富性

原理上越简单,内容上越丰富,这样的理论也才越优美。这也是衡量一个理论好坏的标准。中国有些人搞出一些新的力学理论,企图取代牛顿力学。事实上,这些理论原理上既不比牛顿力学简单,内容上也不比它更加丰富,应用上更不方便。因此也就没有什么价值。

5. 普遍接受性和应用的广泛性

这一点是毋庸置疑的。一个真正的科学理论应当被全世界绝大多数科学家所接受,至少是被这一学科领域内的大多数专家学者所接受(当然,有少数理论在刚提出时可能不被多数人认同,但是最终还是会被接受的)。同时它必须有广泛的应用价值,它们或者是直接应用于社会实践,或者间接地应用于其他分支学科。比如数论中的"费马猜想","哥德巴赫猜想"等等看起来好像没有什么应用价值,实际上它的许多思想方法可以间接地应用于其他学科。仍然是有应用价值的。

六、科学和伪科学之间的过渡地带

20世纪80、90年代,练习气功的人很多,研究气功、人体特异功能的人也逐渐多了起来。一些不法之徒打着气功大师的幌子到处骗人钱财,还使一部分人因不正确的修炼方法而出现偏差,以致走火入魔。此时,何祚庥和司马南等人勇敢地站出来揭露这些骗子的伎俩,在当时的背景下的确是需要的,起到了积极的作用。但是,我们也不能走极端,因为骗子的存在而把气功和人体特异功能等统统扣上伪科学的帽子。有些人甚至于把中医也看成是伪科学,这就不是科学的态度了。气功是科学还是伪科学?中医算不算真正的科学?特异功能一定是伪科学吗?要回答这些问题,关键在于搞清楚:什么样的知识才能叫科学?什么样的东西叫伪科学?这一点上面第五部分给出了一个判别标准。

按照上面关于科学理论的五个标准,从严格的意义上讲,中医和气功与真正的科学(所谓的硬科学)是有差别的。因为这五条中,它们除了最后一条做得比较好(但是还不能说被全世界所有的医学专家所接受,应用方面也经常遭人质疑),其他四条做得都不够好。比如中医或气功里讲的阴阳之气,五行之气等等就无法用实验来证实,它也很难作出准确的预言,逻辑性也不强,我们很难从一个前提条件严密地导出另一个结论。但是,说它们都是非科学也不妥当,说它们是伪科学就更不妥当了。特别要注意的是,非科学不等于伪科学。如果把科学叫真,伪科学叫假,那么在真和假之间还有一种过渡地带(即灰色地带)。还有两种可能,即亦真亦假,非真非假。为了能准确地表达这样一种状态。编者认为,我们可以根据一个知识体系满足上述五个标准的程度把它分为四个等级。简称为"四级分类法"。用1代表绝对真理(纯白色),0代表绝对谬论(纯黑色)。0.5～1之间的叫科学,0～0.5之间的叫做非科学。科学又可以分为两大类,0.75～1之间表示硬科学(看起来是白色);0.5～0.75之间的表示准科学或软科学(看起来是灰白色)。非科学也可以分为两大类:0.25～0.5之间的为近科学(接近科学但还不是科学,用灰黑色表示);0～0.25之间的为伪科学(看起来是黑色,绝大部分都是谬论,是假的东西)。如图所示:

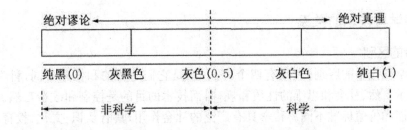

图 2.1-1 科学与非科学的四级分类图

按照这样的四级分类法,我们可以把中医和气功理论列入准(软)科学的范畴。人体特异功能是不是伪科学?目前很难界定。主要原因在于对特异功能的定义存在争议。究竟哪些能力算特异功能?有些人可以直接让220伏的电压加在其身上而安然无恙,这算不算特异功能?如果算的话,那么特异功能就是一个事实而不是伪科学。而像传说中的刘伯温那样能够"前算五百年,后算五百年"的这种能力可能就属于伪科学了,因为它们很难用实验事实来多次重复检验。但是有一点可以肯定,目前人体特异功能不属于科学而属于非科学,但是非科学不一定是伪科学,它也可能是"近科学"。"近科学"实际上是一种猜想,当然也可能是一种臆想。这种猜想和真正的科学假说还有一些区别,主要是它包含的真理成分比较少。像算命,占卜,以及一些巫术之类的东西可以归入伪科学。因为它们中大部分都是谬论。UFO属于非科学中的近科学(猜想)。而超弦理论,因为它的许多结论都没有被证实。我们只能说它是一个科学假说。鉴于它的严密性,我们暂时可以把它归入科学的行列。

七、技术

技术是改造自然的手段与方法(加工手段,工艺流程和方法),是科学知识、劳动技能和生产经验的物化形态。技术回答做什么?怎么做?是改造世界的有力武器。技术讲发明,讲创造。技术具有两种基本要素,即主体要素和客体要素。主体要素包括经验、技能、技巧、知识、管理等要素。客体要素包括自然物和人造物。技术具有自然属性和社会属性。前者指人们在应用技术进行物的创造时必须遵循自然规律,后者是指人在应用技术进行改造自然的过程中必须遵循社会规律。技术的来源有三个渠道:即生产实践、科学实践和科学理论。

八、高新技术及我国的863计划

关于高新技术的概念,目前主要有两种观点,一种认为:高新技术是对知识密集、技术密集类产业及其产品的通称,是一个综合的概念。第二种认为高新技术是指那些对一个国家经济、国防有重大影响,具有较大的社会意义,能形成产业的新技术或尖端技术;它通常是具有突出的社会功能和极高的经济效益,以最新的科学发展为基础,具有重要价值的技术群。

我国的863计划是1986年3月由王大珩、王淦昌、陈芳允、杨家墀等四位科学家提出的《高技术研究发展计划纲要》。列入该纲要的有八个技术群,它们是:生物技术、航天技术、信息技术、激光技术、自动化技术、能源技术、新材料技术和海洋技术。

九、科学与技术的关系

1. 两者的区别

关于科学和技术的区别,大致有四个方面:一是它们的目的和任务不同,科学的目的是认识和揭示自然、社会和思维的性质和规律,而技术的目的是控制和改造自然。二是它们的社会功能和价值标准不同。科学具有广泛的社会作用,具有认识、文化、教育、哲学等多方面的价值,并为技术创新提供理论指导,但科学一般不具有明确的、直接的社会目的;而技术则具有明确的、具体的社会目的,如直接追求经济的、军事的或社会的利益。三是它们的研究方式不同。科学研究的过程是从实践上升到理论,而技术活动的过程是从理论再回到实践。四是成果形式不同。科学成果主要以论文论著等知识形态出现,而技术成果以专利,产品等物质形态出现。

2. 两者的联系

科学与技术是相互促进,相辅相成的关系。技术的进步推动科学的发展,反之,科学的发展又促进技术的进步。科学与技术相互渗透、相互包含、相互转化。科学中有技术的因素和萌芽,技术中也有科学的因素和萌芽。科学是技术发展的理论基础,技术是科学发展的手段和工具。也可以说科学是技术的升华,技术是科学的延伸。随着科技的发展,科学与技术日渐趋于一体化,科学与技术的内在统一和协调发展已经成为当今"大科学"的重要特征。

十、对科学和技术的另类看法

上面所讲的关于科学和技术的定义都是目前大多数正统教科书上的定义。为了拓宽视野,下面介绍一下编者对科学和技术的非正统的看法。在编者看来,从某种意义上讲,科学就是把可能变为不可能,技术就是把不可能变为可能。

先解释第一句"科学就是把可能变为不可能"。众所周知,科学的目的就是追求真理,寻求一切事物发展变化的规律。什么叫规律?规律就是一种法则,一种约束,一种不可逾越的界限或鸿沟。规律就是变化中的不变性,复杂中的简单性,多样中的统一性。世界是纷繁复杂的,事物的发展变化存在着无数种可能性。但是在这纷乱现象的背后,有一个无形的东西在支配着它,使它按照一定的方式运动变化,这就是规律。我们常说"千变万化,万变不离其宗"。宗是什么?宗就是规律!正因为有规律,所以事物的运动变化才不会杂乱无章。寻求规律就是从事物运动变化的无数种可能性中找出少数几种可能性或者排除许多可能性的过程,而排除可能性的过程也就是给出不可能性的过程。正因为如此,我们才说科学就是把可能变为不可能。下面举一些具体的例子进一步说明。

比如热力学,它的主要内容可以概括为三大定律。热力学第一定律可以表述为:"第一类永动机不可能制造"(第一类永动机是指违背能量守恒的机器)。热力学第二定律可以表示为:"第二类永动机不可能制造"(第二类永动机是指效率为100%的热机)。热力学第三定律可以表示为"绝对零度不可能达到"(绝对零度就是零下273.15℃)。由此可以看出,整个热力学的核心就是这三个不可能。整个力学的核心也可以简单地表示为"违背能量守恒、动量守恒、角动量守恒的过程不可能实现"。而狭义相对论中的所有结论都是从光速不变原理和狭义相对性原理导出的。它们也可以表述为两个不可能。狭义相对性原理可以表示为："不可能纯粹通过实验的方法来判定一个物体是匀速运动的还是静止的"。而光速不变原理可以表述为："光在真空中的速度不可能发生变化"。狭义相对论中最重要一个结论也是以不可能的形式表示的，这就是"任何物体的运动速度或信号的实际传播速度都不可能超过真空中的光速"。至于广义相对论，所有的结论也是从两个不可能所导出的。广义相对论中的等效原理可以表示为"在局域范围内，不可能纯粹通过实验的方法来区分惯性力和引力"。广义相对性原理可以表示为"如果我们不选择参考系，那么在局域范围内，我们不可能纯粹通过实验的方法来确定自己到底是运动的还是静止的"（比如我们地球上的人，假如不选择别的物体作为参考物，那么我们就无法知道自己到底是运动的还是静止的）。广义相对性原理实际是讲自然规律在一切参考系中都具有相同的形式。这一点是可以理解的，因为真正的规律当然不应当和参考系的选择有关。假如有关，则因参考系的选择是由人的意志决定的，有无数种选择的方法，如果不同的参考系有不同的规律，那么规律也就有无数种，这样的规律就不能叫规律了，因为它是以人的意志为转移的。另外自然界的规律只有有限的几条，绝对不可能有无数条！因为无数条规律也就等于没有规律了。

下面解释"技术就是把不可能变为可能"。这句话的真正意思是说："技术就是把以前认为不可能的事情化为可能"。特别要注意的是，它不是把科学上的不可能化为可能，而只是把现实生活中看起来不可能的事情化为可能。比如"千里眼"，"顺风耳"等。以前只是神话传说，现在我们有了手机、电视等就可以做到这点。还有"上天入地"、"九天揽月"等等。现在我们也可以做到。上面这些观点仅仅是编者的一孔之见，仅供参考。

第二节 科技体系结构及其蛋糕模型

现代科技如同一座雄伟的大厦，内部各分支相互交叉，相互渗透，形成了一个十分复杂的网络。要想对现代科技有一个概括性的了解，就必须了解其总体结构。关于这一问题，我国著名科学家钱学森有一些独特的见解。他认为整个科学技术可以分为三个层次，即基础科学、技术科学和工程技术。其中哲学处于最高位，对各类科学具有指导意义。而基础科学又可以分为八大分支：自然科学、社会科学、数学科学、系统科学、思维科学、人体科学、军事科学、文艺科学。而在哲学与这八大基础科学之间还有相应的八个学科：自然辩证法、历史唯物主义、数学哲学、系统论、认识论、人天论、军事哲学和美学。

文献[1]列出了科技体系的平面结构图。如图2.2-1所示。

这一结构图简单明了。从横向看，它把科技分为科学理论和技术实践两大块。从纵向看，这两大块又都可以分为三个层次。即基础层次，应用层次和开发层次。这一分类方法还是有一定参考价值的。

当然，它也有一些不足之处。一是现代科学和技术已经非常紧密地联系在一起，有时往往已经融合为一个有机的整体。这一点它体现得不够，也即整体性不够好。二是关于基础科学的分类它没有涉及，即分析性体现得也不够好。三是关于钱学森同志的一个非

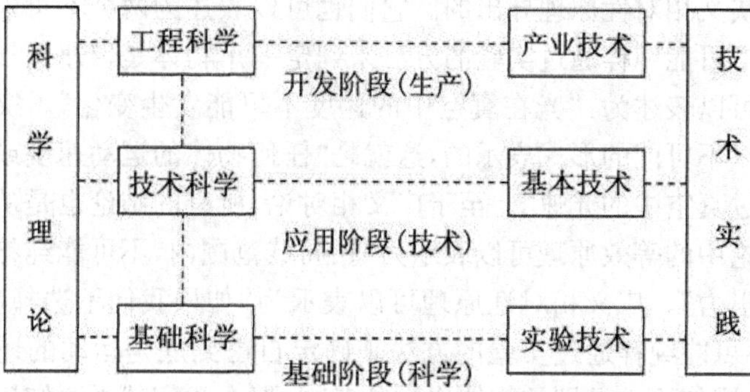

图 2.2-1 科技体系结构图

常重要的观点,即所有的分支学科都在哲学的统领和指导之下,这一点也没有体现出来。另外关于系统科学和系统工程在科技体系中的地位和作用也没有体现。最致命的缺陷在于它是一个平面图。事实上,现代科技是一个宏伟的大厦,它当然是立体结构而不是平面结构。由于每一个分支学科之间纵横交叉,互相联系,因此用任何一个平面图都不可能正确反映现代科技的体系结构!文献[3](见图 13-1)为了表示现代自然科学各分支之间的联系,硬是在一个平面上画出了几十个分支学科,并用线段表示出它们之间的联系。结果就是乱七八糟,看起来像一个蜘蛛网一样,让人看了眼花缭乱,一片糊涂。因此这样的结构图并不能给读者一个清晰的轮廓,不是一个好图。

编者在钱学森同志关于科技体系结构的基本思想指导下,创造性地提出了一个现代科技体系的立体结构图。这就是所谓现代科技体系的"蛋糕模型"。如图 2.2-2 所示。整个现代科技好比一块蛋糕。圆柱形蛋糕的顶盖相当于哲学,它意味着一切科学技术都在哲学的指导之下。科技实体就像蛋糕本身一样是一个不可分割的有机整体。我们可以人为地把它分为三个层次,从上到下分别为:基础科学、技术科学、工程技术。

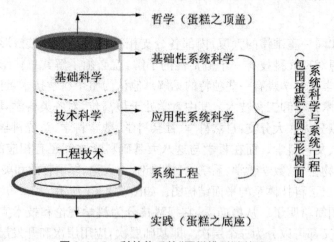

图 2.2-2 科技体系的"蛋糕模型"侧视图

基础科学中最主要的是基础理论,但是也包含了相应的实验手段和技术,硬把科学理论和实验分开是不妥当的。比如牛顿力学、电磁理论等就是典型的基础科学。无论是前者还是后者,都是在实验的基础上总结出来的。奥斯特的电生磁实验以及法拉第的电磁感应实验本身就是电磁学的一部分,它是不可以和电磁学分开的。近代科学最显著的特征就是把实验和数学引入科学。实验技术本身也是科学的一部分。因此编者认为把科学和技术完全分开是不太妥当的。

技术科学也可以叫做应用科学,它主要包含一些非常实用的科学知识,比如说无线电电子学、激光理论等等。毫无疑问,它也包含了一定的基本技术。讲无线电就不能不讲晶体管和集成电路,也不能不讲这方面的基本技术和制造工艺。但是它作为一门科学,仍然是偏重于理论知识,对于实际的制造工艺流程只是概略介绍一下而已。也正因为如此,我们仍然把它归于科学的范畴而不是把它归于技术的范畴。

工程技术就是在实际施工中的制造工艺、施工手段和方法等等。虽然说它是具体的制造工艺,但是这其中也包含了一定的科学。任何一门技术总是在一定的科学理论指导下的技术,完全脱离科学理论的技术是不存在的。只不过,技术的重点在于解决生产实践中的具体问题,而不注重于去建立一种新的理论。

在如何看待科学和技术的关系问题上,我们要防止出现两个极端:一个就是把科学和技术完全等同起来,完全抹杀它们之间的区别。另外一个就是把科学和技术完全割裂开来,看不到它们之间互相联系,互相渗透的一面。事实上,科学中包含着一定的技术,技术中也包含着一定的科学,但是它们两者的侧重点不同,前者侧重于理论知识,后者侧重于工艺流程。

如果我们把圆柱形蛋糕的顶盖看作是最抽象、离实际最远的哲学,而把底部看作是生产实践的话。那么从上向下,离下面越近,则技术的成分就越多,而科学的成分就越少。反过来,离上面越近,则技术的成分就越少,而科学的成分就越多。这样,当我们把蛋糕从上到下均分成三等份的时候,第一层次即基础科学就相当于含有2/3以上的科学和1/3以下的技术。第二层次即技术科学(应用科学)相当于含有2/3~1/3的科学或含有1/3~2/3的技术。而第三层次工程技术则相当于含有2/3以上的技术和1/3以下的科学。粗略一点,我们可以用三七开和五五开来描述这三个层次。即基础科学基本上是七分以上的科学,三分以下的技术。应用科学基本上是一半科学一半技术。而工程技术基本上七分以上的技术、三分以下的科学。这样就把科学中蕴涵着技术,技术中也蕴涵着科学用较为形象的方法表现出来了。这样既体现了科学和技术的区别,也体现了它们之间相互渗透的一面。而不是像有些人那样,要么不加区分,要么绝对割裂。

上面只是讲了圆柱形蛋糕在竖直方向上的分割方法。对于这样的三分法,即把科技分成三个层次,目前国内的意见基本上是统一的。区别仅在于是直接把整个科技分成三个层次还是分别把科学和技术都分为三个层次。

下面讲讲"蛋糕"在水平方向的分割。这涉及如何对科技特别是基础科学进行分类的问题。关于这个问题,目前并没有定论,可以说是仁者见仁,智者见智。钱学森同志认为应当把基础科学分为八个大的部分(上面已经列出)。这样做的理由是:他认为"部分之分并不在于学科研究对象之不同,而在于研究或看问题的角度之不同。由于考察世界的着眼点和角度不同,便产生了不同的科学类型"。虽然他的观点不无道理,但是编者仍然不能完全同意他的观点。这是因为,对于初学者来说,如果这样分的话,对科技体系的结构就很难留下一个清晰的印象。另一方面,编者觉得把文艺理论归于基础科学的范畴似乎有点不妥。因为文艺理论中有一部分应当归于艺术的范畴,另外一部分可以归入到社会科学的范畴中去,没有必要把它作为一个大类单独列出。对于军事科学,编者认为,它不应当列入基础科学的范畴,而应当归于应用科学的范畴。更准确一点讲,我们应当把它列入应用性系统科学的范畴。军事科学是涉及政治、经济、外交、数学、自然科学等众多领域的一门应用性系统科学。它的一些指导思想、战略战术可以直接应用于战争。因此把它列入基础科学是不太妥当的。至于人体科学,我们可以把它归入自然科学的范畴。而思维科学中的相当一部分,比如逻辑学等可以归入到社会科学的范畴中去,另一部分可以归入自然科学中去。没有必要把它作为可以和自然科学、社会科学相提并论的一个大类单独列出。这样剩下的就只有四大类即:数学、自然科学、社会科学、系统科学。编者认为,系统科学是涉及数学、自然科学、社会科学等众多学科的一门系统性的理论,它的研究对象包含了这三门学科的研究对象。更准确一点讲,它是在这三门基础科学的基础上进一步总结,抽象形成的系统性理论。因此我们不应当把它看作是和前面三个基础科学平等的一个大类。它的地位要略高于这三类,仅仅比哲学稍微低一些。系统科学与哲学更为相似。某种意义上我们可以这样说:"哲学是定性的系统科学,系统科学是定量的(科学)哲学"。既然哲学是蛋糕的"顶盖",那么系统科学和系统工程就应当是蛋糕的"侧盖"(用纸或塑料做成的包围蛋糕的圆柱形侧面)。因为圆柱形蛋糕在竖直方向分为三层,所以相应的,系统科学和系统工程也分为三层,即基础性系统科学(它和基础科学相对应),包括系统论、信息论、控制论、协同论等等。应用性系统科学(它和应用科学相对应),如军事科学等。系统工程(它和工程技术相对应),如研制原子弹的"曼哈顿工程",载人登月的"阿波罗工程",破解基因密码的"人类基因组计划"等等。

这样,当我们把哲学及系统科学和系统工程看作是一个稍微高于科技实体的单独的一个门类之后,我们就可以对科技实体进行较为细致的分类了。

科技实体(即蛋糕本身)从横向看(即在水平面内)也可以分为三大类:即数学、自然科学和社会科学(与它们相应的应用科学和工程技术也分为三类。例如在基础数学下面有应用数学,在应用数学下面又有工程数学或数学技术,比如导弹轨迹的计算,导弹自动寻的的程序设计等)。当然,在此基础上还可以进一步细分。

之所以我们要把科技实体(重点为基础科学)分为三类,是因为这三类科学所研究的对象以及评判(一个理论是否是真理)的标准有本质的不同。我们先从自然科学谈起。

众所周知,自然科学(包括物理、化学、生物、天文、地理等)所研究的对象是自然界中客观存在的事物。从最小的电子到最大的宇宙都是其研究的对象。然而,无论自然科学的研究范围有多广,它总是把研究对象看作"无意识的物体"。即使是研究有生命活力的细胞也是如此。即自然科学所研究的事物不涉及意识和心理问题。正因为如此,所以检验自然科学中的任何一个理论是否是真理的唯一标准就是实验。这种实验的检验可以重复进行无数次。只要条件相同,每一次实验的结果都应当精确地一致(量子力学中的测不准原理只是说明了个别粒子行为的不确定性,大量粒子的行为在同等条件下仍然是相同的)。这种实验检验的可重复性、精确性和客观性(即与人的意识或意志的无关性)是社会科学所不具备的。简单地说自然科学最显著的特征是研究对象和评判标准的客观性。

社会科学所研究的对象是带有一定意识的人或人的群体。它们着重研究这些群体的思维方式、行为方式问题；研究他们的喜、怒、哀、乐等情感表达问题；研究他们对其他人或其他物的反映和感受、审美问题、心理问题等等。因为每一个人的意识有其不确定性或随机性，所以评判社会科学中某一理论是否是真理的标准也就存在一定的主观性。它并没有一个全球统一的，完全客观的标准。它也不可能像自然科学那样，可以接受无数次的重复检验。它的理论的预见性也比较差。例如，没有任何一个经济学家能够根据他的理论精确地预言全球任何一个国家的经济走势。也没有任何一个万能的，可以适用于任何一个国家，任何一个企业的管理模式。简单地说社会科学最显著的特征就是研究对象和评判标准带有一定的主观性。但是主观性并不意味着随意性。社会科学中的任何一个理论是否属于科学理论仍然需要接受实践的检验。比如说，评判一个管理模式是否是一个好的模式，虽然存在着一定的主观性，但是它仍然是有一定标准的，它也需要经过实践的检验。语言学中对某个字词的解释虽然是人为规定的，但是一旦规定以后就不能随便更改了。历史学中，虽然不同国家、不同代的人对同样的一段历史的看法可能会有所不同，但是真正的历史事实却只有一个，它也不是像橡皮泥那样可以随心所欲，想怎么改就怎么改的。

鉴于社会科学所研究的对象和评判标准有一定的主观性，适用的范围有一定的局限性，预言能力有一定的不确定性等基本特点。我们可以说社会科学是一个"软科学"。而自然科学是"硬科学"。社会科学研究活的人，自然科学研究死的物。它们两者有极为显著的差异，所以我们有必要把它们分开，作为两个大类单独进行研究。下面我们将着重讨论基础科学的另外一个大类——数学。

按照传统的观点，数学属于自然科学的一个分支。钱学森同志首先提出了应当把数学和自然科学分开，作为两个不同的大类来看待。在这一点上，编者完全同意他的观点。至于为什么要把数学和自然科学分开？这一点钱学森同志并没有给予详细的解释。编者在此给予充分的说明。

在编者看来，数学和自然科学以及社会科学都不同。从研究对象上看，数学所研究的既不完全是"自然界中客观存在的事物"，也不完全是"带有一定主观意识的人或人的群体"。它所研究的是"一系列抽象的符号及其运算法则"。这些符号可以代表死的物，也可以代表活的人。可以是客观存在的事物，也可以是想象中的自然界中根本不存在的事物，如 n 维空间向量或 n 维空间的球体等（$n>3$）。尤其是无穷维空间和分数维空间等，这些东西纯粹是人的想象物，自然界中是根本不存在的。这一点是数学和自然科学最根本的不同之处。正是由于研究的对象不同，所以评判的标准也不同。评判一个数学理论是否是一个真理的标准，既不像自然科学那样只有唯一的一个标准即实验，也不像社会科学那样是"主观＋客观"或"部分统一认识＋部分实践"。它的标准实际上只有一个即"逻辑推理的严密性和合理性"。严密性意味着所有的推论都必须是自洽的，不矛盾的。合理性意味着它的推论必须是符合常识的，和生活经验不矛盾的。因此它的推论当然是有应用价值的。比如，我们根据推论可以得出圆周率（圆的周长与直径之比）为 $n=3.1415926\cdots$，由于它是一个无理数，所以我们不可能用简单的实验直接去检验它。但是，至少这一结论和我们的实际生活是不矛盾的。

话要说回来，究竟什么样的逻辑推理是合理的？这实际上必须靠人们长期的实践经验才能作出判断,所以从这个角度讲,评判一个数学理论是否是真理也需要经受实践的检验。

但是,由于数学上的很多结论根本不可能用实验直接去检验,所以完全用实践或实验来检验一个数学理论是否是真理是不妥当的。

总而言之,数学可以分为两大块。一块是反映客观世界的数量关系和空间形式的"实用数学",它既要接受"逻辑上严密而合理"的检验,又要接受实践的检验。另一块是"想象数学",它反映想象世界中各事物之间的数量关系和空间形式,它只需要也只能接受逻辑的检验,不需要也不可能接受实践的直接检验。数学的这一检验标准和自然科学是截然不同的,和社会科学也完全不同。正是由于数学在研究对象和检验标准上与前两者有根本性的差异,所以我们才有必要把它作为一个大类单独列出。

特别要说明的是,编者提出的这个描述科技体系结构的蛋糕并不是一个固定不变的蛋糕,而是一个不断生长变化的蛋糕(不停地加入奶油和其他原料)。不仅圆柱形蛋糕的半径和高度越来越大,而且蛋糕内部各部分之间的"空洞"和"缝隙"也越来越小,即蛋糕各部分之间结合得越来越紧密。它们的意义下面将有详细的解释。

另外一点需要强调的是:以上的分类法也仅仅是编者的一种看法。如果你非要把哲学和系统科学(主要包括系统论、信息论、控制论和协同论)归入基础科学的范畴,那也未尝不可。事实上,如果我们沿着水平方向在蛋糕高度的2/3处横切一刀,则切下的这一部分不仅包含了我们上面所讲的三大基础科学,也包括了哲学和(基础性)系统科学。因此,这五大部分实际上可以看作是连在一起的。把它们都看作是基础科学也是可以的。编者把哲学和系统科学从基础科学中分离出来无非是想突出它们的作用而已!

图2.2-3为"蛋糕"的俯视图,由图可以看到此蛋糕分割成三大块(三个大的扇形区域),分别表示自然科学,社会科学和数学。其中的每一块又可以进一步分割成很多小块(很多小的扇形区域),表示很多小的分支学科。这是沿着半径方向的分割法(径向分割法)。除此之外,还有横向分割法,即用一系列同心圆对蛋糕进行分割。也即把蛋糕分割成大小不同的一系列圆环。下面说明一下图上不同区域的意义。同时也解释一下不断生长的蛋糕所包含的意义。

①两个扇形区域之间的结合部——表示两个分支学科之间的边缘科学。

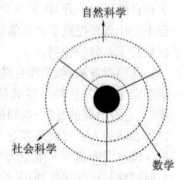

图2.2-3 "蛋糕"俯视图

②圆柱形蛋糕中心轴线附近的黑色区域——表示综合性学科(各门学科相互交汇在一起)。

③两个不相邻的扇形区域在中心轴线附近的结合部——交叉科学。

④一系列大小不同的圆环或圆环的一部分——表示横断科学(横跨好几门学科)。

⑤圆柱形蛋糕的半径越来越大,高度越来越高——意味着科技知识的容量越来越大。

⑥蛋糕的体积越来越大,分割的部分越来越多。与此同时内部"空洞"却越来越少,中心轴线附近的黑色区域越来越大——意味着随着时间的推移,科技知识的总量越来越多,知识越来越分化的同时又越来越综合。

⑦蛋糕的底座为实践,意味着一切科技知识都来源于实践。

第三节　自然科学、社会科学和数学的分类

上一节介绍了科技体系的结构问题,并在钱学森同志所提出的一系列观点的基础上,合理地取舍,提出了把基础科学的主体分为自然科学、社会科学和数学三大类的观点。详细说明了为什么要这样分的原因。这三大类当然还可以进一步细分。

一、自然科学的分类

1. 传统分类法

自然科学分为数学、物理、化学、生物、天文、地理。

这种分类法比较简单,也容易被大家接受。人们通常认为数学是自然科学之王,是一切科学的基础。事实上,中学里最重要的三门学科:语文、数学和外语都是一种工具。语文和外语是人际交往或交流思想的工具。而数学是解决现实世界中许多实际问题的工具。这种分类法的缺点是明显的。这一点前面已经有所提及。因为自然科学是寻求自然界一切物体运动变化规律的学科。检验它的标准只有一个,那就是实践或实验。但是数学却不完全是这样的。

数学所研究的对象和检验的标准和自然科学有本质的不同。一部分数学需要接受双重检验(逻辑和实践),而另外一部分由于它研究的只是想象中的事物,所以只需要接受逻辑的检验,无法接受实践的检验。

2. 现代分类法

现代分类法有两种,第一种就是目前大家比较熟悉的简单分类法,直接把数学除外即可。

(1) 简单分类:自然科学包括物理、化学、生物、天文、地理等。

(2) 尺度分类法:

因为自然科学归根结底都是研究自然界的一切物体运动变化规律的学科,所以我们可以根据它所研究的对象的尺度来进行分类。这就是编者提出的尺度分类法。

从研究尺度小于 10^{-16} cm(电子的半径)的统一场论(目前尚未实现)到尺度大于 10^{28} cm(目前所知的宇宙尺度)的宇宙可以分为九大学科。如图 2.3-1 所示。下面对图 2.3-1 进行必要的说明。按照爱因斯坦的看法,自然科学可以分为三个大的学科,即物理学、化学、生物学。如果把自然科学看作是一棵参天大树,那么树干就是物理学。它有两个大的分枝,那就是化学和生物学。树干又可以分为七个层次,即尺度介于电子半径 10^{-16} cm 和普朗克长度 10^{-33} cm 之间的统一场论(相当于树根),目前尚未完成;尺度在核的半径 10^{-13} cm 左右的基本粒子物理学;尺度在原子或分子直径 10^{-8} cm 左右的原子物理或分子物理学;尺度大于一根头发丝的直径(约 100 μm 或 0.1 mm=10^{-2} cm 左右),肉眼可见的宏观物理(主要是指经典物理学,如牛顿力学等);尺度在地球的直径 10^9 cm 左右的地球物理学;尺度在太阳系半径(约50亿千米)即 10^{14} cm 左右或更大一些的天体物理学;

尺度在 10^{28} cm 左右的宇宙学(目前已知的可观察宇宙的尺度为 150 亿光年,数量级为 10^{28} cm)。

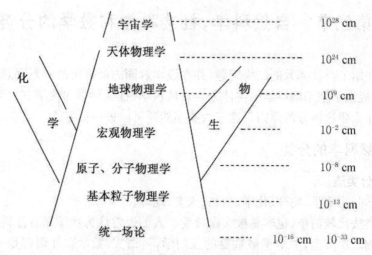

图 2.3-1 自然科学尺度分类法

从基本粒子物理学到宏观物理学这三个层次范围内,尤其是原子、分子物理这一层次上,又出现了两个特别重要的分枝,即化学和生物学。原子、分子物理着重研究原子和分子的最基本性质,对于两个原子或更多原子结合为分子的过程以及分子之间的结合问题则由化学来承担。而由有机分子组合成的大分子以及由大分子组合而成的细胞的一些变化规律则由生物学来承担。所以在分子这一层次,物理、化学和生物学实际上是相通的。而量子力学、量子化学、量子生物学更是融为一体。图 2.3-1 非常形象而生动地反映了这一特征。近年来,有些人提出,在宏观物理和原子分子物理之间还有所谓的介观物理(或纳米科学)等分支学科,如果是这样的话,那么在尺度分类法中,大的分支就有 10 个。

二、社会科学的分类

关于社会科学的分类问题,由于涉及的门类众多,还因为究竟应当把哪些学科列入社会科学存在着争议,因此目前并没有什么定论。有些人认为:广义的科学包括社会科学、自然科学、工程技术、人文科学四大类。社会科学主要包括:政治学、经济学、法学、社会学、军事学、教育学等。人文科学主要包括文学、艺术和历史学等。并认为社会科学和人文科学的界线是相对的、模糊的。前者是关于社会的本质与发展规律的科学,后者是关于人类思想、文化的科学。社会科学和人文科学本质上都是关于人的科学。

编者认为,既然社会科学和人文科学都是关于人的科学,而且两者的界线是模糊的,又何必要把它们分开?不如干脆把它们合二为一,直接叫社会科学更好一些。另外一点前面已经讲过,把文学、艺术列入科学的范畴是极不妥当的。这一方面混淆了科学和艺术的差别。另一方面也存在着概念性的错误。严格来说,文学和艺术不是并列的关系而是包含的关系。文学只不过是艺术的一个分支而已。如前面所说,科学的本质是追求真理,是正确反映客观事物发展变化规律的学科。文学以及其他艺术并不追求真理,它们所关心的问题不是能否正确反映客观事物的本质和变化规律,而是能否引起其他人的共鸣,它们所追求的是审美问题。它们可以无限制地虚构和夸张，只要受到其他人的欢迎即可。这一点和科学是截然不同的。事实上，文学和音乐并没有什么本质的不同，只不过前者是用文字来反映社会生活和人的内心体验，而后者是用音符来反映人的思想和情感。它们都允许虚构，允许夸张。艺术家常说的一句经典名言："艺术源于生活而又高于生活"就是这个意思。所以它们都属于艺术的范畴。科学是来不得半点虚构的，一就是一，二就是二。科学必须准确地反映事物的本质和变化规律。

在编者看来，社会科学主要包括：政治学、经济学、法学、社会学、教育心理学、语言学、历史学、形式逻辑、人文地理、企业管理、文秘等。一切涉及人的主观意识，评判标准带有一定主观性的科学都属于社会科学。但是社会科学和艺术是有本质差别的，艺术允许夸张，允许虚构，而社会科学是不允许这样做的。

顺便说一下，人们常将语言文学合称为语文。事实上语言学和文学是有本质差异的，语言学属于（社会）科学的范畴，它是不允许随意虚构和想象的。一旦规定了某个字词的用法以及语法规范，你就不能乱来。而小说、诗歌等文学作品可以虚构，可以即兴发挥，所以它属于艺术的范畴。

至于军事科学，前面已经有所论述，把它列入基础科学已经不太妥当了，把它列入社会科学就更不妥当了。军事科学主要研究战争的形式和规律，战略、战术等问题。战争的形式是由当时所使用的兵器所决定的。冷兵器时代、热兵器时代、核武器时代所采用的战争形式以及战略战术是截然不同。在现代战争中，在信息化时代，战争的形式已经从最初的一维（地面战争）发展到了六维（陆、海、空、天、电磁、网络等）。研究军事科学的人如果不了解自然科学和数学，不了解系统科学，不了解现代各种新武器的性能特点，那纯粹就是纸上谈兵，瞎子摸象，绝对不可能提出有价值的理论和战略战术的。从这个角度讲，军事科学更多地包含了自然科学的成分。事实上，目前研究军事科学的人大部分都在国防大学和各种理工大学。毫无疑问，他们都属于理工科而不属于文科，属于自然科学而不属于社会科学。当然，正如前面所说，军事科学不仅涉及数学和自然科学等基础学科，也涉及技术装备等问题，还涉及政治、经济、心理学等社会科学。因此它是一门综合性学科。正因为如此，编者才把它归入应用性系统科学的范畴（见上一节）。

三、数学的分类

人们常常把数学说成"数学王国"，意思就是说数学是一个极为庞大的学科。其分支学科非常繁多。一个人倾其一生也不可能精通数学的每个分支学科。正如一个人倾注其毕生的精力也不可能对自然科学的各个方面（物理、化学、生物、天文、地学等）都精通一样。由于编者才疏学浅，对数学知识了解也有限，所以要给数学进行分类是有一定困难的。更何况对于数学的分类目前也没有什么统一的标准。但是，为了给读者一个初步的印象，编者还是想给数学一个最粗略的分类。在分类之前，我们先给数学下一个定义。

1. 什么是数学？

关于什么是数学？这个问题并没有什么绝对正确的答案。大致可以分为正统教科书中的定义和非正统的看法两大类。这两类观点都不是完美无缺的。

(1) 正统的定义

恩格斯在谈到数学的时候曾经指出:"纯数学的对象是现实世界的空间形式和数量关系,所以是非常现实的材料"(参阅文献[4])。他明确地说:"数学是数量的科学,它从数量这个概念出发"。根据他的见解,我国教科书中对数学的定义是:"数学是研究客观物质世界的数量关系和空间形式的一门科学"。更具体一点可以这样说:"数学以数和形的性质、变化、变换和它们的关系作为研究对象,探索它们的有关规律,给出对象性质的系统分析和描述;在这个基础上分析实际问题,给出具体的解法"。

(2) 非正统的看法

一般的,我们把正统的定义看作是唯物主义的,而把非正统的观点看作是唯心主义的。这方面大致有三种形式。

①逻辑主义:逻辑主义对待已有的数学知识采取完全确认的立场,并认为数学的基础是逻辑,认为全部数学是从逻辑概念中导出来的。如当代美国数学史家波耶认为:"数学既不是对自然界的描述,也不是对自然界的作用的解释,数学仅仅是可能关系的符号逻辑"。罗素和怀特海合写的三卷巨著《数学原理》是该学派的代表作。这一著作实际上是沿集合论系统展开的逻辑公理系统,试图以此推导出所有的数学。

不少人认为,逻辑主义的出发点是错误的,他们把数学当成逻辑,这是对数学的曲解。他们认为逻辑主义试图改造数学的计划并没有完成,也不可能完成。

编者认为,对逻辑主义也要一分为二。一方面,数学上或生活中有许多命题,纯粹利用逻辑推理是无法判定它的真伪的,必须借助于实践或实验或其他的手段才能判断。把全部数学完全建立在逻辑推理之上是有风险的,不牢固的。另一方面,逻辑主义也有它合理的一面,它把各门学科通过适当的逻辑推理联系起来,形成一条清晰的线索和脉络,这对从整体上把握数学的结构是有帮助的。

②直觉主义:直觉主义的先驱是克隆尼克,代表人物是美籍荷兰数学家布劳威尔,他认为:"数学的真理在数学家的头脑中"。和逻辑主义对待已有的数学知识相反,这个学派对已有的数学知识采用严格的批判立场。因为在他们看来,悖论在集合论的出现并非偶然,而是整个数学的不可靠性的一次大暴露。因此必须对全部的数学进行严格的审查和彻底的改造。那么究竟什么样的概念和方法才是可靠的呢?什么是数学的可靠基础?直觉主义认为,这种基础不应是逻辑而是直觉。数学是数学家的"心智的创造物"。需要说明的是,他们所谓的直觉并不是指主体对客体事物和现象的一种直接把握和洞察能力而是指思维的本能,这种本能与客观世界完全无关。该学派的代表人物海丁说:"数学思想的特性在于它并不传达关于外部世界的真理,而只涉及心智的构造"。他们认为,数学中的定理只不过是这些构造的记录而已。他们反对在数学中普遍使用集合概念,反对实无穷,反对非构造性证明,也反对使用排中律和反证法。他们反对逻辑主义的观点,认为逻辑不能作为数学的前提,因为他们认为逻辑不是先于数学的构造,而是在数学的构造过程中产生的。所以不管拿怎样的逻辑原则作为证明数学定理的手段,都会犯恶性循环的错误。

有少数直觉主义者认为数学来源于直觉,只有能直觉感受的东西才有意义。他们认为像 n 次方程有 n 个根的定理是空洞的,没有意义的。极个别直觉主义者认为世界上有多少数学家就有多少种数学。直觉主义把数学的对象限定在可构造的范围内,否定了相当大一部分数学,特别是涉及无穷方面的数学,使数学的范围大大缩小,这不利于数学的发展。

编者认为,直觉主义的观点是值得商榷的。数学的魅力正在于可以超越人的直觉。不是只有直觉感受到的东西才有意义,感受不到的东西也有意义,甚至于比感受到的东西更有意义。当然,直觉主义以批判的眼光审视以往的一切数学,这个态度有可取的一面。另外他们强调"心智的创造",而不顾及它是否能够正确地反映外部世界,这虽然违背了唯物论的观点,但是对最大限度地发挥人的创造性还是有积极意义的。

③形式主义:德国数学家希尔伯特认为"数学的研究对象只是符号以及跟它们的实际意义不相关的运算法则"。为了克服第三次数学危机,希尔伯特曾提出一个方案:首先将非形式化的数学改造成形式化的公理系统,然后用有穷的方法证明形式系统的一致性。为此,他建立了元数学,发展了有穷主义证明论。这个学派曾在 20 年代末用有穷的方法证明了只含有加法的算术的一致性。他们预言,整个算术的一致性的证明为期不远了。但是 1931 年,哥德尔发表了不完全性定理。该定理的发表宣布了希尔伯特试图建立一个完全而无矛盾的形式系统不可能实现。迫使希尔伯特方案的支持者不得不放弃有穷方法的限制。1936 年,甘岑用超穷归纳法才证明了纯数论的一致性。

编者认为:形式主义的观点是唯心主义的,但是它仍然有一定的参考价值。从纯理论的角度讲,数学所研究的对象确实是一系列抽象的符号及其运算法则,所以希尔伯特的观点并非一无是处。这样的定义具有很好的概括性,但是也有缺点。因为过于强调形式和逻辑很容易脱离实际,使人陷入虚无主义。并使人产生一个错觉,以为数学纯粹是人的意志的自由创造物。认为数学可以完全脱离实际而由数学家自由发挥,自由创造。

事实上,任何一个有意义的数学公理体系都不是完全脱离客观物质世界的产物。数学来源于物质世界,是从人们的感性经验中概括和提炼出来的。许多高度抽象的数学理论,虽然是从其他数学理论发展而产生出来的,但归根结底,它们仍然来源于非常现实的客观物质世界。反过来,数学理论又帮助人们去揭示客观物质世界。

当然,正统教科书中把数学定义为"研究客观物质世界的数量关系和空间形式的一门科学"也有缺点。因为数学的研究对象并不完全是客观事物,还有主观想象的事物。比如前面我们提到的无穷维空间等等。所以数学也研究想象世界中事物的数量关系和空间形式。

总之,编者认为,我们既不能为了标榜自己是唯物主义者而片面地认为数学是纯粹经验的产物,这样做会禁锢人的大脑,扼杀人的创造性。也不能片面地认为数学纯粹是自由意志的创造物。这样做虽然能最大限度地发挥人的创造性,但是也容易陷入唯心主义和虚无主义,导致最后搞出来的理论毫无价值从而浪费青春。

从某种意义上讲,数学与艺术有点相像。我们常说"艺术必须源于生活而高于生活"。意思就是说艺术允许夸张,允许想象,必须提炼,可以加工。数学则是"源于客观世界而又高于客观世界"。源于客观世界的意思就是说数学的根基是客观世界,完全脱离客观世界,完全凭空想象,想建立一个新的数学理论是行不通的。高于客观世界就是说,数学理论有一部分并不是对客观世界的直接反映,而是对想象世界中各事物之间相互关系的一种描述。但是数学作为一门科学仍然和艺术有着本质的差别。艺术允许夸张,可以随意发挥。而数学虽然可以想象但是不允许夸张,更不可以随心所欲、随意发挥。它必须受到逻辑的严密性和合理性的制约!

人们常常把"美"定义为"主观和客观相结合的产物"。意思就是讲美既有客观性也有主观性。许多物体的长和宽之比只有满足"黄金分割"(1∶0.618)才会呈现出美的感觉,这就是美的客观性。和谐、协调、对称、有规则是美的基本标准,这也是一种客观性。杂乱无章的振动发出的声音就是一种噪音,它不可能给人以美的感觉。而情人眼里出西施就是美的主观性的表现,别人觉得不美,他可能会觉得很美。与此相仿,数学从某种意义上也可以看成是"主观和客观相结合的产物"。数学必须受到逻辑的严密性和合理性的制约,还必须受到理论和实践相符合的制约,这就是一种客观性的体现。另一方面,引进怎样的一整套符号?制定什么样的运算法则?采取什么样的手段和方法由少数几条公理推导出各种命题?这些都有相当的自由度,可以因人而异。这就是主观性的体现。这也是最能体现个人创造性的地方。正因为如此,很多研究数学的人根本不觉得数学枯燥,而是觉得数学很有趣,很美!数学中的美大量存在,只不过常人很少能体会到。

2. 数学的分类

按照一般的看法,数学是研究数与形的科学。数的最基本特性就是其分裂性,即每一个数代表一个确定的事物(比如复数代表平面上的一个点,实数代表水平实轴上的一个点)。而形的最基本特性就是其连续性,彼此不相关的孤立的点不可能构成形。只有无数个彼此相连的点才能构成形。无论是自然界中客观存在的事物还是想象中的事物,它们总是以两种方式存在的,第一种就是以孤立的方式存在,第二种就是以连续的群体的方式存在。前者表现为事物的分裂性,而后者表现为事物之间的联系性或相关性。前者可以用数来表示,后者可以用形来表示。从集合论的角度讲,数可以用有限个元素表示,而形必须用无限个元素表示。所以形是一个无穷集合。这一点和物理学是非常相似的。物理学归根结底也研究两类事物。一类就是质点或具有分裂性质的粒子或量子,第二类就是场(它具有某种连续性)。

既然数学归根结底是研究数和形的科学,所以从最一般的角度来看,数学的主体可以分为三大类。一类就是研究数和量的(广义)代数学,第二类就是研究形的(广义)几何学。第三类就是研究数、量和形之间的相互关系(或者说从数、量的角度来研究形,从形的角度来研究数、量)的(广义)分析学。此外,还有一类既不研究具体的数也不研究具体的形,而只是研究数学理论必须具备的基本条件和整体结构的学科,那就是数理逻辑。它的任务是研究什么样的理论才能算是一个真正的数学理论?一个数学理论必须符合哪些基本条件?有哪些基本特征?某种意义上可以说,数理逻辑是数学和科学哲学或逻辑学相结合的产物。另外还有一类专门研究具体计算方法和技巧的计算数学(它常常和计算机相结合)。严格来说,数理逻辑和计算数学不能算是纯数学,而是一门综合性学科或边缘科学。

广义代数学大致包括代数学(含初等代数、高等代数和近世代数,高等代数和近世代数主要有线性代数、群论、环论、域论、布尔代数、格论、伽罗华理论、李代数、同调代数等)、数论、概率论与数理统计、运筹学等。广义几何学主要包括欧氏几何(含平面几何和立体几何)、非欧几何[它有三种含义,狭义的非欧几何专指罗巴切夫斯基几何;普通意义上的非欧几何是指罗巴切夫斯基几何(也叫双曲几何)和黎曼几何(也叫椭圆几何);广义的非欧几何是泛指一切和欧氏几何不同的几何]、解析几何、微分几何、拓扑学、射影几何、代数几何等。广义的分析学主要包括数学分析(微积分学)、函数论(含实变函数和复变函数)、泛函分析、微分方程等。下面是关于数学分类的一个简图。

```
         ┌ 广义代数学 ┌ 代数学 ┌ 初等代数
         │            │       └ 高等代数和近世代数:(线性代数、群论、环论、域论、布尔代数、格论、
         │            │                            伽罗华理论、李代数、同调代数、集合论等)
         │            ├ 数论(初等数论、解析数论、代数数论、几何数论)
         │            ├ 概率论与数理统计
         │            └ 运筹学
         │
         │            ┌ 欧氏几何(平面几何和立体几何)
         │            ├ 非欧几何(罗巴切夫斯基几何和黎曼几何等)
         │            ├ 解析几何(平面解析几何和立体解析几何)
数学 ────┤ 广义几何学 ├ 微分几何
         │            ├ 拓扑学
         │            ├ 射影几何
         │            └ 代数几何
         │
         │            ┌ 数学分析(微积分学)
         │ 广义分析学 ├ 函数论(实变函数和复变函数)
         │            ├ 泛函分析
         │            └ 微分方程(常微分方程和偏微分方程)
         │
         ├ 数理逻辑
         └ 计算数学
```

本章思考题

1. 评判一个学说是否属于科学理论的标准是什么?
2. 简述科技体系结构的蛋糕模型及其意义。
3. 为什么说把数学列入自然科学不太妥当?
4. 自然科学、社会科学和数学分别可以分为哪几个大的分支学科?
5. 简述科学与技术的概念及其相互关系,并谈谈什么是高新技术?
6. 科学发展的动因是什么?
7. 科学、技术、生产三者的关系在19世纪下半叶前后是如何变化的?
8. 我国的863计划的内容是什么?

【阅读材料1】 有关数学各主要分支学科的简要说明

为了使读者对数学各个分支学科有一个概要性的了解,下面对其主要分支略加说明。
(1) 有关代数的几点说明
①代数的基本特点:就是用各种字母符号来表示数。
初等代数也叫古典代数,内容包括:有理数的四则运算、代数式、指数和幂、方程和恒等式、分式、根式、多项式、因式分解、复数等。由于古典代数的中心问题是求方程的解,所以古典代数也叫做方程的科学。高斯证明了 n 次方程至少有一个根。后来很多人证明了 n 次方程恰好有 n 个根。伽罗华等人证明了当 $n \geqslant 5$ 时,不可能像二次方程那样用求根公式获得方程的解。

②高等代数和近世代数:高等代数是在初等代数的基础上发展起来的。其研究对象在实数、复数等数的基础上作了大幅度的扩充。由纯粹的数演变到了量。包括矩阵、向量、集、群、环、域、向量空间等。其中集合的概念是一个非常基本的概念,它是指具有某种相同性质的事物的全体。群是近世代数甚至整个现代数学里非常重要的概念。简单地说,群是满足一定运算法则的集合(集合中的元素满足封闭性。即任意两个元素经过运算之后仍然属于这个集合。元素之间的运算满足结合律。集合中有唯一的一个单位元素。集合中的每个元素都有逆元素)。群论的主题之一是寻找所谓的生成子,使得该群中的每个元素都可以表示成这些生成子及其逆的方幂的乘积。此外还研究把复杂的群分解为不可再分的单群,以及一切单群的种类,从而弄清所有群的结构问题。群论在现代物理学中应用非常广泛。初等代数是高度计算性的,研究以实数和复数为基础的特定数系。高等代数是概念性的,公理化的,它所讨论的对象已不是特定的实数和复数,而是非特定的任意元素的集合系统,这些集合系统都规定了各自的合成法,这些合成法也就是集合系统的公理化。比如群、环、域等都规定了集合必须满足的条件。

③布尔代数:是英国数学家布尔于1847年首先提出的。布尔代数对逻辑规律进行数学分析,因此也叫做逻辑代数。这门学科后来在线路设计、自动化系统、电子计算机设计方面得到广泛的应用。所以也有人把它叫做开关代数。

(2) 有关数论的说明
研究正整数的性质和相互关系的一门学科。还研究怎样用有理数来逼近实数。数论中提出了许多重要的概念,比如自然数列是无穷的,整数有次序,由整数运算可以导出代数运算。现代天文学在计算闰月,日食月食等都应用了数论这门学科的理论。

初等数论中有一个欧勒恒等式比较重要,即:
$$(x^2+y^2+z^2+w^2)(a^2+b^2+zc+d^2)$$
$$=(xa+yb+zc+wd)^2+(xb-ya+zd-wc)^2+(xc-za+wb-yd)^2+(xd-wa+zc-yb)^2$$
由此可以证明,每一个正整数 N 都可以分解为四个整数的平方和。即
$$N=e^2+f^2+g^2+h^2$$
解析数论是用数学分析的工具来解决数论问题。比如可以证明,每一个充分大的奇

数可以表示为三个素数之和。

代数数论:研究代数数的问题。代数数就是满足方程 $a_0x^n+a_1x^{n-1}+\cdots+a_{n-1}x+a_n=0$ 的根。这里 x 前面各项系数都是整数。

几何数论研究"空间格网",也就是怎样估算给定区域内具有整数坐标的点的问题。它对结晶学和某些物理学的研究十分重要。

(3) 关于几何的说明

①欧氏几何中,有三十五个定义,如点、线、面、角、圆、三角形等。五个公设和五个公理。

五个公理为:等于同一个量的各个量是相等的;等量加上等量其总量相等;等量减等量其差相等;彼此完全重合的图形是相等的。整体大于部分。五个公设中,最著名的是第五公设。即平行公设或平行公理。即过直线外一点只能作一条直线和它平行。欧氏几何是研究图形在运动下不变性质的科学,如两点之间的距离,两直线的交角,圆的面积等在运动下不变。

②解析几何:主要是建立直角坐标系或其他的坐标系,把平面或空间中的一点用两个或三个数表示,使数和形之间建立对应的关系,对微积分的建立有重要的作用。

平面解析几何解决的问题主要有:一是通过计算解决作图问题。二是求出由某种几何性质给定曲线的方程,如椭圆、双曲线和抛物线。三是用代数方法证明几何定理,或从几何方面来看代数方程,说明它的性质。

空间解析几何主要研究空间曲面和曲线方程。其最一般的方程为

$$A_1x^2+A_1y^2+A_3z^2+2B_1yz+2B_2xz+2B_3xy+2C_1x+2C_2y+2C_3z+D=0$$

它研究这些二次方程对应于哪些曲面。它在力学、物理学和工程技术中有广泛的应用。

③射影几何:研究把点投射到直线或平面上的时候,图形不起变化的性质的科学。如幻灯片经过投影后,在银幕上都有相应的点、线。一组图形经过有限次透视后,变成另外一组图形,这叫射影对应。在航空、摄影、测量方面有广泛的应用。

④拓扑学:为 Topology 的音译。它研究几何图形经过一对一双方连续变换下而保持不变的性质的学科。又叫橡皮几何。因为拉长、压缩或扭曲一张橡皮膜,橡皮膜上的图形的某些性质不变。如原来闭合的曲线仍然闭合,原来相交的曲线仍然相交。其主要分支包括一般拓扑(也叫点集拓扑)、代数拓扑、微分拓扑和奇点理论等。在理论物理、化学和生物学等方面有广泛的应用。

下面举几个简单的例子。比如著名的哥尼斯堡七桥问题,它实际上就是拓扑学中的一笔画问题。又如高斯曾经证明了一个凸多面体的点数 v,棱数 e,面数 f 满足关系式:$v-e+f=2$。并且任意凸多面体经过连续的变形以后总可以变为球形。而任何框形的多面体有关系式:$v-e+f=0$,且经过连续的变形以后不可能变为球形而只能变为轮胎形。这说明凸形和框形有完全不同的拓扑结构。一条自身不相交的曲线也会像绳子一样打结,要问这个结能否解开,实际上就是问能否把它展开为平面上的圆圈。这涉及拓扑学中的扭结理论。一个复杂的网络能否布在平面上而不相交? 这就是拓扑学中的嵌入问题或布线问题。

拓扑学中所研究的图形并不限于通常的平面图形和空间图形。如物理学中一个系统的所有可能的状态所组成的"状态空间"就是一个广义的几何图形。拓扑学着重研究的是自然科学和数学中最常见的几类拓扑空间,如流形(光滑曲面的推广)和复形(多面体的推广)等。

⑤微分几何:主要研究三维欧氏空间中曲线和曲面的内在性质的一门学科。所谓内在性质就是和几何对象在空间中的方法无关的性质。在广义相对论中有应用。

⑥非欧几何:通常意义上的非欧几何包括罗巴切夫斯基几何(双曲几何)和黎曼几何(椭圆几何)。它是建立在另一套公理基础上的几何。它改变了欧氏几何的平行公理。简单地说,罗氏几何认为:过直线外一点至少有两条直线不和它相交却和它在同一平面内(由此可以得出一个结论:过直线外一点可以作无数条直线不和它相交。也可以说过直线外一点可以作无数条直线和它平行)。在它的平面内,三角形三内角之和小于180°。而黎曼几何认为,过直线外一点不可能作一条直线和它平行。即任意两条直线都必然会有交点。或说在黎曼几何的平面上没有平行直线。在它的平面内三角形三内角之和大于180°。

(4) 关于数学分析的说明

狭义的数学分析就是微积分。广义的数学分析除了微积分之外还包括级数理论、函数论、微分方程、积分方程、变分法、泛函分析等分支学科。这些分支都以函数作为研究对象,构成内容广泛的分析领域。

(5) 函数论的说明

函数论包括实变函数和复变函数论。以实数作为自变量的函数叫实变函数,它是微积分学的进一步发展。它的基础是点集论。点集论专门研究点所成的集合的性质。实变函数论在点集论的基础上研究分析数学中的一些最基本的概念和性质。如点集函数、序列、极限、连续性、可微性、积分等。它主要解决实变函数的分类问题、结构问题、基本运算规则和各种表达方法问题。其主要内容包括积分论、逼近论、傅立叶分析和积分变换、描述理论等。研究点集测度的理论叫测度论。建立在测度论基础上的研究方向叫做度量性实变函数论。逼近论研究那类函数可以用另外一类函数来逼近、逼近的方法、逼近的程度以及在逼近过程中出现的各种现象。同逼近论密切相关的有正交级数理论,如三角级数等。另外还有函数构造论,即从某一类已知函数出发构造出新的函数类型。傅立叶分析一般是指有关三角级数和积分变换的理论。在实变函数研究中如果避免使用测度等数量概念而只是探讨一些基本概念和基本问题,就叫描述性理论。

自变量为复数的函数为复变函数。复变函数论的主要内容包括单值解析函数理论、黎曼曲面理论、几何函数论、自守函数和模函数理论、广义解析函数等。复数可以看成平面上的点,如果把变数和函数的关系看成是平面上的点和点之间的关系,那么解析函数的关系可以看成是一种由平面点集构成的图形的变化。促成这种变化的变换叫做保角变换,也叫共形映象。把解析函数的关系看成是一种由平面点集构成的图形的变化的理论叫做几何函数论。把一个区域变成它自身的保角变换的全体叫做这个区域的解析自同胚群。经过某种解析自同胚群的变换后,它的值保持不变的函数叫做自守函数。模函数就是一种自守函数。

(6) 微分方程

涉及未知函数、未知函数的导数、自变量之间关系的方程叫微分方程。如果在微分方程中出现的未知函数只含一个自变量,则叫常微分方程。两个以上自变量的叫做偏微分方程。它主要涉及三种类型:双曲型、抛物型和椭圆型。一般的说,描述声波、光波、电磁波的传播和弹性体的振动的方程都是双曲型偏微分方程。描述热传导和黏性流体运动的方程大都是抛物型方程。凡是一个自然现象,经历长时间以后逐渐趋于稳定的都用椭圆型偏微分方程来描述。如牛顿万有引力定律的研究和理想流体的流动等。

(7) 泛函分析

泛函分析是20世纪发展起来的重要的数学分支。实际上是运用代数学、几何学的观点和方法研究分析学的学科,起源于数学物理中的变分问题和积分方程理论。所谓泛函就是函数的函数。其产生和发展主要受两方面的推动。一方面,人们需要用统一的观点来表述19世纪数学各分支积累起来的材料。如积分方程、微分方程、函数论、发散级数等。这些领域的发展都涉及无穷维空间,因此一个研究无穷维空间上的分析学、线性代数和几何的崭新数学分支——泛函分析产生了。另一方面,与量子力学有关的数学问题的研究,成为泛函分析发展的另一转折点。在原子物理、核物理、固体物理、基本粒子物理等这些与量子力学密切相关的分支学科中,中心数学框架就是泛函分析。自1932年波兰数学家Banach(巴拿赫)发表第一本泛函分析专著以来,这一学科本身已经发展成为一个庞大的数学分支,它包括算子理论、空间理论、非线性分析等。具体内容有希尔伯特(Hibert)空间几何学、希尔伯特空间上的有界线性算子、有界算子的谱分解、无界算子、巴拿赫(Banach)空间上的几何学及其上的线性算子等。在众多学科如微分方程、概率论、计算数学、量子理论、统计物理学、抽象调和分析、现代控制理论及信号处理、大范围微分几何等方面都得到广泛的应用。泛函分析对纯数学和应用数学的影响就像20世纪初集合论对数学的影响一样。

(8) 概率论和数理统计

它是研究随机事件的数量关系的学科。所谓随机事件就是在一定的条件下可能出现也可能不出现的事件。为了研究大量的随机现象,常常采用极限的形式,这就引导到极限定理的研究。最重要的极限定理有大数定理和中心极限定理。概率论的主要内容包括:随机变量和分布函数、极限定理、马尔可夫过程和平稳随机过程等。马尔可夫过程又叫无后效的随机过程,其特点是,当现在的情况已知的时候,以后的一切统计特性就和过去的状况无关。平稳随机过程就是指统计特性不随时间而变的过程。如通信技术、造船、气象、纺织等遇到的过程很多都可以看作平稳随机过程。概率论在物理、化学、生物、生态、天文、地质、医学等学科以及控制论、信息论、电子技术、预报、滤波、运筹、随机搜索、随机规划等工程技术中都有广泛的应用。近年来,除了在纯理论研究和应用概率研究方面取得大的进展外,在计算概率方面也取得很大发展。计算概率开始于法国科学家布丰用掷针实验求π的近似值。随后发展成为蒙特—卡罗方法。由于计算机的出现,这个方法得以付诸实施。其中包括计算积分的值,解代数方程、微分方程、积分方程、随机模拟等。

数理统计是数学中联系实际最直接最广泛的分支学科之一。在物理、化学、气象、水文、医学卫生以及国防建设、工农业生产、国民经济其他领域都有广泛的应用。数理统计应用概率来研究大量现象的统计规律性。通过部分材料得到关于整体的充分正确的了解。从实际观察资料出发研究随机变量的分布函数和数字特征。中心任务是研究怎样合理地搜集资料,并利用观察资料对随机变量的数字特征、分布函数等进行估计、分析和推断。做到既能保证足够的正确性和质量,又能最大限度地节省人力、物力和时间。它经常处理的问题有估值问题和假设检验两类。数理统计的基本理论主要内容包括抽样理论、参数估计、假设检验、实验设计、相关分析、统计判决函数等。就处理问题的方法来说有参数方法和非参数方法两类。

（9）运筹学

运筹学主要解决生产实践中有关安排、筹划、调度、使用、控制等方面的问题。主要分支有规划论、优选法、对策论、排队论等。

①规划论主要研究物资调运、巡回路线、装卸工人的调配、最大通过能力、场地选择、合理下料、机器的合理利用等线性规划和非线性规划等问题。这些问题可以概括为:求某一函数在一定约束条件下的最大或最小值问题。

②优选法就是寻求最好方式解决最优化问题。不仅要找出问题的最优解而且要提高求解的效率。它可以分为单因素优选法和多因素优选法。前者包括对分法、0.618法、分数法等。后者包括爬山法和调优法等。对分法就是每次取因素所在范围的中点做试验,这样可以取掉一半的范围。在检修电路,求解某些方程的根等方面有应用。0.618法就是取试验范围的0.618比例处做第一次试验。分数法是在试验点只能取整数或受到条件限制只能做一定次数的试验时采用的方法。分数法也叫斐波那契法,因为它要用到斐波那契数列。此数列就是从第三项起,每一项都是前面的两项之和。即1,2,3,5,8,13…。

其特征是 $a_1=1, a_2=2, a_n=a_{n-1}+a_{n-2}(n\geqslant 3)$。相邻两项之比构成一系列分数即 $\frac{1}{2}$, $\frac{2}{3}$, $\frac{3}{5}$, $\frac{5}{8}$, $\frac{8}{13}$, $\frac{a_n}{a_{n+1}}$,…,分数法过程和0.618法一样,只是用该数列中的某一个分数代替0.618而已。具体用哪个分数由试验的范围和次数确定。

爬山法是从盲人爬山的实践中总结出来的。盲人爬山时,用拐杖前、后、左、右试探,哪儿高就往哪儿去。不高则退回来换一个方向再试。

调优法就是从一些选定的构成一定规则形状的基本试验点开始,然后根据试验结果,用对称道理决定新试验点。一步一步调向更优的地方。

③对策论又叫博弈论,是从策略的观点出发,研究竞赛性、斗争性活动怎样取胜的问题。我国历史上,齐王和田忌赛马的故事就是一个典型的对策论。在国防、生产、体育中有应用。

对策论中有几个非常重要的概念,即"局中人"、"策略集"、"赢得函数"。最简单的对策论为"二人有限零和对策",也叫矩阵对策。

④排队论:又叫随机服务系统理论。排队现象可以分做三步:第一是顾客的到达,第二是排队规划,第三是得到服务机构的安排。它主要研究队伍的长度、等待时间等的平均数和分布情况,使服务系统安排最合理。服务质量和设备利用是一对矛盾,比如为了使打电话方便就必须增加线路,但是线路多了使用效率就会降低。排队论就是研究如何在这一矛盾中找到一个最佳的平衡点。重点研究怎样改进系统的设计和控制,以提高系统的

效率,取得最大的收益。

(10) 数理逻辑

数理逻辑也叫符号逻辑,是用数学的方法研究推理的规律,研究正确思维所遵循的规律的一门科学。数理逻辑还以数学中的逻辑问题、数学理论的形式结构、数学中所使用的方法等作为自己特殊的研究对象。这种研究往往叫做数学基础。采用数学方法是其特点,即像近代数学一样,系统地使用符号、公式来陈述自己的问题,对于理论中的概念作出严格的定义,对定理作出严格的证明等。从它的研究对象来说是一门逻辑学。但是由于采用了数学方法,使它成为一门数学。它扩大了逻辑学(形式逻辑)的范围,把逻辑学的应用范围扩大到其他科学技术方面。用数理逻辑研究数学中的某些命题,规定统一的方法判定它们是不是定理,用统一的方法对定理给予证明,这些都给数学提供了新的研究方法,影响着数学的发展。它主要包括下面几个部分的内容。

①演绎逻辑:以演绎推理作为研究对象。包括命题演算、谓词演算、模态逻辑等。

命题演算研究使用"非"、"与"、"或"、"如果……则……"(这些叫做连接词)等构成更复杂命题的规律和命题之间的逻辑推理规律。

谓词演算研究使用连接词和"所有……""存在……"(这些叫做量词)等构成更复杂命题的规律和命题之间的逻辑推理规律。

模态逻辑研究使用"可能"、"必然"(这些叫做模态词)等构成更复杂命题的规律和命题之间的逻辑推理规律。

②概率逻辑:它以归纳推理作为研究对象。在归纳推理中,前提和结论之间的联系是随机的联系,这是它区别于演绎逻辑的地方。概率逻辑常常把推理规律系统地转换成带有计算性质的规律,从而使推理更加精确有效。

③证明论:它以数学的概念、命题、推理、证明作为研究对象,也研究数学理论的逻辑结构,解决数学中的逻辑问题。研究数学中的基本方法(如公理学方法、集合论方法、使用公式化语言的方法、证明的方法等),探索它们的规律,确定它们的有效性和局限性,并且提供数学的其他分支以新的方法。属于证明论范围的有:公理学、判定理论、公理化集合论、代数证明论等。公理学研究数学理论公理系统的无矛盾性、完全性、独立性等问题。判定理论研究判定某一个数学理论的命题中的命题是或者不是这个理论的定理,给出定理证明的统一的机械的方法,也就是这个理论的判定方法。公理化集合论是集合论的基础,它研究集合论的公理系统和怎样解决集合论中的悖论等问题。代数证明论是在代数学中进行证明论的研究,它也包括一般证明论在代数学中的应用。

④算法理论或能行性理论:能行性理论又叫递归论。它是以计算作为研究对象的,比如研究计算的一般特征,算法的可能性或不可能性问题。

⑤可计算分析和其他构造论的数学和逻辑系统:数学中的构造论是这样一种趋向,它要求给出构造数学对象的确定的方法和步骤。数理逻辑的这一分支就是以数学中的构造性方法作为研究对象的,其中的可计算分析是研究数学分析中的构造方法的分支。

(11) 计算数学

它是关于运用现代计算技术解决具体问题的数学方法的科学。主要任务是对科学、技术、经济、文化生活中提出的数学问题,研究怎样运用计算机来解决这些问题的途径和方法。并相应的发展出关于计算过程的基本理论。大致可以分为两个方面。

①数值计算方法：为了运用电子计算机解决实际问题，需要进行一系列的数学准备工作。首先要把具体问题数学化。就是建立一个反映问题本质的数学模型，比如列出方程，提出定解条件，形成一个要求定解的数学问题。这项工作和以后的解题工作密切相关，但是通常不属于计算数学的范围，而是各专业本身或应用数学方面的工作。数学问题形成以后，进一步的数学准备工作就是制定问题的数值解算方法，也就是计算方法。计算方法作为计算数学的一个分支的任务是：研究实践中提出的数学问题的数值解法（特别是适用于电子计算机的数值解法）和数值计算过程本身的规律性。研究计算方法时，一方面要充分应用已有的数学方法和原理，另外一方面也要结合问题的物理本质，用它来指导或提示解题方案的制订。

②程序设计和程序自动化。在拟订了解题的计算方法后，还要把这些计算方法规定的计算过程分解成计算机能执行的各个基本计算步骤，就是用机器指令来编写控制计算机工作步骤的程序单，这也就是所谓的程序设计。计算机按照程序单上的各道指令进行所规定的操作，以进行解题计算。只有受过专门训练的人员才能胜任程序设计工作。由于这一工作的繁琐困难，目前整个解题过程所花费的人力和时间绝大部分都用于程序的编写和检查上。为了提高解题准备工作的效率，主要采用两种方法，那就是程序标准化和程序自动化。

程序标准化就是把经常要用到的典型的计算过程，一次编写好标准程序，以后任何计算问题要用这个过程的时候，就不再重新编写程序，而是直接用已经编写好的标准程序。

程序自动化是计算机在数值计算之外的一种新应用，属于人工智能问题或信息加工的范畴。它的目的在于把程序设计工作尽可能交给计算机自己去做。它建立算法语言系统和相应的编译程序，在以后每次要解题的时候，人们就不要用机器指令来写程序，而是用算法语言写程序（这个程序叫做源程序），算法语言中的数学公式接近于通常使用的数学公式，它所使用的文字符号也符合人们的习惯。计算机首先在编译程序的控制下加工用算法语言写的源程序，把它翻译成用机器指令写的程序（这个程序叫做目的程序）。翻译完了以后，机器再在目的程序的控制下进行解题计算。程序自动化使解题准备工作简易化，提高了计算工作的效率。学习用算法语言写源程序比学习机器指令系统和用它编程序要容易，为更多的人使用计算机提供了方便和可能。现代计算数学还处于发展时期，不像其他分支那样成熟。但它正向科学技术的许多领域渗透，发挥着越来越重要的作用。

第三章　科技发展简史及现代科技的特点、发展趋势和影响

第一节　自然科学和工程技术发展简史

科学技术是一个不断发展的历史过程，大体上可以分为三个历史时期：即古代、近代和现代。本节重点介绍古代和近代自然科学和工程技术方面的历史。现代科学和现代技术将分别作为独立的一篇专门介绍。而数学由于其在各门科学中的重要作用，所以也将单独列出专门介绍。

一、古代科学技术（1543年以前）

从人类社会出现一直到16世纪中叶（一般以1543年哥白尼发表日心说为分水岭），是古代科学技术时期。古代科技本质上是生产经验和生活经验的记述和概括，并以一些思辨和猜测作为补充，不太系统。

1. 原始时期的科学技术（人类产生——公元前四千年）

在原始社会时期，由于生产力水平极其低下，只有一些生产技术和生活技术，还没有独立的科学技术。原始社会实现了从采集、捕猎到原始农业、原始畜牧业的发展。人类与动物的本质区别在于人类能够制造和使用工具。人类最早制造和使用的工具主要是石器。出现了旧石器时代和新石器时代。火的使用是人类第一个伟大的发明。恩格斯说："就世界性的解放作用而言，摩擦生火还是超过了蒸汽机，因为摩擦生火第一次使人支配了一种自然力，从而最终把人和动物分开"。火的使用导致了制陶和金属冶炼技术的出现，石器时代便转化为青铜器时代。弓箭的发明使人类有效地捕猎，有了剩余猎物，又导致了畜牧业的发展。

概括来说，原始时期的主要成就有：
①石器的制造（二百万年前）；
②火的使用（五十万年前）；
③弓箭的发明（一万四千年前）；
④陶器的加工制造（50万～100万年前）；
⑤饲养家畜，栽培植物（8 000～10 000年前）；
⑥最早的冶炼技术（六到七千年前）。
古代文明的三个里程碑：打制石器、人工取火、语言的诞生。

2. 奴隶社会的科学技术（公元前四千年——公元5世纪）

由于体力劳动和脑力劳动的分工，少数人可以集中精力从事科学技术研究。这个时期的大量科学技术知识包含在自然哲学之中，但同人们的生产、生活有密切关系的一些科学技术知识，率先以独立的知识形态出现。这个时期的自然科学以力学、天文学和数学为

主。埃及、巴比伦、印度和中国这四大文明古国作出了重大的贡献。古希腊达到了这一时期科学技术的高峰。毕达哥拉斯的数学、天文学研究,亚里士多德的运动学、天文学、生物学研究,欧几里德的《几何原本》、阿基米德的杠杆原理和浮力原理,埃及的金字塔是代表性的成果。另外还有其他一些科学技术。

概括来说,奴隶社会的主要成就有:

①古代朴素的元素说和原子论;

②数学上,毕达哥拉斯定理和欧几里德的几何学;

③天文学上,托勒密的地心说;

④力学上,阿基米德的静力学、亚里士多德的运动学;

⑤生物学和医学上,阿那克西曼德的原始进化论,亚里士多德的动物分类学,西波克拉底的体液学说,盖论的三元气说;

⑥工程技术上:压力泵的发明、原始蒸汽机、凯旋门、罗马竞技场、埃及金字塔等。

3. 封建社会的科学技术

中世纪的欧洲是科学技术基本停滞的时期,发展速度十分缓慢。封建教会实行精神统治,一些有志于探索自然界奥秘的学者被关进宗教监狱,甚至遭到杀害。这个时期是中国古代科学技术的繁荣时期,在宋元时期处于世界领先地位。

我国很早就进行了天文观察,留下了大量的观察资料。在此基础上,盖天说,浑天说,宣夜说等各种古代宇宙理论都曾十分流行。晋时虞喜提出了"岁差"的概念,元朝郭守敬测量恒星1 000多个。修订历法也是中国古代天文学的基本任务。

《墨经》一书叙述了古代许多数学知识,对点、线、面、体、圆、方、无限等概念作了定义。汉代九章算术分九章,含246个数学问题。刘徽的《九章算术注》把极限概念用于数学计算,提出了割圆术。祖冲之对圆周率的计算已经到了相当精确的程度。宋元时期出现了秦九韶、李冶、杨辉、朱世杰四位数学家。

在物理学领域,《墨经》叙述了丰富的力学、光学知识,例如提出了"力,形之所以奋也"的说法,表明力是使物体运动的原因。明代方以智的《物理小识》叙述了有关力、热、声、光、磁的知识。

我国古代的科学技术是农业文化的一部分。我国古代的农书有五六百种之多,居世界第一。西汉时泛胜之撰写的农书,是我国现在能看到的农书。北魏贾思勰(xie)的《齐名要术》全面叙述了种植业、畜牧业、加工业等方面的知识。元代王桢的《农书》可以看作是我国古代的一本农业百科全书。明末徐光启的《农政全书》包括农本、田制、农事、水利、农器、树艺、蚕桑、种植、牧养等内容。

《山海经》、《禹贡》、《管子·地员》是我国现存最早的地理学著作。《汉书·地理志》是我国第一部用"地理"命名的地学著作。北魏郦道元的《水经注》在叙述水道时,旁及水道周围的各种地理因素。明末徐霞客的60万字的《徐霞客游记》,涉及地貌、地质、水文、气候、生物、地理等多方面的知识。

中国古代的医学著作比较多。《黄帝内经》探讨了人体生理和病理的规律,用阴阳五行学说来说明人体各器官的相互关系。汉代《神农本草经》是我国现存最早的本草学专著。汉代张仲景的《伤寒病杂论》是我国第一部集理、法、方、药各方面知识的综合性医学专著。晋代王叔和的《脉经》为我国现存最早论脉专著。唐代名医孙思邈的《千金方》是我国古代的重要方书。明代李时珍的《本草纲目》对我国古代本草学作出了比较全面的总结。

春秋末年的《考工记》是我国现存最早的一部综合性手工业生产规范典籍。西汉时我国已经开始用麻造纸，蔡伦把造纸技术提高到了新的水平。许多学者认为雕版印刷术在唐代已出现。宋代李诫的《营造法式》，系统叙述了历代工匠的经验和建筑技术。战国时就开始修作长城，到秦汉时已经绵延万里。

在我国古代也有一些重要的综合性的科学技术专著。宋代沈括的《梦溪笔谈》叙述制定历法问题，用水的作用解释山岳的成因，在世界上第一次叙述地磁偏角现象。明代宋应星的《天工开物》是我国古代农业、手工业的百科全书，内容涉及作物栽培、养蚕、纺织、染色、粮食加工、熬盐、制糖、酿酒、烧瓷、冶铸、锤煅、舟车制造、烧制石灰、榨油、造纸、采矿、兵器等。此外还在其他一些方面也取得了很多的成就。

概括起来，中国在封建社会，在科技上取得的最主要的成就有：

（1）四大发明。

（2）工程技术方面

①生铁冶炼和铸造技术十分发达；

②陶瓷和丝绸，在汉代纺织技术举世无双；

③水利工程：京杭大运河，全长 1 794 km，为世界之最；

④建筑技术：万里长城全长 6 350 km；

⑤桥梁技术，高层砖石与木结构建筑也很先进；

⑥造船与航海方面：郑和七下西洋，郑和宝船全长为 150 m。

（3）农业方面：出现了许多农业专著。

（4）天文学方面：在历法的建立、气象观测、恒星的记录方面走在前列。

（5）数学：涌现了宋元四大数学家（秦九韶、李冶、杨辉、朱世杰），南北朝时期的祖冲之求得圆周率 π 精确到小数点后第六位。

（6）医学方面：出现了许多中国或世界之最。

①中国最早的医学专著《黄帝内经》；

②最早的药物学著作《神农本草经》；

③最早的针灸学著作《针灸甲乙经》；

④最早的脉学著作《脉经》；

⑤第一部国家药典《新修本草》；

⑥医学巨著《本草纲目》。

医学专家有：扁鹊、张仲景、皇甫谧、王叔和、孙思邈、李时珍等。

著名科学家有：沈括、宋应星、张衡等。

二、近代科学技术（1543—1895 年）

1. 16~18 世纪的科学技术

近代科学（1543—1895）引入数学和实验，具有严密、定量、系统三大特征。近代科学又可以分为两个阶段：①经验科学阶段(16～18世纪)收集、整理材料和实验数据再上升为理论。②理论科学阶段(19世纪)以分析、概括为主，建立系统的理论。

(1) 近代科学技术的诞生

近代科学技术诞生于15～16世纪的西欧。它与西欧的手工业向工场手工业、资本主义生产转化基本上是同步的。在封建的小农经济中，不可能出现近代的科学技术。从13世纪开始，欧洲地中海沿岸的一些城市中出现了资本主义的最初萌芽。14～15世纪欧洲已开始使用脚踏纺车、脚踏织布机、水力、风力发动机和磨粉机等机器。资本主义生产采用了新的生产工具、新的能源、新的劳动对象，这就需要系统而具体地研究自然界的物质形态和运动形态。例如，机器的采用需要研究各种金属的性能和各种冶炼，并进一步需要研究找矿的规律，这就需要有物理学、化学、冶金学、地质学等方面的知识。

农产品是在自然条件下也可能出现的生物体，工业生产的基本任务是制造自然不可能有的人造物。工业生产技术的实质是制造人造物的手段和方法。要制造各种工业产品，就需要改造原料的物质形态和物质结构，这就需要新的工具和能源，需要改造原料的方法，这就导致了一系列近代技术的诞生。

生产的发展是近代科学技术诞生的经济根源。恩格斯说"资产阶级为了发展它的工业生产，需要有探察自然物体的物理特性和自然力的活动方式的科学。"他又说："如果说，在中世纪的黑夜之后，科学以意想不到的力量一下子重新兴起，并且以神奇的速度发展起来，那么我们要再次把这个奇迹归功于生产。"

欧洲新兴的资产阶级在政治、思想上进行了反封建的斗争，就需要有自己的思想武器、理论武器。欧洲资产阶级反对封建思想的意识的斗争，主要有两方面的内容。

其一是宗教改革。中世纪的欧洲宗教势力强大，神权超过世俗政权。所以欧洲的农、手工业者、新兴资产阶级进行反封建斗争时，都把矛头指向封建教会。自然科学要独立、要生存，就要摧毁封建教会的精神枷锁。资产阶级需要自己的宗教，便实行宗教改革，把封建宗教改造成为资本主义服务的宗教。在这种特殊历史条件下，宗教改革与近代科学革命相互促进。

其二是文艺复兴运动。1453年，土耳其打败了拜占庭帝国，发现了一批古罗马时期的手抄本，并带到意大利。同中世纪的封建宗教文化相比，古希腊罗马文化显得光彩照人。新兴资产阶级提出了恢复古希腊罗马文化的口号，掀起了历史上第一次大规模的思想解放运动——文艺复兴运动。资产阶级利用古典文化中的现实主义、古希腊罗马哲学中的唯物主义和古代科学中的科学精神，作为反封建的思想武器。这就为科学技术的研究提供了良好的社会条件和文化氛围。近代科学技术就是在这样的历史背景下诞生的。

(2) 16～18世纪的自然科学

这是近代科学技术的第一阶段。这一阶段科学技术的主要任务是分门别类地研究自然界的基本物质形态和运动形态，收集材料、积累经验。近代自然科学诞生的标志是波兰天文学家哥白尼1543年出版的《天体运行论》。地球中心说在西方流行了一千多年，封建教会积极支持这个学说。哥白尼提出近代太阳中心说，认为宇宙的中心是太阳，地球只是围绕太阳旋转的一个普通行星。人类只有正确认识地球在太阳系中的位置，才可能把天文学建立在科学的基础之上。哥白尼学说不仅是天文学发展的里程碑，而且向神学发出了挑战。德国天文学家开普勒提出了行星运动的三定律,进一步完善了太阳中心说。开普勒认为行星以椭圆形轨道围绕太阳旋转,运动的速率不是匀速的,并发现行星轨道半径的立方和公转周期的平方成正比。意大利的伽利略坚决捍卫哥白尼学说,并用望远镜观察天空,作出了许多重要发现。他又是近代力学的奠基人。他采用逻辑分析、观察、实验、抽象和数学等方法,提出了自由落体定律、惯性定律、力学运动的相对性原理。由于伽利略提出了新思想、新方法,所以他遭到了教会的迫害。

牛顿完成了近代力学的综合,是这一历史时期自然科学发展的代表人物。他把伽利略等人的研究成果和他自己的发现概括为动力学三定律,并在开普勒等人研究的基础上,建立了万有引力理论,实现了自然科学的第一次大综合。牛顿力学经过了地球形状的测定,哈雷彗星回归周期的证实和海王星的发现,在近代科学史上享有盛誉。根据牛顿力学,我们既可以准确计算出地面物体在受力后产生的加速度,也可以精确地预言天体在什么时间出现在什么位置,把地面物体的力学和天体力学统一为完整的力学。从此,自然科学的许多学科(甚至社会科学的一些学科)都用牛顿力学方法进行研究,使近代科学和哲学带有浓厚的机械论色彩。由于牛顿仅用引力不能解释月亮围绕地球、行星围绕太阳的运动,所以他提出了"上帝的第一推动的假设"。这个时期的物理学主要是关于热、光、电这些基本现象的研究。

关于热的本质,历史上曾流行过热质说,即把热看作是一种物质形态,一种极其细小的物质微粒,称为热素或热质。后来通过摩擦生热等研究,确认热是物质的一种运动,热动说逐步取代了热素说。

牛顿在光学研究中,把太阳光分解成七种单色光,认为光是一种物质微粒。光的直线传播和反射实验支持牛顿的微粒说。

牛顿在数学上最重大的贡献是和莱布尼茨共同创立了微积分。这在数学的发展史上是一个里程碑。

长期以来,人们认为摩擦产生的电和天上的电是两种完全不同的电。富兰克林通过风筝实验,捕捉雷电,证明了天电和地电的性质相同。他认为电由微小的电流质构成。

这个时期的化学主要是实现了从燃素说到氧化学说的发展。燃素说认为燃素是构成火的物质微粒,燃烧过程是物质释放燃素的过程。英国化学家普里斯特列在对氧化汞加热时,发现了能助燃的气体,称其为"无燃素气体"。法国化学家拉瓦锡认为这是氧,物体燃烧是氧化过程。

在生理学方面,英国的哈维提出了血液循环理论。近代早期生物学的任务是收集标本,进行分类和描述。瑞典的林奈提出了一个完整的分类系统,把生物分为纲、目、科、属、种五个层次,用双命法为物种命名,并提出了物种不变论和物种神创论。

(3) 16~18世纪的技术

这一时期发生了人类近代第一次技术革命和产业革命,导致了机器工业的出现和生产力的飞跃发展。英国是第一次技术革命的发源地。英国工业革命发生的主要标志是:1733年凯伊发明用于织布的飞梭,1764年哈格里夫斯发明珍妮纺纱机。新的工作机要求新的动力机,导致蒸汽机的发明和推广。蒸汽机为近代工业提供了新的动力装置,使人类进入了蒸汽时代。1690年法国的巴本提出了一个设想:制造出真空,然后把由真空和大气压所产生的压力差转化成机械力,并用它来带动机械装置,他由此提出了活塞式蒸汽机的设计。

当时英国由于经济发展,用煤量大幅度增加,煤井越挖越深,渗水问题日益严重。1698年英国的塞维利制造出用于抽水的蒸汽水泵,它靠人工操作,只能用来抽水。

对蒸汽机进行全面改革的是英国的瓦特。1764年瓦特在修理纽可门蒸汽机时发现,大约有3/4蒸汽被浪费了。他认为这是由于纽可门蒸汽机损失了蒸汽潜热所造成的,因为汽缸每完成一次冲程,都要冷却一次,使蒸汽凝结为水,下一次冲程时又使汽缸重新加热。于是他提出在蒸汽机外面安装冷凝器的设想,这种分离冷凝器大大地降低了蒸汽机的消耗。1769年,他获得了这种"降低蒸汽机的蒸汽和燃料消耗量的新方法"的专利。1776年瓦特改进的蒸汽机开始在英国厂矿使用。1781年瓦特发明了行星式齿轮,并把曲柄装置安装在蒸汽机上,把蒸汽机的直线往返运动变为圆周运动。1784年他使活塞沿两个方向的运动都产生动力,把单动式蒸汽机改革为双动式蒸汽机。同年他还发明了平行运动连杆机构。1788年他发明了自动控制蒸汽机速度的离心调速器。1790年他又发明了压力表。通过这多方面的改进,瓦特把蒸汽抽水机发展为蒸汽动力机。1784年,他在他的发明专利书中,把他的蒸汽机说成是大工业普遍应用的发动机。马克思说,瓦特正确地指出了蒸汽机对大工业的重要作用。瓦特不仅由此致富,还于1785年被选为英国皇家学会会员,1814年被选为巴黎科学院外国院士。

1785年英国第一座蒸汽机纺织工厂建立,18世纪末,英国大约有1 500台蒸汽机。1790—1830年英国整个纺织业完成了从工场手工业到以蒸汽机为动力的机器大工业的发展过程。1800年美国的伊万斯发明了高压蒸汽机,1803年英国伍尔夫发明多级膨胀式蒸汽机。后来蒸汽机还被应用于交通。1803年,美国的富尔顿制造出第一艘蒸汽轮船。1814年英国的斯蒂芬逊制造的"旅行号"蒸汽火车于1825年9月试车。

概括起来,16~18世纪在科学技术上的主要成就有:
- 近代科学的诞生:1543年哥白尼发表的《天体运行论》标志着近代科学的开端。
- 牛顿力学体系的形成:牛顿力学是近代科学的最高成就,开普勒、伽利略、牛顿对此作出了重要的贡献。

①开普勒的贡献:发现了行星运动三定律。
②伽利略的贡献:发现单摆的等时性;发现惯性定律和落体定律;发现抛体运动的规律。他不仅是近代自然科学的开创者,也是近代科学方法论的奠基者。
③牛顿的贡献:对许多力学概念作出了规定,发现了牛顿三大定律和万有引力定律。

- 其他自然科学成就

①光学:牛顿的微粒说和惠更斯的波动说。
②生物学:哈维的血液循环学说和林奈的分类系统。
③化学:波意耳(英国)提出了元素概念;拉瓦锡提出燃烧的氧化学说。
④数学:牛顿和莱布尼茨共同创立了微积分。

- 第一次技术革命:蒸汽机的广泛使用。

(4) 19世纪的科学技术

19世纪的科学技术获得了很大的发展,所以常被人们称为科学世纪。

① 19世纪的自然科学

19世纪的自然科学是近代自然科学的第二阶段。恩格斯认为，这一阶段的主要任务是对检验材料进行整理、综合和概括。从整体上来说，自然科学开始从经验科学转为理论科学。

在16~18世纪，力学是自然科学的带头学科、基础科学和主导学科。在19世纪，物理学逐步取代这种地位。19世纪物理学的主要成果是关于能量的学说、热力学三定律和电磁理论。

长期以来，人们认为热是一种物质微粒，称为热素。1798年美国的伦福特、1799年英国的戴维指出热量是一种运动。1775年法国科学院宣布拒绝任何永动机的发明。到了19世纪，许多科学发现都揭示了自然界各种运动的联系与转化。伏特电池与电解实验实现了电能与化学能的转化，热电偶和电流通过导线发热实现了电能与热能的转化，法拉第的电磁感应实验和电动机、发电机的发明实现了电能和机械能的转化。1840年瑞士的黑尔斯指出化学反应中所释放的能量是一个同中间过程无关的恒量，揭示了化学变化过程中的能量守恒关系。于是在19世纪中叶，几个国家的十几位科学家大约在同时，分别从不同角度独立地提出了能量守恒与转化思想。其中最著名的是德国迈尔1843年发表的论文和英国焦耳热功当量的测定。能量守恒和转化定律的主要内容是：自然界各种能量可以互相转化，但是总量守恒。这条定律揭示了自然界各种能量和各种运动形式之间的相互联系，冲击了把自然界各种运动归结于机械运动的机械论。为此，能量成为自然科学的一个基本概念。

提高蒸汽机效率的研究导致热力学的诞生。热力学第一定律是能量守恒定律的一种表述形式。法国工程师卡诺在研究蒸汽机的过程中得到了能量转化和守恒的认识。发现热机必须工作在高温热源和低温热源之间，两热源的温差越大，热机的效率就越高。除非低温热源是绝对零度，否则热机的效率总小于1，即不可能将热能完全变为有用的功而不产生其他影响。1850年，德国的克劳修斯把卡诺提出的这个思想表述为热力学第二定律：不可能把热量从低温物体传到高温物体而不产生其他影响。1851年英国的开尔文又提出了另外一种表述方式：不可能借助于无生命物质，使一个物体的任何一部分冷至比周围物体更冷而获得机械功。克劳修斯还指出，该定律实际上表明了在任何一个孤立系统中，系统的熵总是在增大，所以这条定律也称为熵增原理。热力学中，熵是热学过程不可逆性的物理量。许多人都认为熵的概念的提出对科学的发展具有重要的意义。热力学第三定律指出绝对零度不可能达到，即机械能可以转变为热能而热能不能全部转变为机械能（因为如果绝对零度可以达到，则热机的效率就可以达到100%）。热力学研究的重大成就是把不可逆的概念引入了物理学。

长期以来，人们认为电与磁是两种独立的不相干的物理现象。1820年丹麦的奥斯特发现，当导线通过电流时，旁边的磁针就会发生偏转，这表明了电流能产生磁场。于是英国的法拉第想：磁能否生电呢？1831年他发现，磁铁与线圈发生相对运动时，线圈里便有电流通过。他以此提出了电磁感应定律，表明磁也可以转化为电。此外，法拉第还提出了电场、磁场的概念和电解定律。1864年英国的麦克斯韦在奥斯特、法拉第等人研究的基础上，提出了一组解释各种电磁现象的方程。他指出：一个周期性变化的电场能够产生一个周期性变化的磁场,反之亦然。交替变化的电磁场在空间的传播形成电磁波。电磁波的速度等于光速,于是他认为光是电磁波。这样电、磁、光这三种长期被认为是独立的自然现象就被统一起来了。1888年德国的赫兹用实验证实了电磁波的存在。电磁理论的建立是物理学史上又一次大的综合。场的概念后来被科学家广泛采用,用来表示区别于实物粒子的又一种基本物质形态,场也成为现代科学的一个基本概念。

19世纪化学的主要成就是道尔顿的原子论,阿佛伽德罗的分子学说,化学元素周期律和尿素的人工合成。

英国的道尔顿1801年在解释气体的扩散与混合现象时,提出了物质由原子组成的看法。他把古希腊罗马的原子论哲学思想引入化学,形成化学原子论。他认为一切物质均由微小的、不可分割的原子组成。同一元素具有相同的原子,不同元素具有不同的原子。元素由简单原子组成,化合物由复杂原子组成。原子既不可创造也不可消灭。物体可以发生多种化学变化,但是原子的属性不变。化学的分解与化合只是原子的组合方式不同。原子的重量是原子量,物质在化学反应的前后总重量不变。原子量概念的提出是化学原子论诞生的主要标志。从此原子论成为近代科学的基本理论。1811年,意大利的阿佛伽德罗提出了分子学说,认为分子是具有一定特性的物质的最小组成单位。分子由原子组成。单质的分子由相同元素的原子组成,化合物的分子由不同元素的原子组成。分子是物质结构的一个层次。

1869年,俄国的门捷列夫提出了化学元素周期表。他曾在彼得堡大学讲授化学。当时大学里讲授化学是没有一定的理论体系的。有的是从最轻的氢讲起,有的是从最贵重的金讲起,有的是从同我们生活关系最密切的氧讲起,好像各种化学元素之间毫无联系,它们的排列次序是由人随意决定的。门捷列夫发现,化学元素的性质随原子量的增加作周期性的变化,从而揭示了化学元素之间本质的联系。在他的元素周期表上还有一些空位,他认为这些空位都是未知的新元素,并对它们的物理属性和化学属性作了具体的预言。他所预言的11种元素后来都陆续被证实。后来科学家发现,真正能反映化学性质的不是原子量而是核电荷数或电子数,即元素的原子序数。1916年德国的柯塞尔就把原子序数写进了化学元素周期表,取代了门捷列夫的原子量。

19世纪初,有机化合物的种类众多,当时人们认为有机化合物不能从矿物质中直接获得,而只能从动植物中提取,所以科学家认为无机物和有机物是两类完全不同的物质,它们彼此之间也不可能互相转化。瑞典的贝齐里乌斯提出"活力论",认为有机物包含神秘的活力,而无机物没有这种活力,所以不可能转化为有机物。他的学生,德国的味勒1824年在研究氰和氨水这两种无机物的作用时,却得到了两种有机物。一种是当时只能从植物中提取的草酸,另一种是哺乳动物排出的尿素。他特别指出,用无机物人工制造的尿素与从动物排泄尿中得到的尿素性质完全相同。后来他又研究出几种用无机物制造尿素的方法。味勒(维勒)用他的实验成功地填平了无机物和有机物之间的鸿沟,冲击了活力论,驱散了有机物研究中的神秘主义与不可知论的气氛。在他的启发下,大批有机物被人工合成出来。仅法国柏尔特罗一人就在1850～1860年间,人工合成了乙炔、乙烷、乙醇、丙烯、苯、脂肪等十几种有机物。

19世纪生物学上的主要成就是:达尔文的进化论、细胞学说、孟德尔的遗传学。从18

世纪开始,生物进化论已经成为一种思潮。1809年,法国的拉马克提出了用进退废和获得性遗传两条进化法则,认为生物的器官越用就越进化,越不用就越退化,最后就导致这个器官的消失。由于环境的变化,由于器官的用和不用,生物器官在后来可以发生变化,只要这种所获得的变异是两性所共有的,或者是产生新个体的两性亲体所共有的,那这些变异就能通过繁殖遗传给后代。

  1859年英国的达尔文出版《物种起源》,系统地提出了自然选择学说。英国的产业革命带动了英国的农业革命。当时人工选择的活动已经相当普遍,他从人工选择想到了自然选择,把选择的概念引进到自然界,指出人的无意识选择同自然界的活动有许多相似之处。生物在不断发生变异。有有利变异和不利变异。这些变异是自然选择的原料。繁殖过剩是生物界普遍的现象,生物繁殖的个体数目远远大于自然界能容许生存生物的数目,所以每个个体从一诞生起,就必须为获得生存权利而斗争,这就是生存斗争。生存斗争分为种内斗争、种间斗争和与环境的斗争三种形式。由于繁殖过剩,所以自然界必须选择一部分生物个体使其生存。繁殖过剩为自然选择提供了必要性与可能性,而生存斗争是实现自然选择的手段。自然界选择在生存斗争中获胜的个体,而淘汰失败的个体。优胜劣汰,适者生存便是自然选择的标准。这样生物的有利变异就通过生存斗争、自然选择不断积累,所以物种进化、旧种消灭和新种产生是自然选择的结果。达尔文的进化论有力地冲击了物种不变论和神创论,是生物学史上的里程碑。

  最早提出细胞概念的是英国的胡克。1665年他用显微镜观察软木薄片时发现了植物的空的细胞壁。1809年德国的奥肯猜测所有的有机物都是由小泡构成的,他所说的小泡实际上就是细胞。1838年德国的植物学家施莱顿认为:细胞是一切植物结构的基本单位和赖以发展的实体,并把这个想法告诉了德国的动物学家施旺。施旺在动物学研究中也发现了细胞构造与细胞核。他们两人都认为细胞是动植物的最基本单位。动植物的外部形态千差万别,但其内部构造却是统一的。细胞是独立的,自己能生存、生长的单位,细胞核是细胞生活的中心。施旺还对动物的细胞进行了分类。细胞学说揭示了动物与植物、高等生物与低等生物的联系;指出生物体都要经历发育过程,这个过程是通过细胞的形成、生长来实现的。

  "种瓜得瓜,种豆得豆。"这是人类早已认识到的生物遗传现象,但到了19世纪科学家才系统地探讨生物遗传的本质和规律问题。奥地利的孟德尔对七对相对性状的豌豆进行了八年的杂交实验,开创了近代遗传学的先河。他发现杂种第一代只有一种性状得到表现。然后他使子一代自花传粉,发现子二代中有两种性状分离出来,他们的比例大约是3∶1。他提出遗传因子是决定生物遗传的颗粒状的物质,每一个遗传因子决定一种性状,它们在细胞中成对存在,分别来自雄性亲本和雌性亲本。在纯种中成对因子是相同的,在形成配子(精子和卵子)时,成对因子互相分离,使每一个配子只含成对因子中的一个,彼此独立,不会互相中和或抵消。当不同因子相结合时,其中一个因子占绝对优势,这就是显性因子,它所决定的性状就是能够表现出来的性状——显性性状。另一个因子就是隐性因子。只有当两个隐性因子相结合时隐性性状才能得到表现。他用这种假说对子二代两种性状3∶1的统计规律性作出了解释。他由此还提出了遗传因子的分离定律和自由组合定律。

这个时期的生物学对生命的起源问题进行了研究,在这个问题上长期流行的是自然发生说,认为各种生物体是从无生命物质直接、迅速变成的,既不需要通过亲代的遗传,也不需要个体的发育过程。中国古代就有"枯草化萤,腐肉生蛆"的说法,欧洲有人作过所谓垃圾变老鼠的表演。法国的巴斯特通过大量的实验,否定了这种说法,并提出了生命胚种论。他认为空气中含有生命的胚种,如果这些胚种和肉汤接触,肉汤很快就会变质;如果不让胚种和肉汤接触,肉汤就不会变质。巴斯特的研究工作为食物的防腐与医科手术的消毒提供了理论依据。但由于巴斯特主张生命只能来自生命的胚种,所以他并未解决生命的起源问题。有人认为地球上的生命是从别的天体上迁移来的。还有人认为生命同物质一样都是永恒的,这实际上就取消了生命的起源问题。

法国的居维叶在生物学中提出了器官相关律,认为同一个生物体的各种器官是相互联系的,一个器官的变化会引起有关器官的相应变化。在地质学中他提出了灾变论,认为地球曾经发生过剧烈的灾难性的变化,称为灾变,可以使地层倾斜、直立、倒转。灾变具有突发性、短暂性、周期性和破坏性。每一次灾变都造成了大批生物的死亡,灾变后别的地区的生物又会迁进。

19世纪地质学主要有两次大争论:水成论与火成论的争论、灾变论与渐变论的争论。水成论认为唯有水的作用才是地层变化的原因,火成论认为唯有火山是地层变化的原因。英国的赖尔认为水成作用和火成作用都是地层变化的原因。赖尔反对居维叶的灾变论,提出了地质缓慢进化论即渐变论。他认为地球的变化是一个缓慢的过程,微小变化经过长时间的积累,可以形成巨大的变化。

在天文学领域,人们的视野已经超出了太阳系。英国的威廉·赫歇尔在发现了天王星以后,开始关于银河系的研究。他认为银河和所有散布在全天的恒星构成了银河系,银河系像个扁平的圆盘,他猜测银河系的直径大约是其厚度的五倍。他的儿子约翰·赫歇尔在1834~1837年间,在非洲好望角用望远镜统计了南半球天空的约7万颗星,宣布证实了银河系的存在。后来天文学家又开始研究河外星系的问题。

概括来说,19世纪科学上的主要成就有:
- 物理学:能量守恒转化定律的建立、热力学三定律和电磁理论。
- 化学:道尔顿的原子论,阿佛伽德罗的分子学说,化学元素周期律和尿素的人工合成。
- 生物学:达尔文的进化论、细胞学说、孟德尔的遗传学。
- 地质学:水成论与火成论的争论、灾变论与渐变论的争论。
- 天文学:人们的视野已经超出了太阳系,伸向更遥远的银河系和河外星系。

② 19世纪的技术

19世纪发生了以发电机、电动机为标志的第二次技术革命和产业革命,电力技术是这一时期的主导技术。在蒸汽机时代,是生产的发展需要新的能源,一些技工、工程师研制出蒸汽机,然后才有热力学,遵循的是生产—技术—科学的发展模式。而在电力时代则正好相反,先是在电磁理论上有新的突破,然后再在新的电磁理论基础上,进行各种发电机和电动机的技术研究,最后把这些机器用于实际的生产过程,遵循的是科学—技术—生产的模式。

1831年法拉第发现了电磁感应定律，为发电机的发明奠定了理论基础。他的电磁感应实验装置实际上可以看成是发电机的最早模型。

直流电机的发展大致经历了四个阶段：以永久磁铁作为磁场、以电磁铁作为磁场、励磁方式的改变和电枢转子的改进。

1832年法国的皮克西制成了世界上第一台发电机。他使线圈固定，用手轮转动马蹄形永久磁铁。次年他又把交流电转变成直流电。1834年英国的克拉克制成了直流发电机，用永久磁铁固定，用手轮转动线圈。1845年，英国的惠斯通用电磁铁代替永久磁铁，制成了第一台电磁铁发电机，这种发电机需要用外加的电源来励磁。所以称之为"他激式发电机"。1864英国的威尔德设想用发电机本身旋转电枢产生的电流为电磁铁励磁。1866年德国的西门子制成第一台"自激式发电机"，为增大输出功率迈出了关键的一步。

1870年法国的格拉姆制成了具有环形电枢的直流发电机。1872年德国的阿尔特涅克发明了一种鼓形转子，进一步提高了发电机的效率。1880年美国的爱迪生制造出当时最大的直流发电机。由于直流发电机在变压传输等方面的缺陷，人们的兴趣又转向交流发电机。1878年俄国的雅布洛奇科夫制成一台交流发电机，是后来同步发电机的雏形。

1884年美国的帕森斯制成了容量为7.5千瓦的汽轮发电机。1891年他制成了带有凝汽器的汽轮发电机，容量为100千瓦。电动机的发展基本上和发电机同步。

1820年奥斯特发现了电流可以使磁针偏转，这为电动机的发明提供了理论依据。1821年法拉第制作了一台带电导线直立在装有水银容器中的磁铁旋转的实验模型，是最早的电动机雏形（1821年，法拉第开始转向电磁学研究，他发现了磁极绕着载流导线转动和载流导线绕磁铁转动的现象，这种现象称为电磁旋转现象）。后来科学家制成了多种形式的电动机模型。

1834年俄国的雅可比制成了一台回旋运动的直流电动机，它以化学电池为能源。1838年雅可比把这种电动机安装在船上，成为世界上第一艘电动轮船。1835年美国的达尔波特制成以电池为能源的具有实用价值的电动机，用它来带动木工旋床、报纸印刷机。

1860年意大利的巴奇诺梯发明环形电枢，提出现代电动机的基本结构。

电机的发展带动了发电厂和输电技术的发展。1875年法国巴黎北火车站发电厂建成，这是世界上第一座直流发电厂。1879年美国旧金山发电厂是世界上第一座出售电力的发电厂。1882年美国纽约爱迪生珍珠街中心发电厂投产发电。同年爱迪生创立世界上第一座水力发电站。1885年英国的菲尔安基设计的单相交流发电站建成。1892年法国建成三相交流发电站。

供电范围的扩大需要解决远距离输电问题。焦耳—楞次定律表明，输送相同容量的电路，电压越高损耗越小。远距离输电必须是高压输电。输电时升压，使用时再降压。1831年法拉第提出最早的变压器模型。1878年雅布洛奇科夫制成了变压器。1883年英国的吉布斯和高拉德制成了有实用价值的变压器。

1882年法国的德普勒架起了57 km长的直流输电线路。恩格斯说："德普勒的最新发现在于能够把高压电流在能量损失较小情况下通过普通电线输送到迄今连想也不敢想的远距离，并在那一端加以利用——这件事还只是处于萌芽状态。这一发现使工业几乎彻底摆脱地方条件所规定的一切界限，并且使极遥远的水力的利用成为可能。如果它最初只是对城市有利,那么到最后它终将成为消除城乡对立的最强有力的杠杆"。

线路的电压越高,交流输电的优点就越加突出,1885年英国的菲朗梯设计的高压交流输电线路建成。电被应用于社会生活的许多方面,首先发展起来的是电信技术。动力革命引起了信息传输技术的革命。奥斯特发现了电流的磁效应,带动了电磁电报的研制。1835年美国的莫尔斯制成了世界上第一部具有实用价值的电报机,他还发明了莫尔斯电码。后来在华盛顿和巴尔的摩两市之间架起了电报线,1844年莫尔斯拍发电文。1846年英国成立了电报公司。1865年大西洋海底电缆问世。1876年美国的贝尔申请他所发明的电话专利。1877年爱迪生发明了碳精话筒。1877年贝尔电话公司成立。1878年美国建立第一座电话交换台。

1895年意大利的马可夫和俄国的波波夫分别发明了无线电报。无线电报的发明又带动了无线电话的发明。1879年爱迪生发明了碳丝灯泡,标志着电照明事业的开端。由于电的广泛应用,有力推动了生产的发展和文明的进步,所以人们称19世纪为电力时代。

19世纪技术发展的另一方面,是内燃机逐步取代蒸汽机。蒸汽机是外燃机。内燃机是使燃料直接在工作容器内部燃烧,放出热量并转化为机械能的动力机。1673~1680年,荷兰的惠更斯提出了真空活塞式火药内燃机的构想,试图利用火药燃烧的高温燃气在汽缸内冷却后形成真空,从而使大气压力推动活塞运动。但由于火药燃烧难以控制,所以内燃机的研制工作停滞了很长时间。1794年英国的斯垂特提出了松节油与柏油内燃机的设想。1799年法国的兰蓬提出煤气内燃机的设想。1824年英国的布朗发明了可用于提水的煤气内燃机。

1833年英国的莱特提出直接利用燃气压力推动活塞做功的构想,这是不同于真空机的新设计。但早期的煤气内燃机的热效率只有4%。1862年法国的德罗沙斯提出一种制造高效内燃机的操作循环理论,即等容燃烧的四冲程循环原理。1876年法国的奥托根据这一原理,研制成第一台四冲程活塞式内燃机,其转速可达150~180转/分。奥托常被人们认为是内燃机的发明者。1833年德国的戴维勒制成四冲程汽油内燃机,转速可达800~1 000转/分。而且汽油内燃机体积小重量轻,可以作为汽车的动力机。1892年德国的狄塞尔制成柴油机,其热效率为24%~26%。后来内燃机又从往复式发展为转动式,出现了燃气轮机。内燃机逐步取代了蒸汽机。

内燃机还导致汽车与飞机的发明,内燃机车也可代替蒸汽机车。1912年世界上第一艘由柴油机驱动的远洋轮船问世。当工业广泛使用蒸汽机时,农业劳动仍主要使用畜力。1892年美国的佛罗利克制成第一台以汽油内燃机为动力的拖拉机。但内燃机排出的废气中含有大量的有毒气体,噪音也很大,严重地污染了环境。

概括来说,19世纪在技术方面的主要成就有三个方面即电力、信息、热机。

- 发电机、电动机的发明;电力革命和第二次技术革命及产业革命;进入电力时代。
- 变压器和各种高压输电线路的建立,各种电站的建立。
- 电信技术的发展;有线与无线电报机的发明,电话机和电话交换台的建立;电缆的铺设,电灯的发明,照明事业的发展。电力用于各种交通运输工具。
- (煤气、汽油、柴油等)内燃机的发明及改进;燃气轮机的发明;汽车和飞机的发明。

第二节　数学发展简史

按照现代科学的分类法,数学属于单独的一个大类,不属于自然科学(按照传统的观点,数学是"自然科学之王")。近代科学最重要的特征之一就是数学广泛应用于各种科学。鉴于数学对自然科学的极端重要性,编者认为把数学发展史作为单独的一节来介绍更为合适。

一般的说,数学的发展可以分为四个时期:萌芽时期(从数学产生到公元前5世纪)、初等数学时期(公元前5世纪到公元17世纪)、变量数学时期(17世纪到19世纪末)、现代数学时期(19世纪末到现在)。

一、萌芽时期

这一时期,四大文明古国都对数学作出了杰出的贡献。但是这些成就并没有形成一个很系统的理论,只有一些几何和算术的零碎知识,所以这里就不重点介绍了。

二、初等数学时期

从公元前5世纪到公元17世纪,延续了两千多年,由于高等数学的建立而结束。这个时期最明显的结果就是系统地创立了初等数学,也就是现在中小学课程中的算术、初等代数、初等几何(平面几何和立体几何)、平面三角等内容。

初等数学时期可以根据内容的不同分成两部分,一是几何发展时期(到公元2世纪)、二是代数优先发展时期(公元2世纪到17世纪)。还可以根据历史条件的不同把它分成"希腊时期"、"东方时期"和"文艺复兴时期"。

1. 希腊时期

希腊时期正好和希腊文化普遍繁荣的时代一致。希腊也是一个文明古国,但是和四大文明古国(巴比伦、埃及、印度、中国)相比,在文明史上要晚一些。希腊的文明延续了一千年之久,从数学的发展情况来分,又可以分为古典时期和亚列山大里亚时期。东方时期主要是指古希腊衰亡后,西方数学的发展中心转移到东方的印度、阿拉伯等时期。欧洲文艺复兴时期是初等数学发展到一定阶段,为数学向更高阶段发展作准备的时期。

(1) 古希腊时期的数学成就

希腊人吸取了周围其他文明古国的文化,创造了自己灿烂的文明和文化,这是对现代西方文化发展影响最大的文化。古希腊的数学在世界数学史上占有极其重要的地位,对现代数学也起了决定性的奠基作用。

古希腊时期(公元前600年到前300年)在整个数学史上是数学萌芽时期和初等数学相交替的时期,主要属于初等数学时期。这段时期在古希腊形成了很多学派,他们广泛探讨哲学和数学问题。在数学上对初等几何的建立和整个数学的发展作出了巨大的贡献,数学成就的精华是欧几里德的《几何原本》和阿波罗尼斯(前260—前170)的《圆锥曲线》。

希腊有许多学派,最早的学派是爱奥尼亚地区的泰勒斯(前624—前547)创立的,所以叫做爱奥尼亚学派。其次依次是对数学进行抽象研究、数学成就很高的毕达哥拉斯学派，提出悖论的哲学家巴门尼德(约前520—前450)和芝诺建立的埃利亚学派，雅典的诡辩学派(前5世纪下半叶)，著名的柏拉图(前427—前347)学派，在数学上引入变量和比例理论、发明穷竭法的欧多克斯(前409—前356)学派，建立逻辑学、讨论数学基本原理的亚里士多德(前384—前322)学派。

古希腊时期的数学主要研究几何，他们不仅将几何形成了系统的理论，而且创造了研究数学的方法。他们坚持用演绎法来作证明，重视抽象而注重于具体问题，使对数学的认识从感性阶段上升到理性阶段。希腊人在研究几何方面的功绩之一是：根据几何材料的内在联系，把复杂的几何事实分解为简单的事实，用概念作为判断和推理的基础逐步形成了数学证明的观念，这是对数学认识的一个质的飞跃。另一个伟大的成就是把数学变为抽象化的科学。希腊人竭力主张寻找事物的普遍性，他们想从自然界和人的思想的千变万化的过程中，分离抽象出某些共同点，这对数学方法和科学方法是非常重要的。古希腊的数学家都是哲学家，希腊人的哲学思想使数学形成一门科学有巨大的影响。这时候，几何不再停留在经验的数量的变化上，而逐步提高到理性阶段，为发展成为严密的科学做准备了。

这一时期出现了许多杰出的数学家：如泰勒斯，他是演绎法的创始人。而把数学构成一个数学体系的是毕达哥拉斯。据说毕达哥拉斯证明出勾股定理之后，宰了一百头牛表示庆贺。

欧几里德在公元前3世纪，总结了前人在生产实践中得到的大量数学知识，写成了《几何原本》。这本书的第一卷中的四十八个定理，完全是根据三十五个定义、五个公设、五个公理使用逻辑推理的方法给以演绎证明的。

《几何原本》十三卷包含467个命题。第一卷到第四卷讲直边形和圆的基本性质；第五卷是比例论；第六卷是相似形；第七、八、九卷是数论；第十卷是不可公度量的分类；第十一到第十三卷是立体几何和穷竭法。《几何原本》是最早一本内容丰富的数学书，它对数学发展的影响超过任何一本书。欧几里德独创了新的陈述方式：先摆出定义、公设、公理，然后有条不紊地、由简单到复杂地证明一系列定理。这种方式一直沿用到现代，大大推进了数学的发展。书中内容丰富，论证精彩，逻辑周密，结构严谨，这些都是其他数学书所不能相比的。现代广泛流传的中学几何课本的写法是仿照法国数学家拉格朗日(1736—1831)对《几何原本》的改写本写的。欧几里德除此之外还写了一些现在已经失传的著作：《二次曲线》、《衍论》、《曲面—轨迹》等。还写了复习《几何原本》用的《数据》、《辨伪术》。

另一杰出的数学家是阿波罗尼斯，其代表作为《圆锥曲线》，共八篇，有487个命题。在他之前很早就有人研究圆锥曲线，但是他做了去粗存精并使它系统化的工作，他是第一个依据同一圆锥的截面研究圆锥曲线理论的人，首先发现双曲线有两支。这部书总结了前人的成就，包含有非常独特的材料，写得巧妙、独特，结构也很出色。这是古希腊的一部非凡的数学著作。

(2) 亚历山大里亚时期的数学

这一时期的数学取得了辉煌的成就。几何进一步发展了，在计算长度、曲边形面积和体积方面取得了巨大的进展，甚至接近高等数学；创立和发展了三角学；算术和代数得到了新的发展,成为独立的学科。

数学家积极参与力学方面的工作,算出了各种形体的重心,研究了力、斜面、滑车和联动齿轮,他们往往是发明家,在光学、天文学等方面成绩卓著。他们和哲学断了交,和工程结了盟。这个时期的著名数学家有:阿基米德(前287—前212),埃拉托色尼(前275—前194)、希帕克(前2世纪)、尼寇马克(1世纪)、希罗(1世纪)、梅内劳(1世纪)、托勒密(2世纪)、刁藩都(3世纪)、帕普斯(4世纪)。

阿基米德除了在力学上发现了杠杆原理和浮力定律之外,在数学上也作出了杰出的成就。他的几何著作是古希腊数学的顶峰。他用穷竭法求曲边形面积和体积,计算 π,算出了 π 的平方根的不足近似值和过剩近似值。在求面积和体积的计算中接近于积分计算。他证明了抛物线弓形的面积等于包住它的长方形面积的 2/3。他的无限小量的概念到了17世纪被牛顿作为微积分的基础。阿基米德的《论劈锥曲面体和球体》一书论述圆锥线旋转形体的性质。在《抛物线的求积》一书中,用力学和数学两种方法求出抛物线弓形面积,对物理论证和数学论证分得非常清楚。阿基米德在公元前212年罗马人攻入叙拉古的时候被害。当时他正在沙地上画数学图形,由于沉醉于数学中以致没有听到攻进城的罗马士兵的喝问,那个士兵就把他杀了。被害的时候75岁,死前他仍然精力充沛。

阿基米德时代以后,希腊几何更倾向于应用。他的继承人希帕克、希罗、托勒密等人转而研究和数学有关的各种科学,如天文学、力学和光学。希帕克和后来的梅内劳、托勒密创立了希腊定量几何中一门全新的学科——三角术。亚历山大里亚希腊人的三角术是球面三角,因为球面三角对天文学更加适用。但是他们的三角术也包括了平面三角的内容。梅内劳发表《球面学》,建立了球面几何,其中包括球面三角和天文学的内容。公元150年前后,托勒密就算出 π=3.14166,提出透视投影法和球面上经纬度的讨论,他的《数学汇编》继承了希帕克和梅内劳在三角和天文学方面的成就,是古希腊三角术的发展和在天文学上的应用的顶点。这本书把三角术定了型,此后一千多年都保持不变。这个时期的几何成就还有1世纪的希罗在面积和体积方面的成果。他写了关于几何学的、计算的和力学科目的百科全书。在其中的《度量论》中,他以几何形式推算出三角形面积的著名公式:

$$\Delta=\sqrt{s(s-a)(s-b)(s-c)}$$

式中的 Δ 为面积,s 为周边之和的一半,而 a,b,c 为三边。希罗还是一个优秀的测绘员,继承和丰富了埃及人的测地科学,他的测地术著作几百年间一直被人们使用。

从1世纪开始,亚历山大里亚的几何开始衰落了,但是算术和代数却复兴了。公元100年前后,尼寇马克撰写了两卷本的《算术入门》一书。这是第一本完全脱离几何讲法的算术书,从历史意义来讲,它对算术的重要性可以和欧几里德的《几何原本》对几何的重要性相比。它的主要内容是介绍早期毕达哥拉斯在算术方面的工作,讲述了偶数、奇数、正方形数、矩形数和多角形数,论述了质数和合数,还定义了别的许多数。数中的乘法九九表和现在的一模一样。尼寇马克对整数进行了深入的研究,得出了许多一般性的关系。他常用一些特殊的数来讨论数的各种分类和比例。《算术入门》这本书一直是它出现后一千多年的一本标准课本。亚历山大里亚时期的希腊代数,刁藩都研究得最为完善。他的十三卷《算术》巨著代表了古希腊代数思想的最高成就。这是一本问题集,包含了189个问题,每个问题都有不同的解法,共有五十多种类型。刁藩都的重大成就是在代数中采用了一套符号,系统地引进了某些循环量和演算的字母缩写法,代表一种字母代数。比如运用字母符号表示未知数和它的方次,还有加减号等特殊记号,能写出代数方程。再就是他对不定方程有研究。他广泛研究了 $x^2+y^2=z^2$ 等不定方程的解,创立了现代叫做刁藩都分析的一门代数分支。他是一个巧妙而聪明的解题能手,是个纯代数学家。

现在概括一下希腊在数学上的成就和局限性:

• 主要成就

①使数学成为抽象性的科学。这对数学的理论和发展是个重大的贡献。

②建立了演绎证明。这是了不起的一步。

③在几何方面,他们的研究水平已经接近高等数学。除了阿基米德在面积和体积的计算方面接近积分计算之外,阿波罗尼斯关于圆锥曲线的研究接近于解析几何。古希腊人还知道在所有给定表面积的物体中,球有最大的体积。

④希腊人发现定理和证明定理的时候,逻辑结构严密,论证认真细致,这种精神一直影响着后来的数学。

⑤希腊人充实了数学的许多内容,创立平面和立体几何、平面和球面三角,奠定了数论基础,发展了巴比伦和埃及的算术和代数,这些贡献都是巨大的。

⑥希腊人把数学看成是物质世界的实质,提出了宇宙是按数学规律设计的,是有条理、有规律并且能够被人认识的观念。这对鼓舞人类去认识自然是有一定促进作用的。

• 缺点和局限

①古希腊人没有掌握无理数。这不仅限制了算术和代数,而且使他们转向并过分强调几何,因为在几何中,他们可以避免回答无理数是不是数的问题。希腊人专注于几何,摈弃无理数,迷糊了后世纪几代人的视界,结果把代数和几何看成互不相干的学科。

②希腊人把数学仅局限于几何又产生了另一个局限性,这就是他们认为几何方法是数学证明的唯一方法。而随着数学范围的扩大,只有几何方法就使证明越来越复杂,特别是在立体几何中,这种观念占统治地位一千多年,限制了数学的发展。

③希腊人不仅把数学限制于几何,他们甚至于还把几何只限制于那些能用直线和圆作出的图形。

④希腊人坚持要把他们的几何学搞得统一,完整和简单,把抽象思维和实用分开,使古希腊几何成为一门成就有限的学科。

⑤希腊人的哲学思想又从另一个方面限制了希腊数学的发展。在整个古典数学时期,他们相信数学事实不是人创造的,而是先于人而存在的,人只要肯定这些事实并记录下来就行了。

• 希腊的衰落

公元前 146 年,罗马人征服了希腊本土,公元前 64 年征服了美索不达米亚。公元前 47 年罗马人焚烧了亚历山大里亚的埃及舰队,大火也烧掉了图书馆,两个半世纪以来收集的藏书和五十万份手稿竟付之一炬。基督教给希腊和东方的文明带来了不幸。希腊书被成千地焚烧。在宣布取缔异教的那一年,基督教徒焚烧了当时唯一尚存大量希腊图书的塞劳毕斯神庙,大约有三十万份手稿被焚。后来崛起的回教徒在 640 年征服埃及,给亚历山大里亚以最后致命一击。残留的书籍被阿拉伯征服者欧默尔下令焚毁。亚历山大里亚的浴堂里接连有六个月用书来烧水。由于外族入侵和古希腊后期数学本身缺少活力,希腊数学从1世纪开始衰落,虽然托勒密和刁藩都等人创立了三角,复兴了算术和代数,然而这不过是古希腊数学衰亡前的回光返照。数学发展的中心开始移到了东方。

2. 东方数学发展时期

随着希腊数学的终结,数学发展的中心又回到了东方的印度、中亚细亚、阿拉伯国家和中国。东方时期从5世纪到15世纪的一千多年时间里,数学主要是由于计算需要,特别是由于天文学的需要而得到迅速发展。以前希腊的数学家大多是哲学家,后来东方的数学家大多数是天文学家。这个时期的数学,无论是算术、代数、几何、三角都取得了进展。

由于上一节已经在讲述古代科技成就时较多地介绍了中国的科技成就(包括数学成就),所以这里着重介绍东方的印度、中亚细亚、阿拉伯在数学上的重要成就。

这段时期,现代十进计数法、初等代数和三角差不多完成了。中国的数学传入邻国,对他们的数学发展有一定的影响。

印度的十进位计数法、负数的引入、把无理数当作数来自由运算,不仅大大推广了算术的范围,而且为更有意义的代数开辟了广阔的道路。他们都是从算术方面而不是从几何方面来处理确定的和不确定的代数方程。埃及和巴比伦人在开始的时候是立足于算术的,但是希腊人却颠倒了这个基础,把它立足于几何。印度和阿拉伯人使代数重新立足于原来的基础上,加进了许多技巧,并且把它变成独立的学科。

他们使三角学取得进展,引用正弦等概念。在处理三角恒等式和三角计算上使用算术和代数技巧都加快了这门学科的发展,并且使三角术脱离了天文学而独立发展成为一门用途广泛的学科。东方时期的数学进展有两点是值得肯定的。这两点对后来的数学发展起了很大的作用。这两点就是:承认无理数,用代数方法解方程。承认无理数是数以后,就有可能给所有线段以及二、三维的图形用数来表示长度、面积和体积。另外阿拉伯人用代数方法解方程,然后用几何图形说明步骤的合理性,展示了代数和几何存在一致性,进一步发展便导致了解析几何的产生。更应该指出的是印度人和阿拉伯人把算术和代数提高到和几何并驾齐驱的地位以后,就确立了数学的两种独立的系统。促进了数学向深度和广度发展。

3. 文艺复兴时期

当阿拉伯和中亚细亚数学开始衰落的时候,西欧和中欧进入数学发展时期。在长达700年(从5世纪到12世纪)的中世纪初期和中期的前半段,欧洲的数学知识十分贫乏(除了意大利和希腊)。

在13世纪初的1202年,意大利的数学家斐波那契写了一本《计算之书》之后的三百多年,拉丁世界对数学仍一无进展,直到1494年,出现了意大利数学家帕奇欧里(1445—1514)所写的《算术集成》,欧洲人才逐渐取得进展。16世纪初,当意大利数学家塔他利亚(1500—1557)、卡当(1501—1576)、弗拉利(1522—1560)能够把三次方程和四次方程用代数法解出,找到了三次和四次方程的求根公式,欧洲人才第一次超过了东方人,也才建立起能够超过东方人的信心。欧洲文艺复兴是从15世纪后半期开始的。对数学发展产生巨大影响的是波兰天文学家哥白尼(1473—1543)和德国的开普勒领导的天文学革命。

1543年《天体运行论》出版,从此自然科学便开始从神学中解放出了,大踏步前进。

文艺复兴时期在数学上没有出现什么杰出的新成就。数学领域的微小进展不能同文学、绘画、建筑、天文学领域的进展相比。这一时期的数学家只是翻译了希腊和阿拉伯的著作,编辑了百科全书,吸收了希腊成果,并且为欧洲数学研究的高涨作了些准备。

在数学发展史上值得一提的是,这一阶段的数学又像亚历山大里亚时期那样建立了数学和科学技术的密切联系。在科学方面,认识到数学定律归根结底是终极目标;在技术方面,认识到以数学式子来表达研究结果是知识的最完善、最有用的形式,是设计和施工最有把握的向导。数学逐渐成为科学技术的基础,成为最有力量的一门科学。

在16、17世纪,欧洲人在数系、算术、代数、方程论和数论方面取得了进展。在1500年左右,欧洲人已经把零看作是一个数了,斯提文和卡当不仅按印度人和阿拉伯人的传统使用无理数,而且引入了种类越来越多的无理数。斯提文在方程里用正的、负的系数,并且承认负根,复数逐渐被认识,数系逐步完善了。卡当发现复数根成对,意大利数学家邦别利(1530—1572后)有了复数根的记号。1572年,邦别利出版《代数学》,引入虚数,确定了复数运算,最终解决了三次方程代数解的问题。在这期间,算术方面的成就还有连分数的使用。在代数方面取得重大进展的是法国数学家,代数学的奠基人之一韦达(1540—1603),1591年他在代数中建立了抽象量的符号,用 a,b,c 表示已知数,用 x,y,z 表示未知数,推进了代数问题的一般讨论。1614年英国数学家耐普尔(1550—1617)制定了对数,1624年,英国数学家布利格(1561—1631)计算出第一批以十为底的常用对数表。

在方程方面,卡当引入复数根后曾一度认为一个方程可能有任意多个根,不久他认识到三次方程有三个根,四次方程有四个根,吉拉德(1595—1632)推测 n 次方程有 n 个根(包括重根)。在17世纪,对于正根、负根和复根的研究很详细。韦达还得出了方程的根和系数之间关系的著名定理。法国数学家笛卡儿(1596—1650)引入了待定系数原理。

指数是正整数的二项式展开定理,早在1261年中国数学家杨辉就知道了,1654年法国数学家帕斯卡又得到了这一结果。牛顿在1665年把指数推广到分数和实数的情况,得到了普遍公式。1654年,帕斯卡、法国数学家费尔马(1601—1665)研究了概率论的基础,得到了排列组合的公式。在这之前,欧洲数学家就知道了级数的一些知识。所以到17世纪上半叶,初等代数的理论和内容才算真正完成了。

费尔马对初等数论起了奠基的作用。他确定了数论的研究方向,提出了许多定理,如1670年提出了著名的费尔马大定理,预测如果 x,y,z,n 都是整数,那么方程 $x^n+y^n=z^n$ 当 $n>2$ 时将没有整数解。初等代数的建立,标志着常量数学也就是初等数学时期的结束,接着是向高等数学——变量数学过渡。

三、变量数学时期

由于研究运动着的量,这些问题引起了人们的深入思考,在数学中随之发生了极其罕见的情景,在一二十年里面出现了巨大的、全新的两门数学分支,它们是解析几何和微积分。微积分又叫数学分析,这些数学分支都是以非常简单、但是以前一直未受到应有注意的观念作为基础的。这两门新的学科从本质上改变了整个数学的面貌,它们使先前无法解决的问题变得容易解决了。欧洲数学家在不到三个世纪的时间里所创造的成果比希腊人在一千年里所创造的成果要多得多。这个时期是科学早期发展的重要时期,也是人类社会发展史上的重要时期。从 17 世纪上半叶开始的新时期——变量数学时期,又可以分成两个阶段:即变量数学的出现和发展两个阶段。

1. 解析几何与微积分的产生阶段(17 世纪)

17 世纪最伟大的数学成就就是建立了解析几何和微积分,最伟大的数学家是费尔马、笛卡尔、牛顿和莱布尼茨(1646—1716)。

在 17 世纪前半叶,一系列最优秀的数学家已经接近了解析几何的观念,但是只有两位数学家认识到并创立了解析几何。一位是法国数学家费尔马,另一位就是法国著名哲学家、数学家笛卡尔。一般认为,解析几何的主要创立者是笛卡尔。因为作为哲学家的笛卡尔,提出了它的全面推广问题。笛卡尔发表了长篇哲学论著《方法谈》,它的前两部分是《折光学》、《论流星》,后一部分是以《几何学》作为题目发表于 1637 年,其中包含着解析几何理论的十分完备的叙述,是解析几何的基础。笛卡尔建立了坐标法,引进了变量和函数等重要概念,把几何和导数密切联系了起来。这是数学的一个转折点,也是变量数学发展第一个决定性步骤。

牛顿和莱布尼茨在 17 世纪后半叶各自独立地建立了微积分,这是变量数学发展的第二个决定性步骤。他们只是把许多数学家都曾经参加过的巨大准备工作完成了。微积分的原理可以追溯到古希腊人阿基米德所建立的确定面积和体积的方法。它起源于作曲线的切线和计算曲线图形的面积、体积。在 16 世纪末、17 世纪初,开普勒、卡瓦列利和牛顿的老师、英国数学家巴罗(1630—1677)等人也研究过这些问题,但是没有形成理论和普遍适用的方法。由于力学问题的研究、函数概念的产生和几何问题可以用代数方法来解决的影响,促使了微积分的产生。牛顿是从物理学观点上来研究数学的,他创立的微积分学原理是同他的力学研究分不开的。他发现了力学三大定律和万有引力定律。1687 年牛顿出版了他的名著《自然哲学的数学原理》,这本书是研究天体力学的,微积分的一些基本概念和原理就包含在这本书里。

莱布尼茨却是从几何学观点独立发现微积分的。他从 1684 年起,发表了一系列微积分著作,他力图找到普遍的方法来解决数学分析中的问题。莱布尼茨最大的功绩是创造了反映事物本质的数学符号。数学分析中的基本概念的记号,如微分 $\mathrm{d}x$,二阶微分 $\mathrm{d}^2 x$,积分 $\int y \mathrm{d}x$,导数 $\dfrac{\mathrm{d}}{\mathrm{d}x}$ 都是莱布尼茨提出的,这些记号沿用至今,非常适合、便利。

在 17 世纪探索微积分的至少有十几位大数学家和几十位小数学家。牛顿和莱布尼茨分别进行了创造性的工作,各自独立地跑完了微积分这一接力赛的最后一棒。

牛顿和莱布尼茨的创造性工作也有很大的不同。两个人工作的主要区别是:牛顿把 x 和 y 的无穷小增量看作为求导的手段。当增量越来越小的时候,导数实际上就是增量的比的极限。而莱布尼茨却直接用 x 和 y 的无穷小增量(就是微分)求出它们之间的关系。这个差别反映了牛顿的物理学方向和莱布尼茨的几何学方向。在物理学中,速度之类是中心概念,而几何学却着眼于面积、体积的计算。他们的差别还在于,牛顿自由地用级数表示函数,而莱布尼茨宁愿用有限的形式。他们的工作方式也不同。牛顿是经验的、具体的和谨慎的,而莱布尼茨是富于想象的、喜欢推广的而且是大胆的。他们对记号的关心也有差别,牛顿认为用什么记号无关紧要,而莱布尼茨却花费很多时间来选择富有提示性的符号。

不幸的是,牛顿和莱布尼茨各自创立了微积分后,历史上发生过优先权的争论,从而使数学家分裂成两派。欧洲大陆的数学家,尤其是瑞士数学家雅科布·贝努利(1654—1705)和约翰·贝努利(1667—1748)兄弟支持莱布尼茨,而英国数学家捍卫牛顿。两派激烈争吵,甚至尖锐地互相敌对、嘲笑。牛顿和莱布尼茨逝世很久以后,经调查证实:事实上他们各自独立地创立了微积分,只不过牛顿(1665—1666)先于莱布尼茨(1673—1676)制定了微积分,而莱布尼茨(1684—1686)早于牛顿(1704—1736)公布发表微积分。

这件事情的结果是英国和欧洲大陆的数学家停止了思想交流,使英国人在数学上落后了一百年。因为牛顿的《原理》一书使用的几何方法,英国人差不多在一百年中照旧以几何作为主要工具。而欧洲的数学家继续用莱布尼茨的分析法,并且使微积分更加完善,在这一百年中,英国人甚至连大陆通用的微积分符号都不认识。

2. 数学分析的发展阶段(主要是 17~18 世纪)

在数学上,有人把 17 世纪叫做天才的时期,也有人把 18 世纪叫做发明的时期。这两个世纪的数学成就是巨大的。17~18 世纪的数学有三个显著的特征。

第一个特征是:数学家从物理学、力学、天文学的研究中发现、创立了许多数学新分支,这些分支在 18 世纪有的处于萌芽状态,大都未形成系统严密的理论。英国数学家泰勒(1685—1731)和马克劳林(1698—1746)研究弦振动理论和天文学得到级数展开理论;法国数学家克雷洛(1713—1765)、欧勒研究曲线曲面的力学问题、光学问题、大地测量和地图绘制产生了微分几何;欧勒、拉格朗日和贝努利兄弟研究力学和天体运行建立了变分法和常微分方程;法国科学家达兰贝尔(1717—1783)、拉普拉斯(1749—1827)、拉格朗日研究弦振动、弹性力学和万有引力建立偏微分方程(主要是一阶的);欧勒、法国数学家柯西(1789—1857)研究流体力学建立复变函数论等等。

18 世纪的数学家大多数为物理问题所激动,他们的目标不是数学而是解决物理学问题。他们认为数学只是物理的一个工具,他们关心的是数学对于物理学、天文学的价值。可以说 18 世纪数学的推动力是物理学和天文学。在这批数学家中,出类拔萃的是瑞士数学家、彼得堡科学院院士欧勒。

欧勒是 18 世纪最著名的数学家、理论物理学家,数学界的中心人物。欧勒出生在瑞士巴塞尔附近的一个牧师家里,十五岁大学毕业,十八岁开始发表论文。著作之多、领域之广是惊人的。在数学领域中,微积分、微分方程、曲线曲面的解析几何和微分几何、数论、级数和变分法,他无所不及。他还把数学应用到物理学领域中去,创立了分析力学、刚体力学,计算了行星轨道中的天体的摄动影响和阻尼介质中的弹道。他的潮汐理论、船舶航行和设计有助于航海。他研究了梁的弯曲、计算了柱的安全载荷。他是 18 世纪唯一赞成光的波动学说,反对微粒学说的物理学家,对化学、地质学、制图学也有兴趣,还绘制了一张俄国地图。他写了力学、化学、数学分析、解析几何、微分几何和变分法的课本,一百多年来都成了标准课本。他以每年大约 800 页的速率发表高质量的独创性的研究文章。1766 年,他双目失明,生命的最后十七年是在全盲中度过的,他的许多书和四百篇研究文章是在双目失明后写的。他的著作如果全部出完将有七十四卷,在数学的大多数分支中都可以找到他的名字,其中有欧勒公式、欧勒多项式、欧勒常数、欧勒积分和欧勒线。他有惊人的记忆力,能背出三角和分析的全部公式,能记住前一百个质数的前6次幂,能背诵许多诗歌和剧本。许多有才能的数学家在纸上做起来也很困难的计算,他却能心算出结果。他品格高尚,赢得了广泛的尊敬。他晚年的时候,欧洲所有的数学家都把他当作老师。他是能和阿基米德、牛顿、高斯和爱因斯坦(1879—1955)并列的世界上少有的大科学家!

18世纪数学的第二个特征是:从古以来采用的几何论证的方法开始逐渐被代数的、分析的方法所取代。那时候,代数和分析还没有分开来。17世纪的时候,代数是人们兴趣的中心,但是到了18世纪它变成从属于数学分析,而且除了数论以外,促进代数研究的因素大部分来自于数学分析。18世纪的前三十年,几何方法仍然广泛使用,但是欧勒和拉格朗日认识到分析方法具有更大的效用以后,就慎重地、逐渐地把几何论证换成分析论证,欧勒的许多教科书都说明了怎样使用分析。拉格朗日在他的《分析力学》序言中大力推广分析论证,拉普拉斯在他的《宇宙体系论》中强调分析的力量。18世纪的许多数学家都认识到分析的重要性,普遍地采用了数学分析的思想方法。

18世纪数学的第三个特征是:不严密。因为没有数学理论作为指导,由物理学见解所指引,所以是直观的,又因为领域太广阔,还来不及打基础,因而是不严密的。

数学分析中任何一个比较细致的问题如级数和积分的收敛性,微分和积分次序交换,高阶微分的使用,以及微分方程的解的存在性问题等等,那时几乎没有人过问。把物理学问题用数学形式表达出来以后,数学家就开始工作,新的一套方法和结论就涌现出来。欧勒完全被公式迷住了,以致他一看到公式就情不自禁地要对它进行演算。许多数学家对严密性掉以轻心,1743年达兰贝尔说:"直到现在……表现出更多关心的是去扩大建筑,而不是在入口处张灯结彩;是把房子盖得更高些而不是给基础补充适当的强度。"因此,18世纪的数学家开垦了许多新的处女地,数量之多是惊人的,但是他们的工作是粗糙的、不严密的、是刀耕火薅(hāo,意:拔除)式的工作方式。

由于18世纪的数学家忙于应用解析几何和微积分这两种强有力的数学工具去解决科学和技术中的许多实际问题,并被新方法的成功所陶醉,而无暇顾及所依据的理论是否可靠,基础是否扎实,这就出现谬误越来越多的混乱局面。

19世纪的数学家在德国数学家的倡导下对数学进行了一场批判性的调查运动。这场运动不仅使数学奠定了坚实的基础,而且产生了公理化方法和许多新颖的学科。如实变函数论、点集拓扑学、抽象代数等,使19世纪的数学在坚实的基础上迅速发展。

19世纪数学的特征是:基础变得坚实牢固,18世纪形成的分支趋于成熟,新分支不断涌现,构成数学本体的几何、代数、数学分析得到蓬勃发展。

3. 几何学的新发展(19世纪)

19世纪可以说是几何复兴的时期。整整一个世纪,几何的新思想、新概念、新方法不断涌现。1799年法国数学家蒙日(1746—1818)创立了画法几何,1809年蒙日出版第一本微分几何著作《分析在几何上的应用》。1816年德国数学家高斯发现非欧几何的轮廓,由于害怕别人不理解会受到嘲笑而一直没有发表。1822年法国数学家彭色列(1789—1867)研究几何图形在投影变换下的不变性质,建立了射影几何。射影几何在19世纪后半叶成了几何的中心。1826年俄国的罗巴切夫斯基(1792—1856),改变欧几里德几何学中的平行公理,提出非欧几何的理论,开创了几何的新时代。也是同一时候,匈牙利数学家鲍耶·亚诺什(1802—1860)也独立地发现了非欧几何。非欧几何的产生经历了十分曲折的过程。

从公元前3世纪到19世纪初的两千多年,许多著名数学家都在试证第五公设,付出了巨大的代价。这就是几何发展的第五公设研究、非欧几何产生的时期。由于他们都没有越出欧几里德的空间概念,当他们声称已经证明第五公设的时候,实际上又提出了一个新的需要应用第五公设才能证明的命题。也就是说,他们在证明过程中往往自觉不自觉地引进了和第五公设相等价的命题,如"三角形三内角之和等于直角"、"在平面上,过直线外一点只能作一条直线和这条直线相平行"等,这些都犯了逻辑循环的错误。证明虽然都失败了,但是人们从中受到了启示,提出了一些新问题,如到底能不能证明以及用相反的命题代替会怎样等。同时也有一些数学家如意大利的萨开里(1667—1733)、瑞士的兰伯特(1728—1777)、德国的施外卡尔特(1780—1859)等,发表了一些很有价值的研究成果。1818年施外卡尔特寄信给高斯的短文中说"存在两种几何,狭义的几何——欧几里德几何和星形几何,在后一个里面,三角形有一个特点,就是三角的和不等于两个直角……",这些优秀的数学家为突破欧氏几何、创立非欧几何作了理论上的准备。

到19世纪二十年代,德国的高斯、俄国的罗巴切夫斯基和匈牙利的鲍耶,几乎同时提出了非欧几何的思想,创立了非欧几何。这三位数学家认真总结了前人和自己试证第五公设的失败教训,通过艰苦的研究工作,首先肯定了第五公设是不能用数学证明的,然后再否定它,用一个和第五公设相反的命题(如罗氏平行公理:在平面上过直线外一点至少可以引两条直线和已知直线不相交,或三角形内角的和小于两直角)来代替它,结果建立了一种和欧氏几何不相同的新的几何理论,这就是非欧几何学。

高斯生于1777年,十岁时就显露出惊人的数学才能。有一次,老师提出一个等差级数的求和问题,其他同学正在一项一项加起来,他却很快就报出了答案。原来他应用了位于级数首尾等距项的和相等的这一性质。在大学念书的几年里,他主要从事独立研究,并且有许多重要的发现,十八岁的时候他研究出了最小二乘法,十九岁他用圆规直尺作出了正十七边形。按他自己的话说,他是从作出正十七边形起才决定致力于研究数学的。高斯在数论、代数、数学分析、概率论、级数理论等许多数学领域都有重要的发现。在高斯之前,复数虽然已经出现,但是人们总以为虚数是虚无缥缈的。高斯创立了用纵轴代表虚数轴的高斯平面,使每一个复数和平面上的一个点相对应,才使复数理论大大发展起来。具有世界声望的高斯开始也不例外地试图证明第五公设,直到1804年以前,他并未放弃希望。后来他逐渐相信第五公设是不可证明的。

尽管高斯早就已经明了非欧几何学的轮廓,但是由于怕新的理论不会被人理解,而会被人嘲笑,按他自己的话说"怕引起某些人的喊声",因此他一辈子都没有公开提出它的勇气。不仅如此,甚至在别人已经提出这个问题的时候,他也从来没有表示过公开支持。高斯研究非欧几何的情况,只是在他死后,从他跟一些数学家的通信和他的遗稿中才披露出来的。

高斯的大学同学,匈牙利数学家鲍耶·法尔卡什(1775—1856)终生从事第五公设的证明。他的工作没有什么突出的成就,而且思想保守。但是他的儿子鲍耶·亚诺什,却取得了出色的成就。亚诺什1817年到1822年在维也纳工学院读书的时候,就醉心于第五公设的证明。在1820年以前,他和萨开里的方法差不多,后来他逐渐认识到第五公设不能证明,决心创造新几何学。鲍耶·法尔卡什知道儿子也在搞第五公设的时候非常生气,多次写信坚决阻止他。信上说:"希望你再不要做克服平行线理论的尝试……我熟知了一切方法到尽头……并且我在这里面埋没了人生的一切光明,一切快乐。""老天啊!希望你放弃这个问题……因为它会剥夺你生活的一切时间、健康、休息、一切幸福","它会使千个牛顿那样的灯塔熄灭,这个夜任何时候也不会在地面上明朗化……这是我心里大的永远的创伤……"。亚诺什根本不理睬父亲的劝告,继续他的新几何的研究。

在父亲感到绝望的时候,儿子却有了新发现。1823年,亚诺什写成了摒弃第五公设的《空间的绝对几何学》,他对他父亲说:"我已经在乌有中创造了整个世界"。法尔卡什既不相信二十一岁的儿子能超过自己,更不相信他有什么作为。1825年亚诺什已经基本上完成了非欧几何学,请求父亲帮助出版,遭到了父亲的拒绝。又过了四年,父亲仍坚持这种态度。1826年,他把自己创立的非欧几何学德文抄本,寄给了母校的数学教授艾克维尔,但是这个抄本被遗失了。1831年,由于亚诺什的再三请求,父亲才决定把儿子的创作作为附录出版在自己的著作中。出版前,父子俩都想听听当时欧洲的数学权威高斯的意见。1831年6月寄了一封信和打样的《附录》给高斯,但是不幸中途给遗失了。1832年1月又寄去了一份。但是高斯害怕当时保守舆论的指责,已经终止了非欧几何的研究,接到信和《附录》非常吃惊,三月他回信说:"……称赞他等于称赞我自己,因为这研究的一切内容,你的儿子所采用的方法和他所达到的一些结果几乎和我的一部分在三十到三十五年前已开始的个人沉思相符合,我真的被这些吓坏了……使我快乐地感到惊奇的是现在可以免去这劳力的耗费,并且特别高兴的,在我面前有这样惊异姿态的正是老友的儿子"。

高斯的回信大大刺痛了满怀希望的鲍耶·亚诺什,他不相信有人在他之前做了这些工作,他认为高斯在利用已有的权威争他的优先权。从此,性情变得非常孤僻,身体也日渐衰弱。

由于没有获得任何人的理解、同情和精神上的支持,亚诺什陷入了失望。因为学术争论和家庭纠纷,亚诺什被父亲驱逐到偏僻的多马尔德居住,晚年过着疾苦的生活。58岁与世长辞。

第五公设的彻底解决者是罗巴切夫斯基。1793年12月22日,他出生在俄国一个测量家的穷苦家庭,三岁死了父亲,有毅力的母亲把他送进中学。1807年他进入新设的喀山大学,1810年获得硕士学位,1814年获得纯粹数学副教授职称,1816年他23岁便成为数学教授。年轻的罗巴切夫斯基开始也想找到第五公设的证明,从1815年到1817年他的讲义笔记中可以说明这一点。不久他就认识到这样证明是不可能的。罗巴切夫斯基断定可能存在另外一种几何学,决心创造新的几何学。这种几何学采用了欧氏几何除第五公设以外的所有公理,他把第五公设放到一边,提出了另外一个公理:"过已知直线外一点至少可以作两条直线和已知直线不相交"。他建立了自己的公理系统,提出了新的几何,严密性并不比欧几里德差。

罗巴切夫斯基在1826年2月11日喀山大学物理数学系会议上,宣读了报告《关于几何原理的讨论》。这一天被公认是非欧几何学诞生日。1829年,就是鲍耶·亚诺什的《附录》出现前的三年,在《喀山通报》上发表了他的题目是《关于几何原本》的著作,在报告和著作中罗巴切夫斯基叙述了自己关于新几何的研究。从此他不断研究,不断有著作出版,到逝世前,先后出版了8本著作。1855年,他的眼睛差不多失明了,还用口述写作了他最后的著作《泛几何学》。

罗巴切夫斯基是几何学上的哥白尼,他创立的新几何学动摇了旧世界观的基础,因而引起了教廷的反对。总主教宣布他的学说是邪说,有人用匿名信在反动杂志上漫骂罗巴切夫斯基,荒唐无理的程度是史无前例的。嘲笑、侮辱他,甚至宣布他是疯子,最好的态度也不过是"对一个错误的怪人的宽容的惋惜态度"。这一切正如高斯所估计到的,也正是高斯所害怕的。高斯是了解罗巴切夫斯基理论的人,但是他从来不肯公开地站在科学上的革命者这一边,只在私人通信里说到自己对罗巴切夫斯基理论的钦佩。

但是罗巴切夫斯基却从不屈服,坚持真理,一个人英勇奋斗到生命的最后一分钟,在没有看到自己见解胜利的时候就逝世了。

1854年,德国数学家黎曼(1826—1866)建立了更广泛的一类非欧几何——黎曼几何,同时产生了拓扑流形的概念。1887年到1896年,法国数学家达布尔(1842—1917)出版四卷《曲面的一般理论的讲义》,总结了一个世纪以来关于曲线和曲面的《微分几何》的成就。1899年,德国数学家希尔伯特的名著《几何学基础》出版,提出了欧几里德几何学的严格公理系统——希尔伯特公理系统。克服了欧几里德《几何原本》的缺陷,并对数学的公理化思潮产生了巨大的影响。

在19世纪,不仅古老的几何——欧几里德几何的基础得到充实完善,而且产生了许多新分支——画法几何、射影几何、微分几何、非欧几何(包括罗氏几何和黎曼几何)。非欧几何的产生,突破了空间概念的唯一性(就是只承认欧氏空间),是人类空间认识史上的一次飞跃。开始了几何原则的新发展,改变了什么是几何的理解,几何应用对象和范围也很快地扩展了。正如希尔伯特所说的:"19世纪最有启发性、最重要的数学成就是非欧几何的发现"。

4. 代数学的新成就(主要是 19 世纪)

在18世纪末和19世纪初,方程的代数解法是数学的中心问题。意大利人在16世纪解决了三次、四次方程根式求解的一般法则后,数学家一直在寻找五次或五次以上代数方程的求解问题。将近三个世纪,数学家绞尽脑汁,却毫无进展。1770—1771年,拉格朗日把置换概念用于代数方程求解,这是群论思想的萌芽。1799年德国的数学家高斯证明了代数基本定理—n次多项式在复数体内至少有一个根。1824年,年轻的挪威数学家阿贝尔(1802—1829)证明了用根式(就是代数解法)求解五次方程是不可能的。1830年法国一位更年轻的数学家伽罗华(1811—1832)彻底解决了这一难题,并引进了群的概念,揭开了近世代数的序幕。这一概念对物理学、结晶学、几何学都有重要应用。

同时由于代数方程解的研究的需要,也由于解析几何、特别是射影解析几何研究的需要,1841年德国数学家雅可比(1804—1851)建立了行列式的系统理论。从此行列式和矩阵论、二次型和线性变换理论、不变量理论迅速发展起来。这些代数工具现代都统一叫做线性代数学,它已经被广泛应用到力学、物理学、数学的各个领域,成为近世数学和物理学的重要工具。

在19世纪的后半期,力学、物理学和数学本身越来越多地研究向量、矩阵、张量、旋量、超复数、群等各种对象,对这些对象的运算规则的研究,形成了一系列新的代数分支。德国代数学派的戴德金(1831—1916)、希尔伯特起了主要作用。到20世纪初,近世代数得到蓬勃发展,广泛应用在近代物理和数学的其他部门。19世纪代数的成就还有:1831年高斯建立了复数的代数学,用平面上的点表示复数,破除了复数的神秘性。1847年英国数学家布尔(1815—1864)创立布尔代数,对后来的电子计算机有重要的应用。1870年挪威数学家李(1842—1899)发现"李"群。同一年德国数学家克朗尼格(1823—1891)给出了群论的公理结构,成为研究抽象群的出发点。1895年法国数学家彭加勒(1854—1912)提出同调概念,开创了代数拓扑学。

总之,在19世纪,高等代数(包括线性代数和古典多项式理论)形成了系统的理论,近世代数已经打下了坚实的基础,代数的概念、方法和对象都发生了巨大的变化,应用越来越广。

5. 数学分析的巨大进展(19世纪)

对数学分析的批判、系统化和严格论证是1821年法国数学家柯西开始的,这一年他出版了《分析教程》,用极限概念严格定义了函数的连续、导数和积分,研究了无穷级数的收敛性。1856年德国数学家魏尔斯特拉斯(1815—1897)建立了极限理论中的 $\varepsilon-\delta$ 方法,确定了一致收敛性概念,1872年德国数学家戴德金、康托尔、魏尔斯特拉斯建立了实数的严格定义,捷克斯洛伐克数学家波尔察诺(1781—1848)和其他一些数学家在使分析的基本概念:变量、函数、极限、积分等精确化方面做了很多工作,从此数学分析的理论建立在精确和坚实的基础之上。

分析的精确化跟代数和几何的新发展几乎是在同一时期里完成的。为研究变量和函数概念的精确化而产生的集合论是由康托尔建立起来的,他并且发展了超穷基数的理论,为数学分析的新分支——实变函数论奠定了基础。实变函数论是在19世纪末、20世纪初由法国数学学派的鲍莱尔(1871—1956)、贝尔(1874—1932)和勒贝格(1875—1941)建立的。

数学分析中最重要的一个分支——微分方程的稳定性理论是彭加勒和俄国数学家李雅普诺夫(1857—1918)从力学问题研究出发建立起来的。1881年到1886年彭加勒连续发表《微分方程所确定的积分曲线》的论文,李雅普诺夫1892年建立稳定性理论,使微分方程的应用大大推广。在19世纪中叶,由法国数学家泊松(1781—1840)、傅立叶(1768—1830)、柯西和俄国数学家奥斯特洛夫斯基(1801—1861)深入研究一些方程,逐渐形成了偏微分方程(数学物理方程)的一般理论。

数学分析的另外一个重要分支——复变函数论的建立,是从法国数学家柯西1825年发现复变函数的柯西积分定理开始的,到1876年德国数学家魏尔斯特拉斯发表《解析函数论》,把复变函数论建立在幂级数的基础上,才形成了严谨的理论。

数学分析的新分支还有函数逼近论,它是研究利用初等函数(首先是多项式)来逼近复杂函数的理论,这是俄国数学家车比雪夫(1821—1894)创立的。

数学分析蓬勃地发展着,它不仅成为数学的中心和主要部分,而且还渗入到古老的数学部门,如代数、几何和数论,产生了代数函数论、微分几何和解析数论等新分支。

19世纪的数学还产生了一个新的部门——概率论。它是研究大量随机现象的一门新学科。1812年法国数学家拉普拉斯的《分析概率论》出版,这是近代概率的先驱。到了19世纪末,变量数学时期进入结束阶段,进入了现代数学开始发展的新时期。我们看到,在变量数学时期,数学分析成了数学的核心,它产生了许多分支,它深入渗透到数学的各个领域。通过数学分析的发展,变量、极限等概念和运动变化等思想使辩证法思想渗入数学。数学分析成为自然科学和技术发展中精确表述它们的规律和解决它们的问题的有力工具,它深刻地影响着数学的各部门。

下面概括一下变量数学时期的数学成就,主要有:解析几何、数学分析初步(17世纪);级数理论、微分方程论、偏微分方程初步、积分方程论、微分几何初步、复变函数论(主要是18世纪);画法几何、射影几何、非欧几何、微分几何、高等代数(包括线性代数)、近世代数初步、集合论、实变函数论、数学物理方程的一般理论、函数逼近论、概率论、数论等(19世纪)。

这近二十多门学科的每一门都是重大的创新,都形成了严密系统的理论,每一门都使希腊人的巨大成就——欧几里德几何相形见绌。这些学科主要是高等学校数学专业的课程,工科大学生、工程师也必须具备其中某些知识。

第三节　现代科技的基本特点

从20世纪中叶以来,现代科技革命逐步在全世界展开,科学技术发展到高科技的新阶段,出现了一些新的特征。了解这些特点,有助于我们进一步认识现代科技的本质、发展趋势和价值。现代科技的基本特征表现为:科技发展的加速化、各门学科之间的综合化、科学研究和应用的社会化、科技与产业之间的一体化、科学理论的高度抽象化等几个方面。

一、现代科学技术发展的加速化

现代科技不仅持续高速发展,而且发展的速度越来越快,这主要表现在科技知识量的加速增长、知识更新与技术更新的速度加快、科学技术向生产力转化的周期缩短等三个方面。

1. 科技知识量的加速增长

早在一百多年前,恩格斯就预言:"科学发展的速度至少也是和人口增长的速度是一样的,人口的增长同前一代的人数成比例,而科学的发展同前一代人遗留下的知识量成比例,因此在普通的情况下,科学也是按几何级数发展的。"恩格斯在谈论近代科学诞生时说:"科学的发展从此大踏步地前进,而且得到了一种力量,这种力量可以说是与其出发点的(时间的)距离平方成正比的,仿佛要向世界证明:从此以后,对有机物质的最高产物,即对人的精神起作用的,是一种和无机物的运动规律正好相反的运动规律。"万有引力同空间距离的平方成反比,而科技发展的动力同时间的平方成正比。科技的发展不断证实了恩格斯的这些预言。

科技人员的数量加速增长。据统计,全世界科研人员的人数1800年不超过1 000名,1850年为10 000名,1900年为10万名,1950年为100万名。此后,科研人员不到50年就翻一番。1930—1968年间,美国就业人口增长60%,技术人员增长450%,科研人员增长900%。

科技图书的数量加速增长。20世纪40年代,美国的赖德对美国十几所有代表性的大学图书馆藏书的增长率进行统计,发现每隔16年增长一倍。例如耶鲁大学图书馆18世纪藏书约1万册,按16年翻一番计算,到1938年应藏书260万册,该馆1938年实际藏书为274.8万册。

学术论文数量的加速增长。美国的普赖斯应用赖德的研究方法对学术论文和学术刊物增长的情况进行统计研究,认为学术论文大约每隔10～15年增加一倍。18世纪中期,全世界的科技杂志大约仅10种,19世纪初大约达到100多种,19世纪中期约1 000种,1900年已达10 000种,19世纪80年代已达十几万种,这表明每半个世纪增加10倍。

科学知识量的加速增长。有人认为19世纪每50年增加一倍,20世纪每10年增加一倍,70年代每5年增加一倍,现在每3年左右就增加一倍。

重要科技成果加速增长。据有的学者统计,17世纪重要科技成果有106项,18世纪有156项,19世纪有546项,20世纪前50年有961项,20世纪60年代以来科学新发现和技术新发明的数量比过去两千年还要多。

2. 知识更新和技术更新的速度加快

科学技术不仅发展的速度越来越快,而且新旧更新的速度也越来越快。技术的老化周期缩短。有人认为19世纪90年代技术老化周期为40年,20世纪30年代为25年,50年代为15年,70年代为8～9年,到80年代为3～5年。

3. 科学技术向现实生产力的转化速度加快

科技对经济发展的作用,不仅取决于科技成果的数量,还取决于科技成果产业化的速度。有人估计,从最初蒸汽机的发明到广泛应用经历了100多年,内燃机从发明到推广经历80多年,原子能从发现到广泛应用只经历了40年,而集成电路从发明到产业化只用了3年。

美国学者伊莱·金兹伯格在《技术与社会变革》一书中,对若干项重要技术成果从发明到生产所经历的时间作了以下统计:

器件名称	发明和应用的时间	所经历的时间间隔(年)
摄影机	1727—1839	112
电动机	1821—1886	65
电话	1820—1876	56
无线电	1867—1902	35
真空管	1884—1915	31
X光管	1895—1913	18

器件名称	发明和应用的时间	所经历的时间间隔(年)
雷达	1925—1940	15
电视	1922—1934	12
核反应	1932—1942	10
原子弹	1939—1945	6
晶体管	1912—1915	3
太阳能电池	1953—1955	2

二、现代科技的综合化(一体化)

现代科技发展的趋势是越来越分化的同时又越来越综合,科学和技术的各个部门互相融合成为一个有机的整体。

在古代,人类社会的大部分知识是浑然一体的,没有明确的专业分工,这是因为农业生产是一种非专业化的生产,农民都是多面手。近代工业生产是机器生产,这就要求把产品的制造过程分解为许多道工序,每个工人都有明确的专业分工,只完成一两道工序,只负责产品生产的某一个部分,因此工业劳动是高度专业化劳动,工人不再是多面手而只是某个专业的能手。劳动的专业化带来了科学技术的专业化,学科越分越多,越分越细,越分越窄,越分专业性越强。正如工业劳动的专业化带来高效益一样,科学技术的专业化也是科学技术进步的表现。科学技术的专业化,使我们对自然界的各种物质形态和运动形态有了大量的具体知识。专业化到了一定程度,我们就需要从整体上认识自然界,而且在实际的改造自然中,往往需要多种专业知识的综合应用,这种专业化的缺陷就日益严重。恩格斯说:"近代自然科学首先必须对自然界进行分门别类的研究,这既推动了科学的发展,又具有很大的局限性。把自然界分解为各个部分,把自然界的各种过程和事物分成一定的门类,对有机体的内部按其多种多样的解剖形态进行研究,这是最近400年来在认识自然界方面获得巨大进展的基本条件。但是这种做法也给我们留下了一种习惯:把自然界的事物和过程孤立起来,撇开广泛的总的联系去进行考察……"。

现代科技在高度专业分化的基础上,正朝着高度综合化的方向发展。

1. 边缘学科、横断学科、综合学科的大量出现

自然界的各种物质形态、运动形态,既有个性又有共性,既有差别性又有统一性。它们各自具有质的规定性,又相互联系、相互作用、相互渗透、相互包含,在一定条件下相互转化。因此各门科学技术的研究对象、研究范围既有差别又有联系。当自然科学不再用孤立的方法,而是用联系的观点来研究自然界,对自然界内在联系的认识越来越全面、深刻、具体时,学科的相互渗透也就越广泛和充分。大量边缘学科、横断学科、综合学科的出现就鲜明体现了现代科技发展的这个特点。

边缘学科又叫交叉学科,大多以原有学科的相邻点作为生长点,用一个学科的知识、思想、方法、手段来研究另一个学科的结合物。比如和化学相关的边缘科学就有很多:物理化学、生物化学、量子化学、地球化学、天体化学、计算化学、生物物理化学、生物地质化学等。过去认为化学同力学没有什么关系,现在这两个学科也开始渗透,出现爆炸力学等

学科。

横断学科又称横向学科,主要是研究自然界各个领域、各种运动形态所共有的某些性质,从而把过去看来互不相关的领域与运动形态联系起来。如信息论研究的是各个领域都具有的信息这个层面,可以看作是一个横断学科。又如控制论就是在对自动控制、电子技术、无线电通讯、神经生理学、数理逻辑、统计力学等多种科学和技术综合利用的基础上,把动物和机器的某些机制进行类比,抓住各种通讯和控制系统中所共有的特征,概括出一套各种通讯和控制系统都可以应用的知识和技术。

综合学科是以特定的客体或问题作为研究对象,应用多学科的理论和方法进行研究所形成的学科。例如材料科学就是应用多学科知识对材料进行综合性研究的综合学科。

不仅科学技术的各个学科相互渗透,而且自然科学(技术)与社会科学也相互结合。例如环境科学是一门综合性学科,不仅应用气象学、地理学、物理学、化学、生物学、医学、工程学,还涉及经济学、法学、社会学、伦理学、人口学等社会科学。

2. 科学与技术的一体化

现代科技综合化的另一个重要表现是科学与技术的一体化,即科学日趋技术化,技术日趋科学化。认识自然与改造自然是人类在生存与发展过程中处理人与自然关系的两项基本活动,这两项活动是统一的。认识自然是为了改造自然,人们只有正确地认识自然,才会合理地改造自然;人们在改造自然的过程中又会不断地加深对自然的认识。这就从根本上决定了作为人类认识自然手段的自然科学,与作为人类改造自然的工程技术的统一。用马克思主义哲学关于认识与实践关系的基本原理来分析科学与技术的关系,我们就会发现,由于认识与实践是相互渗透、相互包含的,所以自然科学与工程技术也是相互渗透相互包含的。自然科学与工程技术的划分是相对的,二者本来应当联系在一起的。

在现代科技中,自然科学与工程技术的相互渗透、相互包含更加充分,使二者的联系发展到新的阶段。现代科学技术是第一生产力,这就要求自然科学知识大规模地从知识形态生产力转化为现实的、物质的生产力。过去的自然科学以增长知识为主要目的,现代自然科学必须重视向物质生产力的转化,这不仅要越来越依赖技术的手段,而且还使自己具有越来越多的技术品格。同时,由于现代自然科学认识的广度、深度、难度都非近代自然科学所比,所以更加需要各种新的实验工具,观察工具甚至思维工具(电脑),而这些工具无非是一定技术知识的物化。这就会导致自然科学认识手段的技术化。一种新的技术手段应用于基础理论研究,也会产生新的理论学科。例如红外技术应用于天文学就产生了红外天文学。

另一方面,技术的发展也越来越依赖科学。近代科学所研究的课题,常常是对技术所作的理论概括。例如瓦特的蒸汽机在1765年便获得了专利,而卡诺循环原理是在1824年提出的,克劳修斯明确表述热力学第二定律是在1850年。从热机到热力学第二定律,前后竟相隔85年。而在现代科学技术中,科学创新常常是技术创新的先导,例如先有关原子能的理论,然后才有原子能技术。现代技术越来越是现代科学应用的物化,也越来越具有科学的品格。总之,现代科学与现代技术的界线已日趋模糊,科学与技术已越来越成为一个整体。

3. 自然科学、工程技术与社会科学相互渗透、相互作用不断加强

科技本身虽然没有阶级性,但科技活动是人类的社会活动,科技事业是人类的社会事业。人是科技的研究者、应用者、控制者和管理者。科技是推动经济发展、政治演变、文化繁荣和社会进步的强大力量,科技应用的社会后果必然会涉及许多社会科学所研究的领域。自然科学、工程技术和社会科学之间存在着千丝万缕的联系。

列宁在 1914 年曾指出:"从自然科学奔向社会科学的潮流,不仅在配第时代存在,在马克思时代也是存在的,在 20 世纪这个潮流是同样强大的,甚至可以说是更强大了"。大科学、高技术是现代科技发展的新特征。自然科学与社会科学无论是知识还是方法都相互移植,在这两者之间又出现了新的交叉学科,如技术经济学、工程经济学、工程心理学、工程美学等。对这些新学科我们很难把它们简单地归属于哪一类。

三、现代科技的社会化

现代科技不仅是在一定的社会中发生的,而且已逐步成为社会化的事业,是社会科技化和科技社会化的统一。社会科技化是指:现代科技的作用与影响已渗透到社会生活的各个领域和许多环节,深刻地影响着人们的社会生活。科技社会化是指:科技活动的各个方面与许多环节,社会化的程度越来越高。

1. 科学研究的社会化

1962 年,美国的普赖斯提出:"小科学、大科学"概念,他所说的小科学主要是指近代科学、特别是早期的近代科学,它的一个特点是科学家的个人自由研究。研究课题由他自己选择,实验手段与研究经费均由自己解决,有人甚至都没有把科学研究当作自己的职业。科学家都独自单干,学术交流活动也很少。恩格斯在叙述近代电学的早期状况时说:"在电学中,是一堆陈旧的、不可靠的、既没有最后证实也没有最后推翻的实验所凑成的杂乱的东西,是许多孤立的学者在黑暗中无目的地摸索,从事毫无联系的研究和实验,像一群游牧的骑者一样,分散地向未知的领域进攻。"实际上,早期的近代自然科学研究都处于这种毫无联系、分散的状态,孤立的科学家就像一群游牧的骑者。

后来,科学家的人数迅速增长,学术团体、学术机构大批出现。到了第二次世界大战以后,科学研究活动逐步由个人的单干,变为整个国家的事业,逐步社会建制化。如德国 V2 火箭的研制,美国原子弹的研制,苏联人造卫星的发射,美国阿波罗登月计划的实施,都是由政府组织的,包括许多研究机构、高等学校和企业参加的大规模的集体活动。像这样的重大研究课题是科学家个人的自由研究根本无法胜任的。这些重大课题是大科学的典型表现。

科学家的智力合作,不是个人智力的简单线性叠加、机械的组合,不是一概遵循整体等于部分之和的原则,而是非线性叠加,整体可以大于部分之和,在智力合作中又产生了新的智力。智力合作是知识生产的一种有效形式。

2. 科技应用的社会化

①科技与产业的一体化

科技的高度产业化是科技社会化的一个重要标志。同大科学相结合的是高技术。高技术是高度产业化了的现代新技术。高技术的"高"有丰富的内涵,最本质的特征是高产业化和高效益。所以高技术既是新兴的学科群,又是新兴的产业群,鲜明地体现了知识与生产的结合。以技术作为中介,科学、技术、生产日趋一体化,这既是现代科技综合化的表现,也是科技社会化的特点。科学与生产通过技术所实现的互动是双向的,即科学推动了生产力的提高,生产又推动了科学的发展。但这种互动的主导方向发生了变化。在近代,互动作用的主导方向是:生产—技术—科学。即先是发展生产的需要刺激技术的发展,技术的发展又需要理论的概括。物质创造是知识创造的先导,即生产是科学的先导。而在现代,互动作用的主导方向是:科学—技术—生产。即先有基础理论的重大突破,然后由新理论派生出新技术,最后是新技术用于生产,导致生产力的发展。知识创造是物质创造的先导,即科学是生产的先导。

②科技成果已经应用于社会生活的每一个领域。

高科技具有高度的渗透性,它对人们的生产方式、工作方式、管理方式、经营方式、交往方式、生活方式、思维方式,对人们的价值观念、伦理观念、科学观念、文化观念、哲学观念,对社会的文化、教育、军事各方面,对经济的发展、文化的繁荣、教育的改革、政治的演变、社会的进步、人的自我完善,都发生着越来越广泛、越来越深刻的影响。高科技对物质文明建设和精神文明建设都发挥着越来越重要的作用。高科技的广泛应用,会导致科技、经济、社会的协调发展,推动社会的全面进步。这也是科技社会化的一个重要表现。

四、现代科学理论的抽象化

现代科学与近代科学或古代科学最显著的差异之一是:理论的高度抽象化。在现代科学的众多学科中,数学工具用得越来越多,越来越先进,理论变得越来越抽象。例如物理学中的相对论、量子力学和粒子物理等。特别是广义相对论,直到现在真正能彻底理解的人仍然是少数。而像数学中的拓扑学、泛函分析等一些学科更是如此。在现代代数中进行的抽象达到了这样的程度:以致量这个术语也失去了它本身的含义,而一般的变成讨论"对象"了。像分子生物学、量子生物学、量子化学、量子宇宙学、相互作用的规范场理论等也都是高度抽象的理论。

理论越抽象,研究越深入,应用也就越广泛。但同时也会带来一些不利局面,要彻底理解和掌握这些理论需要花费更大的力气。

第四节 现代科技的发展趋势及影响

一、世界进入高科技时代,高科技竞争日趋明朗

20世纪70年代以来,以开发高技术和建立高技术产业为特征的新的产业革命迅猛发展,世界科技发展随之进入了一个崭新的时代,即高科技时代。在其后的10年左右时间里,由于对高技术应用的差异,导致国际关系格局发生了深刻的变化。日本一跃成为世界第二大经济大国和最大的债权国(现在已降为第二)。美国经济实力在世界各国GDP综合的比重已经从战后初期的50%左右降为20%左右。苏联从70年代后期增长缓慢,失去势头。苏联解体后的俄罗斯在经济等各方面遭受了重创。在生产效率、产品质量、工艺技术等方面落后西方10年以上。

从80年代中期到2000年前后这段时期,不仅是从军备竞赛和对抗为主进入到以综合国力较量和对话为主的转折时期,也是一系列新兴技术取得新的重大突破的关键时期。世界范围内的政治、军事对抗逐渐被日趋激烈的综合国力竞争所取代,综合国力竞争从本质上来说就是科技竞争,更具体地说是高科技的竞争。科技在综合国力中的地位日趋重要。哪个国家在高科技领域处于领先地位,它就将成为21世纪经济巨人,哪个国家落后就受制于人。

到21世纪初,各个领域的高科技都将有很大的发展,并进一步扩大各产业群,一些重要领域的发展态势是:

航天技术:这是美苏(俄)科技竞争的焦点,争夺空间仍然是两国今后军事与技术较量的重点。欧盟已成为一支独立的航天技术力量,居第三位。日本也已将航天技术列为重点。发展中国家除了中国外,印度、巴西、以色列、韩国等也急起直追。

信息技术:计算机由大规模集成电路到超大规模集成电路再到超超规模集成电路迈进。目前的超级计算机最高速度是美国IBM生产的,可达每秒1 456万亿次(2009年中国的天河一号最高运算速度为1 206万亿次/秒,是世界上第二个能研制超千万亿次/秒超级计算机的国家)。信息技术方面,主要的竞争对手是美国、日本、欧盟、印度等。

生物技术:这是当前新兴技术中引人注目的一个领域,它对解决包括粮食、能源、环境、健康等许多人类切身利益问题具有很大的潜力。根据美国的预测,世界农产品增长量的5/6来自于生物技术和其他增产措施,只有1/6来自于耕地面积的增加。有人称21世纪是"生物技术世纪"。生物技术是美、日竞争最激烈的领域,美国仍然领先。

新材料技术:高温超导材料的广泛应用将使一系列传统技术发生根本的变革,陶瓷材料由于耐热、耐腐蚀而且原料丰富、价格低廉,可以广泛地取代金属。近些年来,纳米材料技术取得积极进展,使材料技术发生了重大的变化。新材料竞争的主要对手仍然是美、日。

核能技术:现在,大约440个核反应堆正在为31个国家发电。至少有15个国家的25%以上的电力供应依赖于核能。在欧洲和日本,核电所占的比例在30%以上。在美国,核电提供20%的电力需求。法国更是全球最大核反应堆生产商Areva和世界顶级核电公司EDF所在地,目前有50多台核电机组在运行,为仅次于美国的世界第二大核电大国。核能开发的最终目标是通过核聚变反应获得取之不尽的廉价能源。

海洋开发技术:在不少陆地资源趋向枯竭的情况下,海洋将日益成为人类获取食品、能源、水源、原材料等基地。目前海上石油开采日益增加。但这也容易引发海洋权益的纠纷。

二、世界科技竞争多极化,南北科技水平进一步拉大

进入高科技时代后,世界科技力量的对比格局逐渐转向多极化。美国在世界科技发明中所占的比重已经从50年代的80%下降到80年代的50%,直至现在的30%左右。世界科技阵地主要由美国、日本、欧盟、俄罗斯等控制,多极化的局面仍将持续下去。

包括中国在内的少数发展中国家和地区的科技已取得长足的进步。印度、韩国、巴西、墨西哥、以色列等都把发展科技列为重大国策,并在许多领域取得重大成就。就总体

来说,印度、韩国、巴西更为突出。

三、科技与经济日益高度结合,高科技与传统产业关系密切

科技发展趋势之一是科学发展与技术发明之间的周期日益缩短。随之而来的另一个趋势是科技成果转化为产品,转化为经济效益的周期也日益缩短。目前在一些发达国家,更新产品一般只需要5~8年,有些先进产品只需要2~3年甚至更短。这些趋势产生的重要原因之一是:科技日益与经济高度结合,科技发展的着眼点是为提高经济竞争能力服务,尽快将科研成果转化为生产力。科技竞争的战场不仅在实验室,更是在市场。

高技术的发展一方面导致一大批新兴产业群的诞生,另一方面也给传统产业带来巨大的变化。新技术的广泛应用使许多传统产业面貌大为改观,有效地提高了产品产量、质量,降低了成本,提高了竞争能力。如应用生物技术,1972—1983年世界谷物产量增长近1/3。高科技对传统产业的渗透、改造,既是经济、社会发展的需要,也是高科技开发应用的重要方向,这种趋势今后不是减弱,而是更加深化和普遍化。对于大多数发展中国家来说,对现有高科技初级成果的推广应用,是它们科技和经济发展的主要方向。

四、21世纪科技竞争的超前准备:加强前沿基础科研,重视教育和争夺人才

当前,各科技强国为了提高竞争力,都特别重视抢先占领前沿基础科研阵地。日本人强调,21世纪的产业技术革命胜负,取决于今天的基础科研水平和新理论的发展。

当前的基础科研处于领先地位的仍然是美国,俄罗斯、欧盟、日本等也有相当的实力。它们一方面大力加强应用技术的应用开发,克服科研与生产脱节的弱点,另一方面始终强调决不能放松基础科研。日本为了在未来超过美国,自80年代以来大力加强基础科研,1986年日本提出了"人体新领域科研计划"。其意义与影响甚至超过西欧的"尤里卡"计划和美国的战略防御计划。科学理论研究的竞争趋势向公开性减少,保密性、民族色彩增加的方向发展的可能性将更大一些。在高科技竞争中,掌握知识的人才起着比以往更重要的作用。未来技术与经济竞争的能力在很大程度上取决于现在的人才培养和教育状况。美国在检讨经济竞争能力一度落后于日本的原因时,看到了本国教育上的弱点,因而把加强教育作为措施之首。韩国科技与经济的顺利发展,重视教育是重要因素之一。教育如何适应科技不断更新的要求,这是当前各国探索教育改革的主要议题。伴随着教育改革和培养科技人才而来的,是对人才的争夺。人才争夺与反争夺的斗争将随着科技竞争的发展而发展。这个斗争在当前主要表现为:发达国家中,以美国为一方同其他发达国家之间人才的争夺与反争夺;发达国家(其中又以美国为主)同发展中国家人才的争夺与反争夺。这种态势在今后相当长一段时间内依然不变。

五、军备竞赛向技术型发展,军事科研与民用科研互补作用显著

在和平时期,军事斗争日益表现为军事技术的竞争。军事技术的进步既加剧了军备竞赛,又为裁军创造了条件。在这方面有两个发展趋势值得注意:一是为了维持核平衡,美俄两国仍然在加强尖端武器的发展。二是就今后一个时期来说,更明显的是各国都致力于把高科技充分运用到常规武器上来,使其命中精度、射程、威力得到空前的提高,加强

常规武器的威慑力,减少对核武器的依赖。

许多国家一向以军事科研来带动民用科研,利用军事科技的成果来开发民用技术。在高科技时代,已出现民用基础科研有益于军事部门的状况。当前的高科技大多具有通用性,民用技术成果能很快转入军用。如日本的小型化家用摄像机开发的电耦合器件(CCD)技术被美国用于制造能自动寻找导弹的"眼睛"。在今后一个时期内,由于国际形势相对平衡,为了适应经济、科技竞争的需要,这种趋势将更加明显。

六、在竞争中加强国际科技合作,科技成为外交与政治的关注点

尽管世界科技竞争很激烈,但在竞争的过程中,国际合作却更多的开展起来。目前国际科技合作中几个值得注意的特点是:

1. 科技越发展,越需要组织各方力量联合攻关

如美、日、加、西欧等共同建造大型永久性轨道空间站,日本呼吁各国参与它的"人体新领域科研计划"。

2. 大范围科技合作

西欧为了对付美、日高科技产业优势,开展了多层次、多渠道、多形式的科技合作。有企业之间的合作,有政府与企业共同参加的科研活动。大学直接与企业合作已跨越了国界,他们互派人员,共同进行科研,使科研直接为生产服务。

3. 共同解决关系全球利益的问题

当前世界面临一些威胁人类长期生存的严重问题,如人口爆炸、粮食短缺、自然资源和能源储备逐渐枯竭、环境污染、全球气候变暖、生态不断恶化等。为了解决人类共同的问题,现在正在兴起一门新的学科——"全球学"。随着国际科技竞争和合作的发展,科技也越来越构成影响国际关系的重要因素。在此发展过程中,有两个方面的趋向:一是以协调科技合作关系和调解科技纠纷为内容的外交活动日趋频繁;二是科技逐渐成为强国追逐其政治目的的武器。

第二篇 现代科学概论

在第一篇中,根据编者所提出的科技体系的蛋糕模型,我们把基础科学的主干分为三大块,这就是自然科学、社会科学和数学。本篇将重点介绍现代数学和现代自然科学的主要内容。至于社会科学,则可参看其他有关书籍,本书不作重点介绍。

第四章 现代数学概论

第一节 现代数学的主要分支

现代数学时期很难用一个确定的年代作为开始的时间,一般说来是从 19 世纪末开始的,但是现代数学中的近世代数要早一些,一般都从 19 世纪 30 年代伽罗华创立群论开始算起。如果说在变量数学中,数学是研究变化着的量的一般性质和它们之间的依赖关系,那么现代数学不仅研究各种变化着的量之间的关系,而且研究各种量之间的可能关系和形式。

随着科学技术和生产实践的需要,代数、几何、数学分析变得更为抽象,各数学基础学科之间、数学和物理等其他学科之间相互交叉和渗透,形成了许多边缘学科和综合性学科。集合论、应用数学、计算数学、电子计算机等的出现和发展,构成了现代丰富多彩、渗透到各个科技部分的现代数学。这个时期数学家提出了许多新的理论,创立了许多影响巨大的分支,这里简要地按照时间顺序列出一些重要理论和分支的创立和发展。

1895 年,彭加勒提出同调概念,开创了代数拓扑学。1901 年法国数学家勒贝格提出勒贝格测度和勒贝格积分,推广了长度、面积积分概念,奠定了实变函数论的基础。1906 年法国数学家弗勒锡(1878—1973)和匈牙利数学家黎斯(1880—1956)把由函数组成的无限集合作为研究对象,引入函数空间概念,开始形成希尔伯特空间,这是泛函分析的发源,过了不久,希尔伯特空间理论就形成了。1908 年德国的忻(xīn)弗里斯(1853—1928)提出了点集拓扑学;同年策墨洛(1871—1953)提出集合论的公理化系统。1910 年,德国的施坦尼茨(1871—1928)总结了 19 世纪末,20 世纪初的各种代数系统如群、域等的研究,开创了现代抽象代数;同年美籍荷兰人路·布劳威尔(1881—1966)发现不动点原理,后来又发现了维数定理,单纯性逼近方法,使代数拓扑成为系统理论。1913 年法国的厄·嘉当(1869—1951)、德国的魏尔(1885—1955)完成了半单纯李代数有限维表示,奠定了李群表示理论的基础。1914 年德国的豪斯道夫(1868—1942)提出拓扑空间的公理系统,为一般拓扑建立了基础。1926 年德国女数学家纳脱(1882—1936)完成对近世代数有重大影响的理想群论。1930年,美国的毕尔霍夫(1884—1944)创立了格论。1936年,荷兰的范·德·瓦尔登等人提出了现代代数几何学。1938年法国的布尔巴基学派开始出版布尔巴基丛书《数学原本》,提出从公理结构出发,以非常抽象的方式叙述全部现代数学。

丹麦数学家爱尔朗在1918年为改进自动电话交换台设计提出排队论,从这个时候起,又出现了一系列的新理论,新学科。1933年,苏联的柯尔莫哥洛夫提出概率论的公理化系统。1942年,美国的诺·维纳(1894—1964)和苏联的柯尔莫哥洛夫开始研究随机过程的预测,产生了统计力学。1944年,美籍匈牙利人冯·诺伊曼(1903—1957)等人建立了对策论(又叫博弈论)。1946年,美观宾夕法尼亚大学莫尔电工学院的一批青年科技工作者研制成功世界上第一台电子计算机ENIAC("电子数值积分和计算机"英文名称的开头字母缩写)。1949年,英国剑桥大学试制成一台通用电子管计算机EDSAC("电子延迟存储自动计算机"英文开头字母的缩写)。这台电子计算机已经具备了现代电子计算机的各种特点,这就是统称的第一代计算机。1948年,美国的诺·维纳出版了《控制论》;同年,波兰的爱伦伯克和美国的桑·麦克伦提出了"范畴论",美国的申农提出了通信的数学理论;苏联的康脱洛维奇把泛函分析用于计算数学。

1950年,美国的斯丁路德和美籍华人陈省生提出纤维丛理论。20世纪50年代以来,美国的埃·霍夫曼和冯·霍尔等人研究《组合数学》取得很大进展,并且广泛应用于试验设计、规划理论、网络理论、信息编码等。1953年,美国的基费等人提出优选法。1956年,美国的杜邦公司采用了一种统筹方法(也叫计划审评法),是一种安排计划和组合产生的数学方法。同年,英国的邓济希等提出线性规划的单纯形法。1957年,苏联的庞特里雅金发现最优控制的变分原理,美国的贝尔曼创立动态规划理论。1958年,欧洲的一个GAMM(德意志联邦共和国应用数学和力学协会)小组、美国的一个ACM(美国计算机协会)小组创立了算法语言,用于电子计算机程序自动化。1960年,美国的卡尔门提出数学滤波理论,进一步发展了随机过程在制导系统中的应用。

20世纪60年代以来,随着社会生产和科学技术的巨大进步,数学产生了许多新的理论和分支。较引人注目的有模糊数学、突变理论和非标准分析等。

• 模糊数学是用"模糊集合"作为表现模糊事物的模型,并在"模糊集合"上逐步建立运算、变换规律,对无法用精确数学和随机数学处理的模糊系统(如人类系统和社会系统),进行定量的描述和处理的方法。已初步应用于自动控制、社会科学、心理学、生物学等方面。

• 突变理论:主要以拓扑学、奇点理论和结构稳定性等数学工具,研究自然界各种形态、结构和社会经济活动的非连续性的突然变化现象。其主要特点是用形象而精确的数学模型来描述和控制质量的互变过程。如岩石破裂、桥梁断裂、市场破坏、社会结构的激变等。突变论通过耗散结构理论、协同论与系统论联系起来,并对系统论的发展起到推动作用。

突变论的创始人是法国数学家雷内·托姆,他于1972年出版了《结构稳定性和形态发生学》,系统阐述了突变理论。他由此而荣获了数学界的诺贝尔奖——菲尔兹奖。有的科学家称之为"用精确数学工具描述生物学、社会科学等复杂现象的一次突破"。"是牛顿、莱布尼茨创立微积分三百年来数学上最大的革命"。突变论的研究内容,可用一句话来概括：考察某种过程从一种稳定状态到另一种稳定状态的跃迁。它给出系统处于稳定状态和不稳定状态的参数区域，从而证明参数变化时，系统的状态随之变化，当参数通过某些特定位置时，系统状态就发生突变。雷内·托姆经过数学推导，得出了一个结论：自然界的各种突变有七种基本方式，它们分别被称为尖角型、折叠型、燕尾型、蝴蝶型、双曲型、椭圆型和抛物型。

目前科学家已经证明，当影响突变的控制量多于五个时，突变模型就可呈现为无限多种类型，从而表明了自然界质变形态是丰富多彩的。突变论在物理学、生物学、社会学等方面有广泛的应用。

· 非标准分析：利用数理逻辑方法，探讨和刻画微积分的理论基础。在非标准分析中，变量不仅可以取实数值，而且可以推广到无限小量和无限大量，从而为微积分的理论基础提供了一种新的背景。

60年代以后，由于现代生产、军事、科学的需要，特别是尖端技术的需要，数学的思想、方法和现代计算工具起着越来越显著的作用。任何时候，计算工具的水平都显示数学发展的水平，并对数学方法本身产生重大的影响。电子计算机的出现是20世纪最伟大的科学技术成就之一。自从瓦特1768年制造出蒸汽机以来，再没有什么新发明比电子计算机更激动人心的了。

第一台电子数字计算机诞生到现在虽然只有几十年的历史，但是已经经历了好几代的变革。每一次变革都是以更新电子计算机所用的元件作为标志的。第一代是电子管计算机，第二代是晶体管计算机，第三代是集成电路计算机，第四代是大规模集成电路计算机，第五代是超大规模集成电路计算机。目前，超超规模集成电路电子计算机、神经网络计算机、光子计算机、量子计算机、DNA计算机等都取得了较大的进展。

电子计算机的特点是：运算速度快、逻辑判断能力准确、记忆力强、精确度高。拿运算速度来说，50年代的第一代电子计算机最快的速度是每秒钟运算五六万次，第二代为每秒运算两三百万次，第三代为每秒运算几千万到上亿次。1996年美国研制成功每秒运算速度达到1万亿次的超级计算机，2006年，美国太阳微电子公司研制成功运算速度达每秒421万亿次的"星座"超级计算机，2008年，美国IBM公司研制的超级计算机"走鹃"最高速度超过每秒钟运算千万亿次，它一天的计算量相当于全球60多亿人一天24小时不间断地用计算器计算46年的计算量。如果用笔计算，那就不知要算到猴年马月了。

另据2009年2月5日参考消息报道，美国正准备研制运算速度达到每秒2亿亿次的超级计算机"红衫"，其运算能力相当于200多万台笔记本电脑。它由160万个计算机芯片所组成。将于2012年之前安装到加利福尼亚州的劳伦斯-利弗莫尔国家实验室。接下来就是研制速度达每秒百亿亿次的超级计算机了。超级计算机可以用于模拟核爆炸、寻找基因突变、研究地球的未来和当今的宇宙。

第一代电子计算机总的来说，体积都比较庞大，主要用于科学计算。第二代经过改善，体积相对小了许多，重量轻了，而且使用了程序语言，使用十分方便。这样不但在科技领域使用，许多管理部门在编制计划、特别是生产部门、企业单位财会计算也使用计算机。第三代计算机更是小型化了，因此用途更加广泛。

电子计算机不但大大缩短了计算时间，而且解决了过去很难解决的问题，极大地推动了科学技术的发展。对于数学来说，还能帮助人们证明数学定理和推导数学表达式，比如一百多年来未能证明的"四色猜想"这个数学难题在电子计算机的帮助下已得到了证明。

现在，电子计算机在科学研究、工程技术、国民经济、地质勘探、文字翻译、医学、军事、社会服务部门都有广泛的应用。据统计，世界各国计算机的用途已达数千种，已经深入到生产和生活的各个方面。

70年代大规模集成电路的研制成功，促进了电子计算机向微型化发展。世界上第一台电子计算机重三十吨，占地170平方米。1975年制成的F8微型计算机重不到半千克，体积只有ENIAC的三十万分之一，但计算速度和可靠性都远远超过它。

电子计算机发展的一个重要方向是智能模拟，也就是使电子计算机具有认识文字、识别图像或景物、听懂语言、学习和推理等功能。

从上面的简单介绍可知，现代数学的分支非常繁多，但是在这些众多的数学分支中，有几支特别重要，它们是抽象代数、拓扑学、泛函分析、计算数学以及一些边缘科学（系统论、信息论、控制论、运筹学等）。具体内容和特点在第一篇《现代科技总论》第二章《科技体系结构及其蛋糕模型》第三节《自然科学、社会科学和数学的分类》后面的阅读材料2中有较详细的介绍，为了方便读者阅读，这里再作简单叙述。

• 抽象代数：可以说是代数的进一步发展，以群、环、域、模为主要研究对象（整个代数学是以数、多项式、矩阵、变换和它们的运算，以及群、环、域、模等为研究对象的学科）。在现代物理学，特别在凝聚态物理和粒子物理学中具有极其广泛的应用。

• 拓扑学：可以说是几何学的进一步发展，为Topology的音译。它研究几何图形经过一对一双方连续变换下而保持不变的性质的学科。又叫橡皮几何。其主要分支包括一般拓扑（也叫点集拓扑）、代数拓扑、微分拓扑和奇点理论等。在理论物理、化学和生物学等方面有广泛的应用。

• 泛函分析：可以说是数学分析的进一步发展，是运用代数学、几何学的观点和方法研究分析学的学科。起源于数学物理中的变分问题和积分方程理论。所谓泛函就是函数的函数。主要研究无穷维空间上的分析学、线性代数和几何，包括算子理论、空间理论、非线性分析等。在众多学科如微分方程、概率论、计算数学、量子理论、统计物理学、抽象调和分析、现代控制理论及信号处理、大范围微分几何等方面都得到广泛的应用。

• 计算数学：这是现代数学最了不起的学科之一。严格来说，它是一门综合性学科，不属于纯数学。如果说，抽象代数、拓扑学和泛函分析只不过是近代数学中代数、几何与分析的进一步延续、拓展和深化的话，那么计算数学则是真正意义上的新学科。它对现代自然科学、工程技术的影响是极其巨大的。它与电子计算机的有机结合彻底地改变了人们的生活方式。如果说物理学为电子计算机的硬件设施提供了必要的物质基础，那么计算数学则是为计算机提供了"活的灵魂"。计算机能够解决以前人们连想都不敢想的一些问题。比如解决气象预报问题（有时可能有成百上千个方程组成微分方程组，如果不用计算机而单靠人来解几乎是不可能完成的事）、模拟核爆炸、设计新的核武器、模拟宇宙大爆炸等等。

计算数学是关于运用现代计算技术解决具体问题的数学方法的科学。主要任务是对科学、技术、经济、文化生活中提出的数学问题，研究怎样运用计算机来解决这些问题的途径和方法。并相应的发展出关于计算过程的基本理论。包括数值计算方法、程序设计和程序自动化。具体内容可以参见"阅读材料2"。

第二节 现代数学的基本特点

一、数学研究对象和应用范围大大扩展

比如，几何不仅研究物质世界的空间和形式，而且研究与空间形式和关系相似的其他形式和关系。产生了各种新的"空间"：罗巴切夫斯基空间、射影空间、四维黎曼空间、各种拓扑空间等，都成为几何研究的对象。

现代代数考察的对象是具有更普遍意义的"量"，如向量、矩阵、张量、旋量、超复数、群等，并且研究这些量的运算。这些运算某种程度上和算术中的四则运算类似，但复杂得多。

矢量是最简单的向量，矢量的加法是按照平行四边形法则相加的。在现代代数中进行的抽象达到这样的程度，以致"量"这个术语也失去了它本身的意义，而一般的变成讨论"对象"了。对于这种对象，可以进行和普通代数运算相似的运算。比如，两个相继进行的运动显然相当于某一个总的运动，一个公式的两种代数变换可以相当于一个总的变换等等。和这相应，可以研究运动或变换所特有的一类"加法"。其他类似的运算也是这样在广泛抽象形式上研究的。

分析的对象也大大拓展。不仅"数"是变的，在泛函分析中，函数本身也被看作是变的。某一给定函数的性质在这里不能单独地确定，而是在这个函数对另外一些函数的关系上确定的。因此考察的已经不是一些单个的函数，而是所有以这种或那种共同性质作为特征的函数的集合。函数的这种集合结合成"函数空间"。比如，我们可以考察平面上所有曲线的集合或一定力学系统的所有可能运动的集合，在单个曲线或运动与其他曲线或运动的关系上来确定单个曲线或运动的性质。

数学研究对象的扩展使其应用范围也大大地扩展了。数学观念广泛引入到物理学中。比如爱因斯坦就把黎曼几何应用到广义相对论，1930年，冯·诺伊曼把希尔伯特空间应用到量子力学。

二、新的概括性概念的建立达到更高的抽象程度

数学分支不断成长而且多种多样，一些看来相距很远的领域，由于概括性概念和理论的建立，揭示了它们之间存在统一和一般的共性。

三、集合论观点占统治地位

这个观点是总结了以前的数学发展新积累起来的丰富内容而建立起来的。自从1883年德国数学家康托尔建立集合论以来，"集合"已经成为现代数学最基本的概念。集合论的思想方法已经渗透到了几乎所有的领域。集合论的观点不仅使数学的基础变得严密可

靠,而且应用极其广泛;不仅成为纯粹数学(基础数学)的基本理论,而且成了边缘数学、综合数学的桥梁和工具。它的运算和理论成为许多数学学科的基础。

四、新的计算工具——电子计算机的出现

电子计算机的出现并随之而产生的许多新理论、新分支对数学带来了巨大的冲击性的变革,这是现代数学的一个显著特征。一方面计算机将使数学像其他自然科学一样,参加到科学实验的行列里,使数学问题可以先在电子计算机上进行试验,甚至取得突破;另一方面,电子计算机将使数学家从数学定理的证明和运算的繁琐工作中解脱出来,得以把聪明才智更多地用到创造性的工作中去。

第五章 现代物理学概论

第一节 物理理论的框架结构及分支学科

什么是物理学？广义的物理学是指研究自然界一切物体运动变化最基本、最普遍规律的一门学科。从研究对象上讲，没有哪一门自然科学（当然不包括数学）有物理学这么广泛，小到（迄今为止发现的）最小的粒子——电子，大到无所不包的宇宙。但是物理学研究的是一些比较简单的现象和自然界最基本的规律，一些比较复杂的现象，如分子的结合或材料的合成、生命的进化等就留给化学家和生物学家去研究了。有些人喜欢把力学看作是和物理学相提并论的一门学科，他们所说的力学实际上已经和物理学没有什么本质的差别了。更多的人还是喜欢把力学看作是物理学的一个分支。物理学的内容有很多，大体上可以分成三大块：即基础物理、理论物理和应用物理。基础物理也就是理工科学生在大学学的普通物理，包括力学、热学、电磁学、光学、原子物理。（近代）理论物理有"四大金刚"，也即四大力学：理论力学、电动力学、热力学与统计物理、量子力学。应用物理包括的分支很多，如无线电电子学、凝聚态物理、超导理论、激光理论、建筑力学、流体力学等。

近年来理论物理取得了长足的发展。涌现出许多新的分支学科。下面用框图按照时间顺序简单勾画一下基础物理和理论物理的大致轮廓和相互关系。当然这个图也只是编者的一孔之见，仅供参考。

- 关于物理理论结构图的简要说明

在17世纪牛顿力学建立以前，物理学的许多内容都包含在自然哲学之中，并没有形成一个真正独立的系统的科学。根据物理学的发展情况，我们可以把整个物理学分为三个时期。即古近代、近现代、现当代。更准确一点讲是分为三个层次。即普通物理、理论物理的低级阶段（即通常意义上的理论物理）、理论物理的高级阶段（也可以说是抽象物理）。这三个阶段或三个层次就是下面图中竖直方向的三列。下面对这三列分别作一简要介绍。

一、普通物理（古近代物理）

普通物理的大部分内容中学生都学过，大学里学的普通物理是在高中基础上作进一步加深和拓展，由于采用微积分的数学工具来处理各物理量之间的关系，所以在深度、广度以及精确性上要远远超过高中所学的内容。因为光属于电磁波，并且光学（主要是波动光学）的许多内容和电磁学有着密不可分的联系，所以我们暂且把它和电磁学放在一起。下面简单介绍一下普通物理的五个分支学科。

1. 力学

力学是一门古老的学科，两千多年前，阿基米德（公元前287—前212年）就发现了浮力定律和杠杆原理，奠定了静力学的基础。在伽利略之前，除了阿基米德等少数人之外，

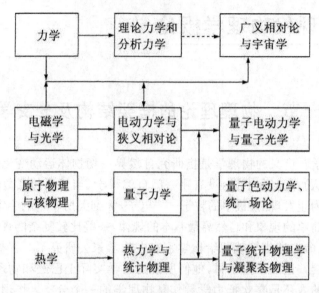

图 5.1-1 物理理论之间的关系图

大多数人(如亚里士多德)对力学现象的研究既不深入也不系统,而且很多观点是属于思辨性、猜测性的,有不少观点是完全错误的(如重的物体落得快,轻的物体落得慢等)。

伽利略首先把实验、数学和逻辑推理相结合的研究方法引入科学,从而为近代科学的建立奠定了坚实的基础。正因为如此,所以我们常常把伽利略叫做近代科学之父。伽利略不仅是近代科学的开创者,同时也是近代方法论的奠基者。

牛顿总结了伽利略、笛卡尔等人的研究成果,加上他自己的研究,建立了系统的力学体系——牛顿力学。按照传统的观点,力学是研究机械运动(仅仅位置发生变化)规律的一门学科。力学的主要研究对象是质点(以及由许多质点组成的质点系)和刚体。质点和刚体都是抽象化的理想模型,在现实生活中并不真正存在。

质点有两个基本特性:一是具有完全确定、不受任何外界影响的质量,但是它却没有形状和体积;二是在某一时刻有完全确定的位置。刚体可以说是质点概念的进一步扩展,它不仅具有完全确定的质量,同时还具有完全确定、不受任何外界影响的形状和体积,此外它的任意一个部分在任意一个时刻都有完全确定的位置,并且任何刚体,它的空间范围都是有限的,它和别的物体之间有一个明确的界限。

刚体和质点这两个概念是有联系的。事实上,如果我们把八个质点置于立方体的八个顶点上,那么,因为质点之间的距离可以完全确定,假如这些距离永远不随时间变化,那么它就可以形成一个刚性的立方体(当然,真正的刚体不止这八个质点,而是由无数质点所组成)。

质点和刚体有一个共同的特点,那就是不可侵入性(非叠加性,独占性),分裂性。

任何一个质点一旦占据了空间的某一位置以后,别的质点就不能再占领它。同样,任何一个刚体一旦占据了某一空间,别的物体就不能再去占领它。

由于牛顿力学主要研究理想化的模型,这就注定了牛顿力学是一个理想化的力学体系,也注定了它只不过是现实生活中某些现象的近似描述。话要说回来,作为认识自然的第一步,我们需要质点这样一个抽象化的概念,因为如果没有它,我们就无法掌握物体的变化规律,也就无法认识这个世界。什么叫规律?按照传统的看法,规律的一个最基本的特点就是能够预言一个物体某一时刻的具体位置。试想,如果一个物体在某一时刻一会儿在这里,一会儿又在那里,捉摸不定,我们又如何掌握物体的变化规律呢?

物理学中有两个最基本、也是最重要的概念,那就是质点和场。所有的物理理论都是围绕这两个概念展开的。质点代表着一种分裂性、局限性、确定性。而场代表着一种连续性、弥散性、不确定性。质点和质点之间(或刚体和刚体之间)有非常明确的界限,但是我们却不知道场的边界在哪儿。场和场之间的边界是模糊的、不确定的。场的性质正好和质点相反,它具有可侵入性(叠加性,非独占性),连续性。所以质点和场是两个互相对立的概念(量子理论只不过是把这两个对立的概念用适当的方法调和起来,成为既对立又统一的整体而已)。

物理学中的质点与几何学中的点或集合论中的元素概念相对应,而物理学中的场与几何学中的几何(连续)体或集合论中的集合概念相对应。正如任何数学理论归根结底都是研究元素之间、集合之间、元素与集合之间的关系一样,任何物理理论也都是研究质点之间、场之间、质点与场之间的关系!(近几十年来出现的超弦理论实际上是把质点的概念稍稍改造一下,引入长度极短的所谓超弦来代替以前的质点而已。事实上,质点只不过是忽略了物体的大小和形状的某种东西,如果我们赋予它宏观上无限小,微观上具有某种形状的东西,比如一维的弦,二维的膜,或三维的圆柱体等原则上也是可以的)。

牛顿力学最伟大的贡献之一在于它给物理学中一些最基本概念下了比较精确的定义,比如位移、速度、加速度、力、力矩、功、功率、能量、动量、角动量等等。这些为物理学的进一步发展奠定了基础。

根据所研究的内容的不同,牛顿力学可以分为三个分支,即研究物体的空间位置、速度和加速度等物理量随时间而变化的运动学;研究物体运动状态的变化与力的关系的动力学;研究物体在力的作用下保持状态不变的条件及应用的静力学。牛顿力学的核心为牛顿运动三定律和力学中的三大守恒定律(能量守恒、动量守恒、角动量守恒)以及万有引力定律。在此基础上,还进一步研究振动和波以及流体的运动规律等等。

牛顿力学具有两个最基本的特点:第一个特点是基本物理量的不变性或绝对性。牛顿力学中有三个最基本的物理量:空间(长度)、时间(间隔)、物质(质量),相应的有三个基本单位即米、秒、千克。在牛顿力学中,物体的空间长度、运动时间和质量都与外界无关、也与运动状态无关。这就是所谓的绝对时空观和物质观。第二个特点是因果关系的绝对确定性。牛顿力学认为,只要给出初始条件和边界条件(即它与其他物体的相互作用情况),我们就可以精确地预言它以后的一切行为。原因和结果之间存在一一对应的关系,而且是唯一确定的。相对论抛弃了力学的第一个特性,但是却保留了它的第二个特性——因果确定性。

力学的这两个基本特点在(经典)电磁学、光学、原子物理中都有,在热学中表面上没有,实际上还是有的(原则上,只要知道一个粒子在任意一时刻受到的所有的外力,我们就能预言它以后的一切行为,只是因为粒子之间的碰撞过于频繁,所以我们无法知道而已)。是否具有因果确定性是区分经典物理和非经典物理的一个重要标志。

2. 电磁学

如果说，力学主要是研究质点的科学（刚体可以认为是由无数质点组成的质点系统）。那么电磁学就是着重研究场的科学（包括场作用下电荷的运动问题，导体或介质内电荷的重新分布问题）。电磁学的主要内容有两大部分。一是研究静电场和稳恒磁场的基本特性（包括电场和点电荷之间的关系、磁场和运动电荷之间的关系）以及电场和磁场的相互关系——即电磁感应问题，简单地说就是研究场的来源及场与场之间的关系；二是研究电荷在场作用下的运动问题——即电流、电路问题和介质在场作用下的极化问题，简单地说就是研究场对其他物体的作用。其中电路知识是重点（包括直流电路和交流电路的有关知识）。

总之，电磁学不仅研究场之间的关系，也研究场和"质点"的关系（点电荷可以看成是电磁学中的"质点"，除了力学中的质点所具有的基本性质之外，它还具有确定的电荷）。

然而，这种研究是比较肤浅的，这种关系也不是十分紧密的。电动力学则是在它的基础上更深入地研究它们之间的关系。

3. 光学

光学也是一门古老的学科，甚至比力学还要古老。简单地说，光学是研究光现象的一门科学。它主要包括两大部分。一就是几何光学。之所以叫几何光学是因为它采用了几何学中的基本概念：（光）线来描述光现象。主要内容包括光的直线传播，光的反射和折射定律以及这些规律在透镜成像中的应用。几何光学的一个重点是研究透镜成像规律及其在各种光学仪器（显微镜、望远镜、幻灯机、照相机……）中的应用。此外还包括一些光度学的知识。

光学的另外一个大部分就是物理光学（或波动光学），把光看成是电磁波，研究光的干涉、衍射、偏振等基本规律及其应用（如干涉仪、光谱仪、滤色镜等）。研究光在各向同性和异性介质中传播，研究光的发射、吸收、色散和散射等。一些光学书还介绍了信息光学的基本知识以及在全息照相方面的应用，有些还介绍了激光的基本知识和光的波粒二象性等。

如前所述，由于物理光学和电磁学紧密结合在一起，所以我们可以把光学和电磁学合并在一起。光学和电磁学一样，可以看成是主要研究场的科学。

4. 原子物理与核物理

原子物理主要是研究原子的结构与性质的一门科学，广义地说，是研究物质的微观结构的一门科学。一般的原子物理有两大部分，一是着重介绍原子结构方面的知识。包括卢瑟福提出的关于原子结构的行星模型以及玻尔提出的关于原子结构的"玻尔模型"。另外还介绍了量子力学的初步知识，原子的精细结构（电子的自旋），多电子原子（泡利原理），X射线的产生机理、发射、吸收，原子在磁场中的行为，原子的壳层结构，分子结构及分子光谱等方面的知识及其应用。第二大部分是介绍有关原子核方面的知识。包括核的基本特性、核力、核模型（如气体模型、壳层模型、集合模型等）、核的衰变（α,β 等衰变）、核的裂变和聚变及其应用。部分书籍还简单介绍了有关基本粒子方面的知识。

原子物理重点研究原子的结构和基本性质，对于量子力学、核物理、粒子物理方面的知识介绍都是比较肤浅的。但是量子力学正是在研究原子的结构和性质的基础上创立的,粒子物理是原子物理和核物理的拓展。所以这门学科为量子力学的建立和粒子物理学的发展奠定了坚实的基础。原子物理可以看成是主要研究"质点"的科学(粒子可以看成是质点,原子物理的主要任务就是研究粒子的基本性质以及粒子之间的相互关系,如结构问题、作用问题等)。

5. 热学

简单地说,热学是研究热现象的科学。热学的研究对象和研究方法比较特殊。它既不同于力学和原子物理,也不同于电磁学和光学。因为力学研究的只是单个质点或有限个质点组成的质点组(质点组里的各个质点之间的关系是明确的,每一个质点受到的外力是确定的,已知的);或者研究内部铁板一块(没有内部结构)的刚体。原子物理也是如此,它研究的只不过是少数"质点"之间的关系问题,层次结构问题。而电磁学和光学重点研究的是弥散的、连续的场(当然也包括场对"质点"的作用问题)。

热学的研究方法有两种,一种是宏观的方法,一种是微观的方法。它不仅研究物体的宏观性质,也研究物体的微观性质,研究物体的宏观性质和微观性质之间的关系问题。它和所有其他四门学科最大的不同在于采用概率来描述物体内部粒子的集体行为。力学、原子物理(不包括量子力学)、电磁学和光学都是因果确定性的,可精确预言的科学。但是热学却不完全是这样。一些宏观物理量之间的关系确实具有这样的性质,它是可以精确预言的,因果确定性的。但是一些微观粒子的行为,由于粒子之间的频繁碰撞而变得不确定起来,但是这种不确定是因为我们人类的能力有限所致,而不是粒子本身的性质所致。因此,这种不确定性是表面上的而不是本质上的。研究微观粒子行为的这种表面上的不确定性(随机行为)的统计规律,以及它对宏观性质的影响,正是热学区别于其他学科的一个最显著的特点。

热学的主要内容大致可以分为三部分,第一是关于热学的三个基本定律(热力学第一、第二和第三定律),其中第二定律特别重要,因为它引入了一个新的概念——熵来描述系统的混乱程度,它对其他学科有重要的影响(如信息论、宇宙大爆炸理论等)。第二是研究气体的性质和规律,包括气态方程、气体分子运动论、气体的速率和能量的统计分布规律,气体内部的输运过程等。第三是研究固体、液体的基本性质(尤其是晶体的性质和液体表面的性质),还研究三种状态之间的相变问题(固态与液态、液态与气态、固态与气态之间的变化)。少数热学书上还介绍有关非平衡态的知识和量子统计的初步知识。

上面对基础物理(或普通物理)的五个分支作了简要的介绍,下面对第二列理论物理(初级阶段)的四个分支作一简要的介绍。

二、理论物理的初级阶段(近现代物理)

理论物理的初级阶段也就是通常所说的四大力学。有些书上把它们叫做近代物理,而有些书上把它们列为现代物理。事实上,把它们叫做近现代物理更为恰当一些。因为有些书上是把17~19世纪的科学叫做近代科学,20世纪的科学叫做现代科学,如果这样分的话,那么普通物理就算是近代物理,而四大力学中的大部分就算是现代物理了。

1. 理论力学和分析力学

（1）理论力学

它是在牛顿力学的基础上作进一步的拓展和加深。它的研究内容仍然是三大部分即运动学、动力学和静力学。但是比起牛顿力学来，数学工具运用得更多，研究得更加深入也更加系统。运动学部分包括质点运动学、刚体运动学、相对运动问题；动力学部分包括质点动力学、质点组动力学、刚体动力学；静力学部分包括静力学公理和受力分析方法、平面力系和空间力系的平衡条件（方程）、摩擦问题等；此外，不少理论力学书上还包括分析力学的知识，有些书上也把连续介质力学（包括弹性力学、流体力学）方面的知识也包括在内。

相对来说，理论力学更注重刚体的运动问题和某些约束条件下物体的运动问题，而牛顿力学更注重于自由质点的运动问题。在18世纪，理论力学已经基本完成。

（2）分析力学

分析力学可以认为是力学的一个独立分支，也可以看成是理论力学的一个高级阶段。事实上，分析力学是理论力学的进一步加深和拓展。虽然理论力学和分析力学的研究对象基本一致，但是采用的方法却大不相同。

18世纪以来，工业的迅速发展提出了大量的力学问题，主要是一些由互相约束的物体组成的系统的力学问题。这是牛顿力学所难以解决的，分析力学正是在解决这些问题的过程中产生并发展起来的。

1788年拉格朗日的名著《分析力学》从虚位移原理出发，引进了广义坐标的概念，得出了力学上最重要的方程——拉格朗日方程，从而使力学的发展出现了一个新的转折，奠定了分析力学的基础。

1834年哈密顿又丰富了拉格朗日原理，不但沿用广义坐标，而且引入了广义动量的概念，提出了哈密顿原理，建立了另一套形式完整的力学系统方程（哈密顿正则方程），大大推进了分析力学的发展。1894年，赫兹首次将系统按约束类型分为完整系统和非完整系统两大类。此后分析力学进一步发展，又得出了一系列适用于非完整系统的动力学方程。

分析力学和理论力学一样属于经典力学的范畴，但是两者有很大的区别。在研究方法上，理论力学主要是采用几何法，分析力学主要是采用分析法。在分析观点上，理论力学侧重于力，而分析力学侧重于能量。理论力学以牛顿定律为理论基础，而分析力学以普遍的力学变分原理（微分和积分形式）为基础，导出运动微分方程，并研究方程本身以及它们的积分求解方法。

正是因为分析力学是以普遍的力学变分原理为基础建立系统的运动微分方程，所以它具有高度的统一性和普遍性，不仅便于解决受约束的非自由质点系问题，而且便于扩展到其他学科领域中去，如振动理论、回转仪理论、连续介质力学、非线性力学、自动控制、近代物理等都广泛运用分析力学的基本理论和研究方法。

分析力学的主要内容包括：虚位移原理、动力学普遍方程和拉格朗日方程、哈密顿正则方程、力学的变分原理、一个自由度和两个自由度的振动问题等。

2. 电动力学与狭义相对论

电动力学是电磁学（及光学）的进一步拓展和加深。虽然电动力学和电磁学所研究的对象差不多，都是电场、磁场以及它们和带电粒子之间的相互作用问题。但是它们所采用的数学工具、研究重点和研究方法是有很大的区别的。电磁学中，电流和电路是一个重点。而在电动力学中，不研究电路问题。电磁学和电动力学虽然都研究静电场和静磁场，但是前者更重视场的强度（电场强度和磁感应强度）和场对其他粒子的力，后者更重视场的势（描述电场性质的电势和描述磁场性质的矢势）和能的问题，以及所谓的电偶极矩和磁偶极矩等。电动力学最主要的任务是研究电磁波的形成、辐射、传播以及它对带电粒子的作用问题。而这些在电磁学中并不是重点。

所有的电动力学都包含狭义相对论的内容。这是因为爱因斯坦在发表相对论的时候所撰写的论文标题就是《论动体的电动力学》。虽然狭义相对论是在力学和电磁学的基础上创立的（这就是为什么所有的力学书中也有狭义相对论的原因），但是相对论的诞生归根结底来自于对电磁学的批判和深入研究（为了使电磁场方程适用于所有的惯性系，就必须彻底改变牛顿的时空观，改造力学，修改电磁学）。

电动力学的主要内容包含三大部分。第一是研究静电场、静磁场的基本性质（包括真空和介质中的电磁场的基本性质）；第二是研究电磁现象的普遍规律（核心为麦克斯韦电磁场方程）以及由此而引发的电磁波的辐射和传播问题，还研究带电粒子和电磁波的相互作用问题；第三就是狭义相对论。由于相对论将作为一个重点专门介绍，所以这里就不再赘述。

3. 量子力学（哲学思想）

量子力学是在原子物理和核物理的基础上进一步发展起来的一门崭新的学科，是现代物理学甚至整个现代自然科学的两大支柱之一（另一大支柱为相对论）。它已经渗透到了化学、生物学、天文学和宇宙学、凝聚态物理等众多学科领域。

所谓"量子"就是指描述物体的一些最基本的物理量，比如能量、动量、角动量、电荷等等并不是可以随意地、连续地变化，而只能取某些特定的值，这一系列特定的值我们就把它叫量子。一个量子到底有多大，这要看具体情况。量子只是一个统称，有"能量量子"、"动量量子"等不同的类型。就像人也是一个统称（有男人、女人，年轻人、老年人等）。

以前我们认为可以连续变化的量，如电磁波或光的能量，后来发现它们都不是连续变化的，而是一份一份的，这每一份能量就是一个能量子，简称量子（对于光而言就称之为光子），其他物理量也是如此。

量子看起来和牛顿力学中的质点很相似，但是这两者有本质的不同，质点（或点电荷）的质量（或电量）和位置是确定的，而"量子"的位置是不确定的，因为这个量子是场的量子，场本身就具有某种不确定性。质点具有不可侵入性（非叠加性、独占性）和分裂性。而量子因为是场的量子，所以它具有场的一些基本特性，如可侵入性（叠加性、非独占性）。量子场和以前的场（经典场）唯一的区别就在于它不具有连续性。所以我们可以说，量子具有场的部分性质和质点（或粒子）的部分性质。量子本质上属于场，但不是经典的连续场而是量子化的分裂的场。说量子具有粒子的性质，只不过是讲它也具有粒子那样的分裂性而已。

这样，引入了量子这一概念以后，我们就把"质点"和场这两个物理学中最基本、最重要，互相对立、性质截然相反的概念调和起来了，使之成为一个既对立又统一的整体。

既然"量子"既具有场的性质又具有粒子的性质,所以理所当然具有波粒二象性。所谓波就是指它具有场和普通波所具有的最基本特性:叠加性。干涉和衍射是波的基本特性,但是归根结底,这些特性是由场或波的叠加性所引起的,因为没有叠加也就不会有干涉和衍射。

量子力学中许多看起来奇怪的结论,实际上归根结底都来自于量子的这一奇怪的特性。假如有人告诉你说,一个电子可以同时穿过两个狭缝(或小孔),也许很多人会觉得不可思议。之所以会觉得无法理解,是因为我们很多人都受到了一些假象的迷惑,或者说是"中牛顿力学的毒"太深所致。

牛顿力学最伟大的贡献有两个:一是给出了物理学中最重要的物理量的精确定义;二是引入了质点和刚体这两个抽象化的概念来描述物体的行为。但是,牛顿力学最致命的缺点也正是引入了质点和刚体这两个完全不切实际的概念,它使我们很多人都误入歧途。

刚体有两个最基本特点:一是不可侵入,二是不能形变。对这两个特性的抛弃就导致了20世纪最伟大的两个理论的诞生——量子力学和相对论。下面简单介绍一下个中缘由。

我们常常把质点看成是无限小的刚体。正是由于这样,我们才会赋予质点具有不可侵入的特点。日常生活中,我们看到不同的液体或不同的气体可以互相渗透、完全融合在一起。但是两种固体看起来好像不容易渗透和融合,这就给我们留下了一个错觉,似乎固体一旦占据了某一空间之后,别的固体就不能再占据了。刚体和质点的不可侵入性正来源于这样的一个经验。这是一个完全错误的观念!事实上,因为任何固体分子之间都有间隙,因此只要施加足够大的压力,我们原则上可以把任何两个固体融合到一起。也就是说,世界上任何物体原则上都可以互相渗透、互相融合,根本不存在一个物体占领某一空间之后,别的物体就不能再占领这样的事情,这种想法完全是一种臆想!可是,这样的一种错误观念是如此的深入人心,以至于很多人到现在还是深信不疑。有些人只承认两个固体原则上总是可以融合的,而两个粒子是不能融合的。换句话说,他们抛弃了有限大小的宏观上的绝对刚体,但是却留下无限小的刚体——质点!事实上,不仅任何两个物体之间都可融合,任何两个粒子之间也可以融合。也就是说,世界上一切物体,一切粒子都不是真正的刚体或真正的质点。"一个粒子占据某一空间之后别的粒子就无法再占据它的空间",这纯粹是一种臆想!(电子曾经被认为是最具有"刚性"的、神圣不可侵入的最小的粒子,但是实验已经表明,正负电子相遇后会融合到一起变成两个光子。有人认为两个电子是无法相融合的,这也是一种臆想,问题的关键是要把两个电子融合到一起需要非常大的能量,做起来困难一些而已)。

"场是可以叠加的,实物粒子是不能叠加的",这种错误的观点统治了人们的头脑几千年,直到现在还有许多人有这样的想法。当我们彻底抛弃了粒子的不可侵入性之后,也就真正彻底地抛弃了绝对刚体!于是剩下的就只有"弥散的连续体"——场。场具有可侵入性(叠加性),它才是世界的本原。因为世界上没有绝对静止的物体,场也不例外,所以场总是在运动着(涨落着),所谓静电场、静磁场那纯粹是一种表面现象,就像驻波看起来好像是不动的波一样(它实际上是方向相反的两列波叠加的结果,表面不动,实际运动)。世界上没有真正静止的静电场,也没有真正静止的静磁场。任何电场或磁场在任何时候都在运动着(假如有绝对静止的静电场,那么就有绝对静止的场源——电荷,我们就可以以这个电荷为参照物建立一个绝对静止的参照系,而相对论告诉我们这是不可能的。不仅没有整体上绝对静止的静电场,甚至连相对静止也只是一种表面现象,电场的内部始终在运动着)。世界的本原是时刻涨落着的"场的海洋",粒子不过是这个海洋中偶尔卷起的"旋涡"。因为这个旋涡看起来有一定的形状,所以它具有一定的质量、电荷等等性质,又因为这个旋涡的形状可以很长时间保持不变,所以看起来这个粒子的寿命好像是无限的。事实上,只要海面上的"风"足够大,或者这个旋涡碰到了暗礁,它的形状就会立刻改变,粒子就会土崩瓦解,寿终正寝。两个完全相同的旋涡(粒子)碰到一起,它们会互相排斥,而两个旋转方向相反的旋涡碰到一起,又会互相吸引,当它们融为一体时,就会变成一种新的粒子或新的波。

当我们以这样的观点来看待一切"实物粒子"的时候,你就会很容易理解"实物粒子"也具有波动性。因为粒子的本原是运动着的场,所以它具有场或波的一些特性是很自然的事情,要是不具有这种性质那才是一件奇怪的事!德布罗意的物质波就是讲一切实物粒子也具有波的特性,特别是干涉、衍射的特性。因为一切粒子的本原是场,它当然具有"运动着的场"——波的性质。因为粒子不过是场的海洋中卷起的"旋涡",当这个"旋涡"穿过两个靠得很近的狭缝时,当然可以同时穿过它们,并且穿过之后看起来还是一个完整的旋涡(仍然是一个粒子)。所以说一个电子可以同时穿过两个狭缝一点也不奇怪,它和一个光子(一束电磁波)同时穿过两个狭缝并没有什么本质的区别。只要你抛弃真正的质点和绝对刚体,那么就没有什么不可以理解的。

刚才我们重点讲了为什么实物粒子一定具有波动性,这是因为粒子的本原是场。下面我们讲讲为什么场必须具有粒子性(或分裂性)。

假如我们的世界是由绝对连续的场所组成,那么我们将会看到宇宙中任何地方都是一样的,绝对均匀的。我们看到的是一望无际的没有任何旋涡或涟漪的场的海洋。这样的场就没有结构和层次,也就不可能形成任何的粒子,于是也就没有我们今天看到的宇宙,当然也不会有我们自身。生命的本质是什么?生命的第一个特征是有层次结构,第二特征是新陈代谢,第三特征是能自我复制,能遗传变异。从广义的角度上讲,星系或宇宙本身也具有生命的一些基本特征,因为它有层次,能演化,能新陈代谢。一个没有任何层次结构的场的海洋绝对不可能造就出星系和宇宙,更不可能造就出生命。所以组成世界的场必须是而且一定是不完全连续的,可分裂的,量子化的。因为只有量子化的场才能创造出我们今天的宇宙和我们自身。我们可以把这样的一个要求叫做人择原理。意思是讲,人的存在选择了场必须是量子化的。但是这并不是场具有量子化的根本原因。而只是一个表面的原因。

任何场都是量子化的场,其根本原因有两个方面,一是内因,二是外因。毛主席说过:"内因是变化的根据,外因是变化的条件"。从内因上讲,因为它是场,不是真正连续的、绝对不可分割的刚体,所以它具有量子化的内在条件。从外因上讲,任何运动着的场(即波)在任何相对稳定的边界条件下,必定会出现量子化的现象。这是因为稳定的边界条件决定了我们所研究的这部分场不可能是随意的,它的状态只能在某些确定的状态之间作跳跃性的变化,因为只有这些确定的状态才满足这样的边界条件,如果取其他一些状态,那就不满足这样的边界条件。简单地说,量子化的根本原因是你所研究的那部分场周围的边界条件限制所致!在没有任何限制条件下,原则上场可以是连续的。但是,没有任何边界限制的场是不存在的,因为世界上任何一个事物,无论它是粒子还是场,任何时候总是处在它和别的事物的相互作用之中,它不是绝对孤立的,它的周围始终存在着别的事物,而且它周围的环境在一定的条件下是相对稳定的。正是这相对稳定的环境导致了场的量子化。

但是由于这样的环境或边界条件不是绝对稳定的(一方面,边界上的事物可能也在运动变化着,另一方面,我们所研究的这个事物的运动也会影响着边界上的事物,从而导致其周围环境或边界条件的细微改变),而是在不断地变化着,所以这种量子化的场不可避免地带有不确定的特性(当然这只是量子具有不确定性的外因而不是内因)。

总之,在牛顿力学中,之所以不出现量子化的现象,那是因为它研究的纯粹是一些理想化的状态。比如牛顿第一定律讲,物体在没有受到任何外力的作用下保持匀速运动或静止。这实际上作了三个假设:一是这个物体是一个绝对刚体,它不会随时间而自发衰变;二是这个物体是绝对孤立的,不和任何物体发生作用;三是存在绝对而且是无限大的真空。这三条缺少任何一条都不行。然而,实际上这三条都是不成立的。实际的情况正好和它相反。

正因为物体不是刚体而是场,而且它时刻和别的物体发生着相互作用,正因为真空不是绝对真空,所以找不到不受任何影响的环境,正因为这个物体周围的环境是相对稳定的,所以才出现了量子化的现象。

这样,我们就有结论:任何粒子一定具有波动性,任何场也一定具有粒子性。这就是波粒子二象性的由来,也是量子力学的最基本的观点!

下面讲讲量子力学和牛顿力学最根本的区别。二者最大的区别就是:牛顿力学是确定性的,而量子力学带有不确定性、统计性的特征。在牛顿力学中,给定了初始条件和边界条件以后,物体在任何一个时刻的状态就完全确定了。但是,在量子力学中,任何一个粒子的状态都无法精确地确定,我们只能知道它在某处出现的概率有多大,而不能肯定它一定出现在什么地方。这种不确定性一方面来自于这个粒子周围的环境时刻在改变,这就是上面讲的外因。但是更重要的还是来自于内部原因,来自于它本质上是场这一特性。

比如一个电子,它周围的电场本来是分布在无限大的空间范围内的,如果你把电子本身看作是电场的一个区域(场能密度比较大区域),那么,那些场能密度比较小的区域本质上也是电子的一个部分。这就是说,电子的位置是没有办法确定的,因为从那些场能密度最大的区域(所谓的电子所在处)到场能密度最小的区域(无限远处)都是电子的范围,每一处都有电子的踪影。如果把"电子的所在处"看作是电子的身体(或主体)的话,那么分布在无限空间范围内的电场就是从电子身上伸出的无数只手,显而易见,电子的"手"也是电子的一部分。抓到了手也就等于抓到了电子。只不过,在传统的电子所在处,我们发现它的能量密度最大,或者说这个地方最能代表电子的位置而已。这样,你要是想精确地计算出电子的全部能量(能量和动量是相关的),那么你就必须认为在无限的空间范围内到处都有电子的存在,所以电子的位置是不确定的。

现在,如果有人非要逼迫电子只能在一个狭缝或小孔内穿行,那就势必彻底改变这个场,在穿行的过程中,电场是如何变化的?我们根本没有办法知道,因为电子的运动会改变它周围的场,周围的场又会改变电子的场,相互纠缠在一起。这个时候,我们只知道,电子的身体(以前所认为的电子)被限制在了一个小小的范围内(狭缝的宽度或小孔的直径),但是它的另一部分,即电子的"手或脚",却被活生生地扭断了许多,于是,它的"手脚部分"和它的"身体部分"运动状态就不完全一样,这样一来,我们就没有办法去精确计算它的动量。电子的身体被限制的范围越小(即位置测得越精确),它的手脚被扭断得就越多,各部分之间的运动状态就越不相同,测量它的动量也就越不精确。当一个电子在自由空间运动时,它的(场)能量是完全确定的,因而,根据相对论质能公式,它的质量也是完全确定的。这时候,因为电子的每个部分速度都相同,所以它的动量就是完全确定的。但是它的位置却是完全不确定的,因为此时,从(我们想象中的)所谓电子所在处(当然你不能去看,只能想象,一看就会扰乱它的场)到无穷远处,到处都是电子的踪影,我们不知道电子究竟在什么地方,因为全空域到处都是它的"手",到处都能找到它。因此它的位置是无限不精确的。这就是海森堡的测不准原理:位置测得越精确,动量就会越不精确,反之,位置越不精确,动量就越精确。很多人觉得无法理解这个问题,事实上,你只要不把电子当作真正的质点,一切都好理解。

读者若想更进一步理解这个问题,可以参阅本书后面量子场论的有关知识。

鉴于量子力学对现代科学的巨大作用,它的一些具体内容将另节介绍。

4. 热力学与统计物理

热力学与统计物理包括两大部分,那就是热力学部分和统计物理部分。事实上,普通物理中的热学也可以分成这两大部分。但是比起热学来,热力学和统计物理(简称热统)无论在研究的深度、广度,还是在研究方法上都远远超过了热学。热统的任务是:研究热运动的规律,研究与热运动有关的物理性质及宏观物质系统的演化。热力学与统计物理的任务虽然相同,但是研究的方法是不同的。

热力学是热运动的宏观理论。通过对热现象的观测、实验和分析,人们总结出热现象的基本规律,这就是热力学第一定律、第二定律和第三定律。这几个基本规律是无数实验的总结,适用于一切宏观物质系统。这就是说,它们具有高度的可靠性和普遍性。热力学以这几个基本规律为基础,应用数学方法,通过逻辑演绎可以得出物质各种宏观性质之间的关系、宏观过程进行的方向和限度等结论,只要其中不加上其他假设,这些结论就具有同样的可靠性和普遍性。普遍性是热力学的优点。我们可以应用热力学理论研究一切宏观物质系统。但是由于从热力学理论得到的结论与物质的具体结构无关,所以根据热力学理论不可能导出物质的具体特性。在实际应用上必须结合实验观测的数据,才能得到具体的结果。此外,热力学理论不考虑物质的微观结构,把物质看作连续体,用连续函数表达物质的性质,因此不能解释涨落现象。这是热力学的局限性。

统计物理学是热运动的微观理论。它从宏观物质系统是由大量微观粒子所构成这一事实出发,认为物质的宏观性质是大量微观粒子性质的集体表现,宏观物理量是微观物理量的统计平均值。由于统计物理学深入到热运动的本质,它就能够把热力学中的三个互相独立的基本规律归结于一个统计原理,阐明这三个定律的统计意义,还可以解释涨落现象。不仅如此,在对物质的微观结构作出某些假设之后,应用统计物理学理论还可以求得具体物质的特性,并阐明产生这些特性的微观机理。统计物理学也有它的局限性。由于统计物理学对物质的微观结构所作往往都是简单的模型假设,所得的理论结果也就往往都是近似的。当然随着对物质结构认识的深入和理论方法的发展,统计物理学的理论结果也更加接近于实际。

热力学的主要内容有:热力学的基本规律,均匀物质的热力学性质(重点为热力学函数及其应用),单元系的相变,多元系的复相平衡和化学平衡,不可逆过程热力学简介。

统计物理学的主要内容有:概率理论的基础知识,玻尔兹曼统计分布,系综理论,量子统计初步(玻色统计和费米统计),涨落理论,非平衡态统计理论初步。

虽然统计物理学中也有量子统计的内容,但是介绍得比较简单,并不十分系统、完整和深入,而专门的分支量子统计物理学中要更详细一些。

至此,我们已经把近现代物理中的四大力学逐个介绍完毕。下面我们将介绍框图中的第三列。

三、理论物理的高级阶段(现当代物理)

1. 广义相对论

广义相对论是狭义相对论的进一步发展,同时也可以看成是牛顿引力理论的进一步发展。正因为如此,我们才把它归入第一行,把它看作力学发展的最高阶段(它和理论力学、分析力学之间其实并没有太多的联系,所以在两者之间我们用虚线连接)。我们这样做的理由除了因为它是引力理论的进一步发展之外,还有一个很重要的原因,那就是虽然广义相对论抛弃了牛顿力学的一个基本特性——绝对时空观,但是它却传承了牛顿力学的另一个最基本的特性——因果确定性。这就是为什么有很多人仍然把广义相对论看作经典物理的原因。

如果说量子力学是因为彻底抛弃了质点(或刚体)的不可侵入性(独占性、非叠加性)和场的绝对连续性而诞生的话,那么相对论就是因为彻底抛弃了刚体的另外一个特性——不可形变性而诞生的。下面详述其缘由。

正是因为有了刚体,我们才有了刚性的、绝对不变的(量度空间长度和时间间隔的)基本工具——米尺和时钟,这也就是牛顿绝对时空观的由来。

相对论只不过是把"绝对刚体"这一不切实际的概念从我们的想象中抹去,使我们回到现实生活中来,把绝对刚体变成了弹性连续体。

因为任何弹性体都可以发生形变,弹性形变大致有三类,一是伸缩形变(一维形变);二是弯曲形变(二维的形变),三是扭转形变(三维形变)。

狭义相对论只不过是研究时空(当然是物质的时空)"伸缩形变"的一门科学。它认为时间和空间都是相对的,和参照系或观察者的运动情况有关。它认为世界上不存在刚性的绝对不变的米尺和时钟,量度空间长度的米尺、量度时间长短的钟的基本单位(秒)的长度都和观察者的运动状态有关。这就是所谓相对时空观。

但是,狭义相对论的这种相对时空观是有局限的、不彻底的。因为它只承认观察者(或参照系)的运动会改变时空,而不承认所观察的对象即(位于参照系中的)物体的运动也会改变时空,显然这是非常不合理的。另一方面,狭义相对论并没有把"刚体"从我们的大脑中真正抹去,它只不过是把全球统一的绝对相同的刚体变成了不同(运动状态)的观察者有不同的刚体!用形象一点的话来说,它只不过是把原来的刚体切成许多长短不一的小段,然后再分发给不同的观察者而已!这是因为在狭义相对论中,当选定了一个参照系之后,在这个参照系中就有了一个刚性的统一的时空量度单位:米和秒。它们的长短不随外界的任何影响,与所观察的物体的运动也无任何关系。

狭义相对论的另外一个缺陷是:它只认识到时空连续体可以发生伸缩形变,而没有认识到它会发生弯曲形变。而广义相对论正好弥补了这个缺陷。广义相对论认为,时空的性质不仅与参照系(或观察者)的选择有关,也与参照系中物体的运动有关,更重要的一点是,它与观察者和观察对象的物质分布有关。物质的分布和运动状况决定了时空的性质(弯曲程度)。反过来,我们也可以说,时空的性质决定了物体的运动。只有广义相对论,才真正彻底地抛弃了刚体这一概念。因为在广义相对论中,不仅没有全球统一的、人人都相同的绝对刚性的(时空)量杆,对于任何一个观察者而言,也没有一个到处都统一的刚性的量杆。(四维时空)刚体终于彻底地变成了一个(四维时空)弹性连续体。但是广义相对论比较注重于时空的弯曲形变,而较少关注时空的扭转形变,不能不说这是一个遗憾。

相对论和量子力学的关系就好像热力学和统计物理的关系一样,前者是普遍的、可靠的、表面的(关于时间、空间、物质和运动的)宏观的理论,后者是内在的、本质的(关于时间、空间、物质和运动的)微观理论。前者是精确的,但却是粗糙的。因为它不能给出具体物质的内部结构和物质的宏观性质。后者是不确定的、统计性的,但却是十分精细的,因为它能给出物质的最细微的内部结构,并由此预言物质的一系列宏观性质。

相对论告诉我们,世界上几乎一切东西都是相对的,包括时间和空间在内,几乎所有的物理量的大小都和物质的分布和它的运动状况有关。但是量和量之间的关系,也就是所谓的规律却是不变的(这就是所谓的协变性)。这一点是容易理解的,因为如果每个观察者通过实验和数学推导所导出的规律都不同,那么这样的规律还能叫规律吗?规律的一个最基本的要求就是客观性,即它不依赖于人的意志,也不依赖于观察者本身。这个要求就直接导致了广义相对性原理(或叫广义协变原理)——物理规律的数学表达式在任何参照系中都相同。(通俗地说,也就是自然规律不随观察者而变)。

正因为在相对论中,几乎一切都是相对的,所以才叫相对论。但是几乎一切相对并不是说一切都相对。事实上,在相对论中,有一些绝对不变的东西,比如光速就是绝对不变的,自然规律的数学表达式在所有的参照系中就是绝对不变的。还有一些所谓的洛伦兹标量(如静止质量、电荷等等)也是不变的。从这个意义上讲,相对论也可以叫做绝对论。如果所有的一切都是相对的,那么也就没有什么规律可言。规律就是变化中的不变性,这不变性也就是绝对性。科学家的任务就是要找出尽可能少的不变性来统领尽可能多的变化性!爱因斯坦做到了这一点,而且是有史以来做得最好的一位科学家。以区区两三条(不变性)原理囊括了宇宙中所有一切事物的变化!还有什么比这更激动人心、更震撼人心的呢?还有什么理论比这更加优美呢?这就是编者在本书第一篇中所讲的那样,至真的东西必然也是至美的东西!

2. 量子电动力学

量子电动力学是(经典)电动力学和量子力学相结合的产物,可以说是电动力学的进一步发展和深化,所以我们把它置于第二行的最后一列。

量子电动力学的英文为 quantum electrodynamics,简写为 QED。它是关于电磁相互作用的量子理论。主要研究量子化的电子场和量子化的电磁场以及它们之间相互作用过程,是量子场论中发展最为成熟的分支。

麦克斯韦电磁场理论是经典电磁现象的基本理论,但是它不能说明微观世界广泛存在的波粒二象性,也不能说明微观世界广泛存在的粒子对的产生和湮没现象。20 世纪 20 年代发展了量子力学,是微观粒子运动的基本理论,它在原子、分子以及固体领域中取得极大成功;但是它也不能处理"粒子对"的产生和湮没这种量子系统粒子数发生变化的问题。

量子电动力学是在经典电动力学和量子力学的基础上发展起来的。20 年代末 P. A. M. 狄拉克、W. K. 海森伯和 W. 泡利等人相继提出辐射的量子理论,奠定了量子电动力学的理论基础。到 40 年代经 R. P. 费因曼、J. S. 施温格、朝永振一郎等人提出重正化方法,解决量子电动力学中的发散困难,得出与实验精确符合的结果,使得量子电动力学成为物理学中最成功的理论。

按照量子电动力学,电磁场是量子化的,它一份一份地激发,每一份是一个光量子,它能够反映光子的发射和吸收;电子场也是量子化的,它也是一份一份地激发,每一份是一个电子或一个正电子,它能够反映电子对的产生和湮没。电磁相互作用过程归结为光子和电子的产生(场的激发)、湮没(场激发的消失)和相互转化(一种场的激发转化为另一种场的激发)的过程。根据量子电动力学的这种图像,能够很好地说明光电现象、荧光现象、磷光现象、康普顿效应、轫致辐射、电子对的产生和湮没等等,并且通过重正化处理,对于电子、μ 子反常磁矩和氢光谱的兰姆移位的理论计算,与实验结果达到令人赞叹的一致。量子电动力学的胜利,鼓舞物理学家进一步探索弱相互作用、强相互作用的类似量子理论。量子电动力学建立起来的重正化方法不仅用于粒子物理学,对于统计物理学也是有用的工具。量子光学也就是把光或电磁场看成由许多光子组成的光子气来研究它的特性。它可以说是量子电动力学的一个部分。

3. 量子色动力学与统一场论

量子色动力学,英文为 quantum chromodynamics,简写为 QCD。它可以说是原子物理和核物理的进一步发展和深化。用量子力学的基本思想和观点研究组成原子核的核子(质子和中子)等一些基本粒子的结构和特性。

众所周知,原子由原子核和核外电子组成,原子核由质子和中子组成,质子、中子由夸克组成。另外我们知道,自然界有四种基本的相互作用力,即强相互作用力(简称强力)、弱相互作用力(简称弱力)、电磁力、万有引力。

根据粒子参与的作用力的不同,粒子可以大致分为强子、轻子和传播子(媒介子)三大类。

强子就是直接参与强相互作用(也参与电磁作用和弱作用)的粒子。包括重子和介子。它们由夸克组成。夸克有 6 种,它们是:上夸克、下夸克、奇夸克、粲夸克、底夸克、顶夸克。现有粒子中绝大部分都是强子。质子、中子、π 介子等都属于强子。

轻子就是不直接参与强相互作用,可直接参与电磁作用和弱作用的粒子。轻子共有六种,包括电子、电子中微子、μ子、μ子中微子、τ子、τ子中微子(如果算上它们各自的反粒子的话就有12种)。

电子、μ和τ子是带电的,所有的中微子都不带电;τ子是1975年发现的重要粒子,不参与强作用,属于轻子,但是它的质量很重,是电子的3600倍,质子的1.8倍,因此又叫重轻子。

传播子(规范粒子):即传递各种相互作用的媒介子。包括传递强作用的胶子,共有8种,1979年在三喷注现象中被间接发现。传递弱作用的W^+,W^-和Z^0粒子。传递电磁作用的光子和传递引力作用的引力子。(除了光子和胶子外,其他所有粒子都参与弱相互作用,弱相互作用力的力程在四种力里是最短的)。

量子色动力学就是关于强相互作用的量子理论。其基本组元是带有分数电荷、自旋为1/2的夸克和自旋为1的胶子。夸克和胶子之间以及胶子与胶子之间通过色荷进行相互作用。这种色相互作用是规范不变的,可重正化的。

按照强子结构的夸克模型,所有的重子都由3个夸克组成,所有介子都由一对正反夸克组成。为了与泡利不相容原理相一致,重子内部的3个夸克分别处于不同的状态,夸克内部存在一种新的自由度,夸克处于该自由度的不同状态,而重子作为整体并不显示这种内部自由度的性质。这种情形与颜色的情形十分相似,红、蓝、绿3原色组合为无色,一种颜色和它的互补色组合为无色。因此借用色彩学上的术语,把强子的这种内部自由度称为色自由度,夸克具有色荷,夸克和反夸克的色是互补的,3种不同色荷的夸克组成的重子是无色的,正反夸克组成的介子也是无色的。

在量子电动力学中,电磁作用是荷电粒子之间交换光子而相互作用;在量子色动力学中,夸克由于带色荷而产生强相互作用,夸克之间交换胶子。与电磁相互作用不同,光子是不带电荷的,而胶子是带色荷的,因此胶子之间还可直接有强相互作用。

量子色动力学得到一些实验的支持,它能够说明轻子对强子深度非弹性散射的异常现象、喷注现象以及夸克的色禁闭问题。

强相互作用不仅力程短,而且有一个基本特点,它与其他三种力相比,所遵循的守恒定律是最多的。实验证明,相互作用越强,所遵循的守恒定律就越多,反之,相互作用越弱,守恒定律破坏得就越多。比如所谓的"同位旋守恒"在电磁作用中就遭到破坏,同位旋、奇异数、宇称、电荷共轭等不变性在弱作用中都遭到破坏。但是在强作用中,它们都是守恒的。

- 统一场论

大统一理论(grand unified theories,GUTs)。试图用同一组方程式描述全部粒子和力(强相互作用、弱相互作用、万有引力、电磁相互作用)的物理性质的理论或模型的总称,也是爱因斯坦花了40年的时间所梦寐以求的理论。到目前为止,弱—电相互作用已经统一,而弱—电—强三种力的统一理论也已取得突破性的进展。但是把所有四种力全部统一起来的理论还没有完成。下面对这方面的工作作一简要介绍。

格拉肖、温伯格和萨拉姆根据规范场理论将弱力和电磁力统一了起来。电弱统一理论经受了实验的检验,取得了巨大的成功。这一成功鼓舞了物理学家进一步将强力、电磁力、弱力统一起来的大统一理论的研究,和将所有的力统一起来的超统一理论的研究。其中,大统一理论认为,强力在高能时变弱而电磁力和弱力在高能时变强,当能量达到约 10^{15} Gev 以上时,三种力强度接近一致。因而可能是同一种力的不同方面。

大统一的能量标度 10^{15} Gev 是一个十分巨大的能量,它对应的温度是 10^{28} K,靠普通方法无法达到。然而,根据现代宇宙学,宇宙是 150 亿年前一次大爆炸演化而来,在演化的早期,其粒子的能量可能达到这一标度。因此我们可以借助宇宙这一天然的实验室来检验大统一理论。值得指出的是,宇宙的能量标度为 10^{15} Gev 时,时间尺度为 10^{-35} 秒,空间尺度为 10^{-31} 米。类似地,当能量标度大于 10^{19} Gev 时,四种力统一为一种力。人们称 10^{19} Gev 为普朗克能量,与之相对应的时间和空间尺度为 5.4×10^{-44} 秒和 1.6×10^{-35} 米(它们分别叫做普朗克时间和普朗克长度)。对普朗克时间以前的物理学研究是物质科学的最前沿,它涉及宇宙学、粒子物理、广义相对论、量子场论等各个理论物理的尖端领域。目前重要的理论有所谓的超弦理论和量子引力理论。霍金等人的量子引力理论将量子场论与广义相对论结合起来,试图对目前的物理理论无法解释的普朗克时间以前的宇宙进行研究,消去物理理论无法适用的奇点。

相对而言,超弦理论比较流行,也许它是最有希望成功的一个能够把四种力全部统一起来的理论。读者可以参看下面的阅读材料。

【阅读材料 2】 弦论概述

- **名词解释**

弦论即弦理论(string theory),是理论物理学上的一个尚未被证实的理论。这种理论认为宇宙是由我们所看不到的细小的弦和多维组成的。弦论要解决的问题是十分复杂困难的,如了解为何宇宙中有这些物质和交互作用、为何时空是四维的。因为没有其他任何一个理论在这个目标上的进展可与之比拟,弦论无疑仍是值得继续努力研究的。

弦论的出发点是,如果我们有更高精密度的实验,也许会发现基本粒子其实是条线。这条线或许是一个线段,称作"开弦"(open string),或是一个循环,称作"闭弦"(closed string)。不论如何,弦可以振动,而不同的振动态会在精密度不佳时被误认为不同的粒子。各个振动态的性质,对应不同粒子的性质。例如,弦的不同振动能量,会被误认为不同粒子的质量。即认为自然界的基本单元不是电子、光子、中微子和夸克之类的粒子。

"弦论是现在最有希望将自然界的基本粒子和四种相互作用力统一起来的理论。"

- **发现**

弦论的发现不同于过去任何物理理论的发现。一个物理理论形成的经典过程是从实验到理论,在爱因斯坦广义相对论之前的所有理论无不如此。一个系统的理论的形成通常需要几十年甚至更长的时间,牛顿的万有引力理论起源于伽利略的力学及第谷、开普勒的天文观测和经验公式。一个更为现代的例子是量子场论的建立。在量子力学建立(1925/26)之后仅仅两年就有人试图研究量子场论。量子场论的研究以狄拉克将辐射量子化及写下电子的相对论方程为开端,到费曼(Feynman)、薛温格(Schwinger)和朝永振一郎(Tomonaga)的量子电动力学为高潮,而以威尔逊(K. Wilson)的量子场论重正化群及有效量子场论为终结。其间经过了四十余年,数十甚至数百人的努力。广义相对论的建立似乎是个例外,尽管爱因斯坦一开始已经知道水星近日点进动,他却以惯性质量等于引力质量这个等效原理为基础,逐步以相当逻辑的方式建立了广义相对论。如果爱因斯坦一开始对水星近日点进动反常一无所知,他对牛顿万有引力与狭义相对论不相容的深刻洞察也会促使他走向广义相对论。尽管同时有其他人如阿伯拉汗(Max Abraham),米(Gustav Mie)试图改正牛顿万有引力,但是,只有爱因斯坦的从原理出发的原则才使得他得到正确的理论。

弦论发现的过程又不同于广义相对论。弦论起源于 20 世纪 60 年代的粒子物理,当时的强相互作用一连串实验表明存在非常多的强子,质量与自旋越来越大越来越高。这些粒子绝大多数是不稳定粒子,所以叫做共振态。当无穷多的粒子参与相互作用时,粒子与粒子散射振幅满足一种奇怪的性质,叫做对偶性。1968 年,一个在麻省理工学院工作的意大利物理学家威尼采亚诺(Gabriele Veneziano)翻了翻数学手册,发现一个简单的函数满足对偶性,这就是著名的威尼采亚诺公式。应当说当时还没有实验完全满足这个公式。很快人们发现这个简单的公式可以自然地解释为弦与弦的散射振幅。这样,弦理论起源于一个公式,而不是起源于一个或者一系列实验。伯克利大学的铃木(H. Suzuki)据说也同时发现了这个公式,遗憾的是他请教了一位资深教授并相信了他,所以从来没有发表这个公式。所有弦论笃信者都应为威尼亚采诺没有做同样的事感到庆幸,尽管他在当时同样年轻。

- 起源

弦论又可以说是起源于一种不恰当的物理和实验。后来的发展表明,强相互作用不能用弦论,至少不能用已知的简单的弦论来描述和解释。强相互作用的最好的理论还是场论,一种最完美的场论:量子色动力学。其实弦论与量子色动力学有一种非常微妙,甚至可以说是一种离奇的联系。作为一种强相互作用的理论,弦论的没落可以认为是弦论有可能后来被作为一种统一所有相互作用的理论运气,更可以说是加州理工学院史瓦兹(John Schwarz)的运气。想想吧,如果弦论顺理成章地成为强相互作用的理论,我们可能还在孜孜不倦地忙于将爱因斯坦的广义相对论量子化。不是说这种工作不能做,这种工作当然需要人做,正如现在还有相当多的人在做。如果弦论已经成为现实世界理论的一个部分,史瓦兹和他的合作者法国人舍尔克(Joel Scherk)也不会灵机一动地将一种无质量,自旋为 2 的弦解释为引力子,将类似威尼采亚诺散射振幅中含引力子的部分解释为爱因斯坦理论中的相应部分,从而使得弦论一变而为量子引力理论! 正是因为弦论已失去作为强相互作用理论的可能,日本的米谷明民(Tamiaki Yoneya)的大脑同时做了同样的转换,建议将弦论作为量子引力理论来看待。他们同时还指出,弦论也含有自旋为 1 的粒子,弦的相互作用包括现在成为经典的规范相互作用,从而弦论可能是统一所有相互作用的理论。

这种在技术上看似简单的转变,却需要足够的想象力和勇气,一个好的物理学家一辈子能做一件这样的工作就足够了。我们说的史瓦兹的运气同时又是弦论的运气,这是因为史瓦兹本人的历史几乎可以看成弦的小历史。史瓦兹毫无疑问是现代弦论的创始人之一。自从在 1972 年离开普林斯顿大学助理教授位置到加州理工学院任资深博士后研究员,他"十年如一日",将弦论从只有几个人知道的理论做成如今有数千人研究的学问。因为他早期与格林(Michael Green)的工作,他与现在已在剑桥大学的格林获得美国物理学会数学物理最高奖,2002年度的海因曼奖(Heineman prize)。

• 过程

按照流行的说法,弦本身经过两次"革命"。经过第一次"革命",弦成为一种流行。一些弦论专家及一些亲和派走得很远,远在1985年即第一次"革命"后不久,他们认为终极理论就在眼前。有人说这就是一切事物的理论(TOE=Theory of Everything),欧洲核子中心理论部主任爱利斯(John Ellis)是这一派的代表。显然,这些人在那时是过于乐观,或者是说对弦的理解还较浮于表面。为什么这么说呢?弦论在当时被理解成纯粹的弦的理论,即理论中基本对象是各种振动着的弦,又叫基本自由度。现在看来这种理解的确很肤浅,因为弦论中不可避免地含有其他自由度,如纯粹的点状粒子,两维的膜等等。15年前为数不多的人认识到弦论发展的过程是一个相当长的过程,著名的威顿(Edward Witten)与他的老师格罗斯(David Gross)相反,以他对弦的深刻理解,一直显得比较"悲观"。表明他的悲观是他的一句名言:"弦论是21世纪的物理偶然落在了20世纪"(这使我们想到一些19世纪的物理遗留到21世纪来完成,如湍流问题)。第一次"革命"后一些人的盲目乐观给反对弦论的人留下口实,遗憾至今犹在。现在回过头来看,第一次"革命"解决的主要问题是如何将粒子物理的标准理论在弦论中实现。这个问题并不像表面上看起来那么简单,我们在后面会回到这个问题上来。当然,另外一个基本问题至今还没有解决,这就是所谓宇宙学常数问题。15年前只有少数几个人包括威顿意识到这是阻碍弦论进一步发展的主要问题。

第二次"革命"远较第一次"革命"延伸得长(1994—1998),影响也更大更广。有意思的是,主导第二次"革命"主要思想,不同理论之间的对偶性(请注意这不是我们已提到的散射振幅的对偶性)已出现于第一次"革命"之前。英国人奥立弗(Olive)和芬兰人曼通宁(Montonen)已在1977年就猜测在一种特别的场论中存在电和磁的对称性。熟悉麦克斯韦电磁理论的人知道,电和磁是互为因果的。如果世界上只存在电磁波,没有人能将电和磁区别开来,所以此时电和磁完全对称。一旦有了电荷,电场由电荷产生,而磁场则由电流产生,因为不存在磁荷。而在奥立弗及曼通宁所考虑的场论中,存在多种电荷和多种磁荷。奥立弗-曼通宁的猜想是,这个理论对于电和磁完全是对称的。这个猜想很难被直接证明,原因是虽然磁荷存在,它们却以一种极其隐蔽的方式存在:它们是场论中的所谓孤子解。在经典场论中证明这个猜想已经很难,要在量子理论中证明这个猜想是难上加难。尽管如此,人们在1994年前后已收集到很多这个猜想成立的证据。狄拉克早在1940年代就已证明,量子力学要求,电荷和磁荷的乘积是一个常数。如果电荷很小,则磁荷很大,反之亦然。在场论中,电荷决定了相互作用的强弱。如果电荷很小,那么场论是弱耦合的,这种理论通常容易研究。此时磁荷很大,也就是说从磁理论的角度来看,场论是强耦合的。奥立弗-曼通宁猜想蕴涵着一个不可思议的结果,一个弱耦合的理论完全等价于一个强耦合的理论。这种对偶性通常叫做强弱对偶。

有许多人对发展强弱对偶作出了贡献。值得特别提出的是印度人森(Ashoke Sen)。1994年之前,当大多数人还忙于研究弦论的一种玩具模型,一种生活在两维时空中的弦,他已经在严肃地检验 15 年前奥立弗和曼通宁提出的猜测，并将其大胆地推广到弦论中来。这种尝试在当时无疑是太大胆了，只有很少的几个人觉得有点希望，史瓦兹是这几个人之一。要了解这种想法是如何地大胆，看看威顿的反应。一个在芝加哥大学做博士后研究员的人在一个会议上遇到威顿。威顿在作了自我介绍后问他——这是威顿通常做法：你在做什么研究，此人告诉他在做强弱对偶的研究，威顿思考一下之后说："你在浪费时间"。

另外一个对对偶性作出很大贡献的人是洛特格斯大学（Rutgers University）新高能物理理论组的塞伯格（Nathan Seiberg）。他也是 1989～1992 年之间研究两维弦论（又叫老的矩阵模型）非常活跃的人物之一。然而他见机较早，回到矩阵模型发现以前第一次超弦革命后的遗留问题之一，超对称及超对称如何破坏的问题。这里每一个专业名词都需要整整一章来解释，我们暂时存疑留下每一个重要词汇在将来适当的时候再略加解释。弦论中超对称无处不在，如何有效地破坏超对称是将弦论与粒子物理衔接起来的最为重要的问题。塞伯格在 1993～1994 年之间的突破是，他非常有效地利用超对称来限制场论中的量子行为，在许多情形下获得了严格结果。

这些结果从量子场论的角度来看几乎是不可能的。

科学史上最不可思议的事情之一是起先对某种想法反对最烈或怀疑最深的人后来反而成为对此想法的发展推动最大的人。威顿此时成为这样的人，这对他来说不是第一次也不是最后一次。所谓塞伯格-威顿理论，就是将超对称和对偶性结合起来，一下子得到自"四维量子场论"以来最为动人的结果。这件事发生在 1994 年夏天。塞伯格飞到当时正在亚斯本（Aspen）物理中心进行的超对称讲习班传播这些结果，而他本来并没有计划参加这个讲习班。

纽约时报也不失时机地以几乎一个版面报道了这个消息。这是一个自第一次弦论革命以来近十年中的重大突破。这个突破的感染力慢慢扩散开来，大多数人的反应是从不相信到半信半疑，直至身不由己地卷入随之而来的量子场论和弦论长达 4 年的革命。很多人记得从 1994 年夏到 1995 年春，洛斯阿拉莫斯 hep-th 专门张贴高能物理论文的电子"档案馆"多了很多推广和应用塞伯格-威顿理论的文章，平淡冷落的理论界开始复苏。塞伯格和威顿后来以此项工作获得 1998 年度美国物理学会的海因曼奖。

真正富于戏剧性的场面发生在次年的三月份。从 80 年代末开始，弦的国际研究界每年召开为期一个星期的会议。会议地点每年不尽相同，第一次会议在得克萨斯 A&M 大学召开。九三年的会议转到了南加州大学。威顿出人意料地报告了他的关于弦论对偶性的工作。在这个工作中他系统地研究了弦论中的各种对偶性，澄清过去的一些错误的猜测，也提出一些新的猜测。他的报告震动了参加会议的大多数人，在接着的塞伯格的报告中，塞伯格在一开始是这样评价威顿的工作的："与威顿刚才报告的工作相比，我只配做一个卡车司机"。然而他报告的工作是关于不同超对称规范理论之间的对偶性，后来被称为塞伯格对偶，也是相当重要的工作。史瓦兹在接着的报告中说："如果塞伯格只配做卡车司机，我应当去搞一辆三轮车来"。他则报告了与森的工作有关的新工作。

1995 年是令弦论界异常兴奋的一年。一个接一个令人大开眼界的发现接踵而来。施特劳明格（Andrew Strominger）在上半年发现塞伯格-威顿 1994 年的结果可以用来解释超弦中具有不同拓扑的空间之间的相变,从而把看起来完全不同的"真空"态联结起来。他用到一种特别的孤子,这种孤子不是完全的点状粒子,而是三维的膜。威顿1995年三月份的工作中,以及两个英国人胡耳(Chris Hull)和汤生(Paul Townsend)在1994年夏的工作中,就已用到各种不同维数的膜来研究对偶性。这样,弦论中所包含的自由度远远不止弦本身。

弦论的预测之一,是时空的维数为十维。虽然我们的经验告诉我们时空只有四维,但理论物理学家已有许多方案可以解释为何十维的时空看起来可以像是四维的。可能之一,是多出的六维缩得很小,所以没被观测到。另一个可能是多出的六维太大,我们靠现有的工具、仪器、地点观察不到(我们其实活在一个四维的孤立子上)。有趣的是,时空的维数可以是弦论的预测之一;过去从未有过这样的理论。但另一方面,有另一个"弦论的对偶理论",它的时空是十一维的(这个理论也是M理论的一种表示方式)。这是因为时空的形状及维度,要看我们如何定义其测量方法才有意义;不同理论中的时空定义不一定恰好相同。

弦论研究的重要成果之一,是计算出某些(特别简单的)黑洞的乱度(即混乱程度,或熵)。虽然霍金(Hawking)很久以前就预测出黑洞乱度的公式,但因为缺乏一个量子重力理论,无法真的根据乱度的定义直接算出结果。另一个量子重力理论应有的性质——全像原理(也与霍金的黑洞乱度公式有关),最近也在弦论中得到实现。有关量子重力学的更基本也更有趣的问题是:时空到底是什么?在弦论中,时空所有的性质都可以从理论中推导出来。在一些假想的情况中,时空的性质可以和我们的经验大不相同。事实上,在宇宙大爆炸初期,时空的性质很可能的确非常不同。根据量子力学,要探测小尺度时空内的现象,必然伴随着大的能量不确定性,而根据广义相对论,这会造成时空结构上大的不确定性。结果是,一般经验中平滑的、由无限多点构成的有关时空的概念,不可能在接近普朗克尺度时适用。数学上一般的几何概念对普朗克尺度下的时空并不适用。数学上所谓的"非交换几何",是古典几何的一种推广,有可能可以用来描述普朗克尺度下的时空。近来在弦论中已经发现一些假想情况中的时空的确可以用非交换几何来描述。

4. 量子统计物理学与凝聚态物理

量子统计物理学是热力学与统计物理学的深化和发展。一般的热力学与统计物理学中也有介绍,但是比较肤浅。统计物理包括经典统计物理和量子统计物理。前者是指所研究系统中的粒子遵守经典力学规律,而后者是指粒子遵循量子力学规律。精确地说,微观粒子都遵循量子力学规律,而不遵循经典力学规律。但是在适当近似下或在某些应用要求的范围内,可以合理地认为粒子遵循经典力学规律。经典统计物理学和量子统计物理学除了这些差别外,它们在基本统计假设方面是相同的。

量子统计物理学的主要内容包括:量子统计物理学基础知识、系综的配分函数、玻色系统和费米系统、超流性、相变与临界现象的基本概念、典型的晶格统计模型、重整化群理论、实空间和动量空间的重整化群方法、零温格林函数理论、温度格林函数理论等。

凝聚态物理学是从微观角度出发,研究由大量粒子(原子、分子、离子、电子)组成的凝聚态的结构、动力学过程及其与宏观物理性质之间的联系的一门学科。凝聚态物理是以固体物理为基础的外向延拓。凝聚态物理的研究对象除晶体、非晶体与准晶体等固相物质外还包括从稀密气体、液体以及介于液态和固态之间的各类居间凝聚相,例如液氦、液晶、熔盐、液态金属、电解液、玻璃、凝胶等。经过半个世纪的发展,目前已形成了比固体物理学更广泛更深入的理论体系。特别是80年代以来,凝聚态物理学取得了巨大进展,研究对象日益扩展,更为复杂。一方面传统的固体物理各个分支如金属物理、半导体物理、磁学、低温物理和电介质物理等的研究更深入,各分支之间的联系更趋密切;另一方面许多新的分支不断涌现,如强关联电子体系物理学、无序体系物理学、准晶物理学、介观物理与团簇物理等。从而使凝聚态物理学成为当前物理学中最重要的分支学科之一,从事凝聚态物理研究的人数在物理学家中首屈一指,每年发表的论文数在物理学的各个分支中居领先位置。目前凝聚态物理学正处在枝繁叶茂的兴旺时期。并且,由于凝聚态物理的基础性研究往往与实际的技术应用有着紧密的联系,凝聚态物理学的成果是一系列新技术、新材料和新器件,在当今世界的高新科技领域起着关键性的不可替代的作用。近年来,凝聚态物理学的研究成果、研究方法和技术日益向相邻学科渗透、扩展,有力地促进了诸如化学、生物物理和地球物理等交叉学科的发展。

　　研究凝聚态物质的原子之间的结构、电子态结构以及相关的各种物理性质。研究领域包括固体物理、晶体物理、金属物理、半导体物理、电介质物理、磁学、固体光学性质、低温物理与超导电性、高压物理、稀土物理、液晶物理、非晶物理、低维物理(包括薄膜物理、表面与界面物理和高分子物理)、液体物理、微结构物理(包括介观物理与原子簇)、缺陷与相变物理、纳米材料和准晶等。汉语中"凝聚"一词是由"凝"字双音演化而来的。"凝"在东汉许慎的"说文解字"一书中同"冰",指的是水结成冰的过程。可见我们的祖先最初对凝聚现象的注意可能始于对水的观察,特别是水从液态到固态的现象。英语的 condense 来源于法语,后者又来源于拉丁文,指的是密度变大,从气或蒸汽变液体。看来西方人对凝聚现象的注意可能始于对气体的观察,特别是水汽从气态到液态的现象。这是很有意思的差别,大概与各自的古代自然生活环境和生活习惯有关。不过东西方二者原始意义的结合,恰恰就是今天凝聚态物理主要研究的对象——液态和固态。当然从科学的含义上来说,二者不是截然分开的。所以凝聚态物理还研究介于这二者之间的态,例如液晶等。液态和固态物质一般都是由量级为 10^{23} 的极大数量微观粒子组成的非常复杂的系统。凝聚态物理正是从微观角度出发,研究这些相互作用多粒子系统组成的物质的结构、动力学过程及其与宏观物理性质之间关系的一门学科。众所周知,复杂多样的物质形态基本上分成三类:气态、液态和固态,在这三种物态中,凝聚态物理研究的对象就占了两个,这就决定了这门学科的每一步进展都与我们人类的生活休戚相关。从传统的各种金属、合金到新型的各种半导体、超导材料,从玻璃、陶瓷到各种聚合物和复合材料,从各种光学晶体到各种液晶材料等等,所有这些材料所涉及的声、光、电、磁、热等特性都是建立在凝聚态物理研究的基础上的。凝聚态物理研究还直接为许多高科学技术本身提供了基础。当今正蓬勃发展着的微电子技术、激光技术、光电子技术和光纤通讯技术等等都密切联系着凝聚态物理的研究和发展。凝聚态物理以万物皆成于原子为宗旨,以量子力学为基础研究各种凝聚态,这是一个非常雄心勃勃的举措。凝聚态物理这个学科名称的诞生仅仅是最近几十年的事。如果追寻一下它的渊源。应该说出自于对固态中晶态固体的研究和对液态中量子液体的研究。在对这两种特殊态的长期研究中,人们积累了一些经验,也建立起了一些信心，并逐步把一些已有的方法推广应用于非晶态和液晶乃至液态的研究，从而大大拓宽了视野，逐步形成了凝聚态物理。今天，凝聚态物理的视野还在继续开拓。然而作为渊源的两种凝聚态即晶态固体和量子液体，时至今日仍然是它主要的研究对象，内容当然越来越丰富了，考虑的问题也越来越深入了。毕竟我们面临的是同一个自然界，许多现象和规律是普适的。人们正是通过对一系列特殊态的深入研究来逐步认识和掌握那些普适的规律。

如果说，相对论主要解决宏观和宇观问题，量子理论主要解决微观问题的话，那么凝聚态物理则是宏观和微观都研究。通过研究物质的微观结构来了解和预测物质的宏观性质。

至此，我们已经把物理理论框图中的所有三列都分别介绍完毕。从一行来看，它表示这个学科发展的三个不同阶段或三个层次。从一列看，它表示物理学因研究对象和研究方法的不同形成的不同学科。在这些众多的学科中，有两大支柱学科，那就是相对论和量子力学。由这两个支柱引发了两门新学科，那就是宇宙学和粒子物理。前者研究的视野伸向无穷远处，而后者的视野伸向了无穷小处。而在量子力学与统计物理学的基础上又出现了有巨大应用价值的凝聚态物理。它为我们了解物质的各种性质打下了良好的基础。自然科学的三大任务（天体或宇宙的演化、物质结构、生命的起源）有两大任务落在了物理学的肩上。这是物理学的光荣。在物理框图第三列中，除了广义相对论之外，其他三门学科（量子电动力学、量子色动力学和统一场论、量子统计物理学）的绝大部分都可以归入粒子物理的行列。因此，相对论、量子力学、粒子物理可以说是现当代物理的三个最重要的领域。下面将适当地介绍一下它们的具体内容。

第二节　相对论简介*

有人说，相对论刚创立的时候全世界只有三个人能懂，这话未免有些夸张。狭义相对论由于它所用的数学工具不过是简单的微积分，所以原则上任何一个高中生都完全可以理解。至于广义相对论，由于要用到比较深奥的数学知识，理解起来比较困难一些。但是，撇开相对论所用到的数学不谈，它的基本思想并不难理解。问题是绝大多数的教科书在介绍相对论的时候热衷于数学推导，很少谈及它的思想，所以给人感觉好像相对论很可怕、很神秘，其实不然。下面我们将从有关相对论的几个最重要的问题说起。

1. 什么是相对论？
2. 相对论的精髓或核心思想是什么？
3. 为什么要创立相对论？
4. 相对论是如何建立的？

答1：笼统地说，相对论是研究时间、空间、物质（包括实物和辐射能）和运动相互关系的理论。相对论有狭义和广义之分。狭义相对论重点研究时空和运动的关系问题，它是"四维欧几里德时空几何学"。或者也可以说是"运动-时空表观理论"。狭义相对论中的一切奇怪现象（比如运动的物体长度收缩，时间变慢，质量增加等）都是因为运动所致。以运动为出发点,研究在不同运动情况下,时空的性质如何改变?物质的质量如何改变?运动是因,时空和质量的改变是果。它比较圆满地回答了下面图中的两个问题(图5.2-1中的实线)。

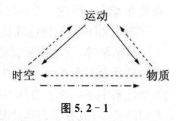

图 5.2-1

狭义相对论主要回答处于不同(匀速)运动状态的观察者(或参照系)对时空的影响,以及物体的运动对它本身质量的影响(当然质量的变化反过来也会影响它自身的运动,但是这种反作用只是针对它自身,而不影响其他物体的运动,显然这种观点是孤立的、片面的)。简单地说,狭义相对论讨论的就是图5.2-1中用实线表示的两个问题,运动对时间、空间及物质(质量)有何影响?特别要说明的是:这种影响是暂时的、表观的、可逆的,一旦运动停止,所有的影响均会消失,所有的一切都会回到原来的状态。所以狭义相对论是"表观相对论",是"可逆相对论",是"片面相对论"(因为它不考虑所观察的物体的运动对时空的影响),是"相对相对论"(因为它所谓的相对是暂时的,不是绝对的)。

广义相对论要回答的问题有三个,这就是图中的三条虚线所表示的三个问题:其中有两个正好和狭义相对论相反,那就是:物质质量的变化和物质的不同分布状况对运动有何影响?时空性质的变化如何影响物体的运动?但是广义相对论最核心的问题还是要回答:物质(在空间上)的不同分布如何改变或决定它周围时空的性质?搞清了物质是如何决定时空的,也就等于搞清了物质是如何影响或决定物体的运动(这是因为物质决定时空,而时空的变化必然会影响到处于时空中的物体的运动)。

在广义相对论中,出发点是物质,核心是时空的性质和物体的运动。它认为物质的不同分布决定了其周围引力场的分布,而引力场的分布决定了其周围时空的性质,时空的性质决定了物体的运动。所以从这个意义上讲,广义相对论可以叫做"四维时空的黎曼几何学(或弯曲几何学)"。也可以叫做"物质—时空—运动理论"。广义相对论是"实在相对论",是"绝对相对论",是"非线性不可逆相对论"(因为在广义相对论中,物质决定时空、时空决定运动。但是反过来,物体的运动又会彻底改变物质的分布和时空的性质,而且这种改变不是表观的,而是真正的、永久性的改变,即使物体的运动停止了,它也会留下永久的痕迹)。

在狭义相对论中,时空的性质只取决于参考物,而与所研究的物体的运动状况无关。或者可以这样说,两个参照系中的时钟或米尺不会互相影响。我们要问,既然运动会影响到时钟和米尺,那么为什么那个运动的钟和运动的米尺不影响那个静止的钟和静止的米尺呢?显然这是非常不合理的,在逻辑上也存在自相矛盾的地方。而广义相对论一劳永逸地、彻底地解决了这些问题。它把物质,时空和运动三者真正紧密地联系起来,成为一个真正的整体。

但是广义相对论有一个问题没有很好地回答,那就是图中用点画线表示的问题,即时空如何决定了物质的产生和分布?在几乎一无所有的真空空间中如何产生出物质?这就是爱因斯坦花费了40年的时间孜孜以求的问题,这也是所谓的统一场论要解决的问题。

现在的量子电动力学、量子色动力学、弱—电统一理论、弱—电—强大统一理论以及企图把所有四种力:弱—电—强—引力统一起来的所谓超弦理论,还有宇宙大爆炸理论正是要回答这个问题。目前已经取得了一些进展,但是离彻底解决还有很长的路要走。

答2:相对论的精髓或核心思想可以用6个字来概括:那就是平等、相对、统一。

所谓平等,就是指所有的参照系(或观察者)都是平等的。在狭义相对论中,它是指所有的惯性参照系都是平等的,即相互作匀速运动的参照系都是平等的。物理规律在所有的惯性系中都一样。虽然不同参照系中的观察者所测得的物理量可能不同,但是量和量之间的关系,或数学表达式都是一样的。世界上没有任何一个惯性系比另外一个惯性系更加优越。这就是所谓的狭义相对性原理。

在广义相对论中,不仅所有的惯性系是平等的,一切参照系都是平等的。因此,广义相对论是真正彻底的平等。也就是说,物理规律在任何参照系,对于任何一个观察者来说都是一样的。虽然不同的参照系中的观察者所测出的同一过程的物理量可能不同,但是量和量之间的关系(数学方程)总是相同的。这个原理叫做广义协变原理或广义相对性原理。

所谓相对:就是指物体的运动总是相对的,运动永远是相对于某一个物体的运动,如果你不选择别的物体作为参考物,那么你永远都不可能知道你到底是运动还是静止的,这样就把绝对静止从世界上彻底排除出去了。此外,一些描述物体的物理量(如时间、空间、物质的质量等等)也是相对的,选择不同的参照系,物理量的大小就不同。

相对和平等这两者是密切相关的。这是因为,既然自然规律在所有的参照系中都一样,那么你想通过实验的方法判断出自身到底是运动还是静止就是不可能的事。因此你如果不选择别的物体作为参考物,那么你就根本不知道自己的运动情况。运动的相对性来源于参照系的平等性。

所谓统一是指自然规律在所有的参照系中都具有统一的数学表达形式。统一和平等是密不可分的,甚至可以说是完全一致的。平等就意味着统一,统一必然要求所有的参照系必须平等。平等是从比较任意两个参照系(在描述物体的行为方面)是否有一个更优越这个角度上来讲的,而统一是从各参照系中规律的数学形式是否相同这个角度上讲的。角度不同,本质相同。

在平等、相对和统一这三大特性中,核心的核心是平等。平等是第一位的,决定性的。没有平等也就没有相对和统一,所以相对论也可以叫做平等论。

答3:这主要有两个原因,一是理论上的,二是实验上的。爱因斯坦在他的自述中说,在他16岁的时候,无意中想到了一个问题,那就是:如果我以光速追随着光运动,那么会看到什么?显然,按照牛顿力学的速度叠加原理,当人的速度和光前进的速度相同时,就相对静止,光就停滞不前。但是它在垂直于运动方向上还应当在振动。他说,无论是根据直觉经验还是根据麦克斯韦电磁场方程,都不可能出现这样的现象。这样就出现一个两难的境地,要么我们必须抛弃牛顿的速度叠加原理,这意味着必须彻底抛弃牛顿的时空观(因为牛顿的速度叠加原理是从他的绝对时空观导出的),要么必须抛弃麦克斯韦电磁场理论。正是这个问题促使爱因斯坦走上了创立相对论的道路。所以爱因斯坦说:提出一个问题比解决一个问题更重要。从他的身上我们可以看到,情况确实是如此。创新的第一步是提出问题,尤其是提出一个从未有人提出过的问题!

事实上,世界上没有绝对的真正意义上的横波。比如水波和绳子上的波,虽然看起来是横波,但是由于水或绳子各部分之间的相互作用,它们在竖直方向上的运动必然会导致水平方向的运动。对于电磁波这样的横波来说也是一样,电磁波或光绝对不可能只在竖直方向振动,而不在水平方向上前进。虽然爱因斯坦当初没有想到这一点,只是根据他的经验作出判断,但是他的直觉是正确的。

创立相对论的另外一个原因来自于实验。在相对论创立以前,有许多人认为,电磁波和声波、水波等机械波一样,传播时需要介质。但是,因为电磁波可以在一无所有的真空传播,所以我们就必须设想,这样的真空也必须是一个介质,这样的介质我们把它叫做"以太"。

"以太"(aether)一词来源于古希腊,原意为高空。笛卡尔最早把它用在科学上,表示一种充满宇宙的、能传递相互作用的无质量的物质。因为这个"以太"并不妨碍大多数物体的运动,所以它的密度一定无限小,但是因为光速很大,所以这样的"以太"必须具有极其巨大的张力或刚性。"以太"有弹性,可压缩,无引力,对沉浸在"以太"海洋中的天体的运动有阻滞作用。这个"以太"应当是绝对静止的。麦克斯韦电磁场方程所导出的光速 $c=3\times10^8$ m/s 正是相对于这样的一个绝对静止的参照系而言的。这样的一个非常古怪的"以太"到底是否存在?是否会被物体的运动所拖曳(带着它一起跑)?实验的结果是互相矛盾的,有些实验似乎表明"以太"应该被运动物体所拖曳,而有些实验却表明不会被拖曳,还有些实验表明应当是部分被拖曳。这其中最有名的当属迈克尔逊-莫雷实验(它首先把一束光分解为两束互相垂直的光,然后让这两束光通过镜面反射后再到达观察者的眼中,它们由于频率相同,会发生干涉。计算表明,如果地球相对于"以太"运动,那么把整个装置旋转90度以后干涉条纹将会移动,但是实验结果是没有移动,即地球相对于以太的速度是零)。

这些实验结果暗示了一个结论:也许"以太"(或绝对静止的参照系)根本就不存在。爱因斯坦正是坚决地抛弃了"以太"和牛顿的绝对时空观,以全新的视角来重新审视牛顿力学和电磁场理论。狭义相对论终于由此而诞生。

在爱因斯坦创立相对论之前,已经有一些人作了一些基础性的工作。其中,特别值得一提的有三位科学家,他们是:爱尔兰物理学家斐兹杰惹、荷兰物理学家洛伦兹、法国数学家彭加勒。1889年,为了解释迈克尔逊-莫雷实验的零结果,斐兹杰惹提出了一个很奇怪的假说,即所谓的收缩假说:他认为物体相对于"以太"运动时,运动方向上的长度会缩短,缩短的程度取决于物体的速率与光速之比的平方。稍后,洛伦兹也提出了同样的假说,并导出了不同运动参照系之间时空坐标的变换关系(洛伦兹变换)。洛伦兹变换可以使麦克斯韦电磁场方程在所有的惯性系中都取相同的形式。洛伦兹还取消了"以太"的各种力学性质,提出"以太"就是绝对静止的空间。

彭加勒在1898年提出:"光具有不变的速率,它在一切方向上都是相同的"。他主张,应当对"以太"漂移实验的零结果引入更普遍的观念,而不是像洛伦兹那样提出太多的假设。1904年,他在一次演讲中肯定了相对性原理的正确性,预言说:"也许我们应当建立一门崭新的力学……在这门力学中,惯性随着速度的增大而增大,光速将会成为一个不可逾越的界限"。彭加勒已经走到了相对论的大门口,遗憾的是,由于他没有认识到同时的相对性,所以没有得出有意义的结果。

在彭加勒演讲的第二年(即1905年),科学界的"超新星"终于爆发了。26岁的爱因斯坦在《物理学杂志》第17卷上刊登了一篇《论动体的电动力学》的论文,创建了彭加勒所预言的新力学——相对论。

答4:简单地说,狭义相对论是从两条基本原理出发,通过严密的数学推理所得出。这两条原理就是光速不变原理(真空中的光速恒定不变)和狭义相对性原理(物理规律在所有的惯性系中都相同)。而广义相对论也是从两条基本原理出发,通过复杂的数学推导所得出。这两条原理就是:等效原理(在局部时空范围内,引力和惯性力是等效的)以及广义相对性原理(物理规律的数学表达式在所有参照系中都相同)。

相对论是一个非常严密的逻辑系统,爱因斯坦采用的是演绎推理的方法和构造性的方法,而牛顿是采用归纳总结和实验的方法,两者的风格正好相反,两者的观点也相反。所以爱因斯坦是逆向思维的典范。

下面详细介绍狭义相对论的有关内容。这部分内容文科学生如果觉得有困难可以跳过不看。但是笔者相信,只要你具备高中的数学知识,并具有足够的耐心,你一定能够完全理解。编者在推导所有的公式时,可以说比任何一本已有的介绍相对论的书还要详细。而且有些内容是笔者多年的学习心得。

一、伽利略变换与绝对时空

1. 惯性参照系

①参照系——描述某一事件发生的时间、地点的一个系统。在某一参照物上建立一个坐标并给定一个计时系统(或一只钟)就成为一个参照系。

②惯性参照系——惯性定律成立的参照系。相对于惯性系作匀速直线运动的参照系也是惯性系。

2. 伽利略变换

如图5.2-2所示,有两个参照系 S 和 S'。其中 S' 系(即 $O'x'y'z'$)相对于 S 系(即 $Oxyz$)以速度 v 向右作匀速运动。设想某一事件 A 在两个参照系中的时空坐标为 $S:(x、y、z、t)$,$S':(x'、y'、z'、t')$。设开始时,S 与 S' 重合,而且有 $t=0$ 时,$t'=0$,也即此时两个坐标系中的钟已经校正好。经过 t 时间以后,则有

$$\begin{cases} x=x'+vt \\ y=y' \\ z=z' \\ t=t' \end{cases} \quad (1) \qquad \begin{cases} x'=x-vt \\ y'=y \\ z'=z \\ t'=t \end{cases} \quad (2)$$

(1)式叫做伽利略变换,而(2)式一般叫做伽利略逆变换。

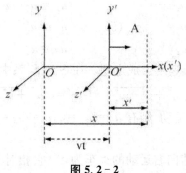

图 5.2-2

3. 基本结论

在(2)式两边取 Δ(和微分运算一样的算法),即两者之差。我们有

$$\begin{cases} \Delta x' = \Delta x - v\Delta t \\ \Delta y' = \Delta y \\ \Delta z' = \Delta z \\ \Delta t' = \Delta t \end{cases} \quad (3) \xrightarrow{\Delta t = 0} \begin{cases} \Delta x' = \Delta x \\ \Delta y' = \Delta y \\ \Delta z' = \Delta z \\ \Delta t' = \Delta t = 0 \end{cases} \quad (4)$$

注意由于速度 v 是常数,所以在取 Δ 时可以把它提到外面,这和微分运算完全一致。其实微分就是两者之间无限小的差,而 Δ 则是有限大小的差,其他完全一样。

当 $\Delta t = 0$ 时,显而易见,有 $\Delta t' = 0$。这说明如果在一个参照系中测得某两个事件之间的时间间隔为零(即这两个事件是同时发生的),那么在另一个参照系中测得的时间间隔也为零(即这两个事件也是同时发生的),换句话说,同时性是绝对的。

结论 1:任意两个事件的时间间隔在任何惯性参照系中都相同(时间是绝对的),也即时间流逝的速度与参照系是无关的。

$\Delta t = 0$ 时,(3)式就自然化为(4)式。如果我们令两个事件的空间间隔分别为 Δr(S 系中测得空间距离)和 $\Delta r'$(S' 系中测得的空间距离),则有

$$\Delta r = \sqrt{(\Delta x)^2 + (\Delta y)^2 (\Delta z)^2}, \quad \Delta r' = \sqrt{(\Delta x')^2 + (\Delta y')^2 (\Delta z')^2},$$

由(4)得 $\Delta r' = \Delta r$ 于是有

结论 2:任意两个参照系中测得的空间间隔总是相同的(空间是绝对的)。

注意,测量一个运动物体的左右两端的长度或两事件之间的空间间隔必须同时进行(即 $\Delta t = 0$),否则就没有任何意义。测量静止物体的长度时,是否同时无所谓。由(3)或(4)可知,时间间隔和空间间隔之间没有任何的联系。所以有

结论 3:时间与空间是无关的。

结论 4:经典速度合成定理。

令 $u_x = \dfrac{\Delta x}{\Delta t}, u_y = \dfrac{\Delta y}{\Delta t}, u_z = \dfrac{\Delta z}{\Delta t}$ 分别为物体沿 x、y、z 三个方向的分速度。并令 $u_x' = \dfrac{\Delta x'}{\Delta t'}, u_y' = \dfrac{\Delta y'}{\Delta t'}, u_z' = \dfrac{\Delta z'}{\Delta t'}$ 分别为物体沿(x'、y'、z')三个方向的分速度。

在(3)中的前三个式子中,左右两边同除以 $\Delta t'$,并注意由于 $\Delta t' = \Delta t$,所以可以在三个等式的右边用 Δt 代替 $\Delta t'$。于是立刻得到

$$\begin{cases} u_x = u_{x'} + v \\ u_y = u_{y'} \\ u_z = u_{z'} \end{cases} \quad (5) \qquad \begin{cases} u_{x'} = u_x - v \\ u_{y'} = u_y \\ u_{z'} = u_z \end{cases} \quad (6)$$

(5)、(6)两式就是所谓的经典速度合成定理。在 S 和 S' 系中测得的物体的合速度为

$$u = \sqrt{u_x^2 + u_y^2 + u_z^2}, \qquad u' = \sqrt{u_{x'}^2 + u_{y'}^2 + u_{z'}^2}$$

如果物体只沿 x 轴方向运动，则有 $u_y = u_{y'} = 0, u_z = u_{z'} = 0$，此时有 $u = u_x, u' = u_{x'}$。由(5)式中的第一式可得 $u = u' + v$。

比如取地面为 S 系，匀速向右运动的火车为 S'（它相对于地面的速度为 $v = 30 \text{ m/s}$），火车中的观察者测得火车中的人走动的速度为 $u' = 1 \text{ m/s}$，则地面上的观察者测得的人相对于地面的速度为 $u = u' + v = 30 + 1 = 31 \text{ m/s}$。这个速度叠加公式就是大家熟悉的公式。

结论 5：超光速现象，如上面所讲的，假定物体只沿 x 轴运动，则有 $u = u' + v$，此时如果我们令 $u' = c$（c 为真空中的光速），也即相当于在火车中射出一束光，此时地面上的人看这束光的速度为 $u = c + 30 > c$，也即在地面上的人看火车里面的手电发出的光的速度要大于真空中的光速，即大于 $3 \times 10^8 \text{ m/s}$。并且原则上对光的速度没有任何限制。

结论 6：加速度在任何参照系中都相同。

证明如下：

令 $a_x = \dfrac{\Delta u_x}{\Delta t}, a_y = \dfrac{\Delta u_y}{\Delta t}, a_z = \dfrac{\Delta u_z}{\Delta t}$ 分别为 x、y、z 三个方向的分加速度。

令 $a_{x'} = \dfrac{\Delta u_{x'}}{\Delta t'}, a_{y'} = \dfrac{\Delta u_{y'}}{\Delta t'}, a_{z'} = \dfrac{\Delta u_{z'}}{\Delta t'}$ 分别为 (x', y', z') 三个方向的分加速度。

合加速度为

$$a = \sqrt{a_x^2 + a_y^2 + a_z^2}, \qquad a' = \sqrt{a_{x'}^2 + a_{y'}^2 + a_{z'}^2}$$

由(5)式可知：$a_x = a_{x'}, a_y = a_{y'}, a_z = a_{z'}$，（注意 $\Delta t' = \Delta t$，另外由于 v 是一个常数所以对 v 求 Δ 时为零）。这样就有 $a = a'$ 也即任意两个参照系中的观察者测出的加速度总是相同的。

结论 7：牛顿定律在所有参照系中的表达式都相同。

根据经典力学的结论，力在任何参照系中都是一样的，即有 $F = F'$。另外经典力学中的质量与参照系无关，即有 $m = m'$，根据上面的结论 6 有 $a = a'$，所以有 $F = ma, F' = m'a'$，也即在所有参照系中，牛顿第二定律都有同样的形式。

另外由于任何惯性系中牛顿第一定律都成立。再考虑第三定律，由于 $F = F'$，所以如果在 S 系中有第三定律 $\vec{F}_{12} = -\vec{F}_{21}$（作用力与反作用力大小相等方向相反），则在 S' 系中必有 $\vec{F}_{12}' = -\vec{F}_{21}'$，也即也有同样的第三定律。

于是我们得出：牛顿运动三定律在所有惯性参照系中都相同。

不仅如此，万有引力定律也有同样的形式，即在 S 中有 $F = G\dfrac{m_1 m_2}{r^2}$，在 S' 中必有 $F' = G\dfrac{m_1' m_2'}{r'^2}$。这样我们可以得出：所有牛顿的定律在一切惯性系中都有同样的形式。这就是所谓伽利略相对性原理。

4. 伽利略相对性原理

这一原理有三种表述方式,分别是:

①力学定律在所有惯性系中都相同。

②一切力学规律在伽利略变换下都保持不变。

③一切惯性系在力学上都是等价的,不可能根据力学实验来判别自己究竟是处于运动状态还是静止状态。只有通过观察别的物体才能知道自己的运动状态。

二、狭义相对论的主要内容

1. 狭义相对论的两条基本原理(假设)

①狭义相对性原理:物理定律在所有惯性系中都相同(或一切惯性系在物理上都是平等的)。

它和伽利略相对性原理的区别在于把"力学"二字改为"物理"二字,这样就把相对性原理从力学推广到整个物理学。

②光速不变原理:光在真空中的速率在一切惯性系中都相同,都等于 $c(c=3\times10^8 \text{m/s})$。

2. 洛伦兹变换

设有两个参照系 S 和 S',S' 以速度 v 相对于 S 运动,开始的时候两个参照系的坐标原点 O 和 O' 是重合的。在重合的一瞬间,从 O 和 O' 发出一束球面电磁波。显然对 S 来说,这束球面波是以 O 为球心,对 S' 来说是以 O' 为球心。由于在任何参照系中光速都相同(即 $c'=c$),所以 S 中的观察者认为,经过时间 t 之后,光传播的距离为 $r=ct$。而 S' 系中的观察者认为,经过时间 t' 之后,光传播的距离为 $r'=ct'$。两边平方有 $r^2=c^2t^2$ 即

$$x^2+y^2+z^2=c^2t^2 \quad (1)$$

同理有 $r'^2=c^2t'^2$ 即

$$x'^2+y'^2+z'^2=c^2t'^2 \quad (2)$$

由于 S' 沿 x 轴方向运动,另外由于时空的均匀性和两个参照系相互作匀速运动,所以我们假定 $(x、y、z、t)$ 和 $(x'、y'、z'、t')$ 之间的变换关系是线性的。即有

$$\begin{cases} x'=\alpha x+\beta t \\ y'=y \\ z'=z \\ t'=\gamma x+\delta t \end{cases} \quad (3)$$

上式中的 $\alpha,\beta,\gamma,\delta$ 为变换系数(常数)。这样做的理由是:因为时空均匀,并且 S' 系不沿 y、z 方向运动,所以必然有 $y'=y,z'=z$。又由于两个参照系相互作匀速运动,所以可以肯定 $(x、t)$ 和 $(x'、t')$ 之间的变换关系必定是线性的。因为我们可以证明,如果不是线性的,那么两个参照系之间就绝对不会相互作匀速运动。下面我们详细论证这一点。因为整个 S' 相对于 S 以速度 V 作匀速运动,所以 S 系的观察者看 O' 也是向右作匀速运动。因为 O' 的坐标为 $x'=0$,所以 O' 的速度可写为 $u_{O'}=\dfrac{\Delta x}{\Delta t}\bigg|_{x'=0}=V$。假定(3)是正确的,则由(3)式中的第一个式知当 $x'=0$,有 $\alpha x+\beta t=0$,两边求 Δ(和两边求微分一样的算法),得 $\alpha\Delta x+\beta\Delta t=0$,于是在 S 系中看到的 O' 的速度为

$$u_O = \frac{\Delta x}{\Delta t}\bigg|_{x'=0} = -\frac{\beta}{\alpha}$$

显而易见,这是一个常数。这和我们开始给定的条件:S'系(当然包括O'点)相对于S作速率不变的匀速运动完全符合。并且由此我们可以得到$V = -\beta/\alpha$。如果$(x、t)$和(x',t')之间的变换关系不是线性的。则我们总可以假定它们之间的关系为:

$$x' = a_n x^n + a_{n-1} x^{n-1} + \cdots + a_1 x + a_0 + b_n t^n + b_{n-1} t^{n-1} + \cdots + b_1 t + b_0$$

令上式中的$x'=0$,并两边求Δ,则此时$u_O = \frac{\Delta x}{\Delta t}\bigg|_{x'=0}$绝对不可能为常数。由此可以证明$(x,t)$和$(x',t')$之间的变换关系必定是线性的,也就是说$x = x_{(x',t')}$即$x$为$(x',t')$的一次函数。同样地$t = t_{(x',t')}$,$t$也为$(x',t')$的一次函数。这样我们就证明了(3)式的变换关系的确是正确的。从S'看S中的O点,将会看到它向左作匀速直线运动。速度为$-V$,也即

$$u'_{x=0} = \frac{\Delta x'}{\Delta t'}\bigg|_{x=0} = -V,$$

在(3)式中的第一和第四式中令$x=0$则有$x' = \beta t, t' = \delta t$,

两边分别求Δ,则有$\Delta x' = \beta \Delta t, \Delta t' = \delta \Delta t$,所以有

$$u'_{x=0} = \frac{\Delta x'}{\Delta t'}\bigg|_{x=0} = \frac{\beta}{\delta}$$

由上面的分析可知,它等于$-V$,即有$\beta/\delta = -V$,前面我们已经导出了$V = -\beta/\alpha$。所以有$\beta/\delta = \beta/\alpha$,也即$\delta = \alpha$。由$V = -\beta/\alpha$得$\beta = -\alpha V$,把它以及$\delta = \alpha$代入(3)得到

$$\begin{cases} x' = \alpha(x - Vt) \\ y' = y \\ z' = z \\ t' = \gamma x + \alpha t \end{cases} \quad (4)$$

把(4)式代入(2)式即$x'^2 + y'^2 + z'^2 - c^2 t'^2$中并展开平方项得

$$\alpha^2(x^2 - 2Vxt + V^2 t^2) + y^2 + z^2 - c^2(\gamma^2 x^2 + 2\alpha\gamma xt + \alpha^2 t^2) = 0,$$

合并同类项得

$$(\alpha^2 - c^2 \gamma^2)x^2 + y^2 + z^2 - 2\alpha(\alpha V + \gamma c^2)xt + \alpha^2(V^2 - c^2)t^2 = 0$$

上式中最后一项可以化为

$$\alpha^2(V^2 - c^2)t^2 = -\alpha^2\left(1 - \frac{V^2}{c^2}\right)c^2 t^2$$

这样上式就可化为

$$(\alpha^2 - c^2\gamma^2)x^2 + y^2 + z^2 - 2\alpha(\alpha V + \gamma c^2)xt - \alpha^2\left(1 - \frac{V^2}{c^2}\right)c^2 t^2 = 0 \quad (5)$$

把此式和(1)式比较,也即和$x^2 + y^2 + z^2 - c^2 t^2 = 0$比较,我们立刻可以得到:

$$\begin{cases} \alpha^2 - c^2\gamma^2 = 1 \\ \alpha V + \gamma c^2 = 0 \\ \alpha^2\left(1 - \frac{V^2}{c^2}\right) = 1 \end{cases} \quad (6)$$

此式只有两式是独立的。由上面的第三个式子可以得到:

$$\alpha = \frac{1}{\sqrt{1-V^2/c^2}}$$

由上面的第二个式子可以得到 $\gamma = -\alpha V/c^2 = \frac{-V/c^2}{\sqrt{1-V^2/c^2}}$,把它们代入(4)式得

$$\begin{cases} x' = \dfrac{x-Vt}{\sqrt{1-V^2/c^2}} \\ y' = y \\ z' = z \\ t' = \dfrac{-(V/c^2)\cdot x}{\sqrt{1-V^2/c^2}} + \dfrac{t}{\sqrt{1-V^2/c^2}} = \dfrac{t-(V/c^2)\cdot x}{\sqrt{1-V^2/c^2}} \end{cases} \quad (7)$$

这就是所谓的洛伦兹逆变换。把 V 换成 $-V$ 并把带撇和不带撇的互换,即把(x、y、z、t) 和 (x'、y'、z'、t') 进行互换,这样就可以得出洛伦兹变换:

$$\begin{cases} x = \dfrac{x'+Vt'}{\sqrt{1-V^2/c^2}} \\ y = y' \\ z = z' \\ t = \dfrac{t'+(V/c^2)\cdot x'}{\sqrt{1-V^2/c^2}} \end{cases} \quad (8)$$

当 $V \ll c$ 时 $v/c = \beta \rightarrow 0$ 于是(8)式就化为

$$\begin{cases} x = x' + vt \\ y = y' \\ z = z' \\ t = t' \end{cases}$$

这就是前面所讲的伽利略变换。由此可知,伽利略变换只不过是洛伦兹变换在低速条件下的近似而已。

显然,在相对论中,不可能有超光速现象发生。因为如果物体的速度 $V > c$,则 $1/\sqrt{1-V^2/c^2}$ 就是虚数,由(8)式可知此时长度 x 和时间 t 都变成了虚数,也就没有了意义。

3. 相对论运动学效应

(1) 同时的相对性

① 同时的两种形式

A. 同地同时——即两个事件是在同一地点同时发生。例如闪电和雷声就是同一地点同时发生的两个事件。又比如两个小球在某一地点发生碰撞,也是同地同时发生的两件事情。

B. 不同地同时——即两个事件发生在不同的地点,但是却是同时发生的。例如某国的 A 地和 B 地同时遭到恐怖分子的袭击。北京某医院和南京某医院的两位产妇同时生下一个小孩。这就是不同地同时。

②牛顿和伽利略对同时的看法

根据牛顿力学中的时空坐标变换规律,也即伽利略变换,可以知道 $t=t'$,所以有 $\Delta t=\Delta t'$,当在一个坐标系中的观察者看到两个事件同时发生时,也即 $\Delta t=0, t_2=t_1$ 时,另外一个坐标系中的观察者也会看到同时发生。这是因为此时有 $\Delta t'=0, t_1'=t_2'$。换句话说,在牛顿和伽利略看来,同时是绝对的。

③爱因斯坦对同时的看法

由洛伦兹变换式(8)式中的最后一式,两边求 Δ 并注意 V、c 都不变,我们可以得到

$$\Delta t = \frac{\Delta t' + (V/c^2)\cdot \Delta x'}{\sqrt{1-V^2/c^2}}$$

或者

$$\Delta t' = \frac{\Delta t - (V/c^2)\cdot \Delta x}{\sqrt{1-V^2/c^2}} \quad (9)$$

当 $\Delta t=0, t_2=t_1$ 时,即在 S 系中看到两个事件是同时发生的,由上面的第二式我们得到

$$\Delta t' = \frac{-(V/c^2)\cdot \Delta x}{\sqrt{1-V^2/c^2}} \quad (10)$$

显然,如果此时 $\Delta x=0$(同一地点),则必有 $\Delta t'=0, t_1'=t_2'$,也即此时 S' 系中的观察者也会看到这两个事件是同时发生的。于是我们可以得出这样的结论:

在相对论中,同一地点的同时是绝对的。也即如果在一个参照系中看到同一地点的某两个事件同时发生,那么在任何其他参照系中也必然是同时发生的。

但是如果 $\Delta x\neq 0(x_2\neq x_1)$,也即两个事件不是在同一地点发生。此时虽然 $\Delta t=0$ 但是 $\Delta t'\neq 0, t_2'\neq t_1'$,也就是说,此时在 S 系中虽然看到两个事件同时发生,但是在 S' 系中却不是同时发生的。这就是不同地点同时的相对性。

由(10)式可以看到,如果 $\Delta x=x_2-x_1>0$,也即 $x_2>x_1$,则此时有 $\Delta t'=t_2'-t_1'<0$,即 $t_2'<t_1'$。也即此时 S' 系中的人会看到第二个事件比第一个事件早发生。比如地面上的观察者看到 A 地和 B 地同时发生爆炸,一架从 A 地飞往 B 地的飞机上的观察者看来,爆炸并不是同时发生的,而是 B 地先爆炸,A 地后爆炸。

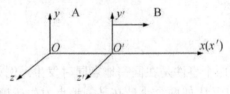

图 5.2-3

如图 5.2-3 所示,显然,$\Delta x_{AB}=x_B-x_A=x_2-x_1>0$,当 $\Delta t=t_B-t_A=t_2-t_1=0$ 时,$\Delta t'=t'_B-t'_A<0, t_B'-t_A'$,所以飞机中的乘客会看到 B 地先爆炸,A 地后爆炸。反过来,如果在飞机上看两个地方同时爆炸,那么地面上的人会看到它们不是同时爆炸的。由(9)式中的第一式可知,当 $\Delta t'=0$ 时,有

$$\Delta t = \frac{(V/c^2)\cdot \Delta x'}{\sqrt{1-V^2/c^2}} \quad (11)$$

同样地,当 $\Delta x'=0$(即 S' 系中看是同时同地发生),则 $\Delta t=0$,S 系中看也是同时同地发生。当 $\Delta x'\neq 0$(即 S' 系中看是同时不同地发生),则 $\Delta t\neq 0$,即 S 系中看是不同时的。当 $\Delta x'>0$ 时,有 $\Delta t=t_2-t_1>0, t_2>t_1$,也即此时第一个事件要比第二个事件发生得早一些。如果我们还是假设 A 为第一事件发生地,B 为第二事件发生地,则当飞机上的乘客看到两地同时发生爆炸时,地面上的人不会看到同时爆炸,而是 A 地先爆炸,B 地后爆炸。我们可以发现这样一个规律:地面上看两个事件同时发生时,飞机上看总是前面的事件(B 地在飞机的前方)先发生,后面的事件后发生。反过来,当飞机上的人看到两地同时发生爆炸时,由于地面参照系(即 S 系)相对于飞机上是向左前进的,所以 A 地在前方(前进方向为前方),而 B 地为后方。这时,地面参照系看到的是前方的 A 地比后方的 B 地先爆炸。于是我们可以得出如下的结论:

如果在一个参照系中的观察者看到不同地点的两个事件是同时发生的,那么相对于它作匀速直线运动的另一个参照系中的观察者绝对不会看到两个事件同时发生,而是前面的事件先发生,后面的事件后发生。

例题 1:设南京到北京的距离为 1 000 km,一人乘高速飞船从南京飞往北京,其速度为 $V=0.999\,c$(c 为真空中的光速)。地面上的观察者得知,在中午 12 点的时候,两地同时开始下大雨。那么请问:飞船上的观察者会不会也观察到两地同时下雨?如果不会,那么是哪里先下?相差多少时间?

解:以地面为 S 系,飞船为 S' 系。并取南京到北京的方向为 x 轴正方向。由题可知:$\Delta x=1000$ km,$V=0.999\,c$,现在求 $\Delta t'$ 是多少?

由(9)式或(10)式,我们可以得到

$$\Delta t'=\frac{-(V/c^2)\cdot \Delta x}{\sqrt{1-V^2/c^2}}=\frac{-0.999\times 10^6}{3\times 10^8 \sqrt{1-0.999^2}}=-7.4\times 10^{-2}\,\text{s}=-0.074\,\text{s}$$

$\because \Delta t'=t_2'-t_1'<0, \therefore t_2'<t_1'$(注意南京为 1,北京为 2),所以飞船上的观察者认为北京比南京先下雨,比南京早了 0.074 秒。这点时间可以忽略不计。这个飞船的速度已经比真正的飞船的速度不知大了多少倍。实际上,在日常生活中,一般的物体的速度远小于光速,所以两个参照系中观察者看到的事件几乎总是同时发生的。由此也可以看到,只有当速度非常非常接近光速时,相对论的结论才和牛顿的结论有明显的差异(牛顿认为不管两个事件是否在同一地点,在一个参照系中看到同时,其他任何参照系中必定也会看到同时)。

(2) 运动的钟变慢

设想在 S' 系中的某一点(一点的空间间隔 $\Delta x'=0$)放置一只钟,它所记录的某一个事件经历的时间间隔为 $\Delta t'$。如果这个事件静止在 S' 系中,那么我们就把这个事件所经历的时间叫做物体的固有时间(与钟相对静止的事件所经历的时间),用 τ 表示。此时有 $\Delta t'=\tau$。下面我们要看看,在地面上的观察者用地面上的钟所测得的同一事件所经历的时间 Δt 和物体的固有时间 τ 之间的关系。由(9)式的第一式可知

$$\Delta t=\frac{\Delta t'+(V+c^2)\cdot \Delta x'}{\sqrt{1-V^2/c^2}}$$

令 $\Delta x'=0$,$\Delta t'=\tau$。立刻得到

$$\Delta t = \frac{\tau}{\sqrt{1-V^2/c^2}} \qquad (12)$$

由于 $\frac{1}{\sqrt{1-V^2/c^2}} > 1$ 所以我们有 $\Delta t > \tau$。也即地面上的人用他认为静止的钟所记录的某一事件所经历的时间间隔(Δt)要比用运动的钟（它和事件是相对静止的，但是在 S 系中的人看来它是和事件是一起运动的，所以 S 系看来这只钟是运动的）所记录的时间 τ 要长一些。同一事件，如果你的表记录的时间间隔长，我的表记录的时间短，说明你的表走得快，我的表走得慢。所以我们可以得出如下结论：运动的钟计时少，走得慢。静止的钟计时多，走得快。这就是运动的钟变慢效应。

例题 2：一对恋人在 20 岁时，双方约定男人到太空去遨游一圈再回来结婚。当男人乘着飞船在太空遨游 5 年后（以飞船中的钟来计时）回到地面，请问他能否见到他的恋人？（设飞船的速度为 0.999 c）

解：取地面为 S 系，飞船为 S' 系。已知 $\tau=5$ 年，$V=0.999\,c$，求 Δt 的值。

由 $\Delta t = \frac{\tau}{\sqrt{1-V^2/c^2}}$ 可得 $\Delta t = 5 \times 23.3 = 116.5$ 年。即当男人乘着飞船回到地球时，地球上的时间已经过去了 116.5 年，他的恋人早已死去。此时男人只有 25 岁，而女人已经 136.5 岁了。如果不是一对恋人而是父子二人，出发时，父亲 40 岁，儿子 10 岁。那么当父亲从太空中回到地面上时，他才 45 岁，而他的儿子已经 126.5 岁了。所以根据相对论，我们原则上可以通过高速飞行来延长自己的寿命。如果飞船的速度接近于光速，那么人的寿命原则上就可以无限长。

（3）运动物体的长度收缩

设想有一个棒静止在 S' 系中的 x' 轴上，在 S' 系中的观察者测得棒的长度为 $\Delta x' = L_0$。（我们可以把这个长度叫做物体的固有长度）。在 S' 系中测量棒的两端之间的空间间隔（即它的长度）时，是否同时测量是无关紧要的。但是因为棒和 S' 系相对于 S 系一起运动，所以在 S 系中要测量棒两端的空间间隔就必须同时测量。如果先确定一端的坐标，再过很长时间去确定另外一端的坐标，那么由于这个棒在运动，测量出的两个坐标的差就不等于棒的真实长度，这样的测量就没有意义。所以在 S 系中测量两点之间的距离一定要同时进行才行，即在确定某物体的长度（如果它放在 x 轴上，可以用 $\Delta x = L$ 来表示）时，必须令 $\Delta t = 0$。

把(7)式中的第一个式两边求 Δ（与求微分一样的求法），可以得到

$$\Delta x' = \frac{\Delta x - V\Delta t}{\sqrt{1-V^2/c^2}} \qquad (13)$$

把 $\Delta x = L, \Delta t = 0, \Delta x' = L_0$ 代入(13)式，我们可以得到

$$L_0 = L/\sqrt{1-V^2/c^2} \quad \text{或} \quad L = L_0\sqrt{1-V^2/c^2} \qquad (14)$$

由于 $\sqrt{1-V^2/c^2} < 1$，所以 $L < L_0$。即运动的物体它的长度会收缩。

这就是所谓的尺缩钟慢效应（运动的物体长度会收缩，运动的钟会走慢）。

我们上面所讨论的沿速度方向物体的长度会收缩的效应是一种测量的结果，而不是观察的结果。因为测量必须是同时的，但是观察一般来说只是光线同时到达眼睛，并不是

同时测量物体的两端。理论上可以证明,一个运动的球并不会因为沿速度方向上的长度收缩而看起来变成椭球,实际上看起来仍然是一个球。只不过这个球发生了绕自身对称轴的旋转而已。

例题 3:设一列火车静止时的长度为 100 m,当这列火车以 30 m/s 和 2.7×10^8 m/s 的速度运动时,地面上的人测出这列火车的长度分别是多少?

解:由题可知物体的静长或固有长度为 $L_0 = 100$ m

(1) 当它以 30 m/s 的速度运动时,由 $L = L_0\sqrt{1 - V^2/c^2}$ 知道

$$L = 100\sqrt{1 - 10^{-14}} \approx 100(1 - 5 \times 10^{-15}) \approx 100 \text{ m}$$

几乎没有缩短。

(2) 当它以 2.7×10^8 m/s 的速度运动时(此时有 $v/c = 0.9$)

$$L = 100\sqrt{1 - 0.9^2} = 43.6 \text{ m}$$

比原来缩短了 56.4 m。由此可知只有当速度接近光速时才需要考虑长度的缩短。

例题 4:静止在实验室中的 μ 子平均寿命为 $\tau = 2.2 \times 10^{-6}$ s,测得其速度为 $v = 0.9966c$,通过距离为 8 km 时衰变为别的粒子。说明为什么会出现这种现象。

解:按照牛顿的理论,这个现象是无法解释的。因为通过的距离等于速度乘以时间,所以 $L = V\Delta t = 0.9966 \times 3 \times 10^8 \times 2.2 \times 10^{-6} \approx 660$ m,也即这个粒子最多只能在空中前进 660 m 就会衰变为别的粒子。不可能前进 8 000 m。按照相对论,静止时的寿命和运动时的寿命是不同的,当它运动时,地面观察者测出的时间间隔(或寿命)为 $\Delta t = \dfrac{\tau}{\sqrt{1 - V^2/c^2}} = 12.14\tau \approx 26.7 \times 10^{-6}$ s 比原来大 12.14 倍。所以它运动的距离为 $L = V\Delta t = 0.9966 \times 3 \times 10^8 \times 26.7 \times 10^{-6} \approx 8\,000$ m $= 8$ km。

1970 年,实验证明了 μ 子的运动寿命的确比静止时延长了很多倍,这证明了运动的钟的确会变慢,也证明了人类的确可以借助于高速运动来延长自己的寿命!只要速度足够大,我们完全可以做到天上一日、地上一年、一万年甚至一亿年!

如果天上真的有仙人,并且他以接近光速的速度运动,那么他的一天相当于我们地上的亿万年。于是在我们地面上的人来看,他就可以做到长生不老(但是他自己并不觉得自己是无限长的寿命,而有可能是有限的)。

4. 相对论中的速度变换

由前面所导出的(7)式

$$\begin{cases} x' = \dfrac{x - Vt}{\sqrt{1 - V^2/c^2}} \\ y' = y \\ z' = z \\ t' = \dfrac{t - (V/c^2) \cdot x}{\sqrt{1 - V^2/c^2}} \end{cases}$$

两边求 Δ 得:

$$\begin{cases} \Delta x' = \dfrac{\Delta x - V\Delta t}{\sqrt{1-V^2/c^2}} \\ \Delta y' = \Delta y \\ \Delta z' = \Delta z \\ \Delta t' = \dfrac{\Delta t - (V/c^2)\cdot \Delta x}{\sqrt{1-V^2/c^2}} \end{cases} \quad (15)$$

与前面一样我们可以令 $u_x = \dfrac{\Delta x}{\Delta t}, u_y = \dfrac{\Delta y}{\Delta t}, u_z = \dfrac{\Delta z}{\Delta t}$ 分别为物体沿 x、y、z 三个方向的分速度。并令 $u_{x'} = \dfrac{\Delta x'}{\Delta t'}, u_{y'} = \dfrac{\Delta y'}{\Delta t'}, u_{z'} = \dfrac{\Delta z'}{\Delta t'}$ 分别为物体沿 (x', y', z') 三个方向的分速度。再令 $\beta = V/c$。于是我们由(15)式可以得到

$$u_x' = \frac{\Delta x'}{\Delta t'} = \frac{\Delta x - V\Delta t}{\Delta t - V\Delta x/c^2} = \frac{\Delta x/\Delta t - V}{1 - V\Delta x/\Delta tc^2} = \frac{u_x - V}{1 - \beta u_x/c}$$

$$u_y' = \frac{\Delta y'}{\Delta t'} = \frac{\Delta y}{(\Delta t - V\Delta x/c^2)/\sqrt{1-\beta^2}} = \frac{\Delta y \sqrt{1-\beta^2}}{\Delta t - V\Delta x/c^2} = \frac{\sqrt{1-\beta^2}\cdot \Delta y/\Delta t}{1 - V\Delta x/\Delta tc^2} = \frac{u_y\sqrt{1-\beta^2}}{1 - \beta u_x/c} \quad (16)$$

$$u_z' = \frac{\Delta z'}{\Delta t'} = \frac{\Delta z}{(\Delta t - V\Delta x/c^2)/\sqrt{1-\beta^2}} = \frac{\Delta z \sqrt{1-\beta^2}}{\Delta t - V\Delta x/c^2} = \frac{\sqrt{1-\beta^2}\cdot \Delta z/\Delta t}{1 - V\Delta x/\Delta tc^2} = \frac{u_z\sqrt{1-\beta^2}}{1 - \beta u_x/c}$$

把 V 换成 $-V$，并把带撇的和不带撇的互换，就可以得到它的逆变换式：

$$\begin{cases} u_x = \dfrac{u_x' + V}{1 + \beta u_x'/c} \\ u_y = \dfrac{u_y'\sqrt{1-\beta^2}}{1 + \beta u_x'/c} \\ u_z = \dfrac{u_z'\sqrt{1-\beta^2}}{1 + \beta u_x'/c} \end{cases} \quad (17)$$

由(16)和(17)两式可知，三个分速度的分母都是一样的。并且分母都只是和 x 或 x' 方向的分速度以及参照系的相对速度 v 有关。当参照系的相对速度 $V \ll c$ 时，$\beta = V/c \to 0$，此时由(17)可知

$$\begin{cases} u_x = u_{x'} + V \\ u_y = u_{y'} \\ u_z = u_{z'} \end{cases}$$

这与前面导出的(5)式完全一致。

说明经典速度合成定理只不过是相对论速度合成规律的一个特例。

例题 5：一艘飞船以 0.8 c 的速度在空中飞行，在上面抛出一个物体，它相对于飞船的速度为 0.9 c，试求地面上的观察者测得的物体的速度是多少。

解：以地面为 S 系，以飞船为 S' 系，则 S' 相对于 S 的速度 $V = 0.8c$，假定物体只沿着 x 或 x' 方向运动，则 $u_{y'} = u_{z'} = 0, u_y = u_z = 0, u = u_x, u' = u'_x$，所以由(17)式可知 $u = \dfrac{u' + V}{1 + \beta u'/c}$，由题意知 $u' = 0.9c$ 所以

$$u = \frac{0.9c + 0.8c}{1 + 0.8 \times 0.9} = \frac{1.7c}{1.72} \approx 0.99c < c$$

但是如果直接按照经典速度合成定理,则得
$$u=u'+V=0.9c+0.8c=1.7c>c$$
会出现超光速现象。而相对论里是不会出现超光速的。

5. 四维时空、四维间隔、四维矢量和洛伦兹变换的几何意义

①四维时空("空间")——由三维空间和一维时间所组成的"空间"。

②闵可夫斯基空间——由三维真实的空间坐标 $x、y、z$ 和另外一个与时间有关的虚坐标 ict 所组成的四维"空间"(i 为虚数)。通常我们总是令 $x_1=x, x_2=y, x_3=z, x_4=ict$,这样由 $x_i(i=1,2,3,4)$ 四个坐标所组成的空间就是所谓的闵可夫斯基空间。这四个坐标轴之间是互相垂直的。我们人类只能想象出三维空间不能想象四维空间,但是在数学上它是完全可以存在的。

③世界点——在四维空间中的一个点,它表示事件发生的时间和地点。

④四维矢量、四维距离(或长度)——从四维空间的原点指向某一世界点的有向线段叫四维矢量,其模就是所谓的四维长度。

如果令 x_1, x_2, x_3, x_4 四个坐标轴上的单位矢量分别为 $\bar{i}, \bar{j}, \bar{k}, \bar{l}$。则四维矢量可以写作 $\bar{R}=x_1\bar{i}+x_2\bar{j}+x_3\bar{k}+x_4\bar{l}$。矢量的长度也即四维空间距离为:

$$R=\sqrt{R^2}=\sqrt{|\bar{R}|^2}=\sqrt{x_1^2+x_2^2+x_3^2+x_4^2}=\sqrt{\sum_{i=1}^{4}x_i^2}=\sqrt{r^2-c^2t^2}$$

⑤四维间隔

定义四维间隔为 $S=-iR$。由此可得:$R=iS$。同时可以得到

$$S^2=-R^2=-(r^2-c^2t^2)=c^2t^2-r^2$$

由于物体的速度总小于等于真空中的光速,所以有

$$u=r/t\leqslant c, \quad \therefore r^2\leqslant c^2t^2, \quad \therefore S^2\geqslant 0$$

可以证明,在洛伦兹变换下四维间隔是一个不变量,也即 $S'^2=S^2$ 即 $c^2t'^2-r'^2=c^2t^2-r^2$。对于光的传播而言,这是很明显的事情。对于其他物体的运动而言,也可以用洛伦兹变换公式(7)式或者(8)式加以证明。

⑥洛伦兹变换的几何意义

众所周知,三维空间中,矢量的长度不会因为坐标轴的旋转而改变。同样地,在四维空间中,矢量的长度或空间距离也不会因为坐标轴的旋转而改变。而我们现在既然可以证明在洛伦兹变换下四维间隔 S 是一个不变量,即无论从哪一个系变换到另一个系它总是相同的。由 $S=-iR$ 可知,由于 $-i$ 是一个永恒不变的数,所以这也就意味着在洛伦兹变换下,四维矢量的长度 R 也是不变的。所以洛伦兹变换就相当于四维闵可夫斯基空间的一次转动。这就是它的几何意义。

6. 相对论中的质量、能量和动量

(1) 相对论中的质量

由相对论动力学可以导出运动物体的质量 m 和静止物体的质量 m_0 之间的关系

$$m=\frac{m_0}{\sqrt{1-v^2/c^2}} \quad (18)$$

上式中的 v 为物体运动的速度。由此可知,物体的质量随着速度的增加而增加。当物体

的速度接近光速时,质量将趋向于无穷大。当然,实际的物体质量是不可能为无穷大的,所以任何有质量的物体其速度都不可能达到真空中的光速。

(2) 相对论中的能量

由相对论力学可以导出能量和质量的关系(爱因斯坦质能公式):

$$E = mc^2 = \frac{m_0 c^2}{\sqrt{1-v^2/c^2}} = \frac{E_0}{\sqrt{1-v^2/c^2}} \qquad (19)$$

其中,$E_0 = m_0 c^2$ 为物体静止时候的能量。由此可知,任何物体内部都含有能量,物体的质量在一定条件下也可以"转化"为能量。太阳内部聚变所释放的能量以及原子弹爆炸所释放的能量就是原子核中的一小部分质量"转化"而来(这样的说法其实是不确切的,因为如果真正转化的话,就应当是质量和能量的和保持不变,实际上没有这样的事。准确地说,应当说是质量的一种形态,即实物形态转化为另外一种形态,即弥散形态或其他形态)。

(3) 物体的动量 $\bar{P}$

在牛顿力学中,我们把物体的质量和速度的乘积叫做动量。在相对论中,我们还是这样定义。即

$$\bar{p} = m\bar{v} = \frac{m_0 \bar{v}}{\sqrt{1-v^2/c^2}} \qquad (20)$$

(4) 能量和动量的关系

根据相对论力学我们可以导出

$$E = \sqrt{p^2 c^2 + m_0^2 c^4} \qquad (21)$$

(5) 相对论中的牛顿第二定律

$$\bar{F} = \frac{d\bar{p}}{dt} = \frac{d(m\bar{v})}{dt} = m\frac{d\bar{v}}{dt} = \bar{v}\frac{dm}{dt} \qquad (22)$$

如果物体的速度远小于光速,则物体的质量就可以看成是一个常量,于是上式就可以化为 $\bar{F} = \frac{d\bar{p}}{dt} = m\frac{d\bar{v}}{dt} = m\bar{a}$,这就是经典力学中的牛顿第二定律,也是我们以前学过的定律。

(6) 相对论中的动能

我们把运动物体的总能量 E 和静止物体的能量 E_0 之差叫做物体的动能,即

$$E_k = E - E_0 = \frac{m_0 c^2}{\sqrt{1-v^2/c^2}} - m_0 c^2 = m_0 c^2 \left(\frac{1}{\sqrt{1-v^2/c^2}} - 1\right) \qquad (23)$$

当物体的速度 $v \ll c$ 时,可以应用近似公式 $(1+x)^n \approx 1+nx$(此式当 x 很小时才可用)。于是有 $\frac{1}{\sqrt{1-v^2/c^2}} = (1-v^2/c^2)^{-1/2} \approx 1 + \frac{v^2}{2c^2}$,代入(23)式得 $E_k = \frac{1}{2}mv^2$,这就是我们在高中物理中学过的动能公式。

(7) 光子的质量和能量

根据以前我们学过的爱因斯坦光子说,可以知道光子的能量为 $E = h\nu$,其中 ν 为光的振荡频率,$h = 6.63 \times 10^{-34}$ J·s 为普朗克常数。再根据质能公式可得 $m = E/c^2 = h\nu/c^2$。这即是光子的动质量(光子没有静质量)。

例题 6:两个静质量为 m_0 的物体以相同的速率 v 相向而行,碰撞后合为一个粒子并静止下来。试求该粒子的质量。

碰撞前的总能量为

$$E = E_1 + E_2 = \frac{2m_0 c^2}{\sqrt{1-v^2/c^2}}$$

碰撞后的总能量为 $E_0' = M_0 c^2$，上式中的 v 为粒子的速度，M_0 为碰撞后新粒子的静止质量。由能量守恒得 $E_0' = E$，所以有 $M_0 = \dfrac{2m_0}{\sqrt{1-v^2/c^2}}$。

例题 7：证明一束光从地面的高处下落到地面时，频率会升高（所谓频率紫移），反之，如果它从低处向高处传播则频率会下降（所谓的频率红移）。

解：设光子处于地面上方高度为 h 的地方，其频率为 ν_0，则它在高处的总能量为 $E = h\nu_0 + mgh$（其中第一项可以看作是光子的初动能，而第二项为重力势能），到达地面时，势能为零。其频率假定用 ν 表示，则它的总能量为 $E' = h\nu$。根据能量守恒可以得到

$$E' = E, \quad h\nu = h\nu_0 + \frac{h\nu_0}{c^2} \cdot gh = h\nu_0(1 + gh/c^2)$$

所以有 $\nu = \nu_0(1 + gh/c^2)$，由此得 $\Delta\nu/\nu_0 = (\nu-\nu_0)/\nu_0 = gh/c^2$。由此可知，到达地面的频率 ν 要比高处的频率 ν_0 大。如果取 $g=9.8 \text{ m/s}^2, h=20 \text{ m}$，则得 $\Delta\nu/\nu_0 = 2.2\times 10^{-15}$。1965 年这一结论获得了证实。反过来，如果光是从地面传播到高空，离开地球，则它的频率必然下降。事实上，一切光离开星球时，其频率都会有所降低，这就是所谓的引力红移。

习题：

1. 由洛伦兹变换式(8)式导出其逆变换式(7)式。

2. 设 S' 系相对于 S 系的速度为 $0.6c$，方向沿 x 轴，并设两惯性系中的钟的读数在两坐标系的原点 O 和 O' 重合时均为零。
(1) 在 S 系中，测得某事件的时空坐标为 $x_1=50 \text{ m}, y_1=z_1=0, t_1=2\times 10^{-7}\text{s}$。求 S' 系中该事件的时空坐标。
(2) 在 S' 系中测得另一事件的时空坐标为 $x_2'=10 \text{ m}, y_2'=z_2'=0, t_2'=3\times 10^{-7}\text{s}$，求 S 系中的时空坐标。

3. S' 系相对于 S 系沿 x 轴方向以速度 $v=0.8c$ 运动。在 S 系中测得相距为 $1.5\times 10^{11}\text{m}$ 的两个事件同时发生。求 S' 系中测得该两事件的时间间隔和空间间隔。

4. 一根棒的静止长为 1 m，当它以
(1) 30 m/s，(2) $1.5\times 10^8 \text{m/s}$，(3) $2.99\times 10^8 \text{m/s}$ 的速度运动时，它的长度分别是多少？

5. π 介子的本征寿命（即固有寿命）为 $2.5\times 10^{-8}\text{s}$，当它以 $0.99c$ 的速度相对于实验室运动时：
(1) 求实验室测得的寿命；
(2) 求它从产生到湮灭的一生中所走过的距离；
(3) 若不考虑相对论效应，它一生能走过多少距离？

6. 为了使以 $v=600 \text{ m/s}$ 飞行的飞机中的钟与地面上的钟相差一秒，这架飞机应该连续飞行多长时间？

7. 设想一火箭以恒定的速率 $v=\sqrt{0.9999}\cdot c$ 飞行。试问按照地球上的钟,火箭飞到半人马星座并返回(地球与该星球相距为 4 光年)共需多少时间?应根据多长的旅行时间来储备粮食及其他装备?

8. 在高能实验室的对撞机中,两束电子以 $v=0.9c$ 的速度相向运动(而后发生碰撞),试问从与其中一束电子相连的参考系中的观察者来看,两电子束的相对速度是多少?

9. 要使电子的动质量等于质子的静质量,问电子应以多大的速度运动?已知电子的静质量为 $m_e=9.1\times10^{-31}$ kg。质子的静质量为 $m_p=1.67\times10^{-27}$ kg。

10. 若有一块铁(比热为 420 焦耳/千克·度),在 0℃ 时的质量精确地等于 1 000 千克,问当把它加热到 100℃ 时,其质量将增加多少?

11. 地球上与太阳垂直的面上,每平方米接收到的太阳能为 1 400 焦耳/秒·米^2,试计算太阳的质量每秒钟将减少多少千克?(太阳到地球的距离为 1.5×10^{11} m)

12. 为了使电子的速率从 1.2×10^8 m/s 增加到 2.4×10^8 m/s,需要对它做多少功?

13. 设想一质子的速度为 $0.995c$,则它的能量 E、动能 E_k、动量 p 分别是多少?

14. 当电子的动能是它的静能的 2 倍时,其速度是多少?

15. 已知铁核放出的射线的能量为 $E_\gamma=1.44\times10^4$ eV(1 eV$=1.6\times10^{-19}$ J),求光子的频率、动量和质量。

三、广义相对论概述

狭义相对论只限于两个作匀速运动的惯性系,没有考虑作相对加速运动的非惯性系的情况。爱因斯坦决心把狭义相对论的思想由惯性系扩展到非惯性系。经过十年的思考,在 1915 年 11 月的论文《引力的场方程》中创立了广义相对论。稍后在 1916 年的论文《广义相对论的基础》中对广义相对论进行了全面系统的阐述。

广义相对论实质上是在考虑到非惯性系情况下而建立的一种引力理论。与狭义相对论相似,它也是从两条基本原理出发经过一系列的数学推导而得出的。这两条原理是:

1. 等效原理:在一个相当小(严格来说必须无限小)的时空范围内,不可能通过实验来区分引力与惯性力。或者也可以说,在一个局域时空范围内,引力和惯性力相等效。

2. 广义相对性原理(广义协变原理):在任何一个参考系中,自然规律的数学表达式都相同。

爱因斯坦指出,在引力场中,空间性质不再服从欧几里德几何,而是遵循非欧几何(描述弯曲空间的黎曼几何),由此得出结论:

第一,现实的物质空间不是平直的欧几里德空间,而是弯曲的黎曼空间(三角形三内角之和大于 180°、曲率为正的空间)。

就像我们生活的地球表面,看起来是平直的,但是实际上是弯曲的球面。你在地面上画的任何一个三角形严格来说都不是平面三角形,而是球面三角形。球面三角形的三内角之和当然大于 180°。如图所示。它们甚至可以两两互相垂直,使三内角之和等于 270°。

图 5.2-4

第二,空间的弯曲程度取决于物质在空间的分布情况。物质密度大的地方引力场强度也大,空间弯曲得厉害。与此同时,时间流逝的速度也会随着引力场强度的增大而变慢。

在黑洞附近，由于引力场强度特别大，所以在它附近的空间弯曲是如此厉害，以至于光线也只能绕着黑洞作圆周运动或落向黑洞中心而无法离开黑洞，所以我们永远不能直接看到黑洞而只能间接地探知它的存在。同时它附近的时钟也走得非常慢，慢到几乎可以让时间停滞下来。根据广义相对论，任何变速运动的参照系都相当于能"自发产生"一个引力场，它都会使时间变慢。这一点已经获得实验的验证，人们曾经把世界上最精确的原子钟放在地面上和放在绕地球作圆周运动的飞机上（它作变速运动，方向在不断变化）。然后让飞机绕地球飞行几圈后比较两只钟所记录的时间，果然发现飞机上的钟变慢了一些，记录的时间比地面上的要少一些。这样在飞机里的飞行员能够比他在地面上多活那么一点点时间。

但是如果飞机的速度高到可以和光速相比（当然实际这是不可能的），那么它的向心加速度就会非常大，从而使引力场强度特别大，这样他飞了一段时间后再回到地面，在同等情况下，理论上可以多活很长的时间。这就是古代有人说的那样，天上一日，人间一年或几万、几亿年。

一对孪生兄弟，弟弟在地面，哥哥乘着高速飞船到太空去遨游一圈再回到地面，发现他弟弟早已去世。这是因为当他离开和返回地面时会获得巨大的加速度，从而"产生"非常强大的引力场，促使他里面的时钟走得很慢所致。哥哥在天上只觉得过了一年，而弟弟在地面上已经过了几百年、几千年了（在狭义相对论中，因为你看我运动，所以我的钟比你的钟走得慢，但是我看你运动，所以你的钟走得比我的慢，那么，到底谁的钟走得慢呢？或到底谁更年轻一些？狭义相对论会出现，我看你比我年轻，你看我比你年轻的荒唐现象，这叫"双生子佯谬"。在广义相对论中，这个问题得到了彻底的解决，因为弟弟在地面上是惯性系，而哥哥是非惯性系，两者完全不同，确实是弟弟先衰老，哥哥很年轻）。

广义相对论揭示的时空与物质的关系比狭义相对论更为深刻。就是说，时空的性质不仅取决于物质的运动情况，而且取决于物质本身的分布状况。

在这里，我不得不提一下爱因斯坦和牛顿在观念和方法上的区别。这两个有史以来人类历史上最伟大的科学家在许多观点和方法上是截然相反的。比如牛顿认为时间、空间和物质（质量）是绝对的，而爱因斯坦（狭义相对论）却认为这些都是相对的。牛顿认为：现实生活中的时间和空间是平直的，力是产生加速度的原因，或者说力能产生加速度。而爱因斯坦（广义相对论）认为：时空不是平直的，而是弯曲的（所谓时间弯曲，意思就是它流逝的速度在不同的地方不一样）。加速度能产生力（惯性力或引力）！由此可以看到，爱因斯坦处处在跟牛顿作对，他采用的方法就是逆向思维。所以相对论是逆向思维最成功的典范。

因为广义相对论的具体内容涉及深奥的数学，所以我们不再介绍。下面简单介绍一下它的几大实验验证。

①水星近日点的进动。1859年法国天文学家勒维烈发现水星轨道近日点的进动。所谓进动，就是指水星一方面绕太阳作椭圆轨道运动，但是这个椭圆轨道不是始终在同一平面上，而是在稍稍不同的平面上"漂移"。另一方面，垂直于椭圆轨道的中心对称轴也在旋转，轴的旋转当然会使轨道也跟着变化，从而使近日点（离太阳最近一点）也跟着变化，这

就是所谓近日点的进动。19世纪末测定的值为每一百年43″(现为42.6″)[注：这个单位读作"秒"，一个圆周为360°，1°=60′=3 600″，即一度为60分，一分为60秒。43″=(43/3 600)°]

但是勒维烈从发现海王星的经验出发，认为这是一颗尚未发现的"火神星"所致，但是天文学家在观察中寻找了几十年都以失败告终，于是这43秒的差异就成了不解之谜，暴露了牛顿引力理论的缺陷。爱因斯坦根据广义相对论提出了合理的解释，认为是水星在太阳引力场(弯曲空间)中以测地线运动所致，他计算出的进动值与观察值一致。

②光谱线的引力频移。根据广义相对论，从大质量星体表面传播到地球上的光的谱线应该有红移(频率降低，向可见光中频率最低的红光移动)。1925年，美国天文学家亚当斯在观测天狼星伴星时，发现它所发出的光谱线的相对频移为$6.6×10^{-5}$Hz，与广义相对论的预言值基本一致。

③光线在引力场中的偏转

1915年爱因斯坦根据广义相对论预言光线在经过太阳边缘时将发生1.7秒的弯曲。英国天文学家爱丁顿决定利用1919年5月29日的日全食进行观察。他率领观测队到西非几内亚湾对这次日全食进行观测，发现光线经过太阳边缘时发生了$1.61±0.30$秒的偏转。与此同时，英国皇家学会组织了另外一支队伍前往巴西进行观测，其结果为$1.98±0.12$秒。这些数值很接近爱因斯坦的推算值，证实了爱因斯坦的预言。他们的观测结果一经公布，全世界为之轰动。当时的英国皇家学会会长J.J.汤姆逊称广义相对论为人类思想史中最伟大的成就之一。这样广义相对论的三个可验证的推论就全部被证实。20世纪下半叶，又有了更多的观测和实验证据，包括向近日行星发射的雷达波所受到的太阳引力的偏转，根据脉冲星周期变化推算出的引力波存在、类星体的发现、黑洞的观察验证、3K微波背景辐射等等。

第三节 量子力学

1. 量子概念提出的时代背景

现代物理学是在危机中诞生的。如果说迈克尔逊—莫雷实验等引起的光速之谜或以太之谜导致了相对论的发现，那么，关于黑体辐射的"紫外灾难"则导致了量子力学的发现。

19世纪末，人们已经知道，热和物质吸收何种频率的光线，也就会发射何种频率的光线，这些频率的光线构成了该物质的特征光谱。特征光谱表现着该物质的性质。而在吸收光线的物质中，绝对黑体的特征光谱引起了科学家们的普遍关注。所谓绝对黑体，是指百分之百地吸收照射到它上面的电磁波的一种物体。一个开了小孔的内壁粗糙的空腔可以近似地看成一个绝对黑体，因为光线一旦射入，必如苍蝇入瓶，不断被内壁反射和吸收，很难有机会再从瓶口逃出。因而这束光线就全部被吸收了。在一定的温度下，这些被吸收的光线在与内壁的相互作用中，形成了辐射平衡态。这个平衡态中各种频率的分布(指某一频率附近的光的能量占总能量的比例)便是绝对黑体的特征光谱。科学家们相信，绝对黑体的特征光谱与组成它的物质材料和几何形状无关，因而也一定隐含着具有普遍意义的自然规律,反映了大自然的本性。于是黑体辐射问题就成了科学家们关注的焦点,而"紫外灾难"则是经典物理在这个问题上的危机。

"紫外灾难"的大意如下:作为绝对黑体的空腔,其内部电磁波经过腔壁的来回反射,反复干涉、叠加,最后总会形成许多驻波。形成驻波的条件是:腔长 L 等于波长 λ 的 $1/4$ 的奇数倍。即 $L=(2n-1)\lambda/4=(2n-1)c/4\nu$。式中的 c 为真空中的光速,而 ν 表示频率。这样,波长高于某一数值的驻波数目就是有限的,而波长低于某一数值(或说频率高于某一数值)的驻波数目是无限的[这是因为从上面的公式可以反推:$\lambda=4L/(2n-1)$,n 最小为 1,所以 λ 最长为 $4L$,但是因为 n 可以取无穷,所以 n 可以取从 $4L$ 到零的无穷多个数]。根据经典的能量均分原理,空腔内的每一驻波含有相同的能量(能量大小由黑体的温度决定)。于是,绝对黑体中频率高于某一频率的无限多的电磁波形成的驻波其能量也是无限的,但是一个空腔中的能量事实上不可能无限。这就是著名的"紫外灾难"。

2. 量子概念的提出

大自然是使用了何种机制,制止了"紫外灾难"的发生?德国物理学家普朗克想到一定存在着一种机制,防止能量在高频率的电磁波中分布。1900 年,他提出一个假设:频率为 ν 的电磁波的能量,只能以一份份的能量形式存在,每一份的能量为 $h\nu$,这里 h 为普朗克常数。于是,空腔中的总能量将用各种方式分配在这些量子中,其中几率最大的分配方式形成辐射,构成辐射平衡态。平衡态中某频率的量子的个数就构成了能量在该频率上的分布。很明显,频率越高,单个量子的能量就越大,总能量分配于其中的机会就越小,直到为零(如单个量子的能量大于空腔中辐射总能量时,这种量子就不可能出现)。"紫外灾难"于是就不复存在,并且由此导出的概率最大的平衡态分布与实验数据相一致。普朗克的量子,如他本人所说,只是一种"纯粹形式上的假设",还没有形成明确的实体概念。而且后来,他本人还想在这个概念上向后退步,重新回到电磁辐射的连续中去。

3. 爱因斯坦的光子说

1905 年,爱因斯坦首次提出光子的概念,成功地解释了光电效应。他认为:电磁波或光不仅在辐射和吸收的时候是不连续的,一份一份的,而且在传播的时候也是一份一份的。这样光子(或说光量子)就成了一个真正的实体。用这个假设来解释光电效应,可以得到如下结论:光的频率越靠近紫端,即光子的频率越高,打出的电子的动能就越大。而光线越强,即光子数越多,打出的电子数也就越多。如果光子的频率太低,光子的能量 $h\nu$ 就会太低,当它低于金属中电子的逸出功(电子脱离金属表面所需要的最低能量)时,无论光多么强(光子数多么多)都不可能再打出一个电子。就像有一个胖子掉进了一个泥坑,来了一群小孩,不管小孩有多少,也不管花多长时间,总也拉不出这个胖子(假定一次只允许一个小孩拉,而不是同时几个合起来拉)。但是只要来一个大力士,瞬间就可拉出。爱因斯坦提出的这个结论与实验结果完全符合,他由此获得了诺贝尔奖。

4. 卢瑟福关于原子结构的行星模型

与光量子的发现同时进行的物理学研究,是对原子结构的研究。居里夫妇发现了放射性元素镭,它在放射出射线的同时,不断裂变为别的元素。1911 年,卢瑟福通过 α 散射实验(即用 α 粒子去轰击金箔)得出一个结论:原子中全部的正电荷以及几乎全部的质量都集中在一个小小的核上,电子在核外空间绕核运动。

然而，这个模型与经典电磁学理论存在着冲突。根据电磁学，任何作变速运动的物体都会辐射出电磁波，所以当电子绕核作圆周运动时，由于速度方向不断变化，所以会不断地辐射电磁波，导致电子的能量不断减小，半径越来越小，最后就落到原子核上。而事实上，电子不会落到核上。另外一方面，按照电磁理论，当电子越来越靠近核时，因为半径减小，辐射的频率就会变高，这样辐射出的电磁波就是连续的，而事实上，原子发出的光的频率不是连续的而是分裂的。他的学生玻尔成功地解决了这个问题。

5. 关于原子结构的玻尔理论

玻尔想到，这种制止电子连续发射电磁波的机制，与制止紫外灾难的机制是一样的——都是普朗克量子的功能。既然电磁辐射只能以量子 $h\nu$ 发射出去，那么绕核旋转的电子的机械能就不可能连续地转化为电磁波而取连续的值，只能取一个个分立的能级值，分别对应于不同半径的轨道——即电子绕核旋转的轨道也是量子化的。当电子发射某一个光子 $h\nu$ 时，它将跃迁到下一能级的轨道。吸收某一光子 $h\nu$ 后，则跃迁到上一能级的轨道。基态电子处于半径最小的轨道上，不可能再发射光子，因而不可能落在原子核上。玻尔模型不仅成功地克服了卢瑟福模型的困难，而且很好地解释了氢原子的光谱。

6. 德布罗意物质波和波粒二象性

那么，为什么能量只能以量子形式存在？电子为什么只能在量子化的轨道上运转？1924年，法国物理学家德布罗意在博士论文中提出了一种解释。他认为电磁波传播的是波，而在与他物相互作用时是粒子，所以既有波动性也有粒子性。而电子在运行时也应当是波，在与他物相互作用时表现为粒子。实物粒子总是被某种波所引导，这就是波粒二象性解释。原子中的电子轨道，必须包含整数个的引导波：第一轨道包含一个引导波，第二轨道包含两个引导波，如此等等。德布罗意的这一解释后来终于被实验所证实：用一束电子穿过一个小孔打击一个靶，经过一段时间，发现电子在靶上留下的是一个由波动干涉形成的"牛顿环"，这证明电子波确实存在，而且电子的能量确实等于电子波的频率与普朗克常数的乘积。

德布罗意的思想方法也是采用逆向思维：原先人们认为只具有连续性的电磁波后来却发现具有粒子性，那么原先认为只具有粒子性的实物粒子或许也应当具有波动性，正是沿着这样的思路，德布罗意才提出了所谓的物质波——一切实物粒子都具有波动性，都能产生和普通波一样的干涉、衍射等现象，其波长 $\lambda=h/p$，其中的 $p=mv$ 为粒子的动量。

7. 量子力学的诞生

德布罗意提出的波粒二象性，他所指出的描述粒子状态的波函数，只是结果，只是微观粒子的运动学模型，还不是动力学模型。真正的物理理论，应当像牛顿力学那样，能够根据动力学方程来推导出物质运动函数。两年之后，物理学家薛定谔完成了这一任务。他建立了波函数的微分方程，而德布罗意波正是这个波动方程的解。如何建立这样的波动方程呢？薛定谔发现，其实质是将牛顿力学方程量子化：使牛顿力学方程中的力学量（如能量、动量等等）对应于微分运算算符（能量对应于对时间的偏微分，而动量则对应于对空间坐标的偏微分），算符作用于波函数则等于相应的力学量的值乘以波函数，由此便建立了该力学量取定态值时的波动方程。这个波动方程的各个分立的解，就是描写粒子状态的波函数，而每个解对应的力学量的值，则是该力学量的各级分立的值。

同一年,玻尔的学生海森堡建立了矩阵力学:他用列阵来表示电子的各个状态,而用作用于列阵的方阵算符(又称算子)来表示各个力学量,使力学量作用于波函数等于普朗克常数乘以波函数。于是把牛顿力学方程改写成矩阵方程,电子的状态即是这个方程的解。这种数学处理方法也是对牛顿力学方程的量子化。在量子的波动力学和矩阵力学提出后不久,薛定谔就指出,两者实质上是完全一致的,是同一理论的两种形式。假如我们把波函数写成某种级数形式,那么用该级数的各项系数组成的列阵来表示波函数,波动方程就变为矩阵方程。

于是一个与牛顿力学相对应的量子力学就建立起来了,它适合于对低速运动的粒子运行规律的描述。1931 年,天才的物理学家狄拉克推广了上述方程,进一步把狭义相对论的力学方程量子化,得到了与狭义相对论相对应的量子理论,它适用于高速运动的微观粒子。

至此,一个可以与宏观世界的牛顿力学和相对论相媲美的描述微观粒子运动规律的量子力学理论体系终于建立起来了,这是人类思维征服奇妙复杂的微观现象的巨大成功。然而,这种成功却是建立在尖锐的二难推论基础上的。从人们习惯的观点来看,物质的粒子图景和波动图景是不相容的:因为物质如果是粒子,它们就不可能彼此相消而产生干涉条纹,而量子力学把粒子理解为波的实验根据,正是这干涉条纹的存在。那么应当如何摆脱这个二难推论呢?

玻恩给这种困境指出了一条出路。他在 1926 年就指出,量子力学的波函数描写的不是实在的实物波而是粒子出现的几率分布状态。波强越大的地方,粒子出现的几率就越大。这种统计解决了实物波与实物粒子同时存在所导致的逻辑困难,然而又引起了新的困难:因为按照人们习惯的观念,单个粒子的行为应当服从某种绝对的因果定律,它的位置应当由一系列确定的坐标轨道来刻画,而不是由如此不确定的几率波来刻画。连物理学中最富有创新精神的爱因斯坦也无法接受这种统计解释,他认为"上帝不玩骰(tóu)子",自然规律应当是确定地描述粒子坐标与动量的规律。今天的量子力学只能描述粒子处于某一坐标的几率,是由于我们关于微观粒子的知识不够所致,将来总有一天会消除这种不确定性。

然而,海森堡在 1927 年指出,量子力学对微观粒子的不确定性描述是天然存在的,绝对不可能消除,原因来自于我们进行物理实验时,测量仪器与被测粒子之间不可克服的相互作用。他指出,假如我们想测出某粒子的坐标,那么我们的测量仪器必须和该粒子进行能量交换。粒子位置测量得越精确(坐标误差 Δq 越小),那么仪器与粒子间交换的动量就越大,于是得到的(动量)测量误差 Δp 就越大。两者的关系为:$\Delta p \Delta q \approx h$。既然人们不能同时精确地确定粒子的坐标和动量的值,也就不能用确定的坐标来描述它们的运动,只能断言它在某一点上出现的概率。这就是著名的"不确定性原理"。几个月后,玻尔在国际物理会议上推广了海森堡的这一原理,提出了著名的"互补原理"。他认为,由于人们不能明确地区分哪些能量动量交换是微观客体本身的行为,哪些是它们与测量仪器之间的相互作用,因此不可能拉开测量仪器而等到一幅与测量过程无关的客体图景。每一幅客体图景都是在特定的实验条件下由粒子与测量仪器的相互作用取得的。而那些对同一客体进行的两个相互排斥以致不能同时进行的实验,所得到的客体图景必然是相互排斥的,不能相容在同一图景当中。量子力学的任务在于建立统一的理论方案,从它能够得到任何实验图景。这样一来,这些对抗的图景就相互补充,完整地说明了微观客体在各种实验条件下的表现。当然,由于每一种实验条件下粒子力学量的测量值都不是完全确定的,因而都将以几率波的形式来描述粒子行为。

正如爱因斯坦所说,互补原理中,"有我所不喜欢的实证主义态度……我以为,它会变成像贝克莱的存在就是被感知一样的东西"。实际上,量子力学并没有动摇世界的客观性和可知性观念。人类对微观粒子的实验,作为实践的一种形式,是一种不以人的意志为转移的过程。量子力学所描述的微观粒子在各个特殊实验条件下的表现,是整个客观过程的一部分,当然也是不以人的意志为转移的客观过程。那种离开实验条件下的粒子,即不处于与周围物质相互作用的粒子,本来就是不存在的。

第四节 粒子物理学概述

在量子力学和相对论建立以后,从30年代起,在卢瑟福的关于原子的核模型基础上,物理学便转向应用这两大理论来解释原子结构。人们发现原子核由质子和中子组成,而中子本身在一定的条件下可以自发地转变为质子,这就是放射性元素的 β 衰变,其反应过程是:

中子→质子+电子+反中微子

其中的电子流就是 β 射线。这四个粒子,再加上光子,便是30年代人们认识的全部基本粒子。1931年,狄拉克通过把狭义相对论的动力学方程量子化,得到了在四维时空的洛伦兹变换下具有不变性的量子力学方程,在这个方程的解中,他得到了一个惊人的发现:存在着一种与电子质量、自旋等相等,只是电荷相反的粒子——正电子(也叫反电子)的存在,并且指出这个正电子充满电子的空间中的空穴。二者一旦相遇,便会湮灭,转化为巨大能量的两个光子。1932年,加州理工学院的安德逊在宇宙线踪迹中找到了它。这一发现告诉人们:除了光子之外,其他粒子总是成对出现的。说不定存在着一种由所有反粒子组成的反物质,然后有这些反物质构成反宇宙,宇宙和反宇宙相遇的话,会湮灭,放出巨大的辐射能。1965年,美国实验室里诞生了第一个由反粒子组成的人造反物质——反氘。

在弄清了原子核由质子和中子组成之后,人们立刻面临一个问题:是什么力量使这些质子和中子(统称为重子)紧密地结合在一起?人们知道,物质间的相互作用是靠交换某种媒介性粒子而形成的。根据广义相对论,引力是质量之间相互交换引力子形成的,电磁相互作用是靠带电粒子相互交换光子而形成的。引力适合于解释宇宙层次的巨大尺度内的物理事件,如天体的演化与运动。在微观粒子领域,引力太小,可以忽略不计。电磁相互作用既可解释宇观范围,也可以解释宏观范围和微观范围的物理事件,例如可以解释电子的绕核运动。然而,这两种相互作用无法解释原子核的内在机制:质子带正电,彼此间应当互相排斥,而不是使各个质子聚集在一起;质子与中子,中子与中子间则不存在电磁相互作用;万有引力太小,根本不可能形成如此巨大的凝聚力。

1935年,日本物理学家汤川秀树提出,存在着第三种相互作用力——强相互作用力,它靠重子之间交换某种媒介性粒子来进行,恰如带电物质交换光子,其质量介于电子和重子之间,故称为"介子"。这一假说导致实验物理学家纷纷寻找介子,到了40年代末,找到了三种介子:μ介子、π介子、K介子,其中的π介子就是汤川秀树所预言的核内媒介粒子。从1949年开始,人们在宇宙线和高能加速器中发现了一系列能量极高的粒子,其中质量大于重子的称为"超子"。

至此,人类发现的基本粒子,以静止质量从小到大为序,包括以下几类:静质量为零的光子;质量极小的轻子(中微子、正负电子、正负μ子等);质量中等的介子;质量很大的重子(正反质子、正反中子等);质量极大的超子($\Lambda, \Sigma, \Xi, \Omega$等超子),但是也有人将超子归入重子,如果这样的话,只有四类。这只是一种根据质量大小的分类方法。

实际上,还有其他的分类方法。比如根据它们参与相互作用力的不同,一般的把它们分为三大类,即强子、轻子和媒介子(参阅前面的量子色动力学部分)。

根据基本粒子的自旋(相当于它们固有的动量矩)又可以把粒子分为两大类:自旋为半整数的费米子(如电子、中子、质子及一切具有奇数个核子的原子核等);自旋为整数的玻色子(光子、介子、α粒子、及一切具有偶数个核子的原子核等)。

目前,人们已经发现了大约450多种粒子,其中有430种为有内部夸克结构的强子。

关于这些粒子的基本理论十分复杂。经过狄拉克等科学家们的努力,终于建立了描述基本粒子规律的理论——量子场论。它把质量相近而其他性质(电荷、自旋等)不同的粒子当作同一粒子的不同状态,用同一波动方程来描述。这个波动方程中的波函数则被描述为某个抽象空间中的向量,该向量的各个不同分量则表示不同粒子。波动方程在这个抽象的向量空间的变换中保持不变。而研究在变换中保持不变的数学理论——群论,成为量子场论的基本工具。在用群论处理基本粒子问题时,人们发现:在一定的变换群下保持不变的粒子波动方程,于是必然相应的有一个不变的物理量。这就是说,对应于粒子运动方程在某变换群下的不变性(对称性)必然存在着一种守恒定律。反过来,如果存在着某个物理量的守恒定律,那么描述物质运动的方程必然相对于某一变换群对称(即在变换下保持不变)。例如运动方程对于空间坐标系平移变换的不变性导致动量守恒,对于空间坐标系旋转变换的不变性导致动量矩(或角动量)守恒,对于时间坐标平移变换的不变性导致能量守恒,"规范不变性"(麦克斯韦方程所具有的一种特殊的不变性)导致电荷守恒。1927年,匈牙利物理学家维格纳提出,如果进行空间反演变换(将x变为$-x$,y变为$-y$,z变为$-z$),运动方程保持不变(牛顿力学和相对论力学方程都是如此),那么将导致"宇称守恒",即可以定义一种守恒量,其值守恒,叫"宇称守恒定律"。29年后,也即1956年,华裔物理学家杨振宁、李政道发现,在弱相互作用中,宇称不守恒,并由华裔女物理学家吴健雄用实验证实。杨、李二人由此获得了诺贝尔奖。这是炎黄子孙首次获得此奖。他们的这一发现表明,弱相互作用现象,其在镜子中的映象是不可能在实际的生活中发生的。或者说,存在着绝对的左旋坐标系,这就是π^+粒子蜕变时放射的中微子,它的自旋和动量矩在任何情况下都是左旋的,不存在着与其相对称的右旋中微子。

越来越多的各种基本粒子的发现,导致人们渴望能够在多样性中找到它们的统一性。这导致了下述两个方向上的研究。

第一是寻求各种粒子的相互作用方式的统一。迄今已发现的微观粒子间的相互作用有四类:长程的引力相互作用,长程的电磁相互作用,短程的弱相互作用(β衰变的原因),及核内粒子的短程的强相互作用。

早在20世纪40年代,人们就开始寻找电磁力和弱力的统一。终于在20世纪60年代,由美国物理学家格拉肖、温伯格和巴基斯坦物理学家萨拉姆独立地提出了成功的理论。他们根据两种相互作用的共同的对称性,构造出能够同时描述这两种相互作用的微分方程,然后再根据电磁相互作用特有的"规范对称性",造成该方程在规范变换下"对称破缺"(失去对称性),从而派生出两组不同的相互作用方程,分别描述具有规范对称性的电磁相互作用与不具有该对称性的弱相互作用方程。据此,他们推导出早已被发现的媒介子——光子,以及当时尚未被发现的传递弱相互作用的媒介子——中间玻色子 W^+、W^-、Z^0。此理论简称为 W-S 模型。1983 年,在高能对撞机中,通过质子与反质子的对撞,找到了这三种粒子,理论得到了验证,因此而获得诺贝尔物理学奖。根据对称性与对称破缺所构造的方程,能够如此成功地预言客观粒子的存在,这激起了人们巨大的探索热情。人们在这一成就的激励下,正在寻求把强相互作用和引力相互作用都包括在内的"统一场论"。

寻求基本粒子统一性的另一条研究途径,是进一步解剖已知粒子,看他们是否由更基本的共同成分所组成。1949 年,费米和杨振宁认为:并非所有的基本粒子都基本的想法。1959 年日本物理学家板田昌一遵照恩格斯的哲学观点,认为所有参与强相互作用的粒子都是由三种基本粒子(质子、中子和 Λ 超子及它们的反粒子)所组成,但是这一模型也合成了许多并不存在的粒子。

1964 年美国的盖尔曼提出了一个新模型——夸克模型。他认为已知的强子(强相互作用方程中的粒子)并不存在哪个比其他粒子更基本,它们本身都是由某些未知粒子和反粒子所组成。这些未知粒子带分数电荷($\pm e/3, 2e\pm 3$),称为"夸克"。最初他认为强子是由上、下、奇三种夸克所组成,而介子由夸克和反夸克组成。后来,弱-电相互作用理论被应用于强子时,遇到了困难,于是美国物理学家格拉肖提出存在第四种夸克,即粲夸克。粲夸克组成粲粒子。1974 年,美籍华裔物理学家丁肇中与美国物理学家里希特分别独立地在实验中找到了粲粒子,为夸克理论找到了强有力的证据。在这之后,为了解释 1977 年所发现的 γ 粒子,又引入了第五种夸克——底夸克。1984 年,在欧洲核中心发现可能存在第六种夸克的迹象,叫顶夸克(1994 年 4 月 30 日美国《科学新闻》报道,美国费米国家加速器实验室用高能加速器证实了顶夸克的存在)。夸克之间的相互作用是由所谓的胶子来传递的。但是到目前为止,还没有在实验中找到自由夸克和自由胶子。

量子色动力学认为,之所以实验上找不到这些粒子,是因为夸克之间的相互作用是带色荷的夸克交换带色荷的胶子而产生的。夸克的色荷在近距离内极小,但是当夸克间的距离拉大时,色荷随之增加,必须做无穷大的功才能使强子里的夸克和反夸克分开,这使得夸克和胶子不能以自由状态存在。夸克和胶子被囚禁在强子内部是强相互作用所独有的性质,正是这极强的相互作用使强子中的夸克互相吸引而束缚在一起。

迄今为止,尚未发现电子等一类轻子内部有结构,但是这类没有强相互作用的粒子与夸克之间有某种相似性。搞清它们之间的联系是非常有必要的。

【阅读材料3】 量子场论

- 概述

量子场论是量子力学和经典场论相结合的物理理论,已被广泛应用于粒子物理学和凝聚态物理学中。量子场论为描述多粒子系统,尤其是包含粒子产生和湮灭过程的系统,提供了有效的描述框架。非相对论性的量子场论主要被应用于凝聚态物理学,比如描述超导性的BCS理论。而相对论性的量子场论则是粒子物理学不可或缺的组成部分。目前人类所知,自然界有四种基本相互作用:强作用,电磁相互作用,弱作用,引力。除去引力,另三种相互作用都找到了合适的满足特定对称性的量子场论来描述。强作用有量子色动力学,英文为 Quantum Chromodynamics;电磁相互作用有量子电动力学(Quantum Electrodynamics),理论框架建立于1920到1950年间,主要的贡献者为保罗·狄拉克,弗拉迪米尔·福克,沃尔夫冈·泡利,朝永振一郎,施温格,理查德·费曼和迪森等;弱作用有费米点作用理论。后来弱作用和电磁相互作用实现了形式上的统一,通过希格斯机制(Higgs Mechanism)产生质量,建立了弱电统一的量子规范理论,即 GWS(Glashow, Weinberg, Salam)模型。量子场论成为现代理论物理学的主流方法和工具。

所谓"量子场论",是从狭义相对论和量子力学的观念相结合而产生的。它和标准(亦即非相对论性)的量子力学的差别在于,任何特殊种类的粒子的数目不必是常数。每一种粒子都有其反粒子(有时,诸如光子、反粒子和原先粒子是一样的)。一个有质量的粒子和它的反粒子可以湮灭而形成能量,并且这样的对子可由能量产生出来。的确,甚至粒子数也不必是确定的;因为不同粒子数的态的线性叠加是允许的。最高级的量子场论是"量子电动力学"——基本上是电子和光子的理论。该理论的预言具有令人印象深刻的精确性(例如电子的磁矩的精确值)。然而,它是一个没有整理好的理论,不是一个完全协调的理论。因为它一开始给出了没有意义的"无限的"答案,必须用称为"重正化"的步骤才能把这些无限消除。并不是所有量子场论都可以用重正化来补救。即使可行,其计算也是非常困难的。

使用"路径积分"是量子场论的一个受欢迎的方法。它不仅考虑不同粒子态(通常的波函数)的线性叠加,而且考虑物理行为的整个时空历史的量子线性叠加(参阅费因曼1985年的通俗介绍)。但是,这个方法自身也有附加的无穷大,人们只有引进不同的"数学技巧"才能赋予意义。尽管量子场论具有毋庸置疑的威力和印象深刻的精确度,人们仍然觉得,必须有深刻的理解,才能相信它似乎是导向"任何物理实在的图像"。

- 简介

量子场论是根据量子力学原理建立的场的理论,是微观现象的物理学基本理论。场是物质存在的一种基本形式。这种形式的主要特征在于场是弥散于全空间的。场的物理性质可以用一些定义在全空间的量描述[例如电磁场的性质可以用电场强度和磁场强度或用一个三维矢量势 $A(X,t)$ 和一个标量势 $\varphi(X,t)$ 描述]。这些场量是空间坐标和时间坐标的函数,它们随时间的变化描述场的运动。空间不同点的场量可以看作是互相独立的动力学变量,因此场是具有连续无穷维自由度的系统。场论是关于场的性质、相互作用和运动规律的理论。量子场论则是在量子物理学基础上建立和发展的场论,即把量子力学原理应用于场,把场看作无穷维自由度的力学系统实现其量子化而建立的理论。量子场论是粒子物理学的基础理论,被广泛地应用于统计物理、核理论和凝聚态理论等近代物理学的许多分支。

• 量子场论的建立及基本概念

在经典场论(例如 J.C. 麦克斯韦的电磁场论)中场量满足对空间坐标和时间的偏微分方程,因此经典场是以连续性为其特征的。按照量子物理学的原理,微观客体都具有粒子和波、离散和连续的二象性。在初等量子力学中对电子的描述是量子性的,通过引进相应于电子的坐标和动量的算符和它们的对易关系实现了单个电子运动的量子化,但是它对电磁场的描述仍然是经典的。这样的理论没有反映电磁场的粒子性,不能容纳光子,更不能描述光子的产生和湮没。因此,初等量子力学虽然很好地说明了原子和分子的结构,却不能直接处理原子中光的自发辐射和吸收这类十分重要的现象。1927 年 P. A. M. 狄拉克首先提出将电磁场作为一个具有无穷维自由度的系统进行量子化的方案。电磁场可以按本征振动模式作傅里叶分解,每种模式具有一定的波矢 k。

[注:波矢(波数矢量)k 表示单位长度内的波数,大小 $k=2\pi/\lambda$,单位是 rad/m。也可表示为 $k=\omega/c$,其中的 $\omega=2\pi\nu=2\pi c/\lambda$。$k$ 是个矢量,定义它的方向和波的传播方向相同。波矢作为一个描述波的性质的矢量,在量子力学中为了计算的方便,有时会以它作为表象来表示波函数,波矢在这里就是抽象的希尔伯特空间(函数空间)的一个基矢,因此也可以叫 k 空间。也有 P 动量空间,r 坐标空间等。由 $k=2\pi/\lambda$ 可知,波长越长,波矢越小]。频率 ω_k 和偏振方式 $s=1,2$,$\omega_k=|K|c$。因此自由电磁场(不存在与其相互作用的电荷和电流)可以看作无穷多个没有相互作用的谐振子的系统,每个谐振子对应于一个本征振动模式。根据量子力学,这个系统具有离散的能级 $n_{k,s}=0,1,2,\cdots$是非负整数。对基态,所有的 $n_{k,s}=0$,激发态表现为光子。$n_{k,s}$ 是具有波矢 k,极化 s 的光子数,$\frac{h}{2\pi}\omega_k$ 是每个光子的能量。还可以证明 $\frac{h}{2\pi}K$ 是光子的动量,极化 s 对应于光子自旋的取向。按照普遍的粒子和波的二象性观点,应当可以在同样的基础上描述电子。这要求把原先用来描述单个电子的运动的波函数看作电子场并实现其量子化。与光子不同的是电子服从泡利不相容原理。1928 年 E. P. 约旦和 E. P. 维格纳提出了符合这个要求的量子化方案。对于非相对论性多电子系统,他们的方案完全等价于通常的量子力学,在量子力学文献中被称为二次量子化。但是,这个方案可以直接推广到描述相对论性电子的狄喇克场 ψ_α,$\alpha=1,2,3,4$,量子化自由电子场的激发态相应于一些具有不同动量和自旋的电子和正电子,每个状态最多只能有一个电子和一个正电子。下一步是考虑电磁场与电子场的相互作用并把理论推广到其他的粒子,例如核子和介子。描述电子场和电磁场相互作用的量子场论称为量子电动力学,它是电磁作用的微观理论。1929 年 W. K. 海森伯和 W. 泡利建立了量子场论的普遍形式。按照量子场论,相应于每种微观粒子存在着一种场。设所研究的场的系统可以用 N 个互相独立的场量 $\psi_i(X,t)(i=1,2,\cdots,N)$描述,这里 X 是点的空间坐标,t 是时间。各点的场量可以看作是力学系统的无穷多个广义坐标。在力学中可以定义与这些广

义坐标对应的正则动量,记作 $\pi_i(X,t)$。根据量子力学原理,引入与这些量对应的算符。对于整数自旋的粒子,可以按照量子力学写出这些算符的正则对易关系。对半整数自旋的粒子则按照约旦和维格纳的量子化方案,用场的反对易关系。在给定的由上述两种算符组成的哈密顿算符后,可以按量子力学写出场量满足的海森伯运动方程式,它们是经典场方程的量子对应。量子力学还给出计算各种物理量的期待值以及各种反应过程的几率的规则。像通常力学中的情形一样,也可以等价地选取其他的广义坐标,例如取场量 $\psi_i(X,t)$ 的傅里叶分量作为广义坐标。在用到自由电磁场时,就得到前面已经叙述的结果。量子场论的这种表述形式称为正则量子化形式。量子场论还有一些基本上与正则量子化形式等价的表述形式,其中最常用的是 R. P. 费因曼于 1948 年建立并在后来得到很大发展的路径积分形式。在进行场的量子化时,必须使理论保持一定的对称性。在涉及高速现象的粒子物理学中,满足相对论不变性是对理论的一个基本要求。除此以外,还必须保证所得的结果符合量子统计的要求,即符合正确的自旋统计关系。在量子场论中这些要求都达到了。在量子场论的框架内给出了自旋统计关系的一般证明。量子场论给出的物理图像是:在全空间充满着各种不同的场,它们互相渗透并且相互作用着;场的激发态表现为粒子的出现,不同激发态表现为粒子的数目和状态不同,场的相互作用可以引起场激发态的改变,表现为粒子的各种反应过程,在考虑相互作用后,各种粒子的数目一般不守恒,因此量子场论可以描述原子中光的自发辐射和吸收,以及粒子物理学中各种粒子的产生和湮没的过程,这也是量子场论区别于初等量子力学的一个重要特点。所有的场处于基态时表现为真空。从上述量子场论的物理含义可以知道,真空并非没有物质。处于基态的场具有量子力学所特有的零点振动和量子涨落。在改变外界条件时,可以在实验中观察到真空的物理效应。例如在真空中放入金属板时,由于真空零点能的改变而引起的两个不带电的金属板的作用力(卡西米尔效应)以及由于在外电场作用下真空中正负电子分布的改变导致的真空极化现象。量子场论本质上是无穷维自由度系统的量子力学。在量子统计物理和凝聚态物理等物理学分支中,研究的对象是无穷维自由度的系统。在这些分支中,人们感兴趣的自由度往往不是对应于基本粒子的运动而是系统中的集体运动,例如晶体或量子液体中的波动。这种波动可以看作波场,而且它们也服从量子力学的规律,因此量子场论同样可以应用于这些问题。

- 微扰论方法

在考虑相互作用后,目前一般还不能求得量子场论方程的精确解,必须采用近似计算方法。较早发展起来的量子场论的计算方法是在量子电动力学中首先采用的微扰的方法。在量子电动力学中,考虑到电子场和电磁场相互作用的耦合常数(即电子的电荷)e 是一个小量,把哈密顿量中代表相互作用的项作为对自由场哈密顿量的微扰来处理。这样各种反应过程的振幅可表成耦合常数 e 的幂级数,微扰论方法是逐阶计算幂级数的系数。考虑到耦合常数很小,只要计算幂级数的前面几个低次项,就可以得到足够精确的近似结果。在一般的量子场论问题中,如果耦合常数足够小,也可以类似地用微扰论的方法处理。1946—1949 年朝永振一郎、J. S. 施温格和费因曼等人发展一套新的微扰论计算方法,这种微扰论方法具有形式简单、便于计算并且明显保持相对论协变性的优点。特别是,费因曼引入了图形表示法和相应的物理图像,提供了写出微扰论任意阶项的系统的方法——而且这种方法有很强的直观性。

- **发散困难和重整化**

在用量子电动力学计算任何物理过程时,尽管用微扰论获得的最低级近似计算的结果和实验是近似符合的,但进一步计算高次修正时却都得到无穷大的结果。同样的问题也存在于其他的相对论性量子场论中,这就是量子场论中著名的发散困难。它的根源在于:在现在的相对论性量子场论中,微观粒子实际上被看作一个点。即使在经典场论中,如果把电子看作一个点,由电子产生的电磁场对本身的作用而引起的电磁质量也是无穷大的。在量子场论中发散有更多的形式,它们都起源于粒子产生的场对本身的自作用。发散困难的存在表示现在的量子场论不能应用到很小的距离。曾经有不少修改量子场论基本假设的尝试,但都未成功。除这种尝试外,还应当注意到微观粒子可能并不真正是基本的,它们如果具有占有一定体积的内部结构,也必须会改变点粒子场论在小距离处的结果。在现有量子场论的框架内,发散困难用重正化的方法得到部分的解决。现有的量子场论可以分为两类。在第一类场论中所有的发散因子都可以归结为少数几个物理参量的发散。如果重新调整这几个参量,使它们取实验要求的数值,对其他的物理量仍可用现有的理论计算,如果按重正化的耦合常数作微扰展开就可以得到有限的结果。这类理论称为可重正化的。量子电动力学属于这一类。在量子电动力学中,只有电子的质量和电荷需要重正化。重正化计算的合理性在于:如果理论需要作的修改只限于充分小的距离范围之内,这些不发散的物理量受到的影响是很小的。另一类理论中有无穷多个物理参量发散,这类理论称为不可重正化的。至少现在还没有办法用不可重正化的理论作包括粒子自作用的计算。1949年左右,施温格和费因曼等人首先用新式的微扰论作量子电动力学中的重正化计算。重正化的普遍理论及其严格证明经过 H. H. 博戈留博夫、O. C. 帕拉修克、K. 赫普和 W. 齐默尔曼等人的研究在60年代中才完成。量子电动力学的重正化微扰论计算在很高的精度上与电子和 μ 子的反常磁矩及原子能级的兰姆移位的实验符合,迄今量子电动力学通过了所有实验的考验,这些实验表明量子电动力学在大于 $10^{-16}\,\mathrm{cm}$ 处是正确的。量子电动力学的成功是重正化量子场论的实验证实。

- **非微论方法**

处理量子场论问题的微扰论方法有它的局限性,它要求耦合常数很小,即属于弱耦合的情况。耦合强到一定程度后微扰论展开式的头几项就不再是好的近似。因此在量子场论发展过程中已经针对不同问题的需要发展了许多种非微扰方法,如色散关系理论、公理化场论、流代数理论、半经典近似方法、重正化群方法、格点规范理论等。这些方法的出发点各不相同,基本上可以归为两类。一类是直接根据场论的基本原理和普遍的对称性要求,给出一般的限制和预言。这类理论的典型例子是色散关系理论和公理化场论。这种做法虽然比较严格,但正因为是普遍的讨论,就不可能对许多具体问题作出细致的回答,所得的结果有很大的局限性。另一类是找寻另一种近似方案,用另一个小参量代替耦合常数来作某种近似处理。因为作近似时不再以耦合常数的幂次为依据,所以有时对强耦合也能应用。例如,格点规范理论的强耦合展开式就带有这样的特点。这样的理论虽然可以解除微扰论所受的限制,但却受这种理论本身所取近似条件的限制。现在还没有非常有力的非微扰方法。近年来在格点规范理论的研究中发展了用有限的点阵上的量代替无限的连续的时空中的场，利用电子计算机作蒙特—卡罗模拟的方法。虽然这不再是无穷维自由度的系统，如果所取点阵的尺度与所研究的现象有关的主要过程作用的范围相当，它不失为一种量子场论的近似方法。

- 量子场论的发展及其在物理学各分支中的应用

量子场论作为微观现象的物理学基本理论广泛应用于近代物理学各个分支。粒子物理学的发展不断提出场论研究的新课题，并取得了进展，它包括复合粒子场论、对称性自发破缺的场论、非阿贝耳规范场论和真空理论的新发展等几个互相联系着的方面。在研究这些问题时广泛应用了量子场论的路径积分和泛函的表达形式。自60年代后期以来规范场的研究成为场论研究的一个中心，已经解决了这类理论所特有的量子化和重正化方面的问题，阐明了规范场的一些特殊性质。1961年至1968年S.L.格拉肖、S.温伯格和A.萨拉姆建立的描述统一的弱作用和电磁作用的自发破缺规范理论，在1978年至1983年已经基本上得到实验的证实。量子色动力学作为描述强作用的规范理论也取得了一定的成就，被认为是有希望的强作用基本理论。在量子电动力学取得成功以后，量子场论在粒子物理学中取得的这些新成就使人们相信；虽然存在着发散困难这样的基本问题和在强耦合下缺少有效的近似方法的困难，量子场论仍然是解决粒子物理学问题的理论基础和有力工具。现在除规范场论中的一些问题例如所谓囚禁问题仍然是人们注意的中心外，一些新的课题如引力场量子化、超对称性量子场论等正吸引着人们去进行研究。在统计物理、凝聚态理论和核理论中广泛地采用量子场论的格林函数和费因曼微扰论方法，它们已经成为这些物理学分支的基本理论工具。费因曼微扰论方法使得人们可以在微扰论展开式中分出一部分对所研究的现象起主要作用的项来作部分求和，大大提高了人们解决各种问题的能力。量子场论方法对温度不为零的统计物理学以及超导和量子液体等现象的理论发展起了非常重要的推动作用。统计物理学中有些现象本质上不一定是量子效应，但由于是无穷维自由度的问题，它们与量子场论问题在数学形式和物理内容上都有十分相似之处。量子场论方法对这些问题也有重要的应用。例如，重正化群方法的思想和工具对解决统计物理学中长久未能解决的临界现象问题起了关键性的作用。正因为量子场论已成为近代物理学各分支的共同基础理论，量子场论的任何一个重要进展都会对不只是一个分支的发展有重要的推动作用。

- 量子场论的基本思想

量子场论向我们描述了一个粒子与场相统一的物理图景。全空间同时相互重叠地充满了各种场，每种场对应一种粒子。电磁场对应着光子，电子场对应着电子，中微子场对应着中微子……

场的能量最低的状态叫做基态。当某种场处于基态时，场由于不可能通过状态变化而释放能量，无法输出任何信号和显现出直接的物理效应，观察者也因此而无法观察到粒子的存在。场的能量增加称之为激发。当基态的场被激发时，它就处在能量较高的状态，称为激发态。场处于激发态时，就产生了相应的粒子。场的不同激发态对应的粒子数目和运动状态是不同的，粒子的产生和湮灭代表场的激发和退激。由此可见，量子场是比粒子更基本的物质存在，粒子只不过是场处于激发态的一种表现而已。正像前面所说的，它只不过是场的海洋中卷起的一个旋涡或涟漪而已！

下面谈谈真空的问题。在真空状态下,每个场都处于基态,因而不显现出相应粒子,整个空间都没有可观察的粒子(常称为实粒子)。现代物理学研究表明,真空中尽管不存在大时空尺度下可观察的实粒子,但是在极小的时空尺度下,会产生正反虚粒子对,如果外界不输入能量,这些"虚粒子对"会迅速湮灭。因此真空中不断地有各种虚粒子对的产生、湮灭和相互转化的现象,这称为真空涨落。

- **物质存在的基本形态**

量子场论认为:物质存在的基本形态是三种基本的场(和粒子相对应的量子场)。

(1) 实物粒子场。它由自旋量子数为 1/2 的费米子组成。包括轻子和夸克。轻子和夸克是所有实物的最小基石,目前尚未发现它们有内部结构。已发现的轻子和夸克之间有微妙的对称关系。人们将它们分为三代,如下表所示。

稳定的普通物质都是由第一代轻子和夸克组成。第二代轻子和夸克除了中微子外都极不稳定,它们所构筑的各种粒子很快就会发生衰变。第三代轻子和夸克也是如此。目前前沿的问题是:为什么有三代轻子和夸克?是否会发现更多代的轻子和夸克?上述每一种粒子都有反粒子。

(2) 规范玻色子(媒介子)场

它由传递实物粒子之间的相互作用的媒介粒子组成。这些粒子的自旋为 1 或 2,属于玻色子。它们分别是传递强作用的胶子(8 种),传递电磁力的光子,传递弱作用力的 W^+,W^-,Z^0 粒子和传递引力作用的引力子,共 13 种。目前尚未观察到自由状态的胶子,但有充分的证据证明它的存在。由于引力的强度很弱,至今没有引力子存在的直接实验证据。

(3) 希格斯粒子场

它由自旋为 0 的粒子组成。这是电弱统一理论预言的一种场。按照这个理论,电磁力和弱力本来是一种统一的电弱相互作用,W^+,W^-,Z^0 粒子和光子原本都没有质量,统一的电弱力具有比较高的对称性。但是随着能量的降低,这种对称性自发破缺,统一的电磁力分解为电磁力和弱力。在这个过程中,零质量的粒子与一种名为希格斯的粒子作用便获得了质量,W^+,W^-,Z^0 因此成为静质量不为零的粒子,而光子未参与这种作用,静质量仍然为零。量子场理论预言,至少有一种中性的自旋为零的希格斯粒子存在,并对其动力学和运动学特征作出了精确的描述。寻找希格斯粒子是当前粒子物理实验的前沿课题。

三代轻子和夸克对应表

轻子		夸克	
名称	电荷	名称	电荷
第一代:电子 e 和	-1	上夸克(u)	$+\dfrac{2}{3}$
电子中微子 ν_e	0	下夸克(d)	$-\dfrac{1}{3}$

轻子		夸克	
名称	电荷	名称	电荷
第二代：μ子和	-1	奇夸克(s)	$-\frac{1}{3}$
μ子中微子 ν_μ	0	粲夸克(c)	$+\frac{2}{3}$
第三代：τ子和	-1	顶夸克(t)	$+\frac{2}{3}$
τ子中微子 ν_e	0	底夸克(b)	$-\frac{2}{3}$

- 物理学中与量子场论有关的几个专门术语

①整体规范不变性：对空间各点进行相同的变换后，物理规律的不变性(对称性)比如空间各点的概率幅函数的相位改变同样的数值，概率幅函数所描述的结果不变。

②定域规范不变性：对空间各点进行因时空坐标而异的变换后物理规律的不变性。比如电子处于电磁场中时就满足这个不变性。电磁场的存在是与这一特性相联系的。

③规范场与规范粒子：与定域规范不变性相联系的场即规范场，相应的粒子即规范粒子。

目前比较成熟的规范场理论有：量子电动力学、量子色动力学、弱电统一理论。一些物理学家认为，在量子引力时期，现有的四种力场是超对称的统一的规范场，随着能量的下降，先后发生超统一相变，大统一相变和电弱统一相变等三次自发对称破缺，最终形成了引力场、强力场、弱力场、电磁场四种规范场，它们分别对应引力子、胶子、中间玻色子和光子等规范玻色子(这也就是前面所说的媒介子)

④对称性：也即变换的不变性。对称性有两大类：一类是某系统或某具体事物的对称性，如晶体结构的几何对称性。二是物理规律的对称性。

⑤诺特定理：为德国女数学家诺特所提出的一个定理，其内容为：如果物理规律在某一不明显依赖于时间的变换下具有不变性，必相应存在一个守恒定律。目前，对称性、守恒律和规范场已经成为物理学家的三件利器。

⑥变换的分类：对称性涉及的变换有连续变换和分立变换。时间平移、空间平移和空间转动属于连续变换，而把$(x,y,z) \rightarrow (-x,-y,-z)$的空间反演(P)、把 T 变为$-T$的时间反演(T)、把粒子变为反粒子的粒子共轭变换(C)属于分立变换。

⑦相加性守恒量和相乘性守恒量：与连续变换的不变性相联系的守恒量为相加性守恒量，这类守恒量的计算法则是：复合体系的总守恒量等于各组分所贡献的守恒量的代数和。能量、动量、角动量、电荷数、同位旋、奇异数、粲数、底数、轻子数、重子数等都属于这类守恒量。与分立变换相联系的守恒量为相乘性守恒量。这类守恒量只取两个值：1或-1，复合系统的总守恒量等于各组分守恒量的乘积。宇称就属于这类守恒量。与 C、P、T 三种分立变换相对应，有三种宇称：空间宇称 P、时间宇称 T、电荷宇称 C。两次相继的同类分立变换等于没有变换（-1 乘 -1 等于 1）。用粗体字描写的守恒量只在微观世界

才有。

⑧ CPT 定理：量子场论中可以严格证明：在微观粒子中，CPT 联合反演变换具有不变性（即同时把粒子变为反粒子，时间和空间都反一下，所有的一切都相同）。这一定理保证了正反粒子的质量和寿命严格相等。

第六章　现代化学概论

第一节　概　述

化学是现代自然科学的一门基础学科。它是研究物质的组成、结构和性质,在分子和原子水平上研究物质的变化规律及变化过程中能量关系的科学。

化学来源于人类的社会实践和科学实验。原始的制陶、冶铜、冶铁、炼丹等技术和经验是化学的萌芽。经17世纪对炼金术、18世纪对燃素说的两次批判之后,化学才真正地确立,并得到迅速的发展。19世纪,原子—分子论的提出、元素周期律以及化学热力学、化学动力学的出现,化学才有了自己的理论基础。电子的发现,以电子运动为特征的化学键理论的建立,化学开始逐步从经验归纳的"经验科学"向演绎推理的"理论科学"转变。

现代化学发展迅速,化学有其他学科的相互渗透,尤其是量子化学的建立,产生了越来越多的边缘学科和新兴学科。如计算化学、固体化学、激光化学、地球化学、地质化学、量子生物化学、星际分子天文化学、农业化学、海洋化学、辐射化学、高分子化学、半导体化学……

量子化学是理论化学的基础理论之一。它用量子力学的基本原理和方法研究化学问题。它着重研究化学键理论。较具体地说,量子化学除了研究自身的基本理论外,主要研究原子、分子和晶体的电子结构,分子间的相互作用、相互碰撞、相互反应和微观结构和宏观性质之间的关系等问题。量子化学在现代化学研究中起着越来越大的作用。加上电子计算机在化学中的应用,在有机反应、无机反应、生物化学反应、光化学反应、催化剂和络合物等研究领域中,化学工作者都在努力引进量子化学手段,并取得一定的效果。促进了结构化学、催化化学、计算机化学、分子生物学、化学仿生学的形成和发展。量子化学已经成为现代化学研究的重要基础理论。

结构化学:主要研究物质的微观结构和宏观性质之间的关系,是以量子力学和统计力学为理论基础,结合计算机的应用,把微观结构和宏观性质定量、半定量地连接起来。它所涉及的微观结构主要包括:分子结构、晶体结构、非晶玻璃态结构、液态结构以及表面、界面结构等。使人们认识和掌握物质结构的规律,利用这些规律预言新物质的性能,为设计和合成新化合物、新材料、新元件提供科学依据。

催化化学的基础研究主要有:多相催化研究、均相催化研究、酶催化研究。随着各学科的发展和渗透,量子化学的发展,以及计算机、自动化装置和精密控制装置的应用,使催化化学的基础研究不断地深入,使催化剂的选择从依靠经验进行人工筛选的落后局面,逐步达到设计催化剂的水平。

合成化学是专门研究物质化学合成的化学分支。包括无机合成、有机合成和高分子合成等,它在现代化学中占有极重要的地位。无机材料合成为现代科学技术提供具有各种功能的新型材料。如半导体材料、超导体材料等。有机合成推动了有机化学、生物化学、药物化学和高分子化学的发展，成为染料工业、制药工业、香料工业等的基础。高分子合成主要是制造塑料、合成纤维、橡胶等通用材料。由于现代科技的需要，具有耐高温、高强度、高绝缘性和具有特殊功能的特种高分子材料的合成正在迅速发展，同时也促进了高分子化学的发展。

近几年来，化学研究正在出现一个崭新的方向，即是"分子设计"或是"分子工程学"。这是结构化学与合成化学、理论化学、固体物理学和仿生学等学科结合的新兴学科。目前，"分子设计"虽然处于萌芽阶段，但在高分子设计等方面已取得一些成果。随着科技的发展，经验规律的大量积累，各学科的渗透，分子设计必将展现出美好的前景。

现代化学正在帮助人们解决能源、农业、环境保护、医疗、衣食住行等生产和生活方面的问题。这种发展趋势，决定了它在新的科技革命中具有重要的地位。其中，尤为突出的是它和生命科学和材料科学的联系。所以有人认为21世纪将是化学令人振奋的发展时代。

- 总结起来说现代化学有五大特点和两个发展方向。

五大特点是：

（1）化学家对物质的认识和研究，从宏观向微观深入。20世纪以来，化学家已用实验打开原子大门，深入地了解原子内部的情况，并且用量子理论探讨原子内的电子排布、能量变化等。就是对复杂的化学反应来说，也可以测量反应机理，了解反应过渡态的情况以及分子、原子间能量的交换。

（2）从定性和半定量化向高度定量化深入。虽然近代化学也曾广泛地使用各种定量化工具，但是还只能说停留在定性和半定量化水平。本世纪60年代后，电子计算机大规模地引进化学领域，用它来计算分子结构已取得巨大的成功。如今任何化学论文如无详尽的定量数据就难以发表，发表了也难取得公认。而且如今化学实验的精密度愈来愈高，几乎所有仪器都是定量化的，有的还用电子计算机来控制。

（3）对物质的研究从静态向动态伸展。近代化学对物质的研究基本上停留在静态的水平或从静态出发，推出一些动态情况。例如，从热力学定律出发，通过状态函数的变化，从始态及终态情况推断反应变化中一些可能情况。现代化学已摆脱这种间接研究推理，而采用直接的方法去了解或描述动态情况，特别是激光技术、同位素技术、微微秒技术、分子束技术在现代化学里的大规模应用。化学家目前已能了解皮秒内微粒运动的情况，反应中化学键的断裂以及能量交换等情况。特别值得一提的是有关动态薛定谔方程的研究，一旦成功它将会为动态研究开辟出光辉前景。

（4）由描述向推理或设计深化。近代化学几乎全凭经验，主要通过实验来了解和阐述物质。虽然也有一些理论如溶液理论、结构理论等可以指示研究方向，但总体来说近代化学基本上是描述性的。原来化学中四大学科（无机化学、有机化学、分析化学、物理化学）彼此存在很大独立性。然而现代化学已打破传统的界限，化学不仅自身各学科相互渗透，而且跟物理、生物、数学、医学等学科相互交融和渗透。特别是近年量子化学的发展，已渗透到各学科，使化学摆脱历史传统，可以预先预测和推理，然后用实验来验证或合成。例如，当今许多高难度的合成工作都事先根据理论设计，然后决定合成路线。著名的维生素B_{12}的合成工作就是一个典范，它标志着化学已从描述向设计飞跃。

(5) 向研究分子群深入。近代化学对化学的研究通常只停留在一个或几个分子间的作用。即所谓0级、1级、2级、3级反应,对多分子的反应是无能为力的。但是近代化学远远不能满足实际需要了,特别是研究生物体内的化学反应,就要研究多个分子甚至一大群分子间的反应了。例如,一个活细胞内往往需要几十种酶作催化剂,同时催化许多化学反应。因此研究分子群关系,已成为现代化学的一个特点。

• 现代化学的发展方向

一是化学向分子设计方向前进。分子设计就是说化学家像建筑师造房子那样设计好再建造。由于电子计算机、各种能谱技术、微微秒技术、激光技术、同位素技术等在化学上的应用,使分子设计逐渐趋向现实。上面说过的著名有机合成大师伍德沃德合成难度极大的维生素 B_{12},就是按他创立的前沿轨道理论出发,计算后设计出最佳合成路线和原料配比,一举成功并传为佳话。目前全世界每年合成几千种抗癌药,大都是先设计好合成路线,而后进入生产的。现代化学第二个发展方向是向分子群研究进军。在自然界中生物的活动常常同时发生几十个甚至几百个化学反应,才能使生物体生命延续。就是完成一项简单工作也必须是多个分子同时工作才能实现。例如,根瘤菌体内的固氮酶,就有两种蛋白质分子,一种是含铁的,另一种是含钼的,这两种分子必须同时工作才能把氮气固定下来。目前化学家已合成主要生命基础物质,并引进酶技术、仿生技术、膜技术等,使研究分子群的情况成为可能。这也是为揭开生命秘密做好基础工作。

总之,现代化学的特点决定现代化学的发展方向,反过来现代化学的发展方向也决定现代化学的五大特点,它们是相辅而成、相得益彰的。

第二节 现代化学的研究内容

通常说化学研究物质的组成、结构、性质与变化的规律。这种说法太宽泛。首先,化学并不研究所有的物质,如电磁波、电磁场、引力场、电子、中子、质子、原子核、夸克……都是物质,化学并不研究;其次,化学也不在所有层次上研究物质。宇观物质(宇宙、星云、星体、星际云)、宏观物质(地球、城市、亭台楼阁、红砖绿瓦等等)、介观物质(光学显微镜尺度、微米尺度、纳米尺度的物质)和微观物质(分子、离子、原子、亚原子微粒……)属于不同的物质层次,并非都是化学的研究对象。可见,必须对上述说法中的"物质"和"物质的层次"作出必要的限制和说明,才能搞清什么是化学。

化学研究的是化学物质。这个术语的英文是"chemical substances",更常见的是"chemicals"。过去,chemicals 指化学试剂或化工产品(化学品)。现在,其词义早已扩大。水、空气、动植物、矿物等等自然物质,都是"chemicals",因此,按其内涵,这个词应译为"化学物质"。宏观地看,化学物质构成了物体(气、液、固),举例说,玻璃杯、玻璃板、玻璃纤维……是物体,而构成它们的玻璃是化学物质;微观地看,化学物质的最低层次是原子(包括原子发生电子得失形成的单原子离子)。比原子更低的物质层次,如电子、质子、中子以及由质子和中子组成的原子核可总称亚原子微粒(subatomic particles),就不是化学研究的对象了。比原子高一个层次的化学物质是原子以"强"相互作用力(通称化学键,这里的

"强"相互作用力与物理中的强力完全不同,本质上是电磁力的一种表现)相互结合形成的原子聚集体。如果把所有单独存在的原子和所有原子聚集体都称为"分子"(molecules),我们就可以说,化学研究分子的组成、结构、性质与变化。这里的"分子"概念显然已不同于140年前建立的传统概念,即中学教科书里说的保持物质性质的"最小"微粒,它既包括各种单原子分子(如稀有气体原子)、各种气态原子或单核离子,也包括以共价键结合的传统意义的单晶(其晶粒可大可小)以及各种聚合度不同的高分子。如今人们所说的"分子层次"(molecular scale)的"分子"就是这个意思,本质上是核-电子体系。恩格斯在《自然辩证法》里曾把化学定义为关于原子的科学——研究原子的化合与化分,实质上是指原子之间的"强"相互作用力的形成和破坏,或者说分子的形成和破坏,所以,本质上仍是指分子层次。

有时,人们把比分子低一个层次而比原子高一个层次的物质层次称为亚分子层次(submolecular scale)。亚分子(submolecule)是化学研究的对象,这容易理解,因为它们的变化正是原子的化合与分解,在这个意义上,亚分子层次不必另作一个层次来定义,可以归于分子层次;但也不能太绝对,例如,有的人专门研究分子的"碎片",研究"分子片"、"分子瓣"等分子的结构单元,你便可以说,他们在研究亚分子层次。

比分子高一个层次,是超分子层次。什么是超分子(supramolecule)？它的内涵有二。其一是与很大的分子,即巨分子(macromolecule)同义,它们是单一的分子,它们的原子之间以"强"相互作用力结合,但它们是由许多小分子合成的,而且具有某种特殊的高级构型或结构。超分子的另一含义是若干个分子以"弱"相互作用力(通常称为分子间作用力,包括范德华力和氢键等,它与物理中的弱相互作用力是完全不同的概念)相联系,并且通过所谓"自组装"(self-assembling)或"自组织"(self-organizing)构筑(tectonize)成某种高级结构。通常人们所指的超分子是上述第二种含义。近年来,人们普遍认为,超分子这种分子以上的层次是21世纪化学的重要研究对象。长期以来,人们以为,只有活的生命体才具有将分子组装起来的能力。现已证实,自组装是超分子的普遍特性,不是生命的特有现象。

扫描隧道显微镜揭示苯乙烯分子吸附在硅晶体表面上发生自组装,分子的苯环取向一致,将苯乙烯构筑成密堆积的"超分子"。综上所述,化学是研究分子层次以及以超分子为代表的分子以上层次的化学物质的组成、结构、性质和变化的科学。这里把超分子作为分子以上层次的代表,是一个历史观念,适合于20世纪末21世纪初的新旧千年之交的历史时期。就目前情况而言,再高的层次是其他科学的研究对象了,尽管它们在研究中不乏利用化学的思想和方法,却已不是化学。例如:细胞的组成、结构、性质和变化,是生物学的研究对象;硅制成的集

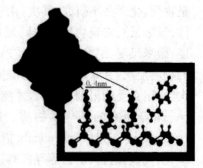

图 6.2-1　分子自组装

成电路芯片的结构、性能,是物理学的研究对象。在21世纪,科学的综合将大大加强,例如,河流筑坝截流引起泥沙凝聚沉降,化学家只能参与多学科研究小组而不能独立地进行研究。至于较远的将来,究竟化学研究的分子以上层次还将如何向上扩展,以什么为代

表,尚不能作出预言。在分子和超分子的微观层次上研究物质,是化学不同于其他物质科学的基本特征。近年来,"化学物种"(chemical species)一词用得越来越普遍。物种(species)一词本是生物学术语,化学界借用了这一术语。每一种核-电子体系都是一种化学物种,例如单个的原子(H、O、Fe 等)、单个的离子(O^{2-}、H^+、Fe^{2+})、简单分子(H_2O、NH_3)、简单离子(NH_4^+、SO_4^{2-})等,直至各种具有确定质量的人造的(如聚氯乙烯)和天然的(如胰岛素的蛋白质单元)高分子。在分析化学中,早就把水合离子称为化学物种。本质上,水合离子也是超分子。因而,扩大地看,每一种超分子也都可看作一种化学物种。由此我们又可说:化学是一门研究分子和超分子层次的化学物种的组成、结构、性质和变化的自然科学。化学的核心是合成,这是化学区别于所有其他科学的特色。截至 2000 年 4 月,美国化学会《化学文摘》登录的化学物质总数超过 3 000 万。20 世纪 90 年代末的每一年,在该文摘登录的新化学物质总数都超过 100 万,其中绝大多数是自然界没有的人造物质。化学创造了一个人造世界。化学是一门最富创造性和想象力的科学。但不应将"合成"误解为只制造自然界没有的新物质,自然界有的,化学家也合成,如柠檬酸是天然物质,广泛存在于水果和蔬菜中,但用来配制饮料和食品添加的柠檬酸大多是人造的。化学合成了许许多多天然物质,尤其是找到了自然界没有的合成方法,在这个意义上,这些由化学家合成的天然物质也是人造的。近年来,先人造,而后发现自然界里也有的物质屡见不鲜。例如球碳 C60,偶然地合成于 1985 年,后来才发现自然界也有。其后合成的球碳不止 C60 一种,是一个系列,有大有小,有的还有多种异构体,例如,C80 有 7 种不同对称性的异构体。C60 的合成开辟了一个全新的化学研究新领域,近年几乎每期国际化学杂志都有新的球碳衍生物报道;1991 年又发现了管状的碳,对应于球碳,可以称为管碳,是石墨的二维平面卷曲而成的管子,有单层的,也有多层的,一层套一层,像俄罗斯套娃。管碳的高级结构丰富多彩,有的像面包圈,有的是螺体,有的像澳大利亚土著的飞镖(飞去来器)。最早发现球碳的 Smalley 等 3 人在获 1991 年诺贝尔化学奖时曾预言,管碳找到实际用途将比球碳更早。近来还发现,许多无机化合物也可以出现俄罗斯套娃结构,如 WS2。这一系列由发现 C60 发端的事件十分典型地显示了化学的特色和魅力。

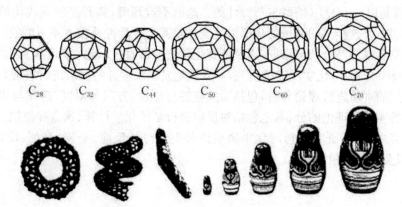

图 6.2-2 球碳和管碳的分子模型和俄罗斯套娃

20世纪后半叶,化学合成的理论和方法有了长足的进步。例如,逆合成原理、绿色化学(green chemistry)、组合化学(combinatorial chemistry)、分子设计(molecular design)等,都是近几十年形成的新的合成原理和方法。合成方法的自动化、智能化、计算机化大大加速了合成新化合物的数量和复杂程度。目前,利用量子化学理论进行分子设计已初具规模。理论化学家预言了许多未知化合物。例如,有预言说,CLi_6,有可能合成,而且很稳定,这个分子里共有10个价电子。用于中心的碳原子与6个钾原子键合,又有预言说,碳有可能呈现平面四边形的配位结构。化学理论的现状说明,认为化学是一门实验科学的观念已经过时。诚然,化学跟任何其他科学一样,始终以科学观察和实验为基础,系统的观察和实验是科学不同于其他人类活动最本质的特征。21世纪的化学是一门实验与理论互相推动并驾齐驱的科学。最近,美国Geogia大学量子化学计算中心主任Schaefer指出,1999年计算化学已经占到化学研究的10%;他预言,今后每年将有1%的化学家从实验室转移到计算中心,到2010年,估计有60%的化学研究者将进行量子化学计算。

早在化学形成时期,分离和鉴定化学物质就已经是化学研究的主要内容之一。普遍认为,近代化学始于1661年爱尔兰人波意耳(Robert Boyle,1627—1691)发表《怀疑派化学家》一书。波意耳提出化学元素是用分离手段获得的不可再分的物质。元素的这一操作性定义大大推动了化学的发展。确定化学物种的经典方法是首先借助分离手段获得尽可能纯净的状态,然后鉴定它的组成和结构。现代化学的高速发展,很大程度上得益于使用各种物理方法与先进技术进行的快速的高度自动化的分离和表征(characterization,大致看作鉴定的同义词)。例如,最近一家跨国化学公司的研究人员从5万种化合物中筛选出一种具有降糖活性的简单天然有机物,被我国两院院士选为1999年国际十大科技新闻之一。研究者采用的分离速度之快令人惊叹——每天分离1 000种化合物!现代化学表征化学物质的速度、用量、方法也日新月异,已呈现不分离、在线化、实时化、微量化、自动化等现代化特征。奥运会检测违禁药物就具有这种特征。在医院做过血液化验的人会有切身体验,用几毫升血可同时检测出几十种极其微量的物质。又如,20世纪90年代的惊人化学成就之一,发现一氧化氮分子竟然有多种功能的生理活性。须知,在正常体液中,NO的浓度是以nmol/L(纳摩尔/升)计的。这就不难理解,离开高度现代化的检测手段,发现并阐明NO这样小的分子的超低浓度变化及其生理活性是根本不可能的。

无论是合成还是分离与表征,以及研究化学物质的性质,都大量地涉及化学物质的化学反应(reaction)。对化学反应的研究,一方面是发现反应并将反应进行整理归类,另一方面是对反应的本质进行理论分析,包括对反应的可能性、方向与限度、速率与机理,反应最佳条件等的实验和理论的分析,也包括对反应进行量子化学计算、预言和模拟。

概而言之,化学研究包括对化学物质的分类、合成、反应、分离、表征、设计、性质、结构、应用以及它们的相互关系。

第三节 现代化学的研究方法与手段

一、合成方法

合成化学是化学的重要分支之一。目前国际上每年几乎都有成千上万种新的化合物和新物相继被合成出来,进入化学各相关的研究领域,新型化合物的合成有很宽广的前途,发现一种新的合成方法或一种新型结构,就将有一系列新的化合物出现,因此,目前化学合成已迅速成为推动化学及有关学科发展的重要基础。

1. 常规条件下的合成方法

常规合成是利用在常规条件(常温、常压)下可以实现的反应来进行化学合成的一种方法,如在简单的混合、搅拌、回流加热等条件下进行的反应均属于常规合成。它在合成化学的发展过程中曾经一度占据着主导地位,对化学的发展作出了极大的贡献。但随着现代科技的进步,常规合成在化学合成当中所占的比例会逐步减少,其他的新方法、新手段将层出不穷,但常规方法不会退出历史舞台,仍将继续发挥重要作用。如常规条件下的催化合成已经越来越多地吸引着化学家们的注意。

2. 特殊(极端)条件下的合成化学

特殊条件下的合成方法是相对于常规合成而言的,许多化学反应需要特殊的条件,高温、高压、特殊的氛围等。特殊条件下的合成方法通常包括高温合成、高压合成、固相合成、水热、溶剂热合成、低温合成、电化学合成、微波合成、等离子体下的合成、仿生合成、溶胶及凝胶过程、无水无氧合成、化学气相沉积、声、光化学合成等。

随着现代科学技术的发展,人们能够获得越来越多的极端物理与化学环境和条件,因而一个新的合成化学前沿分支——极端条件下的合成化学逐渐形成,并且不断发展。极端条件是指超高压、超高温、超真空、超低温、强磁场、强电场、强激光及模拟宇宙空间环境等。在极端条件下,物质的结构、电学性质、磁学性质等都将会发生变化。在极端条件下可以合成出多种多样在一般条件下无法合成的新型化合物、新物相或新物态。极端条件下的化学合成包括超临界合成、微重力合成、超重力合成、激光合成等。

3. 组合化学

(1)概述:20世纪80年代以来合成化学家发展了一种新合成策略,现在称之为"组合合成"或"组合化学"。它是在1984年由Geysen提出的大量化合物之合成策略,是合成大量新化合物的有力工具。

组合化学可定义为平行、系统、反复地共价连接不同结构的"构建单元"得到大量化合物进行高通量筛选的一类策略与方法。这个方法可以一次性或批量地获得很大数量的类似化合物——化合物库以供高通量筛选,寻找先导化合物。采用这种方法可以大大增加找到具有化学家所希望的特殊性能化合物的机会。组合化学作为一种新颖而富有创造性的合成与生物活性评价技术,具有简单、快速、高效、易于实现自动化等特点,因此首先受到药物研究与开发机构的广泛重视。随着组合化学技术的不断发展,其应用范围越来越广泛。最近的研究表明，组合化学在新材料如超导、抗磁、发光、沸石、高分子等材料和高效率催化剂的合成、筛选等方面都取得了重要进展。

（2）组合化学的合成方法主要有以下几种：平行合成法、多中心合成法、分离与混合合成法、混合一等分法、固相组合合成方法、液相组合合成方法。

（3）组合化学合成主要在以下几个方面应用：多肽组合合成、小分子组合合成、不对称分子组合合成、固相组合合成、液相组合合成、组合生物合成、药物筛选新技术、组合法寻找高效催化剂、组合电化学、组合法制备发光材料、组合法制备超导材料。

4. 分子模拟及设计

现代合成化学发展到今天，化学家们已经将注意力转移到更高的层次——分子设计方面，即以分子设计的思想，利用高效、高选择性的反应去合成各种特定结构和特定功能的化合物，以满足当今和未来社会中生命科学、材料科学、信息科学、能源科学以及环境科学的需求。

分子模拟及设计的目标是通过计算机模拟手段预测具有指定性质（或性能）的分子的可能结构，由计算机在一定的约束条件下自动生成虚拟新化合物的结构，并用相应的性质计算程序或模型来预测生成的化合物的性质，对预测有前途的化合物再合成验证。这种方法是近年来兴起的最重要的创制新颖型化合物的方法。显然这个方法可以以较小的投入和较快的速度获得新化合物的结构。随着理论化学方法的不断发展，再加上计算机技术突飞猛进，分子设计已经走上实际的研究和应用，当前主要应用于医药（药物设计）、农用化学品（除草剂设计、农药设计、杀虫剂设计等）和材料领域，尤其是计算机辅助药物分子设计是一个极具应用前景的研究领域，传统的药物设计和合成方法都具有一定的随机性和盲目性，缺乏应有的合理性，而计算机分子模拟及设计可以通过采用分子对接、构效关系、分子类药性和多样性、虚拟筛选等方法进行计算机辅助药物设计，可为化学家提供大量可合成的、可开发成药物的几率高的化合物结构。一旦所设计的化合物的生物活性在筛选模型中得到确认，可以利用计算化学方法对此先导药物分子作进一步的结构优化和设计。

计算机辅助合成路线设计是以逻辑的方法而不是单凭经验和直觉来寻找新化合物的合成设计路线，尽管已有大量数据可供参考，化学反应体系的高度复杂性决定了难于用纯理论方法来解决合成路线设计问题，还需要化学家根据已知知识和实验来创造新知识。计算机辅助合成路线设计就是通过对已知化学信息的挖掘和组织，帮助化学家发现新知识实现知识创新。

21世纪的化学家将更加普遍地利用计算机辅助进行分子和反应设计，人们有望让计算机按照优秀化学家的思想方式去思考，让计算机评估浩如烟海的已知反应，从而选择最佳合成路线以制得预想的目的化合物。

二、表征方法

表征是精确地描述其成分、含量、价态、状态、结构和分布等特征。获取信息和进行表征的方法多种多样，可以分为仪器分析和化学分析两类。

1. 化学分析是以物质的化学反应为基础的分析方法。其主要分为定量分析和定性分析方法。定量分析方法主要包括酸碱滴定法、络合滴定法、氧化还原滴定法、沉淀滴定法等;定性分析方法包括以系统分析为主的常见阳离子分析和以分别分析为主的常见阴离子分析,以及简单固体盐类的分析等。

2. 仪器分析是以物质的物理性质和物理化学性质(光、电、热、磁等)为基础的分析方法,这类方法一般需要使用比较复杂的仪器。仪器分析的方法种类繁多,现已有三四十种,新的方法还在不断地出现。各种方法都有相对独立的物理及化学原理。根据测量原理和信号特点,仪器分析方法大致分为:光化学分析法、电化学分析法、色谱法和其他仪器分析法四大类。

(1) 光化学分析法

凡是以电磁辐射为信号的分析方法均为光化学分析法。光化学分析法又分为光谱法和非光谱法两类。光谱法是依据物质对电磁辐射的吸收、发射或拉曼散射等作用建立的光学分析法。属于这类方法的有原子发射光谱法、原子吸收光谱法、原子荧光光谱法、X射线荧光法、紫外和可见吸收光谱法、红外光谱法、荧光法、磷光法、化学发光法、拉曼光谱法、核磁共振波谱法和电子能谱法等。非光谱法是依据电磁辐射作用于物质之后,其反射、折射、衍射、干涉或偏振等基本性质的变化建立的光化学分析法。属于这类方法的有折射法、干涉法、浊度法、旋光法、X射线衍射法及电子衍射法等。

(2) 电化学分析法

电化学分析法是根据物质在溶液中的电化学性质建立的一类分析方法。属于电化学分析法的有电导法、电位法、电解法、库仑法、伏安法和极谱法等。

(3) 色谱法

色谱法是以物质在两相(流动相和固定相)中分配比的差异而进行分离和分析的方法,包括气相色谱法和液相色谱法两类。色谱法与各种现代仪器分析方法联用,是解决复杂物质中各组分分离测定的有效途径。

(4) 其他仪器分析法

①质谱法是根据物质带电粒子的质荷比(质量与电荷的比值)在电磁场作用下进行定性、定量和结构分析的方法,它是研究有机化合物结构的有力工具。

②热分析法是依据物质的质量、体积、热导、反应热等性质与温度之间的动态关系来进行分析的方法。热分析法可用于成分分析,但更多地用于热力学、动力学和化学反应的机理等方面的研究。热重法、差热分析法以及示差扫描量热法等是主要的热分析方法。

③放射分析法是根据物质的放射性辐射来进行分析的方法。它包括同位素稀释法、中子活化分析法等。

第四节　现代化学理念——绿色化学

1. 什么是绿色化学

绿色化学是指设计没有或者只有尽可能小的环境负作用并且在技术上和经济上可行的化学品和化学过程的科学。它是实现污染预防的基本的和重要的科学手段，包括许多化学领域，如合成、催化、工艺、分离和分析监测等。

与传统的污染处理不同，绿色化学通过改变化学产品或过程的内在本质，来减少和消除有害物质的使用与产生。这种方法是非常科学的，因为物质的化学结构同其毒性具有内在的联系。由于这种联系，绿色化学家可以设计或重新设计化学物质的分子结构，使其具备所需的特性又避免或减少有毒基团的使用与产生。同时绿色化学追求高选择性化学反应，极少副产品，甚至达到原子经济性、实现零排放。因此绿色化学不仅可以防止环境污染，亦可提高资源与能源的利用率，提高化工过程的经济效益，是使化工过程可持续发展的技术基础。

绿色化学从原理和方法上给传统化学工业带来了革命性的变化，在设计新的化学工艺方法和设计新的环境友好产品两个方面，通过使用原子经济反应、无毒、无害原料、催化剂和溶（助）剂等来实现化学工艺的清洁生产，通过加工、使用新的绿色化学品使其对人身健康、社区安全和生态环境无害化。正如美国化学会现任主席 Edwasserman 在 1999 年"总统绿色化学挑战奖"授奖庆典上指出的那样，获奖成就只是绿色化学运动发展的一个缩影，但它们发出这样的信息：绿色化学是有效的，也是有益的。21 世纪绿色化学的进步将会证明我们有能力为我们生存的地球负责。绿色化学是对人类健康和我们的生存环境所作的正义事业。

绿色化学不同于环境化学。环境化学是一门研究污染物的分布、存在形式、运行、迁移及其对环境影响的科学。绿色化学的最大特点在于它是在始端就采用实现污染预防的科学手段，因而过程和终端均为零排放或零污染。它研究污染的根源——污染的本质在哪里，它不是去对终端或过程污染进行控制或进行处理。绿色化学关注在现今科技手段和条件下能降低对人类健康和环境有负面影响的各个方面和各种类型的化学过程。绿色化学主张在通过化学转换获取新物质的过程中充分利用每个原子，具有"原子经济性"，因此它既能够充分利用资源，又能够实现防止污染。

2. 绿色化学的原则

绿色化学有其应用的原则。美国《科学》杂志 2002 年 8 月提出了绿色化学 12 条原则，已被广泛认可：

（1）预防废弃物的形成要比产生后再想办法处理更好。

（2）应当研究合成途径，使得工艺过程中耗用的材料最大化地进入最终产品。

（3）使用的原料和生产的产品都遵循对人体健康和环境的毒性影响最小。

（4）研制的化学产品在毒性减少后仍应具备原有功效。

（5）尽可能不使用一些附加物质（如溶剂、分离剂等），尽可能使用无害的物质，优选使用在环境温度和压力下的合成工艺。

(6) 能源的需求应当结合环境和经济影响,评价其影响应没有空间、时间限制,追求最小化。

(7) 技术、经济可行性论证的,首选使用可再生原材料。

(8) 尽量避免不必要的化学反应。

(9) 有选择性地选取催化试剂会比常规化学试剂出色。

(10) 研制可在环境中分解的化学产品。

(11) 开发适应实时监测的分析方法,为在污染物产生之前就施行控制创造条件。

(12) 化学工艺中使用和生成的物质,都应选择最大限度减少化学事故(泄漏、爆炸、火灾等)。

这些原则主要体现了要对环境的友好和安全、能源的节约、生产的安全性等,它们对绿色化学而言是非常重要的。在实施化学生产的过程中,应该充分考虑以上这些原则。

3. 绿色化学的设计

(1) 开发"原子经济"反应

美国化学家 Barry Trost 在 1991 年首先提出了原子经济性(Atom Economy)的概念,他认为化学合成应考虑原料分子中的原子进入最终所希望产品中的数量,原子经济性的目标是在设计化学合成时使原料分子中的原子更多或全部地变成最终希望的产品中的原子。所以,原子经济反应即是原料分子中究竟有百分之几的原子转化成了产物。

$$原子经济性或原子利用率(\%) = \frac{期望产物式量}{(期望产物+废弃副产物)式量} \times 100\%$$

具体地说,假如 C 是人们所要合成的化合物,若以 A 和 B 为起始原料,既有 C 生成又有 D 生成,且许多情况下 D 是对环境有害的,即使生成的副产物 D 是无害的,那么 D 这一部分的原子也是被浪费的,而且形成废物对环境造成了负荷(见反应一)。而反应二是使用 E 和 F 作为起始原料,整个反应结束后只生成 C,E 和 F 中的原子得到了 100% 利用,这是最理想的原子经济反应。可见,反应二比反应一的原子利用率高。虽然我们不能保证所有的反应中原子的利用率都能达到 100%,但我们希望尽可能地让原子利用率提高。

$$反应一:A+B \longrightarrow C+D$$
$$反应二:E+F \longrightarrow C$$

例:Claisen 分子重排反应

(2) 采用无毒、无害的原料

为使制得的中间体具有进一步转化所需的官能团和反应性,在现有化工生产中仍使用剧毒的光气和氢氰酸等作为原料。为了人类健康和社区安全,需要用无毒无害的原料代替它们来生产所需的化工产品。

在代替剧毒的光气做原料生产有机化工原料方面,工业上已成功开发一种由胺类和二氧化碳生产异氰酸酯的新技术;在特殊的反应体系中采用一氧化碳直接羰化有机胺生产异氰酸酯的工业化技术也已开发成功。还有用二氧化碳代替光气生产碳酸二甲酯的新方法;在固态熔融的状态下,采用双酚A和碳酸二甲酯聚合生产聚碳酸酯的新技术。它取代了常规的光气合成路线,并同时实现了两个绿色化学目标:一是不使用有毒有害的原料;二是由于反应在熔融状态下进行,不使用作为溶剂的可疑的致癌物——甲基氯化物。

关于代替剧毒氢氰酸原料,Monsanto公司从无毒无害的二乙醇胺原料出发,经过催化脱氢开发了安全生产氨基二乙酸钠的工艺,改变了过去的拟氨、甲醛和氢氰酸为原料的二步合成路线。并因此获得了1996年美国"总统绿色化学挑战奖"中的"变更合成路线奖"。

利用生物量(生物原料)(Biomass)代替当前广泛使用的石油,是保护环境的一个长远的发展方向。1996年美国"总统绿色化学挑战奖"中的"学术奖"授予Texas A&M大学的M·Holtzapple教授,就是由于其开发了一系列技术把废生物物质转化成动物饲料、工业化学品和燃料。

这些物质主要由淀粉及纤维素等组成,前者易于转化为葡萄糖,而后者则由于结晶及与木质素共生等原因,通过纤维素酶等转化为葡萄糖难度较大。现在以葡萄糖为原料,通过酶反应可制得己二酸、邻苯二酚和对苯二酚等。这不需要从传统的苯开始采制运作,使尼龙原料的己二酸的制取取得了显著进展。由于苯是已知的致癌物质,以经济和技术上可行的方式,从合成大量的有机原料中去除苯是具有竞争力的绿色化学目标。

(3) 采用无毒、无害的催化剂

目前烃类的烷基反应一般使用氧氟酸、硫酸、三氯化铝等液体酸催化剂。这些液体催化剂共同缺点是,对设备的腐蚀严重、对人身危害和产生废渣、污染环境。为了保护环境,多年来国外正从分子筛、杂多酸、超强酸等新催化材料中大力开发固体酸烷基化催化剂。其中采用新型分子筛催化剂的乙苯液相烃技术十分引人注目,这种催化剂选择性很高,乙苯回收率超过99.6%,而且催化剂寿命长。还有一种生产线性烷基苯的固体酸催化剂替代了氢氟酸催化剂,改善了生产环境,已工业化。在固体酸烷基化的研究中,还应进一步提高催化剂的选择性以降低产品中的杂质含量,提高催化剂的稳定性,以延长运转周期,降低原料中的苯烯比。异丁烷与丁烯的烷基化是炼油工业中提供高辛烷值组分的一项重要工艺。近年新配方汽油的出现,限制了汽油中芳烃和烯烃的含量,从而显示了该工艺的重要性,目前这种工艺使用氢氟酸或硫酸为催化剂。

(4) 采用无毒、无害的溶剂

大量的与化学品制造相关的污染问题不仅来源于原料和产品,而且源自在其制造过程中使用的物质。最常见的是在反应介质、分离和配方中所用的溶剂。当前广泛使用的溶剂是挥发性有机化合物(VOC)。其在使用过程中有的会引起地面臭氧的形成,有的会引起水源污染。因此,需要限制这类溶剂的使用。采用无毒无害的溶剂代替挥发性有机化合物作溶剂已成为绿色化学的重要研究方向。

过氧化氢就是一种广泛使用的绿色溶剂,因为过氧化氢在反应时不产生污染物。过氧化氢俗称双氧水(H_2O_2),是一种相对稳定的氢氧化合物。纯净的过氧化氢为无色透明液体,无臭味或略具特殊气味,遇光、热、有机物和某些金属离子会分解,产生大量热能,其物理性质见表6.4.1。

表 6.4.1 过氧化氢的物理性质

典型特征			
浓度(%)	35	50	70
密度(g/cm^2)	1.13	1.12	1.29
凝点(℃)	−33	−52	−44
沸点(℃)	108	114	125

在工业和生活废水的处理中,H_2O_2 将逐渐取代氯制漂白粉,因为加氯会促进致癌物三卤甲烷和强致突变物的形成。而 H_2O_2 对含酚、重金属、有机物和有气味化合物的废水处理有奇特效果,并对环保节能有重大意义。另外,过氧化氢注入油藏之后缓慢分解,释放出大量的热量和氧气,氧气与残余油反应生成更多的热量和二氧化碳。因此,过氧化氢可以各种方式用于原油的开采与增产处理。

目前在无毒无害溶剂的研究中,最活跃的研究项目是开发超临界流体(SCF),特别是超临界二氧化碳作溶剂。超临界二氧化碳是指温度和压力均在其临界点(31.1℃、7.38 MPa)以上的二氧化碳流体。它通常具有液体的密度,因而有常规液态溶剂的溶解度。在相同条件下,它又具有气体的黏度,因而又具有很高的传质速度。而且,由于具有很大的可压缩性,所以流体的密度、溶剂溶解度和黏度等性能均可由压力和温度的变化来调节。超临界二氧化碳的最大优点是无毒、不可燃、价廉等。

除采用超临界溶剂外,还有研究以水或近临界水作为溶剂以及有机溶剂/水相界面反应。采用水作溶剂虽然能避免有机溶剂,但由于其溶解度有限,限制了它的应用,而且还要注意废水是否会造成污染。在有机溶剂/水相界面反应中,一般采用毒性较小的溶剂(甲苯)代替原有毒性较大的溶剂,如二甲基甲酰胺、二甲基亚砜、醋酸等。采用无溶剂的固相反应也是避免使用挥发性溶剂的一个研究动向,如用微波来促进固–固相有机反应。

(5) 环境友好产品

在环境友好产品方面,从 1996 年"美国总统绿色化学挑战奖"看,"设计更安全化学品奖"授予 RohmHaas 公司,奖励其开发成功一种环境友好的海洋生物防垢剂。"小企业奖"授予 Donlar 公司,因其开发了两个高效工艺以生产热聚天冬氨酸,它是一种代替丙烯酸的可生物降解产品。

在环境友好机动车燃料方面,随着环境保护要求的日益严格,1990 年美国清洁空气法(修正案)规定,逐步推广使用新配方汽油,减小由汽车尾气中的一氧化碳以及烃类引发的臭氧和光化学烟雾等对空气的污染。新配方汽油要求限制汽油的蒸汽压、苯含量,还将逐步限制芳烃和烯烃含量,还要求在汽油中加入含氧化合物,比如甲基叔丁基醚、甲基叔戊基醚。这种新配方汽油的质量要求已推动了汽油的有关炼油技术的发展。

柴油是另一类重要的石油炼制产品。对环境友好柴油,美国要求硫含量不大于 0.05%,芳烃含量不大于 20%,同时十六烷值不低于 40;瑞典对一些柴油要求更严。为达到上述目的,一是要有性能优异的深度加氢脱硫催化剂;二是要开发低压的深度脱硫/芳烃饱和工艺。国外在这方面的研究已有进展。

此外,保护大气臭氧层的氟氯烃代用品已在开始使用。防止"白色污染"的生物降解塑料也在使用(如下图6.4-1)。

图6.4-1 光/生物双降解包装袋

目前绿色化学的研究重点是:

①设计或重新设计对人类健康和环境更安全的化合物,这是绿色化学的关键部分。

②探求新的、更安全的、对环境更友好的化学合成路线和生产工艺,这可从研究、变换基本原料和起始化合物以及引入新试剂入手。

③改善化学反应条件、降低对人类健康和环境的危害,减少废弃物的生产和排放。绿色化学着重于"更安全"这个概念,不仅针对人类的健康,还包括整个生命周期中对生态环境、动物、水生生物和植物的影响;而且除了直接影响之外,还要考虑间接影响,如转化产物或代谢物的毒性等。

第五节　现代化学的作用

一、化学与材料

长期以来人类利用化学理论知识与方法,不仅能够合成新的物质,也能帮助人们认识自然界发生的各种化学过程,能够正确地使用它们和控制它们。利用化学知识与手段人类已研制出多种新型材料,这些材料不仅推动了科技和经济的进一步发展,还为人类的社会生活带来了极大的方便。在古代化学时期人们使用陶瓷制品作为容器来储存食物,到了现代社会人们用保鲜膜来保存食物或是直接放在冰箱里;古代的生产工具还是笨重的青铜器,而到了现代社会人类生产使用的是各种高分子材料或是其他功能材料。应用这些新型材料,人们的生产效率明显加快,产量的提高为人们带来了更多的经济效益进而提高了生活水平。有了良好的生活保障,人们就能更好地投身于社会,为社会进步作出贡献。所以说,化学材料的发展,也推动着人类社会的进步。

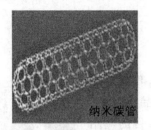 

图 6.5-1　用于现代生产的纳米碳　　　图 6.5-2　河北藁城出土的商代铁刃青铜钺

二、化学与能源

现代化学不仅研制新材料提高了人类的生活质量、推动了社会经济的发展,利用化学品还能解决人类社会中存在的能源紧缺问题。我国的重点能源是煤、石油、天然气等化石能源,上述这些不可再生的能源将在 100 年后变得稀缺,必须提早节约和保存,并为后代做好利用新能源的准备。况且它们已经成为新世纪人类影响环境的主要因素。因此,人们已开始积极地研究高效洁净的转化技术和控制低品位燃料的化学反应,使之既能保护环境又能降低能源的成本。例如,要解决煤、天然气、石油的高效洁净转化,就要研究它们的组成和结构、转化过程中的反应,研究高效催化剂,以及如何优化反应条件以控制过程等等。还可以通过研制洁净能源与燃料电池等新能源来代替旧能源。如日本已生产出清洁能源车辆(图 6.5-3)

图 6.5-3　日本生产的清洁能源汽车

清洁能源的含义包括两个方面:一是可再生能源,也就是在消耗后可以得到恢复和补充,不产生或很少产生污染物;二是指非再生能源,也就是在生产产品及其消费过程中尽可能减少对生态环境的污染。

半个世纪以来,人类一直在研究被认为是安全可靠且无污染的核能,但是,经过这么多年的发展,现今还没有任何国家找到了真正安全、永久处理高放射性核废料的办法。核能发电所提供的电力资源已经占到了全世界电力生产的 18%,与此同时,也发生了 18 次重大的核事故,造成了无数的人员伤亡及财产损失。对于核废料的处理发展,各国大都采取了临时掩埋的措施。某些发达国家甚至把大量有毒废料运往穷国。虽然科学家们为核废料处理的研究奋斗了几十年,但未获得实质性的技术突破,核辐射、核泄漏的问题引起全球的普遍关注。展望未来,人类将继续对核能进行深入的研究,应该说合理的利用核能的时代并不遥远。

其他的清洁能源还包括水能、太阳能、风能以及生物能等等,这些都是人类可以开发利用的宝贵资源,只要对任何一个项目都进行合理有效的环境影响评估,相信人类可以达到充分利用资源与保护地球环境的双赢发展。

三、化学与健康

可以说人类的衣、食、住、行都离不开化学物质,我们洗衣服所使用的洗衣粉、洗发用的洗发水、洗洁净、化妆品等,还有家庭门窗、厨房用具所使用的都是化学材料。例如,目前应用最广泛的纳米材料,用纳米材料制成的玻璃(如图6.5-4)好处多多:其自身有清洁的功能,同时这种纳米涂层还能不断分解甲醛、苯、氨气等有害气体,杀灭室内空气中的各种细菌和病毒,有效地净化空气,减少污染。这不仅简化了日常繁重的家务,也净化了人类的生存空间。

图 6.5-4　纳米玻璃

我们身上穿的衣服除棉织品外,需要各种各样的合成纤维,连衣服各种各样的颜色也是用化学方法染的。我们所吃的食物中含的防腐剂成分有:苯甲酸与苯甲酸钠、山梨酸与山梨酸钾、丙酸钙、对羟基苯甲酸乙酯(尼泊金乙酯)、对羟基苯甲酸丙酯(尼泊金丙酯)等。

而在肉制品加工中允许使用的防腐剂有山梨酸与山梨酸钾、乳酸链球菌、纳他霉素等。还有,用于农作物除虫的农药、化肥等也都是化学品。

四、化学与工农业生产

化学极大地促进了工农业生产的发展,丰富了人民的生活。化学是一门研究化学物质的组成、结构、性质变化以及应用的自然科学。通过这种研究,运用各种各样的化工技术,把大自然提供给我们的空气、水、矿石、煤炭、石油、天然气等原材料转化为酸、碱、盐、氧化物、金属、非金属、有机物等,进而制造出自然界里没有的物质,如:砖瓦、水泥、玻璃、陶瓷、塑料、合成橡胶、化肥、农药、染料、洗涤剂、消毒液等。统计资料表明,世界专利发明中有20%与化学科技有关;发达国家从事研究与开发的科技人员中,化学与化工专家占一半左右;化工企业产品的更新换代要依靠化学的进步,而化工产品的产值和出口比例在国民经济中一直保持着领先的地位。这些数据足以证明化学对社会生产力的发展和提高人民生活质量所发挥的重要作用。

化学工业在20世纪初崛起,在后半个世纪得到飞速发展。从煤焦油衍生的一系列化学工业以及合成氨、酸、碱等基本化学工业在经济建设和社会发展中起了重大作用。正如锎元素的发现者、诺贝尔化学奖得主G.T.西博格在纪念美国化学会成立100周年大会上的演讲中所指出的那样:"无论过去、现在和可预见的将来,再也不可能找到任何一门其他工业,比化肥工业更直接关系到国计民生了……无论从经济的发展还是人类的进步而言,合成氨的发明都是20世纪科学领域中最辉煌的成就之一。"在此阶段,一方面由于化工基础研究的一些重大突破推动了化学工业的大发展,一方面化学工业又通过不断提出问题和要求,推动了化学基础研究。

大约在12 000年之前,人类开始探求食物稳定供应的方法以增强自身的生存能力,于是出现了农业。直到人口日益膨胀的今天,对于食物的需求也日益增长,同时由于社会的进步,人民的生活水平也在不断提高,人类对于食物的需求也不再停留在数量上,还有对质量的要求,这就需要科学给予可供选择的知识领域。而能够作出这些选择的科学领域内,化学确是十分重要的学科之一。它之所以重要是因为它能够有效地提供增加食物的手段。例如:合成氨制成化肥,农业生产所应用的植物生长调节剂(如矮壮剂、除草剂、催熟剂等)和各种农药(如化学合成的第三代农药——昆虫激素等),它们在很大程度上提高了农业的产量,因此说化学促进了农业的现代化。

工农业生产作为一种社会生产活动,必须努力提高生产效率和经济效益。只有这样,它才会对社会作出贡献,推动社会进步。所以工业生产的优化目标,就是生产的高效率和经济的高效益。工农业生产的高经济效益是通过高生产效益来实现的,工农业生产所追求的是能产生最大经济效益的生产流程,生产设备和工艺条件等,而工农业生产的高生产效益却与化学原理密切相关,因为工农业生产基本上都是以化学反应过程为中心的,要根据化学反应的特点,确定生产的原理流程,按照技术经济原则提高生产效率和经济效益,组成最优的化学反应工艺流程。为了实现生产,在化学反应过程之前,使原料通过若干化工过程进行预处理,满足化学反应过程的需要;在化学反应过程之后,根据反应后物系的组成和各组分物性上的差别进行后处理,把产品分离出来。化学对于工农业生产的发展的作用可以说是无限的。化学对于工业产品的开发,革新,对于粮食、农产品的保障,对于防止公害以及作为处于减少中的天然资源的替代品等的作用是不可估量的。可以说,化学及其相关技术无疑将成为促进工农业生产繁荣发展的巨大动力!

五、化学与环境保护

化学在推动科技进步、经济发展、提高人类生活质量的同时也给人类的生活空间带来了一些负面的影响。例如,臭氧层空洞、温室效应、酸雨等都是由化学物质造成的。但是自从发现臭氧层空洞以来,人类一直在对此做积极的研究,希望能找到办法解决。目前普遍认为全卤化氯氟烃及溴氟烷是造成臭氧层破坏的主要祸首,因此化学工业正积极研究各种替代品。还有过去在农业上广泛使用的六六粉,也已经被低残留、低污染的新型农药所代替。利用化学方法还解决了曾一度困扰人们的白色污染问题,如乳酸基塑料,是以土豆等副食品废料为原料的,这些废料中多糖的含量很高,经过处理后,多糖先转换为葡萄糖,最后变成乳酸,乳酸再经聚合便可制得乳酸基塑料。这种塑料不但成本低而且很容易处理,如可以烧掉(不产生有毒气体)或加以回收再利用(不会对循环制品造成任何污染),当然,若废弃,也很容易被微生物分解。虽然,由化学品造成的污染问题不能马上被解决,但是化学工作者正在努力研究各种解决办法,力争做到减少化学品对环境的污染。目前广泛推行的"绿色化学"运动,就是从解决化学品对环境污染问题的角度出发,做到零排放或零污染。

第七章　现代天文学和宇宙学概论

第一节　人类对宇宙的认识

一、宇宙的概念

早在 2 300 多年前，我国战国时代的思想家庄子（大约公元前 369—前 286 年）就浪漫激情地幻想"旁（傍）日月，挟宇宙"。其实中文的"宇"、"宙"二字原指"屋檐"和"栋梁"，都是指人居住的地方，后来才延伸为"天地四方（空间）、古往今来（时间）"的总称。它超越了东西南北的方位，无边无际；超越了一朝一夕的时间，无穷无尽。与"宇宙"混用的"世界"二字则出于佛教的说法，也是时间（世代）和空间（边界）的合称。在西方，以英语为例也有两个词表达"宇宙"，即 cosmos 和 universe。cosmos 原意指秩序，引申为"有秩序的宇宙体系"；universe 则表示包罗万象、无所不容的宇宙全体。战国时尸佼说：四方上下谓之宇，古往今来谓之宙。简而言之，宇宙即时空和物质的总称。

二、宇宙结构的几种假说

（1）盖天说——"天圆如张盖，地方如棋局"（周代）。
（2）浑天说——浑天如鸡子，天体圆如弹丸，地如鸡子中黄，宇之表无极，宙之端无穷。
（3）宣夜说——天无形质，高远无极。
（4）大象海龟说（古印度）——大地如大象，大象站在海龟上，海龟浮在海洋上。
（5）龟背半球说（巴比伦）——天空如半球，地面如龟背。
（6）扁球浮水说（古希腊）——大地如扁球，天如大洋。扁球浮于大洋。
（7）地心说（古希腊）——局限于太阳系的宇宙说。

古代的人们首先注意到的宇宙现象，如昼夜交替、月亮圆缺、日食月食、天体位置随季节的变化以及行星在星空背景上的移动等等，实际上只是太阳、地球、月亮、行星等太阳系天体运动的反映。因此，以这些现象为基础建立起来的宇宙理论，都没超出太阳系的范围。恒星在这些宇宙理论中的地位，只不过是个一成不变的布景或陪衬。地心说的主要内容是地球是宇宙中心，而且是静止不动的，其他天体都绕地球做圆周运动。包括月亮、水星、金星、太阳、火星、木星、土星、恒星、原动天等"九重天"。

（8）局限于太阳系的宇宙说——日心说

16 世纪哥白尼提出的日心说虽然仍未超出太阳系的局限，但却把地球从居于宇宙中心的特殊地位降为一颗绕太阳旋转的普通行星，正确地反映了太阳系的实际情况。这不仅直接为以后开普勒总结出行星运动定律，伽利略、牛顿建立经典力学体系铺平了道路，而且从根本上动摇了人类中心论等宗教教义不可冒犯的神话。它作为自然科学第一次从神学桎梏下解放出来的"独立宣言"，在人类思想史以至社会发展史上作出了不可磨灭的贡献。其要点为：①太阳是宇宙的中心；②各行星绕太阳作圆周运动；③地球自转导致天空中星星的旋转；④恒星距离极其遥远。

三、认识宇宙的三次飞跃和四个阶段

三次飞跃：古代的地心说→近代的日心说→现代的无中心说。

四个阶段：古代的描述天文学（以肉眼观察为主，主要是描述天体的相对位置和几何关系）→近代的光学天文学（以光学望远镜观察为主，不仅描述几何关系，而且也描述相互作用）→现代的射电天文学（以射电望远镜为主，研究天体的演化）→当代的空间天文学（以卫星上的哈勃太空望远镜为主，研究天体全部的信息）。

- 从太阳系到广阔的恒星世界

18，19世纪是太阳系天文学发展的鼎盛时期。借助望远镜的帮助，人们不仅发现了天王星、大量的小行星、行星卫星等太阳系成员，还根据天王星实际观测位置与理论计算位置的偏差，用天体力学理论准确地预言了海王星的存在和位置，并最终发现了海王星、冥王星，从而有力地证明了当时的宇宙理论同太阳系的客观实际是相符的。与此同时，人类的视野也逐渐由太阳系扩展到更为广阔的恒星世界。

1718年，哈雷将自己的观测同1 000多年前托勒密时代的观测结果相比较，发现有几颗恒星的位置已有明显变化，首次指出所谓恒星不动的观念是错误的。1837年，斯特鲁维测定了织女星的周年视差（由于地球绕日公转而产生的天体方向变化）为0.125角秒，这意味着它与太阳的距离为日地距离（1.5亿千米）的165万倍，远远超出了太阳系的边界（日地距离的40倍）。1912年，勒维特发现造父变星（其亮度由于星体的膨胀收缩运动而发生周期性变化的一类变星）的光变周期同光度之间存在确定的关系，使测定包含这类变星的遥远恒星集团的距离成为可能。6年后，沙普利分析当时已知的100多个球状星团的距离和视分资料，得出银河系是一个直径达10万光年的庞大的透镜形天体系统，太阳并不处于其中心的正确结论。1924年，哈勃发现仙女座大星云中的造父变星，根据周期——光度关系推算出它远在银河系之外，是尺度同银河系相当的巨大恒星系统。这一重大发现最终结束了多年来关于这类旋涡状的星云是近邻天体还是银河系外"宇宙岛"的争论，"将人类认识的宇宙范围从恒星组成的银河系扩展到由众多星系组成的更广阔的世界"。这个包括银河系在内由众多星系组成的世界，就是我们今天所了解的宇宙。

- 对宇宙更深层次认识的进展

20世纪30年代以来，口径3米以上的大型光学望远镜在世界各地陆续建成，特别是近四五十年来射电天文学和空间天文学的相继诞生，使天文观测手段不但具备空前的探测能力，而且使获取信息的窗口从可见光逐步扩展到包括射电、红外、紫外、X射线、γ射线在内的整个电磁波段。从20世纪初开始相继创立和发展起来的量子论、相对论、原子核物理学、粒子物理学、等离子体物理学又给天文学提供了锐利的理论武器，使人们对天体的研究从机械运动进展到物理性质、化学组成等更深的层次，从而为勾勒出太阳系、银河系以至整个宇宙的起源和演化奠定了坚实的基础。

四、宇宙的起源和演化（宇宙结构的新理论——大爆炸学说）

1. 历史的回顾

宇宙有没有起源和终结，它是永恒的还是演化的？这是除宇宙的结构以外又一个根本性的问题。各种文明都有自己关于宇宙起源的看法，在中国有盘古开天辟地的传说，在西方有上帝创造世界的神话。至于创世以后的情形，虽然在中国古代文献中有共工怒触不周之山，撞断天柱，后来又由女娲补天的故事。在很长一个历史时期中，由于封建社会的政治黑暗和观测水平的局限，使一些闪耀着智慧火花，相当接近真理的看法未能发展为科学的理论。直到 17 世纪以后，各门自然科学的飞速发展，特别是康德太阳系起源学说、达尔文物种起源学说等的提出，不断冲击着"天不变，道亦不变"这一僵化自然观的地位。直到 20 世纪，以众多观测事实为依据的科学的宇宙起源和演化理论才正式宣告诞生。

2. 现代宇宙学的诞生

现代宇宙模型的研究始于爱因斯坦。爱因斯坦的广义相对论预言，一定质量的天体，将对周围的空间产生影响而使它们"弯曲"。弯曲的空间会迫使其中穿过的光线发生偏转，例如太阳就会使经过其边缘的遥远星体光线发生 1.75 秒的偏转[注：1 度等于 60 分，1 分等于 60 秒]。通常，由于太阳的光太强而使人们无法观测到这一事实。1919 年发生了日全食，一个英国考察队终于观测到太阳附近的光线偏转，得到的偏转数据正是爱因斯坦所预言的"1.75 秒"。

爱因斯坦的广义相对论认为，时间和空间并不像人们（牛顿理论）一贯认为的那样：空间只是一个让物体在其中运动而本身却不受任何影响的容器；时间则如江河入海，自然流淌。空间更像是一个形状依赖于其上所载小球的弹性薄膜，自由粒子和光沿着这一形变薄膜上弯曲的短程线运动，就像它们在小球引力的作用下偏离直线运动一样；时间则与运动状态相关，又通过运动状态与空间（参考系）发生了联系。这种关于时间、空间和引力的全新理论，不仅正确地预言了掠过太阳边缘的星光会发生 1.75 秒的偏折，而且完满地解释了牛顿引力理论不能说明的水星近日点每百年前移 43 秒的现象，因而逐步得到人们的公认，为上演现代宇宙学这场气势恢弘的戏剧搭好了坚实的舞台。

1917 年，爱因斯坦率先把他的广义相对论应用于宇宙学研究，得到一个"有限无界的静态宇宙"模型。根据广义相对论，宇宙的几何性质取决于物质的质量分布状态，引力场使之对应于弯曲的"黎曼几何空间"。所谓"有限无界"是说整个宇宙是一个弯曲的封闭体，它的体积有限而物质均匀分布；而"静态"则是就宇宙的整体空间而言，并非说宇宙的各个部分都全然静止不动。尽管后来（1922 年）发现宇宙不可保持稳定而被放弃，但毕竟是一次开创性的尝试，揭开了现代宇宙学研究的序幕。

3. 宇宙膨胀的发现

1922 年，苏联数学家弗里德曼在广义相对论的框架下，得到了爱因斯坦宇宙方程的一组动态解，从理论上论证了宇宙要么膨胀，要么收缩，决不会保持静止状态。宇宙的演化趋势则取决于宇宙物质的平均密度 ρ_0 与临界密度 ρ_c 的比值：若 $\rho_0 < \rho_c$，则对应于一个无限无界的开放宇宙；若 $\rho_0 = \rho_c$，对应于一个平坦的开放宇宙；若 $\rho_0 > \rho_c$，对应于一个有限有界的闭合宇宙。

前两种情况下宇宙将膨胀下去；后一种情况下，宇宙将出现膨胀—收缩的震荡即"脉动"。（目前已知的临界密度为 $\rho_c=10^{-29}\text{g/cm}^3$，所观测的不含"暗物质"的物质平均密度是 $\rho_0=2\times10^{-31}\text{g/cm}^3$）。我们有没有办法观察宇宙基本成员——星系的运动呢？能不能像发现恒星的自行（恒星间在天球上的相对位置的变化）那样，通过比较不同时代拍摄的天文照相底片来发现星系的自行呢？这至少在目前的技术条件下是不可能的，因为星系离我们实在太遥远了。然而，物理学为我们提供了另一种测定物体运动速度的有力手段——多普勒效应。光波同声波一样，也有类似效应：面向观测者运动的光源谱线（与静止光源相比）将向高频（即光谱紫端）移动，而背向观测者运动的光源谱线将向低频（即红端）移动，波长的相对移动量与相对运动速度成正比。

1927年，比利时天文学家勒梅特（Georges Lemaitre，1894—1966）在弗里德曼"解"的基础上，把已观测到的河外星系红移解释为大尺度宇宙空间随时间而膨胀的结果，建立了"膨胀宇宙模型"。1929年，哈勃在仔细研究了一批星系的光谱之后发现，除个别例外，绝大多数星系的光谱都表现出红移，而且红移量大致同星系的距离成正比。如果将红移解释为多普勒效应，那就意味着所有星系都在离开我们而去，其退行速度正比于同我们的距离。这一关系称为哈勃定律，比例系数称为哈勃常数，其公式为 $V=Hr$。

如果遵循哥白尼的思想，认为我们在宇宙中并不处于特殊的中心位置，也就是说哈勃定律对任何星系说来都是成立的，那么，直接的推论就是：宇宙中所有的星系都在彼此远离，即宇宙处于普遍的膨胀之中！

哈勃的发现为弗里得曼的宇宙模型提供了直接的观测依据，动摇了宇宙整体静止的传统观念，为研究宇宙的起源和演化扫清了道路，是20世纪天文学最重要的成就之一。

4. 宇宙大爆炸模型

1948年美国物理学家伽莫夫（George Gamow，1904—1968）、阿尔法、贝特等人发挥了勒梅特的思想，把宇宙的膨胀和物质的演化联系起来，提出了"大爆炸宇宙模型"。因为它能较多地说明现时所观测到的事实，所以成为目前影响最大的宇宙学说。由于伽莫夫、阿尔法、贝特三人的姓恰好是希腊字母的 α,β,γ，因而 α,β,γ 被后人幽默地代表宇宙之始。这个宇宙大爆炸学说简介如下：

起源——宇宙始于约200亿年前爆炸的一个高温、高密度的"原始火球"。它的起始时间为0（目前比较精确的数值为130亿年）；

普郎克时代——时间 10^{-44} 秒，温度高达 10^{32}K；

大统一时代——时间 10^{-35} 秒，温度高达 10^{28}K；

强子时代——时间 10^{-6} 秒，温度为 10^{14}K；

轻子时代——时间 10^{-2} 秒，温度为 10^{12}K；

辐射时代——时间1～10秒，温度降至约 $10^{10}\sim5\times10^9\text{K}$，基本粒子开始结合成原子核，能量以光子辐射显示出现（人们探索微观世界和宇宙结构的努力在这里会合）；

氦形成时代——时间3分钟，温度降至约 10^9K，直径膨胀到约1光年大小，有近三成物质合成为氦，核反应消失；

进入物质时代——时间1 000～2 000年，温度降至约 10^5K，物质密度大于辐射密度；

物质从背景辐射中透明出来——物质温度开始低于辐射温度，最重和最轻的基本粒子数的比值保持恒定；

星系形成——时间 10^8 年，温度降至约 100 K；

类星体、恒星、行星及生命先后出现——时间 10^9 年，温度降至约 12 K；

目前阶段——时间 10^{10} 年，温度降至约 3K，星系温度约 10^5 K。

伽莫夫和他的支持者预言，大爆炸中所产生的辐射在遥远的宇宙空间里必定仍然存在，大约相当于 10 K 左右。后来 3 K 宇宙背景辐射的发现给了人们很大的鼓舞，因为它使爆炸宇宙模型的这个预言成为真实。当然，大爆炸宇宙模型也同样存在着许多尚待解决的疑难问题，它终究还只是一种假说。

5. 大爆炸理论的证据

（1）宇宙的年龄

如果星系目前正在彼此远离，那它们过去必定靠得更近，也就是说，较早时代的宇宙，物质密度会更高。继续这一推理就意味着过去必定存在一个时刻，那时宇宙中的物质处于极其高密的状态。按照哈勃定律将星系的距离除以各自的速度，就可估计出那一时刻距今约 100~200 亿年。这段时间对所有星系来说是共同的，事实上它就是哈勃常数的倒数。那一时刻通常被称为"大爆炸"时刻，也就是我们宇宙的开端。如果这一推论不错，那么宇宙中一切天体的年龄都不应超出这个"宇宙年龄"所界定的上限。

借助卢瑟福所开创的利用物质中放射性同位素含量测定其形成年代的方法，人们测量了地球上最古老的岩石、"阿彼罗 11 号"宇航员从月球上带回的岩石以及从行星际空间掉到地球上的陨石样本，发现它们的年龄均不超过 47 亿年。恒星的年龄可以从它们的发光功率和拥有的燃料储备来估计。根据热核反应提供恒星能源的理论，人们估算出银河系中最老恒星的年龄约为 100~150 亿年。用上述两种完全不同的方法得到的天体年龄竟与"宇宙年龄"协调一致，这对大爆炸宇宙模型当然是十分有力的支持。

（2）轻元素的丰度

在大爆炸后一秒钟以前，宇宙不仅不可能存在星系、恒星、地球，甚至除氢核外也没有其他化学元素，只有处于热平衡状态下的由质子、中子、电子、光子等基本粒子混合而成的"宇宙汤"。起初，中子和质子的数量几乎相等，随着温度的降低，两者的比例逐渐下降，在约 3 分钟时达到 1∶6 左右。当温度降到 10 亿 K 时，中子和质子合成氦核的反应开始，类似氢弹爆炸时发生的聚变过程迅速把所有的中子合成到由两个质子和两个中子构成的氦核中。由此不难算出，氦同氢的质量比应为 1∶4。天文观测表明，无论宇宙的哪个角落，无论恒星还是星际物质中，氦与氢的比例均大体与此相符。同一时期合成的氘、氚、锂、铍、硼等轻元素，尽管数量小得多，但它们的丰度（即与氢的比例）也具有类似的普适性。这对大爆炸模型是一个有力的支持。

（3）微波背景辐射

大爆炸模型的另一个重要遗迹是微波背景辐射。前面说过，大爆炸后最初几分钟，宇宙就像一个氢弹爆炸时产生的火球，处处充满了温度高达 10 亿 K 的光辐射。因为处于热平衡中，这种辐射强度随波长的分布服从普朗克分布（或称黑体谱）。随着宇宙的膨胀，辐射温度不断下降，但始终保持黑体谱形和总体均匀性。按伽莫夫等人的计算，作为这种过程的遗迹，目前的宇宙中应普遍存在温度约 3 K 的背景黑体辐射。由于这辐射的峰值波长在1毫米附近,处于微波波段,故又称为微波背景辐射。令人遗憾的是,这一重要预言在提出后的10多年中竟未引起人们的认真关注。直到1964年,美国贝尔电话实验室的彭齐亚斯和威尔逊用一架卫星通讯天线在7.35厘米波长处探测到一种来自宇宙空间的强度与方向无关的信号时,他们起初也并不清楚自己发现的意义。后来普林斯顿大学的皮伯斯等得知这一消息,才认识到这正是他们试图寻找的宇宙背景辐射。为了最后"验明正身",20多年来,全世界天文学家对这种辐射的谱分布和方向进行了大规模的调查,形势逐渐明朗。1989年,美国宇航局专门为此发射了宇宙背景探测者卫星,第一批测量数据表明:在从0.5毫米到5毫米的整个波段上,该辐射的谱分布与温度为2.735 ± 0.06 K的理想黑体完全相合;在扣除运动效应以后,天空不同方向的相对温差小于十万分之一。这就毋庸置疑地证明了微波背景辐射的黑体性和普适性。它是热大爆炸模型最令人信服的证据,这一发现在现代宇宙学史上的地位只有宇宙膨胀的发现可以相比。如果说,哈勃的发现是打开了宇宙整体动力学演化研究的大门的话,那么,彭齐亚斯和威尔逊的发现就是打开了宇宙整体物理演化研究的大门。

6. 无限宇宙的三大矛盾——三个佯谬问题

如果认为宇宙是无限的,则至少有三个似是而非、自相矛盾的问题,也叫佯谬问题。

(1) 光度佯谬(夜黑佯谬或奥伯斯佯谬)

如果宇宙是无限的,恒星大致均匀分布其间,那么它们的发光总效果应该使天空的光度无限大。考虑到天体之间互有遮蔽,天空的光度也应是一个不变的常数,也就是说,白天、黑夜一样明亮。德国人奥伯斯(1758—1840)对之作了系统的讨论,所以后人又称为"奥伯斯佯谬"。这个问题只有在宇宙大爆炸理论下才得以基本解决。

(2) 引力佯谬

德国人西利格尔(1849—1924)指出,如果在无限宇宙中均匀分布着无数恒星,根据万有引力定律,所有天体之间都具有这种无处不在的引力作用,那么任何一个天体,在任何方向上都会受到无限大的引力,其总效果将使宇宙中的一切都被撕得粉碎。现实中的宇宙天体并非如此,这就从反面证实了"无限宇宙"的谬误。

(3) 热死佯谬

奥地利物理学家克劳修斯(1822—1888)认为,宇宙的能量是守恒的,而宇宙的能量总是朝着一个越来越无序的热力学方向转移,这个过程不可逆转。因此,宇宙越是发展,其变化能力就越小,也就越接近无序状态。一旦达到某种程度,一切变化将会停止,便出现了"永恒的死寂"。这个容易引起恐怖的"热死说",在现代宇宙理论中才能得以澄清。

7. 宇宙演化的大致过程和具体过程

(1) 大致过程

奇点→大爆炸→引力(夸克)汤→粒子和反粒子对→质子、中子、电子、光子、氦核→氢、氦等离子体→氢、氦原始气体→超星系团、星系团→星系→恒星、行星、卫星、小行星、星际介质(或尘埃)。

说明:这里的奇点并不是普通三维空间中的一个点,如果真是这样的话,你立刻会问:这个点外面是什么?事实上,根本不存在点外面是什么的问题,因为此时,不仅所有的物质,而且连时间和空间都卷缩成了一点,因此这个点就没有外面的问题。另一方面,如果宇宙真的起源于三维空间中的一点的话,那么,我们的宇宙就会有一个中心,这个中心就是这个点的所在地。事实上,宇宙是没有中心的。整个宇宙永远处于大大膨胀了的原始奇点之中,不可能达到它之外。宇宙的任何一个部分从大尺度范围来看都是均匀、各向同性的。

(2) 具体过程

①早期宇宙(大爆炸后的三分钟):即前面所讲的普朗克时期—强子时期—轻子时期—核合成期。

②现代宇宙(从大爆炸后三分钟到现在)。具体见表7.1-1

表 7.1-1 现代宇宙的演化(定义 1 太空年＝150 亿年)

出现的事物	出现日期(按太空年算)	距今实际时间(亿年)
超星系团、星系团、星系	1月10日	146.3
银河系	5月1日	100.7
太阳系	9.9	50
地球	9.14	45.6
原始生命	9.25	41.1
山岩	10.2	36.2
细菌、绿藻	10.9	35.3
光合作用	11.2	26.3
早期带核细胞	11.5	20.5
含氧大气	12.1	12.33
火星火山活动	12.5	10.69
早期蠕虫	12.16	6.165
海洋浮游生物	12.18	5.34
早期鱼类	12.19	4.93
植物占领陆地	12.20	4.52
早期花类	12.21	4.11
早期有翅昆虫	12.22	3.7
早期树木、爬虫类	12.23	3.288
早期恐龙	12.24	2.87
早期哺乳动物及鸟类	12.26~12.27	2.055
动物占领陆地	12.28	1.233
早期灵长类	12.29	0.822
早期人科	12.30	0.411
早期人类	12月31日22点30分	二百五十七万年
北京猿人出现、火的应用	12月31日23点46分	四十二万年
春秋战国	12.31.23.59.56	约两千年
宋代	12.31.23.59.58	约1千年
文艺复兴	12.31.23.59.59	约500年
现在	12月31日24点整	

8. 宇宙的总体结构

20世纪初,人们以为星系在宇宙中的分布是均匀的。如果把一个星系比作一粒灰尘,则宇宙中的星系就如同空中的灰尘一样,随处都有。而且是互不相关,各自运动。

20世纪中期,天文学家认识到上述看法是不正确的。星系往往聚集成团,少则三五成群,多则成千上万。宇宙似乎主要由星系团构成而不是由星系构成。20世纪70年代前,多数人认为星系团均匀分布在宇宙中,可是80年代以来,天文学的巨大进展又一次改变了人们的看法。宇宙的结构远不是这么简单。星系团在空间的分布并不均匀,往往聚集成规模更大的超星系团。星系团的形状大致是球状的,但是超星系团是网状的或者是线状的。星系团像一颗颗珠子一样被一些孤立的线串联起来形成超星系团。最大的超星系团达到10亿光年(1光年=9.46×10^{15} m)。各超星系团之间几乎是一无所有的空洞。整个宇宙好像由一个个巨洞组成。星系、星系团和超星系团位于洞壁上。即宇宙的结构是海绵状的或者是蜂窝状的。巨洞和超团是如何形成的呢?根据量子力学,所有的场是有涨落的。由于最初的引力汤或夸克汤不可能完全均匀,所以那些密度大些的地方就会吸引更多的物质,从而使引力更大。这样像滚雪球一样,越来越大。最后形成了超星系团。而那些密度小的区域最后就形成了巨大的空洞。目前我们的宇宙的尺度大约为10^{27} m,质量大约为10^{51} kg。

问题:

1. 叙述"哈勃定律"的内容和公式,谈谈它的作用和意义。
2. 简述宇宙演化的大致过程。
3. 试论述从现代宇宙理论的创立到宇宙大爆炸模型的建立过程中的重要人物及其主要贡献。

第二节 恒星的演变和宇宙的未来

一、恒星的有关参数

1. 肉眼可见的恒星数

肉眼可见的恒星数在全天空为6 947颗,在北半球或南半球一般可以看到2 000多颗。离太阳最近的恒星为比邻星(4.2光年),北极星离我们大约有700光年。

2. 恒星的亮度

肉眼可见的星可以分为6等,最亮的21颗星为一等,最暗的勉强可以看到的星为6等。两者的亮度相差100倍,每两等之间亮度相差为2.512倍。即有$L_1 : L_2 = 100 = 2.512^5$。比一等更亮的星用零等或者负数等来表示。如太阳为-27.6等。一般的有$L_x : L_y = 2.512^{(y-x)}$,例如太阳的亮度是一等星亮度的$2.512^{28.6}$倍。用望远镜可以看到28等的极暗的星(其亮度仅为肉眼所看到的最暗星的2.512^{-22}倍)。

3. 恒星的体积

恒星的体积有大有小,从太阳的 1/20 到 10^8 不等。但是它们都是"等离子体火球"。

4. 恒星的颜色(与表面温度有关)

表 7.2-1

颜色	蓝	蓝白	白	黄白	黄	橙	红
温度(10^4K)	2.5~4	0.2~2.5	0.77~1.2	0.66~0.76	0.5~0.6	0.37~0.49	0.26~0.36

5. 恒星的组成(主要由氢、氦、氧、氮、碳、铁组成)

其比例为,氢:氦:氧:氮:碳:铁 = $10^4:10^3:5:2:1:0.3$

二、恒星的演化:分四个阶段

1. 引力收缩阶段(原恒星形成期,恒星的幼年期)

原始星云在自身引力作用下体积缩小,温度升高。当温度达到三四千度时就会发出红外线和红光,由辐射会产生向外的压力,所以使得收缩的步伐放慢,当向外的辐射压力和向内的引力近似相等时,星云就会大致稳定下来,这就是原恒星。

2. 主星序阶段(恒星的形成期,成年期)

当原恒星内部的温度达到几百万度后,氢聚变为氦的核反应就开始了。核反应进一步产生的十分强大的向外压力,当向外的辐射压力完全等于引力时,恒星就会完全稳定下来。这样原恒星就变成了恒星。

3. 红巨星阶段(恒星的更年期)

(1) 恒星中心

当恒星中心的氢全部聚变为氦以后,就会暂时停止放热,导致向外的辐射压力减小。当它小于向内的引力时,内核就会收缩,致使温度进一步升高。当温度达到 10^8 ℃时,新的核反应——氦聚变成碳就开始了。同时向外的辐射压力又再次增大,导致恒星外层迅速膨胀。

(2) 恒星的外层

恒星一般的外层温度只有数千度到上万度,但是当内部的氦—碳反应开始后,外层的温度就会迅速上升,达到一千万度左右时,就会出现氢—氦聚变反应。此时外层的温度又会进一步上升(可能达到上亿度),这样恒星就形成了体积庞大、温度又高的外层和又小又密的内核。这就是所谓的红巨星。随着核反应的继续进行,恒星的内核和外层的收缩和膨胀就会此起彼伏,直至全部转化为铁,不再反应为止。根据最新资料,估计 40 亿年之后,太阳将成为一颗红巨星,其时,由于太阳表面温度极高,导致地面的温度也会高到无法想象的 300~500℃,此时地面上一切生物将不再存在。

4. 白矮星、黑矮星、中子星、黑洞阶段(恒星的老年期)

晚期的红巨星,温度极高。内部的辐射压力会突然上升,从而导致超新星爆发。把臃肿的外层抛掉,剩下体积极小、密度极大的内核。视恒星的质量大小内核有三种可能。

下面是前苏联著名射电天文学家,苏联科学院院士 N.C. 什克洛夫斯基编写的《宇宙、生命、智慧》(1984 年出版,P_{58},P_{69})一书上的数据:

(1) 如果恒星的质量小于太阳质量的 1.2 倍即 $m<1.2m_B$，则红巨星抛掉外壳以后，留下来的内核就是所谓的白矮星(此时所有原子之间几乎都没有空隙)。体积小于地球、密度为水的密度的一千万倍以上。经过一段时间的冷却以后就会形成不发光的黑矮星。于是恒星就像木炭一样，结束了它光辉的一生。40 亿年之后，太阳起先是变成巨大的红巨星(此时半径会增大几十倍甚至上百倍)，然后经过超新星的爆发，抛掉外壳以后，成为白矮星，然后再慢慢地变成黑矮星。黑矮星是一种超固态。目前发现的白矮星有 1 000 颗以上。

(2) $1.2m_B<m<2.5m_B$。此时，红巨星经过超新星爆发以后会直接变成全部由中子组成的中子星。这是由于强大的引力使得电子被压缩到原子核上从而成为中子。它的直径只有大概 10 km，密度为水的一千万亿倍(10^{15})，开始时，中子星的表面温度可能有 10 亿度。最后会冷却到上万度。它会发出脉冲电磁波，所以又叫它脉冲星。像火柴盒大小的一点点中子星大约有 30 亿吨重，需要 30 万台火车才能拉动。目前已经发现的中子星有 330 颗以上。

(3) $m>2.5m_B$。当恒星的质量在这一范围内时，红巨星结束后，在强大的引力作用下会直接转化为黑洞(它的引力是如此之强，一切东西，连光也逃不出去)，由于任何东西都无法出来，所以我们什么都看不到它，所以它就是全黑的黑洞。其密度大约为水的 10^{21} 倍。

特别声明：关于恒星演化的问题，尤其是最后阶段，不同的书上的数据有差异，由 2001 年南京大学出版社出版，林德宏主编的《现代科学技术概论》P_{88} 上的数据是：如果恒星的质量 $m<1.25m_B$，则恒星最终演化为白矮星，$1.25m_B<m<2m_B$ 为中子星，$m>2m_B$ 为黑洞。与我们上面列的数据差异还不算太大。但是由李宗伟、肖兴华编写的《天体物理学》(2000 年高等教育出版社出版，P_{158})中的数据与我们所列的数据差异非常大，见下表：

表 7.2-2 恒星演化按质量的分类表

恒星质量与太阳质量的比值	恒星演化的最终阶段	主要现象
0.08 以下	氢白矮星	氢未燃烧
0.08～0.5	氦白矮星	氦未燃烧
0.5～1.0	碳白矮星	碳未燃烧
1.0～3.0	碳白矮星	红巨星，损失质量，较轻的星
3～8	爆发	碳爆发燃烧型超新星
8～30(?)	中子星	中心铁核，超新星爆发
30～100	黑洞	塌缩为黑洞

编者查阅了其他一些书籍，包括世界著名的理论物理学家霍金的《宇宙简史》，与 N. C. 什克洛夫斯基编写的《宇宙、生命、智慧》一书的数据基本相同。所以编者觉得还是以大多数书上的数据为准确可靠一些。

恒星的一生可以用一个图表来表示：

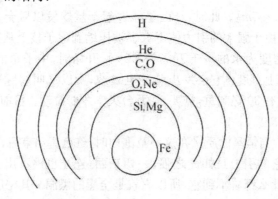

原始星云→原恒星→恒星→红巨星→超新星 〔星际介质（抛掉的外壳）
白矮星→黑矮星
中子星   〕内核
黑洞

演化后恒星内部的结构：

（图：同心圆从外到内分别标注 H, He, C,O, O,Ne, Si,Mg, Fe）

三、宇宙的未来

宇宙自它诞生之日起，就在不断地膨胀，它是一直膨胀下去还是会有尽头？这取决于宇宙的平均密度。目前测出的星系的平均密度为 $2\times 10^{-31}\text{g/cm}^3$。

（1）若介质的密度大于 30 倍的星系密度，则宇宙总有一天将不再膨胀，转而变为收缩。这就是所谓闭合的宇宙。从一个奇点到极大的宇宙再回到一点，所需的时间大约是 1 000 亿年。

（2）若介质的密度小于星系密度的 30 倍，则宇宙就犹如脱缰的野马一样，无限地膨胀下去。这就是所谓开放的宇宙。

对于无限膨胀的宇宙有以下几点：

① 经过一千万亿年之后，也即 10^{15} 年之后，所有的行星系将会消失。也即所有的行星将会离开它所围绕的恒星。

② 经过一千亿亿年之后（也即 10^{19} 年之后），恒星系将会消失。90% 的恒星将会互相分离开来。星系的中心成为一个大黑洞。宇宙将会变得一片黑暗。

③ 对于质量小于太阳质量 3 倍的小恒星来说有如下的演化过程：

小恒星 $\xrightarrow{\text{经}10^{14}\text{年之后}}$ 黑矮星 $\xrightarrow{\text{再经}10^{65}\text{年之后}}$ 液态物质 $\xrightarrow{10^{1500}\text{年之后}}$ 液态铁 $\xrightarrow{10^{10^{26}}\text{年}}$ 中子星或黑洞（同时它也吸收行星）

换句话说，宇宙中最初稳定的四种星体，即行星、黑矮星、中子星、黑洞经过漫长的 $10^{10^{26}}$ 年以后，最后只剩下了黑洞。

④ 黑洞的命运

对于恒星型黑洞（即由恒星所演变而来的黑洞）来说，经过大约 10^{67} 年之后，都会由于霍金辐射而全部转化为电磁波。对于星系型黑洞来说(即由星系中心的物质转化而来的黑洞),经过大约 10^{91} 年之后,也将化为电磁波。

⑤无限宇宙的最终命运

经过 $10^{10^{26}}$ 年(这个数字无法用文字来表达,它几乎是无穷大)之后,所有的一切都将化为电磁波,可能还有少数的中微子。然后,随着时间的推移,这些电磁波的波长将会越来越长,直至最后将接近真空状态。于是我们的宇宙就是这样从"无"中生有,又从有回归于"无"!

问题:

1. 简述恒星一生的大致演化过程。
2. 简述宇宙的结局,你希望是什么结局?

第三节 20世纪60年代天文学上的四大发现

1. 类星体:类似恒星的天体

特点:极远的距离(极大的红移,极大的退行速度 $v \to c$);极小的体积和极大的能量(它所发出的能量为星系的1 000倍);中心可能是黑洞。

2. 中子星(脉冲星)

特点:

(1) 自转周期短而且稳定($T=0.1$ s),其稳定性超过原子钟;
(2) 温度高(表面温度可以达到 10^7 ℃,核心温度可达60亿度);
(3) 压力大,中子星内部的压力为 10^{23} atm;
(4) 密度大,可以达到 10^{14} g/cm^3 以上;
(5) 辐射强:10^{26} kw·h/s;
(6) 磁场强:磁感应强度达到 1 亿特斯拉。

估计银河系中大约有20万颗中子星。

3. 星际有机分子

发现了60多种星际分子,其中60%为有机分子。包括水、酒精等。为研究生命之谜开辟了新的途径。说明原则上不排除其他星球上有生命。

4. 微波背景辐射(3K 辐射)

宇宙中充满了各向同性的辐射,相当于温度为 3 K(零下270度)的黑体所辐射出的微波,波长大约为 7.35 cm(但是峰值波长在 1 mm 左右)。

问题:

谈谈你对地球以外的生命以及外星人的看法,你认为有这种可能吗?你的根据是什么?

【阅读材料 4】 黑洞

黑洞物理学是用物理方法研究黑洞的形成、结构及其运动规律的一门新兴学科,是天体物理学的一个分支。对黑洞的研究、探讨不论对物理学还是天文学都具有重要意义。

1. 科学家的预言

黑洞早在18世纪就已提出,直到20世纪70年代才开始了广泛而富有成效的研究。

(1) 拉普拉斯预言的黑洞

1798年,法国天文学家皮埃尔·西蒙·马奎·德·拉普拉斯(1749—1827年)提出:一个密度如地球而直径为太阳550倍的天体,通过引力的吸引作用,可以将全部光线捕获,成为不可见的天体,成为人们看不见的"黑洞"。拉普拉斯的预言,初看好像很"离奇",其实它是建立在牛顿经典力学基础上的,可以用中学物理知识来加以理解。我们知道,要想使人造地球卫星能绕地球运行,它的发射速度必须至少达到 $V_1=\sqrt{\dfrac{GM}{R}}=7.9 \text{ km/s}$,其中 G 为引力常数,M 为地球质量,R 为地球半径。V_1 通常称为"第一宇宙速度"。如果发射速度小于 V_1,卫星就会被地球引力吸回地面。如果我们想使飞船脱离地球,那么火箭发射速度必须至少达到 $V_2=\sqrt{\dfrac{2GM}{R}}=11.2 \text{ km/s}$,通常称为"第二宇宙速度"。根据这个道理可以推测:如果一个天体,其质量很大而半径很小,则它的"表面脱离速度"就可达到光速;也就是说,连从它表面发射的光也要被引力吸住而跑不出去,那么其他运动物体也都跑不脱。这个天体就是黑洞。

(2) 史瓦西预言的黑洞

广义相对论预言,一定质量的天体,将对周围的空间产生影响而使他们"弯曲"。弯曲的空间会迫使其附近的光线发生偏转。例如太阳就会使经过其边缘的遥远星体光线发生1.75弧秒的偏转。由于太阳的光太强,人们无法观看太阳附近的情景。1919年,一个英国日全食考察队终于观测到太阳附近的引力偏转现象,爱因斯坦因此成了家喻户晓的"明星"。

爱因斯坦创立广义相对论之后第二年(1916年),德国天文学家卡尔·史瓦西(1873—1916年)通过计算爱因斯坦方程后预言:如果将大量物质集中于空间一点,其周围会产生奇异的现象,即在质点的周围存在一个界面——"视界",一旦进入这个界面,即使光也无法逃脱。这种"不可思议的天体"后来被美国物理学家命名为"黑洞"。

史瓦西从"爱因斯坦引力方程"求得了类似拉普拉斯的结果,即一个天体的半径达到 $r=\dfrac{2GM}{c^2}$(M 是天体质量,c 是光速)时,连光线也无法逃脱它的引力。还有一些科学家,根据其他近代引力理论也作出了同样的预言。可见存在黑洞的预言是有不少理论根据的。按照这些理论,要使我们的地球成为一个黑洞,就必须把它的半径压缩到只有几毫米!这从人们日常的经验来看,是不可想象的。然而,这种威力无比的"压缩机"在自然界的确存在,这就是天体的"自身引力"。天体一般存在"自身的向内引力"和"向外的辐射压力"。如果压力大于引力,天体就膨胀;引力大于压力,天体就收缩(坍缩);如果二力相等,天体就处于平衡状态。对恒星而言,若质量大于2个太阳,则其引力坍缩的结局最终就形成黑洞。自然界中不但存在形成黑洞的巨大压力,而且任何大质量的天体最终都逃脱不了这种坍缩的结局。

2. 黑洞的观测与发现

最引人关注的是天鹅座X—1号的双星系统。1966年探测到天鹅座X—1号星发射出很强的X射线。1971年,X射线天文卫星"自由号"在观察天鹅座X—1号星后证实:这是一个双星系统,看得见的那一颗是蓝色的超巨星;而看不见的伴星质量约为5倍太阳质量,体积却非常小,是一颗不发光而放射出强烈X射线的奇异天体。这个奇异天体已经超过了黑洞质量的"理论界限",可能就是一个黑洞。1976年11月美国发射的"高能天文台—2号"卫星,已经拍摄到这颗黑洞的照片。这是第一个可能的黑洞。

第二个可能的黑洞是在银河系附近的一个星系中发现的。天文学家确认,这个星系的X射线源LMCX—3中含有一颗质量大约为10个太阳质量的黑洞,它与另一颗普通的星组成一个双星系统。这颗致密暗星就是第二个可能的黑洞。

(1) 麒麟座X射线新星A0620—00

1986年1月,在美国天文学会的休斯敦会议上,麦克林托克和雷米拉德宣布,他们发现了麒麟座X射线新星A0620—00,它的质量至少是太阳质量的3倍,是目前发现的离地球最近的可能黑洞。这是迄今被发现的第三个黑洞恒星。

(2) 遥远星系(M87)的中心黑洞

据最近报道,美国天文学会在一次会议上公布了哈勃太空望远镜拍摄的壮观照片,证实在一个遥远星系(M87)的中心处,有一个巨大的黑洞正把星体吸进去,喷发出由辐射与热气组成的湍流。在这个星系中心有一个星体凝聚的像点那样的亮光源,距地球约5 200万光年。

黑洞候选者一个个地发现,可以说硕果累累。然而,科学家们也还不能完全排除这些候选者不是黑洞的可能性。

3. 黑洞家族

科学家们提出来的黑洞有多种,它们形成了黑洞家族。

(1) 史瓦西黑洞

如前所述的"史瓦西黑洞"属于"寻常黑洞",它由恒星演化而来。

(2) 大黑洞

由爆发星系、类星体所形成的黑洞,称为"大黑洞"。爆发星系的核和类星体是体积小、质量大的天体,它们的质量可以达到10×10^6个太阳质量。关于大黑洞的形成说法不一,目前尚未得到观测上的证实,这将是今后若干年的一个重要研究课题。

(3) 原始黑洞

原始黑洞是20世纪70年代由霍金提出来的,质量比2个太阳小得多。霍金还证明了小黑洞通过所谓"隧道效应"可以放射出物质和辐射。小黑洞有如下特点:

①小黑洞"放出物质和辐射"意味着它具有温度。

一吨质量的小黑洞的温度为 10^{20}(1万亿亿)K,实在惊人!而寻常黑洞温度接近绝对零度,冷得惊人。例如一个晚期恒星形成的黑洞,温度不超过 10^{-8}(亿分之一)K。

②小黑洞的吸积效应小于发射效应

由于发射效应超过了吸积效应,所以总的来说小黑洞的质量在不断减少,而温度则不断升高。这种过程不断升级,直到黑洞完全蒸发掉为止。这是原始黑洞区别于寻常黑洞的一个重要特征。如果在我们的太阳系中能找到这种原始黑洞,那么便给我们提供了巨大的能源:从原始黑洞引出来的能量,能使人类跨过核能时代进入一个新的能源时代。

(4)微型黑洞

前苏联物理学家特罗缅柯于 1991 年又提出了"微型黑洞存在于一切空间"的假说,引起一些科学家的关注。他认为这种微型黑洞在地球上也存在。例如美国夏威夷群岛的火山之所以仍在活动,就是因为地球地幔中隐藏着微型黑洞,成为使岩浆处于沸腾状态的热源。而微型黑洞所发射的中微子数量是太阳的 1 000 倍,因此在火山内部较易观测到中微子。

黑洞有一个庞大的家族,他们的脾气、禀性还有很大差异,这些都是值得研究的。

4. 黑洞白洞两兄弟

黑洞概念已使人们感到非常新鲜,然而在 60 年代初又由诺维可夫和尼曼等人根据爱因斯坦广义相对论,提出了白洞的概念。白洞是黑洞的相反过程。黑洞是宇宙中的收缩区域,是吞食实物和光的"陷阱";白洞却是宇宙中的膨胀区域,各类高能物质乃至光线从这个源泉涌向宇宙。

科学家们对于黑洞、白洞的研究提出了许多有趣的观点。例如,建立黑洞和白洞连通结构,通过这样的超空间可以不费时地从宇宙的这边跳到那边。黑洞白洞二者的存在并不矛盾,只是过程的两个端点而已。黑洞是物质末期坍缩的终局,白洞是星系物质的伊始,只不过两种过程不是同时的,而是先后交错的。还有人认为,宇宙物质不是单向衰老而消失,而是不断循环转化;黑洞状态虽然是物质坍缩的端点,但是进入黑洞的物质并非被消灭。它们通过黑洞—白洞的连通转化为白洞状态。

5. 仍是难解之谜

黑洞的存在虽然有很多理论根据,科学家们也在千方百计地证实它,但至今尚无定论。当前的观测及理论也给天文学和物理学提出了许多新问题。例如,一颗能形成黑洞的冷恒星,它的密度已经超过了原子核本身的密度,这时的原子核可能已被压碎。如果再继续坍缩下去,那么黑洞中的密度会超过核子,核子也可能已被压碎。那么,黑洞中的物质基元是什么呢?另外,有什么斥力与引力对抗才使黑洞停留在某一阶段而不再继续坍缩呢?如果没有斥力,那么黑洞将无限地坍缩下去,直到体积无穷小,密度无穷大,内部压力也无穷大,这是物理学理论所不允许的。

关于白洞的起源至今仍还有两种不同的看法:一种是前面讲的认为白洞由黑洞转化而来,另一种则认为是来自宇宙大爆炸。总之,目前我们对黑洞和白洞的本质的了解还很少,它们还是神秘的东西,很多问题仍需要进一步探讨。

问题:

1. 历史上科学家对黑洞是怎样预言的?根据是什么?

2. 黑洞家族都有哪些成员,各有什么特点?
3. 探测黑洞的主要方法有哪些?
4. 目前已初步探测到哪些可能是黑洞的天体?
5. 通过上网浏览搜集关于"超级大黑洞"的报道资料,你从这些资料能够得出怎样的认识和推断?
6. 通过上网浏览和查阅文献,归纳克尔黑洞的资料。

【阅读材料 5】 暴胀宇宙与黑洞的蒸发

- 暴胀宇宙

宇宙大爆炸理论也存在一些问题,比如 3K 微波背景辐射为什么会各向同性?如何避免奇点等。在这一模型的基础上,美国物理学家古斯等人在 80 年代又进一步提出了暴胀宇宙模型,除了有一点根本性的差别之外,其他与大爆炸模型相似。该模型认为,宇宙开始于一个非常短暂但又非常迅速的膨胀阶段,这一被称为暴胀的过程只持续了大约 10^{-30} 秒的短暂瞬间,而宇宙在这段时间内则增大了 10^{30} 倍。暴胀对热大爆炸模型所作的显著改进在于,它可以使现今所观察到的宇宙状态来自于一组宽阔得多、更为合理的初始条件。在一定的意义上讲,具有暴胀机制的热大爆炸模型已经为现代宇宙学奠定了可靠的基础。简单地说,以前的宇宙大爆炸模型认为爆炸的剧烈程度从开始到现在差不多,但是暴胀宇宙却认为宇宙开始爆炸的最初阶段要比后来的阶段更为猛烈。

- 黑洞的蒸发

根据广义相对论,恒星的质量太大,引力太强的话,一切物质,连光也无法逃出,这样任何东西都是只进不出,这就是所谓的黑洞。黑洞真的绝对黑的吗?1974 年,霍金把量子理论应用于形成黑洞的过程,证明了存在从视界(即黑洞的边界)向外稳定发射纯热能范围的粒子。大质量黑洞的发射温度很低,粒子发射能力也就微乎其微。小质量的黑洞温度很高,发射强度很大,最终总是要爆发而放出大量高能粒子。在黑洞视界产生纯量子粒子的发现,成为把相对论和量子论统一起来的最初尝试。

第八章 现代地学概论

第一节 大陆漂移与板块学说

地学的发展经历了三个时代:18世纪末～20世纪初,在研究地质历史时,用生物化石来断定地质年代,称之为生物学地球观阶段。20世纪初,人们开始研究地壳和海洋的化学成分构成及其变化,矿物元素的分布,以此来推断地球地质的形成和演化,称之为化学地球观阶段。20世纪60年代起,人们开始用力学、电磁学等理论来研究地球地质结构特点及其运动规律,产生了大陆漂移、海底扩张、地质力学等一系列新的学说和理论,称之为物理地球观阶段。

一、地球的构造——地球的内部圈层

1. 地球内部的圈层构造

利用地震波可探测地球内部的圈层构造。固体地球内部可分为地壳、地幔、地核3个圈层。地幔主要由密度中等的固态富镁硅酸盐岩石所组成。地核主要由高密度的铁镍合金所组成,外核呈液态、内核呈固态。地球内部各圈层的运动速度都不相同。地球岩石圈是不安稳的,地震就是其典型表现。

2. 地震波

纵波(P波) 质点振动方向与传播方向一致的波。传播时只引起物质疏密的变化,不要求物质具有固定的内部结构,因此在气态、液态或固态物质中都可以传播。

横波(S波) 质点振动方向与传播方向相垂直的波。在液态或气态物质中,质点没有固定的位置,并且间距较大,无法传递剪切变形,横波只能在固态物质中传播。

面波(M波) 只在地球表面传播,对固体地球表面的破坏作用最强。地震波速的变化意味着介质的密度和弹性性质发生了变化。地震波可以发生反射和折射(波速突变)。在不同介质界面即不连续面(物态突变)处地震波的速度一般会发生突变。地球不是均质的,地球物态不是一致的,据此,可以判断和划分地球内部圈层。

3. 分界面

莫霍洛维奇不连续面(莫霍面)——地壳与地幔的分界面。古登堡不连续面(古登堡面)——地幔与地核的分界面(深度2 885 km)。

4. 岩石圈(0～60 km)

软流圈以上,岩石强度较大的部分,包括地壳和上地幔顶部部分。

5. 软流圈

在上地幔内部还存在一个地震波的低速层(60～250 km),岩石强度较低,可能局部熔融。

6. 内部圈层的主要特性

圈层	密度 g·cm^{-3}	压力(MPa) $P=\rho gh$	温度(℃)	
地壳	2.6～2.9	27.5～1 200	400～1 000	外热层：温度随昼夜、季节而变化，深度十至数十米。常温层：相当于当地年平均气温。增温层：一般 38/100 m，海底：4～88/100 m，大陆 0.9～58/100 m
地幔	3.32～5.56	135 200	3 700	
地核	9.98～12.5	1 361 700	4 500	

- 地球内部各圈层物理特征及变化规律——物态：固—液交替变化；密度：随深度增加；压力：随深度增加；温度：随深度增加；重力：随深度变化。
- 思考题：解释岩石圈、软流圈；莫霍洛维奇不连续面(莫霍面)和古登堡不连续面(古登堡面)。

二、大陆漂移与海底扩张及证据

1. 韦格纳的大陆漂移说

韦格纳(1880—1930)地质学家、气象学家——大陆漂移学说的创始人。韦格纳注意到南美和非洲之间的海岸线凹凸互相对应能拼合起来，又了解到巴西与非洲有许多生物种属相似，因此开始思索大陆是不是会有长距离的水平移动。1912年发表了论文《大陆水平移动》。1915年出版了《海陆起源》，阐述了大陆漂移说的基本思想。地球原来只有一个原始大陆——泛大陆，周围是原始海洋。从一亿九千万年前的侏罗纪到五千万年前的第三纪，泛大陆逐渐分离。这一理论冲击了大陆固定论。韦格纳1930年11月在探险中牺牲。韦格纳断言：大陆在漂移。

2. 赫斯的"海底扩张"学说

19世纪有名的几次海洋综合探险调查，迅速扩大和加深了人类对海洋的认识。1871年"猎犬号"进行了为期五年的环球探险。1872年"挑战者号"进行了为期四年的探险，围绕海洋学、海洋生物学、海洋地质学等几个方面对三大洋进行了全面的考察，写了50卷调查报告。二次大战以后，海洋地质学成了热门，深海探测技术迅速发展。海洋地质学广泛使用了回声探测技术、水下电视、红外照相机及立体摄影等。现代深潜器一般都配备摄像设备，测量用的各种传感器，以及搜集标本的采样器和灵活的机械手等，深潜器都有动力系统和控制系统，运转自如而且安全性都很好。这些先进的探测仪器和手段使人们得到了许多重大的发现。

- 大洋中脊—深海沟系统的发现

人们发现了具有全球规模的大洋中脊—深海沟系统，发现了大洋中脊两侧成对称分布的岩石磁条带，还发现了沿大洋中脊和深海沟分布的强烈的洋底热流异常，正是这些大量的事实促使新的科学理论产生了。1960年美国的赫斯发表《海洋盆地的历史》，赫斯认为海底沿中洋脊的顶部裂开，新的海底就在这里形成，并向洋脊顶部的两侧扩张。洋底地质实际上正是地幔对流的直接体现，地幔对流的上升点在大洋中脊，然后分成两股向两侧运动，正是这种巨大的力量在大洋中脊中间沿轴线形成巨大的中央裂谷。

3. 韦格纳与赫斯的主张

韦格纳曾经主张,各个大陆都是被独立的推动的,因此大陆的运动就像一只船在柔软的洋底上行驶。赫斯却假设大陆并不是作为一个独立体系而运动的,大陆像木筏冻结在同样坚硬的海底地壳上并随海底一起运动,美国的罗伯特·迪茨称这一过程为"海底扩张"。洋壳从产生到消失大约2亿～3亿年,处在不断的更新之中,所以人们找不到更古老的大洋岩石。

4. 大陆漂移与海底扩张的证据

主要的证据有计算机拟合与地质学证据;大洋中脊两侧对称分布的岩石磁条带;中洋脊—深海沟系统;洋底热流异常;古生物;古气候。剑桥大学的爱德华·布拉德、J.E 埃弗列特和 A.G. 史密斯用计算机做过大陆拟合的最佳化与误差检验。拟合的边缘部分不吻合平均值不超过一度。地球是一个不断向外散发热量的球体。地球表面热流量的平均值在不同地区是不一样的。古冰川与大陆漂移,晚古生代冰川在复原的冈瓦纳大陆上的分布,这些也是大陆漂移的证据。

三、板块构造说

1. 主要思想

板块构造学说是1968年法国地质学家勒皮雄与麦肯齐、摩根等人提出的一种新的大陆漂移说,它是海底扩张说的具体引申。

板块构造学说的基本思想是在固体地球的上层,存在比较刚性的岩石圈及其下伏的较塑性的软流圈;地表附近较刚性的岩石圈可划分为若干大小不一的板块,它们可在塑性较强的软流圈上进行大规模的运移;海洋板块不断新生(增生),又不断俯冲、消减到大陆板块之下;板块内部相对稳定,板块边缘则由于相邻板块的相互作用而成为构造活动强烈的地带;板块之间的相互作用控制了岩石圈表层和内部的各种地质作用,同时也决定了全球岩石圈运动和演化的基本格局。

板块构造又叫全球大地构造。所谓板块指的是岩石圈板块,包括整个地壳和莫霍面以下的上地幔顶部,也就是说地壳和软流圈以上的地幔顶部。全球构造理论认为,不论大陆壳或大洋壳都曾发生并还在继续发生大规模水平运动。但这种水平运动并不像大陆漂移说所设想的,发生在硅铝层和硅镁层之间,而是岩石圈板块整个地幔软流层上像传送带那样移动着,大陆只是传送带上的"乘客"。

板块运动常导致地震、火山和其他大地质事件。从本质上来讲,板块决定了地球的地质历史。地球是我们所知道的唯一一个适合板块构造学说的行星。地球板块运动被认为是生命进化的必要条件。

2. 六个大板块和12个小版块

勒皮雄在1968年将全球地壳划分为六大板块:太平洋板块、亚欧板块、非洲板块、美洲板块、印度洋板块(包括澳洲)和南极板块。其中除太平洋板块几乎全为海洋外,其余五个板块既包括大陆又包括海洋(正是由于这一点,因此除了太平洋板块是公认的大洋板块之外,其他的板块究竟属于大洋板块还是大陆板块是有争议的,有些人认为这要看板块的那一部分,是大洋部分还是大陆部分,不能一概而论)。

此外，在板块中还可以分出若干次一级的小板块，如把美洲大板块分为南、北美洲两个板块，菲律宾、阿拉伯半岛、土耳其等也可作为独立的小板块。

一些人认为全球有 12 个主要板块，它们是：北美板块、南美板块、加勒比板块、非洲板块、欧亚板块、阿拉伯板块、南极洲板块、菲律宾海板块、印度板块、太平洋板块、可可板块、纳兹卡板块。

板块之间的边界是大洋中脊或海岭、深海沟、转换断层和地缝合线。这里提到的海岭，一般指大洋底的山岭。在大西洋和印度洋中间有地震活动性海岭，另名为中脊，由两条平行脊峰和中间峡谷构成。太平洋也有地震性的海岭，但不在大洋中间，而偏在东边，它不甚崎岖，没有被中间峡谷分开的两排脊峰，一般叫它为太平洋中隆。海岭实际上是海底分裂产生新地壳的地带。转换断层，是大洋中脊被许多横断层切成小段，它不是一种简单的平移断层，而是一面向两侧分裂，一面发生水平错动，是属于另一种性质的断层，威尔逊称之为转换断层。两大板块相撞，接触地带挤压变形，构成褶皱山脉，使原来分离的两块大陆缝合起来，叫地缝合线。一般说来，在板块内部，地壳相对比较稳定，而板块与板块交界处，则是地壳比较活动的地带，这里火山、地震活动以及断裂、挤压褶皱、岩浆上升、地壳俯冲等频繁发生。

3. 驱使板块运动的力量

什么力量驱使板块进行运动呢？

按照赫斯的海底扩张说来解释，认为大洋中脊是地幔对流上升的地方，地幔物质不断从这里涌出，冷却固结成新的大洋地壳，以后涌出的热流又把先前形成的大洋壳向外推移，自中脊向两旁每年以 0.5～5 cm 的速度扩展，不断为大洋壳增添新的条带。因此，洋底岩石的年龄是离中脊愈远而愈古老。当移动的大洋壳遇到大陆壳时，就俯冲钻入地幔之中，在俯冲地带，由于拖曳作用形成深海沟。大洋壳被挤压弯曲超过一定限度就会发生一次断裂，产生一次地震，最后大洋壳被挤到 700 km 以下，为处于高温熔融状态的地幔物质所吸收同化。向上仰冲的大陆壳边缘，被挤压隆起成岛弧或山脉，它们一般与海沟伴生。现在太平洋周围分布的岛屿、海沟、大陆边缘山脉和火山、地震就是这样形成的。所以，海洋地壳是由大洋中脊处诞生，到海沟岛弧带消失，这样不断更新，大约 2～3 亿年就全部更新一次。因此，海底岩石都很年轻，一般不超过 2 亿年，平均厚约 5～6 km，主要由玄武岩一类物质组成。而大陆壳已发现有 37 亿年以前的岩石，平均厚约 35 km，最厚可达 70 km 以上。除沉积岩外，主要由花岗岩类物质组成。地幔物质的对流上升也在大陆深处进行着，在上升流涌出的地方，大陆壳将发生破裂。如长达 6 000 多千米的东非大裂谷，就是地幔物质对流促使非洲大陆开始张裂的表现。

4. 板块的移动

随着软流层的运动，各个板块也会发生相应的水平运动。据地质学家估计，大板块每年可以移动 1～6 cm 距离。这个速度虽然很小，但经过亿万年后，地球的海陆面貌就会发生巨大的变化：当两个板块逐渐分离时，在分离处即可出现新的凹地和海洋；大西洋和东非大裂谷就是在两块大板块发生分离时形成的。当两个大板块相互靠拢并发生碰撞时，就会在碰撞合拢的地方挤压出高大险峻的山脉。位于我国西南边疆的喜马拉雅山，就是三千多万年前由南面的印度板块和北面的亚欧板块发生碰撞挤压而形成的。有时还会出现另一种情况：当两个坚硬的板块发生碰撞时，接触部分的岩层还没来得及发生弯曲变形，其中有一个板块已经深深地插入另一个板块的底部。由于碰撞的力量很大，插入部位很深，以至把原来板块上的老岩层一直带到高温地幔中，最后被熔化了。而在板块向地壳深处插入的部位，即形成了很深的海沟。西太平洋海底的一些大海沟就是这样形成的。

根据板块学说，大洋也有生有灭，它可以从无到有，从小到大；也可以从大到小，从小到无。大洋的发展可分为胚胎期（如东非大裂谷）、幼年期（如红海和亚丁湾）、成年期（如目前的大西洋）、衰退期（如太平洋）与终了期（如地中海）。大洋的发展与大陆的分合是相辅相成的。在前寒武纪时，地球上存在一块泛大陆。以后经过分合过程，到中生代早期，泛大陆再次分裂为南北两大古陆，北为劳亚古陆，南为冈瓦那古陆。到三叠纪末，这两个古陆进一步分离、漂移，相距越来越远，其间由最初一个狭窄的海峡，逐渐发展成现代的印度洋、大西洋等巨大的海洋。到新生代，由于印度已北漂到亚欧大陆的南缘，两者发生碰撞，青藏高原隆起，造成宏大的喜马拉雅山系，古地中海东部完全消失；非洲继续向北推进，古地中海西部逐渐缩小到现在的规模；欧洲南部被挤压成阿尔卑斯山系，南、北美洲在向西漂移过程中，它们的前缘受到太平洋地壳的挤压，隆起为科迪勒拉——安第斯山系，同时两个美洲在巴拿马地峡处复又相接；澳大利亚大陆脱离南极洲，向东北漂移到现在的位置。于是海陆的基本轮廓发展成现在的规模。

5. 板块的边界

板块边缘的岩石物质都会受到挤压而破碎。两边的板块性质可能相同，即同为大陆性板块或同为海洋性板块；对于同一类别的板块，由于板块间的相对运动，导致板块边缘的岩石物质都会受到挤压而破碎，以至熔融。板块的性质也可能不相同，即分别为大陆性板块和海洋性板块。无论是哪一种，碰撞时都会出现岩浆涌升，带来火山活动作用；另一方面，被挤压的岩层，亦会张裂和隆起，此即断层作用及褶曲作用；能量则通过地震和火山爆发等活动而释放。当大陆板块与海洋板块相遇时，两个板块缓缓靠近，或一个追及另一个时，密度较大的海洋板块地壳，会俯冲至较轻的大陆板块地壳之下，岩石被拖曳至地幔，熔融于软流圈中，俯冲作用形成海沟。若为两个大陆板块相碰撞，原有的分隔海面便会逐渐消失，挤压形成巨大山脉及缝合线。高耸的喜马拉雅山脉，便是这类板块碰撞边界形成的褶曲山脉。由南面而来的印度板块，于三千五百万年前与欧亚板块发生碰撞，从而使数百万年沉积于浅海的沉积岩挤压隆起，使原有的海洋逐渐缩小，慢慢形成巨大的山脉。在那近九千米高的岩石层中，夹杂了不少昔日海中生物的化石。由于印度板块仍向北方移动，喜马拉雅山脉仍在不断增高；1954 年的测量高度为 8 848 m，1999 年 11 月 11 日已把高度修订为 8 850 m。

地震几乎全部分布在板块的边界上，火山也特别多在边界附近。其他如张裂、岩浆上升、热流增高、大规模的水平错动等，也多发生在边界线上，地壳俯冲更是碰撞边界划分的重要标志之一，可见板块边界是地壳的极不稳定地带。

思考作业题

1. 大陆漂移、海底扩张的证据有哪些？
2. 板块构造学说的主要内容是什么？

第二节 地震常识

一、地震学简史

中国是世界上地震学发展最早的国家。据《竹书记年》记载:"夏帝发七年(公元前1831年)泰山震"。《通鉴外记》又载:"周文王立国八年(公元前1177年),岁六月,文王寝疾五日,而地动东西南北不出国郊"。中国也是最早发明地震仪器的国家。《后汉书选》中载,河南人张衡"阳嘉元年(公元132年)复造候风地动仪"。《后汉书选》关于候风地动仪的描述:"以精铜铸成,圆径八尺,合盖隆起,形似酒尊,饰以篆文山龟鸟兽之形。中有都柱,旁形八道,施关发机,外有八龙,首衔铜丸,下有蟾蜍,张口承之。其牙机巧制,均隐在尊中,覆盖周密无际。如有地动,尊则振龙,机发吐丸,而蟾蜍衔之。振声激扬,伺者因此觉知。虽一龙发机,而七首不动,寻其方向,知震之所在。验之以事,合契若神。自书典所记,未之有也。尝一龙机发而地不觉动,京师学者,咸怪其无征。后数日,驿至,果地震陇西,于是均服其妙。自此以后,乃令史官记地震所从方起。"世界上最早的地震仪在当时的首都洛阳第一次记录了甘肃的地震。

地震学内容包括地震灾害研究、地震调查、地震区划、地震预防、地震预报、地震控制、地震物理。主要理论依据有:地震波理论,地震机制,地震现象的固体物理学,地震信息。

二、地震活动概况

1. 大地震

大地震是可怕的自然灾害,山峰崩塌、河流改道、地形地貌剧烈改变、大厦倾覆、桥梁断裂、可以使一座宏伟繁华的城市在短短的几分钟里变为一片废墟,几十万人的生命瞬间消失,财产损失更是不计其数。1976年7月28日,中国唐山大地震,蓝光闪过,动地摇山,公路开裂,铁轨变形,桥梁塌入河中,所有建筑无一幸存。地面喷水、冒沙,淹没大量农田,矿井大量涌水。通讯中断、交通受阻,供水供电系统全部瘫痪,工业城市唐山一片瓦砾,25万人丧生。

1556年1月23日,陕西省关中地区发生强烈地震,波及陕西、山西、甘肃、河北、河南、山东、湖北等省185个县。据载:秦晋之交,地忽大震,延及千里,川原坼裂,郊墟迁移,或壅为岗阜,或陷作沟渠,山鸣谷响,水涌沙溢。城垣庙宇、官衙、民庐倾颓摧圯,十居其半。军民被害,其奏报有名者,八十三万有奇,不知名者复不可数计。1737年10月11日,印度加尔各答地震,30万人死亡。1920年12月16日,中国宁夏海原地震,山崩地裂,黑水上涌,海原、固原等四城全毁,死亡20余万。1923年9月1日,日本东京——横滨大震,死10万人。1960年智利海底大震,地动山摇,大海激荡,几十米高的海啸扑向海滩,摧毁沿途的一切,大船被抬到码头的大楼上,大楼顷刻压垮,返回的浪头越过太平洋在日本登陆,登陆的浪头高达6 m。1883年8月26日,印度尼西亚爪哇和苏门答腊之间的克拉克托火山爆发、地震,近4立方千米物质被炸入空中。火山原高度820 m,炸后低于海平面,爆炸时海啸高达 46 m。西爪哇海岸的 36 000 人在海啸中丧生。

2. 地震学的基本名词和术语

震源：地下发生地震的部位，是地震能量积聚和释放的地方。震源是具有一定空间范围的区域——震源区。震中：震源在地表的垂直投影。震中区是地震破坏最强烈的地区。震源深度：震源至震中地表的距离。震中距：从震中到任一地震台站的地面距离。震级：地震能量大小的等级。从震源释放出的弹性波能量越大，震级就越大。地震的震级 M 表示了地震的大小。一次 7 级地震相当于近 30 个两万吨级原子弹的能量；一次 8.5 级地震能量相当于 100×10^4 kW 的大型发电厂连续 10 年发电量的总和。

3. 地震分布

地震都发生在地壳和地幔上部，大多数发生于地壳之中。大约有 72% 的地震震源深度小于 33 km，大约 24% 的地震震源深度在 33～300 km 之间，只有大约 4% 的地震震源深度大于 300 km，是深源地震。地震带有：

(1) 环太平洋地震活动带。

(2) 地中海—喜马拉雅地震活动带。

(3) 大洋中脊地震活动带。

(4) 大陆裂谷系地震活动带。

4. 地震的分类

构造地震、火山地震、水库地震、陷落地震、人工地震。

三、地震的一般规律

群发性——某段时间内频震，另一段时间内平静。迁移性——此起彼伏，"翘板"现象。等距性——震中位置某种等距性。复发性：大地震会在原地再次发生。前兆性：地震前会出现各种前兆。

四、地震的预报

1. 预报的种类与程序

长期预报；中期预报；短期预报；临震预报。

2. 地震预报的方法

测震学方法。各种前兆方法：地形变测量、地磁、重力测量、地下水、地应力测量、宏观异常、地电测量。

• 地震前会出现哪些异常现象？

自然界中许多事情在发生之前大都会表现出一些预兆来，地震也不例外。一次地震，特别是一次比较大的地震发生之前，大都会表现出一些异常现象来。地震的异常现象很多也很复杂，但归纳起来主要有两大类：一是宏观异常，即通过人的器官能够直接感觉得到的一些现象；二是微观异常，也就是用精密的各类仪器观测到的一些现象。

地震的宏观异常很多，如井水发浑、冒泡、翻花、变色、变味、陡涨陡落、水温增高等；泉水突然枯竭或超常涌出；天气突然骤冷骤热，天空中出现特别的亮光；地下发出奇怪的响声以及人体能够感觉到的小地震增多；一些动物突然改变原来的生活习性，狂叫乱跳，乱飞,精神不振,不思饮食;一些植物出现提前开花、结果或重开花、重结果的不适时令现象等。

地震的微观异常主要有:人们感觉不到的小地震增多;地壳发生超常的形变,地下水中的化学成分发生急剧变化;水位大幅度升降;地震波传播速度发生改变;大地磁场,大地电场,大地温度场,地球重力场等发生大幅度长时间的增减变化。这些变化只有借助专门的地震仪器才能观测到。

无论是宏观异常还是微观异常,有的确实与地震有关,而有的则与地震毫不相干。例如大雨或久旱以及工业抽水等也可以使地下水发生大幅度的升降变化;疾病或环境改变可以使动物的正常生活习性发生变化。因此,不能笼统地把一切异常现象都归结为地震异常。

1990年10月20日天祝、景泰6.2级地震前,也出现了较大范围的异常现象。如地震区成群结队的狗跑到山顶上朝天狂叫;大量老鼠惊恐不安,在村里乱跑,甚至遇到猫也不躲避;鸡飞上树不进窝,有的地方还发现冬眠蛇爬出洞外等。同时,震前在震区还有人发现地光和地声现象,井水水位突然下降和上升,泉水水流量突然剧增,甚至溢出地表。上述宏观异常现象虽说在震区有很多人发现过,而且分布面也比较广,但终因人们对地震了解得太少而没有引起人们的重视。

• 相关知识:预警现象和时间

从唐山等震区人们的感受来看,从地震发生到房屋破坏,一般约有十几秒钟的预警时间。大震的预警现象主要有:地面的颠动、地声、地光、建筑物的晃动等。地下水:当岩层受力变形时,地下含水层的状态也会变化,因此地下水往往产生一些异常现象,井水翻花冒泡,忽升忽降,无雨水变浑,变色变味又难闻。但地下水易受环境影响,因此,发现异常不要惊慌,先报告地震部门。有顺口溜:天旱井水冒,反常升降有门道,无雨水变浑,变色变味又难闻,喷气又发响,翻花冒气泡。

动物异常:多次地震震例表明,动物在震前往往会出现反常行为,下面是一首歌谣,讲的就是震前动物前兆:

　　　　震前动物有前兆,发现异常要报告;牛马骡羊不进圈,猪不吃食狗乱咬;
　　　　鸭不下水岸上闹,鸡飞上树高声叫;冰天雪地蛇出洞,老鼠痴呆搬家逃;
　　　　兔子竖耳蹦又撞,鱼儿惊慌水面跳;蜜蜂群迁闹轰轰,鸽子惊飞不回巢。

思考作业题

1. 简述地震的成因。
2. 地震预报的方法有哪些?
3. 地震预报可以分为几个阶段?
4. 什么是地震的宏观异常?

第三节 环境保护与自然警示

我们只有一个方舟，环境问题是全球性的问题，只有通过全人类的共同努力和国际合作才有可能解决这一日益严重的问题。为了这个星球有蓝色的海洋，蓝色的天空和绿色的大地，为了子孙后代有一个适宜生存的空间，全人类必须携起手来。

一、环境破坏的代价

人类从创造古代文明开始就在不自觉地破坏环境，原本林木茂盛，土地肥沃的大片地域由于过度的砍伐耕作而造成大量的水土流失、土地沙化，甚至变为不毛之地，古文明也随之衰败消失。中国的黄土高原、印度北部、非洲北部、地中海沿岸的一些古代文化发达地区都有类似的情况。进入20世纪以后，人类社会的生产力和科学技术以从未有过的速度飞速发展，创造了许多奇迹，同时人类也以从未有过的规模和速度毁坏我们自身的环境。1930年比利时发生"马斯河谷烟雾事件"，一周内有60人死亡。1943年美国发生"洛杉矶光化学烟雾事件"数月内死亡400人。1952年英国发生"伦敦烟雾事件"，4天中死亡人数较常年同期多出约4 000人。1953年到1956年日本发生"水俣(yú)事件"，首先是病猫跳水自杀，然后发现有人中毒，汞中毒者达283人，其中60人死亡。1984年印度博帕尔的一家美国农药厂发生有毒物质泄漏，附近居民20万人中毒，2 500人死亡。1986年4月26日，切尔诺贝利核电站发生了最严重的核电站事故。由于4号机组在停机检查中，电站人员多次违反操作规程，导致反应堆能量突然增加，终于在26日凌晨酿成了惨祸。反应堆熔化燃烧，引发了大爆炸，放射性物质源源泄出。当场死亡2人，遭辐射受伤204人。1991年海湾战争期间，数百万桶原油泄漏入海，严重破坏了生态环境，几百口油井燃烧的熊熊大火造成的大气污染波及地球表面的四分之一，喜马拉雅山都下了黑色的大雪。2000年1月30日深夜，罗马尼亚奥拉迪亚一座金矿的氰化物废水大坝因连续降雨暴涨发生了漫坝。全部如脱缰的野马泻入索梅什河后进入匈牙利蒂萨河，直至南联盟多瑙河。事发之后，整个欧洲反应强烈。尽管罗马尼亚会承担巨额赔偿，但死去的河流是多少钱也买不回来了。南极上空的臭氧层空洞也在不断扩大。

二、环境意识的觉醒

1661年英国人依附林写了《驱逐烟气》一书，指出烟气的危害，并提出一些防治对策，但没有人理睬他，英国的大气污染却越来越严重。1962年美国生物学家卡森发表了《寂静的春天》，以科学而又生动的笔触，描述了污染物迁移、转化的过程，描述污染造成的春天的可怕静寂，阐明了人类与大自然复杂而密切的关系。该书一问世便造成极大的影响，全社会第一次全面关注环境问题。1968年，十个国家大约三十位科学家、教育学家、人类学家、经济学家和实业家在罗马聚会，探讨世界经济增长带来的问题，尤其是生态平衡问题，建立了"罗马俱乐部"。在"罗马俱乐部"的组织和支持下，1972年美国麻省理工学院的梅多斯领导的十几位青年学者合作写成的《增长的极限——罗马俱乐部关于人类困境的研究报告》出版。报告指出,地球不可能接受人类社会不受约束的任意增长,如果人口仍以指数增长,经济上也盲目地追求增长,随着人口的急剧增加和资源枯竭以及环境的继续破坏,到头来必将达到极限而导致人类社会的衰败。不要盲目的反对进步,但要反对盲目的进步。报告一出来,便在学术界和舆论界引起爆炸性的反响,褒贬不一,但有一点是肯定的,他们对人类敲响了警钟。

三、环境科学的建立与国际合作

1972年英国经济学家沃德和美国微生物学家杜波斯受联合国"人类环境会议"秘书长的委托,在152位专家协助下完成了《只有一个地球:对一个小小行星的关怀和维护》一书,这本书作为1972年联合国"人类环境会议"的背景材料,它对于环境科学的建立有着重要的影响,从此以后环境科学的著作便大量问世。1972年第二十七届联合国大会通过决议将六月五日定为"世界环境日"。1992年联合国又召开了"联合国环境与发展大会",通过《关于环境与发展的里约宣言》、《关于森林问题的原则声明》、《二十一世纪议程》,许多国家还同时签署了《气候变化框架公约》和《生物多样性公约》。迄今为止还没有任何一门学科受到各国政府如此的关注,也没有任何一门学科在全球范围内开展过如此规模的合作。我们只有一个绿色方舟,这一点已成为大家的共识。防治环境污染和维护生态平衡是大型系统工程,学科涉及面很广,比如大气、水体、土壤、生物、噪声、电磁波、放射性等各种环境要素,又涉及政治、经济、社会等各个领域,是高度综合、异常复杂的事情,需要个人、社会、国家和国家的相互协调与全方位的合作才能完成。形势依然严峻,但愿这绿色方舟能平安的载着人类驶向未来。

思考作业题

1. 人类面临的环境问题有哪些?
2. 我们周围最严重的环境问题是什么?
3. 世界环境日是哪一天?怎么确定的?

第四节 恐龙灭绝的启示

地质学提供的灾变证据(K—T界层的铱异常与尤卡坦半岛的巨大陨石坑)表明,6 500万年前发生了一次空前的K—T大灭绝,强大的恐龙家族在6 500万年前的白垩纪末期突然消失得一干二净。事实上,这样的事件不止一次,地质史上的大规模灭绝有24次,其中12次与天体碰撞有关。很多人认为,K—T大灭绝是小行星撞击地球的结果。不只是地球,其他天体上也有类似的事件发生,如休梅克—列维9号彗星被木星的强大引力场撕成21块大碎片,该彗星于1994年7月16日后连续撞入木星,造成巨大的爆炸。人类社会要尽力避免类似K—T灭绝的灾难重演。

一、恐龙的消失

强大的恐龙家族(跃龙、腕龙、蛇颈龙、鱼龙、平滑侧齿龙、鸟翼龙……)在6 500万年前,在我们这个行星上突然消失得一干二净,留下的仅仅是它们的尸骨,还有石化了的再也无法孵化的恐龙蛋。这次灭绝之所以叫做K—T大灭绝是有原因的。这里先解释一下什么是K—T界层。

K—T界层:白垩纪用K表示,第三纪用T表示,K层与T层之间的过渡层为K—T界层。研究表明K层的化石有:恐龙,针叶树,花粉,弱小的哺乳动物。T层的化石没有恐龙。这次大灭绝除恐龙外地球上其他物种消失了65%~75%。体重超过25千克的陆上动物全部消失,陆上物种灭绝达88%,海洋物种灭绝55%。海洋浮游植物灭绝达95%,食物链崩溃,较大的海洋动物死去,K—T灭绝是一次大规模的全球性灾难。

二、K—T大灭绝

6 500万年前的那一天,也许是"黑色的星期五",死神着陆之前,大大小小的恐龙们翘首仰望,迷茫地望着天空中越来越近的亮点在迅速增大,这颗直径大约有10 km的"死星"正以每秒20~60 km的速度向地球扑来,刚接触大气层便是一片耀眼的光芒,接着整个天空被照得雪亮,只用几秒便突破了大气层,撞入地壳。巨大的动能闪电般地转化为热能和冲击波,一部分陨石和地球岩石瞬间气化了,冲击波凿开的大坑深25 km,把周围的一切消灭得干干净净。海里激起了高达5 000 m的巨大水墙,迅猛地向四周推进,强大的震动在全世界引发了地震和火山喷发,爆炸在刹那之间剥掉了地球表面的一部分大气毯子,爆炸的威力相当于1亿兆吨TNT当量。陨星轰击爆炸形成的大火球绕着地球在转圈,全世界变成了一只大油锅,地球上的一切生物都在被煎烤。森林燃起熊熊大火,一半的林木烧成了灰烬,大量生物死亡。撞击尘埃和全球大火的浓烟遮天蔽日,有两三个月时间根本看不到太阳,光合作用受阻大约有一年。撞击后几个月内,在全球范围内各处都降下了厚厚的一层尘埃,估计一平方米地球表面大约沉降了1千克左右,从而形成了第三纪的第一层沉积物。靠光合作用生存的植物和海洋浮游生物大量死亡,整个食物链崩溃。大火之后接着是严寒,地球表面普遍降温20多度,残存的生命在撞击后的漫长"冬天"中继续消失。大撞击后大气里的氮气、氧气与水汽化合生成了大量的硝酸。撞击后释放的成千亿吨的三氧化硫与水汽化合生成大量硫酸,浓度极高的酸雨持续了很长时间。酸雨蚀透了植物,溶解了水中生物的贝壳,并把它们杀死。酸雨溶化了陆地生物的皮肉和骨骼,把许多地方变成荒漠的不毛之地,这恐怕是历史上最恐怖的"洗礼",恐龙从此消失了。

三、灭绝还有吗?

这个问题有两重含义,地球史上生物的大规模灭绝还有过吗?地质史上是否有证据?这是其一。其二,这种大规模的灭绝将来还会有吗?人类将采取何种行动?

距今5.4亿年可以确定的生物灭绝事件有24次,其中有12次与陨星冲击有关。

①西伯利亚卜比加,陨石坑直径为100 km,发生时间为3 400万年前。

②加拿大马尼加,陨石坑直径为100 km,2.12亿年前。

③加拿大需得伯利,直径200 km。

④南非佛来得福,直径140 km。

还有如美国亚利桑那陨石坑。前苏联通古斯陨星大爆炸。

- 休梅克—列维 9 号彗星与木星相撞

休梅克—列维 9 号彗星于 1994 年 7 月撞入木星，最大的碎片在木星的同温层上打出一个黑色的大洞，就是把整个地球放进去也绰绰有余，连续的冲击将木星打得又青又肿，留下了 21 块巨大的伤疤。但愿在人类相应技术未成熟前 K—T 灭绝的灾难不要再重演，也许在这共同的威胁面前，人类能停止自相残杀，多一点和平、谅解和国际合作，毕竟我们只有一个绿色方舟——地球。防止撞击的方法有偏转小行星。近地飞行的小行星总让人提心吊胆，如果撞击地球，将可能造成灾难性事件。美国科学家最近设计出一种"引力拖车"，可通过重力作用使可能撞击地球的小行星改变轨道。也有人设想用核弹粉碎小行星。

思考作业题

1. K—T 大灭绝是怎么回事？谁引起的？证据是什么？
2. 20 世纪人类观测到的最大天体碰撞事件是什么？
3. 面对地球可能遭遇的天体碰撞，你的观点是什么？

第九章　现代生物学概论

概　述

生命是宇宙中最绚丽的花朵,今天的人们比以往任何时候都热爱生命,珍视生命;生命运动是宇宙中最神妙的音乐,今天的人类比以往任何时候都对生命满怀向往,饱含探索的渴望与热情。科学技术的整体发展为人类探索生命提供了前所未有的强有力的手段,使人类深入了解生命世界,揭示生命科学的真谛成为可能。

21世纪将是生命科学的世纪。近300年来(17～20世纪):物理学一直作为带头学科。17世纪中叶诞生了牛顿经典力学。18世纪中叶(蒸汽机)引起工业革命。19世纪中后期产生了电气革命。20世纪初量子论、相对论和核物理标志着物理学革命性飞跃。20世纪上半叶被称为"现代物理学黄金半世纪"。物理学主导着工业革命和经济发展,带领着天文、地质、气象、化学等学科发展。面对工业发展所带来的愈益严重的社会问题——粮食、环境、资源、健康等等,人们意识到要从生命科学中去寻求出路。生命科学能够迎接21世纪的挑战。

生物学经历了三个发展阶段:即描述生物学阶段(19世纪中叶以前),实验生物学阶段(19世纪中到20世纪中)和创造生物学阶段(20世纪中叶以后)。

(1) 描述生物学阶段(19世纪中叶以前)

主要从外部形态特征观察、描述、记载各种类型生物,寻找他们之间的异同和进化脉络。代表:达尔文的《物种起源》(1859)。

(2) 实验生物学阶段(19世纪中到20世纪中)

利用各种仪器工具,通过实验过程,探索生命活动的内在规律。如巴斯德的试验。

(3) 创造生物学阶段(20世纪中叶以后)。如分子生物学和基因工程的发展使人们有可能"创造"新的物种。DNA结构的发现和基因工程实验大大促进了现代生物学的快速发展。交叉学科和边缘领域同时提供了难得的机会与挑战。

- 生命科学概论分三大部分:纵向,探讨生命的起源与进化。横向,研究生命的本质。另外还有展望(现代生物科学技术)。

第一节　生命的起源与生物的进化

一、关于生命起源的论争

生命究竟如何起源?有机体能自发地由非生命物质随时产生吗?17世纪中叶以前,许多人相信上帝创造了人类和高等生物,像昆虫、青蛙等小生物则是在水塘里自己生长出来的。有人观察到"腐肉生蛆"现象,即垃圾堆中自发地产生苍蝇和蛆虫的现象,便认为生命会在地球上由非生命物质自然产生,这就是关于生命产生的"自然发生说"。地球上的第一个生命从何而来?有两种推测或两种学说。

1. 化学进化说

生命起源于原始地球上的无机物,这些无机物在原始地球的自然条件作用下,从无机到有机、由简单到复杂,通过一系列化学进化过程,成为原始生命体。

地球是生命的温床。只有在完全没有氧气的环境中,最初形成的生命物质才有可能不被氧化降解。有机分子聚合成为生物大分子和多分子体系的原球体还需要有能量输入,而没有臭氧层的原始地球上大量的紫外线辐射恰好提供了足够的能量,使生命起源的化学演化得以完成。在生命起源的化学演化阶段,原始地球上的其他因素也发挥了重要的作用,这些因素包括黏土矿物的化学催化作用、太阳和紫外线辐射对有机分子的浓缩作用、火山爆发形成的特殊环境和条件等等。

2. 宇宙胚种说

该学说认为地球上最初的生命是来自地球以外的宇宙空间,宇宙中的某种力量将生命的种子撒向地球,后来才在地球上生长并发展起来。太空中有一些生命的证据。

二、生命起源的最早阶段——化学演化

从非生命的无机与有机分子聚合形成糖、脂类、蛋白质和核酸等生物大分子(生命的基本组成部分),甚至到生物多分子体系,但还没有出现真正的生命,这一时期被科学家称为化学演化期或前生物期。30多亿年前在地球上便开始了生命前的演化过程,即化学演化过程,这个过程可分为四个阶段。第一阶段:从无机物分子到有机物小分子。第二阶段:从有机物小分子到有机高分子物质。第三阶段:从有机高分子物质组成多分子体系。第四阶段:从多分子体系演变为原始生命。

三、生物进化的机制

从公元前6世纪到1859年,一些天才的科学家都对生物进化论的产生作出了重要贡献,包括达尔文的祖父(1731—1802)也提出了生物进化的可能性,但他们都没有拿出足够令人信服的证据,或由于各种时代的局限,进化论并没有被确立起来,神创论所占据的主导地位一直没有被动摇。

1. 达尔文与进化论

达尔文进化论的确立是生物学的一场革命,没有进化论,生物学将毫无意义。达尔文如何确立生物进化的思想呢?1831年,达尔文从剑桥毕业并获得学士学位。同年,被推荐到英国贝格尔号环球探险调查船上担任博物学专家。当时正准备进行5年期的环南美洲探险航行,达尔文的使命是在那一片未开发世界中采集动物、植物和岩石样品。1859年,伟大的生物学家达尔文(1809—1882)通过多年的研究、考察和标本的采集,在积累了大量令人信服的证据的基础上发表了划时代的著作《物种起源》。生物进化是指地球上的生命从最初最原始的形式经过漫长的岁月变异演化为几百万种形形色色生物学的过程。达尔文称进化就是随着变异而演化,或随着时间推移生物体发生了可遗传的变化,而变化的发

生是由于生物适应环境的结果,即自然选择起了关键作用。所谓"选择"实质上是自然环境导致生物出现生存和繁殖能力的差别,一些生物生存下去,另一些生物被淘汰。

- 达尔文进化论的基本含义

(1) 现代所有的生物都是从过去的生物进化来的。

(2) 自然选择是生物适应环境而进化的原因——适者生存。自然选择的理论是达尔文进化论的核心,它解释了生物进化的机理。自然界各种生物适应环境生存和繁殖的能力各不相同,最适应环境的生物具有最大的繁殖力和生存力,在竞争生存空间或赖以生存的自然资源时,对环境适应差的生物个体便会逐渐被淘汰。如此一代一代地竞争,必将导致生物群体可遗传特征向着有利于生存竞争的方向变化和积累,并随着环境的变化而进化。犬类祖先经过自然选择产生。比如人工选择导致家养狗的形态各异。生物性状和特征变化往往是环境和遗传相互作用的结果,例如长颈鹿的进化。

2. 进化论的发展

综合进化论:进化体现在种群遗传组成的改变,这就决定了进化改变的是整个群体,而不仅仅是个体。在自然选择过程中,生物之间的关系不但有生存竞争,还有捕食、寄生、共生、合作等多种方式,这些相互关系只要影响到基因频率的变化和所涉及的相关因素,都应该有进化的价值。在生物变异分析时,还应该将可遗传的变异和非遗传的变异区分开来。

进化论的发展——分子进化的中性学说:由于单个核苷酸替换的突变是经常发生的,而有些点突变并没有影响蛋白质分子的结构和功能。这些基因决定的遗传性状与自下而上环境不发生关联,因此,类似这样的中性突变和遗传漂变不会发生选择和适者生存的情况。自然界除了存在达尔文式的渐变性进化外,还存在跳变式的进化。当生物种群遭遇环境发生突然重大变化或称之为灾变时,它们要么走向灭绝,要么迁移。地质灾变和物种灭绝对地球上生物的进化历程也产生了深远的影响。

3. 生物进化的证据

支持达尔文生物进化理论最有力的证据是自然界发现的古生物化石记录。古生物化石不但包括那些在地层中易于保存下来的骨骼、贝壳、牙齿等,还包括植物的印迹、动物的脚印和排泄物等。生物死亡后只有快速在湖底被埋藏,上层泥沙继续沉积并压实形成沉积岩,它们才有可能被保存下来。海洋与湖泊的沉积埋藏作用是化石形成的重要条件。在海洋与湖泊中,古代大量的动物和植物尤其是生物量最大的浮游藻类生物死亡后被沉积埋藏,以后经过漫长的地质年代和沉积岩中的温度与压力的作用,生物体内的生物化学物质被降解转化为碳氢化合物,即形成了石油。古生物化石和沉积岩地层中有许多证据证明进化论的正确。

四、生物进化的历程

地质学家将地质历史从老到新分成不同的"代",每一代至少大约为6 500万年以上。每一代再分成若干个"纪",每一代或纪都有其特征的化石记录。另外,最后的纪还被分成若干个"世"。根据沉积地层中发现的化石,特别是那些在特定地质年代繁盛,但后来又绝灭的生物化石,地质古生物学家可以准确地给地层定位,确定其属于什么代和纪,即可以确定地层相对的新老顺序。20世纪40年代发展起来的岩石稳定同位素测年技术,应用到古生物学的研究中后,科学家们已经可以测定出生物演化事件发生的实际年代。地质历史及其中的化石记录雄辩地证明,生物是进化的,复杂的生物是从简单的生物进化来的,陆生生物是从水生生物进化来的。化石记录显示,越老的地层,生物形态越简单;越新的地层,生物形态越复杂。

表 9.1-1　地质年代与生物的进化表

代	纪	世	年代/百万年	主要事件
新生代	第四纪	现代	0.01～0	冰期已过,气温上升,被子植物繁茂,草本植物发达,人类发展
		更新世	0.01～1.65	4个冰期,北半球冰川,气温下降。直立人、早期智人,很多大型兽类绝灭
	第三纪	上新世	1.65～5.3	喜马拉雅山、安第斯山、阿尔卑斯山建成,大陆各洲成型
		中新世	5.3～23.7	气候冷
		渐新世	23.7～36.6	被子植物取代裸子植物,繁茂,杨、柳、桦、槲等成林
		始新世	36.6～57.8	恐龙灭绝,鸟类及哺乳动物大发展,适应辐射
		古新世	57.8～66.4	类人猿出现,南方古猿
中生代	白垩纪		66.4～144	造山运动,火山活动多,大陆分开,后期冷。裸子植物衰退,被子植物发达。恐龙及多数有袋类绝灭,胎盘哺乳类及鸟类兴起,灵长类出现
	侏罗纪		144～208	温暖、湿。有内海,大陆漂浮。裸子植物为主,被子植物出现。爬行类繁茂,恐龙、鱼龙、翼手龙等,始祖鸟,单孔类多,原始有袋类出现
	三叠纪		208～245	气候温和干燥,晚期湿热。裸子植物成林(苏铁、银杏、松柏等),炭化成煤。无尾两栖类出现,爬行类恐龙占优势,原始哺乳类出现
古生代	二叠纪		245～286	造山运动频繁,干热,Pangeue 开始分裂,蕨类衰退,裸子植物繁茂,三叶虫及多种无脊椎动物绝灭,爬行类适应辐射
	石炭纪		286～360	造山运动,气候温湿,蕨类繁茂,裸子植物兴起。陆生软体动物,昆虫辐射适应,两栖类繁茂,爬行类兴起
	泥盆纪		360～408	陆地扩大,干旱炎热。蕨类繁盛,鱼类繁盛。昆虫、两栖类兴起,三叶虫少
	志留纪		408～438	造山运动,陆地增多,裸蕨、陆地维管植物,珊瑚多,三叶虫衰退,无翅昆虫,甲胄鱼
	奥陶纪		438～505	浅海广布,气候温暖,蕨类、笔石珊瑚、三叶虫、腕虫类、苔藓虫、头足类等,甲胄鱼
	寒武纪		505～545	浅海广布,气候温和,多化石,蕨类、三叶虫繁盛,海绵、珊瑚、腕足类、软体动物,棘皮动物
	前寒武纪		2500 4600	细菌光合作用出现 地球上出现初级大气圈,化学进化

生物进化的历史进程:

(1) 前寒武纪——34亿年前:单细胞原核生物。20亿年前:单细胞真核藻类。8亿年前:多细胞生物。

(2) 古生代——寒武纪:生物大暴发,藻类、蕨类、软体动物、棘皮动物。奥陶纪和志留纪:植物由水生到陆生的进化。泥盆纪:鱼类大发展、昆虫和两栖动物兴起。石炭纪:两栖动物繁盛、爬行类兴起、动物由水生到陆生。二叠纪:裸子植物繁茂。

(3) 中生代——爬行动物的时代。三叠纪:爬行动物成为优势生物、出现鳄鱼、鸟类、恐龙、蜥蜴、海龟。侏罗纪:恐龙繁盛、原始哺乳动物出现。白垩纪:恐龙灭绝、昆虫和有花植物分化。

(4) 新生代——第三纪:昆虫与被子植物继续繁盛分化、出现鸟类和大量哺乳动物。第四纪:灵长类一支进化为人类。

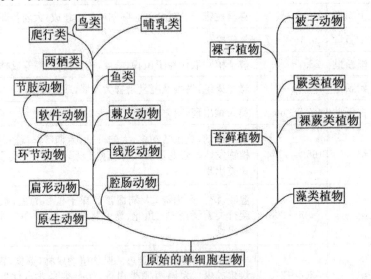

图9.1-1 生物进化过程的树状图

原核细胞—真核细胞—单细胞原生生物—多细胞生物—植物和动物两支。植物沿着菌藻植物—苔藓和蕨类植物—裸子植物—被子植物的方向进化。动物则从无脊椎动物,再沿着鱼类—两栖类—爬行类—鸟类和哺乳类动物方向发展,最高级的哺乳动物是猿类。距今约四五百万年前,人开始从猿类中分化出来,这就到了进化树的最顶端。

二叠纪末生物大灭绝:在过去6亿年间的几次大规模灭绝中,二叠纪末(2.25亿年前)的灭绝事件是规模最大的一次。它造成了海洋中95%以上的物种的灭绝,形成了地质历史上最严重的"生物危机"。而那一时期的陆生植物与脊椎动物未受太大影响。原因可能包括世界范围内的造山运动、海平面的升降、海洋盐分的减少、超新星的爆发、宇宙射线大量射入、流行病、生活环境的限制和气候的急剧变化等,目前仍是古生物学中的一个古老而深刻的难题。

恐龙大灭绝:在生命演化史上,为众人熟知的绝灭事件莫过于白垩纪恐龙绝灭。距今6 500万年前(即白垩纪—第三纪之交时),世界突然改变。在地表居于统治地位的爬行动物大量消失,一半以上的植物和其他陆生动物也同时消失,如此多的物种绝灭这一事实表明,这一时期的地球是非常不适于生物生存的地方。哺乳动物不知什么原因,度过了这一段艰难的时光,它们散布到了恐龙退出的生态环境,成为占统治地位的陆生动物。

五、生命的特征与生命系统的复杂多样性

生命是什么？生命就是活的东西！生命是由核酸(DNA、RNA)和蛋白质组成的,具有自我更新、自我复制能力的多分子体系。我们可以通过认识生命的一些特征来理解生命。

1. 生命的基本特征

（1）生命表现为化学成分的同一性和复杂有序的物质结构

碳、氢、氧、氮、磷、硫、钙等元素以游离态或化合态的形式(无机化合物或有机化合物),构成了具有生命的生物体,而这些成分单独存在时并不具有生命,只有建立了有序的结构,形成细胞,才能表现出生命的特征。细胞是生物体最基本的结构单位和功能单位,除病毒以外,所有的生物体都由细胞构成。成千上万的细胞组成复杂的生物体,单个细胞可以组成简单生物体,如细菌、单细胞藻类。生命过程必然首先表现在细胞里。生命的存在表现在生物体各种组分的有序活动,当生命死亡时,这些有序活动迅速解体。

（2）生命能自我繁殖

在自然界唯独生物具有繁衍后代的能力。包括无性生殖(即生殖不涉及性别,没有受精过程,如细胞的分裂,产生的后代的遗传性状与其亲代几乎完全相同)和有性生殖(即由两个性细胞融合为一,成为合子或受精卵,再发育成新一代个体的生殖方式,后代遗传性状是父母双方遗传性状的组合)。

（3）生命繁殖存在遗传和变异,生物对环境具有适应性

在繁殖过程中,生物体把自己的特性传递给后代,叫"遗传"；通过遗传把生物体适应环境的特性保留下去。在繁殖过程中,产生与自己不同的后代,叫"变异"；通过变异产生新的特性以应付环境的变化或适应新的环境。生物的特定结构和功能是适应环境的结果,只有对环境有适应性,生物才能存活；适应的基础是遗传的改变。遗传和变异的组合,构成了生物进化的历史。

（4）生物需要新陈代谢

新陈代谢是生物体内化学组成的自我更新过程,它包括两个完全相反但相互依存的过程：一个是同化作用(组成代谢),即从外界摄取物质和能量,将它们转化为自身的物质并贮存可利用的能量。另一个异化作用(分解代谢),即分解生命物质,将能量释放出来,供生命活动需要。生物体内,以腺嘌呤核苷三磷酸(ATP)为代表的化学能不断被合成和分解,维持生命活动的能量需要和平衡。新陈代谢即物质的合成与分解及能量转换。

（5）生长、发育、运动是生物的本能

发育是一个主要由遗传决定的相对稳定的过程,在环境相对保持稳定的条件下,生物的发育总是按一定的尺寸、一定的模式和一定的程序进行的。正常生物都有从出生到死亡的一个完整的过程。生物是活的东西,生命过程始终处于生长和运动过程之中。生命运动比自然界其他运动形式复杂得多,生命运动是自然界最高级的运动形式；还有许多的生命运动过程和机制是人们未知的。

(6) 生命有应激反应

生物体能接受外界刺激,并有能力对他周围的环境变化作出主动的、合乎自己目的反应。这种应激性通过神经系统、激素分泌系统、免疫系统等发挥作用。应激性的进一步发展,就产生更复杂的生物反应——行为。感觉系统、神经系统和激素免疫是一切复杂行为的基础。

2. 生命的层次

生物体是高度组织化的复杂生命形式的表现,可以在不同层次和水平上来认识它们。生命系统的层次结构,从宏观到微观是:生物圈→生态系统→群落→种群→个体→器官系统→器官→组织→细胞→细胞器→生物大分子。

3. 生物的多样性

迄今为止,科学家在地球上已经发现和命名的生物大约有200万种,其中约有26万种植物,75万种昆虫,50万种脊椎动物。科学家估计,地球上的生物共有500万至3 000万种,其中大部分还未被命名。这些生物彼此都不一样,即使同一物种的不同个体之间,也存在着差异。什么是生物的多样性?生物多样性(biodiversity)反映了地球上包括植物、动物、菌类等在内的一切生命都有各自不同的特征及生存环境,它们相互间存在着错综复杂的关系。生物多样性描述了一个真实而精彩的大自然。

• 生物多样性的内容包括:

①物种多样性:地球上的生命是多种多样、丰富多彩的,每一个物种都是独特的。

②遗传多样性:所有生命既能保持自己物种的繁衍,又能使每一个个体都表现出差别;每一个物种都有其独特的基因;同一个物种内基因型的多样性决定了遗传的多样性。

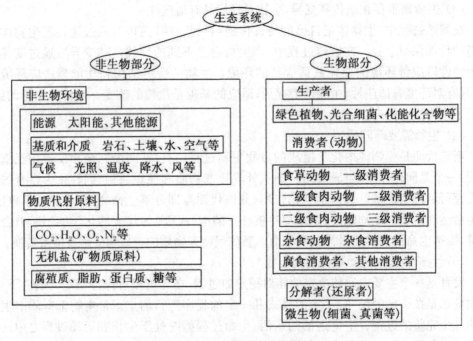

图9.1-2　生态系统的结构图

③生态系统多样性:为了适应在不同环境下生存,各种生物与环境构成不同的生态系统,如森林生态系统、海洋生态系统、陆地生态系统等。

- 生态系统

是指包含了一定区域内全部生物和土壤、水、空气等所有的物理环境。全球总的生态系统又被定义为生物圈。生态系统包括生物和非生物两大部分。在不同的生态系统中,各种生命通过极其复杂的食物网来获取和传递能量。

下面是陆地生态系统和海洋生态系统食物链。

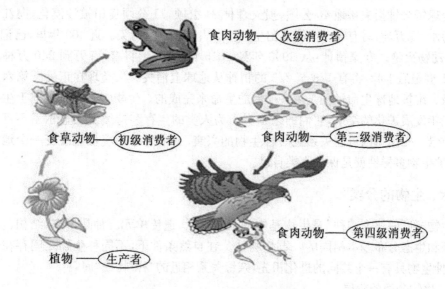

图 9.1-3 陆地生态系统食物链

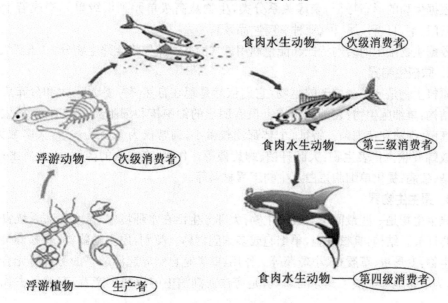

图 9.1-4 海洋生态系统食物链

- 生物多样性公约

1992年6月,150多个国家首脑云集巴西里约热内卢联合国环境与发展大会,签署了全球《生物多样性公约》(1993年12月生效),中国积极参与国际社会的生物多样性保护行动。

为了保护生物多样性及持续利用其组分,必须加强国家、政府间组织和非政府部门之间的国际、区域和全球性合作。分享遗传资源和遗传技术是必不可少的。

- 保护生物多样性的意义

全球每分钟损失耕地40公顷,损失森林21公顷,11公顷良田被沙漠化,向江河湖海排放污水85万吨;另有300个婴儿出生;有28人死于环境污染。近400年里,已记录到有484种动物灭绝。专家预计:从1990年到2015年,世界上将有60万到240万种生物灭绝! 21世纪后半叶,将有1/3至2/3的物种从地球上消失。人类现在正处于第六次绝种潮边缘。维护地球生命过程是由多样性的生命来完成的。生物多样性是地球上生物经过几十亿年发展进化的结果,它们的未知潜力为人类的生存和持续发展显示了不可估量的美好前景。一个基因可能关系到一种生物的兴衰,一个生态环境可能改变一个地区的面貌,保护生物多样性就是保护人类自己。

六、生物的分类

生物"种"的概念:"种"是生物基本的分类单元、遗传单元。种是形态、结构、功能、发育特征和生态分布基本相同的一群生物体。在自然条件下,不同种生物之间存在生殖隔离,同种生物具有一个共同的进化祖先,亲缘关系相近的"种"构成"属"。

- 生物分类的阶层

根据生物的形态特征、亲缘关系分类,生物从高级单元到低级单元构成若干分类阶层:界、门、纲、目、科、属、种(亚种、变种、品系)。

根据生物细胞的结构特征和能量利用方式的基本差异将全部生物分为"五界"。

1. 原核生物界

原核生物是一类最古老的生物,它们依然是现在自然界中数量巨大和分布广泛的生物。结构:单细胞生物;在细胞组成上没有明显的细胞核和细胞器。类别:原核生物被分为古细菌、细菌和蓝细菌。特征:个体都比较微小,通常仅为1至几微米,大多数为球状、杆状或螺旋状。代表生物:大肠杆菌、螺旋藻等。作用:有机物的降解;工业发酵;造成水体污染;致病;提供单细胞蛋白及生物工程材料等。

2. 原生生物界

原生生物是一些最简单的真核生物;大部分生活在水环境中,是水生态系统食物链中的重要环节。结构:真核细胞,单细胞或多细胞群体。类别:原生动物类、真核藻类、黏菌。代表生物:变形虫、草履虫、小球藻等。作用:藻类是自然界起源最早的可进行光合作用的生物,为原始地球提供了充分的氧气,是海洋或湖泊中的原初生产者,有的是古代石油来源等。

3. 真菌界

真菌是典型的异养真核生物,在其营养生长阶段一般都形成菌丝体。

结构:菌丝具有细胞壁,但细胞内不含叶绿素。
特征:真菌主要靠寄生和腐生,它们从动植物活体、死体或土壤的腐殖质中分解和吸收有机质,获取养分和能量。
类别:霉菌、子囊菌、担子菌。
代表生物:青霉、木耳、猴头菇等。
作用:降解有机物,致病,作物病害,制药,食品等。

4. 植物界

植物是适应于陆地生活、具有光合作用能力的多细胞真核生物。
结构:含有相同光合色素,即叶绿素、胡萝卜素和叶黄素,所贮存的养分都有淀粉,它们的细胞壁成分也都是纤维素。
特征:植物具有根、茎、叶等器官的分化,有利于它们在陆地环境中吸收水分和养分、并高效地进行光合作用。
类别:苔藓植物、蕨类植物、裸子植物和被子植物。
作用:吸收二氧化碳,放出氧气;与人类衣食住行联系密切。

5. 动物界

所有生物中,大约有 2/3 以上的种类属于动物,一般都具有运动能力并表现出各种行为。
结构:为真核、多细胞,无细胞壁,大多数组织和器官发达。
特征:异养,在体内消化食物;吸收氧气,放出二氧化碳。
类别:无脊椎动物(海绵动物、腔肠动物、环节动物、软体动物、节肢动物);脊索动物(软骨鱼、硬骨鱼、两栖类、爬行类、鸟类、哺乳类)。
作用:是人类生活的各种食物、药物、轻工化工的主要来源,动物的多样性对维护生态平衡起重要作用。

- 人类在生物分类系统中的位置

人体的所有细胞都是真核细胞,是异养生物,人的组织器官发达。人类最终的分类位置为:动物界、脊索动物门、脊椎动物亚门、哺乳纲、灵长目、人科、人属、人种。

第二节 探索生命的本质

一、生命的物质基础——细胞

300 多年前,Leeuwenhoek(列文·虎克)发明世界上最早的显微镜。1665 年,Robert Hooke(胡克)观察到软木塞有蜂窝状的小格子——"细胞"。1838 年 Schleiden(施莱登)、Schwann(施旺)提出细胞学说:细胞是组成生物体的基本单位。

1. 细胞学说——生命的共同基础是细胞

细胞是生物体最基本的结构单位,所有生物体都由细胞和细胞的产物构成,一切代谢活动均以细胞为基础;每个细胞都是一个独立的、自我控制的、高度有序的代谢系统,有相对独立的生命活动。细胞是有机体生长发育的基本单位,生长是通过细胞体积的增加、细胞分裂、增加细胞数量并伴随细胞的分化来实现骨骼的生长。细胞是生物体完整的遗传单位,在细胞的中心细胞核中"存在着生命的本质"——遗传信息。细胞是生命的基本单位,没有细胞就没有完整的生命(病毒的生命活动离不开细胞)。

2. 细胞的类别

细胞的世界是一个多姿多彩的世界,细胞的形状多种多样,大小各不相同,结构的复杂性程度相差悬殊。支原体是最小最简单的细胞,直径只有 100 nm,鸟类的卵细胞最大,鸡蛋的蛋黄就是一个卵细胞,因为其中存积大量的营养物卵黄,可以满足胚胎发育的需要。一些植物纤维细胞可长达 10 cm,人的神经元细胞可长达 1 m。大多数细胞一般都很小,直径在 1～100 μm 范围,只有通过显微镜才能看到它们。按照结构的复杂程度及进化顺序,全部细胞可归并为两类:

①原核细胞(无细胞核、细胞器,不形成细胞组织,无有丝分裂,形成单细胞原核生物)。

特点:遗传的信息量小,遗传信息载体仅由一个环状 DNA 构成。细胞内没有核膜和具有专门结构与功能的细胞器的分化。

②真核细胞:包括植物细胞[有细胞核、细胞壁、细胞器(叶绿体)]和动物细胞(有细胞核、细胞器,无细胞壁)。

表 9.2-1 植物细胞和动物细胞的异同

特 征	动物细胞	植物细胞
质体(叶绿体)	无,异养营养	有,自养营养
细胞壁	无	有(纤维素和果胶质)
大的中央液泡	无	有(代谢调节作用)
其他	溶酶体、中心体 分裂时的收缩环	乙醛酸循环体、胞间连丝 分裂时的细胞板

3. 细胞的结构(如下图所示)

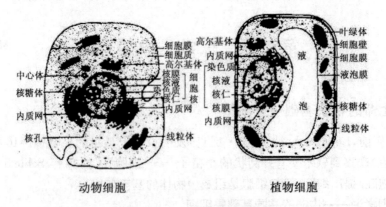

图 9.2-1 细胞的结构图

细胞内各组成部分名词解释
- 细胞膜和细胞壁。细胞膜又称质膜,具有半透性,可选择性让物质通过;它还有一些细胞识别位点,如激素的受体、抗原结合点等,具有接受外界信息、与外界通讯等功能。植物细胞的细胞膜外还有细胞壁。
- 细胞核:含有控制细胞生命活动的最主要的遗传物质,是真核细胞最显著和最重要的细胞器,通常直径为 5 μm 左右。
- 染色质:是核中由 DNA 和蛋白质组成并可被苏木精等染料染色的物质,染色质 DNA 含有大量基因片段,是生命的遗传物质。每一种真核生物的细胞中都有特定数目的染色体。
- 细胞器:细胞膜内是透明黏稠并可流动的细胞质基质,细胞器分布在细胞质基质中。细胞器主要包括:内质网、核糖体、高尔基体、溶酶体、线粒体、质体、微体、液泡、微管、微丝等。有的细胞表面还有鞭毛或纤毛。
- 线粒体:由内膜和外膜包裹的囊状结构,囊内是液态的基质。外膜平整,内膜向内折入形成一些嵴,内膜面上有 ATP 酶复合体。线粒体是细胞呼吸和能量代谢中心。线粒体基质中还含有 DNA 分子和核糖体。
- 质体:是植物细胞的细胞器,包括白色体和有色体。
- 叶绿体:是最重要的有色体,是植物光合作用的细胞器。叶绿体也有两层膜,也含有环状的 DNA 和核糖体。
- 内质网:脂类双分子层为基础形成的囊腔和管道系统。光面内质网与脂类合成和代谢有关。粗面内质网膜上附有颗粒状的核糖体。核糖体是细胞合成蛋白质的场所,糙面内质网合成并运输蛋白质。
- 高尔基体:是一些聚集的扁的小囊和小泡。是细胞分泌物的加工和包装场所,最后形成分泌泡将分泌物排出体外。高尔基体还与植物分裂时的新细胞壁和细胞膜的形成有关。
- 溶酶体:是单层膜小泡,由高尔基体断裂而产生,内含多种水解酶,可催化蛋白质、核酸、脂类、多糖等生物大分子,消化细胞碎渣和从外界吞入的颗粒。
- 微体:是一种细胞器,其形态、大小及功能常因生物种类和细胞类型不同而异。根据微体内含有的酶的不同可以将微体分为过氧化物酶体、糖酵解酶体和乙醛酸循环体。在动物细胞中含有过氧化物酶体;在原生动物动基体目的生物中含有糖酵解酶体;而植物细胞中,既有过氧化物酶体,又有乙醛酸循环体,植物细胞中的过氧化物酶体和乙醛酸循环体是同一细胞器在不同发育阶段的不同表现形式。过氧化物酶体的主要功能是利用氧化酶和过氧化氢酶将有害物质氧化,具有解毒的作用和对细胞起保护作用。植物细胞内的乙醛酸循环体参与乙醛酸循环;动基体目的生物细胞内的糖酵解酶体主要具有糖酵解和嘌呤再利用的功能。1958 年,Rhodin 在电镜下观察小鼠(*Musmusculus*)肾小管上皮细胞时首先发现了微体。它是指在电子显微镜观察下,存在于动物细胞内的一种细胞器。该细胞器由单层膜包被,直径大约为 0.5 μm,细胞器内具有不定形或者颗粒状的内含物。De Duve 和 Baudhuin 采用离心的方法,从大鼠(*Rattus norregicus*)肝细胞中分离得到微体,从而在细胞水平上对这种细胞器进行研究。发现这种细胞器中总是含有尿酸氧化酶

(urate oxidase)和过氧化氢酶(catalase),可以产生过氧化氢(hydrogenperoxide,H_2O_2),而且还能将 H_2O_2 分解为水和氧气。为了描述这种细胞器的生物化学特征,他们便把这种细胞器定义为过氧化物酶体,也正是从这之后,许多生物学家常常用过氧化物酶体代替微体这个术语。氧化酶(oxidase)和过氧化氢酶(catalase)被视为过氧化物酶体的特征酶。

- 液泡:是在细胞质中由单层膜包围的充满水液的泡,是普遍存在于植物细胞中的一种细胞器。植物细胞中的液泡有其发生发展的过程,年幼的细胞只有很少的、分散的小液泡,而在成长的细胞中,这些液泡就逐渐合并而发展成一个大液泡,占据细胞中央很大部分,而将细胞质和细胞核挤到细胞的边缘,所以成熟的植物细胞才有一个或多个大的液泡。液泡内的液体称为细胞液,溶有很多有机小分子物质和无机盐。液泡的功能是参与细胞的水分代谢(如质壁分离和质壁分离复原),同时也是植物细胞代谢副产品及废物(如蔗糖、植物碱、丹宁、多余的无机盐等)屯集的场所。

- 细胞骨架:由微管、肌动蛋白和中间丝构成的,维持着细胞的形态结构和内部结构的有序性。

二、探索遗传的奥秘

生命通过繁殖而延续,通过繁殖,生物的基本特征信息由父方和母方传递给子代,这种信息传递称为遗传。遗传和变异是生物世界最普遍、最基本的生命现象和过程,"种瓜得瓜,种豆得豆"、"一母生九子,连母十个样",等等。是什么因素控制着生命特征的遗传?

1. 孟德尔学说奠定了遗传学的基础

19世纪中叶,奥地利的牧师孟德尔通过著名的豌豆杂交实验,提出了遗传因子的概念,揭示了遗传的基本规律,不同性状杂交试验的方法也成为遗传学研究的重要基础,被誉为经典遗传学之父。分离定律和自由组合定律,表明遗传是由成对的遗传因子所控制的,遗传因子在形成单倍体生殖细胞时分离;控制两对性状的显性遗传因子和隐性遗传因子,在遗传中彼此是独立的,不存在相互影响,在遗传中表现出自由组合的特点。

2. 摩尔根提出了染色体遗传学说

1910年,美国遗传学家摩尔根通过果蝇的研究,结合细胞学研究成果,提出了染色体遗传学说,认为"遗传因子"——基因存在于细胞核中细胞分裂时出现的染色体上。揭示了基因在染色体上的分布和上、下代之间传递的规律,还提出了基因突变、连锁、交换、伴性遗传等概念。写出经典著作《基因论》并获1933年度诺贝尔奖。

3. 染色质和染色体

19世纪德国生物学家弗莱明发现细胞核里有一种物质可以被碱性苯胺染料染成深色,这就是染色质。染色质的形状和行为可以在显微镜下精细地观察到。伴随生物生长发育的细胞分裂过程中,染色质的有趣表现:在细胞开始分裂的时候,染色质聚集成丝状,随着分裂过程的进行,染色质丝分成数目相等的两部分,即减数分裂,从而形成两个细胞核。

- 细胞的有丝分裂过程

前期:染色质浓缩,折叠,包装,形成光镜下可见的染色体,每条染色体含两条染色单体。

中期:核膜消失,染色体排列在赤道板上。
后期:姐妹染色单体分开,被分别拉向细胞两侧。
末期:重新形成核膜,染色体消失。细胞质分裂:胞质形成间隔,最终分开为两个细胞。

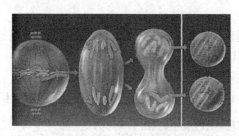

图 9.2-2　细胞分裂图

处于分裂间期的细胞,细胞核内的 DNA 分子,在一些蛋白质的帮助下,有一定程度的盘绕,形成核小体。多个核小体串在一起形成染色质。所以,染色质是在细胞分裂间期遗传物质存在的形式。

应记住,在染色体出现时,细胞已经过 S 期完成 DNA 复制,已由原来的每个 DNA 分子复制出两个 DNA 分子。所以,每条染色体由两条姐妹染色单体组成。不同物种的细胞,染色体数目不同,结构形态不同,而且组成染色体的 DNA 也不同。所以,染色体数目也是不同物种细胞的特征。因为,对大多数物种来说,体细胞是 $2n$ 的,所以染色体数目通常为偶数。

表 9.2-2　几种常见物种的染色体数目

物种	染色体数目	物种	染色体数目
人	46	豌豆	14
小鼠	40	玉米	20
爪蟾	36	小麦	42
果蝇	8	酵母	32

人只有 23 对染色体,却具有成千上万种遗传特征。显然是一个染色体对应多个遗传特征。染色体的主要组成部分是蛋白质和核酸等生物大分子。通过几十年的研究,科学家终于证明遗传物质是染色体上的脱氧核糖核酸,而不是起支持、保护作用的蛋白质。

三、生命的分子基础

不同的生物体,其分子组成也大体相同。生物体都是由蛋白质(约 15%)、核酸(约 7%)、脂类(约 2%)、糖(约 3%)、无机盐(约 1%)和水(约 70%)组成。水是生物体内比例最大的化学成分。生物大分子主要有蛋白质、核酸及多糖。作为生物体独有的组成成分,大分子具有生命活性,能行使多种功能,是生命现象的一个重要基本层次。对生物大分子的进一步认识,使人们对生命遗传的本质有了更加深刻的理解。

1. 蛋白质

蛋白质是由多个氨基酸单体组成的生物大分子多聚体。蛋白质结构复杂、种类繁多、功能各异,是细胞最重要的结构成分,是生物体内组建生命结构,行使生命活动的最主要的功能分子,它参与几乎所有的生命活动过程并起着关键的作用。是决定生物体结构和功能的重要成分。如果说基因是生命体的蓝图,则蛋白质既是组成生命体的主要材料,又是将各种材料按蓝图组建成生命体的工程师。蛋白质是由 20 种氨基酸组成的生物大分子。

氨基酸结构的共同特点在于,在与羧基相连的碳原子（α-碳原子）上都有一个氨基,另一个 R 基。不同氨基酸其 R 基各不相同,R 基的结构决定了 20 种氨基酸的特殊性质,组成蛋白质的 20 种氨基酸可以以无限制的方式排列与组合。

蛋白质的空间结构:由一级结构、二级结构、三级结构、四级结构组成。见图 9.2-3。

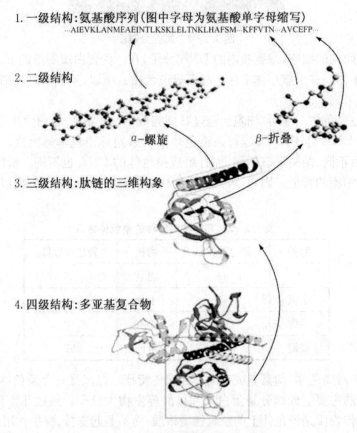

图 9.2-3 蛋白质的空间结构

蛋白质结构与功能的关系:蛋白质的特定构象即蛋白质的三维空间结构和形态对于蛋白质的功能起决定性的作用。蛋白质变性（构象发生变化）使得其特定的功能立即丧失。

蛋白质的主要种类和功能:结构蛋白、伸缩蛋白、贮存蛋白、保护蛋白、运输蛋白、激素蛋白、信号蛋白等。

2. 核酸

核酸贮存遗传信息,控制蛋白质的合成。核酸包括脱氧核糖核酸（DNA）和核糖核酸（RNA）,都是由许多顺序排列的核苷酸组成的大分子。贮存遗传信息的特殊 DNA 片段称为基因,它编码蛋白质的氨基酸序列,从而决定蛋白质的功能。通过蛋白质的作用,DNA 实际上控制着细胞和生物体的生命过程。DNA 控制蛋白质的合成是通过 RNA 来实现的,即遗传信息由 DNA 转录到 RNA,后者决定蛋白质的氨基酸序列。

• 核苷酸:每一个核苷酸含有一个戊糖(核糖或脱氧核糖)分子、一个磷酸分子和一个含氮的有机碱(碱基)。核苷酸的有机碱分为两类:一类是嘌呤,是双环分子;一类是嘧啶,是单环分子。嘌呤包括腺嘌呤(A)和鸟嘌呤(G)2 种。嘧啶有胸腺嘧啶(T)、胞嘧啶(C)和尿嘧啶(U)3 种。DNA 的碱基是 A、T、G、C。RNA 的碱基是 A、U、G、C。

• 脱氧核糖核酸或核糖核酸:多个核糖核苷酸以磷酸顺序相连成长链的多核苷酸分子,即成为核酸的基本结构。

• DNA 双螺旋结构:DNA 分子是由两条脱氧核糖核酸长链互以碱基配对相连而成的螺旋状双链分子;DNA 的碱基配对是很准确的,A 与 T 配对,G 与 C 配对;DNA 主要存在于细胞核内的染色质中,线粒体和叶绿体中也有,是遗传信息的携带者。

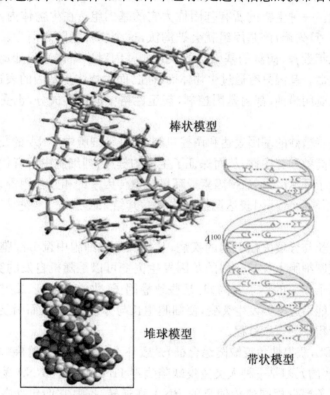

图 9.2 - 4 DNA 双螺旋结构

DNA 通过碱基对的排列顺序来携带遗传信息,3 个碱基对决定蛋白质上的 1 个氨基酸,称为三联体密码,最简单的病毒 DNA 约含有 5 000 个碱基对,而 100 个碱基对的 DNA 分子就有 4^{100} 种可能的排列方式,可以携带大量的遗传信息。DNA 不能直接控制蛋白质的合成来表达基因,遗传信息的传达需要"信使"——RNA 分子。RNA 在细胞核内产生,然后进入细胞质,在蛋白质的合成中起重要的信使、转录作用。

作为遗传物质的 DNA 大分子具有以下三个方面的功能：

①贮藏遗传物质：人体的全部遗传信息，贮藏于细胞核中的 46 条 DNA 双螺旋大分子中。

②传递遗传信息：在细胞分裂时，亲代细胞必须先进行 DNA 的半保留复制，然后，把两份 DNA 均匀地分配给两个子细胞。

③表达遗传信息：在一段特定 DNA 序列中（通常称为一个基因）的遗传信息，首先通过转录，产生特定序列的信使 RNA(mRNA)，然后再以 mRNA 为模板，翻译成特定氨基酸序列的某种蛋白质。

DNA 双螺旋结构的发现：1953 年 2 月 28 日，Waterson 和 Crick 用金属线又制出了新的 DNA 模型，他们为自然科学树立了一座闪闪发光的里程碑。

3. 基因和基因组

基因是 DNA 分子上具有遗传功能的片段，它能控制生物的发育和代谢，并把遗传信息传递给下一代。一种生物的所有基因称为它的基因组。在生物体内，基因组中的基因必须相互协调，一旦失调，该基因组就会被淘汰，这个物种也随之消亡。所有现存的生物都是经过几十亿年选择、淘汰的基因组的表达。基因对生命体来说如此重要——改变基因便可以改变生命。基因只有通过生物体而存在，而生物体是基因的表达形式，人的生老病死、丑美健弱、聪明愚钝，都由基因控制，甚至性格中的许多成分，也受到基因的影响和控制。

生命具有独特精妙的基因表达和调控机制，保证了细胞中 DNA 的复制、转录、翻译和各种代谢反应的高效和有序性，从而保证了生命的健康，即细胞中所有代谢过程与环境的协调和平衡。由于环境因素、遗传因素或环境与遗传因素的相互作用等，都可能导致基因突变的发生，也可能导致基因表达调控的失常。其结果便造成了某些与基因相关的人类疾病的发生。

癌是细胞生长与分裂失控引起的疾病，其根源是体细胞中调节细胞生长与分裂的基因异常表达。控制细胞生长与分裂的基因发生突变可以是随机自发的突变，更多的情况下是一些环境因子作用的结果。例如，某些致癌因子、化学诱变剂、X 射线、放射性辐射、病毒感染等都可能引起基因发生突变，使细胞生长与分裂失控，从而引发癌症。癌的发生是一个多次突变积累的复杂过程。

艾滋病(AIDS，获得性免疫缺陷综合征)是毁坏人体免疫系统的疾病，被称为"现代瘟疫"。引起艾滋病的元凶是一种人类免疫缺陷病毒 HIV，是一种 RNA 病毒，呈圆球形，在病毒颗粒内有两条携带相同遗传信息的 RNA 和逆转录酶，它们包裹在蛋白壳体中。当 HIV 进入人体后，其外包膜上的糖蛋白可专门识别白细胞(T 淋巴细胞)表面的受体并与之结合，使其丧失免疫功能，即失去了抵抗外来感染的能力，可导致人体一系列系统综合征等，最终导致人的死亡。HIV 主要通过血液、人的分泌物如精液、阴道分泌物、乳汁及黏膜等侵入人体，可通过性生活、输血、使用未消毒的注射器等传播，也可由患艾滋病的母亲的胎盘、乳汁等传播给胎儿或婴儿。

第三篇 现代技术概论

第十章 现代信息技术

第一节 信息概述

材料、能源、信息被人们称为现代科学技术的三大支柱。客观世界充满着各种各样的信息,人类生活在信息的海洋之中,并且通过信息来认识世界和改造世界。

信息,目前没有一个确切的定义,学术界对信息的定义不下十数种。信息原意是指音信和消息,还有情报和知识的含义。简单地说,信息是指具有新内容、新知识的消息。一般把信息作为通信的消息来理解。这里的通信是指人与人之间的,人与机器之间的,人与大自然之间的,机器和机器之间的信息传递和交换过程。说信息就是消息完全是为了理解上的方便。它们既有区别又有联系。

信息是自然界、人类社会和人类思维活动中普遍存在的一切物质和事物的属性。它具有以下一些重要的性质:第一,它来源于物质运动但又不是物质本身;第二,它也来自精神领域但又不限于精神;第三,信息的作用是提供知识或关于某事物的内容、性质与特征;第四,信息可以被观察者(包括人、生物及仪器设备)所感知、检测、提取、设别、存储、传递、显示、分析、处理和利用。第五,在孤立系统中,语法信息守恒,且在传递和处理过程中永不增值,但是在开放系统中则不然。(注:有些人把信息和热力学中的"熵"联系起来,并认为信息是一种"负熵"的表现。"熵"是系统内部混乱程度的标志,信息则是系统内部秩序程度的标志。热力学第二定律告诉我们,在孤立系统中,熵永不减小。反之,信息即负熵则永不增值)。

当今社会,竞争非常激烈,谁能最先获取最新信息,谁就能取得领先的优势。信息灵通导致成功,信息失灵、失误导致失败。信息是决策的依据,控制的基础和管理的保证。信息的重要性甚至超过了物质和能量,已经成为一种非常重要的战略资源。

信息具有不断变化性和不确定性,具有知识的秉性等特点。例如人们对服装的面料、款色、色彩和花型的需求是不断变化的(即具有不确定性),这种变化必然引起市场的变化。当企业了解到市场的变化,明确了人们的需求,获得了新的信息,及时调整生产结构,生产出适时对路的产品,产品畅销不衰,企业就充满活力。在开发新产品的过程中,对面料的性能、服装的款式及加工、面料的色彩和花型的变化获得了知识。显然,信息能帮助人们作出正确的判断和决定,帮助人们控制和调节各种活动,帮助系统和环境互相通信、沟通联络、起着纽带和桥梁作用。

信息是控制过程中最本质的要素。系统论、信息论和控制论都是围绕着信息这个中心环节的。例如体操运动员在平衡木上一连串的运动中保持平衡,就是由中枢神经发出的指令,而由相应的执行器官执行获得的;海豚和蝙蝠以超声波确定自己的位置;同步卫星能正确地定点是运用电子计算机执行人们编制的控制程序的结果。正是由于信息的联系和运动,控制过程才能实现。所有控制过程可以认为是信息运动的过程。

在现代,知识的范围空前广泛。人们越来越难以在最短时间内用最小的费用去掌握和利用所需信息。因此采用新技术来改革现有信息获取、加工、存储、检索和传递已是刻不容缓的事情。在未来的社会里,信息将发挥越来越大的作用,大量的信息流将代替人流和物流,为减少交通运输量和能源的消耗,只有建立一个完善的高效率的信息系统。解决这些问题的关键,就是大力发展信息技术,也即是广泛采用电子计算机和先进的通信技术和网络技术。

信息技术中主要有三大技术:传感技术(信息的检测、变换和显示)、通讯技术(信息的提取、传递和处理)、计算机和网络技术(信息的存储、分析和控制、分享等)。它们大体相当于人的感觉器官、神经系统和思维器官。

自然界由三大要素即物质、能量和信息组成。古代生产力发展的关键是物质材料形式的变化,所以有所谓的旧石器时代、新石器时代、青铜器时代的说法;近代生产力发展的关键是能量形式的变化,所以有蒸汽机时代、电气时代、原子能时代之分;现代生产力发展的关键是信息形式的变化,所以人们说今天已经进入了信息时代。

人类的劳动资源有两类:物质资源与信息资源。物质资源具有许多局限性,比如它在地球上的总量是有限的,绝大部分的物质资源(矿物资源)是不可再生的。而信息资源有许多优越性,如它可以不断创造。在人类的物质生产和消费过程中,必然要消耗一部分物质资源,所以人类所拥有的物质资源一代比一代少;信息资源在应用中没有消耗,所以人类所拥有的信息资源一代比一代多。物质资源在使用中受到种种时空的限制,而信息资源的使用一定程度上可以超越时空的限制。物质资源不可共享,只能转移;信息资源可以共享,可以传播。因此,人类文明进步的规律是:物质资源的作用越来越小,信息资源的作用越来越大。体力是人类直接作用于物质的能力,智力是人类创造和应用信息资源的能力。人类生产劳动的发展趋势是智能化和信息化,信息技术则是其保证。

第二节　计算机技术

电子计算机是一种按照程序自动进行运算的电子设备。电子计算机可以分为数字式、模拟式和数字模拟混合式三类,数字式计算机是主流。现代数字计算机是以微电子技术为基础,按存储程序自动进行信息处理的通用工具。

一、微电子技术概述

微电子技术是使电子元器件、电子设备和电子系统微型化的电子技术。它是电子技术和现代科学技术综合发展的产物。它利用和控制半导体内部电子的运动,在一些微小的半导体基片上制造具有一种或多种功能的完整微电子电路(集成电路)、微电子部件或系统的技术。

传统的电子技术始于电子管的发明和应用。世界上第一只三极电子管于20世纪初问世,人类开始用电子管来放大和控制电子信息。随着1947年晶体管的发明,20世纪50年代后半期,晶体管开始取代电子管,使电子技术的发展进入了一个新阶段。由于晶体管技术的不断发展,晶体管电子设备的小型化,组装密集化已逐渐趋于极限。1958年,得克萨斯仪器公司的工程师们研制成功第一块集成电路。人们借助于半导体平面工艺的成就,将许多元器件放在一块基片上,然后在内部连线,构成所需要的功能电路。集成电路的生产开创了电子技术的微型化道路。

集成电路经历了元件数不断增加的过程。包括小规模集成电路、中规模集成电路、大规模集成电路、超大规模集成电路几个阶段。目前特大规模(或超规模)集成电路已经出现,电子技术已进入微电子时代。集成的元件数从当时的十几个到目前的几亿甚至几十亿个。

与分立的晶体管电路相比较,集成电路的优点是:体积小、节省电路板空间;全部电路元件位于同一基片上,温度和性能可以良好匹配;元件之间的内部连线短,优化了速度和性能特性;外连线减少,增加了电路的可靠性;功耗和热耗散低。集成电路的出现为电子设备的迅速普及、走向大众奠定了基础。集成电路正朝着集成度更高、速度更快、体积更小、耗电更少的方向发展,同时不断完善集成电路的各种特性。

几十年来,世界集成电路业的产量以大于13%的年增长率持续发展,世界上没有哪一个产业能以这样高的速度持续发展。

集成电路的制造一般要经过氧化、光刻、扩散掺杂等程序。以硅为基本材料的集成电路,其制造过程可以理解为是在硅片的指定区域,将选定的杂质从表面向体内渗入一定的深度,形成各种所需的晶体管、电阻、电容等元件的过程。

首先是氧化工艺,即在硅片表面制造一薄层二氧化硅,作为绝缘层和阻挡层;然后用类似照相技术的光刻工艺,按特定设计要求在以上表面制作出没有二氧化硅的"窗口";接着利用扩散法或离子注入法进行掺杂。由于二氧化硅具有阻挡作用,于是杂质只能从没有二氧化硅的特定窗口掺入进去,达到选择性掺杂的目的。

实际生产中,需要反复利用上述方法,进行多次掺杂,以在芯片上制造出各种元件。最后在硅片上涂上一层铝膜,仍然使用光刻技术,按照预先设计的要求在芯片上除去无用的铝膜,而留下的铝膜作为元件之间的连接,以及作为集成电路器件的引出线。

集成电路工艺有两个基本特点:一是在制造过程中和制造结束后,P—N结(P型半导体和N型半导体交界处的一个特殊区域叫做P—N结,一个P—N结就是一个晶体二极管)都由氧化膜保护着,避免接触空气遭受到污染损伤,从而保证电路性能的良好和可靠;二是由于各种元件以及元件间的隔离区的形状都是用光刻技术完成的,因此通过光刻线宽的不断缩小,使得元件尺寸不断减小,芯片上的集成度越来越高。利用激光进行光刻,线宽的极限约为 $0.2~\mu m$(微米)。利用同步辐射的短波长的X射线进行光刻,可进一步缩小线宽,甚至小于 $0.1~\mu m$。目前利用 $0.3~\mu m$ 的线宽工艺已在 $1~cm \times 2~cm$ 芯片上集成了1.4亿个元件。

微电子技术具有十分广泛的用途,例如机械和微电子技术的结合,使具有各种功能的机器人开始了实际应用。配有微机的数控机床的运转速度比普通机床要快得多。电子计算机的发展是微电子技术最基本的应用。

二、电子计算机的组成

1. 计算机系统的组成

计算机系统是由硬件系统和软件系统两大部分组成。计算机硬件是构成计算机系统各功能部件的集合。是由电子、机械和光电元件组成的各种计算机部件和设备的总称,是计算机完成各项工作的物质基础。计算机硬件是看得见、摸得着的,实实在在存在的物理实体。计算机软件是指与计算机系统操作有关的各种程序以及任何与之相关的文档和数据的集合。其中程序是用程序设计语言描述的适合计算机执行的语句指令序列。

没有安装任何软件的计算机通常称为"裸机",裸机是无法工作的。如果计算机硬件脱离了计算机软件,那么它就成为一台无用的机器。如果计算机软件脱离了计算机的硬件就失去了它运行的物质基础。所以说二者相互依存,缺一不可,共同构成一个完整的计算机系统。

计算机系统的基本组成如图 10.2-1 所示。

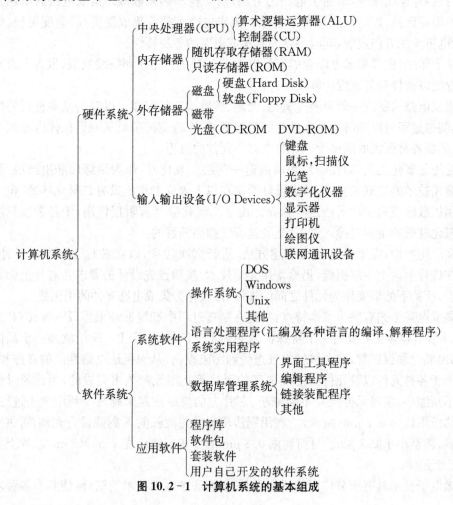

图 10.2-1 计算机系统的基本组成

2. 硬件系统的基本组成及工作原理

现代计算机是一个自动化的信息处理装置,它之所以能实现自动化信息处理,是由于采用了"存储程序"工作原理。这一原理是 1946 年由冯·诺依曼和他的同事们在一篇题为《关于电子计算机逻辑设计的初步讨论》的论文中提出并论证的。这一原理确立了现代计算机的基本组成和工作方式。

(1) 计算机硬件由五个基本部分组成:运算器、控制器、存储器、输入设备和输出设备。

(2) 计算机内部采用二进制来表示程序和数据。

(3) 采用"存储程序"的方式,将程序和数据放入同一个存储器中(内存储器),计算机能够自动高速地从存储器中取出指令加以执行。

可以说计算机硬件的五大部件中每一个部件都有相对独立的功能,分别完成各自不同的工作。如图 10.2-2 所示,五大部件实际上是在控制器的控制下协调统一地工作。首先,把表示计算步骤的程序和计算中需要的原始数据,在控制器输入命令的控制下,通过输入设备送入计算机的存储器存储。其次当计算开始时,在取指令作用下把程序指令逐条送入控制器。控制器对指令进行译码,并根据指令的操作要求向存储器和运算器发出存储、取数命令和运算命令,经过运算器计算并把结果存放在存储器内。在控制器的取数和输出命令作用下,通过输出设备输出计算结果。

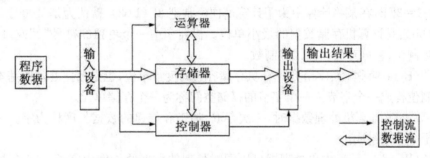

图 10.2-2 计算机基本硬件组成及简单工作原理

下面分别介绍五大部件的作用

(1) 运算器(ALU)

运算器也称为算术逻辑单元 ALU(Arithmetic Logic Unit)。它的功能是完成算术运算和逻辑运算。算术运算是指加、减、乘、除及它们的复合运算。而逻辑运算是指"与"、"或"、"非"等逻辑比较和逻辑判断等操作。在计算机中,任何复杂运算都转化为基本的算术与逻辑运算,然后在运算器中完成。

(2) 控制器(CU)

控制器 CU(Controller Unit)是计算机的指挥系统,控制器一般由指令寄存器、指令译码器、时序电路和控制电路组成。它的基本功能是从内存取指令和执行指令。指令是指示计算机如何工作的一步操作,由操作码(操作方法)及操作数(操作对象)两部分组成。控制器通过地址访问存储器、逐条取出选中单元指令,分析指令,并根据指令产生的控制信号作用于其他各部件来完成指令要求的工作。上述工作周而复始,保证了计算机能自动连续地工作。

通常将运算器和控制器统称为中央处理器,即 CPU(Central Processing Unit),它是整个计算机的核心部件,是计算机的"大脑"。它控制了计算机的运算、处理、输入和输出等工作。

集成电路技术是制造微型机、小型机、大型机和巨型机的 CPU 的基本技术。它的发展使计算机的速度和能力有了极大的改进。在 1965 年,芯片巨人英特尔公司的创始人戈登·摩尔,给出了著名的摩尔定律:芯片上的晶体管数量每隔 18~24 个月就会翻一番。让所有人感到惊奇的是,这个定律非常精确的预测了芯片的 30 年发展。1958 年第一代集成电路仅仅包含几个晶体管,而 1997 年,奔腾 II 处理器则包含了 750 万个晶体管,2000 年的 Pentium 4 已达到了 0.13 μm 技术,集成了 4 200 万个晶体管。CPU 集成的晶体管数量越大,就意味着更强的芯片计算能力。

(3) 存储器(Memory)

存储器是计算机的记忆装置,它的主要功能是存放程序和数据。程序是计算机操作的依据,数据是计算机操作的对象。

①信息存储单位

程序和数据在计算机中以二进制的形式存放于存储器中。存储容量的大小以字节为单位来度量。经常使用 KB(千字节)、MB(兆字节)、GB(千兆字节)和 TB 来表示。它们之间的关系是:$1\text{ KB}=1\ 024\text{ B}=2^{10}\text{B}$,$1\text{ MB}=1\ 024\text{ KB}=2^{20}\text{B}$,$1\text{ GB}=1\ 024\text{ MB}=2^{30}\text{B}$,$1\text{ TB}=1\ 024\text{ G}=2^{40}\text{B}$,在某些计算中为了计算简便经常把 2^{10}(1 024)默认为是 1 000。

位(bit):是计算机存储数据的最小单位。机器字中一个单独的符号"0"或"1"被称为一个二进制位,它可存放一位二进制数。

字节(Byte,简称 B):字节是计算机存储容量的度量单位,也是数据处理的基本单位,8 个二进制位构成一个字节。一个字节的存储空间称为一个存储单元。

字(Word):计算机处理数据时,一次存取、加工和传递的数据长度称为字。一个字通常由若干个字节组成。

字长(Word Long):中央处理器可以同时处理的数据的长度为字长。字长决定 CPU 的寄存器和总线的数据宽度。现代计算机的字长有 8 位、16 位、32 位、64 位。

②存储器的分类

根据存储器与 CPU 联系的密切程度可分为内存储器(主存储器)和外存储器(辅助存储器)两大类。内存在计算机主机内,它直接与运算器、控制器交换信息,容量虽小,但存取速度快,一般只存放那些正在运行的程序和待处理的数据。为了扩大内存储器的容量,引入了外存储器,外存作为内存储器的延伸和后援,间接和 CPU 联系,用来存放一些系统必须使用,但又不急于使用的程序

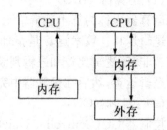

图 10.2-3　CPU 访问内、外存储器的方式

和数据,程序必须调入内存方可执行。外存存取速度慢,但存储容量大,可以长时间地保存大量信息。CPU 与内、外存之间的关系如图 10.2-3 所示。

现代计算机系统中广泛应用半导体存储器,从使用功能角度看,半导体存储器可以分成两大类:断电后数据会丢失的易失性(Volatile)存储器和断电后数据不会丢失的非易失

性(Non-volatile)存储器。微型计算机中的 RAM 属于可随机读写的易失性存储器,而 ROM 属于非易失性(Non-volatile)存储器。

③存储器工作原理

为了更好地存放程序和数据,存储器通常被分为许多等长的存储单元,每个单元可以存放一个适当单位的信息。全部存储单元按一定顺序编号,这个编号被称为存储单元的地址,简称地址。存储单元与地址的关系是一一对应的。应注意存储单元的地址和它里面存放的内容完全是两回事。

对存储器的操作通常称为访问存储器,访问存储器的方法有两种,一种是选定地址后向存储单元存入数据,被称为"写";另一种是从选定的存储单元中取出数据,被称为"读"。可见,不论是读还是写,都必须先给出存储单元的地址。来自地址总线的存储器地址由地址译码器译码(转换)后,找到相应的存储单元,由读/写控制电路根据相应的读、写命令来确定对存储器的访问方式,完成读写操作。数据总线则用于传送写入内存或从内存取出的信息。主存储器的结构框图如图 10.2-4 所示。

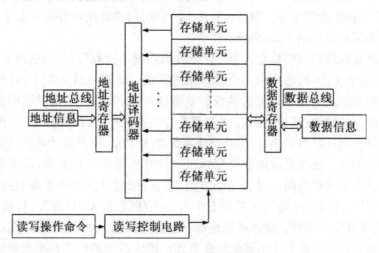

图 10.2-4　内存储器原理

(4) 输入设备

输入设备是从计算机外部向计算机内部传送信息的装置。其功能是将数据、程序及其他信息,从人们熟悉的形式转换为计算机能够识别和处理的形式输入到计算机内部。

常用的输入设备有键盘、鼠标、光笔、扫描仪、数字化仪、条形码阅读器等。

(5) 输出设备

输出设备是将计算机的处理结果传送到计算机外部供计算机用户使用的装置。其功能是将计算机内部二进制形式的数据信息转换成人们所需要的或其他设备能接受和识别的信息形式。常用的输出设备有显示器、打印机、绘图仪等。

通常我们将输入设备和输出设备统称为 I/O 设备(Input/Output)。它们都属于计算机的外部设备。

3. 计算机软件系统

一个完整的计算机系统是由硬件和软件两部分组成的。硬件是组成计算机的物理实体。但仅有硬件计算机还不能工作,要使计算机解决各种问题,必须有软件的支持,软件是介于用户和硬件系统之间的界面。

"软件"一词在20世纪60年代初传入我国。国际标准化组织(ISO)将软件定义为:电子计算机程序及运用数据处理系统所必需的手续、规则和文件的总称。对此定义,一种公认的解释是:软件由程序和文档两部分组成。程序由计算机最基本的指令组成,是计算机可以识别和执行的操作步骤;文档是指用自然语言或者形式化语言所编写的用来描述程序的内容、组成、功能规格、开发情况、测试结构和使用方法的文字资料和图表。程序是具有目的性和可执行性的,文档则是对程序的解释和说明。程序是软件的主体。软件按其功能划分,可分为系统软件和应用软件两大类型。

(1) 系统软件(System Software)

系统软件是负责管理计算机系统中各种独立的硬件、软件资源及数据资源,使得它们可以协调工作。系统软件使得计算机使用者和其他软件将计算机当作一个整体而不需要顾及到底层每个硬件是如何工作的。常见的系统软件主要指操作系统,当然也包括语言处理程序(汇编和编译程序等)、服务性程序(支撑软件)和数据库管理系统等。

①操作系统OS(Operating System)

操作系统是系统软件的核心。为了使计算机系统的所有资源(包括硬件和软件)协调一致、有条不紊地工作,就必须用一个软件来进行统一管理和统一调度,这种软件称为操作系统。它的功能就是管理计算机系统的全部硬件资源、软件资源及数据资源。操作系统是最基本的系统软件,其他的所有软件都是建立在操作系统的基础之上的。操作系统是用户与计算机硬件之间的接口,没有操作系统作为中介,用户对计算机的操作和使用将变得非常难且低效。操作系统能够合理地组织计算机整个工作流程,最大限度地提高资源利用率。操作系统在为用户提供一个方便、友善、使用灵活的服务界面的同时,也提供了其他软件开发,运行的平台。它具备五个方面的功能,即CPU管理,作业管理,存储器管理,设备管理及文件管理。操作系统是每一台计算机必不可少的软件,现在具有一定规模的现代计算机甚至具备几个不同的操作系统。操作系统的性能在很大程度上决定了计算机系统工作的优劣。微型计算机常用的操作系统有DOS(Disk Operating System)、Unix、Xenix、Linux、Windows98/2000、NetWare、WindowsNT、WindowsXP等。

②语言处理程序

在介绍语言处理程序之前,很有必要先介绍一下计算机程序设计语言的发展。软件是指计算机系统中的各种程序,而程序是用计算机语言来描述的指令序列。计算机语言是人与计算机交流的一种工具,这种交流被称为计算机程序设计。程序设计语言按其发展演变过程可分为三种:机器语言、汇编语言和高级语言,前二者统称为低级语言。

机器语言(Machine Language)是直接由机器指令(二进制)构成的,因此由它编写的计算机程序不需要翻译就可直接被计算机系统识别并运行。这种由二进制代码指令编写的程序最大的优点是执行速度快、效率高,同时也存在着严重的缺点:机器语言很难掌握,编程繁琐、可读性差、易出错,并且依赖于具体的机器,通用性差。

汇编语言(Assemble Language)采用一定的助记符号表示机器语言中的指令和数据,是符号化了的机器语言,也称作"符号语言"。汇编语言程序指令的操作码和操作数全都用符号表示，大大方便了记忆，但用助记符号表示的汇编语言，它与机器语言归根到底是一一对应的关系，都依赖于具体的计算机，因此都是低级语言。同样具备机器语言的缺点，如：缺乏通用性、繁琐、易出错等，只是程度上不同罢了。用这种语言编写的程序（汇编程序）不能在计算机上直接运行，必须首先被一种称之为编译程序的系统程序"翻译"成机器语言程序，才能由计算机执行。任何一种计算机都配有只适用于自己的汇编程序（Assembler）。

高级语言又称为算法语言，它与机器无关，是近似于人类自然语言或数学公式的计算机语言。高级语言克服了低级语言的诸多缺点，它易学易用、可读性好、表达能力强（语句用较为接近自然语言的英文字母来表示）、通用性好（用高级语言编写的程序能使用在不同的计算机系统上）。但是，对于高级语言编写的程序仍不能被计算机直接识别和执行，它也必须经过某种转换才能执行。

高级语言种类很多，功能很强，常用的高级语言有：面向过程的有Basic、用于科学计算的Fortran、支持结构化程序设计的Pascal、用于商务处理的COBOL和支持现代软件开发的C语言；现在又出现了面向对象的VB（Visual Basic）、VC++（Visual C++）、Delphi、Java等语言，使得计算机语言解决实际问题的能力得到了很大的提高。

• Fortran语言在1954年提出，1956年实现的。适用于科学和工程计算，它已经具有相当完善的工程设计计算程序库和工程应用软件。

• Pascal语言是结构化程序设计语言，适用于教学、科学计算、数据处理和系统软件开发等，目前逐渐被C语言所取代。

• C语言是美国Bell实验室开发成功的，是一种具有很高灵活性的高级语言。它语言程序简洁，功能强，适用于系统软件、数据计算、数据处理等，成为目前使用得最多的程序设计语言之一。

• Visual Basic是在Basic语言的基础上发展起来的面向对象的程序设计语言，它既保留了Basic语言简单易学的特点，同时又具有很强的可视化界面设计功能，能够迅速地开发Windows应用程序，是重要的多媒体编程工具语言。

• C++是一种面向对象的语言。面向对象的技术在系统程序设计、数据库及多媒体应用等诸多领域得到广泛应用。专家们预测，面向对象的程序设计思想将会主导今后程序设计语言的发展。

• Java是一种新型的跨平台分布式和程序设计语言。Java以它简单、安全、可移植、面向对象、多线程处理和具有动态等特性引起世界范围的广泛关注。Java语言是基于C++的，其最大的特色在于"一次编写，处处运行"。Java已逐渐成为网络化软件的核心语言。

语言处理程序的功能是将除机器语言以外，利用其他计算机语言编写的程序，转换成机器所能直接识别并执行的机器语言程序的程序。可以分为三种类型，即汇编程序、编译程序和解释程序。通常将汇编语言及各种高级语言编写的计算机程序称为源程序（Source Program），而把由源程序经过翻译（汇编或者编译）而生成的机器指令程序称为目标程序（Object Program）。语言处理程序中的汇编程序与编译程序具有一个共同的特点，即必须生成目标程序，然后通过执行目标程序得到最终结果。而解释程序是对源程序进行解释

(逐句翻译),翻译一句执行一句,边解释边执行,从而得到最终结果。解释程序不产生将被执行的目标程序,而是借助解释程序直接执行源程序本身。

应该注意的是,除机器语言外,每一种计算机语言都应具备一种与之对应的语言处理程序。

③服务性程序(支撑软件)

是指为了帮助用户使用与维护计算机,提供服务性手段,支持其他软件开发而编制的一类程序。此类程序内容广泛,主要有以下几种:

• 工具软件:工具软件主要是帮助用户使用计算机和开发软件的软件工具,如美国 Central Point Software 公司推出的 PC tools。

• 编辑程序:编辑程序能够为用户提供一个良好的书写环境。如 EDLIN、EDIT、写字板等。

• 调试程序:调试程序用来检查计算机程序有哪些错误,以及错误位置,以便于修正,如 DEBUG。

• 诊断程序:诊断程序主要用于对计算机系统硬件的检测和维护。能对 CPU、内存、软硬驱动器、显示器、键盘及 I/O 接口的性能和故障进行检测。

④数据库管理系统

数据库技术是计算机技术中发展最快、用途广泛的一个分支,可以说,在今后的各项计算机应用开发中都离不开数据库技术。数据库管理系统是对计算机中所存放的大量数据进行组织、管理、查询,有效提供一定处理功能的大型系统软件。主要分为两类,一类是基于微型计算机的小型数据库管理系统,如 FoxBase 和 Foxpro;另一类是大型数据库管理系统。

(2) 应用软件

应用软件是指在计算机各个应用领域中,为解决各类实际问题而编制的程序,它用来帮助人们完成在特定领域中的各种工作。应用软件主要包括:为解决各类实际问题而编制的程序,它用来帮助人们完成在特定领域中的各种工作。应用软件主要包括:

①文字处理程序:文字处理程序用来进行文字录入、编辑、排版、打印输出的程序,如 Microsoft Word、Wps2000 等。

②表格处理软件:电子表格处理程序用来对电子表格进行计算、加工、打印输出的程序,如 Lotus、Excel 等。

③辅助设计软件:软件开发程序是为用户进行各种应用程序的设计而提供的程序或软件包。常用的有 AutoCAD、Photoshop、3D Studio MAX 等。另外,上述的各种语言及语言处理程序也为用户提供了应用程序设计的工具,也可视为软件开发程序。

④实时控制软件:在现代化工厂里,计算机普遍用于生产过程的自动控制,称为"实时控制"。例如,在化工厂中,用计算机控制配料、温度、阀门的开闭;在炼钢车间,用计算机控制加料、炉温、冶炼时间等;在发电厂,用计算机控制发电机组等。这类控制对计算机的可靠性要求很高,否则会生产出不合格产品,或造成重大事故。目前,PC 机上较流行的软件有 FIX、InTouch、Lookout 等。

⑤用户应用程序:用户应用程序是指用户根据某一具体任务,使用上述各种语言、软

件开发程序而设计的程序。如人事档案管理程序、计算机辅助教学软件、各种游戏程序等。

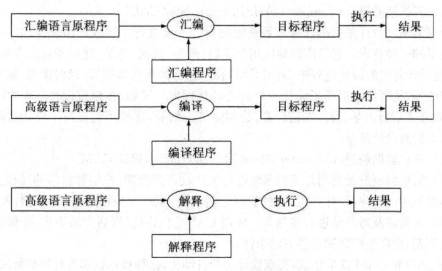

图 10.2-5 汇编、编译与解释过程

4. 计算机的应用

计算机的应用主要有以下几个方面。

(1) 科学计算(或数值计算)

科学计算是指利用计算机来完成科学研究和工程技术中提出的数学问题的计算。在现代科学技术工作中,科学计算问题是大量的和复杂的。利用计算机的高速计算、大存储容量和连续运算的能力,可以实现人工无法解决的各种科学计算问题。

例如,建筑设计中为了确定构件尺寸,通过弹性力学导出一系列复杂方程,长期以来由于计算方法跟不上而一直无法求解。而计算机不但能求解这类方程,并且引起弹性理论上的一次突破,出现了有限单元法。

(2) 数据处理(或信息处理)

数据处理是指对各种数据进行收集、存储、整理、分类、统计、加工、利用、传播等一系列活动的统称。据统计,80%以上的计算机主要用于数据处理,这类工作量大面宽,决定了计算机应用的主导方向。数据处理从简单到复杂已经历了三个发展阶段,它们是:

①电子数据处理(Electronic Data Processing,简称 EDP),它是以文件系统为手段,实现一个部门内的单项管理。

②管理信息系统(Management Information System,简称 MIS),它是以数据库技术为工具,实现一个部门的全面管理,以提高工作效率。

③决策支持系统(Decision Support System,简称 DSS),它是以数据库、模型库和方法库为基础,帮助管理决策者提高决策水平,改善运营策略的正确性与有效性。

目前,数据处理已广泛地应用于办公自动化、企事业计算机辅助管理与决策、情报检索、图书管理、电影电视动画设计、会计电算化等各行各业。信息正在形成独立的产业,多媒体技术使信息展现在人们面前的不仅是数字和文字,还有声情并茂的声音和图像信息。

(3) 辅助技术(或计算机辅助设计与制造)

计算机辅助技术包括 CAD、CAM 和 CAI 等。

①计算机辅助设计(Computer Aided Design,简称 CAD)

计算机辅助设计是利用计算机系统辅助设计人员进行工程或产品设计,以实现最佳设计效果的一种技术。它已广泛地应用于飞机、汽车、机械、电子、建筑和轻工等领域。例如,在电子计算机的设计过程中,利用 CAD 技术进行体系结构模拟、逻辑模拟、插件划分、自动布线等,从而大大提高了设计工作的自动化程度。又如,在建筑设计过程中,可以利用 CAD 技术进行力学计算、结构计算、绘制建筑图纸等,这样不但提高了设计速度,而且可以大大提高设计质量。

②计算机辅助制造(Computer Aided Manufacturing,简称 CAM)

计算机辅助制造是利用计算机系统进行生产设备的管理、控制和操作的过程。例如,在产品的制造过程中,用计算机控制机器的运行,处理生产过程中所需的数据,控制和处理材料的流动以及对产品进行检测等。使用 CAM 技术可以提高产品质量,降低成本,缩短生产周期,提高生产率和改善劳动条件。

将 CAD 和 CAM 技术集成,实现设计生产自动化,这种技术被称为计算机集成制造系统(CIMS)。它的实现将真正做到无人化工厂(或车间)。

③计算机辅助教学(Computer Aided Instruction,简称 CAI)

计算机辅助教学是利用计算机系统使用课件来进行教学。课件可以用著作工具或高级语言来开发制作,它能引导学生循序渐进地学习,使学生轻松自如地从课件中学到所需要的知识。CAI 的主要特色是交互教育、个别指导和因人施教。

(4) 过程控制(或实时控制)

过程控制是利用计算机及时采集检测数据,按最优值迅速地对控制对象进行自动调节或自动控制。采用计算机进行过程控制,不仅可以大大提高控制的自动化水平,而且可以提高控制的及时性和准确性,从而改善劳动条件、提高产品质量及合格率。因此,计算机过程控制已在机械、冶金、石油、化工、纺织、水电、航天等部门得到广泛的应用。

例如,在汽车工业方面,利用计算机控制机床、控制整个装配流水线,不仅可以实现精度要求高、形状复杂的零件加工自动化,而且可以使整个车间或工厂实现自动化。

(5) 人工智能(或智能模拟)

人工智能(Artificial Intelligence)是计算机模拟人类的智能活动,诸如感知、判断、理解、学习、问题求解和图像识别等。现在人工智能的研究已取得不少成果,有些已开始走向实用阶段。例如,能模拟高水平医学专家进行疾病诊疗的专家系统,具有一定思维能力的智能机器人等。

(6) 网络应用

计算机技术与现代通信技术的结合构成了计算机网络。计算机网络的建立,不仅解决了一个单位、一个地区、一个国家中计算机与计算机之间的通讯,各种软、硬件资源的共享,也大大促进了国际的文字、图像、视频和声音等各类数据的传输与处理。

5. 计算机的发展趋势

计算机将向超高速、超小型、并行处理和智能化方向发展。自从 1946 年世界上第一台电子计算机诞生以来,计算机技术迅猛发展,传统计算机的性能受到挑战,开始从基本原理上寻找计算机发展的突破口,新型计算机的研发应运而生。未来量子、光子和分子计算机将具有感知、思考、判断、学习以及一定的自然语言能力,使计算机进入人工智能时代。这种新型计算机将推动新一轮计算技术革命,对人类社会的发展产生深远的影响。

(1) 智能化的超级计算机

超高速计算机采用平行处理技术改进计算机结构,使计算机系统同时执行多条指令或同时对多个数据进行处理,进一步提高计算机运行速度。超级计算机通常是由数百数千甚至更多的处理器(机)组成,能完成普通计算机和服务器不能计算的大型复杂任务。从超级计算机获得数据分析和模拟成果,能推动各个领域高精尖项目的研究与开发,为我们的日常生活带来各种各样的好处。最大的超级计算机接近于复制人类大脑的能力,具备更多的智能成分。方便人们的生活、学习和工作。世界上最受欢迎的动画片、很多耗巨资拍摄的电影中,使用的特技效果都是在超级计算机上完成的,超级计算机已在科技界内引起开发与创新狂潮。

2009年10月29日,中国研制成功了"天河一号"超级计算机,每秒运算速度达到1 206万亿次,仅次于美国的"走鹃"(1 456万亿次/s)。为世界上第二个能独立研制每秒超千万亿次超级计算机的国家。下表简要介绍中国超级计算机发展史。

表 10.2-1 中国超级计算机发展简表

名称	银河—Ⅰ	银河—Ⅱ	曙光—Ⅰ	银河—Ⅲ	神威—Ⅰ	深腾 1800	曙光 4000A	神威 3000A	深腾 7000	曙光 5000A	天河一号
年份	1983	1992	1993	1997	1999	2002	2004	2007	2008	2008	2009
速度	1亿	10亿	6.4亿	130亿	3840亿	1万亿	11万亿	18万亿	106万亿	230万亿	1 206万亿

(注:速度单位为:次/s)

(2) 新型高性能计算机问世

硅芯片技术高速发展的同时,也意味着硅技术越来越接近其物理极限。为此,世界各国的研究人员正在加紧研究开发新型计算机,计算机的体系结构与技术都将产生一次量与质的飞跃。新型的量子计算机、光子计算机、分子计算机、纳米计算机等,将会在21世纪走进我们的生活,遍布各个领域。

① 量子计算机

量子计算机的概念源于对可逆计算机的研究,量子计算机是一类遵循量子力学规律进行高速数学和逻辑运算、存储及处理量子信息的物理装置。量子计算机是基于量子效应基础上开发的,它利用一种链状分子聚合物的特性来表示开与关的状态,利用激光脉冲来改变分子的状态,使信息沿着聚合物移动,从而进行运算。量子计算机中的数据用量子位存储。由于量子叠加效应,一个量子位可以是0或1,也可以既存储0又存储1。因此,一个量子位可以存储2个数据,同样数量的存储位,量子计算机的存储量比通常计算机大许多。同时量子计算机能够实行量子并行计算,其运算速度可能比目前计算机的Pentium DI 晶片快10亿倍。除具有高速并行处理数据的能力外,量子计算机还将对现有的保密体系、国家安全意识产生重大的冲击。

无论是量子并行计算还是量子模拟计算，本质上都是利用了量子相干性。世界各地的许多实验室正在以巨大的热情追寻着这个梦想。目前已经提出的方案主要利用了原子和光腔相互作用、冷阱束缚离子、电子或核自旋共振、量子点操纵、超导量子干涉等。量子编码采用纠错、避错和防错等。量子计算机使计算的概念焕然一新。

②光子计算机

光子计算机是利用光子取代电子进行数据运算、传输和存储。光子计算机即全光数字计算机，以光子代替电子，光互连代替导线互连，光硬件代替计算机中的电子硬件，光运算代替电运算。在光子计算机中，不同波长的光代表不同的数据，可以对复杂度高、计算量大的任务实现快速地并行处理。光子计算机将使运算速度在目前基础上呈指数上升。

③分子计算机

分子计算机体积小、耗电少、运算快、存储量大。分子计算机的运行是吸收分子晶体上以电荷形式存在的信息，并以更有效的方式进行组织排列。分子计算机的运算过程就是蛋白质分子与周围物理化学介质的相互作用过程。转换开关为酶，而程序则在酶合成系统本身和蛋白质的结构中极其明显地表示出来。生物分子组成的计算机具备能在生化环境下，甚至在生物有机体中运行，并能以其他分子形式与外部环境交换。因此它将在医疗诊治、遗传追踪和仿生工程中发挥无法替代的作用。目前正在研究的主要有生物分子或超分子芯片、自动机模型、仿生算法、分子化学反应算法等几种类型。分子芯片体积可比现在的芯片大大减小，而效率大大提高，分子计算机完成一项运算，所需的时间仅为 10 微秒，比人的思维速度快 100 万倍。分子计算机具有惊人的存储容量，1 立方米的 DNA 溶液可存储 1 万亿亿的二进制数据。分子计算机消耗的能量非常小，只有电子计算机的十亿分之一。由于分子芯片的原材料是蛋白质分子，所以分子计算机既有自我修复的功能，又可直接与分子活体相连。美国已研制出分子计算机分子电路的基础元器件，可在光照几万分之一秒的时间内产生感应电流。以色列科学家已经研制出一种由 DNA 分子和酶分子构成的微型分子计算机。预计 20 年后，分子计算机将进入实用阶段。

④纳米计算机

纳米计算机是用纳米技术研发的新型高性能计算机。纳米管元件尺寸在几到几十纳米范围，质地坚固，有着极强的导电性，能代替硅芯片制造计算机。"纳米"是一个计量单位，大约是氢原子直径的 10 倍。纳米技术是从 20 世纪 80 年代初迅速发展起来的新的前沿科研领域，最终目标是人类按照自己的意志直接操纵单个原子，制造出具有特定功能的产品。现在纳米技术正从微电子机械系统起步，把传感器电动机和各种处理器都放在一个硅芯片上而构成一个系统。应用纳米技术研制的计算机内存芯片，其体积只有数百个原子大小，相当于人的头发丝直径的千分之一。纳米计算机不仅几乎不需要耗费任何能源，而且其性能要比今天的计算机强大许多倍。美国正在研制一种连接纳米管的方法，用这种方法连接的纳米管可用作芯片元件，发挥电子开关、放大和晶体管的功能。专家预测，10 年后纳米技术将会走出实验室，成为科技应用的一部分。纳米计算机体积小、造价低、存量大、性能好，将逐渐取代芯片计算机，推动计算机行业的快速发展。

第三节 现代通信技术和网络技术

通信和计算机网络技术是现代信息技术的主干,先进的通信技术和网路技术系统使得信息流动更为快速、便捷,因此成为现代信息技术的主要特征。通信的含义就是各种信息的传递。自古以来人们就通过各种方式传递信息,建立起了最早的通信技术,烽火台、驿站等遗迹就好比古代通信技术的博物馆。随着社会科学技术的进步,通信技术得到了迅速的发展,尤其是20世纪50年代后,在微电子技术和计算机科学的推动下,通信技术开创了新纪元。目前在传统的通信手段比如信件、固定电话和电报的基础上,形成了以微电子技术、计算机科学技术、激光技术、光纤技术和通信卫星技术为支柱的现代通信技术。不仅如此,现代通信技术和计算机技术相结合,催生并孕育了现代计算机网络技术。它从根本上改变了信息科技的结构,通信加网络成为信息传输处理的主干,全世界的信息处理好像已经处于同一幢现代化的大楼之中,极大地突破了时间和空间的限制。先进的通信、网络系统和信息本身的数字化已成为现代信息科技的最主要的特征。

一、现代通信技术

1. 概述

人类的通信事业有一个理想的目标,那就是任何一个人不管在何时何地都可与其他任何人以各种方式进行任何种类的信息交流。为实现这一目标所开发的技术都称为通信技术。通信技术包括信息传输技术和信息处理技术等。

传递信息所采用的一切技术设备统称为通信系统,一般的通信系统结构如图10.3-1所示。

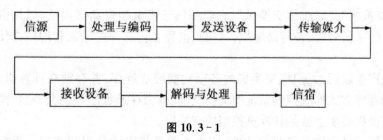

图 10.3-1

(1) 信源

信源即发出信息的源头。信源可以发出各种各样的信息,包括模拟的或数字的,连续的或离散的等等。从表示媒体来看,又分为语音、传真、图像、文字和数据等。

(2) 信息处理和编码

为了便于信息的传输,必须对信源发出的信息进行处理与编码。信息处理的内容是相当广泛的。

(3) 发送设备

发送设备的作用是发送信源发出的经过处理的信息。

(4) 传输媒介

传输媒介一般分为有线和无线两种。有线媒介包括金属线、金属电缆、光纤、光缆等。无线媒介包括短波、超短波、微波、激光等。应当指出,每一种传输媒介,作为传输信息的手段都必须配置相应的技术措施,构成一种传输方式。比如光纤通信、卫星通信等。

(5) 接收设备、解码与处理

接收设备、解码处理即是进行与发送五逆的处理。

(6) 信宿

信宿是指信息的最终落脚点。具有信源和信宿功能的设备就是通常所说的终端设备,终端设备包括电话机、传真机、电报机、数据终端和图像终端等。事实上,信源和信宿是相对的,即对于某一终端而言,如果发送信息,那它就是信源;如果接受信息,那它就是信宿。

通信的分类方式有很多种。如果按照信源发送信号的属性来分,则可以分为模拟通信、数据通信和数字通信。如果按照信号的运动状态来分,则可以分为移动通信和固定通信。

现代通信技术的进步,主要表现在数字程控交换技术,光纤通信、卫星通信、智能终端等方面,而覆盖全球的个人通信则是通信技术发展的方向。

2. 数字程控交换技术

两部电话机用一对导线连接起来,就能实现两个用户间的通话。若 3 个用户,要实现任意两个用户间的通话,就需要 3 对导线;5 个用户时,需要 10 对导线;10 个用户时,需要 45 对导线;N 个用户时,需要 $N(N-1)/2$ 对导线。这种连线方式很不经济。经济的接线方式是每个用户的电话机用一对导线连接到各用户共同使用的一个交换设备上。该交换设备位于各用户的中心,这个设备就叫交换机。

最初的交换机也叫人工交换机,是由话务员来完成用户之间的连接的。以后又出现过"步进制交换机"、"纵横制交换机",它们都属于机电制自动交换机,但是由于是靠物理接触的方式传递信号,设备容易磨损。目前,世界上仍有一些国家和地区在使用纵横制交换机。

计算机产生以后,人们将交换机的各项功能编成程序,并存放在计算机的存储器中。这种用存储程序方式构成控制系统的交换机,就称为存储程序控制交换机,简称程控交换机。程控交换机实质上就是计算机控制的交换机。

世界上第一台程控交换机是 1965 年由美国贝尔电话公司制造的。程控交换机最突出的优点是:改变系统的操作时,无需改动交换设备,只要改变程序的指令就可以了,这使交换系统具有很大的灵活性,便于开发新的通信业务,为用户提供多种服务项目,如电话网中传输数据等。

在通信网中传输或交换的信号有两类:模拟信号和数字信号。相应的传输或交换方式分别称为模拟信号方式和数字信号方式。

模拟信号是连续的。例如,电话用户说话的声音引起电话机送话器中振动膜片的振动,振动膜片的振动导致了大小正负变化电流的产生。电流的这种变化,模拟了声波的振幅和频率。这种装载着声音信息的电流就是模拟信号,它在用户与交换机之间以及交机内部未经任何加工地交换或传输下去,这就是模拟信号方式。模拟信号方式简单易行,但是模拟化的声音信号经过长距离的传输以后,会受各种干扰的影响,声音的质量较差,甚至发生失真等。

数字信号是不连续的。如果打电话的人说话的模拟信号传到交换机以后,交换机并不急于交换到被叫者,而是先将这个模拟信号通过编码器转变成一系列的"0"和"1",这种由"0"和"1"组成的信号称之为数字信号。这样,人的声音由我们平时能听到的模拟信号转变成为一种人听不懂,只有计算机才能听懂的声音了。交换机在完成取样编码后,再将数字信号传输出去,最后数字信号经解码器再转变为模拟信号,被受话人接受。

信号数字化的最大优点是抗干扰能力强。我们做两个假设:第一,信号"0"和"1"用电压的高低来表示,即5 V的电压代表"1",0 V的电压代表"0";第二,接收信号的设备收到一个电压在3~5 V之间的信号,则认为收到一个"1";收到电压在0~2 V之间的信号,则认为收到一个"0"。我们现在要传输 0110 这4个数字的一串信号,在传输过程中由于干扰,代表"1"的5 V电压变成了只有3.7 V,接收设备收到电压为3.7 V的信号后,计算机仍认为它代表对方传过来一个"1",而不会认为是"0"。这样,即使传输过程有干扰,只要干扰在一定范围内,这一串数字信号还是被正确地接收下来了。

数字程控交换机与机电制交换机相比还有许多优点:接续速度快;容量大,阻塞概率低;节省建筑投资;减少维护人员;为用户提供新的业务,除提供电话外还可提供数据、传真、可视电话、可视数据等;具有新的服务性能,如缩位拨号、叫醒服务、呼叫转移等。

目前的电话通信网中,交换机内部以及交换机之间信号的交换和传输都是采用数字信号方式;而用户到交换机之间,即用户线上,由于成本问题仍采用模拟信号方式。

目前的数字网有 ISDN(综合业务数字网)、ADSL 等。ISDN 即一线通。ADSL 是英文"Asymmetrical Digital Subscriber Line"的缩写,中文翻译为:非对称数字用户线,它是数字用户线(DSL)技术的一种,可在普通铜线电话用户线上传送电话业务的同时,向用户提供 1.5~8 Mb/s 速率的数字业务,在上行、下行方向的传输速率不对称。

ADSL 的全称是不对称数字用户线,从字面上可以了解到,ADSL 是一种数字编码的接入线路技术,而且其上行带宽和下行带宽是不对称的。现有 ADSL 系统的组网形式一般可以分为宽带接入服务器(BRAS)、ATM 网和 ADSL 传送系统三部分。其中 ADSL 传送子系统由局端设备(DSLAM)和用户端设备(CPE)组成,负责铜线段的 ADSL 线路编解码和传送,ATM 网负责将来自 DSLAM 设备的用户数据以 ATM PVC 方式汇集到宽带接入服务器,宽带接入服务器对 ATM 信元和用户的 PPP 呼叫进行处理,完成与 IP 网之间的转换,将用户接入到 Internet。ADSL 的局端设备和用户端设备之间通过普通的电话铜线连接,无须对入户线缆进行改造就可以为现有的大量电话用户提供 ADSL 宽带接入。根据实际测试数据和使用情况,在目前大量采用的 0.4 mm 线径双绞电话线上,速率为 3.6 Mbit/s 下行和 512 kbit/s 上行的 ADSL 传输距离可以达到 2~3 km。

3. 光纤通信技术

(1) 概述

光导纤维通信就是利用光导纤维传输信号,以实现信息传递的一种通信方式。光导纤维通信简称光纤通信。可以把光纤通信看成是以光导纤维为传输媒介的"有线"光通信。光纤由内芯和包层组成，内芯一般为几十微米或几微米，比一根头发丝还细；外面层称为包层，包层的作用就是保护光纤。实际上光纤通信系统使用的不是单根的光纤，而是许多光纤聚集在一起的组成的光缆。

光纤通信是利用光波作载波，以光纤作为传输媒质将信息从一处传至另一处的通信方式。1966年英籍华人高锟博士发表了一篇划时代的论文，他提出利用带有包层材料的石英玻璃光学纤维，能作为通信媒质。从此开创了光纤通信领域的研究工作。1977年美国在芝加哥相距7 000 m的两电话局之间，首次用多模光纤成功地进行了光纤通信试验。85 μm 波段的多模光纤为第一代光纤通信系统。1981年又实现了两电话局间使用1.3 μm 多模光纤的通信系统，为第二代光纤通信系统。1984年实现了1.3 μm 单模光纤的通信系统，即第三代光纤通信系统。80年代中后期又实现了1.55 μm 单模光纤通信系统，即第四代光纤通信系统。用光波分复用提高速率，用光波放大增长传输距离的系统，为第五代光纤通信系统。新系统中，相干光纤通信系统，已达现场实验水平，将得到应用。光孤子通信系统可以获得极高的速率，20世纪末或21世纪初可能达到实用化。在该系统中加上光纤放大器有可能实现极高速率和极长距离的光纤通信。

就光纤通信技术本身来说，包括光纤光缆技术、传输技术、光有源器件、光无源器件以及光网络技术等。

(2) 中国光纤通信发展史

光纤通信的发展极其迅速，至1991年底，全球已敷设光缆563万千米，到1995年已超过1 100万千米。光纤通信在单位时间内能传输的信息量大。一对单模光纤可同时开通35 000个电话，而且它还在飞速发展。光纤通信的建设费用正随着使用数量的增大而降低，同时它具有体积小，重量轻，使用金属少，抗电磁干扰、抗辐射性强，保密性好，频带宽，抗干扰性好，防窃听，价格便宜等优点。

1973年，世界光纤通信尚未实用。邮电部武汉邮电科学研究院（当时是武汉邮电学院）就开始研究光纤通信。由于武汉邮电科学研究院采用了石英光纤、半导体激光器和编码制式通信机正确的技术路线，使我国在发展光纤通信技术上少走了不少弯路，从而使我国光纤通信在高新技术中与发达国家有较小的差距。

我国研究开发光纤通信正处于十年动乱时期，处于封闭状态。国外技术基本无法借鉴，纯属自己摸索，一切都要靠自己，包括光纤、光电子器件和光纤通信系统。就研制光纤来说，原料提纯、熔炼车床、拉丝机，还包括光纤的测试仪表和接续工具也全都要自己开发，困难极大。武汉邮电科学研究院，考虑到保证光纤通信最终能为经济建设所用，开展了全面研究，除研制光纤外，还开展光电子器件和光纤通信系统的研制，使我国至今拥有了完整的光纤通信产业。

1978年改革开放后，光纤通信的研发工作大大加快。上海、北京、武汉和桂林都研制出光纤通信试验系统。1982年邮电部重点科研工程"八二工程"在武汉开通。该工程被称为实用化工程，要求一切是商用产品而不是试验品，要符合国际CCITT标准，要由设计院设计、工人施工，而不是科技人员施工。从此中国的光纤通信进入实用阶段。

在20世纪80年代中期，数字光纤通信的速率已达到144 Mb/s，可传送1 980路电话，超过同轴电缆载波。于是，光纤通信作为主流被大量采用，在传输干线上全面取代电缆经过国家"六五"、"七五"、"八五"和"九五"计划,中国已建成"八纵八横"干线网,连通全国各省区市。现在,中国已敷设光缆总长约250万千米。光纤通信已成为中国通信的主要手段。在科技部、计委、经委的安排下,1999年中国生产的8×2.5 Gb/sWDM系统首次在青岛至大连开通,随之沈阳至大连的32×2.5 Gb/sWDM光纤通信系统开通。2005年3.2 Tbps超大容量的光纤通信系统在上海至杭州开通,是至今世界容量最大的实用线路。

中国已建立了一定规模的光纤通信产业。中国生产的光纤光缆、半导体光电子器件和光纤通信系统能供国内建设,并有少量出口。

有人认为,我国光纤通信主要干线已经建成,光纤通信容量达到Tbps,几乎用不完,再则2000年的IT泡沫,使光纤的价格低到每千米100元,几乎无利可图。因此不要发展光纤通信技术了。

但光纤本身制造属性决定光纤仍然有较大的发展空间:新光纤研制,光子晶体。

实际上,特别是中国,省内农村有许多空白需要建设;3G移动通信网的建设也需要光纤网来支持;随着宽带业务的发展、网络需要扩容等,光纤通信仍有巨大的市场。现在每年光纤通信设备和光缆的销售量是上升的。

4. 微波通信

(1) 概述

利用微波进行通信具有容量大、质量好并可传至很远的距离,因此是国家通信网的一种重要通信手段,也普遍适用于各种专用通信网。我国微波通信广泛应用L、S、C、X诸频段,K频段的应用尚在开发之中。

由于微波的频率极高,波长很短,在空中的传播特性与光波相近,也就是直线前进,遇到阻挡就被反射或被阻断,因此微波通信的主要方式是视距通信,超过视距以后需要中继转发。

一般说来,由于地球曲面的影响以及空间传输的损耗,每隔50千米左右,就需要设置中继站,将电波放大转发而延伸。这种通信方式,也称为微波中继通信或称微波接力通信。长距离微波通信干线可以经过几十次中继而传至数千千米仍可保持很高的通信质量。

微波站的设备包括天线、收发信机、调制器、多路复用设备以及电源设备、自动控制设备等。为了把电波聚集起来成为波束,送至远方,一般都采用抛物面天线,其聚焦作用可大大增加传送距离。多个收发信机可以共同使用一个天线而互不干扰,我国现用微波系统在同一频段同一方向可以有六收六发同时工作,也可有八收八发同时工作以增加微波电路的总体容量。多路复用设备有模拟和数字之分。模拟微波系统每个收发信机可以工作于60路、960路、1 800路或2 700路通信,可用于不同容量等级的微波电路。数字微波系统应用数字复用设备以30路电话按时分复用原理组成一次群,进而可组成二次群120路、三次群480路、四次群1 920路,并经过数字调制器调制于发射机上,在接收端经数字解调器还原成多路电话。最新的微波通信设备,其数字系列标准与光纤通信的同步数字系列(SDH)完全一致,称为SDH微波。这种新的微波设备在一条电路上八个束波可以同时传送三万多路数字电话电路(2.4 Gbit/s)。

微波通信由于其频带宽、容量大,可以用于各种电信业务传送,如电话、电报、数据、传真以及彩色电视等均可通过微波电路传输。微波通信具有良好的抗灾性能,对水灾、风灾以及地震等自然灾害,微波通信一般都不受影响。但微波经空中传送,易受干扰,在同一微波电路上不能使用相同频率于同一方向,因此微波电路必须在无线电管理部门的严格管理之下进行建设。此外由于微波直线传播的特性,在电波波束方向上,不能有高楼阻挡,因此城市规划部门要考虑城市空间微波通道的规划,使之不受高楼的阻隔而影响通信。

近年来我国开发成功点对多点微波通信系统,其中心站采用全向天线向四周发射,在周围50千米以内,可以有多个点放置用户站,从用户站再分出多路电话分别接至各用户使用。其总体容量有100线、500线和1 000线等不同的容量的设备,每个用户站可以分配十几或数十个电话用户,在必要时还可通过中继站延伸至数百千米外的用户使用。这种点对多点微波通信系统对于城市郊区、县城至农村村镇或沿海岛屿的用户、对分散的居民点也十分合用,较为经济。

微波通信还有"对流层散射通信"、"流星余迹通信"等,是利用高层大气的不均匀性或流星的余迹对电波的散射作用而达到超过视距的通信,这些系统,在我国应用较少。

(2) 微波通信的发展历程

微波的频带很宽,因而信号的容量很大。由于电台的数量庞大,无线电中的短波十分拥挤,相互间的干扰较为严重,解决这一困难的唯一方法是向微波段发展。目前电视广播的 VHF 波段的频率是 30~300 MHZ,波长在 1~10 m 之间,UHF 波段是频率为 300~3 000 MHZ 的分米波,都属于微波范围。

最初的微波通信出现在1931年,是用18cm波(1.667 kMHZ)巴克豪森—库尔兹振荡器及调幅波。从 1947 年到 1951 年,相继出现 4 kMHZ、480 路电话或一个电视波道的多路微波中继通信系统,及把电话路数增到 600 路、中继站数增到 107 个、通信距离达 4 800 km 的、调频多路微波中继通信系统。1957 年,出现了一种中距离、多波道,每一波道有 240 个电话电路容量的宽频带系统。1960 年,出现了一种具有 8 个双向平行高频波道、每一道的容量为 2 200 个话路或几百个话路加一路彩色电视节目的 6 kMHZ 频段系统。最后,在 1963 年发展了超视距多路微波通信系统,它采用深度调频的发射机和对调频波加负反馈的接收机。目前,人们正探讨使用毫米波通信系统。由于这个波段具有特殊的性能,毫米波将有可能应用于长途通信和短距离或局部通信。

(3) 微波通信网路简介

微波多路电话系统包括载波终端站、微波终端站及微波中继站。载波终端站最好与微终端站设在长途电话局同一个建筑内。多话路要在载波终端站调幅与滤波,群制与滤波及超群调制与滤波,然后把它们排列开来。例如 480 路的情况是把这些话路排列在 60 kHZ~2.5 MHZ 的频带内。在微波中继站,有接转用的收发设备、分波道滤波器和四副天线。在微波终端发射机和接收机,为了能够在出故障时应急把高频工作波道转接到备用波道,把中频级的输入、输出端都连接到高频波道开关架上,然后接到频率调制器与解调器设备。通常中继站是无人值守,采用监视电路监视设备的运行状况,或自动把工作波道转换至备用波道。

监视网路采用有线电路、甚高频或一微波系统。最好利用稳定的电力网供电。电视广播电台分布在全国各地,为了在各电台之间传送电视节目,需要有电视传输网。特别是在电视广播中,因为节目的成本比较高,需要尽可能多的电台共同利用同样节目来广播,以降低节目的费用。事实上,地方电视广播台一般并不播送自己本地的节目,而是依靠电视网供给的。这样电视网是电视广播所不可缺少的。另外,电视网不仅用来传播广播电视信号,还可以用来传输闭路电视信号。

电视网可分为两类,即城市之间的电视网和本地的电视网。前者把各主要城市用长途微波中继线路连接起来,而这种线路一般又是用来传输多路电话的。后者把长途中继线路的终端站连接到位于同一城市或市郊的电视演播厅和电视广播台。用视频同轴电缆从 A 演播室接到无线电微波中继系统的 A 终端站,这是本地电视网的一个例子;用无线电微波中继系统连接 A 终端站和 B 终端站,是城市间电视网的一个例子。一般来说,城市间电视网和本地电视网是采用不同制式的。

电视网的传播方式可分为无线电方式和电缆方式。无线电方式采用微波调频来传输电视信号,本地电视网中则用 ST 链路和现场摄像设备。城市间电视网一般用外差转接方式。一个大城市的本地电视网可能有许多电视台,因此宜于采用电缆输送方式以解决无线电波的干扰问题。为此,常用视频电缆线和视频同轴电缆作为本地电视传输。

(4) 微波通信的优点

与低频无线电通信及有线载波通信相比,微波通信具有如下优点:

①天线增益高

当天线面积给定时,其增益与波长平方成反比,所以微波段容易制成高增益的天线;另一方面,自由空间传播损耗与波长平方成正比,因此,对微波通信而言,当传输一路电视信号或 600 路电话信号时,所用发射机输出功率只需要几瓦。

②天线有尖锐方向性

微波天线容易得到尖锐的方向性。如在 4 kMHZ,一直径为 3 m 的抛物面天线的前后比约为 65 dB,两上并排抛物面天线间边对耦合小于 -80 dB。因此,中继站上四个天线之间相干涉作用小。

③适于宽频带传输

一路电视信号占 5 MHZ 的频带,600 路电话约占 2.5 MHZ 的频带,由于微波的频率高,此带宽对微波载波的比值很小,使微波与设备的设计比较容易,而且还便于用一个宽频带微波天线传送几个平行的微波波道。

④微波传播特性稳定

微波在视距内的传播特性相当稳定。虽然衰落量随频率的增高而增加,但随着频率的增高,第一菲涅尔区将变小,故地面反射的影响减小。

⑤容易改进信噪比

由于天线的方向性容易做得很尖锐,而微波传播又限于视距以内,干扰较少,又可以采用调频制,因此信噪比可以提高。

⑥人为噪声小

在甚高频(VHF)段,城市里的人为噪声相当大。但当频率增高后,此项噪声将减小。

⑦可靠性高

微波中继电路是点与点之间的连接,比起有线电路来,这种没有电缆线的微波电路结构,在抵抗水淹、台风、地震等方面有较大的可靠性。

5. 移动通信

所谓移动通信就是处于移动状态的通信对象之间的通信,它包括移动用户之间的通信,固定用户与移动用户之间的通信。移动通信的最大特点是使电话可以由移动体携带,也就是说,作为电话交换网络的终端用户是变动的,因此,移动电话网的构成比任何固定电话网要复杂。随着用户的增多,需要建立全国性的移动通信网。移动通信的发展经历了三代,第四代也初见雏形。

(1) 第一代移动通信技术

①简介

随着 3G 的出现,第一代移动通信技术已经慢慢在人们脑海里淡忘。但是我们应该知道,没有第一代移动通信技术做基础,3G 不可能发展到今天这种水平。因此,我们有必要了解第一代移动通信技术的相关知识,下面我们就来看看有关背景。

第一代移动通信技术(1G)是指最初的模拟、仅限语音的蜂窝电话标准,制定于 20 世纪 80 年代。Nordic 移动电话(NMT)就是这样一种标准,应用于 Nordic 国家、东欧以及俄罗斯。其他还包括美国的高级移动电话系统(AMPS),英国的总访问通信系统(TACS)以及日本的 JTAGS,西德的 C-Netz,法国的 Radiocom 2000 和意大利的 RTMI。模拟蜂窝服务在许多地方正被逐步淘汰。

第一代移动通信主要采用的是模拟技术和频分多址(FDMA)技术。由于受到传输带宽的限制,不能进行移动通信的长途漫游,只能是一种区域性的移动通信系统。第一代移动通信有多种制式,我国主要采用的是 TACS。第一代移动通信有很多不足之处,如容量有限、制式太多、互不兼容、保密性差、通话质量不高、不能提供数据业务和不能提供自动漫游等。

②蜂窝移动通信系统

蜂窝系统也叫"小区制"系统。是将所有要覆盖的地区划分为若干个小区,每个小区的半径可视用户的分布密度在 1~10 km 左右。在每个小区设立一个基站为本小区范围内的用户服务。并可通过小区分裂进一步提高系统容量。

蜂窝小区的形状

小区形状	正三角形	正方形	正六边形
郊区距离	R	$\sqrt{2}r$	$\sqrt{3}r$
小区面积	$1.3r^2$	$2r^2$	$2.6r^2$
交叠区宽度	r	$0.59r$	$0.27r$
交叠区面积	$1.2\pi r^2$	$0.73\pi r^2$	$0.35\pi r^2$

这种系统由移动业务交换中心(MSC)、基站(BS)设备及移动台(MS)(用户设备)以及交换中心至基站的传输线组成,如右图所示。目前在我国运行的 900 MHz 第一代移动通信系统(TACS)模拟系统和第二代移动通信系统(GSM)数字系统都属于这一类。

就是说移动台的移动交换中心与公共的电话交换网(就是我们平时所说的电话网 PSIN)之间相连,移动交换中心负责连接基站之间的通信,通话过程中,移动台(比如手机)与所属基站建立联系,由基站再与移动交换中心连接,最后接入到公共电话网。

下面解释一下全双工,单工和半双工:所谓全双工工作就是通信双方可以同时进行收发工作;就是说,通信的双方都可以在同一时间又说又听,互不干扰,就叫全双工。若某一时间通信的双方只能进行一种工作,即在一个时间里要么说,要么听,只可选择一样,则称为单工工作。若一方可同时进行收发工作,而另一方只能单工工作,则称为半双工工作。

蜂窝式公用陆地移动通信系统适用于全自动拨号、全双工工作、大容量公用移动陆地网组网,可与公用电话网中任何一级交换中心相连接,实现移动用户与本地电话网用户、长途电话网用户及国际电话网用户的通话接续。这种系统具有越区切换、自动或人工漫游、计费及业务量统计等功能。这些功能将在以后陆续介绍。

目前模拟蜂窝移动通信系统主要用于开放电话业务。随着 GSM 数字蜂窝移动网的建设和发展,已逐步开放数据、传真等多种非电话业务。

特点:用户容量大,服务性能较好,频谱利用率较高,用户终端小巧而且电池使用时间长,辐射小等等。

新的问题:系统复杂、越区切换、漫游、位置登记、更新和管理以及系统鉴权等等。

(2) 第二代移动通信技术 2G(second generation)

第二代移动通信技术 GSM 全名为 Global System for Mobile Communications,中文为全球移动通讯系统,起源于欧洲的移动通信技术标准,是第二代移动通信技术,其开发目的是让全球各地可以共同使用一个移动电话网络标准,让用户使用一部手机就能行遍全球。我国于 20 世纪 90 年代初引进采用此项技术标准,此前一直是采用蜂窝模拟移动技术,即第一代 GSM 技术(2001 年 12 月 31 日我国关闭了模拟移动网络)。目前,中国移动,中国联通各拥有一个 GSM 网,为世界最大的移动通信网络。GSM 系统包括 GSM900:900 MHz,GSM1800:1800 MHz 及 GSM-1900:1900 MHz 等几个频段。

GSM 系列主要有 GSM900,DCS1800 和 PCS1900 三部分,三者之间的主要区别是工作频段的差异。目前我国主要的两大 GSM 系统为 GSM900 及 GSM1800,由于采用了不同频率,因此适用的手机也不尽相同。不过目前大多数手机基本是双频手机,可以自由在这两个频段间切换。欧洲国家普遍采用的系统除 GSM900 和 GSM1800 另外加入了 GSM1900,手机为三频手机。在我国随着手机市场的进一步发展,现已出现了三频手机,即可在 GSM900、GSM1800、GSM1900 三种频段内自由切换的手机,真正做到了一部手机可以畅游全世界。第二代移动通信技术基本可被切为两种,一种是基于 TDMA 所发展出来的以 GSM 为代表,另一种则是 CDMA 规格,复用(Multiplexing)形式的一种。主要的第二代手机通讯技术规格标准有:

GSM:基于 TDMA 所发展、源于欧洲、目前已全球化。

IDEN:基于 TDMA 所发展、美国独有的系统。被美国电信系统商 Nextell 使用。

IS—136（也叫做 D—AMPS）：基于 TDMA 所发展，是美国最简单的 TDMA 系统，用于美洲。

IS—95（也叫做 cdmaOne）：基于 CDMA 所发展、是美国最简单的 CDMA 系统、用于美洲和亚洲一些国家。

PDC(Personal Digital Cellular)：基于 TDMA 所发展，仅在日本普及。

与第一代模拟蜂窝移动通信相比，第二代移动通信技术系统采用了数字化，具有保密性强，频谱利用率高，能提供丰富的业务，标准化程度高等特点，使得移动通信得到了空前的发展，从过去的补充地位跃居通信的主导地位。我国目前应用的第二代蜂窝系统为欧洲的 GSM 系统以及北美的窄带 CDMA 系统。

(3) 第三代移动通讯技术

①发展历程

1999 年，在火爆的移动通信领域，世界目光的焦点是第三代移动通信标准。在各方努力下，第三代移动通信无线接口技术逐步趋于融合，在此背景下，11 月初，国际电联终于确定了一个全球统一的无线接口标准。

第三代移动通信标准制订之路并不平坦，代表不同利益的各标准化组织围绕最终以谁的技术作为全球标准展开了激烈的纷争。而纷争的焦点集中在以爱立信为首的欧洲 WCDMA 技术与以高通为代表的美国 cdma2000 技术的争夺。这种纷争令人们开始对能否形成全球统一的第三代移动通信标准产生了怀疑。

令人兴奋的是，在 1999 年，无线接口技术融合迈出了关键性的步伐，一系列重要事件将第三代标准推向现实。1999 年 3 月份的 ITU-R TG8/1 巴西会议确定了第三代无线接口标准的大格局，表明第三代移动通信标准将由多个技术构成，但在确定的几大技术板块中，为 cdma2000 与 WCDMA 技术的融合、中国 TD-SCDMA 技术与其他 TDD 技术的融合等提供了舞台。在 TG8/1 巴西会议结束后不久，爱立信与高通达成了专利相互许可使用协议。这一协议的达成不仅使长期困扰 ITU 的专利问题得到了解决，同时对 WCDMA 和 cdma2000 两种宽带 CDMA 技术的融合起到了积极的促进作用。在 6 月底的 TG8/1 北京会议之前，国际运营者组织在东京和多伦多召开了两次会议，在这两次会议上，WCDMA 与 cdma2000 标准融合获得了重大进展。我国的 TD-SCDMA 技术与 3GP PTDD 技术的融合也取得了初步进展。

在技术融合的推动下，10 月 25 日至 11 月 5 日在芬兰召开的 ITU-R TG8/1 最后一次会议顺利确定了第三代无线接口标准，虽然它由不同的技术构成，但这是一个全球统一的标准，基于这一标准用户可以实现全球漫游。

第三代技术融合反映出移动通信业务全球化的需求，不能实现全球漫游的移动通信不是第三代移动通信。同时，技术融合也反映出各大电信集团希望进军全球市场，而不只是区域市场的战略。第三代无线接口标准的确定，为各大厂商在该领域的竞争拉开了帷幕，爱立信、朗讯、西门子等纷纷推出自己的第三代样机，许多厂商也推出了自己的第三代概念手机，未来市场潜力无穷。第三代无线接口标准基本确立了第三代移动系统的格局，它将主要基于宽带 CDMA 技术，可使话音、数据、多媒体业务实现综合，并可实现全球一体化的个人通信。

②简介

在第二代移动通信技术基础上进一步演进的以宽带 CDMA 技术为主,并能同时提供话音和数据业务的移动通信系统,亦即未来移动通信系统,是一代有能力彻底解决第一、二代移动通信系统主要弊端的最先进的移动通信系统。第三代移动通信系统一个突出特色就是,要在未来移动通信系统中实现个人终端用户能够在全球范围内的任何时间、任何地点,与任何人,用任意方式、高质量地完成任何信息之间的移动通信与传输。可见,第三代移动通信十分重视个人在通信系统中的自主因素,突出了个人在通信系统中的主要地位,所以又叫未来个人通信系统。

众所周知,在第二代数字移动通信系统中,通信标准的无序性所产生的百花齐放局面,虽然极大地促进了移动通信前期局部性的高速发展,但也较强地制约了移动通信后期全球性的进一步开拓,即包括不同频带利用在内的多种通信标准并存局面,使得"全球通"漫游业务很难真正实现,同时现有带宽也无法满足信息内容和数据类型日益增长的需要。第二代移动通信所投入的巨额软硬件资源和已经占有的庞大市场份额决定了第三代移动通信只能与第二代移动通信在系统方面兼容地平滑过渡,同时也就使得第三代移动通信标准的制定显得复杂多变,难以确定。

伴随芬兰赫尔辛基国际电联(ITU)大会帷幕的徐徐落下,在由中国所制订的 TD-SCDMA、美国所制订的 CDMA2000 和欧洲所制订的 WCDMA 所组成的最后三个提案中,几经周折后,最终将确定一个提案或几个提案兼容来作为第三代移动通信的正式国际标准(IMT-2000)。其中,中国的 TD-SCDMA 方案完全满足国际电联对第三代移动通信的基本要求,在所有提交的标准提案中,是唯一采用智能天线技术,也是频谱利用率最高的提案,可以缩短运营商从第二代移动通信过渡到第三代系统的时间,在技术上具有明显的优势。更重要的是,中国的标准一旦被采用,将会改变我国以往在移动通信技术方面受制于人的被动局面;在经济方面可减少、甚至取消昂贵的国外专利提成费,为祖国带来巨大的经济利益;在市场方面则会彻底改变过去只有运营市场没有产品市场的畸形布局,从而使我国获得与国际同步发展移动通信的平等地位。

TD-SCDMA 技术方案是我国首次向国际电联提出的中国建议,是一种基于 CDMA,结合智能天线、软件无线电、高质量语音压缩编码等先进技术的优秀方案。TD-SCDMA 技术的一大特点就是引入了 SMAP 同步接入信令,在运用 CDMA 技术后可减少许多干扰,并使用了智能天线技术。另一大特点就是在蜂窝系统应用时的越区切换采用了指定切换的方法,每个基站都具有对移动台的定位功能,从而得知本小区各个移动台的准确位置,做到随时认定同步基站。TD-SCDMA 技术的提出,对于中国能够在第三代移动通信标准制定方面占有一席之地起到了关键作用。

显然,第三代移动通信系统将会以宽带 CDMA 系统为主,所谓 CDMA,即码分多址技术。移动通信的特点要求采用多址技术,多址技术实际上就是指基站周围的移动台以何种方式抢占信道进入基站和从基站接收信号的技术,移动台只有占领了某一信道,才有可能完成移动通信。目前已经实用的多址技术有应用于第一代和第二代移动通信中的频分多址(FDMA)、时分多址(TDMA)和窄带码分多址(CDMA)三种。FDMA 是不同的移动台占用不同的频率。TDMA 是不同的移动台占用同一频率,但占用的时间不同。CDMA

是不同的移动台占用同一频率,但各带有不同的随机码序,以示区分布进行扩频,因此同一频率所能服务的移动台数量是由随机码的数量来决定的。宽带 CDMA 不仅具有 CDMA 所拥有的一切优点,而且运行带宽要宽得多,抗干扰能力也很强,传递信号功能更趋完善,能实现无线系统大容量和高密度地覆盖漫游,也更容易管理系统。第三代移动通信所采用的宽带 CDMA 技术完全能够满足现代用户的多种需要,满足大容量的多媒体信息传送,具有更大的灵活性。

随着第三代移动通信系统标准的最后敲定,其终端设备也已初见端倪,浮出水面。爱立信公司推出的 R320 双频手机具有内置 Modem、红外接口、可进行图形 Internet 浏览、游戏、语音拨号及短信息服务。诺基亚公司推出的 7100 系列手机则可支持 GSM 网上的 9.6 kb/s 数字通信和 CDMA 网上的 14.4 kb/s 的数字通信,也具备了游戏、语音拨号和短信息功能;另一款由诺基亚推出的媒体移动电话 MP(Media Phone),则可以提供简单的 Web 浏览。而 Alcatel 公司不仅为无线 IP 提供了 WAP 网点,还推出了"口袋大小"的 Internet 移动电话 One Touch Pocket。该话机尺寸仅有 116 mm×59 mm×15 mm,可提供全屏幕显示,采用锂电池,通话时间可达 3 小时,待机时间为 80 小时,用户使用该手机,可从中心局存储、管理和恢复 E-mail、语音邮件和传真信息,用户还可利用"文本—语音"新技术从该手机中收听 E-mail 话音邮件,完成转送传真到任何一部传真机上的工作。最近,摩托罗拉公司又推出了具有未来移动通信意义上的手机芯片,该芯片可以安装在任何手机上,可使安装了该芯片的手机在全球任何地方通信。总之,第三代移动通信设备不管是从功能方面、还是从外观方面都将为用户带来新的技术革命。

(4) 第四代移动通信技术

1) 简介

在过去的 10 年里,移动通信得到了飞速的发展,第三代移动通信系统(3G)的出现更使移动通信前进了一大步。到目前为止,3G 各种标准和规范已达成协议,并已开始商用。但也应该看到 3G 系统尚有很多需要改进的地方,如:3G 缺乏全球统一标准;3G 所采用的语音交换架构仍承袭了第二代(2G)的电路交换,而不是纯 IP 方式;流媒体(视频)的应用不尽如人意;数据传输率也只接近于普通拨号接入的水平,更赶不上 xDSL 等。所以,在第三代移动通信还没有完全铺开,距离完全实用化还有一段时间的时候,已经有不少国家开始了对下一代移动通信系统(4G)的研究。相对于 3G 而言,4G 在技术和应用上将有质的飞跃,而不仅仅是在第三代移动通信的基础上再加上某些新的改进技术。

到目前为止,第四代移动通信系统技术还只是一个主题概念,即无线互联网技术。人们虽然还无法对 4G 通信进行精确定义,但可以肯定的是,4G 通信将是一个比 3G 通信更完美的新无线世界,它将可创造出许多难以想象的应用。未来的无线移动通信系统是覆盖全球的信息网络中的一部分,它将包括室内的无线 LAN、室外的宽带接入、智能传输系统(ITS)等。

2) 4G 中的关键技术

3G 在经过了多年的研究和开发以后,在应用时仍然碰到了许多问题,并且距离个人通信的 5 个"W"还有一段距离,因此才会提前出现对 4G 的研究,在 4G 中将会采用一些新技术。

①核心技术

3G系统主要是以CDMA为核心技术,如W-CDMA,1xRTT和EDGE等技术。4G系统则以正交频分复用(OFDM)技术最受瞩目,目前已有不少专家学者针对OFDM技术在移动通信上的应用提出了相关的理论研究。另外MC-CDMA(多载波CDMA)技术也将会在4G中得到应用。

②网络结构

3G采用的主要是蜂窝组网,4G将突破这个概念,发展以数字广带(Broad band)为基础的网络,成为一个集无线LAN和基站宽带网络的混合网络,这种基于IP技术的网络架构使得在3G、4G、W-LAN、固定网之间的漫游得以实现。

③交换方式

3G保留了2G所使用的电路交换,采用的是电路交换和分组交换并存的方式,而4G将完全采用基于IP的分组交换,使网络能根据用户需要分配带宽。

④天线技术

天线技术包括:智能天线、发射分集、MIMO等多种技术。其中的智能天线技术将在4G中得到普遍的应用。智能天线具有抑制信号干扰、自动跟踪以及数字波束调节等智能功能,能满足数据中心、移动IP网络的性能要求,并且,智能天线成形波束能在空间域内抑制交互干扰,增强特殊范围内想要的信号,所以这种技术既能改善信号质量又能增加传输容量。

⑤无线QoS资源控制

由于4G将采用纯IP方式来进行交换,但无线系统资源(频率和发射功率)是有限的且易阻塞,因此,有必要采用无线QoS资源控制,以保证业务质量和支持各种级别的应用。无线QoS资源控制方式既能支持实时性应用,也能支持非实时性应用。

⑥其他技术,如软件无线电等也将在4G中得到应用。

3) 对4G的展望

作为新的移动通信系统,4G将不仅仅应用于蜂窝电话通信领域,它还能够提供全息录音、远程控制卡以及移动虚拟实现等功能。但这样的系统要得到广泛的应用,尽快地被人们接受,还应该考虑到让更多用户在投资最少的情况下轻易地过渡到4G通信。展望4G,可以预见:

①信息传输速率更快

人们研究4G的最初目的就是提高蜂窝电话和其他移动装置无线访问"因特网"的速率,因此4G通信的特征莫过于它具有更快的无线通信速度。专家预估,第四代移动通信系统的速度可达到10~20 Mbit/s,最高可达2Mbit/s,这相当于3G在室内环境下的传输速率(3G的通信速率在384 kbit~2 Mbit之间)。

②带宽更宽

要想使4G通信达到很高的传输速度,其所需要的带宽比3G网络高出许多。据研究,每个4G信道将占有100MHz或更多带宽,而3G网络的带宽则在5~20 MHz之间。同时,两者使用的频段也将不一样。4G的使用频段将在2~8 GHz的范围内,要比3G的1 800~2 400 MHz高很多。

③容量更大

据估计,10年后,每个人所获取的信息要比今天至少高3~4个数量级,而3G的容量将不能满足这种增长的业务量需求,所以在4G里将采用新的网络技术来极大地提高系统的容量,如SDMA(空分多址)技术等,来满足未来大信息量的需求。

④智能性更高

4G系统的智能性更高,它将能自适应地进行资源分配,处理变化的业务流和适应不同的信道环境。在4G网络中的智能处理器,将能够处理节点故障或基站超载;4G通信终端设备的设计和操作也将具有智能化。

⑤兼容性强

4G将采用大区域覆盖,与3G、无线LAN(W-LAN)和固定网络之间无缝隙漫游,实现真正意义的全球漫游。

⑥能实现更高质量的多媒体通信

4G通信能提供的无线多媒体通信服务将包括语音、数据、影像等,大量信息透过宽频信道传送出去,因此4G也是一种实时的、宽带的以及无缝覆盖的多媒体无线通信。技术的发展将使4G能实现3G未能实现的功能,实现真正意义上的个人通信。

4) 结论

以上对4G的网络结构、关键技术和发展方向进行了一些探讨,但具体的实现还面临着许多问题。随着技术的发展、网络的发展,现在看来困难的事情可能因为某一关键技术的突破而实现。所以,现在对网络结构的可行性、灵活性的研究,对这些体系结构中的关键技术的研究将对4G的尽快实现有十分重要的意义。

6. 卫星通信

卫星通信是一种利用人造地球卫星作为中继站来转发无线电波而进行的两个或多个地球站之间的通信。

卫星通信系统是由通信卫星和经该卫星连通的地球站两部分组成。静止通信卫星是目前全球卫星通信系统中最常用的星体,是将通信卫星发射到赤道上空35 860 km的高度上,使卫星运转方向与地球自转方向一致,并使卫星的运转周期正好等于地球的自转周期(24小时),从而使卫星始终保持同步运行状态。故静止卫星也称为同步卫星。静止卫星天线波束最大覆盖面可以达到大于地球表面总面积的三分之一。因此,在静止轨道上,只要等间隔地放置三颗通信卫星,其天线波束就能基本上覆盖整个地球(除两极地区外),实现全球范围的通信。目前使用的国际通信卫星系统,就是按照上述原理建立起来的,三颗卫星分别位于大西洋、太平洋和印度洋上空。

与其他通信手段相比,卫星通信具有许多优点:一是电波覆盖面积大,通信距离远,可实现多址通信。在卫星波束覆盖区内一跳的通信距离最远为18 000 km。覆盖区内的用户都可通过通信卫星实现多址连接,进行即时通信。二是传输频带宽,通信容量大。卫星通信一般使用1~10千兆赫的微波波段,有很宽的频率范围,可在两点间提供几百、几千甚至上万条话路,提供每秒几十兆比特甚至每秒一百多兆比特的中高速数据通道,还可传输好几路电视。三是通信稳定性好、质量高。卫星链路大部分是在大气层以上的宇宙空间,属恒参信道,传输损耗小,电波传播稳定,不受通信两点间的各种自然环境和人为因素的影响,即便是在发生磁爆或核爆的情况下,也能维持正常通信。

卫星传输的主要缺点是传输时延大。在打卫星电话时不能立刻听到对方回话,需要间隔一段时间才能听到。其主要原因是无线电波虽在自由空间的传播速度等于光速(每秒 30 万千米),但当它从地球站发往同步卫星,又从同步卫星发回接收地球站,这"一上一下"就需要走 8 万多千米。打电话时,一问一答无线电波就要往返近 16 万千米,需传输 0.6 秒的时间。也就是说,在发话人说完 0.6 秒以后才能听到对方的回音,这种现象称为"延迟效应"。由于"延迟效应"现象的存在,使得打卫星电话往往不像打地面长途电话那样自如方便。

卫星通信是军事通信的重要组成部分。目前,一些发达国家和军事集团利用卫星通信系统完成的信息传递,约占其军事通信总量的 80%。

卫星通信的主要发展趋势是:充分利用卫星轨道和频率资源,开辟新的工作频段,各种数字业务综合传输,发展移动卫星通信系统。卫星星体向多功能、大容量发展,卫星通信地球站日益小型化,卫星通信系统的保密性能和抗毁能力进一步提高。

二、计算机网络技术

计算机网络技术是通信技术与计算机技术相结合的产物。计算机网络是按照网络协议,将地球上分散的、独立的计算机相互连接的集合。连接介质可以是电缆、双绞线、光纤、微波、载波或通信卫星。计算机网络具有共享硬件、软件和数据资源的功能,具有对共享数据资源集中处理及管理和维护的能力。计算机网络可按网络拓扑结构、网络涉辖范围和互联距离、网络数据传输和网络系统的拥有者、不同的服务对象等不同标准进行种类划分。一般按网络范围划分为:

(1) 局域网(LAN)。
(2) 城域网(MAN)。
(3) 广域网(WAN)。

局域网的地理范围一般在 10 km 以内,属于一个部门或一组群体组建的小范围网,例如一个学校、一个单位或一个系统等。广域网涉辖范围大,一般从几十千米至几万千米,例如一个城市,一个国家或洲际网络,此时用于通信的传输装置和介质一般由电信部门提供,能实现较大范围的资源共享。城域网介于 LAN 和 WAN 之间,其范围通常覆盖一个城市或地区,距离从几十千米到上百千米。

计算机网络由一组结点和链络组成。网络中的结点有两类:转接结点和访问结点。通信处理机、集中器和终端控制器等属于转接结点,它们在网络中转接和交换传送信息。主计算机和终端等是访问结点,它们是信息传送的源结点和目标结点。

计算机网络技术实现了资源共享。人们可以在办公室、家里或其他任何地方,访问查询网上的任何资源,极大地提高了工作效率,促进了办公自动化、工厂自动化、家庭自动化的发展。

21 世纪已进入计算机网络时代。计算机网络极大普及,计算机应用已进入更高层次,计算机网络成了计算机行业的一部分。新一代的计算机已将网络接口集成到主板上,网络功能已嵌入到操作系统之中,智能大楼的兴建已经和计算机网络布线同时、同地、同方案施工。随着通信和计算机技术紧密结合和同步发展,我国计算机网络技术将飞跃发展。

第四节 传感和遥感技术

一、传感技术

1. 概述

传感技术同计算机技术与通信技术一起被称为信息技术的三大支柱。从仿生学观点,如果把计算机看成处理和识别信息的"大脑",把通信系统看成传递信息的"神经系统"的话,那么传感器就是"感觉器官"。

传感技术是关于从自然信源获取信息,并对之进行处理(变换)和识别的一门多学科交叉的现代科学与工程技术,它涉及传感器(又称换能器)、信息处理和识别的规划设计、开发、制/建造、测试、应用及评价改进等活动。获取信息靠各类传感器,它们有各种物理量、化学量或生物量的传感器。按照信息论的凸性定理,传感器的功能与品质决定了传感系统获取自然信息的信息量和信息质量,是高品质传感技术系统的构造第一个关键。信息处理包括信号的预处理、后置处理、特征提取与选择等。识别的主要任务是对经过处理的信息进行辨识与分类。它利用被识别(或诊断)对象与特征信息间的关联关系模型对输入的特征信息集进行辨识、比较、分类和判断。因此,传感技术是遵循信息论和系统论的。它包含了众多的高新技术、被众多的产业广泛采用。它也是现代科学技术发展的基础条件,应该受到足够的重视。

为了提高制造企业的生产率(或降低运行时间)和产品质量、降低产品成本,工业界对传感技术的基本要求是能可靠地应用于现场,完成规定的功能。

2. 现状及国内外发展趋势

(1) 现状

无论是国内还是国外,与计算机技术和数字控制技术相比,传感技术的发展都落后于它们。从20世纪80年代起才开始重视和投资传感技术的研究开发或列为重点攻关项目,不少先进的成果仍停留在研究实验阶段,转化率比较低。

我国从20世纪60年代开始传感技术的研究与开发,经过从"六五"到"九五"的国家攻关,在传感器研究开发、设计、制造、可靠性改进等方面获得长足的进步,初步形成了传感器研究、开发、生产和应用的体系,并在数控机床攻关中取得了一批可喜的、为世界瞩目的发明专利与工况监控系统或仪器的成果。但从总体上讲,它还不能适应我国经济与科技的迅速发展,我国不少传感器、信号处理和识别系统仍然依赖进口。同时,我国传感技术产品的市场竞争力优势尚未形成,产品的改进与革新速度慢,生产与应用系统的创新与改进少。

(2) 国内外发展趋势

1) 国外传感技术发展的主要趋势

①强调传感技术系统的系统性和传感器、处理与识别的协调发展,突破传感器同信息

处理与识别技术与系统的研究、开发、生产、应用和改进分离的体制,按照信息论与系统论,应用突出创新。

②国外传感技术的发展强调以下几方面的创新:

• 利用新的理论、新的效应研究开发工程和科技发展迫切需求的多种新型传感器和传感技术系统。

• 侧重传感器与传感技术硬件系统与元器件的微小型化。

利用集成电路微小型化的经验,从传感技术硬件系统的微小型化中提高其可靠性、质量、处理速度和生产率,降低成本,节约资源与能源,减少对环境的污染。这种充分利用已有微细加工技术与装置的做法已经取得巨大的效益、极大地增强了市场竞争力,例如:80年代进口一套 AE 传感器及其住处预处理硬件的成本已被降至原来的百分之几到千分之几,使我国经"七五"和"八五"攻关的产品化系统处于无力竞争的地位。后者采用独创的宽带高精度 AE 传感器和厚膜集成电路预处理硬件,但其成本仍比国外先进的产品高数倍到数十倍。在微小型化中,为世界各国注目的是纳米技术。

• 注重集成化

进行硬件与软件两方面的集成,它包括:传感器阵列的集成和多功能、多传感参数的复合传感器(如:汽车用的油量、酒精检测和发动机工作性能的复合传感器);传感系统硬件的集成,如:信息处理与传感器的集成,传感器——处理单元——识别单元的集成等;硬件与软件的集成;数据集成与融合等。

③研究与开发特殊环境(指高温、高压、水下、腐蚀和辐射等环境)下的传感器与传感技术系统。这类传感器及传感技术系统常常是我国缺少的一类高新传感技术和产品。

④对一般工业用途、农业和服务业用的量大面广的传感技术系统,侧重解决提高可靠性、可利用性和大幅度降低成本的问题,以适应工农业与服务业的发展,保证这种低技术产品的市场竞争力和市场份额。

⑤彻底改变重研究开发轻应用与改进的局面,实行需求驱动的全过程、全寿命研究开发、生产、使用和改进的系统工程。

⑥智能化。侧重传感信号的处理和识别技术、方法和装置同自校准、自诊断、自学习、自决策、自适应和自组织等人工智能技术结合,发展支持智能制造、智能机器和智能制造系统发展的智能传感技术系统。

2) 工况监视技术的现状与发展趋势

工况监视主要指对机器装备故障、系统运行过程与过程质量缺陷、刀具/砂轮和工件的工况的监测与控制。国外预测工况监视用传感检测技术系统的主要发展趋势如下:

①提高系统的可靠性和灵敏度。

②侧重发展智能传感技术。

③强调改进和提高力/力矩、功率/电流、振动、声振(合声发射与超声及语音)、温度、光视及触针传感系统,使它们有尽可能高的可靠性、灵敏度和可应用性,以适应 21 世纪初工业应用的要求。

④强调发展信号处理战略、程序和识别技术,提高硬/软件的集成度和系统的识别速度、精度和动态特性。

⑤发展多传感器数据集成与融合的研究开发，以提高对缺陷和故障的识别精度、可靠性、降低成本，提高系统可应用性。

3）国外自动化装配对传感技术的研究开发趋势

①对现有自动化装配与机器人装配用的传感技术的改进与革新。主要针对：力、触觉、视觉、光学、机械触针、位置传感和顺应装置用应力等传感器与尺寸传感技术系统，提高其可靠性、通用性。

②开发新型传感器，如：印刷电路板装配用的非接触式温度传感器、超声传感器等。

③研究开发先进领域用的传感技术系统，如：微机电器件复杂装配等为代表的微型装配(Mic-roassembly)用传感系统，微型控制用的加速度传感器、压电执行器和小型化CCD及其集成等。

④特别要重视声振传感技术的研究开发。

⑤开发数据集成、融合与人工智能传感技术，如：机器手腕/手指用的多感知传感集成，多个超声与力传感器的组合，高精度零件识别与分类、质量检测与控制用传感技术系统。

⑥研究开发大型易变形件加工、装配用传感技术系统。

⑦改变研究开发战略，把主要在研究中心（院、所）用的过程高技术传感技术与系统转向工业一线过程控制用。

综上所述，我国的优势有：

①已经形成了研究、生产和应用体系、人才队伍和部分传感技术的优势，是进一步发展的基础。

②有一批先进的成果，如刀具/砂轮监控仪系列成果，石油油井用高温、高压传感检测系统、高精度热敏检测传感等等。

③有一个量大面广的用户市场。

不足之处有：

①研究开发战略在系统性上的不足，如：传感器与传感系统未能统一布置，形成两套并列，相互脱节的攻关。

②对传统传感器的革新改进不足，微小型化步子慢，在国内与国际市场上形不成竞争力。

③加紧特殊环境和工程项目传感技术的研究开发。

④集成化、智能化和纳米技术与国外差距大。

3. 常用传感器简介

（1）压力传感器

压力传感器是工业实践中最为常用的一种传感器，而我们通常使用的压力传感器主要是利用压电效应制造而成的，这样的传感器也称为压电传感器。

我们知道，晶体是各向异性的，非晶体是各向同性的。某些晶体介质，当沿着一定方向受到机械力作用发生变形时，就产生了极化效应；当机械力撤掉之后，又会重新回到不带电的状态，也就是受到压力的时候，某些晶体可能产生出电的效应，这就是所谓的极化效应。科学家就是根据这个效应研制出了压力传感器。

压电传感器中主要使用的压电材料包括有石英、酒石酸钾钠和磷酸二氢胺。其中石英(二氧化硅)是一种天然晶体,压电效应就是在这种晶体中发现的,在一定的温度范围之内,压电性质一直存在,但温度超过这个范围之后,压电性质完全消失(这个高温就是所谓的"居里点")。由于随着应力的变化,电场变化微小(也就说压电系数比较低),所以石英逐渐被其他的压电晶体所替代。而酒石酸钾钠具有很大的压电灵敏度和压电系数,但是它只能在室温和湿度比较低的环境下才能够应用。磷酸二氢胺属于人造晶体,能够承受高温和相当高的湿度,所以已经得到了广泛的应用。

现在压电效应也应用在多晶体上,比如现在的压电陶瓷,包括钛酸钡压电陶瓷、PZT、铌酸盐系压电陶瓷、铌镁酸铅压电陶瓷等等。

压电效应是压电传感器的主要工作原理,压电传感器不能用于静态测量,因为经过外力作用后的电荷,只有在回路具有无限大的输入阻抗时才得到保存。实际的情况不是这样的,所以这决定了压电传感器只能够测量动态的应力。

压电传感器主要应用在加速度、压力和力等的测量中。压电式加速度传感器是一种常用的加速度计。它具有结构简单、体积小、重量轻、使用寿命长等优异的特点。压电式加速度传感器在飞机、汽车、船舶、桥梁和建筑的振动和冲击测量中已经得到了广泛的应用,特别是航空和宇航领域中更有它的特殊地位。压电式传感器也可以用来发动机内部燃烧压力的测量与真空度的测量。也可以用于军事工业,例如用它来测量枪炮子弹在膛中击发的一瞬间的膛压的变化和炮口的冲击波压力。它既可以用来测量大的压力,也可以用来测量微小的压力。

压电式传感器也广泛应用在生物医学测量中,比如说心室导管式微音器就是由压电传感器制成的,因为测量动态压力是如此普遍,所以压电传感器的应用就非常广。

除了压电传感器之外,还有利用压阻效应制造出来的压阻传感器,利用应变效应的应变式传感器等,这些不同的压力传感器利用不同的效应和不同的材料,在不同的场合能够发挥它们独特的用途。

(2) 超声波传感器

1) 简介

超声波传感器是利用超声波的特性研制而成的传感器。超声波是一种振动频率高于声波的机械波,由换能晶片在电压的激励下发生振动产生的,它具有频率高、波长短、绕射现象小,特别是方向性好、能够成为射线而定向传播等特点。超声波对液体、固体的穿透本领很大,尤其是在阳光不透明的固体

中,它可穿透几十米的深度。超声波碰到杂质或分界面会产生显著反射形成反射成回波,碰到活动物体能产生多普勒效应。因此超声波检测广泛应用在工业、国防、生物医学等方面。

以超声波作为检测手段,必须产生超声波和接收超声波。完成这种功能的装置就是超声波传感器,习惯上称为超声换能器,或者超声探头。

超声波探头主要由压电晶片组成,既可以发射超声波,也可以接收超声波。小功率超声探头多作探测作用。它有许多不同的结构,可分直探头(纵波)、斜探头(横波)、表面波

探头(表面波)、兰姆波探头(兰姆波)、双探头(一个探头反射、一个探头接收)等。

超声探头的核心是其塑料外套或者金属外套中的一块压电晶片。构成晶片的材料可以有许多种。晶片的大小,如直径和厚度也各不相同,因此每个探头的性能是不同的,我们使用前必须预先了解它的性能。超声波传感器的主要性能指标包括：

①工作频率。工作频率就是压电晶片的共振频率。当加到它两端的交流电压的频率和晶片的共振频率相等时,输出的能量最大,灵敏度也最高。

②工作温度。由于压电材料的居里点一般比较高,特别是诊断用超声波探头使用功率较小,所以工作温度比较低,可以长时间地工作而不失效。医疗用的超声探头的温度比较高,需要单独的制冷设备。

③灵敏度。主要取决于制造晶片本身。机电耦合系数大,灵敏度高；反之,灵敏度低。

超声波传感技术应用在生产实践的不同方面,而医学应用是其最主要的应用之一,下面以医学为例子说明超声波传感技术的应用。超声波在医学上的应用主要是诊断疾病,它已经成为了临床医学中不可缺少的诊断方法。超声波诊断的优点是：对受检者无痛苦、无损害、方法简便、显像清晰、诊断的准确率高等。因而推广容易,受到医务工作者和患者的欢迎。超声波诊断可以基于不同的医学原理,我们来看看其中有代表性的一种所谓的A型方法。这个方法是利用超声波的反射。当超声波在人体组织中传播遇到两层声阻抗不同的介质界面时,在该界面就产生反射回声。每遇到一个反射面时,回声在示波器的屏幕上显示出来,而两个界面的阻抗差值也决定了回声的振幅的高低。

在工业方面,超声波的典型应用是对金属的无损探伤和超声波测厚两种。过去,许多技术因为无法探测到物体组织内部而受到阻碍,超声波传感技术的出现改变了这种状况。当然更多的超声波传感器是固定地安装在不同的装置上,"悄无声息"地探测人们所需要的信号。在未来的应用中,超声波将与信息技术、新材料技术结合起来,将出现更多的智能化、高灵敏度的超声波传感器。

2) 应用

超声波对液体、固体的穿透本领很大,尤其是在阳光不透明的固体中,它可穿透几十米的深度。超声波碰到杂质或分界面会产生显著反射形成反射成回波,碰到活动物体能产生多普勒效应。因此超声波检测广泛应用在工业、国防、生物医学等方面。

超声波距离传感器可以广泛应用在物位(液位)监测,机器人防撞,各种超声波接近开关,以及防盗报警等相关领域,工作可靠,安装方便,防水型,发射夹角较小,灵敏度高,方便与工业显示仪表连接,也提供发射夹角较大的探头。

4. 近期目标及主要研究内容

(1) 目标

为了发展先进制造与振兴机械工业,根据国内外发展趋势分析,传感技术攻关的目标是：提高传统传感技术等级、可靠性和可应用性水平,增强竞争力；积极创新系统,开发新产品,缩小差距,支持和促进我国先进制造技术的发展,振兴制造业。

(2) 主要研究内容

①传统传感技术与系统的研究开发。侧重应用量大、面广的力/力矩、功率/电流、视觉、声振、光学、振动、触针等工业用及农业用的湿度、温度与元素等传感系统的现代化,但

核心是微小型化,要提高可靠性、可应用性、降低成本,形成国内外市场的竞争优势,支持我国工业、农业和服务业的发展。

②高温高压环境下传感技术系统的研究。侧重油井、输送管线和连续过程用的高压、高温和大量远程传感技术系统的研究、开发和应用,缩短差距,形成生产能力,替代进口,争取出口。

③新型传感器与传感技术系统的研究。根据生产和科学研究需求发展几种有制高点意义的新品种,如:微流量与微磁场传感器、生物与化学传感分析用微芯片技术等。

④智能传感技术的研究。结合我国汽车、CNC机床和产业的重大装备更新,有目的地研究开发几种智能传感技术,使之达到或接近国际先进水平。

⑤过程质量与设备故障监控技术研究。在工业背景支持下,研究开发过程质量缺陷与劣化倾向监控技术系统和过程中设备故障(含潜在故障)实时诊断传感技术系统。

二、遥感技术简介

1. 概述

遥感技术是20世纪60年代兴起的一种探测技术,是根据电磁波的理论,应用各种传感仪器对远距离目标所辐射和反射的电磁波信息,进行收集、处理,并最后成像,从而对地面各种景物进行探测和识别的一种综合技术。目前利用人造卫星每隔18天就可送回一套全球的图像资料。利用遥感技术,可以高速度、高质量地测绘地图。

2. 基本概念

遥感技术是从远距离感知目标反射或自身辐射的电磁波、可见光、红外线,对目标进行探测和识别的技术。例如航空摄影就是一种遥感技术。人造地球卫星发射成功,大大推动了遥感技术的发展。现代遥感技术主要包括信息的获取、传输、存储和处理等环节。完成上述功能的全套系统称为遥感系统,其核心组成部分是获取信息的遥感器。遥感器的种类很多,主要有照相机、电视摄像机、多光谱扫描仪、成像光谱仪、微波辐射计、合成孔径雷达等。传输设备用于将遥感信息从远距离平台(如卫星)传回地面站。信息处理设备包括彩色合成仪、图像判读仪和数字图像处理机等。

3. 工作原理

任何物体都具有光谱特性,具体地说,它们都具有不同的吸收、反射、辐射光谱的性能。在同一光谱区各种物体反映的情况不同,同一物体对不同光谱的反映也有明显差别。即使是同一物体,在不同的时间和地点,由于太阳光照射角度不同,它们反射和吸收的光谱也各不相同。遥感技术就是根据这些原理,对物体作出判断。

遥感技术通常是使用绿光、红光和红外光三种光谱波段进行探测。绿光段一般用来探测地下水、岩石和土壤的特性;红光段探测植物生长、变化及水污染等;红外段探测土地、矿产及资源。此外,还有微波段,用来探测气象云层及海底鱼群的游弋。

4. 应用

遥感技术广泛用于军事侦察、导弹预警、军事测绘、海洋监视、气象观测和互剂侦检等。在民用方面,遥感技术广泛用于地球资源普查、植被分类、土地利用规划、农作物病虫害和作物产量调查、环境污染监测、海洋研制、地震监测等方面。遥感技术总的发展趋势是：提高遥感器的分辨率和综合利用信息的能力，研制先进遥感器、信息传输和处理设备以实现遥感系统全天候工作和实时获取信息，以及增强遥感系统的抗干扰能力。

第五节　自动化和机器人技术

自动化和机器人技术是在微电子技术、计算机技术、自动控制和机械制造技术的基础上发展起来的综合性技术。主要包括数控机床，自动生产线，计算机辅助设计、制造、测试系统，柔性控制系统，集成制造系统和各种机器人应用系统。

一、自动化技术

人类在生产实践和社会实践控制活动中，从简单的人与工具关系，进展到人与机器、能量的关系，这就是通常所说的机械化，实现了人类体力劳动的解放。随着社会生产的发展，人类追求脑力劳动的解放，实行生产过程的自动化。所谓自动化，简单地说，就是用自动机去模仿和代替人进行操作劳动的技术。是实现人们所设想的操作过程的技术。自动化技术是个非常宽泛的技术领域，也是一门相对抽象的技术，它只有和具体的工业领域内的技术相结合，才能形成具有价值的工业技术。

二、控制方法

自动控制是自动化技术的核心。自动控制自古有之（如铜壶滴漏、蒸汽机的调节等）。直至 20 世纪 50 年代才得到惊人的发展。特别是模拟计算机和数字计算机的出现，以及在计算机领域内达到十分成熟的阶段后，设计出并实现了高度完备自动控制方案。

自动化技术中的控制，就是指自动化中，人类依靠自己的智慧和智能，使事物向一定的目标转化。自动控制方法有很多种，下面对功能模拟法和反馈控制法做简单介绍。

功能模拟法是以功能和行为相似为基础，用模型模拟原型的功能、行为和方法，不追求模型的外形和原型相同，着重于功能和行为的相似。只要是控制和通信系统，都可用功能模拟法。

把不同性质的事物，不论是有机界还是无机界，或是社会系统，加以比较，找出它们的共同点，进行大胆的科学抽象，称为类比。不同性质的事物，虽有质的天壤之别，有着有生命和无生命的差别，但在它们运动过程中或生物体的行为过程中都要经历三个环节：第一是效应器官。它执行某种特定任务或若干特定任务，如人的手和脚等。第二是感觉器官。它负责和外界交流，收集环境和自己完成任务的信息，如人的眼睛和耳朵等。第三是中枢决策器官。它从事加工、选择以及估价信息工作，并根据接收到的信息和自身记忆的信息，决定自身的行为和动作，如人的大脑。从某种意义上说，仿生也是一种类比。

研究功能模拟法，实质上是一种行为方法。这样就可以运用信息的输入和输出的情况去研究内部结构复杂、又不允许打开的"黑箱"系统。

人类最初从草叶边缘小齿的模拟产生了锯，从鱼刺的模拟产生骨针等，发展到现代的各种机器人都是功能模拟法的运用。

反馈控制法是自动控制中运用极广的方法。一个自动调节控制系统要靠反馈方法来进行，没有反馈就不能进行调节，也就谈不上控制。反馈是指控制系统给定的信息，作用于被控系统以后，产生的真实信息再输送回来，并对信息的再输入发生影响的过程。这种用系统活动的结果来调整系统活动的方法称为反馈控制法。产品质量跟踪、商品销售跟踪、课堂教学过程中，教师根据学生的学习神情反应不断调整教学过程等，都是反馈控制法的应用。

反馈实际上是一种双向通信。如汽车驾驶员在行驶过程中，不断接受反馈信息，及时调整自己的动作，改变汽车的行驶方向，开向指定地点。

反馈是自动控制系统的一个特征。一般分正反馈和负反馈。正反馈是指自动控制系统的给定信息和输出的真实信息的差异，加剧自控系统对预定目标偏离的一种作用，这必然导致失控，事态恶化。负反馈是指自动控制系统的给定信息和输出的真实信息的差异，反抗对预定目标偏离的一种作用。以负反馈为基础的控制原理在任何自动控制系统中都存在。如阿波罗飞船的准确登月，海豚依靠超声波定向，导弹或火箭准确飞向预定区域等，都是应用负反馈原理的实例。

在自动控制过程中，信息、信息的传递和反馈是控制系统的指令手段，在控制过程中，信息的获取、加工、存储、检索和传输都必须依靠电子技术、通信技术和传感技术。总之，要实现自动控制，必须大力发展信息技术，广泛采用电子技术和先进的通信技术。

三、机器人技术

机器人技术通常被认为是人工智能的分支之一，就目前而言，它的发展主要是和现有用自动化技术提高劳动生产率的需求相联系。一般把机器人定义为计算机控制的装置。它能很好地再现人类的感觉、操作和自我运动的能力以执行有用的工作。用拟人化类比，工业机器人的机器部件可分为六大类：

手臂——机器人的操纵、机械手；腿——机器人的运载车；眼睛——机器人的视觉系统；耳朵——机器人语言识别系统；触觉——机器人触觉传感器和人造皮肤；嗅觉——烟雾探测器和各种化学传感器。

工业机器人大致可分为两大类：一类称为动作机器人。是具有类似人体上肢动作的功能，可进行各种动作的机器人。另一类称为智能机器人。是具有感觉和识别功能，可以自行决定动作的机器人。如果按照控制性能分类，可分为重复性机器人、操作性机器人和智能机器人。重复性机器人能够按照预先编制的程序或者通过示教输入信息、自动地进行重复操作的机器人。这种机器人主要能在恶劣的生产环境以及重复性工作场合代替人的工作。操作型机器人是指能在操纵者的指令下，利用某种信息联系的方式从事操作的遥控技术。其特点是工作进行中要求人通过遥控给予指令信号。这种机器人能在一些危险的环境代替人的工作。智能机器人的特点是有感觉和人工智能，能完成一些高级自动化的工作。如搬运、包装及装配等手工操作，以及费时、费力、劳动生产率不高，而且容易发生人身事故的工作。

现在，工业机器人已经能够代替人做许多重复而单调的工作，既可提高劳动生产率，又能保证产品质量，减轻工人的劳动强度。

工业机器人是精密、复杂的装置,它的研制涉及自动化、机械、电子等各项工程技术,还涉及控制论、人工智能、计算机等各门学科。目前已经发展成了一门独立的学科——机器人学。在工业上形成了机器人生产,成为主动控制领域中一支非常有发展前途的新兴力量。

第十一章 空间技术

第一节 概述

一、空间技术的概念及特点

空间技术是探索、开发和利用宇宙空间的技术。航天技术与空间技术是同义词。那么什么是天？有两种定义：其一，天是指地球大气层以外无限遥远的空间；其二，天是指地球大气层以外太阳系之内的空间。根据第二种定义，天是有限的，这也是钱学森同志对天的定义。在相当长的历史阶段，人类只能实现在太阳系之内的航天活动。任何一种航天活动都是和它的推进技术密切联系在一起的，只有当推进技术发展到一定程度，人们才能使运动物体速度提高到一定水平，也才能产生某种特定的航行活动。50年代，人们推动物体的速度可达第一宇宙速度(7.9 km/s)，这个速度可保证物体绕地球运转，而不至于被地球的引力拉回到地面，当物体本身的惯性离心力与地球的引力平衡时，它就会绕地球旋转。如果速度提高到11.2 km/s，物体就达到了第二宇宙速度，它就可以脱离地球引力，飞到别的行星上去。物体运动速度提高到16.7 km/s，就达到了第三宇宙速度，于是就可以飞出太阳系，到银河系的星系里面去。虽然第三宇宙速度理论上可以实现太阳系以外的航天活动，但是太阳系太大。假如太阳系中的半径以十万个天文单位（天文单位就是地球到太阳的距离）作计算，现代的航天器以第三宇宙速度飞行，需要飞行2万～3万年才能飞出太阳系。进行太阳系以外的通讯，信号来回一次需要一年多时间。所以，以现在的技术讨论太阳系以外的航天活动还为时尚早，当今技术远远做不到。当然，宇航的实现还有待于物理学相对论的重大发展。

开发宇宙空间，实现某种特定的航天活动，就要研究相应的航天系统。航天系统基本上由三大部分组成：一是空间飞行器，如卫星、飞船、探测器。二是运载工具，如火箭、航天飞机以及航天发射场。卫星上天，必须由运载火箭来发射，只有得到足够的速度，卫星才能够在天上按预定的轨道进行飞行，所以要有运载工具和航天发射场。三是地面支持系统，如地面站、测控系统、用户系统等。

空间技术发展很快，有许多特点，主要强调两点。一是空间技术是高度综合的现代科学技术，是许多最新科学技术的集成，其中包括喷气技术、电子技术、自动化技术、遥感技术及材料科学、计算科学、数学、物理、化学等等；二是空间技术是对国家现代化和社会进步具有宏观作用的科学技术。

二、世界空间技术发展概况

1. 运载工具

航天飞行器的运载工具主要是火箭。这方面技术最发达的是前苏联、美国，此外是法国、中国、日本、印度。世界上已发射了许多地球同步轨道卫星,它环绕地球运行的周期与地球自转一圈的周期相等。这种卫星由运载火箭送到 36 000 km 高度的转移轨道上,再由卫星自己的动力将卫星变到地球同步轨道上来。目前最大的火箭可将 4 t 重的卫星送入太空。另一种运载工具是航天飞机,它与火箭不同点是可以多次使用,但造价高、风险大,因每次均需 7 名宇航员陪着飞行,如果出现意外,损失就很大,如 1986 年美国的"挑战者"号航天飞机爆炸,7 名宇航员全部遇难。航天飞机的运载能力很大,有 30 t,可乘载 3~7 名宇航员,飞行轨道高度 200~400 km,倾角 28°。前苏联也发展了航天飞机"暴风雪"号,但只进行过无人的飞行,目前已停飞。

2. 人造卫星

人造地球卫星在军事和经济上具有重要价值,因此发展最快,数量也很大。应用卫星按用途分类,有广播、电视、电话使用的通信卫星;有观察天气变化的气象卫星;有对地面物体进行导航定位的导航定位卫星;有地球资源探测卫星、海洋卫星等。按轨道的高低来分类,有 36 000 km 的高轨道地球同步卫星;200~300 km 的低轨道卫星(如军事侦察卫星)。也可按军事和民用卫星来划分。国际通信卫星已发展到第 8 代,一颗卫星的通信能力可达几万条的话路,工作寿命长达 10 年以上,世界上跨洋通信几乎由通信卫星所替代。现在有代表性的资源卫星有 2 个:一个是美国的陆地卫星,另一个是法国斯波特卫星。这两种卫星是当代国际上比较先进的地球资源卫星。它们的地面分辨目标能力分别为 30 m 和 10 m。它们都有多谱段的遥感能力,具有鉴别地面上每一种目标的特别功能。气象卫星有两种:一种是极地轨道卫星,是通过南北极轨道的卫星,轨道高度 900 km,可飞经地球的每个地区,能观察到全球的云图变化。这种卫星的分辨率通常为 1 km;另一种气象卫星是静止轨道卫星,它是悬在赤道上空,固定在某个地区,24 小时不停地观察本地区的云图变化。世界上目前发射的 4 000 多颗卫星中,大部分为军事卫星,这里面包括侦察卫星、导弹预警卫星、通信卫星、导航卫星和军事气象卫星。海湾战争中,美国曾动用了 50 颗卫星参加作战。美国的"大鸟"高分辨率侦察卫星,有两种 4 能:一是对地面目标进行拍照,再用回收仓以胶卷的形式送回地面;另一功能是以电视的形式将图像直接传输到地面,分辨率很高,为 1 m。前苏联也有类似的系统,与美国的技术水平相当。

世界上最先进的照相侦察卫星是美国的 KH—12"高级锁眼"可见光侦察卫星,其分辨率已达到 0.1~0.15 m,有"极限轨道平台"之称。然而,这只是它的最高分辨率,实际上在绝大多数时间内是根本达不到的。卫星在侦察时需要有极好的能见度,浓雾、烟尘、云层都会使其侦察效果大打折扣,甚至根本无法使用。

3. 载人航天

载人航天是 30 多年来航天成就的重要组成部分,美国和前苏联都在竞先发展载人飞船,主要是争夺世界第一。如第一个宇航员上天、第一个女宇航员上天、第一个上月球、第一个在太空中停留时间最长……各种各样的技术竞争。但载人航天的经济效益看不见,主要是政治影响。目前已经有 400 多人次进入过太空。比较起来,无论是进入太空的人数,还是人在太空停留的时间,前苏联都是领先的。竞争中,两国也有技术合作,如美国的"阿波罗"号飞船与前苏联的"联盟号"飞船,1974 年在太空中实现了空间对接。美国与前苏联在发展路子上有所不同。前苏联是先发展燕尾服载人飞船,再发展轨道站,再发展大型的空间站。美国是发展载人飞船,然后发展航天飞机,不发展轨道站,而是进一步发展大型的永久性的空间站。

4. 空间环境的探测

深空探测主要是对太阳系各大行星和它的环境进行探测,世界上已发射100多颗深空探测器,已有许多重大发现。从地球周围来看,已发现地球周围的内、外辐射带,了解了地磁场的分布,太阳系各大行星周围的环境、大气环、小卫星等。美国的"旅行者"号太空飞船,带着地球文明的各种标志,如人类各国语言的录音等,能保存几万年。这只飞船正飞往银河系,探索宇宙。前苏联曾用月球车到月球上进行考察,调查月球表面的状态。航天技术发展的30多年来从开始运载火箭只能将几十千克重的卫星送入太空至今天可将上百吨重的卫星送入太空,卫星获取信息、传递信息的能力从早期只有几十路到现在的几万路,卫星的寿命从早期的在天上只能呆几天到今天的几年甚至十几年,从早期的宇航员只能绕地球一圈到今天的宇航员在太空中工作一年以上。从以上几个主要技术指标可看出,都提高了几个数量级。比较之下,航天的费用却大幅度下降,现在的通信卫星每路电话价格与早期比较,下降了约100倍。可见30年来空间技术的成就是巨大的,当代航天技术的应用不仅在经济和军事建设方面,而且已深入到每个家庭和个人生活之中。

三、空间技术发展趋势

1. 运输系统

航天大国都在追求更先进的运载系统。关键是降低费用,因此,必须研制新的系统,重要的一点就是希望运载工具能够多次使用。按其起降方式,目前主要有3种类型:

(1) 垂直起飞、垂直降落。这是一种单级火箭,它可以把卫星送上天,然后完好无损地回到地面。火箭上装有8台发动机,起飞时,8台发动机同时工作,返回降落时,利用其中的4台工作减速回收再用。目前的起飞设计重量是463 t,载荷重量是4.5 t。

(2) 垂直起飞,水平降落。典型的代表就是美国现有的航天飞机。

(3) 水平起飞,水平降落,称为空天飞机。

世界上有两种这样的飞机。一种是单级入轨,把卫星送上天,再飞回来。它的典型代表是美国的"NASP"计划,主要是以液氢为燃料,通过大气层时,利用大气层里面的空气,再加速进入轨道,然后再飞回地面。它的技术性问题是由于飞机的速度飞快,发动机燃烧室要以超音速燃烧进行工作,这还要加以研究和解决,费用过高,需100亿美元。另一种是德国研制的双轨空天飞机,是两级不是单级。飞机飞到足够高度时,第一级飞机分离,用第二级继续飞行,好处在于不需要超音速燃烧,技术的复杂程度小于美国的单级空天飞机。虽然,世界上都在进行新一代的运输系统的研究,但是相当长一段时间里,主要还是依靠火箭。

2. 发展人造卫星,继续提高它的水平,扩大用途,提高效益

一是发展更大的卫星,将多种功能综合在一起,二是小卫星,用卫星群来提供服务,这有利于固定和移动通信事业的发展。美国摩托拉公司提出了"铱系统"工程。它由66颗卫星组成全球网络。可在全球范围内进行个人电话通信。目前,遥感卫星也出现了以小卫星群构成网络的趋势,以便于地面适时地观察,并不断监察地面的变化。如已经定出

了由38颗卫星组成的遥感卫星系统计划,对地球的环境、各种灾害进行监测。

3. 建立大型空间站

能否建立不停地环绕地球运行的空间基地,是空间科学工作者关注的问题。这种基地不但提供卫星停靠的场所,还进行科研与生产。美国最早计划设计的自由号空间站,长度170 m、重200 t、飞行轨道高度400 km。前苏联要建立"和平Ⅱ号"空间站,整个重量400 t,上面可以提供56千瓦的电力,跨度100多米,轨道高度400 km。空间站的投资很大,给空间站计划的实施造成一定的困难。如美国的"自由号"空间站计划开始时计划80亿美元建成,后来增加至300亿还不够,大概要花费1 000亿美元,无法进展下去。前苏联的状况也不乐观。最后,有关国家达成协议,联合起来一起建立空间站。目前的国际空间站构想长度为110 m,宽度80 m,重量37 t,太阳能电池板提供110千瓦电力,现在已有13个国家参加了联合建造空间站的计划,整个计划2002年建成,可容纳6个宇宙员工作。

4. 深空探测

今后,深空探测必然有更大的进展,主要有两个方面:一是对太阳系的各大行星进行探测;二是天文观测。对行星的探测包括金星、木星、火星、水星等。21世纪开始计划在月球建立基地。科学家们对火星木星都感兴趣,"伽利略"号木星探测器在1994年的"木彗相撞"时,观察到很多资料。木星——卫星系统与太阳系有点相似。它的周围有许多小卫星,科学家认为通过对木星的考察可能有助于了解太阳系的起源以及地球在太阳系里的地位。天文观测计划,可能会有几座天文台搬到天上,"哈勃"望远镜就是其中之一,并已经上天,这可能对宇宙的结构具有重大的发现。哈勃上天后,曾出现过故障,并由航天飞机里的宇航员修好,这被视为航天史上的一件大事。其他的几座天文台如红外天文台、宇宙背景辐射探测器将陆续上天,这将对宇宙的探测产生重要意义。其他的科学实验围绕着一个很重要的问题——微重力环境。卫星在天上飞行,它的离心力和地球的引力相抵消,成为失重状态,或微重力状态,为10^{-3}或10^{-4}地球的加速度,也就是地球的加速度的千分之一或万分之一。在这种环境下生产特种材料如砷化钾、制造生物制品、药品具有重要意义。因此,包括我国在内的许多国家都在开展微重力下的材料与生物的研究工作。

5. 空间军事化

空间技术在冷战时期,是花费最多的一个领域,今天的规模大大缩小,但并没有停止。除了各种类型的卫星之外,美国在80年代初还确立了SDI(星球大战)计划,这是因美苏都拥有一万多个核弹头,足以摧毁对方,力量处于平衡。但如果某一国有防御能力,可以在空间摧毁对方进攻的核弹,那么这一方就增强了进攻力量。因此,美国总统提出要发展战略防御计划,即SDI计划。该系统由三部分组成,一是监视与跟踪系统,掌握对方导弹的起飞、飞行情况;二是对方导弹的多次拦截系统;三是控制指挥系统。这个系统需要在太空部署400~1 000颗卫星,花费7 000亿美元,20~30年完成计划。当然,前苏联也有其相应的计划。冷战结束后,特别是经过海湾战争,美国认为,还应发展小规模的防御系统来对付其他地方的某种情况,把这个计划称作"战区"计划。这说明,虽然冷战结束,但空间军事化仍然是一个很大的问题。美国前总统里根批准的星球大战系统的目的还在于,通过这个计划,可以发展一大批新的技术,使美国在科学技术上领先。

1994年的木彗相撞,使许多人提出一个问题,今后能否发生小行星撞击地球的灾难。

科学家们认为,如果以足够的能量和动力装置,使小行星远离地球,使其轨道偏离几分或几度,就不会让其撞击到地球上。因此,空间军事化技术还会发展,并会促进民用空间技术的研究与应用。短期内发展起来的空间站,不会承受太多的人去工作与生活,人也不会承受那么复杂的环境,如果发展有智能的机器人去开发空间,是一个重要的发展趋势。这种机器人是完全可以按照地面指挥人员想象的动作进行空间操作。假如天上有一台投影仪或电视机(地面虚拟一个天上的现实),只要人在地面上有什么动作,上面就有什么动作,并可以同步,只是两者间有个微小的时间差。不管国内还是国外,都在注意发展这种技术,这种技术应用到地面情况复杂的环境条件下,也非常有价值。

四、国际航天关系

30多年来形成的复杂的国际航天关系,将由两个大国垄断的时代变为多极竞争开发。美、俄还会自成体系,欧洲已经形成一个体系,中国虽然有某些不足,但可成为一个独立体系,印度投资增加很快。未来国际航天关系可以用六个字来概括:合作、竞争、对抗。有限的合作可以开展,如空间站利用、深空探测、地球环境的监测和保护方面都可以进行合作。但空间领域中有利害关系的系统如通信卫星、资源卫星、导航卫星、运载火箭的发射场等都涉及利益关系,只能竞争。而由于空间军事需求的存在,大国竞相开发空间军事系统,所以国与国之间空间技术上潜伏着对抗。

第二节 中国的空间技术

1970年4月24日,我国成功地研制并发射了第一颗人造地球卫星"东方红一号",中国空间技术取得历史性突破,中国成为世界上第五个独立研制和发射人造地球卫星的国家,从此拉开了中国航天活动的序幕。2003年10月15日至16日,我国成功地发射并回收了"神舟五号"载人飞船,首次载人航天飞行获得圆满成功,中国空间技术取得新的历史性突破,中国成为世界上第三个独立掌握载人航天技术的国家。2007年10月24日,我国成功地研制并发射了第一个月球探测器"嫦娥一号"卫星,首次月球探测工程的成功,是继人造地球卫星、载人航天飞行取得成功之后我国航天事业发展的又一座里程碑,标志着我国已经进入世界具有深空探测能力的国家行列。以研制航天器为其主要内容的空间技术是航天技术的重要组成部分,是当今世界高新技术水平的集中展示,也是衡量一个国家综合国力的重要标志。我国空间技术的成就,是国家科技整体水平不断提高、综合国力不断增强的重要体现。

一、卫星技术的一系列重大成就

1965年8月,我国开始实施第一颗人造地球卫星计划,经过5年的努力,成功地发射了"东方红一号"卫星。"东方红一号"卫星的发射成功,标志着"两弹一星"国家重大高科技工程的圆满完成,是新中国建设成就的重要象征。邓小平同志深刻地指出:"如果60年代中国没有原子弹、氢弹,没有发射卫星,中国就不能叫有重要影响的大国,就没有现在这样的国际地位。这些东西反映一个民族的能力,也是一个民族、一个国家兴旺发达的标志。"

20世纪70~80年代中期,我国卫星技术实现一系列重大突破,应用卫星技术取得多项重大成就。1971年3月,第一颗科学探测与技术试验卫星"实践一号"发射成功,卫星在轨正常运行8年多,远远超过设计要求。1975年11月26日,首次发射了返回式遥感卫星,在空间正常运行三天后成功返回地面,使我国成为继美、苏之后世界上第三个掌握卫星返回技术的国家。1984年4月,成功发射第一颗地球静止轨道通信卫星"东方红二号",使中国成为世界上第五个独立研制和发射静止轨道卫星的国家。

20世纪80年代后期至21世纪初,我国卫星技术又实现了一系列重大突破,连续取得多项新成就。1988年9月,第一颗极轨试验气象卫星"风云一号"发射成功,使中国成为第三个自主研制和发射极轨气象卫星的国家。1997年5月,中等容量通信卫星"东方红三号"发射成功,卫星主要性能指标达到同期国际上同类卫星的先进水平。1997年6月,第一颗地球静止轨道试验气象卫星"风云二号"发射成功,完成了各项试验任务。1999年10月,发射成功第一颗地球资源卫星"资源一号",这标志着我国空间遥感进入了一个新阶段。

进入21世纪,我国的卫星研制取得了一系列重大科技创新成果。2000年10月和12月,两颗"北斗一号"导航试验卫星分别发射升空并正常在轨运行,使中国成为世界上第三个自主研制和发射导航卫星的国家,"北斗一号"也是世界上首次建立的双星导航定位系统。2002年5月,第一颗海洋卫星"海洋一号"发射升空,结束了我国没有海洋卫星的历史。2003年12月和2004年7月,分别发射了与欧洲空间局合作研制的"探测一号"和"探测二号"卫星,成功地实施了地球空间双星探测计划。2007年5月,研制并发射了"尼日利亚通信卫星一号",完成了在轨交付,实现了我国整星出口零的突破。

二、载人航天技术的重大跨越

载人航天是世界高新科技中最具挑战性的领域之一,也是衡量一个国家综合国力的重要标志。1992年我国启动的载人航天工程,是继"两弹一星"之后的又一国家重大高科技工程,也是我国航天事业创立以来规模最庞大、系统最复杂、技术难度大、可靠性和安全性要求最高的航天工程。1999年11月,"神舟一号"试验飞船发射并回收成功,中国载人航天技术取得重大突破。之后又成功地发射并回收了3艘"神舟"号无人试验飞船,为实现载人飞行奠定了坚实基础。2003年10月15日至16日,"神舟五号"载人飞船把我国首位航天员成功地送入太空并安全返回,实现中华民族千年飞天的梦想。2005年10月,"神舟六号"载人飞船实现了"两人五天"的载人航天飞行,首次进行了有人参与的空间试验活动。我国载人航天工程的历史性突破和连续成功,是我国航天事业具有里程碑意义的重大胜利。

三、深空探测技术的历史性跨越

深空探测是中国航天活动继人造地球卫星、载人航天之后的第三大领域。2004年我国启动了月球探测工程,该工程是新时期启动的16个国家重大科技专项工程之一。月球探测工程分三个阶段实施，即一、二、三期工程，分别为绕月探测；月球软着陆和自动巡视勘察；月面采样返回。我国月球探测一期工程的核心部分是研制"嫦娥一号"月球探测卫星，实现地月转移和环月飞行，对月球进行环绕探测。经过三年多的努力，重点攻克了探月轨道设计、制导导航与控制、远距离测控与通信、卫星热控和有效载荷等一大批具有自主知识产权的核心技术和关键技术，"嫦娥一号"卫星的技术水平达到了当今世界同类月球探测器的先进水平。我国首次月球探测工程的圆满成功，标志着我国空间技术发展取得又一历史性跨越。

四、空间技术应用广泛、成效卓著

近50年来，我国各类人造地球卫星和载人飞船广泛应用于经济建设、科技发展、国防建设和社会进步等方面，为增强国家经济实力、科技实力、国防实力和民族凝聚力发挥重要作用。

返回式遥感卫星是一种主要用于国土普查的遥感卫星。至今发射和回收了22颗卫星，获取大量有价值的空间遥感资料。这些资料满足了国防建设的需求，而且广泛应用于城乡规划、地质勘探、森林调查、石油开采、港口建设、海岸测量、地图测绘、铁路选线和考古研究等方面，取得丰硕成果。

"东方红三号"通信广播卫星已纳入我国卫星通信广播业务系统，促进了卫星通信、卫星广播和卫星教育等高新技术的迅速发展和业务应用。卫星广播电视业务的开展与应用，大幅度提高了全国广播电视，特别是广大农村地区广播电视的有效覆盖范围和覆盖质量；卫星远程教育宽带网和卫星远程医疗网已初具规模，有力地支撑了远程教育和远程医疗的发展。

"风云一号"和"风云二号"气象卫星已投入业务化应用，初步实现业务化、系列化，在天气预报、气候预测、气象研究、自然灾害和生态环境监测等方面发挥了重要作用，特别是显著提高了对灾害性天气预报的时效性和准确性，大大减少了国家和人民群众的损失。

"资源一号"和"资源二号"地球资源卫星的发射成功和业务运行，开创了我国卫星遥感应用的新局面。资源卫星已广泛应用于农业、林业、地质、水利、地矿、环保以及国土资源调查、城市规划、灾害监测等众多领域，而且已成为我国许多资源和环境业务监测系统的重要信息源。

"海洋一号"卫星是我国第一颗用于海洋水色探测的试验型业务卫星，主要为海洋生物资源开发利用、沿岸海洋工程、河口港湾治理、海洋环境监测、环境保护等提供重要的信息服务。它的成功运行，标志着我国在海洋卫星遥感领域迈入世界先进国家的行列。

"北斗"导航卫星为我国建立第一代卫星导航定位系统——"北斗导航系统"奠定了基础，该系统是全天候、全天时提供卫星导航信息的区域导航系统。为公路交通、铁路运输、海上作业、森林防火、灾害预报以及其他特殊行业提供高精度定位、授时和短报文通信等服务，并且显示了广阔应用前景。我国是世界上第三个自主建立卫星导航系统的国家。

我国实施各项航天工程，不仅各类卫星和飞船的直接应用和间接应用产生了显著的经济效益和社会效益，而且带动了相关学科技术的整体跃升，促进一批新兴产业的形成和发展，加速全社会的科技进步，对促进我国经济社会发展具有十分重大的意义。

五、我国空间技术的未来展望

2000年11月,我国政府发表了《中国的航天》白皮书,向国内外首次公开介绍中国航天事业近期和远期的发展目标;2006年10月我国政府再次发表了《2006年中国的航天》白皮书,向国内外宣告了今后一段时期中国航天的发展目标和主要任务。2006年1月和3月,我国政府先后发布了《国家中长期科学和技术发展规划纲要(2006—2020年)》和《国民经济和社会发展第十一个五年规划纲要》,航天技术列为国家优先发展的重要技术领域之一。为贯彻两个规划纲要,国防科工委制定了《航天发展"十一五"规划》,将加快航天事业的发展,以满足日益增长的国家需求。

在"十一五"期间,我国卫星技术的发展目标和主要任务是:研制和发射新一代极轨气象卫星和静止轨道气象卫星、海洋水色卫星和海洋动力环境卫星、中巴地球资源卫星和高分辨率立体测图卫星;初步建成环境与灾害监测预报小卫星星座;启动并实施高分辨率对地观测系统工程,初步形成长期稳定运行的卫星对地观测体系;研制长寿命、高可靠、大容量的地球静止轨道通信卫星和电视直播卫星,建立较完善的卫星通信广播系统;完善中国北斗导航试验系统,研制新型导航定位卫星,分步建立中国卫星导航定位系统;研制空间望远镜、新型返回式科学卫星等科学卫星,开展空间科学观测与实验;研制并发射新技术试验卫星,加强新技术、新设备、新材料以及新应用领域的空间飞行验证。

在"十一五"期间,我国载人航天的发展目标和主要任务是:突破航天员出舱活动以及空间飞行器交会对接重大技术,开展具有一定应用规模的短期有人照料、长期在轨自主飞行的空间实验室的研制,开展载人航天工程的后续工作。

在"十一五"期间,我国深空探测的发展目标和主要任务是:重点实施月球探测一期工程,实现绕月探测,发射我国首颗月球探测卫星,对月球资源的分布规律和月球表面进行全球性、整体性与综合性探测,并对地月环境进行探测。同时,深入开展二、三期工程论证,并适时启动工程研制工作。

我国确立了在21世纪前二十年,进入创新型国家行列、实现全面建设小康社会的战略目标,我国空间技术也迎来了新的发展机遇。未来五年国家各部门对卫星提出了更多的需求,对卫星的技术性能、质量、品种和研制周期提出了更高要求;载人航天和深空探测要实现重大突破和新的跨越,空间技术任务空前繁重,面临着新的巨大挑战。我们要坚定不移地以党的"十七"大精神为指导,贯彻科学发展观,大力弘扬"两弹一星"精神和载人航天精神,紧紧抓住新的发展机遇,推进我国空间事业又好又快地发展,为国家作出更大贡献。

第三节 航天器的种类及其应用

一、航天器概述

航天器可以分为无人航天器和载人航天器。无人航天器中主要以人造卫星和宇宙飞船为主,载人航天器包括载人飞船、航天站、航天飞机等。迄今为止,人类发射的各种航天器中以人造卫星最多。到目前为止,发射的人造卫星有四千多颗,研制的国家有20多个。发射的国家有8个,即美、俄、中、日、法、英、以、印。

截止到90年代末,共发射了4 396颗航天器,其中前苏联为2 819(64%),美国1 223(28%),日本59(1.3%),法国27(0.6%),中国33(0.75%),欧洲34(0.77%),其他201(4.6%)。

二、人造卫星

1. 概述

卫星,是指在宇宙中所有围绕行星轨道上运行的天体。环绕哪一颗行星运转,就把它叫做哪一颗行星的卫星。比如,月亮环绕着地球旋转,它就是地球的卫星。

图11.3-1 世界第一颗和中国第一颗人造卫星

按照天体力学规律绕地球运动,但因在不同的轨道上受非球形地球引力场、大气阻力、太阳引力、月球引力和光压的影响,实际运动情况非常复杂。人造卫星是发射数量最多、用途最广、发展最快的航天器。人造卫星发射数量约占航天器发射总数的90%以上。

地球对周围的物体有引力的作用,因而抛出的物体要落回地面。但是,抛出的初速度越大,物体就会飞得越远。牛顿在思考万有引力定律时就曾设想过,从高山上用不同的水平速度抛出物体,速度一次比一次大,落地地点也就一次比一次离山脚远。如果没有空气阻力,当速度足够大时,物体就永远不会落到地面上来,它将围绕地球旋转,成为一颗绕地球运动的人造地球卫星,简称人造卫星。

1957年10月4日苏联发射了世界上第一颗人造卫星。之后,美国、法国、日本也相继发射了人造卫星。中国于1970年4月24日发射了"东方红一号"人造卫星。

人造卫星一般由专用系统和保障系统组成。专用系统是指与卫星所执行的任务直接有关的系统,也称为有效载荷。应用卫星的专用系统按卫星的各种用途包括通信转发器,遥感器,导航设备等。科学卫星的专用系统则是各种空间物理探测、天文探测等仪器。技术试验卫星的专用系统则是各种新原理、新技术、新方案、新仪器设备和新材料的试验设备。保障系统是指保障卫星和专用系统在空间正常工作的系统,也称为服务系统。主要有结构系统、电源系统、热控制系统、姿态控制和轨道控制系统、无线电测控系统等。对于返回卫星,则还有返回着陆系统。

发射卫星时需要克服的四道难关:一是要克服地球的引力;二是要克服高真空;三是要克服温差(向阳的一面为200℃,背阳的一面为-200℃);四是要克服各种高能粒子和辐射。

人造卫星的发展过程分为四个阶段：即初期试验阶段（1957～1960年）→应用试验阶段（1960～1964年，载人航天）→迅速发展阶段（1964～1978年，人类登月）→航天飞机阶段（80年代）。

2. 人造卫星的分类

人造卫星按运行轨道区分为：低轨道卫星、中轨道卫星、高轨道卫星、地球同步轨道卫星、地球静止轨道卫星、太阳同步轨道卫星、大椭圆轨道卫星和极轨道卫星。

如果按用途分，它可分为三大类：科学卫星，技术试验卫星和应用卫星。

①科学卫星是用于科学探测和研究的卫星，主要包括空间物理探测卫星和天文卫星，用来研究高层大气，地球辐射带，地球磁层，宇宙线，太阳辐射等，并可以观测其他星体。

②技术试验卫星是进行新技术试验或为应用卫星进行试验的卫星。航天技术中有很多新原理，新材料，新仪器，其能否使用，必须在天上进行试验；一种新卫星的性能如何，也只有把它发射到天上去实际"锻炼"，试验成功后才能应用；人上天之前必须先进行动物试验……这些都是技术试验卫星的使命。

③应用卫星是直接为人类服务的卫星，它的种类最多，数量最大，其中包括：通信卫星、气象卫星、侦察卫星、导航卫星、测地卫星、地球资源卫星、截击卫星等等。

人造卫星可用于天文观测、空间物理探测、全球通信、电视广播、军事侦察、气象观测、资源普查、环境监测、大地测量、搜索营救等方面。

3. 运行轨道

人造卫星的运行轨道（除近地轨道外）通常有三种：地球同步轨道、太阳同步轨道、极轨轨道。

①地球同步轨道

是运行周期与地球自转周期相同的顺行轨道。但其中有一种十分特殊的轨道，叫地球静止轨道。这种轨道的倾角为零，在地球赤道上空 35 786 km。地面上的人看来，在这条轨道上运行的卫星是静止不动的。一般通信卫星，广播卫星，气象卫星选用这种轨道比较有利。地球同步轨道有无数条，而地球静止轨道只有一条。

②太阳同步轨道

是轨道平面绕地球自转轴旋转的，方向与地球公转方向相同，旋转角速度等于地球公转的平均角速度（360°/年）的轨道，它距地球的高度不超过 6 000 km。在这条轨道上运行的卫星以相同的方向经过同一纬度的当地时间是相同的。气象卫星、地球资源卫星一般采用这种轨道。

③极地轨道

是倾角为 90°的轨道，在这条轨道上运行的卫星每圈都要经过地球两极上空，可以俯视整个地球表面。气象卫星、地球资源卫星、侦察卫星常采用此轨道。

4. 人造卫星工程系统

通用系统有结构、温度控制、姿态控制、能源、跟踪、遥测、遥控、通信、轨道控制、天线等系统，返回式卫星还有回收系统，此外还有根据任务需要而设的各种专用系统。人造卫星能够成功执行预定任务，单凭卫星本身是不行的，而需要完整的卫星工程系统，一般由以下系统组成：

①发射场系统；
②运载火箭系统；
③卫星系统；
④测控系统；
⑤卫星应用系统；
⑥回收区系统(限于返回式卫星)。

5. 卫星系统的组成部分

卫星系统中，各种设备按其功能上的不同，分为有效载荷及卫星平台两大部分。卫星平台又分为多个子系统：有效载荷(不同类型卫星均不同)，共同的有：
①对地相机；
②恒星相机；
③搭载的有效载荷。

卫星平台为有效载荷的操作提供环境及技术条件，包括：
①服务系统；
②热控分系统；
③姿态和轨道控制分系统；
④程序控制分系统；
⑤遥测分系统；
⑥遥控分系统；
⑦跟踪和测试分系统；
⑧供配电分系统；
⑨返回分系统(限于返回式卫星)。

6. 世界各国首颗卫星发射概况

前苏联在1957年10月4号发射人类首颗人造地球卫星Sputnik-1，揭开了人类向太空进军的序幕，大大激发了世界各国研制和发射卫星的热情。

美国于1958年1月31日成功地发射了第一颗"探险者"—1号人造卫星。该星重8.22 kg，锥顶圆柱形，高203.2 cm，直径15.2 cm，沿近地点360.4 km、远地点2 531 km的椭圆轨道绕地球运行，轨道倾角33.34°，运行周期114.8分钟。发射"探险者"—1号的运载火箭是"丘辟特"四级运载火箭。

法国于1965年11月26日成功地发射了第一颗"试验卫星"—1(A—1)号人造卫星。该星重约42 kg，运行周期108.61分钟，沿近地点526.24 km、远地点1 808.85 km的椭圆轨道运行，轨道倾角34.24°，发射A1卫星的运载火箭为"钻石，tA"号三级火箭，其全长18.7 m，直径1.4 m，起飞重量约18 t。

日本于1970年2月11日成功地发射了第一颗人造卫星"大隅"号。该星重约9.4 kg，轨道倾角31.07°，近地点339 km，远地点5 138 km，运行周期144.2分钟。发射"大隅"号卫星的运载火箭为"兰达"—45四级固体火箭，火箭全长16.5 m，直径0.74 m，起飞重量9.4 t。第一级由主发动机和两个助推器组成，推力分别为37 t和26 t；第二级推力为11.8 t；第三、四级推力分别为6.5 t和1 t。

中国于1970年4月24日成功地发射了第一颗人造卫星"东方红"1号。该星直径约1 m,重173 kg,沿近地点439 km、远地点2 384 km的椭圆轨道绕地球运行,轨道倾角68.5°,运行周期114分钟。发射"东方红一号"卫星的运载火箭为"长征一号"三级运载火箭,火箭全长29.45 m,直径2.25 m,起飞重量81.6 t,发射推力112 t。

英国于1971年10月28日成功地发射了第一颗人造卫星"普罗斯帕罗"号,发射地点位于澳大利亚的武默拉(Woomera)火箭发射场,运载火箭为英国的黑箭运载火箭。近地点537 km,远地点1 593 km。该星重66 kg(145磅),主要任务是试验各种技术新发明,例如试验一种新的遥测系统和太阳能电池组。它还携带微流星探测器,用以测量地球上层大气中这种宇宙尘高速粒子的密度。

除上述国家外,加拿大、意大利、澳大利亚、德国、荷兰、西班牙、印度和印度尼西亚等也在准备自行发射或已经委托别国发射了人造卫星。

7. 人造卫星的用途

①军事侦察卫星[包括照相侦察(侦察军事设施及活动)、电子侦察(侦察雷达和电台)、海洋监视(侦察舰艇船舶等)、导弹预警(侦察导弹发射)]

采用普查和详查相结合,几乎可以揭露一个国家的全部军事秘密。目前侦察卫星向综合、组网、长寿、全天候发展。

②气象卫星:分三代。第一代为电视摄像,只能拍摄到白天的云图资料。定性探测各种数据。第二代为双波段扫描辐射计代替电视摄像机。可以拍摄可见光和红外云图。第三代装有5波段辐射计及垂直探测仪,可以探测从地面到50 km的高空的大气温度、水汽含量、臭氧分布等资料。我国的风云一号就是第三代气象卫星。

③资源卫星

卫星上装有电视摄像计、多光谱扫描仪、微波辐射计等。可以侦查矿藏,海洋资源,地下水,农作物收成,地质全貌,水文资料,灾害预报等。

上面的三种卫星统称为对地观察卫星。

④通讯卫星(包括同步高轨道通讯卫星和不同步低轨道通讯卫星)

同步通讯卫星的离地高度为35 860 km,周期为23小时56分4秒。运行速度为3.07 km/s。因为地球引力不均匀以及太阳光压的作用,导致卫星会在东西方向漂移。而由于太阳和月球的引力作用会导致卫星在南北方向的漂移。同步通讯卫星要经过以下四步:

停泊轨道(200～400 km的圆轨道)→转移轨道(200～36 000 km的大椭圆轨道)→漂移轨道(36 000 km的圆轨道)→定点轨道(高度为稳定在36 000 km,东西南北方向的偏差角度小于±0.1°)。

优点:面广(覆盖地球表面1/3的面积);量大(可供10 000路电话同时通话);灵活(随时随地可以通讯,不受高山河流阻挡);质高。

缺点:同步卫星只能在赤道上空36 000 km的高空分布。而整个圆形轨道上只能分布120颗卫星,再多的话就会互相干扰。但是1982年就已经达到了128颗,十分拥挤。另外在纬度高于70°时,卫星就不能覆盖到了。

⑤导航卫星(GPS)

美国的 GPS 导航卫星共有 24 颗卫星,各地用户随时随地都可以看到 3 颗以上的卫星。卫星同步发出导航信号,地面观察者只要测出导航信号传到观察者所在处的时间就可以算出三颗卫星到观察者的距离($s=ct$),然后根据几何关系就可以算出观察者的位置了。其优点是定位时间短,精度高,覆盖全球。1991 年海湾战争中大显身手,之后用于民用。

中国有自己的导航卫星系统——北斗导航系统。但是只是区域性的,不能覆盖全球,而且精度不高。欧洲也有伽利略卫星导航系统。

⑥科研卫星

20 世纪 60 年代主要是近地观察,70 年代进入外层空间探测。主要探测宇宙射线,地磁场,极光,气辉,流星,星际介质,太阳炽斑,以及太阳系各个大行星的特点。

⑦星际卫星:可航行至其他行星进行探测照相之卫星,一般称之为行星探测器,如先锋号、火星号、探路者号等。

8. 我国部分著名人造卫星简介

到目前为止,中国共发射了三代通信卫星。第一代通信卫星是 1984 年发的 2 颗通信卫星和 1986 年 2 月 1 日发射的"东方红二号"实用型通信广播卫星。第二代通信卫星是 1988 年 3 月 7 日、1988 年 12 月 22 日、1990 年 2 月 4 日和 1991 年 11 月 28 日发射的载有 4 台 C 波段转发器的东方红二号甲通信卫星。第三代通信卫星是 1997 年 5 月 12 日发射的"东方红三号"地球静止轨道通信卫星。从 1970 年 4 月 24 日我国成功发射第一颗卫星到 2005 年 10 月,我国已成功发射了近百颗国产卫星、6 艘飞船、27 颗国外卫星。我国第一颗通信卫星是 1984 年 1 月 29 日发射的,它取得了部分成功。这是一颗试验通信卫星。1984 年 4 月 8 日成功发射的第一颗静止轨道试验通信卫星——东方红二号,使我国成为世界上第五个自行发射地球静止轨道通信卫星的国家。

实用广播通信卫星东方红二号甲于 1988 年 3 月 7 日成功发射。该卫星大大改善了我国的通信和广播电视传输条件。中容量广播通信卫星"东方红三号"于 1997 年 5 月 12 日成功发射。该卫星改善了我国的国际通信以及西部边远山区的通信状况。

风云气象卫星系列包括风云一号太阳同步轨道气象卫星和风云二号地球静止轨道气象卫星两大类。风云一号和风云二号分别进行过 4 次和 3 次发射,在我国天气预报和气象研究方面发挥了重要作用。

1988 年 9 月 7 日,我国第一颗气象卫星风云一号由长征四号火箭发射升空。

我国在 1997 年 6 月 10 日发射第一颗地球静止轨道气象卫星风云二号甲,并于 1997 年 12 月 1 日正式交付用户使用。2000 年 6 月 25 日又发射了风云二号乙。2004 年 10 月 19 日又发射了一颗风云二号气象卫星。

到目前为止,我国已经发射的空间物理探测卫星,主要是"实践"卫星系列。1971 年 3 月 3 日成功发射了实践一号卫星。1981 年 9 月 20 日一箭三星成功发射了"实践二号"、"实践二号 A"和"实践二号 B"。1994 年 2 月 8 日成功发射了"实践四号"卫星。共发射了八颗卫星,分别是:1971 年 3 月发射的实践一号;1981 年 9 月 20 日用一箭三星发射的实践二号、实践二号甲、实践二号乙;1994 年 2 月 8 日发射的实践四号;1999 年 5 月 10 日发射的实践五号。2004年9月9日发射的实践六号A星和B星。

实践一号卫星是在东方红一号卫星的基础上增加了太阳能供电系统等8个空间技术试验及探测项目。1971年3月3日,实践一号卫星由长征一号火箭成功发射。卫星在轨道上运行了8年多,向地面发回了大量科学探测和试验数据。

实践二号卫星是专门用于空间物理探测的科学实验卫星。卫星重250千克,卫星主体为一个外接圆直径1.23 m、高1.1 m的八面棱柱体。1981年9月20日,我国发射一箭三星,实践二号是其中之一。

1970年4月24日,中国成功发射了自己研制的第一颗卫星东方红一号。该卫星重173 kg,星上装有一台"东方红"电子音乐发生器及科学探测仪器设备。其任务是探测空间电离层和地球大气密度,并将有关数据传回地面。因此,"东方红一号"是一颗具有空间探测性质的技术试验卫星。

从1999年10月到2003年10月,我国共发射了3颗地球资源卫星。

1999年10月14日,中国与巴西合作研制的地球资源卫星——资源一号卫星在我国太原卫星发射中心成功发射。

从2000年10月到2003年5月,我国共发射了3颗北斗导航定位卫星。

从1970年4月24日到2000年10月31日,我国发射了74个航天器,它们覆盖了地球所拥有的4种轨道。其中有国产的实验飞船1艘,国产的人造卫星47颗,外国制造的卫星26颗。

三、航天飞机与航天站

1. 航天飞机简介

航天飞机是飞机和火箭的结合体,它既能像火箭那样发射到宇宙空间遨游,又可像飞机那样降落到机场。

优点:有效载荷大(30 t),可重复使用,成本低,未经严格训练的人也可上去。

缺点:研制费用高(120亿美元)。

组成部分:由轨道器(航天飞机),外挂燃料箱(不回收),固体助推器(2个,可以重复使用20次)三大部分组成。

外挂燃料箱长为47 m,直径为8.2 m,15层楼高,空重为3 464 t,携带700 t液体燃料。

轨道级分前、中、后三段。前段是乘员舱,舱内气压等于正常大气压,可乘3~7名宇航员,多到10人。

图11.3-2 航天飞机图

中段是个很大的运载舱,可以装载人员、卫星、科学仪器和航天武器等,还有在空间用来装卸货物的巨型遥控机械手。后段装有三台发动机,以及使航天飞机作机动飞行、保持飞机的稳定、进行姿态变换的动力装置。

航天飞机分三步登天。起飞时,像火箭一样竖立在火箭发射台上,三台发动机和置于大燃料箱两旁的两台火箭助推器,几乎同时点火。当航天飞机升到五六十千米的高空时,两台助推器燃烧完毕,自动脱落,并打开降落伞降落,以便回收后下次再用。这时航天飞机的时速已达5 000多千米,依靠主发动机的推力,继续向高空冲去。大约起飞后8 min,航天飞机已到达预定的轨道附近,庞大的燃料箱已经用完燃料。这样,航天飞机就剩下轨道级了,由于装在后段的机动发动机的作用,轨道级正式进入太空轨道飞行。航天飞机入轨后,运载舱上的舱门打开,就可以执行各种任务了。航天飞机可以在太空飞行十几天。

航天飞机要返回地球时,便启动机动发动机,使它脱离原来的地球轨道,高度逐渐降低,再入大气层,在大气层中作无动力滑翔飞行,最后像普通喷气式客机那样,在跑道上俯冲着陆。返回地面后,经过维修保养,补充燃料,加装助推器和燃料箱,又可再次升空飞行。这种航天飞机可以重复使用100次左右。

航天飞机上升和再入大气层时加速度很小,可供健康的人乘坐遨游太空。还可以在轨道上发射人造卫星,进行科学实验和修理卫星,以及用于军事目的等。航天飞机还可以作为"运输机"为空间实验室运送部件、器材、物资和人员。

1981年4月12日,美国研制的第一架航天飞机——"哥伦比亚"号成功进入太空。之后,美国又相继研制了4架航天飞机。其名称分别为"挑战者"号、"发现"号、"亚特兰蒂斯"号和"奋进"号,其中"挑战者"号航天飞机在1986年1月28日升空后炸毁,航天飞机上7名宇航员全部遇难。从1981年到2001年美国的航天飞机已成功发射过106架次。但在2003年,美国当地时间2月1日上午9时,载有7名宇航员的"哥伦比亚"号航天飞机,结束了16天的飞行任务后,返回地球时,在即将着陆前发生意外,航天飞机解体坠毁。

2. 航天站

1971年苏联把大型飞船送入太空,可以长时间居住,这就是所谓的空间站。一般的飞船只能停留几天,航天飞机可以停留2周以上。而空间站可以长时间运行。空间站好像空间的车站、码头、加油站、维修中转站、供应站一样。人在空间站的最长时间记录是438天(指一次飞行的连续工作时间)。

第十二章 激光技术

第一节 激光及其特性

一、激光

激光英文全名为 Light Amplification by Stimulated Emission of Radiation(LASER)。直译为"受激发射的辐射光放大",于1960年面世(美国科学家梅曼发明了世界上第一台红宝石激光器),是一种因刺激产生辐射而强化的光。

二、激光的特性

激光被广泛应用是因为它具有一系列非凡的特性。激光几乎是一种单色光波,频率范围极窄,又可在一个狭小的方向内集中高能量,因此利用聚焦后的激光束可以对各种材料进行打孔。以红宝石激光器为例,它输出脉冲的总能量不够煮熟一个鸡蛋,但却能在3毫米的钢板上钻出一个小孔。激光拥有上述特性,并不是因为它有与众不同的光能,而是它的功率密度十分高,这就是激光被广泛应用的原因。

激光有以下一些特性:

(1) 单色性好:通常所说的某种颜色的光,比如说红光,实际上包含了很多种波长的光,因此严格来说,它并不是真正纯粹的红色。而激光的波长局限在一个非常窄的范围内,因此可以说激光是世界上波长最确定,颜色最鲜艳,纯度最高的光。

(2) 方向性好(一般的自然光或灯光都是向四面八方射出的,即使是手电筒或探照灯的光也不算十分平行,射出一定距离后就散开了)。激光的平行度非常高,即使从地球射到月球,散开的范围也只有几千米。而探照灯如果能射到月球的话,最起码也有几百千米,当然,它根本射不到月球。

(3) 相干性好:频率相同的两种声波会发生干涉。同样,频率相同的两种光也会发生干涉。由于激光的波长或频率一定,所以两束激光就容易发生干涉,形成亮暗相间的条纹。这可以用来进行全息照相,精密测速等。

(4) 高亮度:激光的亮度最大可以达到太阳的100亿倍。这主要是由于它具有很好的方向性和高功率所致(物理上所谓的亮度是用单位时间通过单位截面的能量来衡量的,激光的亮度是太阳的100亿倍,意思是说,在极短时间里通过非常小的横截面上输出的能量远远大于太阳,但是这种辐射大部分是一瞬间的,而且是一束极细的光束,除了实验室工作人员之外,一般的人不容易觉察到。人是不能对着这样的光看的,那样会瞬间把你的眼睛打个洞,但是我们可以根据它所产生的一些效应来量度)。

第二节 激光器的产生、工作原理及分类

一、激光器的产生及工作原理

激光器的发明是20世纪科学技术的一项重大成就。它使人们终于有能力驾驶尺度极小、数量极大、运动极混乱的分子和原子的发光过程，从而获得产生、放大相干的红外线、可见光线和紫外线（以至X射线和γ射线）的能力。激光科学技术的兴起使人类对光的认识和利用达到了一个崭新的水平。

激光器的诞生史大致可以分为几个阶段，其中1916年爱因斯坦提出的受激辐射概念是其重要的理论基础。这一理论指出，处于高能态的物质粒子受到一个能量等于两个能级之间能量差的光子的作用，将转变到低能态，并产生第二个光子，同第一个光子同时发射出来，这就是受激辐射。这种辐射输出的光获得了放大，而且是相干光，即多个光子的发射方向、频率、位相、偏振完全相同。

此后，量子力学的建立和发展使人们对物质的微观结构及运动规律有了更深入的认识，微观粒子的能级分布、跃迁和光子辐射等问题也得到了更有力的证明，这也在客观上更加完善了爱因斯坦的受激辐射理论，为激光器的产生进一步奠定了理论基础。20世纪40年代末，量子电子学诞生后，被很快应用于研究电磁辐射与各种微观粒子系统的相互作用，并研制出许多相应的器件。这些科学理论和技术的快速发展都为激光器的发明创造了条件。

如果一个系统中处于高能态的粒子数多于低能态的粒子数，就出现了粒子数的反转状态。那么只要有一个光子引发，就会迫使一个处于高能态的原子受激辐射出一个与之相同的光子，这两个光子又会引发其他原子受激辐射，这样就实现了光的放大；如果加上适当的谐振腔的反馈作用便形成光振荡，从而发射出激光。这就是激光器的工作原理。

1951年，美国物理学家珀塞尔和庞德在实验中成功地造成了粒子数反转，并获得了每秒50千赫的受激辐射。稍后，美国物理学家查尔斯·汤斯以及苏联物理学家马索夫和普罗霍洛夫先后提出了利用原子和分子的受激辐射原理来产生和放大微波的设计。

然而上述的微波波谱学理论和实验研究大都属于"纯科学"，对于激光器到底能否研制成功，在当时还是很渺茫的。但科学家的努力终究有了结果。1954年，前面提到的美国物理学家汤斯终于制成了第一台氨分子束微波激射器，成功地开创了利用分子和原子体系作为微波辐射相干放大器或振荡器的先例。

汤斯等人研制的微波激射器只产生了1.25 cm波长的微波，功率很小。生产和科技不断发展的需要推动科学家们去探索新的发光机理，以产生新的性能优异的光源。1958年，汤斯与姐夫阿瑟·肖洛将微波激射器与光学、光谱学的理论知识结合起来，提出了采用开式谐振腔的关键性建议，并预言了激光的相干性、方向性、线宽和噪音等性质。同期，巴索夫和普罗霍洛夫等人也提出了实现受激辐射光放大的原理性方案。

此后，世界上许多实验室都被卷入了一场激烈的研制竞赛，看谁能成功制造并运转世

界上第一台激光器。

1960年,美国物理学家西奥多·梅曼在佛罗里达州迈阿密的研究实验室里,勉强赢得了这场世界范围内的研制竞赛。他用一个高强闪光灯管来刺激在红宝石水晶里的铬原子,从而产生一条相当集中的纤细红色光柱,当它射向某一点时,可使这一点达到比太阳还高的温度。

"梅曼设计"引起了科学界的震惊和怀疑,因为科学家们一直在注视和期待着的是氦氖激光器。尽管梅曼是第一个将激光引入实用领域的科学家,但在法庭上,关于到底是谁发明了这项技术的争论,曾一度引起很大争议。竞争者之一就是"激光"("受激辐射式光频放大器"的缩略词)一词的发明者戈登·古尔德。他在1957年攻读哥伦比亚大学博士学位时提出了这个词。与此同时,微波激射器的发明者汤斯与肖洛也发展了有关激光的概念。经法庭最终判决,汤斯因研究的书面工作早于古尔德9个月而成为胜者。不过梅曼的激光器的发明权却未受到动摇。

1960年12月,出生于伊朗的美国科学家贾万率人终于成功地制造并运转了全世界第一台气体激光器——氦氖激光器。1962年,有三组科学家几乎同时发明了半导体激光器。1966年,科学家们又研制成了波长可在一段范围内连续调节的有机染料激光器。此外,还有输出能量大、功率高,而且不依赖电网的化学激光器等纷纷问世。

由于激光器具备的种种突出特点,因而被很快运用于工业、农业、精密测量和探测、通讯与信息处理、医疗、军事等各方面,并在许多领域引起了革命性的突破。比如,人们利用激光集中而极高的能量,可以对各种材料进行加工,能够做到在一个针头上钻200个孔;激光作为一种在生物机体上引起刺激、变异、烧灼、汽化等效应的手段,已在医疗、农业的实际应用上取得了良好效果;在通信领域,一条用激光柱传送信号的光导电缆,可以携带相当于2万根电话铜线所携带的信息量;激光在军事上除用于通信、夜视、预警、测距等方面外,多种激光武器和激光制导武器也已经投入使用。

今后,随着人类对激光技术的进一步研究和发展,激光器的性能和成本将进一步降低,但是它的应用范围却还将继续扩大,并将发挥出越来越巨大的作用。

二、激光器的组成

除自由电子激光器外,各种激光器的基本工作原理均相同,装置的必不可少的组成部分包括激励(或抽运)、具有亚稳态能级的工作介质和谐振腔3部分。激励使工作介质吸收外来能量后激发到激发态,为实现并维持粒子数反转创造条件。激励方式有光学激励、电激励、化学激励和核能激励等。工作介质具有亚稳能级是使受激辐射占主导地位,从而实现光放大。谐振腔可使腔内的光子有一致的频率、相位和运行方向,从而使激光具有良好的定向性和相干性。

激光工作物质是指用来实现粒子数反转并产生光的受激辐射放大作用的物质体系,有时也称为激光增益媒质,它们可以是固体(晶体、玻璃)、气体(原子气体、离子气体、分子气体)、半导体和液体等媒质。对激光工作物质的主要要求,是尽可能在其工作粒子的特定能级间实现较大程度的粒子数反转,并使这种反转在整个激光发射作用过程中尽可能有效地保持下去。为此,要求工作物质具有合适的能级结构和跃迁特性。

激励(泵浦)系统是指为使激光工作物质实现并维持粒子数反转而提供能量来源的机构或装置。根据工作物质和激光器运转条件的不同，可以采取不同的激励方式和激励装置，常见的有以下四种：

①光学激励(光泵)。是利用外界光源发出的光来辐照工作物质以实现粒子数反转的，整个激励装置，通常是由气体放电光源(如氙灯、氪灯)和聚光器组成。

②气体放电激励。是利用在气体工作物质内发生的气体放电过程来实现粒子数反转的，整个激励装置通常由放电电极和放电电源组成。

③化学激励。是利用在工作物质内部发生的化学反应过程来实现粒子数反转的，通常要求有适当的化学反应物和相应的引发措施。

④核能激励。是利用小型核裂变反应所产生的裂变碎片、高能粒子或放射线来激励工作物质并实现粒子数反转的。

光学共振腔通常是由具有一定几何形状和光学反射特性的两块反射镜按特定的方式组合而成。作用为：

①提供光学反馈能力，使受激辐射光子在腔内多次往返以形成相干的持续振荡。

②对腔内往返振荡光束的方向和频率进行限制，以保证输出激光具有一定的定向性和单色性。

作用①是由通常组成腔的两个反射镜的几何形状(反射面曲率半径)和相对组合方式所决定；而作用②则是由给定共振腔型对腔内不同行进方向和不同频率的光，具有不同的选择性损耗特性所决定的。

三、激光器的分类

激光器的种类是很多的。下面将分别从激光工作物质、激励方式、运转方式、输出波长范围等几个方面进行分类介绍。

1. 按工作物质分类

根据工作物质物态的不同可把所有的激光器分为以下几大类：

①固体(晶体和玻璃)激光器。这类激光器所采用的工作物质，是通过把能够产生受激辐射作用的金属离子掺入晶体或玻璃基质中构成发光中心而制成的。

②气体激光器。它们所采用的工作物质是气体，并且根据气体中真正产生受激发射作用之工作粒子性质的不同，而进一步区分为原子气体激光器、离子气体激光器、分子气体激光器、准分子气体激光器等。

③液体激光器。这类激光器所采用的工作物质主要包括两类，一类是有机荧光染料溶液，另一类是含有稀土金属离子的无机化合物溶液，其中金属离子(如 Nd)起工作粒子作用，而无机化合物液体(如 $SeOCl$)则起基质的作用。

④半导体激光器。这类激光器是以一定的半导体材料作工作物质而产生受激发射作用，其原理是通过一定的激励方式(电注入、光泵或高能电子束注入)，在半导体物质的能带之间或能带与杂质能级之间，通过激发非平衡载流子而实现粒子数反转，从而产生光的受激发射作用。

⑤自由电子激光器。这是一种特殊类型的新型激光器，工作物质为在空间周期变化

磁场中高速运动的定向自由电子束,只要改变自由电子束的速度就可产生可调谐的相干电磁辐射,原则上其相干辐射谱可从 X 射线波段过渡到微波区域,因此具有很诱人的前景。

2. 按激励方式分类

①光泵式激光器。指以光泵方式激励的激光器,包括几乎是全部的固体激光器和液体激光器,以及少数气体激光器和半导体激光器。

②电激励式激光器。大部分气体激光器均是采用气体放电(直流放电、交流放电、脉冲放电、电子束注入)方式进行激励,而一般常见的半导体激光器多是采用结电流注入方式进行激励,某些半导体激光器亦可采用高能电子束注入方式激励。

③化学激光器。这是专门指利用化学反应释放的能量对工作物质进行激励的激光器,希望产生的化学反应可分别采用光照引发、放电引发、化学引发。

④核泵浦激光器。指专门利用小型核裂变反应所释放出的能量来激励工作物质的一类特种激光器,如核泵浦氦氩激光器等。

3. 按运转方式分类

由于激光器所采用的工作物质、激励方式以及应用目的的不同,其运转方式和工作状态亦相应有所不同,从而可区分为以下几种主要的类型。

①连续激光器,其工作特点是工作物质的激励和相应的激光输出,可以在一段较长的时间范围内以连续方式持续进行,以连续光源激励的固体激光器和以连续电激励方式工作的气体激光器及半导体激光器,均属此类。由于连续运转过程中往往不可避免地产生器件的过热效应,因此多数需采取适当的冷却措施。

②单次脉冲激光器。对这类激光器而言,工作物质的激励和相应的激光发射,从时间上来说均是一个单次脉冲过程,一般的固体激光器、液体激光器以及某些特殊的气体激光器,均采用此方式运转,此时器件的热效应可以忽略,故可以不采取特殊的冷却措施。

③重复脉冲激光器,这类器件的特点是其输出为一系列的重复激光脉冲,为此,器件可相应以重复脉冲的方式激励,或以连续方式进行激励但以一定方式调制激光振荡过程,以获得重复脉冲激光输出,通常亦要求对器件采取有效的冷却措施。

④调 Q 激光器,这是专门指采用一定的开关技术以获得较高输出功率的脉冲激光器,其工作原理是在工作物质的粒子数反转状态形成后并不使其产生激光荡(开关处于关闭状态),待粒子数积累到足够高的程度后,突然瞬时打开开关,从而可在较短的时间内(例如 10～10 s)形成十分强的激光振荡和高功率脉冲激光输出。

⑤锁模激光器,这是一类采用锁模技术的特殊类型激光器,其工作特点是共振腔内不同纵向模式之间有确定的相位关系,因此可获得一系列在时间上来看是等间隔的激光超短脉冲(脉宽 10～10 s)序列,若进一步采用特殊的快速光开关技术,还可以从上述脉冲序列中选择出单一的超短激光脉冲。

⑥单模和稳频激光器,单模激光器是指在采用一定的限模技术后处于单横模或单纵模状态运转的激光器,稳频激光器是指采用一定的自动控制措施使激光器输出波长或频率稳定在一定精度范围内的特殊激光器件,在某些情况下,还可以制成既是单模运转又具有频率自动稳定控制能力的特种激光器件。

⑦可调谐激光器,在一般情况下,激光器的输出波长是固定不变的,但采用特殊的调谐技术后,使得某些激光器的输出激光波长在一定的范围内连续可控地发生变化,这一类激光器称为可调谐激光器。

4. 按输出波段范围分类

根据输出激光波长范围之不同,可将各类激光器区分为以下几种。

①远红外激光器,输出波长范围处于 25～1 000 μm 之间,某些分子气体激光器以及自由电子激光器的激光输出即落入这一区域。

②中红外激光器,指输出激光波长处于中红外区(2.5～25 μm)的激光器件,代表者为 CO 分子气体激光器(10.6 μm)。

③近红外激光器,指输出激光波长处于近红外区(0.75～2.5 μm)的激光器件,代表者为掺钕固体激光器(1.06 μm)、CaAs 半导体二极管激光器(约 0.8 μm)和某些气体激光器等。

④可见激光器,指输出激光波长处于可见光谱区(4 000～7 000 埃或 0.4～0.7 μm)的一类激光器件,代表者为红宝石激光器(6 943 埃)、氦氖激光器(6 328 埃)、氩离子激光器(4 880 埃、5 145 埃)、氪离子激光器(4 762 埃、5 208 埃、5 682 埃、6 471 埃)以及一些可调谐染料激光器等。

⑤近紫外激光器,其输出激光波长范围处于近紫外光谱区(2 000～4 000 埃),代表者为氮分子激光器(3 371 埃)氟化氙(XeF)准分子激光器(3 511 埃、3 531 埃)、氟化氪(KrF)准分子激光器(2 490 埃)以及某些可调谐染料激光器等。

⑥真空紫外激光器,其输出激光波长范围处于真空紫外光谱区(50～2 000 埃)代表者为(H)分子激光器(1 644～1 098 埃)、氙(Xe)准分子激光器(1 730 埃)等。

⑦ X 射线激光器,指输出波长处于 X 射线谱区(0.01～50 埃)的激光器系统,目前软 X 射线已研制成功,但仍处于探索阶段。

第三节 激光的应用

一、激光加工技术

激光是 20 世纪 60 年代的新光源。由于激光具有方向性好、亮度高、单色性好等特点而得到广泛应用。激光加工是激光应用最有发展前途的领域之一,现在已开发出 20 多种激光加工技术。

激光的空间控制性和时间控制性很好,对加工对象的材质、形状、尺寸和加工环境的自由度都很大,特别适用于自动化加工。激光加工系统与计算机数控技术相结合可构成高效自动化加工设备,已成为企业实行适时生产的关键技术,为优质、高效和低成本的加工生产开辟了广阔的前景。

热加工和冷加工均可应用在金属和非金属材料,进行切割、打孔、刻槽、标记等。热加工金属材料进行焊接、表面处理、生产合金、切割均极有利。冷加工则对光化学沉积、激光快速成形技术、激光刻蚀、掺染和氧化都很合适。

二、激光快速成形

用激光制造模型时用的材料是液态光敏树脂,它在吸收了紫外波段的激光能量后便发生凝固,变化成固体材料。把要制造的模型编成程序,输入到计算机。激光器输出来的激光束由计算机控制光路系统,使它在模型材料上扫描刻画,在激光束所到之处,原先是液态的材料凝固起来。激光束在计算机的指挥下作完扫描刻画,将光敏聚合材料逐层固化,精确堆积成样件,造出模型。所以,用这个办法制造模型,速度快,造出来的模型又精致。该技术已在航空航天、电子、汽车等工业领域得到广泛应用。

三、激光切割

激光切割技术广泛应用于金属和非金属材料的加工中,可大大减少加工时间,降低加工成本,提高工件质量。脉冲激光适用于金属材料,连续激光适用于非金属材料,后者是激光切割技术的重要应用领域。现代的激光成了人们所幻想追求的"削铁如泥"的"宝剑"。当然,激光在工业领域中的应用也有局限和缺点,比如用激光来切割食物和胶合板就不成功,食物被切开的同时也被灼烧了,而切割胶合板在经济上还远不合算。

激光切割是用聚焦镜将 CO_2 激光束聚焦在材料表面使材料熔化,同时用与激光束同轴的压缩气体吹走被熔化的材料,并使激光束与材料沿一定轨迹作相对运动,从而形成一定形状的切缝。从20世纪70年代以来随着 CO_2 激光器及数控技术的不断完善和发展,目前已成为工业上板材切割的一种先进的加工方法。在50、60年代作为板材下料切割的主要方法有:对于中厚板采用氧乙炔火焰切割;对于薄板采用剪床下料;成形复杂,零件大批量的采用冲压,单件的采用振动剪。70年代后,为了改善和提高火焰切割的切口质量,又推广了氧乙烷精密火焰切割和等离子切割。为了减少大型冲压模具的制造周期,又发展了数控步冲与电加工技术。各种切割下料方法都有其缺点,在工业生产中有一定的适用范围。CO_2 激光切割技术比其他方法的明显优点是:

(1) 切割质量好。切口宽度窄(一般为 0.1~0.5 mm)、精度高(一般孔中心距误差0.1~0.4 mm,轮廓尺寸误差 0.1~0.5 mm)、切口表面粗糙度好(一般 Ra 为 12.5~25 μm),切缝一般不需要再加工即可焊接。

(2) 切割速度快。例如采用2 KW 激光功率,8 mm 厚的碳钢切割速度为 1.6 m/min;2 mm 厚的不锈钢切割速度为 3.5 m/min,热影响区小,变形极小。

(3) 清洁、安全、无污染。大大改善了操作人员的工作环境。当然就精度和切口表面粗糙度而言,CO_2 激光切割不可能超过电加工;就切割厚度而言难以达到火焰和等离子切割的水平。但是就以上显著的优点足以证明:CO_2 激光切割已经和正在取代一部分传统的切割工艺方法,特别是各种非金属材料的切割。它是发展迅速,应用日益广泛的一种先进加工方法。

90年代以来,由于我国社会主义市场经济的发展,企业间竞争激烈,每个企业必须根据自身条件正确选择某些先进制造技术以提高产品质量和生产效率。因此 CO_2 激光切割技术在我国获得了较快的发展。

从目前国内应用情况分析，CO_2 激光切割广泛应用于 12 mm 厚的低碳钢板，6 mm 厚的不锈钢板，20 mm 厚的非金属材料。对于三维空间曲线的切割，在汽车、航空工业中也开始获得了应用。

目前适合采用 CO_2 激光切割的产品大体上可归纳为三类：

第一类：从技术经济角度不宜制造模具的金属钣金件，特别是轮廓形状复杂，批量不大，一般厚度 12 mm 的低碳钢，6 mm 厚的不锈钢，以节省制造模具的成本与周期。已采用的典型产品有：自动电梯结构件、升降电梯面板、机床及粮食机械外罩、各种电气柜、开关柜、纺织机械零件、工程机械结构件、大电机硅钢片等。

第二类：装饰、广告、服务行业用的不锈钢（一般厚度 3 mm）或非金属材料（一般厚度 20 mm）的图案、标记、字体等。如艺术照相册的图案，公司、单位、宾馆、商场的标记，车站、码头、公共场所的中英文字体。

第三类：要求均匀切缝的特殊零件。最广泛应用的典型零件是包装印刷行业用的模切版，它要求在 20 mm 厚的木模板上切出缝宽为 0.7～0.8 mm 的槽，然后在槽中镶嵌刀片。使用时装在模切机上，切下各种已印刷好图形的包装盒。国内近年来应用的一个新领域是石油筛缝管。为了挡住泥沙进入抽油泵，在壁厚为 6～9 mm 的合金钢管上切出 0.3 mm 宽的均匀切缝，切割穿孔处小孔直径不大于 0.3 mm，切割技术难度大，已有不少单位投入生产。

国外除上述应用外，还在不断扩展其应用领域。

(1) 采用三维激光切割系统或配置工业机器人，切割空间曲线，开发各种三维切割软件，以加快从画图到切割零件的过程。

(2) 为了提高生产效率，研究开发各种专用切割系统，材料输送系统，直线电机驱动系统等，目前切割系统的切割速度已超过 100 m/min。

(3) 为扩展工程机械、造船工业等的应用，切割低碳钢厚度已超过 30 mm，并特别注意研究用氮气切割低碳钢的工艺技术，以提高切割厚板的切口质量。因此在我国扩大 CO_2 激光切割的工业应用领域，解决新的应用中一些技术难题仍然是工程技术人员的重要课题。

四、激光焊接

激光束照射在材料上，会把它加热至融熔，使对接在一起的组件接合在一起，即是焊接。激光焊接，用比切割金属时功率较小的激光束，使材料熔化而不使其气化，在冷却后成为一块连续的固体结构。激光焊接技术具有溶池净化效应，能纯净焊缝金属，适用于相同和不同金属材料间的焊接。由于激光能量密度高，对高熔点、高反射率、高导热率和物理特性相差很大的金属焊接特别有利。因为用激光焊接是不需要任何焊料的，所以排除了焊接组件受污染的可能。其次，激光束可被光学系统聚成直径很细的光束，换言之，激光可以作成非常精细的焊枪，做精密焊接工作。还有激光焊接与组件不会直接接触，亦即这是非接触式的焊接，因而材料质地脆弱也无妨，还可以对远离我们身边的组件作焊接，也可以把放置在真空室内的组件焊接起来。因为激光焊接有这些特点，所以它在微电子工业中尤其受欢迎。

五、激光熔覆技术

激光熔覆亦称激光包覆或激光熔敷，是一种新的表面改性技术。它通过在基材表面添加熔覆材料，并利用高能密度的激光束使之与基材表面薄层一起熔凝的方法，在基层表面形成与冶金结合的添料熔覆层。

激光熔覆以不同的添料方式在被熔覆基体表面上放置被选择的涂层材料经激光辐照使之和基体表面一薄层同时熔化，并快速凝固后形成稀释度极低，与基体成冶金结合的表面涂层，显著改善基层表面的耐磨、耐蚀、耐热、抗氧化及电气特性的工艺方法，从而达到表面改性或修复的目的，既满足了对材料表面特定性能的要求，又节约了大量的贵重元素。

与堆焊、喷涂、电镀和气相沉积相比，激光熔覆具有稀释度小、组织致密、涂层与基体结合好、适合熔覆材料多、粒度及含量变化大等特点，因此激光熔覆技术应用前景十分广阔。

从当前激光熔覆的应用情况来看，其主要应用于两个方面：一，对材料的表面改性，如燃汽轮机叶片、轧辊、齿轮等；二，对产品的表面修复，如转子、模具等。有关资料表明，修复后的部件强度可达到原强度的90%以上，其修复费用不到重置价格的1/5，更重要的是缩短了维修时间，解决了大型企业重大成套设备连续可靠运行所必须解决的转动部件快速抢修难题。另外，对关键部件表面通过激光熔覆超耐磨抗蚀合金，可以在零部件表面不变形的情况下大大提高零部件的使用寿命；对模具表面进行激光熔覆处理，不仅提高模具强度，还可以降低2/3的制造成本，缩短4/5的制造周期。

目前应用广泛的激光熔覆材料主要有：镍基、钴基、铁基合金、碳化钨复合材料。其中，又以镍基材料应用最多，与钴基材料相比，其价格便宜。

熔覆工艺：激光熔覆按熔覆材料的供给方式大概可分为两大类，即预置式激光熔覆和同步式激光熔覆。

预置式激光熔覆是将熔覆材料事先置于基材表面的熔覆部位，然后采用激光束辐照扫描熔化，熔覆材料以粉、丝、板的形式加入，其中以粉末的形式最为常用。同步式激光熔覆则是将熔覆材料直接送入激光束中，使供料和熔覆同时完成。熔覆材料主要也是以粉末的形式送入，有的也采用线材或板材进行同步送料。预置式激光熔覆的主要工艺流程为：基材熔覆表面预处理——预置熔覆材料——预热——激光熔化——后热处理。

同步式激光熔覆的主要工艺流程为：基材熔覆表面预处理——送料激光熔化——后热处理。

按工艺流程，与激光熔覆相关的工艺主要是基材表面预处理方法、熔覆材料的供料方法、预热和后热处理。

激光熔覆成套设备由激光器、冷却机组、送粉机构、加工工作台等组成。

激光熔覆技术是一项新兴的零件加工与表面改型技术。具有较低稀释率、热影响区小、与基面形成冶金结合、熔覆件扭曲变形比较小、过程易于实现自动化等优点。激光熔覆技术应用到表面处理上，可以极大提高零件表面的硬度、耐磨性、耐腐蚀、耐疲劳等机械性能，可以极大提高材料的使用寿命。同时，还可以用于废品件的处理，大量节约加工成本。激光熔覆应用到快速制造金属零件，所需设备少，可以减少工件制造工序，节约成本，提高零件质量，广泛应用于航空、军事、石油、化工、医疗器械等各个方面。

激光熔覆是一个复杂的物理、化学冶金过程，熔覆过程中的参数对熔覆件的质量有很大的影响。激光熔覆中的过程参数主要有激光功率、光斑直径、离焦量、送粉速度、扫描速度、熔池温度等，它们对熔覆层的稀释率、裂纹、表面粗糙度以及熔覆零件的致密性都有着很大影响。同时，各参数之间也相互影响，是一个非常复杂的过程。必须采用合适的控制方法将各种影响因素控制在熔覆工艺允许的范围内。

随着控制技术以及计算机技术的发展，激光熔覆技术越来越向智能化、自动化方向前进。国外在这方面做得比较好。从直线和旋转的一维激光熔覆，经过 X 和 Y 两个方向同时运动的二维熔覆，到 20 世纪 90 年代初开始向三维同时运动熔覆构造金属零件发展。如今，已经把激光器、五轴联动数控激光加工机、外光路系统、自动化可调合金粉末输送系统(也可送丝)、专用 CAD/CAM 软件和全过程参数检测系统，集成构筑了闭环控制系统，直接制造出金属零件。标志着激光熔覆技术的发展登上了新的台阶。各国在激光控制方面的研究的新成果往往都以专利的形式进行保护，如高质量的同轴送粉熔覆系统以及闭环反馈控制系统等。国内西北工业大学、清华大学、北京工业大学、上海交通大学和中国科学院等单位在激光熔覆过程控制方面做了许多研究工作，国内还有许多单位正在积极开展这方面的研究工作。清华大学机械系激光加工研究中心已研制出适合于直接制造金属零件的各种规格的同轴送粉喷嘴和自动送粉器，已申请相关发明专利两项。中科院已经开发出集成化激光智能加工系统。但相对国外的研究和开发水平，国内在控制方面的研究还处在起步阶段，控制措施和手段还不完善。对激光熔覆融池温度的闭环控制鲜有报道，对熔覆质量的闭环控制系统研究得并不充分。

六、激光雕刻

用激光雕刻刀作雕刻，比用普通雕刻刀更方便，更迅速。用普通雕刻刀在坚硬的材料上，比如在花岗岩、钢板上作雕刻，或者是在一些比较柔软的材料，比如皮革上作雕刻，就比较吃力，刻一幅图案要花比较长的时间。如果使用激光雕刻则不同，因为它是利用高能量密度的激光对工件进行局部照射，使表层材料气化或发生颜色变化的化学反应，从而留下永久性标记的一种雕刻方法。它根本就没有和材料接触，材料硬或者柔软，并不妨碍雕刻的速度。所以激光雕刻技术是激光加工最大的应用领域之一。用这种雕刻刀作雕刻不管在坚硬的材料，或者是在柔软的材料上雕刻，刻画的速度一样。倘若与计算机相配合，控制激光束移动，雕刻工作还可以自动化。把要雕刻的图案放在光电扫描仪上，扫描仪输出的讯号经过计算机处理后，用来控制激光束的动作，就可以自动地在木板上、玻璃上、皮革上按照我们的图样雕刻出来。同时，聚焦起来的激光束很细，相当于非常灵巧的雕刻刀，雕刻的线条细，图案上的细节也能够给雕刻出来。激光雕刻可以打出各种文字、符号和图案等，字符大小可以从毫米到微米量级，这对产品的防伪有特殊的意义。激光雕刻近年已发展至可实现亚微米雕刻，已广泛用于微电子工业和生物工程。

七、激光打孔

在组件上开个小孔是件很常见的事。但是，如果要求在坚硬的材料上，例如在硬质合金上打大量 0.1 mm 到几微米直径的小孔。用普通的机械加工工具恐怕是不容易办到,即使能够做到,加工成本也会很高。激光有很好的同调性,用光学系统可以把它聚焦成直径很微小的光点(小于 1 μm),这相当于用来钻孔的微型钻头。其次,激光的亮度很高,在聚焦的焦点上的激光能量密度(平均每平方米面积上的能量)会很高,普通一台激光器输出的激光,产生的能量就可以高达 109 J/cm²,足以让材料熔化并气化,在材料上留下一个小孔,就像是钻头钻出来的。但是,激光钻出的孔是圆锥形的,而不是机械钻孔的圆柱形,这在有些地方是很不方便的。

八、激光蚀刻

激光蚀刻技术比传统的化学蚀刻技术工艺简单、可大幅度降低生产成本,可加工 0.125～1 μm 宽的线,非常适合于超大规模集成电路的制造。

九、激光手术与近视眼的矫治

激光能产生高能量、聚焦精确的单色光,具有一定的穿透力,作用于人体组织时能在局部产生高热量。激光手术就是利用激光的这一特点,去除或破坏目标组织,达到治疗的目的。主要包括激光切割和激光换肤。近年来,利用准分子激光手术治疗近视眼也比较流行。

准分子激光手术就是用准分子激光通过对角膜瓣下基质层进行屈光性切削,从而降低瞳孔区的角膜曲率,达到矫正近视的目的(通俗来看就是把角膜当成一种透明材料,通过切削做成了一副镜片)。可矫正 200～2 000 度的近视,从目前临床结果观察,此手术是矫正高度近视眼常用的方法。该手术对角膜厚度的要求较高,只适合近视度数稳定两年以上的成年人。常见的并发症有:角膜瓣移位、脱失;上皮植入;角膜新生血管;层间异物残留;欠矫、过矫和回退;感染等。下面简要介绍一下准分子激光原位角膜磨镶术(LASIK,简称 IK)治疗近视的利与弊。

1. 近视眼概况

眼睛是心灵的窗户,也是人们观察世界的窗口,人对外界信息的获取有 70% 左右是通过眼睛"看"到的。由此可见,眼睛对于我们是多么重要。近视眼是人类最常见的眼病之一。资料表明,人类近视眼的发病率平均为 22%,我国近视发生率高达 31%,高中及大学生的近视率甚至接近 70%。是近视眼发病率最高的国家之一。

近视不仅仅是屈光问题,近视眼所产生的一系列并发症还可能导致更为严重的情况,特别是病理性近视,实际上是一种眼部综合征。近视患者不仅升学、择业受到影响,其生活、工作、运动也备受困扰。因此,摘掉眼镜,恢复清晰而自由的视力是近视眼患者共同的心愿。

长期以来,眼科学者和视光学专家努力寻求积极有效的方法矫正近视和阻止近视的发展。近百年来,在手术矫治屈光不正(即近视、远视和散光的统称)方面,更进行了不懈的探索和研究。21 世纪眼视光学中的屈光手术成为眼科最热门的技术,尤其是准分子激光原位角膜磨镶术(简称 LASIK),患者接受手术后,视力恢复之快、疗效之好以及该技术在世界范围内的迅速普及,均令人叹为观止。无数屈光不正患者对 LASIK 趋之若鹜,希望借助这一高科技的眼科技术摆脱戴眼镜的烦恼,同时又心存胆怯:LASIK 的安全性可靠吗？LASIK 能使自己的裸眼视力恢复至什么程度？LASIK 的远期疗效稳定吗？

2. 准分子激光的概念和 LASIK 的原理

准分子激光是氟氩两种气体混合后经激发而产生的一种人眼看不见的紫外光,其波长仅 193 纳米,不会穿入眼内,属冷激光,无热效应,能以"照射"方式对人眼角膜组织进行精确气化,达到"切削"和"雕琢"角膜的目的而不损伤周围组织和其他器官,其独特性质是最适合角膜屈光手术。

LASIK 手术的原理是用一种特殊的极其精密的微型角膜板层切割系统（简称角膜刀）将角膜表层组织制作成一个带蒂的圆形角膜瓣,翻转角膜瓣后,在计算机控制下,用准分子激光对瓣下的角膜基质层拟去除的部分组织予以精确气化,然后于瓣下冲洗并将角膜瓣复位,以此改变角膜前表面的形态,调整角膜的屈光力,达到矫正近视、远视或散光的目的。

3. LASIK 的发展史

LASIK 的发展史可追溯至 40 年代末。自 1949 年起,美国等国外的眼科专家们先后报道了对 LASIK 技术的形成起重要作用的一系列角膜屈光手术。比如:冷冻角膜磨镶术（1949 年）、原位角膜磨镶术（1964 年和 1966 年）、准分子激光成功切削动物眼角膜组织（1983 年）、非冷冻角膜磨镶术（1986 年）、自控板层原位角膜磨镶术（简称 ALK,1988 年）、准分子激光角膜切削术（简称 PRK,1989 年）、准分子激光角膜磨镶术（简称 PKM,1990 年）等等。1990 年,Pallikaris 将 ALK 和 PRK 两者结合,终于形成了迄今为止最趋于完美的一种屈光不正矫治术即 LASIK。

在我国,激光角膜屈光手术的开展与国外基本同时起步,关于准分子激光的引进,我国卫生部 1992 年召开了论证会,随后引进 PRK,相继又引进了 LASIK。PRK 和 LASIK 这两种激光角膜屈光手术的安全性、疗效的可预测性和稳定性均明显优于以往的任何一种屈光不正矫治术,尤其是风靡全球的 LASIK,可以预见,在未来数年里,必然成为眼科最常见的手术之一。

4. LASIK 的优点

LASIK 具有以下明显优点：

①适应范围广:可矫正 100～3 000 度的近视,还可矫治高度散光和高度远视。

②术后反应轻:LASIK 完整保留了角膜表层的"屏障"组织,故术后无疼痛,不住院不包眼,仅有短暂的怕光,流泪和眼内异物感。

③视力恢复快:术后即刻便能用眼,几小时后恢复正常视力。

④效果稳定好:可一劳永逸地矫治屈光不正,通俗讲即一次性治疗,永久性效果。

⑤快捷而方便:术前检查约 1 小时,术前准备约 10 余分钟,手术仅需几分钟,其中激光治疗过程仅需几秒钟至几十秒,术后当天即可正常活动,不影响生活和工作。

5. LASIK 的适应对象

近视、远视、散光等屈光不正患者并非人人都适合 LASIK 手术,只有同时具备以下三个条件的患者才适合接受 LASIK 治疗：

①年龄 18 周岁以上。

②近两年屈光状态相对稳定（度数无明显变化）。

③经检查无 LASIK 禁忌症如眼部有活动性炎症,如急性结膜炎、角膜炎等;患有圆锥角膜、青光眼、严重干眼症等;矫正视力极差的重度弱视患者;瘢痕体质、糖尿病、胶原性疾病;突眼症、眼睑闭合不全;独眼患者等。

6. LASIK 的诊治流程

咨询→术前检查,预约手术→遵医嘱停戴隐形眼镜 1～2 周,抗菌素眼药水点眼 1～3 天→手术时做好个人卫生后按约前往进行术前复查、签署 LASIK 同意书→进入手术室做术前消毒等准备→进入 LASIK 手术间,平卧手术台上,滴用具有麻醉作用的眼药水,在完全清醒的状态下毫无痛苦地接受 LASIK 手术（约 10 分钟）→术毕,出手术室→戴上护眼罩由亲友陪送或自行返回家中,休息几小时即可恢复清晰视力→术后次日即可上班上学,照常生活并遵医嘱复查、滴用眼药水 1 个月左右。

7. 准分子激光手术术后情况

准分子激光手术后不会影响您的正常生活。如果您做的是 IK 手术,手术后第 2 天就可恢复到 80%～90%。您可以正常工作或学习了。但一两个月内不要做剧烈碰撞型运动。

如果您做的是 EK（即"准分子激光角膜上皮瓣下磨镶术"）手术,手术后在一周视力逐渐得到提升,但这期间您可以正常生活及用眼,爱惜用眼,给眼睛足够的休息。

8. LASIK 的风险

作为众多角膜屈光手术中一项成熟而又占领主流地位的技术,LASIK 的安全性和疗效的可靠性是不容置疑的。但是,这并不表明 LASIK 没有风险（即并发症）,LASIK 可能出现的并发症包括:感染、欠矫或过矫、角膜穿通、医源性角膜散光、继发性圆锥角膜、角膜瓣不规则、瓣游离、上皮植入、眩光等等。

这些并发症如果及时发现并处理得当,大部分是不会留下后遗症,也不会影响疗效。但是有些并发症确实妨碍视力恢复,比如术前近视、术后过矫成高度远视;或术前无散光,术后成为高度散光等等,如果手术致患者存留的角膜又太薄,则无法采用再次手术予以补救。又如,术中角膜穿通或术后继发严重的圆锥角膜,都可能令患者不得不接受角膜移植手术,给患者带来新的困扰和麻烦,造成不良后果。众所周知,接受 LASIK 手术的患者绝大部分是 18 岁以上的中青年人,他们正值前程似锦的重要人生阶段,一旦发生严重并发症,影响患者视力,将给患者造成新的甚至更大的痛苦,故无论医生还是患者都应充分认识到 LASIK 可能存在的风险,审慎地选择手术和施行手术。除了上述并发症外,LASIK 术后矫正视力下降、夜间眩光、视光质量下降、夜间视力下降等弊端也较为常见。国外资料表明,LASIK 术后夜间驾驶困难的患者竟高达 30%！事实证明,仅仅只是手术安全,仅仅只是裸眼视力的提高,已经满足不了现代屈光不正患者的视觉要求。

怎样才能预防和消除可能与 LASIK 手术相伴而来的这些并发症呢？

9. LASIK 手术并发症产生的原因和防治方法

物体经过光学系统的折射后其成像发生畸变,不能准确无误再现物体原形的现象叫像差。90 年代中期,Liang 等专家开始了对人眼像差的测量和研究,结果发现 LASIK 术后人眼总体像差比术前增加了 5 倍以上。这是导致 LASIK 术后眩光和视觉质量下降等现象的罪魁祸首,而术中激光偏中心切削、角膜切削面不平滑,切削面太小、切削太深,切削斜率太大等等因素是引起术后像差增加的主要原因。因此,要削除术后眩光,视觉质量下降等并发症就必须改善和纠正导致术后像差增加的上述因素。传统的 PRK、LASIK 等激光角膜屈光手术中,由于设备技术的限制,要避免激光偏中心切削,改善角膜切削面的光滑程度等等,靠医生人为的努力,根本不可能办到。

什么方法才能有效地防治这类并发症呢?

10. 激光角膜屈光手术的最新科技成果

科技给我们带来福音!高科技的飞速发展和不同领域不同科技成果之间的互相促进,致使激光角膜屈光手术技术取得了突破性进展。飞点扫描、眼球跟踪和波前像差等尖端技术相继研究成功,眩光和视觉质量下降等并发症得到了最大限度的解决。这三大技术成为新一代激光角膜屈光手术的特征,拥有这三项新的尖端性能的 LASIK 设备受到眼科医生前所未有的青睐。

近视眼患者是一个特殊的群体,摘掉眼镜的急迫愿望,忐忑不安的顾虑心理和普遍接受过的良好教育使近视眼患者们对这一专业性极强的高科技眼科技术寻根究底、查询得十分仔细。近年来,飞点扫描、眼球跟踪和波前像差这几项技术的概念及临床意义成为广大屈光不正患者关注与咨询的热点。下面我们就这三大尖端技术简要介绍如下:

飞点扫描——即激光束以每秒发射 200 个脉冲以上的频率高速扫描角膜组织。飞点扫描技术克服了传统切削技术的弊端,如阶梯效应、中央岛、激光能量不均匀导致的不规则散光等等。该技术要求激光束的光斑为小光斑。不过更新更先进的理论认为:单一的小光斑或单一的大光斑都是不理想的,在激光气化角膜组织的过程中,运用不同大小的光斑才能完成对角膜的理想切削和雕琢。

眼球跟踪——传统的 PRK 和 LASIK,没有眼球跟踪技术,手术时患者眼球常不自觉转动,因而,角膜偏中心切削、术后散光等并发症在所难免。如今有些 LASIK 新设备有了眼球跟踪技术,但都是二维跟踪,即只能对眼球水平方向的运动进行跟踪。人眼是球形,眼球运动不仅仅是水平方向的,其他 LASIK 设备对术中眼球不自觉地转动就无法进行追踪了。

虹膜识别——TK 独有的虹膜识别旋转定位,利用人眼虹膜指纹的唯一性,集成先进的电子病历,如果输入的个人信息不吻合,手术设备将无法启动,安全性从手术一开始就得到保障。而在计算机的全程控制下,自动捕捉患者虹膜的特征,就好比有多台超高速摄像机从不同的角度对眼球旋转进行定位跟踪,自动进行校准。夸张点讲,即使紧张得眼球"乱转"的患者也能正常接受手术。所以,对近视患者,尤其对那些容易精神紧张的近视患者来说,比较适宜采用 TK 手术。此外,TK 手术采用目前国际较为领先的角膜瓣形成系统,留存的角膜基质床更厚,手术也就更安全。

波前像差——人眼视网膜的生物学极限视力应是 3.0~4.0。换句话讲,假如人眼具有完美的屈光系统,人类的裸眼视力应能达到 3.0 左右。人眼像差使人眼的光学系统不完美,因而妨碍人眼对视网膜分辨率(感光性)的充分利用。在没有低阶像差(指近视、远视、散光)干扰的情况下,人眼视力也只有 1.0~2.0。如果高阶像差(指慧差、影晕等)一并排除,人类才可以达到 3.0~4.0 的超常视力。人眼像差有 30 余种,包括角膜像差、晶体像差等等。波前像差引导下的个体化切削技术即根据每位患者不同的眼球屈光数据,"量眼定做"设计出最佳切削方案,术中眼球像差仪分析系统与准分子激光机治疗系统有机连接,全面矫正人眼像差,使术后裸眼视力有可能达到或接近3.0～4.0的人眼极限视力。这是角膜屈光手术的新概念。

我们欣喜地看到,LASIK等现代眼科技术的不断推广,使越来越多的屈光不正患者受益。

21世纪,眼科屈光手术面临着新的革命,不单近视、远视、散光可被迅速矫正,就连老花眼这些困扰每一个人的屈光问题都有可能全部得以解决。回顾人类史,12世纪开始,由于科技的发展,人类研制出眼镜矫正屈光不正。进入21世纪以后,同样因为科技的进一步发展,人类又将通过各种屈光手术摘掉眼镜,回到"无镜"世界。

十、激光照排技术

所谓激光照排,实际上是电子排版系统的大众化简称。

激光照排是将文字通过计算机分解为点阵,然后控制激光在感光底片上扫描,用曝光点的点阵组成文字和图像。现在我国已广泛应用的汉字排版技术就采用了激光照排,它比古老的铅字排版工效至少提高5倍。

电子排版系统分为硬件与软件两大块。硬件中包括:扫描仪、电子计算机、照排控制机、激光印字机或激光照排机。软件的种类就比较多了,根据工作目的可分别选取,例如书版组版软件、绘图软件等等。这两大块有机地结合在一起,成为不可分割的电子排版系统。

电子排版系统是怎样进行工作的呢?首先要将文件输入到电子计算机中,即借助编辑录入软件,将文字通过计算机键盘输入计算机,这个过程叫做录入。第二步是要借助于排版软件,将已录入的文字进行排版,这里将要用许多排版指令来确定整个文件的全貌,如标题的设置、字体字号的选择、尺寸大小、行间距离、另行或另页等,这个过程叫做排版。第三步是通过显示软件,在计算机屏幕上将排好版的文件显示出来,这时,编辑人员可直接对其进行校对修改。如果需要多人对此文件进行校对,也可通过打印软件,利用打印机或激光印字机将文件打印出来。第四步是将准确无误的文件,通过照排软件负责将其传送到照排控制机,最后在激光照排机上输出,形成相纸或软片。至此为止,可以说电子照排系统所担负的工作就全部完成了。下一步将通过晒版、上版、胶印等一系列印刷工艺流程将文件转化成精美的书刊或报纸。

在实际应用中,电子排版系统还可以进行广告设计、封面设计,直接出四色片进行彩色印刷等,当然,这需要再增加一些必要的外置设备,利用电子排版系统进行广告或封面设计,其效果是人力所不及的。首先它具备十分庞大的资料库,可随你所需选取任意材料进行加工处理,其次是设计手段丰富,可采用柔焦、淡化、变形、移位等各种各样的手段来营造不同的氛围或效果,令人叹为观止。我国的电子排版系统发展速度相当快,已经具备和出版大国相抗衡的能力,其前景十分光明。

十一、激光打印机

1. 激光打印机的发展史

激光打印机作为特殊的一类电子办公设备,从1971年在帕罗阿图研究中心诞生世界上第一台激光打印机至今,激光打印机走过了39年历程,在这39年中,激光打印机对人类办公效率的提高所起到的作用是难以衡量的。任何产品的普及都不是一蹴而就的,站在先驱的肩膀上才更容易成功,那么激光打印机的先驱又是谁呢?1948年施乐公司推出的第一台静电复印机为激光打印机的成长开辟了先河。

1971年,"激光打印机之父"的盖瑞·斯塔克伟泽在施乐帕罗阿图研究中心研制出了世界上第一台激光打印机。

1977年,施乐将激光打印技术商用化,发布世界上首台激光打印机Xerox 9700,打印速度每分钟120页。

1984年,惠普发布其首款HP LaserJet Classic桌面激光打印机。

1986年,惠普推出世界上第一台双纸盒桌面激光打印机——HP LaserJet 500plus。

1991年,惠普展示了世界上第一台局域网打印机——LaserJet Ⅲ Si。

1991年,施乐发布世界上首台可以提供双面打印功能的激光打印机Xerox 4213。

1992年,施乐发布当时输出速度最快的彩色网络激光打印机Xerox 4700。

1993年,联想与施乐合作,研制世界上第一台中文激光打印机——联想中文激光打印机LJ3A。1997年,惠普HP LaserJet 6L亮相中国市场,成为首款销量超过100万台的黑白激光打印机。1997年,施乐发布业内定价最低的彩色激光打印机Xerox DocuPrint C55。

1998年,惠普推出了世界上第一款支持自动双面打印的彩色激光打印机——HP Color LaserJet 4500和8500。

2000年,激光打印机迅速普及,成为企业办公中不可缺少的输出设备。

2002年,黑白激光打印机呈繁荣盛世,彩色激光打印机开始迅速发展。

2004年,富士施乐发布彩色激光打印机DocuPrint C525A,这也是打印机历史上获得最多奖项的彩色激光打印机。

2005年,彩色应用需求大量增加,彩色激光打印机被赋予新的使命。

2007年,富士施乐发布业内打印速度最快的A4彩色激光打印机Phaser6360,彩色输出速度每分钟40页。

2008年,惠普水平成像激光技术发布,标志着彩色激光打印技术的竞争再次升级。

回顾了在激光打印机发展历史中一些具有里程碑意义的事件后,我们记住了施乐、惠普、联想这些伟大的品牌,激光打印技术起源于施乐,HP将激光打印机推向了最高峰,而联想也为中文激光打印机的研制作出贡献。这个过程中伴随着无数次的技术革新,而每一次变革都会带来质的飞跃。

不过当激光打印技术发展的同时,喷墨技术、针打技术、热转印技术并没有停滞不前,在许多应用领域,激光打印设备仍无法替代其他技术,例如对色彩品质要求较高的照片输出,主流的彩色激光打印机仍不能给出满意的结果。

2. 激光打印技术原理

了解激光打印技术之前,我们有必要先了解一下激光打印的基本原理。

激光打印机的基本结构由激光器、声光调制器、高频驱动、扫描器、同步器及光偏转器等部件组成,当计算机向打印机发送数据,打印机发送给打印机的处理器,处理器将这些数据组织成可以驱动打印引擎动作的类似数据表的信号组,对于激光打印机而言,这个信号组就是驱动激光头工作的一组脉冲信号。这些数据信号控制着激光的发射,扫描在硒鼓表面的光线不断变化,有的地方受到照射,电阻变小,电荷消失,也有的地方没有光线射到,仍保留有电荷,最终,硒鼓表面就形成了由电荷组成的潜影。

墨粉表面带有电荷,其电荷与硒鼓表面的电荷极性相反,当带有电荷的硒鼓表面经过涂墨辊时,有电荷的部位就吸附了墨粉颗粒,潜影就变成了真正的影像。硒鼓转动的同时,另一组传动系统将打印纸送进来,经过一组电极,打印纸带上了与硒鼓表面极性相同但强得多的电荷,随后纸张经过带有墨粉的硒鼓,硒鼓表面的墨粉被吸引到打印纸上,图像就在纸张表面形成了。此时,墨粉和打印机仅仅是靠电荷的引力结合在一起,在打印纸被送出打印机之前,经过高温加热,塑料质的墨粉被熔化,在冷却过程中固着在纸张表面,形成清晰的字符被输出。

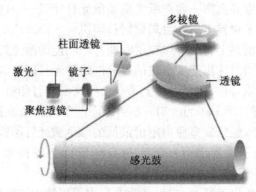

图 12.3－1　激光打印成像系统

在黑白激光打印技术的基础上,彩色激光打印原理就不难理解,通过增加青色、品红、黄色输出彩色图案,也就是在黑白打印过程的基础上要经过四次同样的过程才能将彩色呈现在纸张表面,所以彩色文档的输出速度要远远低于黑白文档的速度,然而这是早期的彩色激光打印机的原理,大家可以参看一些早期的彩色激光打印机的性能,一般都是黑白文档输出速度比彩色文档输出速度快。

随着技术的革新,一次成像技术被广泛应用,原来四次成像才能实现的彩色输出通过一次成像技术同时呈现在纸张上,大大提高了彩色激光输出速度,目前主流的黑彩同速的彩色打印机就采用这样的技术。

上面就是激光打印的基本原理,从激光打印机发明的一刻起,新技术的研发均是在这个基本原理上进行的,而只有少数厂商掌握着激光打印技术,包括惠普、佳能、三星、富士施乐等传统办公设备品牌,而新品牌想介入其中,从技术角度入手,绝对是难上加难。

3. 激光打印技术与其他打印技术的对比

目前主流的打印技术包括微压电喷墨打印技术、热喷墨打印技术、激光打印技术、LED 打印技术(包括 SLED 技术)、喷蜡打印技术、针式打印技术、热升华打印技术,其中前两个技术都属于喷墨打印技术,基本被爱普生、惠普、佳能所占据,产品线优势明显,其他品牌难以介入。

传统的激光打印技术被广泛应用,主要用于高品质黑白与彩色文档的输出,拥有激光打印技术的厂商众多,竞争也最激烈。LED技术是近年来发展起来的一项新技术,有节省能源消耗、提升打印分辨率等特点,拥有这项技术的厂商有OKI和富士施乐。喷墨打印技术,同样是近年兴起的技术,高效率、环保是这项技术的优势,在环保方面其他打印技术难以比拼,但是由于只有富士施乐一个品牌在做推广,势单力薄,技术优势暂时没有被用户接受。

针式打印技术,有人认为针打设备处于即将过时的设备,但是对于一些特殊行业需求的环境中,针打技术仍没有被取代,稳定、使用成本低的特点发挥着决定作用。热升华打印技术,技术成熟度非常高,目前被广泛应用在小型照片打印设备中。

整体来看,从产品定位和规模来看,目前阶段与激光打印技术相对抗的主要集中在喷墨打印技术身上,但是两者之间有哪些区别呢?

应用层面上,喷墨打印技术能输出彩色文档、黑白文档、彩色照片,通过增加色彩数量还能输出高品质照片,包括A3尺寸以上的大幅面输出。激光打印技术主要用来输出黑白和彩色文档,文档打印品质高,能够满足高负荷的文档输出需求,但是色彩输出方面,暂时还无法与彩色喷墨打印机相比。所以彩色喷墨技术在照片输出上,激光技术暂时无法媲美,而在大量文档处理中,喷墨技术同样不具有优势。

定位层面上,无论是喷墨打印技术还是激光打印技术,必须依托产品才能将技术转化为生产力,经过多年的发展,喷墨打印设备与激光打印设备已经形成了非常成熟的产品线,包括单功能与多功能产品,通过性能和功能将产品定位于不同的用户。总体来看,两者的用户定位上的重叠部分也是最多的,随着喷墨商用化与激光个人化的推进,两者甚至出现了竞争的格局。

成本层面上,一般而言,同档次激光打印机的售价要高于彩色喷墨打印机,但是使用成本上,激光打印机更具优势,尤其在处理大量工作状态下。

4. 主流激光打印技术

激光打印技术发展的方向是什么,最终是要全面满足用户的所有需求,单从技术层面考虑,打印速度和打印品质是技术发展的驱动力。

- HP:水平一次成像技术,2006年,彩色激光打印从第一代四次成像技术发展到第二代"垂直式"一次成像技术,2008年惠普发布第三代"水平式"一次成像技术,其区别于前两代技术的最主要特点是,4色粉仓在机体内部呈水平排列,纸张在通过水平通道时实现一次成像。佳能等品牌也具有水平一次成像技术。

优势:减小打印机体积、降低噪音、减少卡纸、速度快。

- 佳能:"按需定影"技术,经陶瓷加热器直接加热薄型定影胶片,热量会立刻传送到定影单元,无需预热,待机状态下"零"秒响应打印任务。同时,定影器仅在打印中消耗电能,节省能耗,并且有助于提升快速打印性能。

优势:提升性能,节能省电。

- 三星:硬件省墨技术和NO-NOIS静音技术,在避免打印噪音污染的同时,还降低了用户的整体打印成本,此技术源于采用粉仓固定的设计,在打印过程中减少了对粉仓的驱动,从而使得性能更加的稳定、可靠,同时也减少了噪音。三星 NO-NOIS 静音技术实现打印机噪音 4 分贝的飞跃。

优势:减少噪声污染,节省成本。

5. 部分非激光打印技术

富士施乐:喷蜡打印技术,对于富士施乐这个技术至上品牌而言,不仅拥有传统的激光打印技术,还拥有 LED/SLED 打印技术,在此基础上,2007 年 10 月 26 日,富士施乐彩色喷腊打印技术被 Phaser 8560 打印机所采用,彩色喷蜡机型只需四色蜡质固态耗材即可实现影像输出:蜡块融化后通过一个无缝钢制成的喷头喷射到油性鼓上,鼓上的蜡滴在压力作用下转印到纸上,蜡滴在纸张输出的同时凝固变硬,从而完成打印作业。在此过程中,图像定影无需加热,输出效果一致性更强,又由于采用液体材料喷涂方式,蜡滴能与打印介质更紧密地结合,故打印效果更加立体。因蜡质固态耗材不同于传统打印机的墨水或碳粉,打印过程中不需要使用硒鼓,对打印纸张无特殊要求,喷蜡打印机的环保特性更突出,无有害废弃物、颗粒污染及臭氧排放等,作为唯一耗材的蜡块无毒性,甚至被人食用也不会危害健康。

优势:环保健康、高效、打印品质高。

富士施乐/OKI:LED 打印技术,打印单元的光源是由无数个微小的 LED 发光二极管组成的,打印机的每一个物理分辨率对应一个发光二极管,也就是发光二极管的数量越多,打印分辨率也会越高。同样,在打印信号的控制下,发光二极管发光对感光鼓进行曝光,与激光打印机的不同之处主要体现在感光过程上。激光打印机是通过光学组件来产生单点光束,而 LED 打印机是通过单个的 LED 发光二极管来产生单点光束。

优势:节能省电。

富士施乐:SLED(Slef-Scanning Light Emitting Device)打印技术,通过先进的 LED 打印头技术和更高级别成像技术来确保 1200×2400dpi 的高质量输出。LED 打印头技术包括全新的设计透镜、1200dpiSLED 芯片和全功能的 ASIC 控制器,图像增强处理和 MACS 挂网技术保证了更高级别的成像技术。

优势:打印品质高,分辨率得到提升。

十二、激光武器

激光武器有它的独特性,令它被广泛应用于防空、反坦克、轰炸机自卫等军事用途。激光之所以能成为威力强大的武器,是因为它有三个层次的破坏能力:

1. 烧蚀效应

跟激光热加工原理一样,当高能激光束射到目标时,激光的能量会被目标的材料吸收,转化为热能。这些热能足以令目标部分或完全穿孔、断裂、熔化、蒸发,甚至产生爆炸。

2. 激波效应

如目标材料被气化,目标材料会在极短时间内产生反冲作用,形成压缩波使材料表面层裂碎开,碎片向外飞时造成进一步破坏。

3. 辐射效应

目标材料气化的同时会形成等离子体云,能产生辐射紫外线及 X 光线,使目标内部的电子零件被破坏。

十三、激光核聚变

激光还可应用于核能发电上。世界上现在建成的核发电站使用的核燃料是铀,使用氘核燃料的研究尚未成功。氘核燃料比铀核燃料更加耐烧,1千克氘核燃料燃烧产生的能量是铀核燃料的4.14倍。更有吸引力的是氘核燃料在地球上的贮量大。1千克海水中含有0.03克氘,地球上的海洋中含有40万亿吨的氘。足够人类用上几亿年,既然氘核燃料这么好。为什么现在还不用?问题就在于把它点火燃烧不是一件容易做到的事。一根火柴燃烧的温度就可以把纸片或汽油点着,要让这种核燃料点燃,则需要上亿度的高温。激光是目前较有可能达到这个点火温度的技术。

十四、空间激光通信

所谓光通信,就是用光作为通信载波的通信技术。激光通信是激光的重要应用领域。近年来,随着现代通信技术的飞速发展,需要传递的信息量剧增。众所周知,通信系统传递的信息量与载波的频率成正比,由于激光的频率比起微波和无线电波来要高 $10^4 \sim 10^{10}$ 倍,所以信息容量比微波通信要大得多。理论上,一束激光可容纳100亿个通话线路,可同时传送1 000万套电视节目而互不干扰。

激光通信分无线和有线(光纤)通信。在第一章信息技术第三节《现代通信技术和网络技术》中已经介绍了光纤通信,因此这里重点介绍一下激光的无线通信技术,有时候也可以叫空间激光通信。

空间激光通信是指用激光束作为信息载体进行空间(包括大气空间、低轨道、中轨道、同步轨道、星际间、太空间)的通信。激光空间通信与微波空间通信相比,波长比微波波长明显短,具有高度的相干性和空间定向性,这决定了空间激光通信具有通信容量大、重量轻、功耗和体积小、保密性高、建造和维护经费低等优点。

1. 大通信容量:激光的频率比微波高3～4个数量级(其相应光频率在 $10^{13} \sim 10^{17}$ Hz),作为通信的载波有更大的利用频带。光纤通信技术可以移植到空间通信中来,目前光纤通信每束波束光波的数据率可达20 Gb/s以上,并且可采用波分复用技术使通信容量上升几十倍。因此在通信容量上,光通信比微波通信有巨大的优势。

2. 低功耗:激光的发散角很小,能量高度集中,落在接收机望远镜天线上的功率密度高,发射机的发射功率可大大降低,功耗相对较低。这对应于能源成本高昂的空间通信来说,是十分适用的。

3. 体积小、重量轻:由于空间激光通信的能量利用率高,使得发射机及其供电系统的重量减轻;由于激光的波长短,在同样的发散角和接收视场角要求下,发射和接收望远镜的口径都可以减小。摆脱了微波系统巨大的碟形天线,重量减轻,体积减小。

4. 高度的保密性:激光具有高度的定向性,发射波束纤细,激光的发散角通常在毫弧度,这使激光通信具有高度的保密性,可有效地提高抗干扰、防窃听的能力。

5. 激光空间通信具有较低的建造经费和维护经费。

十五、激光显示技术

激光显示技术分为三种类型：一是激光阴极射线管 LCRT（Laser Cathode Ray Tube），基本原理是用半导体激光器代替阴极射线显像管的荧光屏来实现的一种新型显示器件。

二是激光光阀显示，基本原理是激光束仅用来改变某些材料（如液晶等）的光学参数（折射率或透过率），而再用另外的光源把这种光学参数变化而构成的像投射到屏幕上，从而实现图像显示。三是直观式（点扫描）电视激光显示，它是将经过信号调制了的 RGB 三色激光束直接通过机械扫描方法偏转扫描到显示屏上。

1. 激光阴极射线管 LCRT

1964 年尼古拉·G·巴索夫博士（诺贝尔物理学奖获得者）提出用电子束激发半导体导致受激发射或得到激光的设想。60 年代中列别捷夫物理研究所在液氦温度下实现了绿光的发射。直到近年来才研制出几种主要颜色的室温下工作半导体材料。1999 年，Principia Optics Inc 公司获得 4.5 万伏阳极电压下能在室温下工作的红、绿、蓝激光 CRT（阴极射线管）样机，完成了商业化的第一步。LCRT（激光阴极射线管）的工作原理除了用半导体激光器代替荧光面板外，激光 CRT 实质上就是一个标准的投影用阴极射线管。半导体材料的两面与镜面相邻接从而形成一个激光器的谐振腔，并与一片衬底相结合从而形成一块激光面板。用电子束扫描激光面板时，在电子束轰击到的地方就产生出激光来。这种激发的物理机制和荧光 CRT（阴极射线管）相似，只是产生的是激光而不是荧光。

单片半导体是由宽谱带间隙的 Ⅱ~Ⅵ 族单晶化合物（如 ZnS、ZnSe、CdS、CdSSe、ZnO 等）构成的。通过选择合适的材料，完全可以获得可见光谱上的任何一个波长。为了减少损耗，激光腔只有几微米厚。激光面板预计能承受长时间的高能电子束轰击，达到 10 000 至 20 000 小时的寿命。

LCRT 的分辨率能够做得很高，在 CRT 电流为 2 mA 时，电子束直径为 25 μm，其激光束直径略小于电子束斑直径为 20 μm，目前激光面板的光栅尺寸为 40 mm×30 mm，它可以给出 2 000×1 500 个像素。目前正在向真正的影院放映质量的方向努力。LCRT 同时也是一种理想的影院放映光源，它不会产生损害胶片的红外和紫外强光。预期可以延长胶片的放映寿命，所以可以作为兼容的数字/胶片放映机。

2. 激光光阀显示

优点是清晰度极高。它是利用激光束对液晶进行热写入寻址。激光束写入原理为：把介电各向异性为正的近晶相液晶夹于两片带有透明电极的玻璃基板之间（其中一片玻璃基板内涂有激光吸收层），构成液晶光阀。把聚焦约为 10 μm 的 YAG 激光束照射到液晶光阀上，被吸收膜吸收后变成热能并传给液晶。于是照射部分的液晶随温度上升，从近晶相，经由向列相变成各相同性液体。当激光束移向他处，液晶温度急剧下降，出现由各相同性液体—向列液晶—近晶相的转变的相变过程。由于速冷作用，相变过程中形成一种具有光散射的焦锥结构，这种结构一直保持到图像擦除。另一方面没有照射部分的液晶仍为垂直于表面取向的透明结构。这样通过对激光束的调制和扫描，便可在整个画面上形成光散射结构和透明结构的稳定共存。擦除过程是：用电擦除法，即在液晶层上施加高于条件阈值(约 70 kV/cm)的高电场 E,使之反加到初始的透明结构。这种擦除方式速度极快,已被广泛使用。

3. 点扫描激光电视

直接扫描式激光电视包括 RGB 激光光源、扫描装置、光强调制和扫描同步控制部分。

激光显示原理:直接激光扫描激光电视利用了激光器的色纯度高,色域比一般彩色电视大的特点。显示的图像色彩更加鲜艳、逼真。直接扫描方式与光学系统成像不同,无聚焦范围限制,可以在任何反光物体上显示,所以可以在建筑物上,水幕上(水幕电视),烟雾上(空中显示)有特殊效果。

第四节 激光技术的发展和未来

为了满足军事应用的需要,主要发展了以下 5 项激光技术:

①激光测距技术

它是在军事上最先得到实际应用的激光技术。20 世纪 60 年代末,激光测距仪开始装备部队,现已研制生产出多种类型,大都采用钇铝石榴石激光器,测距精度为±5 米左右。由于它能迅速准确地测出目标距离,广泛用于侦察测量和武器火控系统。

②激光制导技术

激光制导武器精度高、结构比较简单、不易受电磁干扰,在精确制导武器中占有重要地位。70 年代初,美国研制的激光制导航空炸弹在越南战场首次使用。80 年代以来,激光制导导弹和激光制导炮弹的生产和装备数量也日渐增多。

③激光通信技术

激光通信容量大、保密性好、抗电磁干扰能力强。光纤通信已成为通信系统的发展重点。机载、星载的激光通信系统和对潜艇的激光通信系统也在研究发展中。

④强激光技术

用高功率激光器制成的战术激光武器,可使人眼致盲和使光电探测器失效。利用高能激光束可能摧毁飞机、导弹、卫星等军事目标。用于致盲、防空等的战术激光武器,已接近实用阶段。用于反卫星、反洲际弹道导弹的战略激光武器,尚处于探索阶段。

⑤激光模拟训练技术

用激光模拟器材进行军事训练和作战演习,不消耗弹药,训练安全,效果逼真。现已研制生产了多种激光模拟训练系统,在各种武器的射击训练和作战演习中广泛应用。此外,激光核聚变研究取得了重要进展,激光分离同位素进入试生产阶段,激光引信、激光陀螺已得到实际应用。

第十三章　新能源技术

第一节　能　源

一、能源

物质、能量和信息是构成自然社会的基本要素。"能源"这一术语,过去人们谈论得很少,正是两次石油危机使它成了人们议论的热点。能源是整个世界发展和经济增长的最基本的驱动力,是人类赖以生存的基础。自工业革命以来,能源安全问题就开始出现。在全球经济高速发展的今天,国际能源安全已上升到了国家战略的高度,各国都制定了以能源供应安全为核心的能源政策。在此后的二十多年里,在稳定能源供应的支持下,世界经济规模取得了较大增长。但是,人类在享受能源带来的经济发展、科技进步等利益的同时,也遇到一系列无法避免的能源安全挑战,能源短缺、资源争夺以及过度使用能源造成的环境污染等问题威胁着人类的生存与发展。

能源亦称能量资源或能源资源。是指可产生各种能量(如热量、电能、光能和机械能等)或可做功的物质的统称。是指能够直接取得或者通过加工、转换而取得有用能的各种资源,包括煤炭、原油、天然气、煤层气、水能、核能、风能、太阳能、地热能、生物质能等一次能源和电力、热力、成品油等二次能源,以及其他新能源和可再生能源。

二、能源的分类

能源种类繁多,而且经过人类不断的开发与研究,更多新能源已经开始能够满足人类需求。根据不同的划分方式,能源也可分为不同的类型。

1. 按来源分类

①来自地球外部天体的能源(主要是太阳能)

除直接辐射外,还为风能、水能、生物能和矿物能源等的产生提供基础。人类所需能量的绝大部分都直接或间接地来自太阳。正是各种植物通过光合作用把太阳能转变成化学能在植物体内贮存下来。煤炭、石油、天然气等化石燃料也是由古代埋在地下的动植物经过漫长的地质年代形成的。它们实质上是由古代生物固定下来的太阳能。此外,水能、风能、波浪能、海流能等也都是由太阳能转换来的。

②地球本身蕴藏的能量。如原子核能、地热能等。

温泉和火山爆发喷出的岩浆就是地热的表现。地球可分为地壳、地幔和地核三层,它是一个大热库。地壳就是地球表面的一层,一般厚度为几千米至 70 km 不等(地壳的厚度大致为地球半径的 1/400,但各处厚度不一,大陆部分平均厚度约 37 km,而海洋部分平均厚度则只有约 7 km。一般说来,高山、高原部分地壳最厚,如我国青藏高原地壳最厚可达 70 km)。地壳下面是地幔,它大部分是熔融状的岩浆,厚度约为 2 900 km。火山爆发一般是这部分岩浆喷出。地球内部为地核,美国的科学家日前公开表示,他们目前已经测出地核与地幔之间边界的温度大约为 3 677 摄氏度,并估计地核内部温度可能高达 4982 摄氏度。可见,地球上的地热资源贮量也很大。

③地球和其他天体相互作用而产生的能量。如潮汐能。

2. 按能源产生的方式分类

根据产生的方式可分为一次能源(天然能源)和二次能源(人工能源)。一次能源是指自然界中以天然形式存在并没有经过加工或转换的能量资源,一次能源包括可再生的水力资源和不可再生的煤炭、石油、天然气资源。煤、石油、天然气是一次能源的核心,它们成为全球能源的基础;除此以外,太阳能、风能、地热能、海洋能、生物能等可再生能源也被包括在一次能源的范围内;二次能源则是指由一次能源直接或间接转换成其他种类和形式的能量资源,例如:电力、煤气、汽油、柴油、焦炭、洁净煤、激光和沼气等能源都属于二次能源。

3. 按能源性质分类

有燃料型能源(煤炭、石油、天然气、泥炭、木材)和非燃料型能源(水能、风能、地热能、海洋能)。人类利用自己体力以外的能源是从用火开始的,最早的燃料是木材,以后用各种化石燃料,如煤炭、石油、天然气、泥炭等。现正研究利用太阳能、地热能、风能、潮汐能等新能源。当前化石燃料消耗量很大,但地球上这些燃料的储量有限。未来铀和钍将提供世界所需的大部分能量。一旦控制核聚变的技术问题得到解决,人类实际上将获得无尽的能源。

4. 根据能源消耗后是否造成环境污染分类

可分为污染型能源和清洁型能源,污染型能源包括煤炭、石油等,清洁型能源包括水力、电力、太阳能、风能等。

5. 根据能源使用的类型分类

分为常规能源和新型能源。利用技术上成熟,使用比较普遍的能源叫做常规能源。包括一次能源中的可再生的水力资源和不可再生的煤炭、石油、天然气等资源。

新近利用或正在着手开发的能源叫做新型能源。新型能源是相对于常规能源而言的,包括太阳能、风能、地热能、海洋能、生物能、氢能以及核能等。由于新能源的能量密度较小,或品位较低,或有间歇性,或利用难度较大。按已有的技术条件转换利用的经济性尚差,还处于研究、发展阶段,只能因地制宜地开发和利用。但新能源大多数是再生能源,资源丰富,分布广阔,是未来的主要能源之一。

6. 按能源的形态特征或转换与应用的层次分类

世界能源委员会推荐的能源类型分为:固体燃料、液体燃料、气体燃料、水能、电能、太阳能、生物质能、风能、核能、海洋能和地热能。其中,前三个类型统称化石燃料或化石能源。已被人类认识的上述能源,在一定条件下可以转换为人们所需的某种形式的能量。比如薪柴和煤炭,把它们加热到一定温度,它们能和空气中的氧气化合并放出大量的热能。我们可以用热来取暖、做饭或制冷,也可以用热来产生蒸汽,用蒸汽推动汽轮机,使热能变成机械能;也可以用汽轮机带动发电机,使机械能变成电能;如果把电送到工厂、企业、机关、农牧林区和住户,它又可以转换成机械能、光能或热能。

7. 商品能源和非商品能源

凡进入能源市场作为商品销售的如煤、石油、天然气和电等均为商品能源。国际上的统计数字均限于商品能源。非商品能源主要指薪柴和农作物残余(秸秆等)。1975年,世界上的非商品能源约为 0.6 太瓦年,相当于 6 亿吨标准煤。据估计,中国 1979 年的非商品能源约合 2.9 亿吨标准煤。

8. 再生能源和非再生能源

人们对一次能源又进一步加以分类。凡是可以不断得到补充或能在较短周期内再产生的能源称为再生能源,反之称为非再生能源。风能、水能、海洋能、潮汐能、太阳能和生物质能等是可再生能源;煤、石油和天然气等是非再生能源。地热能基本上是非再生能源,但从地球内部巨大的蕴藏量来看,又具有再生的性质。核能的新发展将使核燃料循环而具有增殖的性质。核聚变的能比核裂变的能效率高出好几倍,核聚变最合适的燃料重氢(氘)又大量地存在于海水中,可谓"取之不尽,用之不竭"。核能是未来能源系统的支柱之一。

随着全球各国经济发展对能源需求的日益增加,现在许多发达国家都更加重视对可再生能源、环保能源以及新型能源的开发与研究;同时我们也相信随着人类科学技术的不断进步,专家们会不断开发研究出更多新能源来替代现有能源,以满足全球经济发展与人类生存对能源的高度需求,而且我们能够预计地球上还有很多尚未被人类发现的新能源正等待我们去探寻与研究。

三、中国的能源状况与政策

中国是当今世界上最大的发展中国家,发展经济,摆脱贫困,是中国政府和中国人民在相当长一段时期内的主要任务。20 世纪 70 年代末以来,中国作为世界上发展最快的发展中国家,经济社会发展取得了举世瞩目的辉煌成就,成功地开辟了中国特色社会主义道路,为世界的发展和繁荣作出了重大贡献。

中国是目前世界上第二位能源生产国和消费国。能源供应持续增长,为经济社会发展提供了重要的支撑。能源消费的快速增长,为世界能源市场创造了广阔的发展空间。中国已经成为世界能源市场不可或缺的重要组成部分,对维护全球能源安全,正在发挥着越来越重要的积极作用。

中国政府正在以科学发展观为指导,加快发展现代能源产业,坚持节约资源和保护环境的基本国策,把建设资源节约型、环境友好型社会放在工业化、现代化发展战略的突出位置,努力增强可持续发展能力,建设创新型国家,继续为世界经济发展和繁荣作出更大贡献。

1. 能源发展现状

能源资源是能源发展的基础。新中国成立以来,不断加大能源资源勘查力度,组织开展了多次资源评价。中国能源资源有以下特点:

①能源资源总量比较丰富

中国拥有较为丰富的化石能源资源。其中,煤炭占主导地位。2006 年,煤炭保有资源量 10 345 亿吨,剩余探明可采储量约占世界的 13%,列世界第三位。已探明的石油、天然气资源储量相对不足,油页岩、煤层气等非常规化石能源储量潜力较大。中国拥有较为丰富的可再生能源资源。水力资源理论蕴藏量折合年发电量为 6.19 万亿千瓦时,经济可开发年发电量约 1.76 万亿千瓦时,相当于世界水力资源量的 12%,列世界首位。

② 人均能源资源拥有量较低

中国人口众多,人均能源资源拥有量在世界上处于较低水平。煤炭和水力资源人均拥有量相当于世界平均水平的 50%,石油、天然气人均资源量仅为世界平均水平的 1/15 左右。耕地资源不足世界人均水平的 30%,制约了生物质能源的开发。

③ 能源资源赋存分布不均衡

中国能源资源分布广泛但不均衡。煤炭资源主要赋存在华北、西北地区,水力资源主要分布在西南地区,石油、天然气资源主要赋存在东、中、西部地区和海域。中国主要的能源消费地区集中在东南沿海经济发达地区,资源赋存与能源消费地域存在明显差别。大规模、长距离的北煤南运、北油南运、西气东输、西电东送,是中国能源流向的显著特征。

④ 能源资源开发难度较大

与世界相比,中国煤炭资源地质开采条件较差,大部分储量需要井工开采,极少量可供露天开采。石油天然气资源地质条件复杂,埋藏深,勘探开发技术要求较高。未开发的水力资源多集中在西南部的高山深谷,远离负荷中心,开发难度和成本较大。非常规能源资源勘探程度低,经济性较差,缺乏竞争力。

改革开放以来,中国能源工业迅速发展,为保障国民经济持续快速发展作出了重要贡献,主要表现在:供给能力明显提高。经过几十年的努力,中国已经初步形成了煤炭为主体、电力为中心、石油天然气和可再生能源全面发展的能源供应格局,基本建立了较为完善的能源供应体系。建成了一批千万吨级的特大型煤矿。2006 年一次能源生产总量 22.1 亿吨标准煤,列世界第二位。其中,原煤产量 23.7 亿吨,列世界第一位。先后建成了大庆、胜利、辽河、塔里木等若干个大型石油生产基地,2006 年原油产量 1.85 亿吨,实现稳步增长,列世界第五位。天然气产量迅速提高,从 1980 年的 143 亿立方米提高到 2006 年的 586 亿立方米。商品化可再生能源量在一次能源结构中的比例逐步提高。电力发展迅速,装机容量和发电量分别达到 6.22 亿千瓦和 2.87 万亿千瓦时,均列世界第二位。能源综合运输体系发展较快,运输能力显著增强,建设了西煤东运铁路专线及港口码头,形成了北油南运管网,建成了西气东输大干线,实现了西电东送和区域电网互联。

能源节约效果显著。1980~2006 年,中国能源消费以年均 5.6% 的增长支撑了国民经济年均 9.8% 的增长。万元国内生产总值能源消耗由 1980 年的 3.39 t 标准煤下降到 2006 年的 1.21 t 标准煤,年均节能率 3.9%,扭转了近年来单位国内生产总值能源消耗上升的势头。能源加工、转换、贮运和终端利用综合效率为 33%,比 1980 年提高了 8 个百分点。单位产品能耗明显下降,其中钢、水泥、大型合成氨等产品的综合能耗及供电煤耗与国际先进水平的差距不断缩小。

消费结构有所优化。中国能源消费已经位居世界第二。2006 年,一次能源消费总量为 24.6 亿吨标准煤。中国高度重视优化能源消费结构,煤炭在一次能源消费中的比重由 1980 年的 72.2% 下降到 2006 年的 69.4%,其他能源比重由 27.8% 上升到 30.6%。其中可再生能源和核电比重由 4.0% 提高到 7.2%,石油和天然气有所增长。终端能源消费结构优化趋势明显,煤炭能源转化为电能的比重由20.7%提高到49.6%,商品能源和清洁能源在居民生活用能中的比重明显提高。

科技水平迅速提高。中国能源科技取得显著成就,以"陆相成油理论与应用"为标志的基础研究成果,极大地促进了石油地质科技理论的发展。石油天然气工业已经形成了比较完整的勘探开发技术体系,特别是复杂区块勘探开发、提高油田采收率等技术在国际上处于领先地位。煤炭工业建成一批具有国际先进水平的大型矿井,重点煤矿采煤综合机械化程度显著提高。在电力工业方面,先进发电技术和大容量高参数机组得到普遍应用,水电站设计、工程技术和设备制造等技术达到世界先进水平,核电初步具备百万千瓦级压水堆自主设计和工程建设能力,高温气冷堆、快中子增殖堆技术研发取得重大突破。烟气脱硫等污染治理、可再生能源开发利用技术迅速提高。正负500千伏直流和750千伏交流输电示范工程相继建成投运,正负800千伏直流、1 000千伏交流特高压输电试验示范工程开始启动(2010年3月已经开始运行)。

环境保护取得进展。中国政府高度重视环境保护,加强环境保护已经成为基本国策,社会各界的环保意识普遍提高。1992年联合国环境与发展大会后,中国组织制定了《中国21世纪议程》,并综合运用法律、经济等手段全面加强环境保护,取得了积极进展。中国的能源政策也把减少和有效治理能源开发利用过程中引起的环境破坏、环境污染作为其主要内容。2006年,燃煤机组除尘设施安装率和废水排放达标率达到近100%,烟尘排放总量与1980年基本相当,单位电量烟尘排放减少了90%。2006年,全国建成并投入运行的脱硫火电机组装机容量达1.04亿千瓦,超过前10年的总和,装备脱硫设施的火电机组占火电总装机的比例由2000年的2%提高到30%。

市场环境逐步完善。中国能源市场环境逐步完善,能源工业改革稳步推进。能源企业重组取得突破,现代企业制度基本建立。投资主体实现多元化,能源投资快速增长,市场规模不断扩大。煤炭工业生产和流通基本实现了市场化。电力工业实现了政企分开、厂网分开,建立了监管机构。石油天然气工业基本实现了上下游、内外贸一体化。能源价格改革不断深化,价格机制不断完善。

随着中国经济的较快发展和工业化、城镇化进程的加快,能源需求不断增长,构建稳定、经济、清洁、安全的能源供应体系面临着重大挑战,突出表现在以下几方面:

资源约束突出,能源效率偏低。中国优质能源资源相对不足,制约了供应能力的提高;能源资源分布不均,也增加了持续稳定供应的难度;经济增长方式粗放、能源结构不合理、能源技术装备水平低和管理水平相对落后,导致单位国内生产总值能耗和主要耗能产品能耗高于主要能源消费国家平均水平,进一步加剧了能源供需矛盾。单纯依靠增加能源供应,难以满足持续增长的消费需求。

能源消费以煤为主,环境压力加大。煤炭是中国的主要能源,以煤为主的能源结构在未来相当长时期内难以改变。相对落后的煤炭生产方式和消费方式,加大了环境保护的压力。煤炭消费是造成煤烟型大气污染的主要原因,也是温室气体排放的主要来源。随着中国机动车保有量的迅速增加,部分城市大气污染已经变成煤烟与机动车尾气混合型。这种状况持续下去,将给生态环境带来更大的压力。

市场体系不完善,应急能力有待加强。中国能源市场体系有待完善,能源价格机制未能完全反映资源稀缺程度、供求关系和环境成本。能源资源勘探开发秩序有待进一步规范,能源监管体制尚待健全。煤矿生产安全欠账比较多,电网结构不够合理,石油储备能力不足,有效应对能源供应中断和重大突发事件的预警应急体系有待进一步完善和加强。

青藏高原发现新能源可燃冰至少 350 亿吨油当量,2009 年 25 日在北京介绍,中国地质部门在青藏高原发现了一种名为可燃冰(又称天然气水合物)的环保新能源,预计十年左右能投入使用。在当天的新闻发布会上,张洪涛说,这是中国首次在陆域上发现可燃冰,使中国成为加拿大、美国之后,在陆域上通过国家计划钻探发现可燃冰的第三个国家。他介绍,粗略估算,远景资源量至少有 350 亿吨油当量。

可燃冰是水和天然气在高压、低温条件下混合而成的一种固态物质,具有使用方便、燃烧值高、清洁无污染等特点,是公认的地球上尚未开发的最大新型能源。

2. 中国能源形势

作为世界上最大的发展中国家,中国是一个能源生产和消费大国。能源生产量仅次于美国和俄罗斯,居世界第三位;基本能源消费占世界总消费量的 1/10,仅次于美国,居世界第二位。中国又是一个以煤炭为主要能源的国家,发展经济与环境污染的矛盾比较突出。近年来能源安全问题也日益成为国家生活乃至全社会关注的焦点,日益成为中国战略安全的隐患和制约经济社会可持续发展的瓶颈。20 个世纪 90 年代以来,中国经济的持续高速发展带动了能源消费量的急剧上升。自 1993 年起,中国由能源净出口国变成净进口国,能源总消费已大于总供给,能源需求的对外依存度迅速增大。煤炭、电力、石油和天然气等能源在中国都存在缺口,其中,石油需求量的大增以及由其引起的结构性矛盾日益成为中国能源安全所面临的最大难题。

四、世界能源消费预测

据 IEA(International Energy Agency,国际能源机构)发布的《世界能源展望 2008》预测,从 2006 年至 2030 年世界一次能源需求从 117.3 亿吨油当量增长到了 170.1 多亿吨油当量,增长了 45%,平均每年增长 1.6%。全球能源需求的增长率比《世界能源展望 2007》预测的要低一些,主要是由于全球能源价格上涨和经济增长放缓(特别是 OECD 国家,即经合组织国家)。到 2030 年化石燃料占世界一次能源构成的 80%,比目前略低一些。虽然从绝对值上来看,煤炭需求的增长超过任何其他燃料,但石油仍是最主要的燃料。据估计,2006 年城市的能源消耗达 79 亿吨油当量,占全球能源总消耗量的三分之二,这一比例将会在 2030 年上升至四分之三。

由于中国和印度的经济持续强劲增长,在 2006 年至 2030 年期间,其一次能源需求的增长将占世界一次能源总需求增长量的一半以上。中东国家占全球增长量的 11%,增强了其作为一个重要的能源需求中心的地位。总的来说,非经合组织(Non-OECD)国家占总增长量的 87%。因此,它们占世界一次能源需求比例从 51% 上升至 62%,它们的能源消费量超过经合组织(OECD)成员国 2005 年的消费量。

全球石油需求(生物燃料除外)平均每年上升 1%,从 2007 年 8 500 万桶/日增加到 2030 年 1.06 亿桶/日。然而,其占世界能源消费的份额从 34% 下降到 30%。与《展望》相比,2030 年石油需求有所下调,下降了 1 000 万桶/日,这主要反映了较高的价格和略为放缓的 GDP 增长以及政府实行的新政策所带来的影响。所有预测中世界石油需求的增长都主要源于非经合组织（Non-OECD）国家（4/5 以上的增长量来自中国、印度和中东地区），经合组织（OECD）成员国石油需求略有下降，主要是因为非运输行业石油需求的减少。全球天然气需求的增长更加迅速，以 1.8% 的速度递增，在能源需求总额中所占比例微略上升至 22%。天然气消费量的增长大部分来自发电行业。世界煤炭需求量平均每年增长 2%，其在全球能源需求量中的份额从 2006 年的 26% 攀升至 2030 年的 29%。其中，全球煤炭消费增加的 85%，主要来自中国和印度的电力行业。在《展望》预测期内，核电在一次能源需求中所占比例略有下降，从目前的 6% 下降到 2030 年的 5%（其发电量比例从 15% 下降到 10%），这与我们不期待在此情景中政府改变其政策的惯例是一致的，虽然最近对核电的兴趣有了复苏的迹象。尽管如此，除经合组织欧洲区外，世界主要地区的核发电量将在绝对值上有所增长。

现代可再生能源技术发展极为迅速，将于 2010 年后不久超过天然气，成为仅次于煤炭的第二大电力燃料。可再生能源的成本随着技术的成熟应用而降低，假设化石燃料的价格上涨以及有力的政策支持为可再生能源行业提供了一个机会，使其摆脱依赖于补贴的局面，并推动新兴技术进入主流。在本期预测中，风能、太阳能、地热能、潮汐和海浪能等非水电可再生能源（生物质能除外）的增长速度为 7.2%，超过任何其他能源的全球年均增长速度。电力行业对可再生能源的利用占大部分的增长。非水电可再生能源在总发电量所占比例从 2006 年的 1% 增长到 2030 年的 4%。尽管水电产量增加，但其电力的份额下降两个百分点至 14%。经合组织（OECD）国家可再生能源发电的增长量超过化石燃料和核发电量增长的总和。

五、能源危机

由于石油、煤炭等目前大量使用的传统化石能源枯竭，同时新的能源生产供应体系又未能建立而在交通运输、金融业、工商业等方面造成的一系列问题统称能源危机。

根据经济学家和科学家的普遍估计，到 21 世纪中叶，也即 2050 年左右，石油资源将会开采殆尽，其价格升到很高，不适于大众化普及应用的时候，如果新的能源体系尚未建立，能源危机将席卷全球，尤以欧美极大依赖于石油资源的发达国家受害为重。最严重的状态，莫过于工业大幅度萎缩，或甚至因为抢占剩余的石油资源而引发战争。

为了避免上述窘境，目前美国、加拿大、日本、欧盟等都在积极开发如太阳能、风能、海洋能（包括潮汐能和波浪能）等可再生新能源，或者将注意力转向海底可燃冰（水合天然气）等新的化石能源。同时，氢气、甲醇等燃料作为汽油、柴油的替代品，也受到了广泛关注。目前国内外热情研究的氢燃料电池电动汽车，就是此类能源中应用的典型代表。

能源是整个世界发展和经济增长的最基本的驱动力，是人类赖以生存的基础。自工业革命以来，能源安全问题就开始出现。1913 年，英国海军开始用石油取代煤炭作为动力时，时任海军上将的丘吉尔就提出了"绝不能仅仅依赖一种石油、一种工艺、一个国家和一个油田"这一迄今仍未过时的能源多样化原则。伴随着人类社会对能源需求的增加，能源安全逐渐与政治、经济安全紧密联系在一起。两次世界大战中，能源跃升为影响战争结局、决定国家命运的重要因素。法国总理克莱蒙梭曾说，"一滴石油相当于我们战士的一滴鲜血"。可见,能源安全的重要性在那时便已得到国际社会普遍认可。20 世纪 70 年代爆发的两次石油危机使能源安全的内涵得到极大拓展,特别是 1974 年成立的国际能源署正式提出了以稳定石油供应和价格为中心的能源安全概念,西方国家也据此制定了以能源供应安全为核心的能源政策。在此后的二十多年里,在稳定能源供应的支持下,世界经济规模取得了较大增长。但是,人类在享受能源带来的经济发展、科技进步等利益的同时,也遇到一系列无法避免的能源安全挑战,能源短缺、资源争夺以及过度使用能源造成的环境污染等问题威胁着人类的生存与发展。

目前世界上常规能源的储量有的只能维持半个世纪(如石油),最多的也能维持一两个世纪(如煤)人类生存的需求。

今天的世界人口已经突破 60 亿,比上个世纪末期增加了 2 倍多,而能源消费据统计却增加了 16 倍多。无论多少人谈论"节约"和"利用太阳能"或"打更多的油井或气井"或者"发现更多更大的煤田",能源的供应却始终跟不上人类对能源的需求。当前世界能源消费以化石资源为主,其中中国等少数国家是以煤炭为主,其他国家大部分则是以石油与天然气为主。按目前的消耗量,专家预测石油、天然气最多只能维持不到半个世纪,煤炭也只能维持一两个世纪。所以不管是哪一种常规能源结构,人类面临的能源危机都日趋严重。

当前世界所面临的能源安全问题呈现出与历次石油危机明显不同的新特点和新变化,它不仅仅是能源供应安全问题,而是包括能源供应、能源需求、能源价格、能源运输、能源使用等安全问题在内的综合性风险与威胁。

就可预见的未来来看,汽车不会大量减少的,但是石油危机的确会对汽车业有一定的影响,比如开发新型汽车(像混合动力、燃料电池、氢动力、太阳能等)以减轻对石油的依赖,减少一些不必要的汽车使用(主要是指私家车)以节约燃料等,但是总的来看不用担心汽车减少这个问题。

六、能源的可持续发展

必须寻找一些既能保证有长期足够的供应量又不会造成环境污染的能源。而目前人类面临的问题正是:能源资源枯竭;环境污染严重。

随着我国城镇化进程的不断推进,能源需求持续增长,能源供需矛盾也越来越突出,迫在眉睫的问题是,中国究竟该寻求一条怎样的能源可持续发展之路?业内官员和学者认为,为了实现能源的可持续发展,中国一方面必须"开源",即开发核电、风电等新能源和可再生能源,另一方面还要"节流",即调整能源结构,大力实施节能减排。

开发新能源和可再生能源是能源可持续发展的应有之义。我国的能源供应结构里,煤炭、石油与天然气等不可再生能源占绝大部分,新能源和可再生能源开发不足,这不仅会造成环境污染等一系列问题,也严重制约能源发展,必须下大力气加快发展新能源和可再生能源,优化能源结构,增强能源供给能力,缓解压力。

我国的核电装机容量不到发电装机容量的 2%,远低于世界 17% 的平均水平,应当采取有效的措施,解决技术路线、投资体制、燃料保障等问题,使我国核电发展的步子迈得更大一些。同时,我国的风电资源量在 10 亿千瓦左右,目前仅开发几百万千瓦,应当对风电发展进行正确引导,促进用电健康可持续发展。

走能源可持续发展之路,从大的能源结构来讲,还是要加快发展核电。最近一两年,从中央到国务院,都坚定了加快发展核电的信心。在今后一个时期,在优化能源结构方面,核电的比重、速度要保持相对快速的增长,规模要在短期内有比较大的提升。不光是沿海,还要逐步向中部地区发展。

节能减排是能源可持续发展的必由之路。我国能源需求结构不合理突出表现在能源利用消耗高、浪费大、污染严重,缓解能源供需矛盾问题,从根本上就是大力节约和合理使用,提高其利用效率,严格控制钢铁、有色、化工等高耗能产业发展,进一步淘汰落后的生产能力。同时,还要大力发展循环经济、积极开展清洁生产,全面推进管理节能,大力推广节能市场机制,促进节能发展,广泛开展全民节能活动。

第二节 新能源

一、新能源的定义及分类

新能源又称非常规能源。是指传统能源之外的各种能源形式,也指刚开始开发利用或正在积极研究、有待推广的能源,如太阳能、地热能、风能、海洋能、生物质能和核聚变能等。

新能源的各种形式都是直接或者间接地来自于太阳或地球内部伸出所产生的热能。包括了太阳能、风能、生物质能、地热能、核聚变能、水能和海洋能以及由可再生能源衍生出来的生物燃料和氢所产生的能量。也可以说,新能源包括各种可再生能源和核能。相对于传统能源,新能源普遍具有污染少、储量大的特点,对于解决当今世界严重的环境污染问题和资源(特别是化石能源)枯竭问题具有重要意义。同时,由于很多新能源分布均匀,对于解决由能源引发的战争也有着重要意义。可以预计,随着时代的发展,石油,煤矿等资源将加速减少。核能、太阳能即将成为主要能源。

联合国开发计划署(UNDP)把新能源分为以下三大类:

① 大中型水电;

② 新可再生能源,包括小水电(Small-hydro)、太阳能(Solar)、风能(Wind)、现代生物质能(Modern biomass)、地热能(Geothermal)、海洋能(Ocean)、潮汐能;

③ 传统生物质能(Traditional biomass)。

二、新能源概况

据估算,每年辐射到地球上的太阳能为17.8亿千瓦,其中可开发利用500~1 000亿度。但因其分布很分散,目前能利用的甚微。地热能资源指陆地下5 000 m深度内的岩石和水体的总含热量。其中全球陆地部分3 km深度内、150℃以上的高温地热能资源为140万吨标准煤,目前一些国家已着手商业开发利用。世界风能的潜力约3 500亿千瓦,因风力断续分散,难以经济地利用,今后输能储能技术如有重大改进,风力利用将会增加。海洋能包括潮汐能、波浪能、海水温差能等,理论储量十分可观。限于技术水平,现尚处于小规模研究阶段。当前由于新能源的利用技术尚不成熟,故只占世界所需总能量的很小部分,今后有很大发展前途。

三、几种常见的新能源

1. 太阳能

太阳能一般指太阳光的辐射能量。太阳能的主要利用形式有太阳能的光热转换、光电转换以及光化学转换三种主要方式。广义上的太阳能是地球上许多能量的来源,如风能、化学能、水的势能等由太阳能导致或转化成的能量形式。

太阳能可分为3种:

(1) 太阳能光伏

光伏板组件是一种暴露在阳光下便会产生直流电的发电装置,几乎全部由半导体物料(例如硅)制成的薄身固体光伏电池组成。由于没有活动的部分,故可以长时间操作而不会导致任何损耗。简单的光伏电池可为手表及计算机提供能源,较复杂的光伏系统可为房屋照明,并为电网供电。光伏板组件可以制成不同形状,而组件又可连接,以产生更多电力。近年,天台及建筑物表面均会使用光伏板组件,甚至被用作窗户、天窗或遮蔽装置的一部分,这些光伏设施通常被称为附设于建筑物的光伏系统。

(2) 太阳热能

现代的太阳热能科技将阳光聚合,并运用其能量产生热水、蒸气和电力。除了运用适当的科技来收集太阳能外,建筑物亦可利用太阳的光和热能,方法是在设计时加入合适的装备,例如巨型的向南窗户或使用能吸收及慢慢释放太阳热力的建筑材料。

(3) 太阳光合能

植物利用太阳光进行光合作用,合成有机物。因此,可以人为模拟植物光合作用,大量合成人类需要的有机物,提高太阳能利用效率。

2. 核能

核能是通过转化其质量从原子核释放的能量,符合阿尔伯特·爱因斯坦的方程 $E=mc^2$;其中 $E=$ 能量,$m=$ 质量,$c=$ 光速常量。核能的释放主要有三种形式:

(1) 核裂变能

所谓核裂变能是通过一些重原子核(如铀-235、铀-238、钚-239等)的裂变释放出的能量。

(2) 核聚变能

由两个或两个以上氢原子核(如氢的同位素氘和氚)结合成一个较重的原子核,同时发生质量亏损释放出巨大能量的反应叫做核聚变反应,其释放出的能量称为核聚变能。

(3) 核衰变

核衰变是一种自然的慢得多的裂变形式,因其能量释放缓慢而难以加以利用。

核能的利用存在的主要问题:

(1) 资源利用率低;

(2) 反应后产生的核废料成为危害生物圈的潜在因素,其最终处理技术尚未完全

解决;

(3) 反应堆的安全问题尚需不断监控及改进;

(4) 核不扩散要求的约束,即核电站反应堆中生成的钚-239受控制;

(5) 核电建设投资费用仍然比常规能源发电高,投资风险较大。

3. 海洋能

海洋能指蕴藏于海水中的各种可再生能源,包括潮汐能、波浪能、海流能、海水温差能、海水盐度差能等。这些能源都具有可再生性和不污染环境等优点,是一项亟待开发利用的具有战略意义的新能源。

波浪发电,据科学家推算,地球上波浪蕴藏的电能高达90万亿度。目前,海上导航浮标和灯塔已经用上了波浪发电机发出的电来照明。大型波浪发电机组也已问世。我国也对波浪发电进行研究和试验,并制成了供航标灯使用的发电装置。将来的世界,每一个海洋里都会有属于我们中国的波能发电厂。波能将会为我国的电力工业作出很大贡献。

潮汐发电,据世界动力会议估计,到2020年,全世界潮汐发电量将达到1 000~3 000亿千瓦。世界上最大的潮汐发电站是法国北部英吉利海峡上的朗斯河口电站,发电能力24万千瓦,已经工作了30多年。中国在浙江省建造了江厦潮汐电站,总容量达到3 000千瓦。

4. 风能

风能是太阳辐射下流动所形成的。风能与其他能源相比,具有明显的优势,它蕴藏量大,是水能的10倍,分布广泛,永不枯竭,对交通不便、远离主干电网的岛屿及边远地区尤为重要。

风力发电,是当代人利用风能最常见的形式,自19世纪末,丹麦研制成风力发电机以来,人们认识到石油等能源会枯竭,才重视风能的发展,利用风来做其他的事情。

1977年,联邦德国在著名的风谷——石勒苏益格-荷尔斯泰因州的布隆坡特尔建造了一个世界上最大的发电风车。该风车高150 m,每个桨叶长40 m,重18 t,用玻璃钢制成。到1994年,全世界的风力发电机装机容量已达到300万千瓦左右,每年发电约50亿千瓦时。

5. 生物质能

生物质能来源于生物质,也是太阳能以化学能形式贮存于生物中的一种能量形式,它直接或间接地来源于植物的光合作用。生物质能是贮存的太阳能,更是一种唯一可再生的碳源,可转化成常规的固态、液态或气态的燃料。地球上的生物质能资源较为丰富,而且是一种无害的能源。地球每年经光合作用产生的物质有1 730亿吨,其中蕴含的能量相当于全世界能源消耗总量的10~20倍,但目前的利用率不到3%。

2006年底全国已经建设农村户用沼气池1 870万口,生活污水净化沼气池14万处,畜禽养殖场和工业废水沼气工程2 000多处,年产沼气约90亿立方米,为近8 000万农村人口提供了优质生活燃料。

中国已经开发出多种固定床和流化床气化炉,以秸秆、木屑、稻壳、树枝为原料生产燃气。2006年用于木材和农副产品烘干的有800多台,村镇级秸秆气化集中供气系统近600处,年生产生物质燃气2 000万立方米。

6. 地热能

地球内部热源可来自重力分异、潮汐摩擦、化学反应和放射性元素衰变释放的能量等。放射性热能是地球主要热源。我国地热资源丰富，分布广泛，已有5 500处地热点，地热田45个，地热资源总量约320万兆瓦。

7. 氢能

在众多新能源中，氢能以其重量轻、无污染、热值高、应用面广等独特优点脱颖而出，将成为21世纪最理想的新能源。氢能可应用于航天航空、汽车的燃料等。

8. 海洋渗透能

如果有两种盐溶液，一种溶液中盐的浓度高，一种溶液的浓度低，那么把两种溶液放在一起并用一种渗透膜隔离后，会产生渗透压，水会从浓度低的溶液流向浓度高的溶液。江河里流动的是淡水，而海洋中存在的是咸水，两者也存在一定的浓度差。在江河的入海口，淡水的水压比海水的水压高，如果在入海口放置一个涡轮发电机，淡水和海水之间的渗透压就可以推动涡轮机来发电。

海洋渗透能是一种十分环保的绿色能源，它既不产生垃圾，也没有二氧化碳的排放，更不依赖天气的状况，可以说是取之不尽，用之不竭。而在盐分浓度更大的水域里，渗透发电厂的发电效能会更好，比如地中海、死海、我国盐城市的大盐湖、美国的大盐湖。当然发电厂附近必须有淡水的供给。据挪威能源集团的负责人巴德·米克尔森估计，利用海洋渗透能发电，全球范围内年度发电量可以达到16 000亿度。

9. 水能

水能是一种可再生能源，是清洁能源，是指水体的动能、势能和压力能等能量资源。广义的水能资源包括河流水能、潮汐水能、波浪能、海流能等能量资源；狭义的水能资源指河流的水能资源。是常规能源，一次能源。水不仅可以直接被人类利用，它还是能量的载体。太阳能驱动地球上水循环，使之持续进行。地表水的流动是重要的一环，在落差大、流量大的地区，水能资源丰富。随着矿物燃料的日渐减少，水能是非常重要且前景广阔的替代资源。目前世界上水力发电还处于起步阶段。河流、潮汐、波浪以及涌浪等水运动均可以用来发电。

可以利用电解水分子和光以及化学分解水分子的方式，来分解到可燃烧的氢气，它可作为新的，多用途的能源来替代现有的矿物质能源。水分子的分解过程简而易行，投资少见效快。这给水能的综合利用带来了广泛的前景，在地球上，水是一种到处可见的液态物质。通过水的分解装置，制备出氢燃料，可用于汽车，航天航空，热力发电等工业和民用方面，在较大的程度上，缓解了人类对矿物质资源的过分依赖。

四、新能源的发展现状和趋势

部分可再生能源利用技术已经取得了长足的发展，并在世界各地形成了一定的规模。目前，生物质能、太阳能、风能以及水力发电、地热能等的利用技术已经得到了应用。

国际能源署(IEA)对2000—2030年国际电力的需求进行了研究，研究表明，来自可再生能源的发电总量年平均增长速度将最快。IEA的研究认为，在未来30年内非水利的可再生能源发电将比其他任何燃料的发电都要增长得快，年增长速度近6%。在2000—2030

年间其总发电量将增加5倍,到2030年,它将提供世界总电力的4.4%,其中生物质能将占其中的80%。

目前可再生能源在一次能源中的比例总体上偏低,一方面是与不同国家的重视程度与政策有关,另一方面与可再生能源技术的成本偏高有关,尤其是技术含量较高的太阳能、生物质能、风能等。据IEA的预测研究,在未来30年可再生能源发电的成本将大幅度下降,从而增加它的竞争力。可再生能源利用的成本与多种因素有关,因而成本预测的结果具有一定的不确定性。但这些预测结果表明了可再生能源利用技术成本将呈不断下降的趋势。

我国政府高度重视可再生能源的研究与开发。国家经贸委制定了新能源和可再生能源产业发展规划,并制定颁布了《中华人民共和国可再生能源法》,重点发展太阳能光热利用、风力发电、生物质能高效利用和地热能的利用。近年来在国家的大力扶持下,我国在风力发电、海洋能潮汐发电以及太阳能利用等领域已经取得了很大的进展。

五、未来的几种新能源

1. 波能:即海洋波浪能。这是一种取之不尽,用之不竭的无污染可再生能源。据推测,地球上海洋波浪蕴藏的电能高达9×10^4 TW。近年来,在各国的新能源开发计划中,波能的利用已占有一席之地。尽管波能发电成本较高,需要进一步完善,但目前的进展已表明了这种新能源潜在的商业价值。日本的一座海洋波能发电厂已运行8年,电厂的发电成本虽高于其他发电方式,但对于边远岛屿来说,可节省电力传输等投资费用。目前,美、英、印度等国家已建成几十座波能发电站,且均运行良好。

2. 可燃冰:这是一种甲烷与水结合在一起的固体化合物,它的外形与冰相似,故称"可燃冰"。可燃冰在低温高压下呈稳定状态,冰融化所释放的可燃气体相当于原来固体化合物体积的100倍。据测算,可燃冰的蕴藏量比地球上的煤、石油和天然气的总和还多。

可燃冰是水和天然气在高压、低温条件下混合而成的一种固态物质,具有使用方便、燃烧值高、清洁无污染等特点,是公认的地球上尚未开发的最大新型能源。

3. 煤层气:煤在形成过程中由于温度及压力增加,在产生变质作用的同时也释放出可燃性气体。从泥炭到褐煤,每吨煤产生68 m³气;从泥炭到肥煤,每吨煤产生130 m³气;从泥炭到无烟煤每吨煤产生400 m³气。科学家估计,地球上煤层气可达2 000 Tm³。

4. 微生物:世界上有不少国家盛产甘蔗、甜菜、木薯等,利用微生物发酵,可制成酒精,酒精具有燃烧完全、效率高、无污染等特点,用其稀释汽油可得到"乙醇汽油",而且制作酒精的原料丰富,成本低廉。据报道,巴西已改装"乙醇汽油"或酒精为燃料的汽车达几十万辆,减轻了大气污染。此外,利用微生物可制取氢气,以开辟能源的新途径。

5. 第四代核能源:当今,世界科学家已研制出利用正反物质的核聚变,来制造出无任何污染的新型核能源。正反物质的原子在相遇的瞬间,灰飞烟灭,此时,会产生高当量的冲击波以及光辐射能。这种强大的光辐射能可转化为热能,如果能够控制正反物质的核反应强度,来作为人类的新型能源,那将是人类能源史上的一场伟大的能源革命。

第三节 核能的开发和利用

上面对各种新能源作了简要介绍。在新能源中，由于核能具有特别重要的地位，所以将专门用一节加以介绍。

一、原子核与核能概述

1. 放射性现象的发现

1896年，放射性由贝克勒尔（A. H. Becguerel）发现，这一发现与一年前伦琴（W. K. Rontgen）发现X射线密切相关。贝克勒尔在研究X射线的来源过程中发现了放射性。贝克勒尔发现铀化合物不管是否被阳光照射过，总是能发射出与荧光无关的、也具有穿透黑纸能力的射线。这种射线（又叫辐射）不仅能使底片感光，还能使气体电离成导体，并且所有铀盐都能自发发出这种辐射。这种神秘的射线当时被称为"贝克勒尔射线"（后来，根据居里夫人的建议凡是具有这种性质的物质都称为"放射性"的物质）。

法国科学家皮埃尔·居里（1859—1906）和他的夫人玛丽·居里（1867—1934）先后发现了钋、镭等新的放射性元素。1898年7月，发现"钋（Polorium）"，1898年9月，发现"镭"，1902年居里夫妇从8吨铀沥青废矿渣里分离出0.12克纯氯化镭，并测定其原子量为225（国际公认值226.025 4），镭的放射性比铀强二百多万倍。三年后，金属纯镭的提炼获得成功。1903年他们与贝克勒尔共同获得了诺贝物理学奖，居里夫人成为有史以来第一个获得诺贝尔奖的妇女。

2. 三种射线 α、β 和 γ

1899年卢瑟福（E. Rutherford）发现了 α、β 射线，1900年法国维拉尔发现了 γ 射线。卢瑟福是这三类辐射术语的命名者。α 射线是带两个正电荷的氦核流；β 射线是带负电的电子流；γ 射线是电中性的电磁辐射（高能光子流）。三种辐射（射线）的区别是：三种射线在电场（或磁场）中的偏转轨迹不同；三种射线具有完全不同的穿透性。对于 α 射线，一张纸就可把它挡住，对于 β 射线，非但纸挡不住，甚至可穿过几毫米厚的铝板，但强度有明显减弱，对于 γ 射线，它的穿透力最强，在穿过几毫米的铝板后，减弱很少，要挡住它，则要用又厚又重的铅砖。

3. 产生放射性的原因

1902年，卢瑟福与美国化学家索迪发表了他们合作研究的结果，认为放射性的产生是一种元素的原子脱变为另一种元素的原子时所发生的现象。这些原子在放出 α 粒子或 β 粒子后，便自发地转变成为另一种元素的原子。结论：原子核也可以再分割，原子核是有结构的。

4. 核子反应与核子的发现

(1) 首次人工核反应与质子的发现

人工核反应（Artificial Transmutation）是利用放射性元素释放出来的高能粒子轰击已有原子核引发的核反应，从而产生不同元素或同位素。1919年，卢瑟福利用Po212放出的 7.68 MeV 的 α 粒子轰击氮气发生如下反应：即 α 粒子与 N_{14} 发生反应产生氢核和 O_{17}。

1919 年卢瑟福确认用 α 粒子轰击氮所产生的粒子就是氢的原子核(protons)，即质子。其所带电荷与电子电荷数值相等而符号相反，质量约为电子的 1836 倍。这是人类首次有意识地完成的核反应，标志着核物理时代的开始。

（2）铍辐射之谜与中子的发现

1910 年，J·J·汤姆生制成第一台用以测量带电粒子质量的仪器——质谱仪，这一发明使人们可以精确测量各种原子的原子量。1920 年卢瑟福提出原子中可能存在不带电的中性粒子的假设。1930 年，德国物理学家博特和贝克尔用 α 射线轰击铍时，发现了一种穿透力极强的未知射线，他们误认为这是一种 γ 辐射。1932 年查德威克确认这种不带电的，质量跟质子差不多的新粒子（射线）就是卢瑟福所预言的中性粒子，称之为"中子"(neutrons)，用 n 表示。查德威克由于发现中子获得 1935 年诺贝尔物理学奖。查德威克发现中子的意义在于中子不带电，因此不会受原子核静电力的排斥，很容易钻进原子核中，所以它是打开原子核大门的一把钥匙。人们了解到原子核的组成的基本单元应是质子和中子，这两者现在统称为核子。

5. 原子核(Nucleus)的结构

原子核包含两种粒子：中子(Neutron)与质子(Proton)，中子与质子的质量相近，约为电子质量的 1840 倍。中子、质子、电子的质量很小，通常以"原子质量单位"u 表示。1 u＝$1.66×10^{-27}$ kg，1 m_e＝$9.109×10^{-31}$ kg＝0.000 55 u，1 m_p＝$1.672 62×10^{-27}$ kg＝1.007 30 u，1 m_n＝$1.674 93×10^{-27}$ kg＝1.008 69 u。

6. 原子核的结合能

原子核的结合能就是自由核子结合成原子核时所释放出的能量。这能量也正是要把原子核全部打碎所需要提供的最起码的能量。在氘核与氚核聚变成为一个氦核（α 粒子）的过程中，反应前后发生质量亏损，根据爱因斯坦质能方程可知，此过程将由巨大的能量产生。

7. 核能的来源

当结合能小的核变成结合能大的核，即当结合得比较松的核变到结合得紧的核，就会释放出能量，这就是核能的来源。两个途径可以获得能量：重核裂变，即一个重核可裂变为两个中等质量的核，从而获得原子能。轻核聚变：当两个或两个以上的较轻原子核，在极高的温度和极大的压力下非常靠近时，它们聚合在一起而形成一个较重的新原子核，同时释放出巨大的能量。因为这种反应必须在极高的温度下（10^7 K 以上）才会发生，所以也叫热核反应。

8. 核能优缺点

优点：减少依赖化石燃料，产生巨大能量，只需小量原料。铀矿蕴藏量足够长期使用。运作成本较低（约为火力发电三分之一）。生产电力时不会造成空气污染。

缺点：如果核能发电厂发生爆炸就会放出大量的辐射。到目前为止，切尔诺贝利核电站大爆炸已有近万人死亡，十万人受到核辐射伤害，造成直接经济损失数十亿美元，间接经济损失数千亿美元，后患将影响一百年以上，是全世界已知的最大的核事故。切尔诺贝利核事故不仅给前苏联造成严重后果，而且给国际外贸、国际旅游带来不可估量的损失。

有专家认为,苏联境内将有两万五千人死于核污染引起的癌症,灾难随着时间的推移而逐渐显示出来。

二、原子能的开发与利用

1. 重核裂变的发现

1934 年,意大利物理学家费米用中子轰击原子核,并发现通过石蜡减速之后的慢中子,更加容易引起核裂变。费米因此获 1938 年诺贝尔物理奖。1938 年,德国的哈恩发现铀嬗变后出现的新元素与铀相距甚远。奥地利女物理学家迈特纳提出核裂变猜想,以解释铀实验。并称裂变过程要放出大量能量。

2. 链式反应

费米提出链式反应概念。他发现,铀核一分为二时,可以放出 3 个中子,这 3 个中子再去击中 3 个铀原子核,它被分裂为 6 个核,同时放出 9 个中子……依此类推,原子的裂变就会这样自发地持续下去,产生一连串的原子分裂,同时不断放出能量。原子裂变自持链式反应的概念就是这样提出来的,它是利用原子裂变产生能量的重要理论基础。

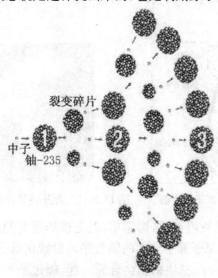

图 13.3-1　重核裂变与链式反应

图 13.3-2　轻核聚变过程

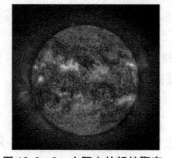

图 13.3-3　太阳上的轻核聚变

图 13.3-4　天然铀矿石

3. 轻核聚变反应

氘和氚发生聚变后，2个原子核结合成1个氦原子核，并放出1个中子和0.176亿电子伏特能量。每一次氘氚聚变时释放的能量，比一次铀235裂变释放的约2亿电子伏特能量少得多。但氘氚聚变时只有5个核子参加反应，而铀235裂变时有236个核子参加反应。因此如果按平均每个核子释放的能量来比较，氘氚聚变释放的能量是铀-235裂变释放的能量的4.14倍。

4. 原子能的利用

（1）链式反应的应用之一——原子弹

原子弹是最早研制出的核武器，它是利用原子核裂变反应所放出的巨大能量，通过光辐射、冲击波、早期核辐射、放射性沾染和电磁脉冲起到杀伤破坏作用。

原子弹的主要材料是铀-235或钚-239等重原子核。铀-235可从天然铀矿中提炼出来。天然铀由三个同位素组成：包括铀-235（含量0.71%）、铀-238（含量99.28%）及微量的铀-234。用于核电站的铀棒需要使铀-235含量达到5%左右。而制造原子弹的铀材料，其铀-235含量理论上只要达到6%~10%即可，实际上各国目前使用的铀核弹中铀-235的含量达到93.5%。

 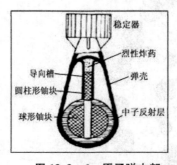 

图13.3-5　原子弹外形　　图13.3-6　原子弹内部　　图13.3-7　原子弹爆炸时的蘑菇云

原子弹有枪式和内爆式两种，前者只能使用铀，结构简单，但是核炸药的使用效率较低，威力一般较小。如图13.3-6中，枪式原子弹中球形的铀块平时分成两部分，导向槽中还有圆柱形的铀块，当普通烈性炸药爆炸时，三块铀就会合到一起，超过临界质量从而发生不可控制的链式反应，即原子弹爆炸。爆炸时中心温度可达一千万度，而气压可达一百万个大气压。高温将使一切都化为灰烬，而如此高的大气压所产生的冲击波，会将所到之处的一切摧毁。

内爆式原子弹结构复杂，可使用铀和钚作为核炸药，核炸药使用效率高，目前各国大多使用内爆式，我国第一颗原子弹使用的就是内爆式。

（2）链式反应的应用之二——核电站

1）核电站简介

核电站是利用原子核裂变所释放的能量产生电能的发电站。核电站一般分为两部分：利用原子核裂变生产蒸汽的核岛（包括反应堆装置和一回路系统）和利用蒸汽发电的常规岛（包括汽轮发电机系统）。核电站使用的燃料一般是放射性重金属铀、钚。民用核电站大都是压水反应堆核电站，其工作原理是：用铀制成的核燃料在反应堆内进行裂变并释放出大量热能;高压下的循环冷却水把热能带出,在蒸汽发生器内生成蒸汽,推动发电机旋转。

2) 核电站的组成及特点

核电站可以看成由常规岛和核岛两大部分组成,如图 13.3-8 图所示。

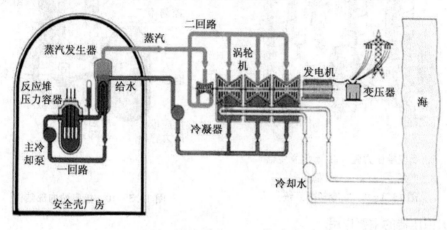

图 13.3-8 核电站的组成

常规岛(与热电厂相似的设施),主要是把内能转化为机械能再转化为电能的部分设施。

核岛内的反应堆会进行核裂变,并生成热力,热力由一回路内的高压水带到蒸汽发生器(即热交换器),蒸汽发生器会将二回路给水转化为约 6 700 千帕的高压蒸汽,再经过蒸气管送到常规岛,以推动涡轮发电机发电(注:一个标准大气压=$1.013×10^5$ 帕,即 101 千帕)。

在常规岛内,蒸汽会经过多级涡轮机,然后进入冷凝器。冷凝器再将蒸汽冷却成水,即凝结水(冷凝器的冷却水由泵房以海水泵从海中抽取)。从冷凝器流出的凝结水(即给水)会泵回核岛内的蒸汽发生器,然后再次转化为蒸汽。在这过程中,蒸汽会使涡轮发电机作高速转动(广东核电站及岭澳核电站所采用的涡轮发电机的额定转速为每分钟三千转),从而生成电力及完成整个能源转化过程。

3) 核反应堆简介

由燃料组件构成的反应堆堆芯放置在一个特制的圆柱体钢质压力容器(反应堆压力壳)内。压力壳的高度约 12 m、内径约 4 m、壁厚达 20 cm、约重 314 t。一个 900 兆瓦的反应堆主冷却剂系统(图 13.3-9)是由压力壳及三个相同的环路相连组成(即一回路)。每一环路设有一台主泵、一台蒸汽发生器,以及连接管道。其中一个环路装设一台稳压器。每一台主泵会带动约 155 巴(1 巴=100 千帕)的高压冷却水(普通水)在其环路内经过反应堆堆芯循环流动,这些冷却水不但是用作慢化剂,也将堆芯的热能传送到蒸汽发生器。反应堆出水的温度约为 330℃,而入水口的温度约 290℃。在这高温及高压状态下的冷却水会处于欠热状态(即冷却水的温度与其沸点有一段距离,因此不会沸腾)。蒸汽发生器是一个高约 20 m 的热交换器,其内部装设了 U 形传热管,以管壁换热的方式将一回路水的热能传送到二回路,然后把二回路给水转化为蒸汽,以推动涡轮发电机(图 13.3-10)。

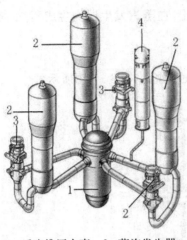
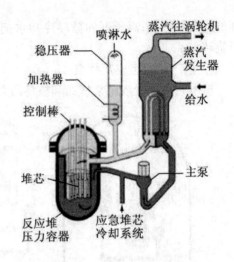

1. 反应堆压力壳　2. 蒸汽发生器
3. 主泵　　　　　4. 稳压器

图 13.3-9　主冷却剂系统　　　　图 13.3-10　核电站内部结构

4）稳压器的主要作用

稳压器能维持一回路冷却水的压力,防止超压。稳压器直径约 2 m,长约 13 m,并与一回路内其中一环路的热管段接驳。稳压器上半部为蒸气空间,下半部被水注满。稳压器内顶部设有喷淋嘴,底部装有电加热器。透过控制稳压器内加热器和喷淋水的运作,便可调节稳压器内的水位及控制一回路的压力。稳压器内的水位由一套精密的系统所控制,以确保稳压器在反应堆功率变化或瞬态情况下,能够正常运作。当压力下降时,系统会自动启动电加热器,以增加蒸汽;在压力上升时,稳压器顶部会喷水,把蒸汽凝成水,以降低压力。此外,控制系统亦提供保护信号,在稳压器内的压力过高或过低的情况下,令反应堆自动停堆。

5）首次启动核裂变

反应堆在首次启动时,会放入含有锎-252（Cf-252）的一次中子源棒,以提供足够数量的中子进行初次核裂变。此外,亦会同时放入含有锑-123（Sb-123）和铍-9（Be-9）的再生式二次中子源棒,为反应堆的再次启动提供中子,以启动核裂变。为确保核安全及控制反应堆的核裂变,部分燃料组件装配有控制棒,控制棒组件由星型架及多根含银（Ag）、铟（In）和镉（Cd）的中子吸收体棒所组成,因此移动控制棒的上下位置就可以控制反应堆内中子的数目及核裂变进程。这些控制棒组件配备了驱动机械,可将控制棒提升或插入堆芯,以控制反应堆的启动、调节输出功率、特别是实现正常停堆及快速停堆的功能。此外,压水式反应堆的核裂变也可透过调节一回路内冷却剂中的硼浓度来控制（硼亦是一种中子吸收体）。当反应堆启动及达到既定功率之后,会维持在临界状态,以确保其稳定的运作。在需要紧急停堆时,只需切断控制棒驱动机械的电源,控制棒便会因地心吸力而快速下坠至反应堆堆芯,立即停止核裂变。

6）核反应堆的组成

核反应堆主要由铀棒、减速剂或慢化剂、控制棒、水泥防护层等部分组成（见图 13.3-12）,下面分别介绍它们的作用。

图 13.3-11 铀棒

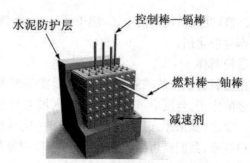

图 13.3-12 慢中子反应堆内部

①铀棒

世界上一切物质均由原子构成,而原子则是由原子核及其周围的电子所组成。核反应堆的基本燃料取自天然铀,铀是一种非常重的金属。天然铀由三个同位素组成:铀-235(含量 0.71%)、铀-238(含量 99.28%)及微量的铀-234。铀原子核被中子撞击后,会分裂成两份,生成核裂变。核裂变过程除了把原子核分裂成两份外,亦会释放大量的热能及同时放出 2～3 个中子,以撞击更多铀原子核,再释放更多中子,生成链式裂变反应。在这裂变过程中会生成大量能量,供发电之用。铀棒中的铀材料由天然的铀矿中提炼出来 1 kg 铀全部裂变,它放出的能量超过 2 000 t 优质煤完全燃烧时释放的能量。

使用普通水为冷却剂及慢化剂的压水式反应堆一般采用低浓缩的铀燃料。反应堆内的铀燃料来自天然铀,但须经过转化、浓缩及加工,将铀-235 的浓度提升至 3% 至 5%,才可在压水式反应堆内使用,以持续核裂变。浓缩铀经过加工后会制成小圆柱形的二氧化铀芯块,然后数百个小指头般大的芯块会被堆栈在一条长 3.8 m、直径 9.5 mm 的锆合金包壳管(燃料棒)中并加以密封。燃料棒集中后,会组合成为燃料组件,供放入反应堆堆芯使用。未经使用的燃料棒和燃料组件含极低放射性,故在处理和运送方面均属安全。广东核电站及岭澳核电站的反应堆堆芯共有 157 个燃料组件,而每个燃料组件有 264 支燃料棒。

主要参数:1. 燃料棒包含二氧化铀(UO_2)燃料芯块。2. 锆合金燃料棒包壳。3. 共 157 个燃料组件。4. 每个燃料组件有 264 支燃料棒。5. 堆芯装有 72.5 t 铀燃料。6. 采用 3%～5% 浓缩铀。

核燃料的更换:反应堆运行时,其内的铀燃料会逐渐消耗。因此,在每个燃料周期完结时,有关核电机组会进行换料检修,换料检修通常每年或每 18 个月进行一次,视核燃料的铀-235 浓度而定。在每次换料检修均会更换三分之一的燃料组件。更换的燃料组件(即乏燃料)含有高放射性的核素及因衰变而生成的余热,因此会被传送至毗邻安全壳厂房的燃料厂房内的"乏燃料池"贮存。整个运送过程,包括由反应堆芯卸出燃料组件及输送到乏燃料池,均在水下进行。乏燃料池装满含硼的冷却水,以阻隔辐射。此外,乏燃料池亦设置冷却系统,将池水循环冷却,以排出乏燃料的余热。乏燃料池的底部设有超过 700 个组件插架,可供贮存 10 年内由反应堆卸出的乏燃料。

②减速剂或慢化剂

核裂变所释放的高能量中子移动速度极高(快中子),因此必须透过减速,以增加其撞击铀原子的机会,同时引发更多核裂变。一般商用核反应堆多使用慢化剂将高能量中子速度减慢,变成低能量的中子(热中子)。商用核反应堆普遍采用普通水、石墨和较昂贵的重水作为慢化剂。

③控制棒

由金属镉制作的控制棒——镉棒,能够控制核反应堆的反应速度。这主要是镉能吸收大量的中子,当反应堆中的镉棒插入堆芯比较深时,吸收的中子比较多,反应速度就比较慢。反之,如果插入比较浅,则吸收的中子数不多,链式反应速度就会加快。所以通过操纵控制棒,我们就可以控制反应速度,以使核反应堆能持续,缓慢地释放核能。

④水泥防护层

由钢筋混凝土组成的防护层,主要作用就是防止核反应堆的放射性泄漏。

7) 核反应堆种类

①压水式反应堆(压水堆)

压水式反应堆是轻水反应堆的一种,利用普通水作为冷却剂及慢化剂。压水式反应堆有一个主冷却剂回路(一回路),冷却水会在超过150巴(1巴=100千帕)的高压下流过反应堆堆芯,并带出核裂变生成的热能,然后流入蒸汽发生器,通过热交换,在二回路生成蒸汽,以推动涡轮发电机,把热能转化为电力。在运作期间,一回路的水温会高达摄氏300度以上,并保持150巴(约150个大气压)以上的高压,以防沸腾。

②沸水式反应堆(沸水堆)

沸水式反应堆是轻水反应堆的一种,这种反应堆和压水式反应堆相似,均利用普通水作为冷却剂及慢化剂,但沸水式反应堆只有一个连接反应堆和涡轮机的回路,且没有装设蒸汽发生器。反应堆的水会维持约75巴的低压,令水可以在大约285℃时沸腾。反应堆所生成的蒸汽会经过堆芯上方的蒸汽分离器,然后直接送到涡轮机。离开涡轮机的蒸汽会经过冷凝器,凝结为液态水(给水),然后回流至反应堆,再次转化为蒸汽。

③重水压水式反应堆(CANDU)

CANDU是重水压水式反应堆的一种,以天然铀燃料(U-238)运作,并以重水(D_2O)作为冷却剂及慢化剂。CANDU是CANada Deuterium Uranium的简称,CANDU反应堆可在运作期间更换燃料。

④压力管式石墨慢化沸水反应堆(RBMK)

这是前苏联设计的一种以普通沸水为冷却剂、以石墨为慢化剂的压力管式反应堆。可以实现不停堆更换燃料。切尔诺贝利核事故便涉及这种反应堆。

现时商业运行的反应堆中,超过五成属压水式反应堆。广东核电站及岭澳核电站是其中的例子。中国现有的核电站包括:秦山核电站(运营中)、大亚湾核电站(运营中)、岭澳核电站(运营中)、田湾核电站、三门核电站等。

核能是公认的现实的可大规模替代常规能源的既干净又经济的现代能源。2050年能源需求约40亿吨标煤。一座百万千瓦核裂变电站相当于300万吨原煤/年。它无二氧化碳造成温室效应,无二氧化硫和氮化物对大气的污染。到2002年底,全世界核电占总电力的比例为17%,法国超过70%,韩国超过40%,中国为1.6%,中国的核电大有可为。

8) 核电的安全性

核事故类型主要有两种,一种是万一核反应失控,会损坏设备,引起放射性物质外泄。二是放射性废料处理不当会引起环境污染。历史上重大的核事故有 1979 年 3 月 28 日美国三里岛电站 2 号堆因堆芯失水造成放射性外逸。1986 年 4 月 26 日前苏联切尔诺贝利核电站因为违规操作发生的重大事故。

9) 保障核电站安全的四道屏障

①耐高温、防腐蚀的陶瓷体燃料堆芯,可以把 98% 以上的裂变产物滞留在芯块内,不向外释放。

②燃料元件包壳。它由优质的锆合金制成,具有良好的密闭性。

③压力壳。它将燃料棒和一回路的水完全罩住。即使燃料元件有少量射线泄漏也不会扩散到外界。

④安全壳,它由 1 米多厚的钢筋混凝土制成,整个核反应堆都装在安全壳里。

10) 核废料与乏燃料的处理

一般的说,废气和废液采取储存、衰变、稀释再排放到指定区域。而废物先在电站的废物库暂存,再永久深埋。乏燃料可以先进行预处理再提取,但是这样做的话成本比较高。也可以像放射性固体废物一样直接送处理场处理。但是处理场也比较难找。核电站的放射性是微不足道的,只要正确处理不会有什么危害(据英国国家防护局统计,1986 年英国居民一年中受到的放射剂量中,87% 来自于天然,11.4% 来自于医疗,0.47% 来自于核爆炸,只有 0.1% 来自于包括核电厂在内的各种核设施)。

利用核能的主要途径是发电。除此之外,还有其他一些应用。我国的能源结构中,将近 70% 的能量是以热的形式消耗的。而其中大约 60% 是 120℃ 以下的低温供热。所以 20 世纪 80 年代发展起来的低温堆在供热方面发挥着重要作用。阿波罗飞船登月后,航天局实验仪器放在月球上,这些仪器使用的就是核电池,可使仪器长期发回数据。1961 年,世界上第一艘核动力航空母舰下水,可进行 30 000 km 的环球航行。40 年间只换过三次燃料。全世界现有核潜艇 300 多艘,它的续航力强,水下航速高,隐蔽性好。

(3) 轻核聚变的应用之一——氢弹

如图 13.3-13 所示,氢弹的最中间是一个原子弹,外面是热核材料,最外面是反射层,最后是壳体。

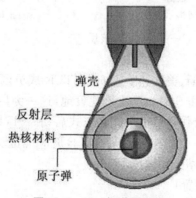

图 13.3-13　氢弹原理图

在现代核武库中,氢弹占有重要地位。氢弹也被称作热核弹。氢弹是利用轻核聚变反应制成的炸弹,参加反应的物质主要是氢的同位素氘和氚。太阳向外辐射光和热就是氘和氚核聚变反应的结果。聚变反应需要极高温度,所以氢弹要靠原子弹来引爆。同原子弹相比,氢弹的威力要大得多。

经实验测定,1千克氘氚混合物全部发生聚变反应,能释放5.8万吨TNT的爆炸当量。由此可以想见氢弹威力之大了。

由于氘和氚在常温常压下是气体,在实际应用中必须制成液体,这就需要极高的压强。所以直接作为氢弹装料是很困难的。像1952年美国爆炸的第一个热核装置,其质量竟达65 t。这样的装置要用火车运载,用于实战是非常困难的。

后来,科学家找到一种新的热核装料,即氘化锂(锂-6)。它的成本比氚要低得多,并且避免了氚的半衰期短的问题(氚的半衰期只有12.6年)。氘化锂的爆炸原理是,原子弹引爆时,大量高能中子与锂-6原子核发生核反应并产生氚,氚与氘发生热核反应,并释放出巨大的能量。

常见的氢弹是一种三相弹,也称作"氢铀弹"。它的爆炸过程大致是:裂变—聚变—裂变。它的核装料中,最外部是铀-238,里面包裹着一个氢弹。它的特点是,借助热核反应产生的大量中子轰击铀-238,使铀-238发生裂变反应。这种氢铀弹的威力非常大,放射性尘埃特别多,所以是一种"肮脏"的氢弹。

为了改善中国的核防卫能力,中国也于1967年成功地爆炸了氢弹,并且成为世界上第4个拥有氢弹的国家。

图13.3-14 氢弹结构示意图

图13.3-15 中国第一颗氢弹

(4)轻核聚变的应用之二——受控热核反应

1)研究现状与前景

中国、日本、韩国、俄罗斯、美国和欧盟6大ITER成员国2005年6月28日在莫斯科敲定法国的卡达拉舍(Cadalache)为反应堆建设地,这一为期30年、共计投资将超过100亿欧元的国际超大型科学合作项目很快就将正式启动。"ITER"——拉丁文"道路"之意。该计划旨在建立世界上第一个受控热核聚变实验反应堆,规模可与未来实用聚变反应堆相仿,用以解决建设聚变电站的关键技术问题。

2)托卡马克(磁约束装置)

托卡马克(Tokamak)是一种利用磁约束来实现受控核聚变的环性容器。它的名字

Tokamak 来源于环形(toroidal)、真空室(kamera)、磁(magnit)、线圈(kotushka)。最初是由位于苏联莫斯科的库尔恰托夫研究所的阿齐莫维齐等人在20世纪50年代发明的。托卡马克的中央是一个环形的真空室,外面缠绕着线圈。在通电的时候托卡马克的内部会产生巨大的螺旋形磁场,将其中的等离子体加热到很高的温度,以达到核聚变的目的。

3) 各国的托卡马克装置简介

20世纪70年代后期到80年代中期,世界各国陆续建成了四个大型的托卡马克,它们分别是:美国的 TFTR(Tokamak Fusion Test Reactor);日本的 JT—60;欧洲的 JET(Joint European Torus);苏联的 T—15。此外还有中国的超导托卡马克 HT—7U(后更名为 EAST,Experimental Advanced Superconducting Tokamak)。

图 13.3 - 16　托卡马克装置外部

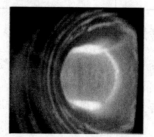
图 13.3 - 17　托卡马克装置内部

4) 惯性约束

除了用内部具有很强螺旋形磁场的环形真空室(即托卡马克装置)来约束等离子体之外,还有什么方法可以使等离子体乖乖就范不到处乱跑呢?

利用激光产生的高温高压,在瞬间使粒子聚集到一起,由于粒子的惯性,粒子在短时间内来不及散开,可以使粒子在相对比较长的时间里参与热核反应。关于受控热核反应可以用"前景光明,路途遥远"来概括。

5) 受控核聚变的应用前景

核聚变放射性微乎其微,不产生核废料,对环境的污染很小。1千克核聚变燃料相当于1万吨石油燃料。如果可控热核反应研究取得成功,人类将能利用海水中的重氢(几乎取之不尽)获得无限丰富的能源。

6) 聚变能的特点

优点:

①产能效率高。

②燃料丰富。地球上的水中可提取40多万亿吨的氘。氚可用锂来提取,地球上的锂有2 000亿吨,足以提取足够的氚。释放的能量足够我们全球用100亿年。

③安全清洁:反应时虽然有高温,但是一旦有故障出现高温不能维持,反应马上就停止。中间产物氦没有放射性。废物要比裂变少,好处理。

缺点:受控热核反应目前还难以实现长时间运行。研制的成本比较高。

(5) 裂变和聚变特点之比较

表 13-1 裂变和聚变特点比较

特性\类别	释放能量的原理	每个核子释放的能量	核废料处理的难度	原料隐藏量	可控性
裂变	重核裂变后质量亏损	0.85 Mev	相对比较麻烦	相对于聚变原料较少	比较容易控制
聚变	轻核聚变后质量亏损	3.5 Mev	比较容易解决	非常多	不容易控制

思考题

1. 简述 α 射线、β 射线与 γ 射线的含义,并比较三种射线的贯穿本领。
2. 简述原子核结合能的含义。
3. 与裂变反应相比,核聚变所具有的优点有哪些?

【阅读材料6】 放射性同位素及其应用

1. 同位素

同位素是指它们在元素周期表中占有同一个位置,即原子序数相同,化学性质相同,但是它们的原子量和放射性并不相同的一类元素。人们将 Z(电荷数)相同 N(中子数)不同的一些核素称为同位素(Isotope),N 相同 Z 不相同的核素称为同中子异荷素(Isotone),A(质量数)相同 Z 不同的一些核素称为同量异位素(Isobar)。具有放射性的同位素称之为放射性同位素。

2. 放射性同位素的应用领域

放射性同位素的应用领域有:工业同位素示踪,放射性同位素电池,同位素监控仪表,辐射加工技术应用,示踪技术应用,植物育种技术,昆虫辐射不育,食品辐照保藏,基础医学研究,核医学临床诊断,核技术放射治疗,医用辐射灭菌消毒,水文勘测,核测井技术,淡化海水研究,辐照技术与环境保护,考古研究,打击走私和反恐怖斗争,反恐电子束辐照灭菌加速器等。

3. 碳-14 测年法原理

普通的碳元素相对原子量为 12,即 C_{12}。C_{14} 是它的同位素。自然界中的 C_{14} 由宇宙射线与大气中的氮通过核反应产生。C_{14} 存在于大气中,随着生物体的吸收代谢,经过食物链进入活的动物或人体等一切生物体中。C_{14} 一面生成,一面衰变,使 C_{14} 在自然界中的含量与 C_{12} 的含量相对比值基本保持不变。生物体死亡后,新陈代谢停止,由于 C_{14} 的不断衰变,体内 C_{14} 和 C_{12} 含量的相对比值相应不断减少。通过对生物体出土化石中 C_{14} 和 C_{12} 含量的测定,就可以准确算出生物体死亡(即生存)的年代。这就是碳-14 测年法的基本原理。由于 C_{14} 的半衰期为 5 730 年,所以 C_{14} 适合测定的年份范围是五百年以前至三万年以内。C_{14} 的应用实例有我国对楼兰女尸、罗布泊纸的年代鉴定。

4. 伪画鉴定

1967 年美国 Carnegie Mellon 大学的科学家们进行了这项研究。他们利用测量作画用颜料中铅$_{210}$与镭$_{226}$放射性衰变率的大小及其接近程度判断油画的年代。铅$_{210}$的半衰期为 22 年，镭$_{226}$的半衰期为 1 620 年。镭$_{226}$→铅$_{210}$，铅$_{210}$→钋$_{210}$。通过鉴定确认，《织花边的女人》和《微笑的少女》两幅是真迹。

5. 打击走私和反恐怖斗争

利用钴-60 集装箱检查系统可有效打击利用集装箱走私货物、贩卖毒品、偷运武器和爆炸物等诈骗和恐怖主义活动。当集装箱通过时，钴-60 发出的 γ 射线被准直器约束成扇形片状窄束，穿过集装箱到达探测器。探测器将接收到的 γ 射线转换成电信号，送到计算机进行图像处理，可在屏幕上将集装箱内隐藏的走私品、毒品、武器和炸药等显示得一清二楚。

6. 伽玛刀

伽玛刀是一种放射治疗设备，全称是伽马射线立体定向治疗系统。它将许多束很细的伽马射线从不同的角度和方向照射过人体，并使它们都在一点上汇聚起来形成焦点。由于每一束射线的剂量都很小，基本不会对它穿越的人体组织造成损害，只要将焦点对准病变部位，就可以像手术刀一样准确地一次性摧毁病灶，达到无创伤、无出血、无感染、无痛苦、迅速、安全、可靠的疗效。

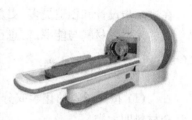

图 13.3-18 伽玛刀

7. 电子束辐照灭菌加速器

在加速器中，被加速的电子束（β 射线）经过扫描磁铁时被扫描成电子帘，当传送带上的被辐照物品通过高能电子帘辐射区吸收一定的电子束剂量后，被辐照物品中生物细菌就会被全部杀死。

8. 放射线对日常生活的影响（辐射计量单位：毫仑目）

日常相关活动：

① 20 000，钴-60 治疗；

② 5 000，职业人员年剂量；

③ 1 500，胃透视一次；

④ 1 000，巴西沙漠中的自然放射年剂量；

⑤ 500，每人每年接受大自然放射计量（来自宇宙设线大地及食物的年量）；

⑥ 100，胸部 X 光一次；

⑦ 50，我国核电厂界外法规限值。

思考题

1. 同位素发现的意义是什么？你知道同位素有哪些用途？
2. 考古学家怎样测定远古事件发生的年代？

第十四章 新材料技术

第一节 材料及其分类

一、材料

材料是人们用来制造有用物品的各种物质。材料是人类生产和生活的物质基础,也是社会生产力的重要因素。人类使用的材料逐渐发展形成了由金属材料、非金属材料、有机高分子材料和复合材料等组成的庞大的材料体系。现在人们依托科学技术的发展,还在进一步设计和创造更多、更新的材料。材料的日新月异,正在不断地适应社会和科技发展的需要。材料与能源、信息已经成为构成人类社会的三大支柱。

二、材料的分类

(1) 按照材料的化学成分的不同,可分为金属材料、非金属材料、有机高分子材料和复合材料四大类。

(2) 按照材料的不同用途来分,可分为结构材料和功能材料两大类。

结构材料是指既牢固又有一定变形和弯曲能力,可供人们在工程技术和日常生活中使用的材料,它们构成了现代各种材料的主体。

功能材料是指靠特定的功能,如靠电、磁、声、光、热、化、生物体等特性完成特定用途的材料。

(3) 按照材料的服务对象的不同来分,可分为信息材料、能源材料、建筑材料、航空材料、核反应堆材料等。

(4) 按照材料尺度的大小不同来分,又可分为块状材料、薄膜材料、粉末材料和纤维材料等。

第二节 金属材料

一、金属的基本特性

目前,我们已知的元素有 109 种,其中金属有 87 种。除汞以外,所有金属都是固体。金属的主要特性:金属中存在"自由电子";金属具有特殊的光泽;金属是热和电的良导体。

自由电子能吸收可见光,然后又反射出大部分频率的光,使金属显示特有光泽。自由电子在外电场的作用下,作定向流动,形成电流,这就是金属导电的原因。自由电子受热后,能量增大,运动速度也加大,它与金属离子碰撞而传递能量,从而使金属具有良好的导热性等。

二、金属的分类

在冶金工业上,我们把金属分为两大类。一类为黑色金属,指铁、铬、锰及其合金。另一类为有色金属,除去黑色金属之外其他金属都是有色金属。有色金属又可以分为四类:一是重金属(密度大于 $5×10^3 kg/m^3$),二是轻金属(密度小于 $5×10^3 kg/m^3$),三是贵金属(指地球上含量少,价格贵的金属),如金、银、铂等,四是稀有金属(自然界含量少,分布稀散的金属),如铍、钒、铬等。

三、几种常见的金属材料

目前,人们生产和生活中应用最多的(常见的)金属材料仍是钢铁、铜和铝三种。

(1) 钢铁

钢铁其实是铁碳合金,它们的主要成分是铁,另外还含有碳和其他元素如锰、硅、磷等。钢铁按含碳量的多少可分为生铁、熟铁和钢三类,它们在性质上有较大的差别。

表 14.2-1 钢铁的不同性质及主要用途

名称	含碳量(%)	性质	主要用途
生铁	>2.06	质硬、耐磨、性脆、易裂,只能浇铸,不能锻接加工	浇铸物品如铁锅、机床架等
钢	0.03~2.06	质硬、有韧性、可延展、可铸、锻	轮船船身,机器设备,建筑结构
熟铁	<0.03	质软、稍带弹性、高延展性、易弯曲,可锻接加工	铁丝、铁链、铁锚等

按化学成分不同,钢又可分为碳素钢(普通钢)和合金钢(特种钢)两大类。碳素钢按含碳量的高低可以分为三种,含碳量小于 0.3% 为低碳钢;含碳量在 0.3%~0.6% 的为中碳钢;含碳量大于 0.6% 的为高碳钢。一般的,含碳量高则硬度大,韧性低。所以中低碳钢可以用于制造机器零件和管子,高碳钢用于制造刀具、量具和冲压模具等。

合金钢是在普通钢中加入一种或几种合金元素,使钢的结构发生变化,从而获得各种特殊的性能。常见的合金元素有铬、镍、锰、钼、钒、钨、钛、硅、硼等。部分合金钢的特性和用途见表 14.2-2。

表 14.2-2 常用合金钢的性质和用途

名称	合金元素及含量(%)	特性	用途
硅钢	硅 2~4	良好电磁性	变压器、电机元件中硅钢片
不锈钢	铬 17~18 锰 15 氮 0.5	抗腐蚀性,良好机械加工性	化工设备、输油管、汽车装饰、餐具等
锰钢	锰 10~18	硬、韧性好	轨道、装甲钢板

(2) 铜

铜是人类历史上使用最早的金属。纯铜是紫色的金属,有良好的延展性,在金属中,铜的导电性和导热性仅次于银,因为具有价格上的优势,所以电器工业用的电线、电缆等输电线路主要用铜。

在冶金工业中,常用铜与一些金属来制造各种合金,常见铜合金可分为黄铜、青铜、白铜三类,其性能和用途见表 14.2-3。

表 14.2-3 铜合金的组成、性能和用途

名称	组成	性能	用途
黄铜	铜、锌	良好机械性和抗腐蚀性	散热箱、灯具、拉链、弹壳、金属网、阀体等
青铜	铜、锡	耐磨、耐腐蚀	轴承、阀门、耐磨零件
白铜	铜、镍	耐热、耐腐蚀、可塑性好	医用机械、仪器、化工机械

(3) 铝

纯铝是一种银白色的金属,有良好的导电、导热性和延展性,可拉成细丝,展成 0.01 mm 甚至更薄的铝片。它广泛用于电气工业、日常生活等方面。铝容易形成合金,品种繁多的铝合金用于航天航空、船舶、汽车等工业。铝具有两性,既可与酸反应,又可与碱反应,因此,在生活中,我们使用铝制品时不宜煮酸性食物,也不宜用碱洗涤。铝的化学性质较为活泼,铝制品也不宜长期盛含盐的物质。铝在空气中易生成致密氧化膜,这层氧化膜可保护内部铝不再继续氧化,因此,擦洗铝制品时,不宜用硬质工具摩擦,以免损坏保护膜,进而损伤铝制品。

第三节 非金属材料

一、无机非金属材料

通常是指材料成分中不含碳氢化合物的非金属材料。主要包括玻璃、陶瓷、水泥、耐火材料等硅酸盐材料和金刚石、石墨、石棉等非金属材料。

传统的无机非金属材料因其成分中都含有二氧化硅,所以又称为硅酸盐材料。硅酸盐材料主要有玻璃、水泥、陶瓷三种。

(1) 玻璃。玻璃是一种无定型硅酸盐混合物。人们利用玻璃制造成各种各样的器皿、艺术品。玻璃是建筑业最基本的材料之一,它不仅可以用于采光、隔热,而且也可用于装饰。

(2) 水泥。水泥是建筑行业大量应用的硅酸盐材料。主要成分为硅酸三钙。

(3) 陶瓷。生产陶瓷的原料有天然矿物原料和通过化学方法制备的化工原料两种。天然矿物原料主要是黏土,主要化学成分是水合硅酸铝类。陶瓷是一种重要的材料,用于工业、建筑、生活等,如室内装饰墙地砖、卫浴用品、茶具、器皿。据考古发现。我国 10 000 年前已有陶器,3 000 年前商代已有原始瓷器,我国古代陶瓷制品是我国灿烂文化的一部分。

二、有机化合物

有机化合物是指含碳化合物(一氧化碳、二氧化碳、碳酸盐等少数简单含碳化合物除

外)和碳氢化合物及其衍生物的总称。日常生活中所碰到的有机化合物如糖、酒精等,它们的相对分子质量一般在 50~500 之间。有机物的种类很多,结构不同,因而性质也各异,但一般的,有机物具有如下共性:

①通常情况下,有机物的熔、沸点较低,常以气体,低沸点的液体或低熔点的固体存在。

②大多有机物难溶于水,易溶于有机溶剂,符合化学上"相似相溶"原理。

③绝大多数有机物具有热不稳定性,受热易分解,还较容易燃烧。燃烧后,有机分子中的碳、氢、氧、硫形成的最终产物分别是二氧化碳、水、二氧化硫等。

三、有机高分子化合物和高分子材料

有一类有机化合物,如蛋白质、纤维素、橡胶等,它们的相对分子质量高达几万、几十万甚至几百万,我们把这种相对分子质量特别大的有机化合物叫做有机高分子化合物。

有机高分子材料一般分为两类:一类是天然高分子材料,如淀粉、蛋白质、纤维素和天然橡胶等;另一类是合成高分子材料,主要有塑料、合成纤维、合成橡胶三大合成材料。

1. 塑料

塑料的主要成分是合成树脂。合成树脂的基本原料是乙烯、丙烯、丁二烯、乙炔、苯、甲苯、二甲苯等低分子有机物,它们主要来源于石油、天然气、煤、电石、海盐等自然资源。

表 14.3-1　常用塑料及用途

塑料种类	用　　途
聚乙烯(PE)	食品袋、薄膜、塑料、油桶
聚苯乙烯(PS)	玩具、开关、容器、发泡材料等
聚氯乙烯(PVC)	电线外壳、雨衣、桌布、农用薄膜等
酚醛塑料	绝缘材料、日用品、纽扣等
聚四氯乙烯	塑料王、耐酸碱盛器、不粘底涂层
有机玻璃(聚甲基丙烯酸)	眼镜片、灯具、有机玻璃片

2. 合成纤维

合成纤维是化学纤维的一种,是用合成高分子化合物做原料而制得的化学纤维的统称。它以小分子的有机化合物为原料,经加聚反应或缩聚反应合成的线型有机高分子化合物,如聚丙烯腈、聚酯、聚酰胺等。从纤维的分类可以看出它属于化学纤维的一个类别。

合成纤维的主要品种如下:

①按主链结构可分碳链合成纤维,如聚丙烯纤维(丙纶)、聚丙烯腈纤维(腈纶)、聚乙烯醇缩甲醛纤维(维尼纶);杂链合成纤维,如聚酰胺纤维(锦纶)、聚对苯二甲酸乙二酯(涤纶)等。

②按性能功用可分耐高温纤维,如聚苯咪唑纤维;耐高温腐蚀纤维,如聚四氟乙烯;高强度纤维,如聚对苯二甲酰对苯二胺;耐辐射纤维,如聚酰亚胺纤维;还有阻燃纤维、高分子光导纤维等。合成纤维的生产有三大工序:合成聚合物制备、纺丝成型、后处理。

新型和功能性合成纤维有：

①超细纤维(纤维细度达 0.5→0.35→0.25→0.27 dpf 的涤纶,做成服装具有极佳柔软手感、透气防水防风效果)。

②复合纤维。

③吸湿排汗纤维。

④易染性涤纶纤维。

⑤聚乳酸纤维(PLA)。

⑥其他功能性涤纶(有抗紫外线、中空蓄热纤维、抗菌防臭纤维、阻燃纤维、远红外纤维、负离子纤维等)。

3. 合成橡胶

橡胶是制造飞机、军舰、汽车、拖拉机、收割机、水利排灌机械、医疗器械等所必需的材料。根据来源不同,橡胶可以分为天然橡胶和合成橡胶。合成橡胶是由人工合成的高弹性聚合物。也称合成弹性体,是三大合成材料之一,其产量仅低于合成树脂(或塑料)、合成纤维。

合成橡胶中有少数品种的性能与天然橡胶相似,大多数与天然橡胶不同,但两者都是高弹性的高分子材料,一般均需经过硫化和加工之后,才具有实用性和使用价值。合成橡胶在 20 世纪初开始生产,从 40 年代起得到了迅速的发展。合成橡胶一般在性能上不如天然橡胶全面,但它具有高弹性、绝缘性、气密性、耐油、耐高温或低温等性能,因而广泛应用于工农业、国防、交通及日常生活中。

(1) 合成橡胶的命名

许多国家都有各自的系统命名法。目前,世界上较为通用的命名法是按国际标准化组织制定的,此法是取相应单体的英文名称或关键词的第一个大写字母,其后缀以"橡胶"英文名第一个字母 R 来命名。例如丁苯橡胶是由苯乙烯与丁二烯共聚而成的合成橡胶,故称 SBR;同理,丁腈橡胶称 NBR;氯丁橡胶称 CR 等。中国的命名方法:对于共聚物是在相应单体之后缀以共聚物橡胶如丁二烯-苯乙烯共聚物橡胶,简称丁苯橡胶;对于均聚物,则在相应单体之前冠以"聚"字,而在聚合物之后缀以"橡胶",如顺式-1,4-聚异戊二烯橡胶(简称异戊橡胶),顺式-1,4-聚丁二烯橡胶(简称顺丁橡胶)等。此外,尚有通俗取名法,即取该聚合物除碳氢以外的特有元素或基团来命名。如由 α,ω-二氯代烃(或 α,ω-二氯代醚)和多硫化钠形成的橡胶俗称聚硫橡胶,而由异丁烯和少量异戊二烯共聚制得的橡胶常俗称丁基橡胶等。

(2) 合成橡胶的分类

合成橡胶的分类方法很多。

①按成品状态:可分为液体橡胶(如端羟基聚丁二烯)、固体橡胶、乳胶和粉末橡胶等。

②按橡胶制品形成过程:可分为热塑性橡胶(如可反复加工成型的三嵌段热塑性丁苯橡胶)、硫化型橡胶(需经硫化才能制得成品,大多数合成橡胶属此类)。

③按生胶充填的其他非橡胶成分:可分为充油母胶、充炭黑母胶和充木质素母胶。

④实际应用中又按使用特性:分为通用型橡胶和特种橡胶两大类。通用型橡胶指可以部分或全部代替天然橡胶使用的橡胶,如丁苯橡胶、异戊橡胶、顺丁橡胶等,主要用于制

造各种轮胎及一般工业橡胶制品。通用橡胶的需求量大,是合成橡胶的主要品种。

(3) 通用橡胶

包括丁苯橡胶、顺丁橡胶、异戊橡胶、异丙橡胶、乙丙橡胶、氯丁橡胶、丁基橡胶、丁腈橡胶等。

(4) 特种橡胶

①氟橡胶。氟橡胶是含有氟原子的合成橡胶,具有优异的耐热性、耐氧化性、耐油性和耐药品性,它主要用于航空、化工、石油、汽车等工业部门,作为密封材料、耐介质材料以及绝缘材料。

②硅橡胶。硅橡胶由硅、氧原子形成主链,侧链为含碳基团,用量最大的是侧链为乙烯基的硅橡胶。既耐热,又耐寒,使用温度在-100~300℃之间,它具有优异的耐气候性和耐臭氧性以及良好的绝缘性。缺点是强度低,抗撕裂性能差,耐磨性能也差。硅橡胶主要用于航空工业、电气工业、食品工业及医疗工业等方面。

③聚氨酯橡胶。聚氨酯橡胶是由聚酯(或聚醚)与二异腈酸酯类化合物聚合而成的。耐磨性能好,其次是弹性好、硬度高、耐油、耐溶剂。缺点是耐热老化性能差。聚氨酯橡胶在汽车、制鞋、机械工业中的应用最多。

(5) 合成橡胶生产工艺

合成橡胶的生产工艺大致可分为单体的合成和精制、聚合过程以及橡胶后处理三部分。

①单体的生产和精制。合成橡胶的基本原料是单体,精制常用的方法有精馏、洗涤、干燥等。

②聚合过程。聚合过程是单体在引发剂和催化剂作用下进行聚合反应生成聚合物的过程。有时用一个聚合设备,有时多个串联使用。合成橡胶的聚合工艺主要应用乳液聚合法和溶液聚合法两种。目前,采用乳液聚合的有丁苯橡胶、异戊橡胶、丁丙橡胶、丁基橡胶等。

③后处理。后处理是使聚合反应后的物料(胶乳或胶液),经脱除未反应单体、凝聚、脱水、干燥和包装等步骤,最后制得成品橡胶的过程。乳液聚合的凝聚工艺主要采用加电解质或高分子凝聚剂,破坏乳液使胶粒析出。溶液聚合的凝聚工艺以热水凝析为主。凝聚后析出的胶粒,含有大量的水,需脱水、干燥。

第四节 现代新材料技术

所谓现代新材料,是指新近发展的或正在研发的、性能超群的一些材料。目前,新材料已经初步形成了高性能金属材料、高性能无机非金属材料、新型有机合成高分子材料以及复合材料等多元化的局面。现代新材料技术就是关于新材料的获得和推广应用的技术。这一节主要介绍几种新型金属材料、新型无机非金属材料、新型有机合成高分子材料和具有特殊功能的复合材料、纳米材料的性能和典型应用,最后介绍了当代新材料的发展趋势。这里主要对超导材料、记忆合金材料、纳米材料的性能和应用进行讨论。

20世纪50年代以来,科学技术的突飞猛进,新材料研究异常活跃。新材料技术既是高新技术的一部分,又时刻为高新技术服务。新材料技术具有以下的特点:

①它是知识密集、资金密集的新兴产业。
②它与高新技术发展关系密切,相互促进、相互依赖。
③新材料是高新技术发展必要的物质基础,也是当代高新技术革命的先导。
④新材料技术还是社会生产力发展水平和技术进步的标志。

一、新金属材料

现代新金属材料主要有超导材料、稀土材料、形状记忆材料(合金)、贮氢合金、非晶态合金等。

(1) 超导材料

在一定条件下,能导致导电材料的电阻趋近于零的现象,称为"超导现象"。能产生电阻趋近于零的材料,称为"超导材料"。

水银是人类最早发现的超导材料。1911年,荷兰科学家昂纳斯发现当水银的温度降到4.2 K(4.2 K=-268.8℃)时,其电阻似乎突然消失,经过近百年的努力探索,人们陆续发现了上千种超导材料,其中具有实用价值的主要有铌、钛、铌锗、铌三锡、钒三镓等几种,而数铌钛合金的应用最为突出。

目前,采用液氮使电阻降为零的新型超导材料,主要有两个应用领域:一是将超导材料制成细丝,用来制造磁性极强的超导磁铁,用于磁约束核聚变、磁悬浮列车、超导发电机、电力传输等;二是薄膜形状的超导材料,用于超高速计算机、通信设备、航天系统等。

(2) 稀土材料

现在人们所说的稀土材料,一般是指由镧系15种元素加上钇、钪共17种金属元素中的一种或几种元素所形成的一类高纯单质及其化合物材料。冶金工业中,利用加入少量稀土元素来改善和提高金属的性能。

(3) 形状记忆材料(合金)

形状记忆合金是一种利用温度的变化来控制合金形状的新型功能材料,其特点是具有记忆形状的特异功能。

所谓形状记忆合金,就是在一定温度下,将这类合金先加工成型。然后改变外界温度(降温或升温),它会变形成另一种形状。一旦外界温度回复到原来温度时,它的形状就会复原,犹如具有"记忆"过去形状的功能,故称其为形状记忆合金。

最早发现的记忆合金是镍-钛合金。一根镍-钛合金丝,在室温下形状笔直坚硬;将它放入冷水中,它会变得很柔软,可将它弯曲成任意形状,如果再将它放回到热水中,已被弯曲的合金丝会突然伸直,恢复到它原先的形状。

形状记忆合金的"记忆力"与合金的晶体结构有关,它们通常是由两种或两种以上,具有热弹性马氏体可逆相变效应金属组成的合金。这些合金都有一个临界温度,在临界温度之上,它具有一种组织结构,而在临界温度之下,它又具有另一种组织结构。结构不同性能不同。

镍-钛合金的两种组织结构:在低温时,合金处于麻田散铁相,这时合金内的晶体结构是比较柔软的长斜方晶系形态,原子间的距离在受力时可作改变,故可以扭曲合金的外形。当我们将合金加热到高于它的临界温度时,合金则处于沃斯田铁相,这时合金内的晶体为坚固的体立方结构,原子间的距离回复到受力前的样子,于是合金便回到原来的形状。

形状记忆合金在工业、医疗、航空航天等方面都有重要的应用。如在航天方面,形状记忆合金可被制成航天飞机的抛物面形通讯天线。发射前,在临界温度下,将它叠成非常小的体积放入卫星内。进入太空后,将其取出置于相应位置,在太阳光照射下,温度升高,天线就可恢复原抛物面形状。

(4) 贮氢合金

1968年,人们发现某些合金具有吸收氢气的特性,如镁-镍合金、镧-镍合金。这类合金在一定温度和压力下可大量吸收氢气,其原因是合金中的金属原子能与氢原子结合形成氢化物,把氢贮藏起来。这是可逆反应,金属氢化物受热时,氢气又将会释放出来。有一些贮氢合金吸收的氢气体积可达到自身体积的1 000倍(标准状况)。贮氢合金可以用来提纯和回收氢气,它可以将氢气提纯到很高的纯度。我国科学家研制的钛-铁-锰贮氢材料,可将氢提纯到99.999 9%的超纯氢,这项研究可大大降低提纯氢的成本。

贮氢合金的迅速发展,为氢气的利用开辟了更广阔的前景。例如:贮氢合金吸氢后可用于氢动力汽车,它为开发无污染汽车提供了可靠的能量来源。另外;贮氢合金在吸氢时会放热,在放出氢气时会吸热,人们利用这种放热—吸热循环,进行热的贮存和传输,用作制冷或采暖设备等。

(5) 非晶态合金

"非晶态合金"是指一些不仅能以晶体的形式存在,也可以非晶体的形式存在的合金。

二、无机非金属新材料

无机非金属新材料主要有新型陶瓷、特种玻璃、非晶态材料和特种无机涂层材料等。

1. 新型陶瓷

新型陶瓷的原料是人工合成的超细、高纯的化工原料,粒度达到微米级以上,它用精密控制的制备工艺烧结而成。新型陶瓷的出现是陶瓷发展史上的一次革命性的变化。这种陶瓷在高温下仍有高强度,并具有许多传统陶瓷没有的特殊性能。主要包括:高温结构陶瓷、半导体陶瓷、生物相溶性陶瓷等。

2. 特种无机涂层材料

这是一类具有高温防热、耐磨、耐腐蚀、红外辐射、导电等多种功能的材料。广泛应用于工业和国防事业。

一些无机非金属涂料具有光、电、磁、声等特殊功能,它们在被涂物上会发生不同的作用。例如,现代战争中使用的"隐形"飞机和坦克,它们的"隐形"本领就是在表面覆盖一层吸波涂层,这种吸波涂层能吸收对方发射来的电磁波,或者改变电磁波的波长后,再反射回去,使对方雷达得不到飞机和坦克的准确方位和距离等信号,或者产生一种错觉,这样,便可有效避免敌方的攻击和侦破,得以出奇制胜。

三、新型有机高分子材料

主要有高性能塑料、特种纤维、特种橡胶、其他功能高分子材料如高分子分离膜、导电高分子材料等。

四、特殊功能的复合材料

主要有:玻璃钢;碳纤维增强树脂复合材料;聚合物基、金属基和陶瓷基复合材料等。

五、纳米材料

1. 纳米和纳米材料

纳米(nm)实际上是一个长度单位,是1m的十亿分之一,是一个非常小的空间尺度。纳米材料是当今材料科学研究中的热点之一,是用特殊的方法将材料颗粒加工到纳米级(10^{-9}m),再用这种超细微粒子制造人们需要的材料。目前,纳米材料有四种类型:纳米颗粒、纳米碳管和纳米线、纳米薄膜、纳米块材。

纳米材料具有较大的比表面,在结构中的键态严重失配,产生了许多活动中心,因而纳米材料有很强的吸附能力。小尺寸效应使其理化性能发生改变,并出现与常规材料不同的新的特征。

2. 纳米结构与纳米技术

20世纪末,随着一种新型显微镜(STM)的出现,人们能看清1 nm大小的物质,于是出现了纳米技术,又称毫微米技术。纳米结构:是指尺寸在100 nm以下的微小结构。纳米技术是指在纳米尺度的范围内,通过直接操纵和安排原子、分子来创造新物质材料的技术。即研究100 nm到0.1 nm范围内物质所具有的特异现象和特异功能,并在此基础上制造新材料,研究新工艺的方法与手段。

直到放大倍率达千万倍的扫描隧道显微镜(STM)发明后,纳米技术才真正成为一门技术。从90年代初起,纳米科技得到迅速发展,新名词、新概念不断涌现,像纳米电子学、纳米材料学、纳米机械学、纳米生物学等等。专家预测:未来全球技术发展的9大关键技术之一就是纳米科技的研究与应用。

在纳米技术方面,德国人跨出了第一步,美国人拉开了序幕。众所周知,要从分子、原子出发,制造物品,第一步得看见原子和分子,这一关键性的突破,由德国人迈出。1981年,德国科学家发明了纳米显微镜,即扫描隧道显微镜,人类从此可以直观地观察到单个原子。第二步就是要能够操纵它。1990年,美国加州IBM实验室的科学家,利用扫描隧道显微镜上的探针,在镍表面用35个氙原子排出"IBM"3个字母;总面积只有几个平方纳米,人类第一次实现了操纵单个原子,拉开了纳米科技的序幕。

3. 纳米材料的特性

在纳米材料中,由于纳米粒子的尺寸与光波波长、超导态的相干长度等物理特征尺寸相当或更小,使得晶体周期性的边界条件被破坏;由于纳米体系包含的原子数大大下降,使得原来的准连续能带转变为离散的能级。

纳米材料的这些特殊结构使它产生出四大效应:表面效应、小尺寸效应、量子效应和界面效应,从而具有传统材料所不具备的奇特的物理化学性能。

①表面效应

物体的表面积与体积之比称为比表面积,这个数据对纳米材料的性质具有重要影响。球形颗粒的表面积与直径的平方成正比,其体积与直径的立方成正比,故其比表面积与直径成反比。随着颗粒直径变小,比表面积将会显著增大,说明表面原子所占的百分比将会显著增加。

例如,直径大于 0.1 μm 的颗粒表面效应可忽略不计,而当尺寸小于 0.1 μm 时,随着颗粒直径的变小,比表面积就会显著地增加。比表面积的增加使处于表面的原子数越来越多,同时表面能迅速增加,从而使这些表面原子具有很高的活性而没有稳定的结构(一般固体材料表面颗粒具有稳定的结构)。这种纳米颗粒的表面与大块物体的表面具有不同的效应称为表面效应。

纳米材料的这种表面效应使得纳米材料有很强的吸附能力。纳米粒子具有防腐、抗菌的功能,将它涂在洗衣机内筒,可抑制细菌的生长。

②小尺寸效应

随着颗粒尺寸的量变,在一定条件下会引起颗粒性质的质变。由于颗粒尺寸变小所引起的宏观物理性质的变化称为小尺寸效应。

小尺寸效应使其理化性能发生改变,并出现与常规材料不同的新的特征。例如:在超微粒时,所有金属都呈现黑色,而且粒度愈小,颜色愈黑。纳米级微粒对光有极强的吸收能力,显示了很好的吸波性,它对光的反射率很低,通常低于 1%。

超微粒材料的熔点比同种较大颗粒的固态物质有明显下降,我们知道普通金的熔点为 1 064℃,但当金的颗粒大小为 2 nm 时,其熔点仅为 327℃ 左右,熔点下降竟达 700℃ 之多;纳米银粉的熔点也可从 960℃ 下降至 100℃;意味着纳米银粉可以在沸水中"熔化"。纳米金属的这一优点,有利于在低温条件下,将不同的纳米金属烧结成适用于高技术领域的、"超一流"的特种合金。

③量子效应

大块材料的能带可以看成是连续的,而介于原子和大块材料之间的纳米材料的能带将分裂为分立的能级。能级间的间距随颗粒尺寸减小而增大。当热能、电场能或者磁场能比平均的能级间距还小时就会呈现出一系列与宏观物体截然不同的反常特性,称之为量子效应。例如导电的金属在纳米颗粒时可以变成绝缘体。

④界面效应

纳米材料具有非常大的界面。界面的原子排列是相当混乱的,原子在外力变形的条件下很容易迁移,因此表现出很好的韧性与一定的延展性,使材料具有新奇的界面效应。

纳米材料的界面效应和量子效应,使纳米材料比传统材料更具有优良的力学性质,如纳米金属的固体硬度比传统金属材料硬 3~5 倍,纳米铁的断裂应力比一般铁高 12 倍;纳米铜比普通铜热扩散增强一倍;纳米金属的磁化率是普通磁性金属的 20 倍等。

4. 纳米材料的类型及发展的五个阶段

目前,纳米材料有四种类型:纳米颗粒材料、纳米碳管和纳米线材料、纳米薄膜材料、纳米块材。

纳米技术发展的五个阶段：第一阶段准确地控制原子数量在100个以下的纳米结构物质。第二阶段生产纳米结构物质。第三阶段大量制造复杂的纳米结构物质。第四阶段纳米计算机的实现。第五阶段科学家们将研制出能够制造动力源和程序自律化的元件和装置，促进高效的人工智能进入实际应用阶段。

5. 纳米材料的用途

纳米材料显示了广泛的应用前景。例如：利用纳米材料制成磁记录介质材料广泛应用于电声器件、阻尼器件等。纳米金属颗粒还是有机化合物氢化反应的一种极好的催化剂。纳米材料还可以用于医学、生物工程。例如：利用纳米微粒进行细胞分离、细胞染色，用纳米微粒制成的药物可更方便地在人体内传输，进行局部治疗和组织修补。纳米探针和纳米传感器应用，也可能带来诊断技术的革命。

2002年，一批高科技服装面料从实验室走上了展台：不用洗涤剂也能清洁的衣物、可用做防水地图的仿真丝面料等相继出现，高科技的服装面料令人耳目一新。具有易洁纳米涂层的陶瓷。摔不碎的纳米陶瓷。强度比常规铜高5倍纳米铜。纳米医药和医学，纳米药物，纳米诊断仪，纳米膜技术，纳米抗癌技术，纳米医疗机器人等相继出现。

6. 纳米材料的发展

未来纳米科技的发展，有三方面的意义，一是疾病的早期诊断，例如癌症的检出可达到几个细胞大小。二是高密度的信息储存，会在很小的位置上储存大量信息。三是开发新的高性能材料，应用于高科技领域。

展望未来，纳米材料的应用领域将不断拓宽，在电子和通讯；全媒体存储器；平板显示器；纳米医疗；纳米结构药物；微型机器人；化学和材料；纳米催化剂；纳米陶瓷；能源；新型电池；氢燃料安全存储；制造工业，微细加工；微型机器如飞机和汽车；无需洗涤的油漆；不燃塑料；轻型航天器；环境保护；纳米膜；纳米存储器；纳米开关等方面都发挥作用。

总之，纳米技术的研究和应用不仅能引发一场新的工业革命，而且还会带来人类认知革命，产生观念上的变革，它将对21世纪科学技术的发展产生重大的促进作用。

7. 理想超级纤维——碳纳米管

（1）碳60和巴基球

1985年，美国科学家克劳特和斯莫利等用激光束去轰击石墨表面，意外地发现了C60。C60的外形像足球，中心是空的，外边围砌着60个碳原子，碳原子组成了12个五边形和20个正六边形。碳60有一个别名：巴基球，一个巴基球的直径是0.7 nm。巴基球还可以做得更大，再增加10个碳原子，还可以做成碳70。有人认为，如果不是只用60个碳原子，而是用9×60个碳原子制成碳540，有可能在室温条件下就可实现超导！

（2）碳纳米管

科学家们又在想，碳原子既然可以排列成足球的形状，就可以排列成圆筒形。球形只能扩大，成为越来越大的球；圆筒形却可以加长，越加越长，成为一根纤维。于是科学家就用碳元素组成了一种圆筒材料——碳纳米管。人们制成的碳纳米管，其直径已经达到了1.4 nm，每一圈是

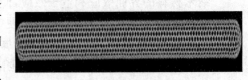

图14.4-1　碳纳米管

由 10 个六边形组成。要进一步增强它的强度,需要做到长度跟直径之比达到 20∶1。碳纳米管是由石墨中一层或若干层碳原子卷曲而成的笼状"纤维",内部是空的,外部直径只有几到几十纳米。其比重只有钢的六分之一,而强度却是钢的 100 倍。碳纳米管还是极好的储氢材料,在将来的以氢为动力的汽车上将得到应用。诺贝尔化学奖得主斯莫利教授认为,纳米碳管将是未来最佳纤维的首选材料,也将被广泛用于超微导线、超微开关以及纳米级电子线路中。

六、新材料发展的方向

随着社会的进步,人类总是不断地对材料提出新的要求。当今新材料的发展方向是:

(1) 结构与功能相结合。即新材料应是结构和功能上较为完美的结合。

(2) 智能型材料的开发。所谓智能型是要求材料本身具有一定的模仿生命体系的作用,既具有敏感又有驱动的双重功能。

(3) 少污染或不污染环境。新材料在开发和使用过程中,甚至废弃后,应尽可能少地对环境产生污染。

(4) 能再生。为了保护和充分利用地球上的自然资源,开发可再生材料是首选。

(5) 节约能源。对制作过程能耗较少的,或者新材料本身能帮助节能的,或者有利于能源的开发和利用的新材料优先开发。

(6) 长寿命。新材料应有较长的寿命,在使用的过程中少维修或尽可能不维修。

【阅读材料 7】 扫描隧道显微镜(STM)

1. 扫描隧道显微镜的诞生

1981 年,美国 IBM 公司设在瑞士苏黎世的实验室里,物理学家葛·宾尼(G. Binnig)和罗·海雷尔(H. Rohrer)发明了一种前所未有的新式显微镜,他们称其为"扫描隧道显微镜(Scanning Tunneling Microscope)"简称 STM。应用这台显微镜人们可以看到原子大小的东西。STM 的出现,使人类第一次能够实时地观察单个原子物质表面的排列状态和与表面电子行为有关的物理、化学性质,被国际公认为 80 年代世界十大科技成就之一。宾尼希博士和罗雷尔博士由于扫描隧道显微镜上的成就,共同获得 1986 年诺贝尔物理奖。

2. STM 的结构

图 14.4-2 STM 探头

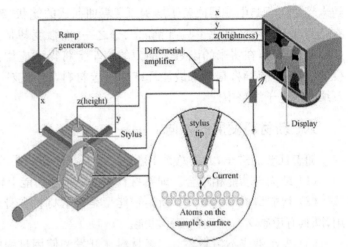

图 14.4-3 STM 结构

STM 主要由 STM 主体、电子反馈系统、计算机控制系统及高分辨图像显示终端组成。核心的部件是探头。电子反馈系统用于产生隧道电流及维持隧道电流的恒定,并控制针尖在样品表面进行扫描。计算机系统控制全部系统的运转,收集和存贮所获得的图像,并对原始图像进行处理,最后对在图像显示终端显示出的图像拍摄照片。

3. STM 的工作原理

(1) 隧道效应

在两块导电物体之间夹一层绝缘体,若在两个导体之间加上一定的电压,通常是不会有电流从一个导体穿过绝缘层流向另一导体的,即:两个导体之间存在着势垒,像隔着一座山一样。假如这层势垒的厚度很窄只有几个纳米,则由于电子在空间的运动呈现波动性,根据量子力学的计算,电子将穿过而不是越过这层势垒,从而形成电流。形象地看如同在山腰部打通了一条隧道像火车通过隧道那样,这种现象在量子力学中称为隧道效应。

(2) STM 的工作原理

将针尖和样品表面作为两个电极,当两者之间的距离足够小时,在电场的作用下,电子会穿过电极间的绝缘层,形成"隧道电流",这种效应就是隧道效应。STM 工作的特点是利用针尖扫描样品表面,通过隧道电流获取图像。STM 工作方式是恒电流扫描和恒高度扫描。

4. STM 的应用

(1) 纳米级微加工

图 14.4-4 针尖和样品表面

应用隧道效应,用 STM 可以人为操作表面。利用计算机控制 STM 的针尖作有规律的移动,并在某些部位加大隧道电流的强度或使针尖顶端直接接触到样品的表面,在某些样品如石墨的平坦表面上刻出有规律的痕迹,形成某些有意义的图形和文字。中国科学院化学所用自己研制的扫描隧道显微镜,在石墨晶体表面刻写出一幅中国地图,并刻写出"中国"两个字。两幅图像和文字的线条宽度只有 10 nm,如图

14.4-5左所示。

  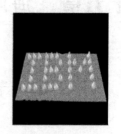

图14.4-5 利用STM进行纳米加工,移动原子组成图形和文字

(2) 移动原子

1990年4月,美国IBM公司的两位科学家在用STM观测金属镍表面的氙原子时,由探针和氙原子的运动受到启示,尝试用STM针尖移动吸附在金属镍表面上的氙原子,并且在液氦的低温下,将35个氙(Xe)原子在镍(Ni)面上移动排列出5个原子高的"IBM"3个字母的构图,得到图14.4-5右所示的情况。

1993年,美国科学家在低温下,用STM针尖将48个铁原子排成一个圆环,并且直接观察到了电子驻波的图形,见图14.4-5中所示。

(3) 纳米操纵成像

2002年第一期国际纳米界权威杂志《纳米通讯》采用了三个"笔迹"稍有歪扭的"DNA"字母虚拟画面做封面。这一成果是由中科院上海原子核研究所、交通大学胡钧、李民乾两位研究员领衔的课题组与德国莎莱大学科学家合作取得。通过纳米操纵技术,用单个DNA分子长链书写;每个字母长仅300 nm、宽200 nm。应用原子力显微镜等纳米显微术,将单个DNA链完整地拉直,再对分子链进行切割、弯曲、修剪,终于"写"出"DNA"三个字母。

第十五章　海洋技术

第一节　海洋——巨大的资源宝库

当今世界正面临着人口、资源、环境三大问题。随着人口的急剧膨胀,能源消耗的日益增多,环境污染的加剧,人类陆地生存空间受到了越来越大的威胁,于是人们将目光转向了海洋,开始争夺这一新的"制高点"。海洋拥有相当于陆地2.4倍的面积,是个名副其实的"聚宝盆"。蕴藏着极为丰富的生物、矿产、化学、动力、热能和空间等资源。有关专家估算,在不破坏资源的情况下,海洋给人类提供食物的能力等于全球陆上可耕地面积提供农产品的1 000倍,这是一座何等诱人的未来食品库!海水中潜藏的能量是巨大的,而且再生不竭。有鉴于此,向海洋进军已日渐成为各国的共识,一个在世界范围内开发利用海洋的高潮已经掀起,并且正在涌动下一个大潮。

地球上,陆地面积占总面积的29%,而海洋面积占到71%。海洋是生命的摇篮:地球上最早的生物出现在海洋(30亿年前生命诞生);目前地球上80%的生物资源在海洋中。地球上最早出现的是原核生物,后来发展到真核生物。5.7亿年前,海洋中开始出现各种动植物。大约1.3亿年后,各种动植物开始向陆地迁移,开始了陆上植物的进化。今天地球上的生物种类:动物:100万种;植物:40万种;微生物:10万种;海洋生物:20万余种。在不破坏生物平衡的条件下,海洋每年可提供30亿吨水产品,能够养活300亿人口。在海洋水产品中,人们吃得最多的是鱼类。全世界有鱼类2万多种,中国海域约有2 000种。

一、巨大的海洋资源宝库

①巨量的多金属结核,其中锰含量约2 000亿吨;
②海底磷矿、硫化矿、砂矿;
③海水中含有大量化学元素,可提取的元素包括铀、氘、氚等80余种;
④海洋的潮汐能、海浪能、海流能、海水热能等可再生能源的理论储量约为1 500亿千瓦,其中可开发利用的约70多亿千瓦,相当于目前发电总量的十几倍。

二、大洋底部的宝藏之一——锰结核

大洋底部含30多种金属元素:锰25%,铁14%,镍1.9%,铜0.5%,钴0.4%。
"锰结核"结构:团块以岩石碎屑,动、植物残骸的细小颗粒,鲨鱼牙齿等为核心,呈同心圆一层一层的,像一块切开的葱头。由此被命名为"锰结核",又称它为多金属团块。大小尺寸变化从几微米到几十厘米,重量最大的有几十千克。生存于海洋2 000～6 000 m水深海底的表层,4 000～6 000 m水深海底的品质最佳。总储量估计在30 000亿吨以上。其中以北太平洋分布面积最广,储量占一半以上,大约17 000亿吨。锰结核密集的地方,每平方米面积上有100多千克。生长速度:平均每千年长1 mm,每年增加1 000万吨。锰

结核的来源大致有四方面：①来自陆地，大陆或岛屿的岩石风化后释放出铁、锰等元素，其中一部分被洋流带到大洋沉淀；②来自火山，岩浆喷发产生的大量气体与海水相互作用时，从熔岩搬走一定量的铁、锰，使海水中铁、锰越来越富集；③来自生物，浮游生物体内富集微量金属，它们死亡后，尸体分解，金属元素也就进入海水；④来自宇宙，有关资料表明，宇宙每年要向地球降落 2 000～5 000 t 宇宙尘埃，它们富含金属元素，分解后也进入海水。

三、最具开发利用价值的海岸带砂和砾石

海岸带砂和砾石由各种途径进入海洋的泥沙和尘埃中，包含有各种不同的元素。不同成分的尘埃颗粒，密度、比重不同，粒径大小不同，扁、圆形状也有差异。这些特征各异的矿物碎屑，在波浪、海流作用下，分别聚集沉积在一起，就形成了海滨砂矿床。

海滨砂矿大宗应用：建筑用砂和砾石。70 年代以来，世界每年开采海滨建筑用砂和砾石的价值，也在 2 亿美元以上。较为稀少而价值甚高的海滨砂矿：金红石、钻石、独居石、石榴石、钛铁砂、铌铁砂、钽铁砂、磁铁砂、铬铁砂、锡砂、磷钇砂、金砂、铂砂、琥珀砂、金刚砂、石英砂等等。大海就像一个粉碎机和分选机，日夜不停地加工制造富含各种金属和非金属的细砂，并把它们按种类聚集在一起，形成可供人类开发利用的矿体。

四、海洋空间正引起人们越来越大的兴趣

巨大的海洋空间目前被人类利用极少。其实海洋环境是一个较稳定的环境，人类完全可以充分利用海洋空间，发展工矿企业和海洋农牧场，使人类部分活动仍回到生命的发源地——海洋中去。从这一点出发，人类征服海洋远比征服月球或其他星球受益更多。如果把四大洋中的太平洋整个的空间开发利用起来，就等于把整个陆地扩大了一倍多。所以开发海洋空间具有长远而巨大的意义。

本世纪 60 年代以来，随着科学技术的发展，特别是海洋工程的进步，不断把新型建筑材料应用到海洋工程之中，使得人们能够向海洋开发新的活动空间。由此，海上浮动工厂与日俱增。日本投资者在巴西建起了世界上第一座浮动工厂——巴西利亚纸浆厂。这座工厂是由两艘 230 m 长的浮船组成，一艘船安装发电机组，为工厂提供能源动力；一艘船安装纸张自动生产线，日处理原木 750 t，年生产 26 万吨漂白纸。新加坡利用远洋货轮改装成一个海上浮动奶牛场。奶牛场可饲养奶牛 6 000 余头，其饲养主要是取自海水中的各类海藻。用牛粪和船上的垃圾发酵和化学处理，生成沼气，并用来发电，驱动海水淡化装置，制造淡化海水，供人畜饮用。此外，新加坡投资者还在海上建起了目前世界上最大的海上旅馆。德国的投资者在海上建起一座日产 1 000 t 氨的浮动化工厂。

现代社会的发展，必须具备良好的交通条件，飞机当然是理想的交通工具了。社会经济越是发展，对机场的需求量就越大。在海上修建机场，既可节省陆地地皮，也可避免给城市带来飞机噪音公害。目前，全世界共有十多个海上机场，计划建造的或提出设想的就更多了。海上机场的建造方式主要有以下几种：填海式、浮动式、围海式和栈桥式。世界上最早的海上机场是日本在 1975 年建造的长崎海上机场。这个机场坐落在长崎海滨的箕岛东侧，一部分地基利用自然岛屿，一部分填海造成。人们利用海面浮体作机场的历史还要早些。在 1934 年，美国人在海上建成了纽约与百慕大的海上机场，机场是浮动式的。

栈桥式机场采取栈桥建造技术,就是先将桩打入海底,在钢桩上建造高出海平面一定高度的桥墩,在桥墩上建造飞机场。美国纽约拉爪地区的机场跑道,就是利用这种技术建造的。

建造海上机场的技术在不断提高,在未来的海面上,将会产生海天两用、浮动平台与栈桥相连的机场。

海峡、海湾之间的交通运输已经不再局限在水面了。为了解决水面轮渡费时且易受天气影响的矛盾,人们采取修建海底隧道的方法。目前,全世界已建成和计划建造的海底隧道有 20 多条。主要分布在日本、美国、西欧等地。这些海底隧道的一个特点是,它们大多是铁路交通的组成部分,也有的是城市地铁和汽车的通道。美国的曼哈顿岛和长岛、新泽西州之间,开挖了 5 条海底隧道,用以汽车通行。荷兰的鹿特丹市先后修建了 3 条海底隧道。在丹麦和瑞典将兴建长度为 3.4 km 的海底隧道。香港和九龙之间修建了一条长 1.4 千米的海底隧道。这条隧道由 14 节各长 100 m、直径 56.4 m 的预应力混凝土管段连接起来,形成一条海底隧道,隧道内铺设双轨铁道。工程完工后,可使香港与九龙之间的交通大大得到改善。世界上已建成的最长海底隧道为日本的青函隧道。青函隧道,南起青森县(今别町滨名),北至北海道知内町汤里,全长 53.85 km,其中 23.3 km 在海底,主隧道直径为 11 m,高为 9 m,铺设两条铁路线。另外,还有两条后勤供应辅助隧道,高速火车 13 min 就可通过隧道。青函隧道成了日本贯穿南北的大动脉。北海道与本州之间的交通将不再受恶劣气候的影响,运输能力大大提高,使日本首都与北海道首府之间的直快列车缩短了 6 个小时。

四通八达的海底通信网。万顷波涛的海面,令人望洋兴叹,茫茫大海并未能隔断世界各国的通讯联系,人类利用广阔的海底,铺设了条条海底电缆,把世界各大洲连在了一起。利用海底空间铺设电缆已有 140 多年的历史。1851 年 11 月,英国在多佛尔开始铺设接通了到达法国加莱的国际商用海底电缆,专门用来传输电报,这是人类历史上第一条海底电缆。1866 年 7 月 27 日接通了穿越大西洋的电报电缆。从此,一条条横跨海底的电报电缆线,沟通了世界各国的联系。

海底电话电缆的建设略晚于电报电缆。1891 年建成了第一条海底电话电缆,它是在英法两国之间铺设的。电话不同于电报,电话需要两条线,一条用于接收,一条用于发送,因此,电话的远距离通讯是在电话问世 40 年之后,当三极管放大电流这一难题得以解决才实现的。在海底远距离通讯同样每隔一段距离都要建立一个电子放大中继站,而要实现这项技术,难度更大。1943 年大不列颠邮政局研究出了浅水双向放大器;1950 年 11 月美国又研制出了深水放大器。这项技术研制出之后,在 1953 年 11 月大不列颠邮政局、加拿大大洋电讯公司、美国电报电话公司联合铺设了大西洋电话电缆。在这条线路上,共使用 102 个深水放大器。到 1983 年,全世界共有 106 条国际海底电缆,总长度为 12.4 万海里。最长的电缆线路为太平洋电缆,长度为 8 233 海里。横穿大西洋的有 14 条国际海底同轴电缆,总长度是 3.2 万海里,其中最长的电话电缆全长 3 599 海里。

人类在向海洋要通讯和电力输送空间过程中,技术在不断改进。在长途海底同轴电缆的生产、铺设和维修的技术基础上,海底光缆问世了。海底光缆与海底电缆相比,成本、维修费用低,而且长距离海底光缆使用数字再生中继技术,可传输数据、图像等信息,从而能满足日益增长的数字传输和交换的需要。光纤传递信号具有品质好、可靠性强、抗电磁干扰、耐海水腐蚀等优点。从 1979 年开始，美国、日本、英国等先进工业国家着手研制海底光缆，到 1980 年英国首先在苏格兰西部 100 m 深的海底正式铺设了 9.5 km 的海底光缆试验系统。日本于 1980 年 11 月在伊豆半岛的稻取—河津之间进行了 10.2 km 的无中继系统实验。1981 年至 1982 年，日本在相模湾 1 700 m 深的海底铺设了 1.3 km 的海底光缆；美国于 1981 年至 1982 年在百慕大外海 5 500 m 深的海底铺设了一条 18 km 长的海底光缆。1988 年，世界上第一条横越大西洋，连接北美洲与欧洲的海底光纤电缆 TAT—8 投入使用，这标志着人类已经跨入了光纤通讯时代。除海上通道之外，人们正在开拓新的利用领域，包括建设海上城市、海上机场、海下桥梁、海底隧道等，以期拓展人类生存的空间。

五、海水本身也是一种重要资源

海水不仅可以通过脱水处理变成淡水，还可以直接用于工业冷却、印染、清洁、消防，甚至将来有可能用于农业灌溉。

向海洋要淡水已成定势。淡水资源奇缺的中东地区，数十年前就把海水淡化作为获取淡水资源的有效途径。美国正在积极建造海水淡化厂，以满足人们目前与将来对淡水的需求。全世界共有近 8 000 座海水淡化厂，每天生产的淡水超过 60 亿 m^3。最近，俄罗斯海洋学家探测查明，世界各大洋底部也拥有极为丰富的淡水资源，其蕴藏量约占海水总量的 20%。这为人类解决淡水危机展示了光明的前景。

第二节　海洋探测手段与探测技术

现代海洋技术的发展，目前主要集中在海洋探测技术和海洋资源开发技术两部分。人类用科学方法大规模、系统地对世界海洋进行考察大约有 50 年。

一、海洋探测手段

(1) 科学考察船

海洋科学考察船的任务：调查海洋、研究海洋。它调查的主要内容有海面与高空气象、海洋水深与地貌、地球磁场、海流与潮汐、海水物理性质与海底矿物资源（石油、天然气、矿藏等）、海水的化学成分、生物资源（水产品等）、海底地震等。

大型海洋调查船性能要求：稳性和适航性能好，能经受住大风大浪的袭击。船上的机电设备、导航设备、通讯系统等先进燃料及各种生活用品的装载量大。

具有优良操作性能和定位性能的专用科学考察船始于 1872 年的英国"挑战者"号。该船长 226 英尺，排水量 2 300 t，使用风力和蒸汽作为动力。从 1872 年起，历经 4 年时间环绕航行，观测资料包括洋流、水温、天气、海水成分，发现了 4 700 多种海洋生物，并首次从太平洋上捞取了锰结核。1888—1920 年，美国的"信天翁"号探测船探测了太平洋。1927 年德国的"流星"号探测船首次使用电子探测仪测量海洋深度，校正了"挑战者"号绘制的不够准确的海底地形图。据报道,全世界总共有科学考察船2 000多艘,其中美国500多艘,前苏联400多艘,日本380多艘。日本海洋科学技术中心最近宣布,他们研制的无人驾驶深海巡航探测器"浦岛"号,在3 000 m深的海洋中行驶了3 518 m,创造了世界纪录。"浦岛"号全长9.7 m、宽1.3 m、高1.5 m、重7.5 t,水中行驶速度为4节,巡航速度为3节,最大潜水深度是3 500 m。"浦岛"号上安装着高精度的导航装置及测试仪器,使用锂电池作动力。这艘无人驾驶的深海探测器,使用无线通信手段向海面停泊的母船"横须贺"号传送了用水中摄像机拍摄的深海彩色图像。日本海洋科学技术中心认为,这一装置在世界上居领先地位。以这次航行试验成功为基础,海洋科学技术中心还计划开发性能更高的无人驾驶深海探测器,并且使用燃料电池作动力源。

(2) 潜水器

潜水器是深海探测的工具,是进行水下工程的重要设备。分载人潜水器和无人潜水器。

第一艘有实用价值的潜水器是英国人哈雷于1717年设计的。1953年,法国人奥古斯特·皮卡德设计建成的"里雅斯特"号自航式浮水器,1960年1月23日由奥古斯特·皮卡德的儿子雅克·皮卡德以及另一名潜水员美国海军上尉唐纳唐·维尔什共同乘坐,闯荡万米深渊——马里亚纳海沟。创下了潜水深度10 916 m的世界纪录。1988年,法国研制的可下潜6 000 m的深潜器,可载3人,能直接考察世界97%的洋底,可进行摄影、录像,还有两只分别为7个和5个自由度的机械手,用来采集海底样品。1989年,日本建造了可达水深6 500 m的深潜器"深海6500"号,创造了载人深潜器水下6 527 m作业的世界纪录。我国首个7 000 m超深度载人潜水器已经下水。

(3) 海洋卫星

主要技术:传感技术。测量海浪高度可以用主动微波遥感(雷达成像系统)。利用海面"粗糙度"不同的原理来进行分析处理。卫星向海面发出雷达波:无浪平静海面(光滑面),雷达波发生镜反射,雷达接收不到回波。海面有波浪时("粗糙"面),雷达波向各个方向散射,发生漫反射,雷达收到一部分回波。电脑算出海面的"粗糙"度,从而得知海浪的高度。

海洋地质调查主要技术手段:

利用人造卫星导航、全球定位系统(GPS)、无线电导航系统,确定调查船或观测点在海上的位置;利用回声测深仪,多波束回声测深仪及旁测声呐测量水深和探测海底地形地貌;用拖网、抓斗、箱式采样器、自返式抓斗、柱状采样器和钻探等手段采取海底沉积物、岩石和锰结核等样品;用浅地层剖面仪测海底未固结浅地层的分布、厚度和结构特征。用地震、重力、磁力及地热等地球物理方法,探测海底各种地球物理场特征、地质构造和矿产资源,有的还利用放射性探测技术探查海底砂矿。

海洋一号(HY—1A)卫星是中国第一颗用于海洋水色探测的试验型业务卫星。星上装载两台遥感器,一台是十波段的海洋水色扫描仪,另一台是四波段的CCD成像仪。HY—1A号星于北京时间2002年5月15日9时50分在太原卫星发射中心与FY—1D卫星由长征四号乙火箭一箭双星发射升空,在完成了7次变轨后,于2002年5月27日到达798千米的预定轨道,并于2002年5月29日按预定时间有效载荷开始进行对地观测。海洋一号B星于2007年4月11日发射。

1978年6月28日美国发射了世界上第一颗海洋卫星——"海洋卫星—1"号。俄海洋探测卫星可观察60 m深的核潜艇。Envisat卫星是欧洲迄今为止研制过的最大的地球观测卫星,欧洲所有的航天企业都参与了研制工作。该卫星2002年3月1日发射,对地球表面的陆地、大气和海洋进行监测。2004年7月11日上海建立我国首个海洋环境立体监测系统。

全球定位系统,由近30个覆盖全球的卫星组成,通过卫星的无线导航定位功能,可提供陆地、海洋、航空等实时性的导航、定位、定时甚至速度测量等功能。

二、海洋探测技术

(1) 深海探测与深潜技术

深海是指深度超过6 000 m的海域。世界上深度超过6 000 m的海沟有30多处,其中的20多处位于太平洋洋底,马里亚纳海沟的深度达11 000 m,是迄今为止发现的最深的海域。深海探测,对于深海生态的研究和利用、深海矿物的开采以及深海地质结构的研究,均具有非常重要的意义。

美国是世界上最早进行深海研究和开发的国家,"阿尔文"号深潜器曾在水下4 000 m处发现了海洋生物群落,"杰逊"号机器人潜入到了6 000 m深处。1960年,美国的"迪里雅斯特"号潜水器首次潜入世界大洋中最深的海沟:马里亚纳海沟,最大潜水深度为10 916 m。1997年,中国利用自制的无缆水下深潜机器人,进行深潜6 000 m深度的科学试验并取得成功,这标志着中国的深海开发已步入正轨。

(2) 大洋钻探技术

在漫长的地球历史中,沧海桑田、大陆漂移、板块运动、火山爆发、地震等都是地壳运动的表现形式。洋底是地壳最薄的部位,且有硅铝缺失现象,没有花岗岩那样坚硬的岩层。因此,洋底地壳是人类将认识的触角伸向地幔的最佳通道,"大洋钻探"是研究地球系统演化的最佳途径。

为了得到整个洋壳6 000 m的剖面结构,从而获取地壳、地幔之间物质交换的第一手资料,美国自然科学基金会从1966年开始筹备"深海钻探"计划,即"大洋钻探"的前身。1968年8月,"格罗玛挑战者"号深海钻探船,第一次驶进墨西哥湾,开始了长达15年的深海钻探,该船所收集的达百万卷的资料已成为地球科学的宝库,其研究成果证实了海底扩张,建立了"板块学说",为地球科学带来了一场革命。1985年1月,美、英、法、德等国拉开了"大洋钻探"的序幕。"大洋钻探"计划主要从两方面展开研究:一是研究地壳与地幔的成分、结构和动态;二是研究地球环境,即水圈、冰圈、气圈和生物圈的演化。

(3) 海洋遥感技术

海洋遥感技术,主要包括以光、电等信息载体和以声波为信息载体的两大遥感技术。海洋声学遥感技术是探测海洋的一种十分有效的手段。利用声学遥感技术,可以探测海底地形、进行海洋动力现象的观测、进行海底地层剖面探测,以及为潜水器提供导航、避碰、海底轮廓跟踪的信息。海洋遥感技术是海洋环境监测的重要手段。卫星遥感技术的突飞猛进,为人类提供了从空间观测大范围海洋现象的可能性。目前,美国、日本、俄罗斯等国已发射了10多颗专用海洋卫星,为海洋遥感技术提供了坚实的支撑平台。

中国的海洋遥感技术始于70年代,开始是借助国外气象卫星和陆地卫星的资料,开展空间海洋的应用研究,解决中国海洋开发、科学研究等实际问题。同时,中国积极研究发展本国的卫星遥感技术。1990年9月,中国发射"风云—1乙"卫星,该卫星上有两个波段为专用的海洋窗口,用于海洋遥感探测。

(4) 海洋导航技术

海洋导航技术,主要包括无线电导航定位、惯性导航、卫星导航、水声定位和综合导航等。无线电导航定位系统,包括近程高精度定位系统和中远程导航定位系统。最早的无线电导航定位系统是20世纪初发明的无线电测向系统。20世纪40年代起,人们研制了一系列双曲线无线电导航系统,如美国的"罗兰"和"欧米加",英国的"台卡"等。

卫星导航系统是发展潜力最大的导航系统。1964年,美国推出了世界上第一个卫星导航系统,称子午仪卫星导航系统。目前,该系统已成为使用最为广泛的船舶导航系统。

中国的海洋导航定位技术起步较晚。1984年,中国从美国引进一套标准"罗兰—C"台链,在南海建设了一套远程无线电导航系统,即"长河二号"台链,填补了中国中远程无线电导航领域的空白。在卫星导航方面,中国注重发展陆地、海洋卫星导航定位,已成为世界上卫星定位点最多的国家之一。

第三节 海洋资源开发技术

一、海洋石油和天然气开发和聚变材料氘氚的提取

中东地区:石油储量最多,占56.8%;欧洲:天然气储量最多,占54.6%;亚洲、大洋洲:石油、天然气只有5%;可燃冰99%的储量都在海底。在海洋进行石油和天然气的勘探开采工作要比陆地上困难得多。必须具备一些与陆地不同的特殊技术,如平台技术、钻井技术和油气输送技术等。

人类可靠的未来必须依托海洋资源,首先是海底铀和天然气。海洋石油和天然气的开发技术在世界上仅有百余年的历史。20世纪60年代初从事这项活动的国家仅有20个,海洋石油产量仅为1亿吨,占当时世界石油年总产量的1%。目前从事海洋石油开采的国家有100多个。1987年海洋石油产量为7.18亿吨,占当年石油产量的26.5%,天然气的年产量为3420亿立方米,占当年世界天然气总产量的15%。有关方面预计,到21世纪初,世界油气需要量的一半将来自海洋。

随着海洋石油和天然气的开发,给海洋工程提出的课题,促进钻井平台和水下施工技术的迅速发展。海洋钻探是油气勘探开发中必不可少的手段。世界海洋国家每年钻井数量最多的是美国,占世界海上钻井总数的1/3以上,其次是英国、印度尼西亚、马来西亚、前苏联、埃及等国。由于世界对石油需求的增加,钻井的数目逐年上升,钻井深度在不断发展。1965年,人们成功地钻了第一口深井,水深为193 m。1976年深水井有72口,最大水深超过千米,达到1 055 m。1988年深水石油钻井数有104口,水深超过千米的深水井

有10口,最大水深达到2 546 m。美国在钻深水石油井方面处于世界领先地位。1988年美国拥有深水井80口,占当年海上石油深水井总数的77%。70年代中期以后,钻探能力大大提高,制造出不同类型钻深水在千米以上的钻井船18艘,并实现了包括钻井设备的自动化和自动控制技术,完善了钻井计算机控制系统与网络系统,使用了无线电声学定位技术和卫星数据传输技术以及高精度的动力定位技术等。美国国家供应公司制造出的1630—E型钻机,最大钻探能力可达9 150 m,另一种2050—E型钻机,最大钻探能力可达15 250 m。

与此同时,海洋石油和天然气的开采技术和设备有了很大发展。从使用的材料来看,由木质变成钢质;从其结构类型看,钻井平台由固定式向移动式发展。现在通常使用的固定式生产平台有:钢导管架桩基平台,一般用于开采大中型海洋油气田;第二种为张力腿平台,这是一种新型石油生产平台,可在深水域作业;第三种是绷绳塔平台,又称系统塔平台,这是一种耸立于海底的铁塔式平台。目前世界各国所使用的移动式平台中,自升式钻井平台约占70%,是石油钻井平台的主要类型。自升式钻井平台的最大工作水深为100 m左右,被誉为近海100 m水深内石油钻探的标准工具。由于自升式钻井平台适应性强、工作效率高,而且造价较低,因此在水深允许范围内,总是首先被考虑采用。当然,自升式钻井平台也有弱点。随着海洋油气资源开发向较深海域发展,半潜式和浮船式钻井平台受到了重视。日本石川岛播磨重工业公司为加拿大资源开发公司建造了世界上第一座用于开发北极海域石油的移动式人工岛石油钻探装置。这种移动式人工岛机械性能好,稳定性强,适应范围大,是今后海上钻井平台的发展方向之一。

近年来,随着自动控制技术的发展和潜水器的应用,已出现了把整个海底采油系统、油气分离装置、储油装置完全置于水下的海底采油装置中。由于这种装置可避免风浪对油气生产作业的影响,建造成本低、完井时间短,适用于开发边缘油田和深水油田,因而发展很快,1985年全世界有360个,到1989年就增加到585个。

海洋中能源的蕴藏量尤其丰富,特别是海中的核聚变燃料——氘和氚,足以保证人类上百亿年的能源消耗。据估计,假如可控核聚变变为现实,那么,人们就不必再为能源问题而大伤脑筋了。核能的利用是未来能源的希望所在。从目前的科学技术水平来看,人们开发核能的途径有两条,一是重元素的裂变,如铀;二是轻元素的聚变,如氘、氚。重元素的裂变技术已得到实际应用;轻元素聚变技术正在积极研究之中。对于铀,采用人工方法轰击铀的原子核,使之分裂,可以释放出惊人的巨大能量。例如,1 kg铀裂变时释放的能量相当于2 500 t优质煤燃烧时放出的全部热能。目前,全世界已建成的和正在建设的原子能电站约上千座。随着原子能发电技术的发展,对燃料铀的需要量也在不断增加。但是,陆地上铀的储藏量并不丰富,按现在的消耗量,只够开采几十年。海水中溶解的铀的数量可达45亿吨,超过陆地储量的几千倍,若全部收集起来,可保证人类几万年的能源需要。不过,原子能发电站在运行中很不安全,一旦发生核泄漏,后患无穷。

与海水中提取铀相比,海水中氘的提取方法简便、成本较低;并且,海水中氘、氚的含量远远高于铀的含量,核聚变堆的运行也是十分安全的。氘和氚都是氢的同位素。在一定条件下,它们的原子核可以互相碰撞而聚合成一种较重的原子核——氦核,同时把核中贮存的巨大能量(核能)释放出来。一个碳原子完全燃烧生成二氧化碳时,只放出4电子伏特的能量，而氘—氚反应时能放出1 780万电子伏特的能量。据计算，1千克氘燃料至少可以抵得上4千克铀燃料或1万吨优质煤燃料。海水中氘的含量为十万分之三，即1升海水含有0.03克氘。这0.03克氘聚变时释放出来的能量等于300升汽油燃烧的能量，因此，人们用1升海水＝300升汽油这样的等式来形容海洋中核聚变燃料储藏的丰富，而海水中含有几亿亿千克的氘。

氘—氚的核聚变反应需要在几千万度，以至上亿度的高温条件下进行。目前，这样的反应已经在氢弹爆炸过程中得以实现。用于生产目的受控热核聚变在技术上还有许多难题，但是，随着科学技术的进步，这些难题都是能够解决的。1991年11月9日，由14个欧洲国家合资在欧洲联合环型核裂变装置上，成功地进行了首次氘—氚受控核聚变试验，反应时发出1.8兆瓦电力的聚变能量，持续时间为2 s，温度高达3亿度，比太阳内部的温度还高20倍。核聚变比核裂变产生的能量效应要高600倍，比煤高1 000万倍。因此，科学家们认为氘—氚受控核聚变的试验成功，是人类开发新能源历程中的一个里程碑。

二、海洋生物资源开发和海洋生物遗传工程技术

蛋白质是整个生命现象的物质基础，它既是人体的重要组成部分，又是人体生长发育和新陈代谢不可缺少的营养物质。因此，蛋白质营养已成为世界各国普遍关注的问题。学者指出：到21世纪初，世界人口将增至65亿，而耕地面积则将减少1/3，森林和牧场面积可能减少1/2，物种灭绝的速度将越来越快，仅靠陆地植物和动物将无法来维持未来人类的生活和生存。对此，托夫勒提出，对于一个饥饿的世界，海洋能够帮助解决基本的粮食问题，能为我们提供几乎无穷的蛋白质。浩瀚无垠的海洋是一个巨大的生物资源宝库。那里生长着20多万种海洋生物，仅近陆海区生长的藻类产量就比目前全世界小麦的总产量还要多20多倍。鱼类产品每年可为人类提供食物的能力，约为陆地上所能种植的全部农产品的1 000倍。据专家们计算，海洋中的浮游生物通过光合作用可提供初级生产量150亿吨，以摄食浮游生物为生的鱼、虾类的潜在生产量为15亿吨，食肉性鱼类的潜在生产量为1.5亿吨，而现在人们对海洋生物的利用率还不到1%。因此，充分利用这些资源，是人类开发利用海洋的重要领域。尽管海洋生物资源极其丰富，但是，大多数科学家已经认识到，对于迅速增长的世界人口来说，任何"宝库"都并非是"取之不尽，用之不竭"的。只有依靠高新技术合理开发海洋，才能使这个人类最大的蛋白质仓库不断发挥其应有的作用，而这项高新技术就是悄然兴起的海洋生物遗传工程。

美国细菌学家艾弗里(1877—1955)，第一个揭示了遗传物质是脱氧核糖核酸，也就是常说的DNA。1944年，他领导的小组在美国研究肺炎球菌的转代试验中证明了DNA是遗传信息的载体。美国遗传学家、生物物理学家沃森(1928—)与英国生物物理学家克里克(1916—)在他人研究的基础上，经过认真的分析、严格的理论计算和周密的思考，在1953年4月发表了论文《核酸的分子结构》，文中提出了DNA的双螺旋分子结构模型。从此，遗传学的研究从细胞水平进入到分子水平，这是分子生物学形成的一个重要标志。

分子生物学是海洋生物技术的基础。遗传工程学是20世纪60年代末、70年代初发展起来的一门新兴学科。遗传工程学研究生物的遗传基因与生物性状的相互关系。同时，也研究如何通过用类似工程设计的方法，把一种生物体内的遗传物质分离出来，经过

人工剪切、重新组合,设计出具有崭新性状的遗传物质和生物体。这门科学为培育海洋植物的新品种提供了新的手段。经过近几年的研究,人们试图用人工的方法,把不同海洋生物的脱氧核糖核酸分子提取出来,在体外进行切割、嫁接,再放回到海洋生物体中,使不同海洋生物的遗传特性得到实现。1985年,中国科学院水生所首次把人的一种管生长的基因从人的细胞里提取出来,然后接到鱼的脱氧核糖核酸里去,产生出世界上第一个转基因的鱼。在鱼体内的生长激素作用下,鱼的个体比一般同类鱼要大得多。1991年,美国科学界公开承认了这项生物技术,美国《纽约时报》发表文章指出:这是中国科学家在世界上第一次实现的。

现在,在海洋生物基因的研究上,有了较大的突破。人们可以找到一种生物酶(DNA的内切酶)把DNA切断。DNA里边包含有很多基因和控制表达基因程序的东西,只有把DNA的片段拿出来,并把它切开,才能识别其特殊的碱基顺序。现在,人们完全可以做到把DNA切断,将不要的东西拿走,再把要的基因摆进去,利用切断后再重接的技术,设计和创造动物、植物、微生物的新品种。

基因工程学的成果很快就反映到海水养殖业中,其中包括育种、性别控制、养殖新技术和病害防治等。在欧洲的尤里卡计划中,就有支持挪威和西班牙开发改善牡蛎营养和遗传的新技术,预期在5年之内达到工业化培养的程度。再如,1986年,美国科学家将虹鳟的生长激素基因转移到鲇鱼中,可使鲇鱼的养殖期从18个月缩短到12个月,降低养殖鲇鱼成本,为人类获得更丰富的海洋产品提供了条件。

海洋不仅是一个生物资源宝库,还蕴藏着诸多药物资源。陆生天然药物和化学合成药物的抗癌、抗病毒、抗真菌及免疫调节作用的效果还不够理想,为此,人类需要从海洋开辟新药途径。由于现代科学技术的发展,海洋药物便形成了一门年轻的学科。海洋药物资源和现代科学技术相结合,成为20世纪末及21世纪极有发展前景的新兴高新技术产业,法国、瑞士、日本、美国等国近些年相继成立了海洋药物研究机构。

中国海域的生物种类丰富多样,已有描述记录的物种达2万多种。未来海洋农业发展的主要方向:

①海洋水产生产农牧化

通过人为干涉,改造海洋环境,以创造经济生物生长发育所需的良好环境条件,同时也对生物本身进行必要的改造,以提高它们的质量和产量。

②蓝色革命计划

着眼于大洋深处海水的利用。将深层水抽上来,遇到充足的阳光,就会形成一个产量倍增的新的人工生态系统。温差可以用来发电或直接用于农业生产。这项工作将引发一场海水养殖的革命,称为"蓝色革命"。

③海水农业

指直接用海水灌溉农作物,开发沿岸带的盐碱地、沙漠和荒地。即要迫使陆地植物"下海",这是与以淡水和土壤为基础的陆地农业的根本区别。目前已经获得了可以用海水灌溉的小麦、大麦和西红柿等。

三、海水资源开发

大力推广海水利用,可以大大缓解滨海城市缺水问题。

①海水直接利用

海水直接利用技术包括:海水直流冷却(目前工业应用的主流);海水循环冷却;海水冲洗,阴极保护,防生物附着,防漏渗,杀菌技术等。

②海水淡化

主要的淡化方法有:多级闪蒸(用于海水的循环和流体的输送),低温多效(用于流体输送),反渗透。

③海水化学物质提取利用

海水中的元素分为两类,常量元素>1 mg/L(有 80 多种金属和非金属元素);微量元素<1 mg/L(60 多种)。

④综合开发海水技术

提溴(以提高现有地上卤水资源的溴利用率,发展高效溴化剂和新型阻燃剂等);海水、卤水提钾;提镁;提铀。

四、海洋能源开发

海洋能包括温度差能、波浪能、潮汐与潮流能、海流能、盐度差能、岸外风能、海洋生物能和海洋地热能等 8 种。蕴藏于海上、海中、海底的可再生能源,属新能源范畴。海洋能绝大部分来源于太阳辐射能,较小部分来源于天体(主要是月球、太阳)与地球相对运动中的万有引力。蕴藏于海水中的海洋能是十分巨大的,其理论储量是目前全世界各国每年耗能量的几百倍甚至几千倍。海洋能特点:

①在海洋总水体中的蕴藏量巨大,但单位体积、单位面积、单位长度所拥有的能量较小。

②具有可再生性。

③海洋能有较稳定与不稳定能源之分。较稳定的为温度差能、盐度差能和海流能。不稳定海洋能主要有潮汐能、潮流能、波浪能。

④属于清洁能源,一旦开发后,其本身对环境污染影响很小。

第十六章 生物技术

第一节 概 述

一、生物技术的范畴

广义的生物技术可说是无所不包。人类日常生活上的衣食住行，几乎全部离不开生物技术的影响。通常可把生物技术定义为：利用生物（动物、植物或微生物）或其产物，来生产对人类有用的物质或生物。

依此定义，早在数千年前，埃及人就已经知道用生物技术的方法来生产啤酒或其他酒类，我们所吃的酱油、泡菜、豆腐乳、味精等，也都是利用微生物加工的食品。酒类所含的酒精与风味、酱油或泡菜的迷人香味，都是微生物的代谢产物；而赫赫有名的青霉素，则是青霉菌为了抵抗各种细菌所生产的生物武器，但被人类利用来消灭入侵人体的细菌。因此，生物技术早就被人类所广泛应用，这些产品也都符合上述定义，可称为传统的生物技术。

现代生物技术运用生物化学、分子生物学以及分子遗传学等现代科技利器，来改变生物个体的遗传性质，获得所需要的产品。这是在根本上控制了生物的代谢或生理，以达到生产有用物质之目的。它与传统生物技术的区别在于现代生物技术是使用细胞与分子层次的微观手法来进行操作，而传统生物技术以整体动物、植物或微生物的饲养、交配或筛选方式来获取产品。

二、生物技术的特点

现代生物技术特点鲜明：

（1）原料简单。无论动植物还是微生物，都以自然界随手可得的物质为原料或能源，进行合成和代谢反应。这比化工生产中常用的中间体原料成本要低得多，而且取之不尽、用之不竭。

（2）反应条件温和。典型的生物化学反应大多数是在酶的催化作用下进行的，比相似的化工生产条件要温和得多。例如，中压法合成氨的工业生产条件为温度400～5 000℃、压力250～350兆帕，而光合作用却能在常温、常压下进行。

（3）体系结构极为复杂，运行过程却非常可靠。生物系统在合成物质时，先把脱氧核糖核酸（DNA）遗传信息转录给核糖核酸（RNA），然后以RNA为模板合成特征分子。这个过程虽然很复杂，但却没有错误和副产品，而且可重复进行。

（4）特殊的活性。生物分子一般都具有复杂精细的结构，往往会赋予生物分子特殊的活性。这些性能在一般情况下可能很微弱，但如果用适当方法强化，那么其他性质相似的化学物质就无法与它们相比。

(5) 系统的紧凑性。生物系统与具有相同功能的人造电子、光学、机械系统相比,前者要紧凑得多。这是由于生物系统中的信息码、模块、制造机构、组装机构,都是在分子尺度水平上以完美的方式自动组装起来的,所以比任何对应的人工制造系统都要小得多。

(6) 可提高或扩展人的能力。生物技术操作的是构成生命及其性能的分子、反应和系统,因而可提高或扩展人的能力。不仅可通过生物医学提高治疗效果和抗病力,提高人的体力和智力,而且可以通过光学、电子、机械设备与人脑的耦合来扩展人的能力,减少人机界面的操作难度等。

三、现代生物技术的起源与发展

现代生物技术之蓬勃发展,要从1953年在剑桥大学发现DNA的双螺旋构造开始,遗传学走进分子层次;接着是五十年的基因操作、转殖与表现的百家齐放与争鸣,把整个生物学带入数百年所未见的狂潮。这个运动在人类基因图谱解密的喝彩声中达到高潮,对五十多年前发现DNA双螺旋构造的J. D. Watson(即沃森)来说,是一个完美的句点,因为他也是人类基因图谱计划(Human GenomeProject)的推动者。20世纪70年代DNA体外重组的成功,标志着现代生物技术的正式诞生。

2000年6月26日,第一个基因组全序列工作草图终于完成。它是美国、英国、德国、日本、中国等几十个国家合作攻关的"人类基因组计划"(HGP)的一部分。从人类发现基因,到成功破译基因,前后不到50年,堪称人类认识自我的奇迹。生物技术在引入信息技术后,自身面貌发生了巨大的变化。1994年,美国研制成功"TT—100"生物计算机,可以识别人的指纹和面貌特征。1998年10月,美国研制出带有13.5万个基因探针的DNA芯片,从根本上改变生物学和医学的面貌及人类生命的质量。

四、生物技术的内涵

现代生物技术一般包括基因工程、细胞工程、酶工程、发酵工程和蛋白质工程。其中基因工程技术是现代生物技术的核心。20世纪末,随着计算生物学、化学生物学与合成生物学的兴起,发展了系统生物学的生物技术——系统生物技术(systems biotechnology),包括生物信息技术、纳米生物技术与合成生物技术等。

第二节 基因工程

基因工程是指在基因水平上,按照人类的需要进行设计,然后按设计方案创建出具有某种新的性状的生物新品系,并能使之稳定地遗传给后代。基因工程采用与工程设计十分类似的方法,明显地既具有理学的特点,同时也具有工程学的特点。

生物学家在了解遗传密码是RNA转录表达以后,还想从分子的水平去干预生物的遗传。1973年,美国斯坦福大学的科恩教授,把两种质粒上不同的抗药基因"裁剪"下来,"拼接"在同一个质粒中。当这种杂合质粒进入大肠杆菌后,这种大肠杆菌就能抵抗两种药物,且其后代都具有双重抗菌性,科恩的重组实验拉开了基因工程的大幕。

DNA 重组技术是基因工程的核心技术。重组，顾名思义，就是重新组合，即利用供体生物的遗传物质，或人工合成的基因，经过体外切割后与适当的载体连接起来，形成重组 DNA 分子，然后将重组 DNA 分子导入到受体细胞或受体生物构建转基因生物，该种生物就可以按人类事先设计好的蓝图表现出另外一种生物的某种性状。

一、DNA 重组技术的物质基础

(1) 目的基因

基因工程是一种有预期目的的创造性工作，它的原料就是目的基因。所谓目的基因，是指通过人工方法获得的符合设计者要求的 DNA 片段，在适当条件下，目的基因将会以蛋白质的形式表达，从而实现设计者改造生物性状的目标。

(2) 载体

目的基因一般都不能直接进入另一种生物细胞，它需要与特定的载体结合，才能安全地进入到受体细胞中。目前常用的载体有质粒、噬菌体和病毒。

质粒是在大多数细菌和某些真核生物的细胞中发现的一种环状 DNA 分子，它位于细胞质中。许多质粒含有在某种环境下可能是必不可少的基因。

噬菌体是专门感染细菌的一类病毒，由蛋白质外壳和中心的核酸组成。在感染细菌时，噬菌体把 DNA 注入细菌里，以此 DNA 为模板，复制 DNA 分子，并合成蛋白质，最后组装成新的噬菌体。当细菌死亡破裂后，大量的噬菌体被释放出来，去感染下一个目标。

质粒、噬菌体和病毒的相似之处在于，它们都能把自己的 DNA 分子注入宿主细胞中并保持 DNA 分子的完整，因而，它们成为运载目的基因的合适载体。因此，基因工程中的载体实质上是一些特殊的 DNA 分子。

(3) 工具酶

基因工程需要有一套工具，以便从生物体中分离目的基因，然后选择适合的载体，将目的基因与载体连接起来。DNA 分子很小，其直径只有 20 Å(10^{-10}米)，基因工程实际上是一种"超级显微工程"，对 DNA 的切割、缝合与转运，必须有特殊的工具。

1968 年，科学家第一次从大肠杆菌中提取出了限制性内切酶。限制性内切酶最大的特点是专一性强，能够在 DNA 上识别特定的核苷酸序列，并在特定切点上切割 DNA 分子。70 年代以来，人们已经分离提取了 400 多种限制性内切酶。有了它，人们就可以随心所欲地进行 DNA 分子长链切割了。1976 年，5 个实验室的科学家几乎同时发现并提取出一种酶，作 DNA 连接酶。从此，DNA 连接酶就成了"黏合"基因的"分子黏合剂"。

二、DNA 重组技术的一般操作步骤

一个典型的 DNA 重组包括五个步骤：

(1) 目的基因的获取

目前，获取目的基因的方法主要有三种：反向转录法、从细胞基因组直接分离法和人工合成法。

反向转录法是利用 mRNA 反转录获得目的基因的方法。现在用这种方法人们已先后合成了家兔、鸭和人的珠蛋白基因、羽毛角蛋白基因等。

从细胞基因组中直接分离目的基因常用"鸟枪法",因为这种方法犹如用散弹打鸟,所以又称"散弹枪法"。用"鸟枪法"分离目的基因,具有简单、方便和经济等优点。许多病毒和原核生物、一些真核生物的基因,都用这种方法获得了成功的分离。

化学合成目的基因是20世纪70年代以来发展起来的一项新技术。应用化学合成法,可在短时间内合成目的基因。科学家们已相继合成了人的生长激素释放抑制素、胰岛素、干扰素等蛋白质的编码基因。

(2) DNA分子的体外重组

体外重组是把载体与目的基因进行连接。例如,以质粒作为载体时,首先要选择出合适的限制性内切酶,对目的基因和载体进行切割,再以DNA连接酶使切口两端的脱氧核苷酸连接,于是目的基因被镶嵌进质粒DNA,重组形成了一个新的环状DNA分子(杂种DNA分子)。

(3) DNA重组体的导入

把目的基因装在载体上后,就需要把它引入到受体细胞中。导入的方式有多种,主要包括转化、转导、显微注射、微粒轰击和电击穿孔等方式。转化和转导主要适用于细菌一类的原核生物细胞和酵母这样的低等真核生物细胞,其他方式主要应用于高等动植物的细胞。

(4) 受体细胞的筛选

由于DNA重组体的转化成功率不是太高,因而,需要在众多的细胞中把成功转入DNA重组体的细胞挑选出来。应事先找到特定的标志,证明导入是否成功。例如,我们常用抗生素来证明导入的成功。

(5) 基因表达

目的基因在成功导入受体细胞后,它所携带的遗传信息必须要通过合成新的蛋白质才能表现出来,从而改变受体细胞的遗传性状。目的基因在受体细胞中要表达,需要满足一些条件。例如,目的基因是利用受体细胞的核糖体来合成蛋白质,因此目的基因上必须含有能启动受体细胞核糖体工作的功能片段。

这五个步骤代表了基因工程的一般操作流程。

人们掌握基因工程技术的时间并不长,但已经获得了许多具有实际应用价值的成果,基因工程作为现代生物技术的核心,将在社会生产和实践中发挥越来越重要的作用。

三、基因工程大事记

1860至1870年奥地利学者孟德尔根据豌豆杂交实验提出遗传因子概念,并总结出孟德尔遗传定律。

1909年丹麦植物学家和遗传学家约翰逊首次提出"基因"这一名词,用以表达孟德尔的遗传因子概念。

1944年3位美国科学家分离出细菌的DNA(脱氧核糖核酸),并发现DNA是携带生命遗传物质的分子。

1953年美国人沃森和英国人克里克通过实验提出了DNA分子的双螺旋模型。

1969年科学家成功分离出第一个基因。

1980年科学家首次培育出世界第一个转基因动物——转基因小鼠。

1983年科学家首次培育出世界第一个转基因植物——转基因烟草。

1988年K. Mullis发明了PCR技术。

1990年10月被誉为生命科学"阿波罗登月计划"的国际人类基因组计划启动。

1998年一批科学家在美国罗克威尔组建塞莱拉遗传公司，与国际人类基因组计划展开竞争。

1998年12月一种小线虫完整基因组序列的测定工作宣告完成，这是科学家第一次绘出多细胞动物的基因组图谱。

1999年9月中国获准加入人类基因组计划，负责测定人类基因组全部序列的1%。中国是继美、英、日、德、法之后第6个国际人类基因组计划参与国，也是参与这一计划的唯一发展中国家。

1999年12月1日国际人类基因组计划联合研究小组宣布，完整破译出人体第22对染色体的遗传密码，这是人类首次成功地完成人体染色体完整基因序列的测定。

2000年4月6日美国塞莱拉公司宣布破译出一名实验者的完整遗传密码，但遭到不少科学家的质疑。

2000年4月底中国科学家按照国际人类基因组计划的部署，完成了1%人类基因组的工作框架图。

2000年5月8日德、日等国科学家宣布，已基本完成了人体第21对染色体的测序工作。

2000年6月26日科学家公布人类基因组工作草图，标志着人类在解读自身"生命之书"的路上迈出了重要一步。

2000年12月14日美英等国科学家宣布绘出拟南芥基因组的完整图谱，这是人类首次全部破译出一种植物的基因序列。

2001年2月12日中、美、日、德、法、英6国科学家和美国塞莱拉公司联合公布人类基因组图谱及初步分析结果。科学家首次公布人类基因组草图"基因信息"。

四、基因工程的利与弊

1. 基因工程的应用领域

（1）农牧业、食品工业

运用基因工程技术，不但可以培养优质、高产、抗性好的农作物及畜、禽新品种，还可以培养出具有特殊用途的动、植物。

①转基因鱼：生长快、耐不良环境、肉质好（中国）。②转基因牛：乳汁中含有人生长激素的转基因牛（阿根廷）。③转黄瓜抗青枯病基因的甜椒。④转鱼抗寒基因的番茄。⑤转黄瓜抗青枯病基因的马铃薯。⑥不会引起过敏的转基因大豆。⑦超级动物：导入贮藏蛋白基因的超级羊和超级小鼠。⑧特殊动物：导入人基因具特殊用途的猪和小鼠。⑨抗虫棉：利用一些杆菌可合成毒蛋白杀死棉铃虫，把这部分基因导入棉花的离体细胞中，再组织培养就可获得抗虫棉。

(2) 环境保护

基因工程做成的 DNA 探针能够十分灵敏地检测环境中的病毒、细菌等污染。利用基因工程培育的指示生物能十分灵敏地反映环境污染的情况，却不易因环境污染而大量死亡，甚至还可以吸收和转化污染物。基因工程做成的"超级细菌"能吞食和分解多种污染环境的物质（通常一种细菌只能分解石油中的一种烃类，用基因工程培育成功的"超级细菌"却能分解石油中的多种烃类化合物。有的还能吞食转化汞、镉等重金属，分解 DDT 等毒害物质）。

(3) 医学

医学方面的应用主要有两个方面：一是制药，二是基因诊断和基因治疗。先讲在制药方面的应用。

许多药品的生产是从生物组织中提取的。受材料来源限制产量有限，其价格往往十分昂贵。微生物生长迅速，容易控制，适于大规模工业化生产。若将生物合成相应药物成分的基因导入微生物细胞内，让它们产生相应的药物，不但能解决产量问题，还能大大降低生产成本。

①基因工程胰岛素

胰岛素是治疗糖尿病的特效药，长期以来只能依靠从猪、牛等动物的胰腺中提取，100 kg 胰腺只能提取 4~5 g 的胰岛素，其产量之低和价格之高可想而知。

将合成的胰岛素基因导入大肠杆菌，每 2 000 L 培养液就能产生 100 g 胰岛素！大规模工业化生产不但解决了这种比黄金还贵的药品产量问题，还使其价格降低了 30%~50%。

②基因工程干扰素

干扰素治疗病毒感染简直是"万能灵药"。过去从人血中提取，300 L 血才提取 1 mg。其"珍贵"程度自不用多说。

基因工程人干扰素 $\alpha-2b$（安达芬）是我国第一个全国产化基因工程人干扰素 $\alpha-2b$，具有抗病毒，抑制肿瘤细胞增生，调节人体免疫功能的作用，广泛用于病毒性疾病治疗和多种肿瘤的治疗，是当前国际公认的病毒性疾病治疗的首选药物和肿瘤生物治疗的主要药物。

③其他基因工程药物

人造血液、白细胞介素、乙肝疫苗等通过基因工程实现工业化生产，均为解除人类的病苦，提高人类的健康水平发挥了重大的作用。

基因工程在诊断和治疗方面的应用十分广泛。

基因作为机体内的遗传单位，不仅可以决定我们的相貌、高矮，而且它的异常会不可避免地导致各种疾病的出现。某些缺陷基因可能会遗传给后代，有些则不能。基因治疗的提出最初是针对单基因缺陷的遗传疾病，目的在于有一个正常的基因来代替缺陷基因或者来补救缺陷基因的致病因素。

用基因治病是把功能基因导入病人体内使之表达，并因表达产物——蛋白质发挥了功能使疾病得以治疗。基因治疗的结果就像给基因做了一次手术，治病治根，所以有人又把它形容为"分子外科"。

我们可以将基因治疗分为性细胞基因和体细胞基因治疗两种类型。性细胞基因治疗是在患者的性细胞中进行操作,使其后代从此再不会得这种遗传疾病。体细胞基因治疗是当前基因治疗研究的主流。但其不足之处也很明显,它并没有改变病人已有的单个或多个基因缺陷的遗传背景,以致在其后代的子孙中必然还会有人要患这一疾病。

无论哪一种基因治疗,目前都处于初期的临床试验阶段,均没有稳定的疗效和完全的安全性,这是当前基因治疗的研究现状。可以说,在没有完全解释人类基因组的运转机制、充分了解基因调控机制和疾病的分子机理之前进行基因治疗是相当危险的。增强基因治疗的安全性,提高临床试验的严密性及合理性尤为重要。尽管基因治疗仍有许多障碍有待克服,但总的趋势是令人鼓舞的。据统计,截止1998年底,世界范围内已有373个临床法案被实施,累计3 134人接受了基因转移试验,充分显示了其巨大的开发潜力及应用前景。正如基因治疗的奠基者们当初所预言的那样,基因治疗的出现将推动新世纪医学的革命性变化。

运用基因工程设计制造的"DNA探针"检测肝炎病毒等病毒感染及遗传缺陷,不但准确而且迅速。通过基因工程给患有遗传病的人体内导入正常基因可"一次性"解除病人的疾苦。

重症联合免疫缺陷(SCID)患者缺乏正常的人体免疫功能,只要稍被细菌或者病毒感染,就会发病死亡。这个病的机理是细胞的一个常染色体上编码腺苷酸脱氨酶(简称ADA)的基因(ada)发生了突变。可以通过基因工程的方法治疗。

2. 基因工程危害

关于转基因生物的安全性,目前仍没有科学性共识。尽管如此,基因工程农作物已被大规模投放,生物医学应用也日益增加。转基因生物还被投入工业使用和环境恢复,而公众对此却知之甚少。最近几年,越来越多的证据证明基因工程存在生态、健康危害和风险,对农民也有不利影响。

(1) 基因工程细菌影响土壤生物,导致植物死亡

1999出版的研究资料列举了基因工程微生物释放到环境中将如何导致广泛的生态破坏。

当把克氏杆菌的基因工程菌株与砂土和小麦作物加入微观体中时,喂食线虫类生物的细菌和真菌数量明显增加,导致植物死亡。而加入亲本非基因工程菌株时,仅有喂食线虫类生物的细菌数量增加,而植物不会死亡。没有植物而将任何一种菌株引入土壤都不会改变线虫类群落。

克氏杆菌是一种能使乳糖发酵的常见土壤细菌。基因工程细菌被制造用来在发酵桶中产生使农业废物转换为乙醇的增强乙醇浓缩物。发酵残留物,包括基因工程细菌亦可用于土壤改良。

研究证明,一些土壤生态系统中的基因工程细菌在某些条件下可长期存活,时间之长足以刺激土壤生物产生变化,影响植物生长和营养循环进程。虽然目前仍不清楚此类就地观测的程度,但是基因工程细菌引起植物死亡的发现也说明如果使用此种土壤改良有杀伤农作物的可能。

(2) 致命基因工程鼠痘病毒偶然产生

澳大利亚研究员在研发相对无害的鼠痘病毒基因工程时竟意外创造出可彻底消灭老鼠的杀手病毒。

研究员们将白细胞间介素4的基因(在身体中自然产生)插入到一种鼠痘病毒中以促进抗体的产生,并创造出用于控制鼠害的鼠类避妊疫苗。非常意外的是,插入的基因完全抑制了老鼠的免疫系统。鼠痘病毒通常仅导致轻微的症状,但加入IL-4基因后,该病毒9天内使所有动物致死。更糟的是,此种基因工程病毒对接种疫苗有着异乎寻常的抵抗力。

经改良的鼠痘病毒虽然对人类无影响,但却与天花关系十分密切,让人担心基因工程将会被用于生物战。一名研究员在谈及他们决定出版研究成果的原因时曾说:"我们想警告普通民众,现在有了这种有潜在危险的技术,我们还想让科学界明白,必须小心行事,制造高危致命生物并不是太困难。"

杀虫剂使用的增加大部分是由于HT(即转基因)作物,尤其是HT大豆使用的杀虫剂增加,这一点可追溯到对HT作物的严重依赖性以及杂草管理的单一除草剂(草甘膦)使用。这已导致转移到更加难以控制的杂草,而某些杂草中还出现了遗传抗性,迫使许多农民在基因工程作物上喷洒更多的除草剂以对杂草适当进行控制。HT大豆中的抗草甘膦杉叶藻于2000年在美国首次出现,在HT棉花中也已鉴别出此种物质。

其他研究显示,基因工程农作物本身也会对其使用的除草剂产生抗性,引发严重的自身自长作物问题(同一块地里早先种植的作物种子发芽的植物后来变成杂草)并迫使进一步使用除草剂。加拿大科学家证实了抗多种除草剂之基因工程油菜的迅速演化,此种作物因花粉长距离传播而融合了不同公司研制的单价抗除草剂特性。

此外,科学家还在2002年确认了转基因可从Bt向日葵移动到附近的野生向日葵,使杂化物更强、对化学药品更具抗性,因为较之无基因控制的情况,杂化物多了50%的种子,且种子健康,甚至在干旱条件下也如此。

北卡罗莱那州大学的研究显示,Bt油菜与相关杂草、鸟食草之间的交叉物可产生抗虫性杂合物,使杂草控制更困难。

所有这些事件使预防方法和严格的生物安全管理变得突出。预防原则在《卡塔赫纳生物安全协议》这一主要管理转基因微生物的国际法律中已得到重申。尤其是第10(6)条声称,如果缺乏科学定论,缔约方可限制或禁止转基因生物的进口,以避免或使生物多样性及人类健康的不利影响降到最低。

第三节 细胞工程

关于细胞工程的定义和范围还没有一个统一的说法,一般认为,细胞工程是根据细胞生物学和分子生物学原理,采用细胞培养技术,在细胞水平进行的遗传操作。细胞工程大体可分为染色体工程、细胞质工程和细胞融合工程。

一、细胞培养技术

细胞培养技术是细胞工程的基础技术。所谓细胞培养,就是将生物有机体的某一部分组织取出一小块,进行培养,使之生长、分裂的技术。细胞培养又叫组织培养。近二十年来细胞生物学的一些重要理论研究的进展,例如细胞全能性的揭示,细胞周期及其调控,癌变机理与细胞衰老的研究,基因表达与调控等,都是与细胞培养技术分不开的。

体外细胞培养中,供给离开整体的动植物细胞所需营养的是培养基,培养基中除了含有丰富的营养物质外,一般还含有刺激细胞生长和发育的一些微量物质。培养基一般有固态和液态两种,它必须经灭菌处理后才可使用。此外,温度、光照、振荡频率等也都是影响培养的重要条件。

植物细胞与组织培养的基本过程包括如下几个步骤:

第一步,从健康植株的特定部位或组织,如根、茎、叶、花、果实、花粉等,选择用于培养的起始材料(外植体)。

第二步,用一定的化学药剂(最常用的有次氯酸钠、升汞和酒精等)对外植体表面消毒,建立无菌培养体系。

第三步,形成愈伤组织和器官,由愈伤组织再分化出芽并可进一步诱导形成小植株。

动物细胞培养有两种方式。一种叫非贴壁培养:也就是细胞在培养过程中不贴壁,条件较为复杂,难度也大一些,但是容易同时获得大量的培养细胞。这种方法一般用于淋巴细胞、肿瘤细胞和一些转化细胞的培养。另一种培养方式是贴壁培养:也称为细胞贴壁,贴壁后的细胞呈单层生长,所以此法又叫单层细胞培养。大多数哺乳动物细胞的培养必须采用这种方法。

动物细胞不能采用离体培养,以人的皮肤细胞培养为例,动物细胞培养的主要步骤如下:

第一步,在无菌条件下,从健康动物体内取出适量组织,剪切成小薄片。

第二步,加入适宜浓度的酶与辅助物质进行消化作用使细胞分散。

第三步,将分散的细胞进行洗涤并纯化后,以适宜的浓度加在培养基中,37℃下培养,并适时进行传代。

在细胞培养中,我们经常使用一个词——克隆。克隆一词是由英文 clone 音译而来,指无性繁殖以及由无性繁殖而得到的细胞群体或生物群体。细胞克隆是指细胞的一个无性繁殖系。自然界早已存在天然的克隆,例如,同卵双胞胎实际上就是一种克隆。

基因工程中,还有称为分子克隆(molecular cloning)的,是科恩等在 1973 年提出的。分子克隆发生在 DNA 分子水平上,是指从一种细胞中把某种基因提取出来作为外源基因,在体外与载体连接,再将其引入另一受体细胞自主复制而得到的 DNA 分子无性系。

二、细胞核移植技术

由于克隆是无性繁殖,所以同一克隆内所有成员的遗传构成是完全相同的,这样有利于忠实地保持原有品种的优良特性。人们开始探索用人工的方法来进行高等动物克隆。哺乳动物克隆的方法主要有胚胎分割和细胞核移植两种。其中,细胞核移植是发展较晚但富有潜力的一门新技术。

细胞核移植技术属于细胞质工程。所谓细胞核移植技术,是指用机械的办法把一个被称为"供体细胞"的细胞核(含遗传物质)移入另一个除去了细胞核被称为"受体"的细胞中,然后这一重组细胞进一步发育、分化。核移植的原理是基于动物细胞的细胞核的全能性。

采用细胞核移植技术克隆动物的设想,最初由一位德国胚胎学家在1938年提出。从1952年起,科学家们首先采用两栖类动物开展细胞核移植克隆实验,先后获得了蝌蚪和成体蛙。1963年,我国童第周教授领导的科研组,以金鱼等为材料,研究了鱼类胚胎细胞核移植技术,获得成功。到1995年为止,在主要的哺乳动物中,胚胎细胞核移植都获得成功,但成体动物已分化细胞的核移植一直未能取得成功。

1996年,英国爱丁堡罗斯林研究所,伊恩·维尔穆特研究小组成功地利用细胞核移植的方法培养出一只克隆羊——多利,这是世界上首次利用成年哺乳动物的体细胞进行细胞核移植而培养出的克隆动物。

在核移植中,并不是所有的细胞都可以作为核供体。作为供体的细胞有两种:一种是胚胎细胞,一种是某些体细胞。

研究表明,卵细胞、卵母细胞和受精卵细胞都是合适的受体细胞。

2000年6月,我国西北农林科技大学利用成年山羊体细胞克隆出两只"克隆羊",这表明我国科学家也掌握了哺乳动物体细胞核移植的尖端技术。

核移植的研究,不仅在探明动物细胞核的全能性、细胞核与细胞质关系等重要理论问题方面具有重要的科学价值,而且在畜牧业生产中有着非常重要的经济价值和应用前景。

三、细胞融合技术

细胞融合技术属于细胞融合工程。细胞融合技术是一种新的获得杂交细胞以改变细胞性能的技术,它是指在离体条件下,利用融合诱导剂,把同种或不同物种的体细胞人为地融合,形成杂合细胞的过程。细胞融合术是细胞遗传学、细胞免疫学、病毒学、肿瘤学等研究的一种重要手段。

动物细胞融合的主要步骤是:

第一步,获取亲本细胞。将取样的组织用胰蛋白酶或机械方法分离细胞,分别进行贴壁培养或悬浮培养。

第二步,诱导融合。把两种亲本细胞置于同一培养液中,进行细胞融合。动物细胞的融合过程一般是:两个细胞紧密接触→细胞膜合并→细胞间出现通道或细胞桥→细胞桥数增加、扩大通道面积→两细胞融合为一体。

植物细胞融合的主要步骤是:

第一步,制备亲本原生质体。

第二步,诱导融合。

微生物细胞的融合步骤与植物细胞融合基本相同。

从20世纪70年代开始,已经有许多种细胞融合成功,有植物间、动物间、动植物间甚至人体细胞与动植物间的成功融合的新的杂交植物,如"西红柿马铃薯"、"拟南芥油菜"和

"蘑菇白菜"等。从目前的技术水平来看，人们还不能把许多远缘的细胞融合后培养成杂种个体，尤其是动物细胞难度更大。

第四节 酶工程、发酵工程和蛋白质工程

一、酶工程

酶工程是指利用酶、细胞或细胞器等具有的特异催化功能，借助生物反应装置和通过一定的工艺手段生产出人类所需要的产品。它是酶学理论与化工技术相结合而形成的一种新技术。

酶工程可以分为两部分。一部分是如何生产酶，一部分是如何应用酶。

酶的生产大致经历了四个发展阶段。最初从动物内脏中提取酶，随着酶工程的进展，人们利用大量培养微生物来获取酶，基因工程诞生后，通过基因重组来改造产酶的微生物，近些年来，酶工程又出现了一个新的热门课题，那就是人工合成新酶，也就是人工酶。

酶在使用中也存在着一些缺点。如遇到高温、强酸、强碱时就会失去活性，成本高，价格贵。实际应用中酶只能使用一次等。利用酶的固定化可以解决这些问题，它被称为是酶工程的中心。

60年代初，科学家发现，许多酶经过固定化以后，活性丝毫未减，稳定性反而有了提高。这一发现是酶的推广应用的转折点，也是酶工程发展的转折点。如今，酶的固定化技术日新月异。它表现在两方面：

一是固定的方法。目前固定的方法有四大类：吸附法、共价键合法、交联法和包埋法。

二是被固定下来的酶，具有多种酶，能催化一系列的反应。

与自然酶相比，固定化酶和固定化细胞具有明显的优点：

（1）可以做成各种形状，如颗粒状、管状、膜状，装在反应槽中，便于取出，便于连续、反复使用。

（2）稳定性提高，不易失去活性，使用寿命延长。

（3）便于自动化操作，实现用电脑控制的连续生产。

如今已有数十个国家采用固定化酶和固定化细胞进行工业生产，产品包括酒精、啤酒、各种氨基酸、各种有机酸以及药品等。

二、发酵工程

现代的发酵工程。又叫微生物工程，指采用现代生物工程技术手段，利用微生物的某些特定的功能，为人类生产有用的产品，或直接把微生物应用于工业生产过程。

发酵是微生物特有的作用，几千年前就已被人类认识并且用来制造酒、面包等食品。20世纪20年代主要是以酒精发酵、甘油发酵和丙醇发酵等为主。20世纪40年代中期美国抗菌素工业兴起，大规模生产青霉素以及日本谷氨酸盐（味精）发酵成功，大大推动了发酵工业的发展。

20世纪70年代,基因重组技术、细胞融合等生物工程技术的飞速发展,发酵工业进入现代发酵工程的阶段。不但生产酒精类饮料、醋酸和面包,而且生产胰岛素、干扰素、生长激素、抗生素和疫苗等多种医疗保健药物,生产天然杀虫剂、细菌肥料和微生物除草剂等农用生产资料,在化学工业上生产氨基酸、香料、生物高分子、酶、维生素和单细胞蛋白等。

从广义上讲,发酵工程由三部分组成:上游工程,发酵工程和下游工程。其中上游工程包括优良种株的选育,最适发酵条件(pH、温度、溶解氧和营养组成)的确定,营养物的准备等。发酵工程主要指在最适发酵条件下,发酵罐中大量培养细胞和生产代谢产物的工艺技术。下游工程指从发酵液中分离和纯化产品的技术。

发酵工程的步骤一般包括:

第一步,菌种的选育。

第二步,培养基的制备和灭菌。

第三步,扩大培养和接种。

第四步,发酵过程。

第五步,分离提纯。

发酵工程在医药工业、食品工业、农业、冶金工业、环境保护等许多领域得到广泛应用。

三、蛋白质工程

在现代生物技术中,蛋白质工程是在20世纪80年代初期出现的。蛋白质工程是指在深入了解蛋白质空间结构以及结构与功能的关系,并在掌握基因操作技术的基础上,用人工合成生产自然界原来没有的、具有新的结构与功能的、对人类生活有用的蛋白质分子。

蛋白质工程的类型主要有两种:

一是从头设计,即完全按照人的意志设计合成蛋白质。从头设计是蛋白质工程中最有意义也是最困难的操作类型,目前技术尚不成熟,已经合成的蛋白质只是一些很小的短肽。

二是定位突变与局部修饰,即在已有的蛋白质基础上,只进行局部的修饰。这种通过造成一个或几个碱基定位突变,以达到修饰蛋白质分子结构目的的技术,称为基因定位突变技术。

蛋白质工程的基本程序是:首先要测定蛋白质中氨基酸的顺序,测定和预测蛋白质的空间结构,建立蛋白质的空间结构模型,然后提出对蛋白质的加工和改造的设想,通过基因定位突变和其他方法获得需要的新蛋白质的基因,进而进行蛋白质合成。

由于蛋白质工程是在基因工程的基础上发展起来的,在技术方面有很多同基因工程技术相似的地方,因此蛋白质工程也被称为第二代基因工程。

蛋白质工程为改造蛋白质的结构和功能找到了新途径,而且还预示人类能设计和创造自然界不存在的优良蛋白质的可能性,从而具有潜在的巨大社会效益和经济效益。

第五节 生物技术的应用

伴随着生命科学的新突破,现代生物技术已经广泛地应用于工业、农牧业、医药、环保等众多领域,产生了巨大的经济和社会效益。

生物技术的应用

1. 生物技术在工业方面的应用

(1) 食品方面

首先,生物技术被用来提高生产效率,从而提高食品产量。

其次,生物技术可以提高食品质量。例如,以淀粉为原料采用固定化酶(或含酶菌体)生产高果糖浆来代替蔗糖,这是食糖工业的一场革命。

第三,生物技术还用于开拓食品种类。利用生物技术生产单细胞蛋白为解决蛋白质缺乏问题提供了一条可行之路。目前,全世界单细胞蛋白的产量已经超过3 000万吨,质量也有了重大突破,从主要用作饲料发展到走上人们的餐桌。

(2) 材料方面

通过生物技术构建新型生物材料,是现代新材料发展的重要途径之一。

首先,生物技术使一些废弃的生物材料变废为宝。例如,利用生物技术可以从虾、蟹等甲壳类动物的甲壳中获取甲壳素。甲壳素是制造手术缝合线的极好材料,它柔软,可加速伤口愈合,还可被人体吸收而免于拆线。

其次,生物技术为大规模生产一些稀缺生物材料提供了可能。例如,蜘蛛丝是一种特殊的蛋白质,其强度大,可塑性高,可用于生产防弹背心、降落伞等用品。利用生物技术可以生产蛛丝蛋白,得到与蜘蛛丝媲美的纤维。

第三,利用生物技术可开发出新的材料类型。例如,一些微生物能产出可降解的生物塑料,避免了"白色污染"。

(3) 能源方面

生物技术一方面能提高不可再生能源的开采率,另一方面能开发更多可再生能源。

首先,生物技术提高了石油开采的效率。

其次,生物技术为新能源的利用开辟了道路。

2. 生物技术在农业方面的应用

现代生物技术越来越多地运用于农业中,使农业经济达到高产、高质、高效的目的。

(1) 农作物和花卉生产

生物技术应用于农作物和花卉生产的目标,主要是提高产量、改良品质和获得抗逆植物。

首先,生物技术既能提高作物产量,还能快速繁殖。

其次,生物技术既能改良作物品质,还能延缓植物的成熟,从而延长了植物食品的保藏期。

第三，生物技术在培育抗逆作物中发挥了重要作用。例如，用基因工程方法培育出的抗虫害作物，不需施用农药，既提高了种植的经济效益，又保护了我们的环境。我国的转基因抗虫棉品种，1999年已经推广200多万亩，创造了巨大的经济效益。

(2) 畜禽生产

利用生物技术以获得高产优质的畜禽产品和提高畜禽的抗病能力。

首先，生物技术不仅能加快畜禽的繁殖和生长速度，而且能改良畜禽的品质，提供优质的肉、奶、蛋产品。

其次，生物技术可以培育抗病的畜禽品种，减少饲养业的风险。如利用转基因的方法，培育抗病动物，可以大大减少牲畜瘟疫的发生，保证牲畜健康，也保证人类健康。

(3) 农业新领域

基因工程提高了农牧产品的产量和质量。利用转基因植物生产疫苗是目前的一个研究热点。科研人员希望能用食用植物表达疫苗，人们通过食用这些转基因植物就能达到接种疫苗的目的。目前已经在转基因烟草中表达出了乙型肝炎疫苗。

利用转基因动物生产药用蛋白同样是目前的研究热点。科学家已经培育出多种转基因动物，它们的乳腺能特异性地表达外源目的基因，因此从它们产的奶中能获得所需的蛋白质药物，由于这种转基因牛或羊吃的是草，挤出的奶中含有珍贵的药用蛋白，生产成本低，可以获得巨额的经济效益。

3. 生物技术在医药方面的应用

目前，医药卫生领域是现代生物技术应用得最广泛、成绩最显著、发展最迅速、潜力也最大的一个领域。

(1) 疾病预防

利用疫苗对人体进行主动免疫是预防传染性疾病的最有效手段之一。注射或口服疫苗可以激活体内的免疫系统，产生专门针对病原体的特异性抗体。

20世纪70年代以后，人们开始利用基因工程技术来生产疫苗。基因工程疫苗是将病原体的某种蛋白基因重组到细菌或真核细胞内，利用细菌或真核细胞来大量生产病原体的蛋白，把这种蛋白作为疫苗。例如用基因工程制造乙肝疫苗用于乙型肝炎的预防。我国目前生产的基因工程乙肝疫苗，主要采用酵母表达系统产生疫苗。

(2) 疾病诊断

生物技术的开发应用，提供了新的诊断技术，特别是单克隆抗体诊断试剂和DNA诊断技术的应用，使许多疾病特别是肿瘤、传染病在早期就能得到准确诊断。

单克隆抗体以它明显的优越性得到迅速的发展，全世界研制成功的单克隆抗体有上万种，主要用于临床诊断、治疗试剂、特异性杀伤肿瘤细胞等。有的单克隆抗体能与放射性同位素、毒素和化学药品联结在一起，用于癌症治疗，它准确地找到癌变部位，杀死癌细胞，有"生物导弹"、"肿瘤克星"之称。

DNA诊断技术是利用重组DNA技术，直接从DNA水平作出人类遗传性疾病、肿瘤、传染性疾病等多种疾病的诊断。它具有专一性强、灵敏度高、操作简便等优点。

(3) 疾病治疗

生物技术在疾病治疗方面主要包括提供药物、基因治疗和器官移植等方面。

利用基因工程能大量生产一些来源稀少价格昂贵的药物,减轻患者的负担。这些珍贵药物包括生长抑素、胰岛素、干扰素等等。

基因治疗是一种应用基因工程技术和分子遗传学原理对人类疾病进行治疗的新疗法。世界上第一例成功的基因治疗是对一位4岁的美国女孩进行的,她由于体内缺乏腺苷脱氨酶而完全丧失免疫功能,治疗前只能在无菌室生活,否则会由于感染而死亡。经治疗,这个女孩可进入普通小学上学。截至1997年6月,全世界已批准的临床基因治疗方案有218项,接受基因治疗和基因转移的患者总数已有2 557名。

1990年,人类基因组计划在美国正式启动,2003年4月14日,中、美、英、日、法、德六国科学家宣布:人类基因组序列图绘制成功。人类基因组计划的完成,有助于人类认识许多遗传疾病以及癌症的致病机理,将为基因治疗提供更多的理论依据。

器官移植技术向异种移植方向发展,即利用现代生物技术,将人的基因转移到另一个物种上,再将此物种的器官取出来置入人体,代替人的生病的"零件"。另外,还可以利用克隆技术,制造出完全适合于人体的器官,来替代人体"病危"的器官。

4. 生物技术在环保方面的应用

(1) 污染监测

现代生物技术建立了一类新的快速准确监测与评价环境的有效方法,主要包括利用新的指示生物、利用核酸探针和利用生物传感器。

人们分别用细菌、原生动物、藻类、高等植物和鱼类等作为指示生物,监测它们对环境的反应,便能对环境质量作出评价。

核酸探针技术的出现也为环境监测和评价提供了一条有效途径。例如,用杆菌的核酸探针监测水环境中的大肠杆菌。

近年来,生物传感器在环境监测中的应用发展很快。生物传感器是以微生物、细胞、酶、抗体等具有生物活性的物质作为污染物的识别元件,具有成本低、易制作、使用方便、测定快速等优点。

(2) 污染治理

现代生物治理采用纯培养的微生物菌株来降解污染物。

例如科学家利用基因工程技术,将一种昆虫的耐DDT基因转移到细菌体内,培育一种专门"吃"DDT的细菌,大量培养,放到土壤中,土壤中的DDT就会被"吃"得一干二净。

第六节 21世纪生物技术的三座金矿

随着基因技术的突飞猛进,21世纪已经被认为是生物技术的世纪。但是生物技术产业并没有因此一帆风顺,投资界对生物技术的态度忽冷忽热。据英国《经济学家》杂志分析,一般人对生物技术产业的怀疑,主要原因是将短期的问题与长期的潜力混为一谈。与信息产业不同,生物技术产业几乎不受经济景气周期的影响,在医疗、农业和工业等领域,都充满了巨大的全球性商机。日前美国一家著名的医药公司的结肠癌新药的开发成功,又一次证明了生物技术产业强大的生命力。只要生物技术产业熬过漫长的研发期,一旦产品上市,就可以获得丰厚的回报。据有关专家预测,结肠癌新药至少为这家公司赚到200亿美元。综观全球生物技术产业,目前它的三座金矿已经日渐凸现。

金矿一:基因技术

据专家分析,生物技术发展史上,三项获得诺贝尔奖的技术性大突破都是基因技术,它们都具有亿万美元的商业价值。第一项是20世纪70年代的基因重组技术,全球最大的生物技术公司美国的 Amgen 公司,借助这项技术开发出抗贫血的新药,获得了63亿美元的销售收入。第二项也是20世纪70年代的单细胞抗体技术,美国历史最久的生物技术公司 Genentech 2002年获得的28亿美元的销售收入,就主要来源于这项技术的应用。最新一项是被权威科学杂志《科学》杂志评为生物技术界最伟大突破的 RNA 干扰技术,同样具有巨大的商业应用价值,《财富》杂志评论它是生物技术新药的下一个热点。此外,利用转基因技术正在创造新的奇迹。据国际农业生物技术应用服务机构的统计,2003年全球18个国家的700多万个农场种植了转基因作物,种植面积达数千万公顷,7年增长了40倍。中国的转基因技术发展很快,转基因棉花已占总面积的一半,每年为农民增收50亿元。其他如转基因水稻、玉米、大豆、蔬菜等400多个品种已进入安全性评价阶段,并有若干个品种具备了产业化条件。

金矿二:新药开发

利用生物技术开发新药,是目前最为热门也是最赚钱的领域之一。美国一家医药专业杂志针对全球制药公司所做调查结果显示,全球前25名的大公司研发的新药共1932个,其中由企业自行研发的占59%,通过收购专利取得的占41%。单排名全球第一的葛兰素史克公司,研发的新药就有176个。据美国《商业周刊》估计,结肠癌新药上市后每年可获得10亿美元的销售收入。有报告称,人类已能生产针对200多种疾病的500多种生物药物,全世界有3亿多人因此而受益。目前,全球有200多种生物药正在临床试验,其中一类新药占1/3。医药生物技术将从预防、疾病诊断、药物制造、生物治疗等方面全面提升医药卫生科技水平,推进第四次医学科技革命。

金矿三:工业领域

生物技术在工业上的应用,被业界称为"新的工业革命"。麦肯锡顾问公司的报告指出,到2010年,全球化学产品的产值中,有五分之一是应用生物制造的产品的产值。在化学产品全球2800亿美元的市场份额中,生物技术制造的化学产品将占有很大的比例。英国《经济学家》杂志指出,利用酵素大量制造化学制品的技术已很成熟,在未来10年中,新型酵素可望在塑胶和燃料的生产上得到应用。美国的一家不大的公司,能利用细菌批量生产塑胶,它的价格甚至可以和目前用化学方式生产的石化合成物竞争。另外有些公司正在试验从玉米等植物中提炼葡萄糖,用于生产塑胶和乙醇。有专家预测,能源生物技术将有望使"绿金"代替"黑金",缓解能源短缺压力。据统计,全球生物质能的储量为18 000亿吨,相当于640亿吨石油,发展生物质能前途十分广阔。目前,燃料酒精技术和生物柴油技术生产工艺已取得重大突破,生物制氢技术也正在研究开发阶段,在不久的未来,人们终将能开上安全、节能的利用生物能源的汽车和飞机。

第四篇 科技与生活

第十七章 常用医疗设备

一生中从不生病的人毕竟是少数，大多数人或多或少都会生病。病人到医院去做的必不可少的事情就是做各种各样的检查。因此了解一些有关常用医疗设备的知识是非常有必要的。本章将介绍这方面的知识。

第一节 超声诊断仪

超声是超过正常人耳能听到的声波，频率在 20 000 赫兹(Hz)以上。超声检查是利用超声的物理特性和人体器官组织声学性质上的差异，以波形、曲线或图像的形式显示和记录，借以进行疾病诊断的检查方法。40 年代初就已探索利用超声检查人体，50 年代已研究、使用超声使器官构成超声层面图像，70 年代初又发展了实时超声技术，可观察心脏及胎儿活动。超声诊断由于设备不似 CT 或 MRI 设备那样昂贵，可获得器官的任意断面图像，还可观察运动器官的活动情况，成像快，诊断及时，无痛苦与危险，属于非损伤性检查，因此在临床上应用已普及，是医学影像学中的重要组成部分。不足之处在于图像的对比分辨力和空间分辨力不如 CT 和 MRI 高。

一、超声的物理特性

超声是机械波，由物体机械振动产生。具有波长、频率和传播速度等物理量。用于医学上的超声频率为 2.5~10 MHz，常用的是 2.5~5 MHz。超声需在介质中传播，其速度因介质不同而异，在固体中最快，液体中次之，气体中最慢。在人体软组织中约为 150 m/s。介质有一定的声阻抗，声阻抗等于该介质密度与超声速度的乘积。

超声在介质中以直线传播，有良好的指向性。这是可以用超声对人体器官进行探测的基础。当超声传经两种声阻抗不同的相邻介质界面时，若声阻抗差大于 0.1%，而界面又明显大于波长，即属于大界面时，会发生反射。一部分声能在界面后方的相邻介质中产生折射，超声继续传播，遇到另一个界面再产生反射，直至声能耗竭。反射回来的超声为回声。声阻抗差越大，则反射越强，如果界面比波长小，即小界面时，则发生散射。超声在介质中传播还发生衰减，即振幅与强度减小。衰减与介质的衰减系数成正比，与距离平方成反比，还与介质的吸收及散射有关。超声还有多普勒效应(Doppler effect)，活动的界面对声源作相对运动可改变反射回声的频率。这种效应使超声能探查心脏活动和胎儿活动以及血流状态。简单地说，超声波具有以下三个基本特点：

(1) 频率高、波长短、能量大、功率强。可以用于消毒、杀菌。
(2) 穿透力强,可以穿透几米厚的金属。用于探伤。
(3) 直线传播,用于超声成像,声呐。

二、超声成像基本原理

人体结构对超声而言是一个复杂的介质,各种器官与组织,包括病理组织有它特定的声阻抗和衰减特性。因而构成声阻抗上的差别和衰减上的差异。超声射入体内,由表面到深部,将经过不同声阻抗和不同衰减特性的器官与组织,从而产生不同的反射与衰减。这种不同的反射与衰减是构成超声图像的基础。将接收到的回声,根据回声强弱,用明暗不同的光点依次显示在影屏上,则可显示出人体的断面超声图像,称这为声像图。

人体器官表面有被膜包绕,被膜同其下方组织的声阻抗差大,形成良好界面反射,声像图上出现完整而清晰的周边回声,从而显出器官的轮廓。根据周边回声能判断器官的形状与大小。超声经过不同正常器官或病变的内部,其内部回声可以是无回声、低回声或不同程度的强回声。

(1) 无回声:是超声经过的区域没有反射,成为无回声的暗区(黑影),可能由下述情况造成:

①液性暗区:均质的液体,声阻抗无差别或差很小,不构成反射界面,形成液性暗区,如血液、胆汁、尿和羊水等。这样,血管、胆囊、膀胱和羊膜腔等即呈液性暗区。病理情况下,如胸腔积液、心包积液、腹水、脓液、肾盂积水以及含液体的囊性肿物及包虫囊肿等也呈液性暗区,成为良好透声区。在暗区下方常见回声增强,出现亮的光带(白影)。

②衰减暗区:肿瘤,如巨块型癌,由于肿瘤对超声的吸收,造成明显衰减,而没有回声,出现衰减暗区。

③实质暗区:均质的实质,声阻抗差别小,可出现无回声暗区。肾实质、脾等正常组织和肾癌及透明性变等病变组织可表现为实质暗区。

(2) 低回声:实质器官如肝,内部回声为分布均匀的点状回声,在发生急性炎症,出现渗出时,其声阻抗比正常组织小,透声增高,而出现低回声区(灰影)。

(3) 强回声:可以是较强回声、强回声和极强回声。

①较强回声:实质器官内组织致密或血管增多的肿瘤,声阻抗差别大,反射界面增多,使局部回声增强,呈密集的光点或光团(灰白影),如癌、肌瘤及血管瘤等。

②强回声:介质内部结构致密,与邻近的软组织或液体有明显的声阻抗差,引起强反射。例如骨质、结石、钙化,可出现带状或块状强回声区(白影),由于透声差,下方声能衰减,而出现无回声暗区,即声影。

③极强回声:含气器官如肺、充气的胃肠,因与邻近软组织之声阻抗差别极大,声能几乎全部被反射回来,不能透射,而出现极强的光带。

三、超声设备

超声设备类型较多。早期应用幅度调制型(amplitude mode),即 A 型超声,以波幅变化反映回波情况。灰度调制型(brightness mode),即 B 型超声,是以明暗不同的光点反映回声变化,在影屏上显示 9~64 个等级灰度的图像,强回声光点明亮,弱回声光点黑暗。

根据成像方法的不同,分为静态成像和动态成像或实时成像(real time imaging)两种。前者获得静态声像图,图像展示范围较广,影像较清晰,但检查时间长,应用少,后者可在短时间内获得多帧图像(20~40 帧/s),故可观察器官的动态变化,但图像展示范围小,影像稍欠清晰。

超声设备主要由超声换能器即探头(probe)和发射与接收、显示与记录以及电源等部分组成。换能器是电声换能器,由压电晶体构成,完成超声的发生和回声的接收,其性能影响灵敏度、分辨力和伪影干扰等。B 型超声设备多用脉冲回声式。电子线阵式多探头行方形扫描,电子相控阵式探头行扇形扫描。为了借助声像图指导穿刺,还有穿刺式探头。实时扫查探头:a. 电子线阵式。b. 电子相控阵式。探头性能分 3.0、3.5、5.8 MHz 等。兆赫越大,其通透性能越小。根据检查部位选用合适的探头。例如眼的扫描用 8 MHz 探头,而盆腔扫描,则选用 3.0 MHz 探头。一个超声设备可配备几个不同性能的探头备选用。显示器用阴极射线管,记录可用多帧照相机和录像机等。

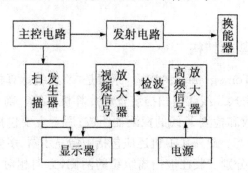

图 17.1-1　脉冲回声式超声设备基本结构

四、居里压电效应和逆压电效应

1880 年,法国的居里兄弟发现某些晶体如石英在一定的方向上施加拉力或压力时(相当于机械振动),晶体的两边表面上会产生异种电荷。从而形成电势差或电压。这就是压电效应,这种晶体叫做压电晶体。反之,如果把压电晶体接入交变电压中,就会产生强烈的振动,这叫逆压电效应,超声波就是利用逆压电效应而产生的。常用的压电陶瓷(一种人造的晶体)为锆钛酸铅、铌镁酸铅、偏铌酸铅等。

五、USG(超声波)图像特点

声像图是以明(白)暗(黑)之间不同的灰度来反映回声之有无和强弱,无回声则为暗区(黑影),强回声则为亮区(白影)。声像图是层面图像。改变探头位置可得任意方位的声像图,并可观察活动器官的运动情况。但图像展示的范围不像 X 线、CT 或 MRI 图像那样大和清楚。

六、USG 检查技术

超声探查多用仰卧位,但也可用侧卧位等其他体位。探查过程中可变更体位。切面方位可用横切、纵切或斜切面。患者采取适宜体位,露出皮肤,涂耦合剂,以排出探头与皮肤间的空气,探头紧贴皮肤扫描,扫描中观察图像,必要时冻结,即停顿,行细致观察,做好记录,并摄片或录像。应注意器官的大小、形状、周边回声,尤其是后壁回声、内部回声、活动状态、器官与邻近器官的关系及活动度等。

七、B超基本术语解释

B模式:是用亮度(Brightness)调制方式来显示回波强弱的方式,也称作"断层图像",即二维灰阶图像。M模式:是记录在某一固定的采样线上,组织器官随时间变化而发生纵向运动的方法。B/M模式:是显示器上同时显示一幅断层图像和一幅M模式图像的操作模式。

第二节 CT的结构及工作原理

一、常规CT的基本结构

CT即Computed Tomography的缩写,原意是"X射线计算机断层扫描摄影术"。它的主要结构包括两大部分:X线体层扫描装置和计算机系统。前者主要由产生X线束的发生器和球管,以及接收和检测X线的探测器组成;后者主要包括数据采集系统、中央处理系统、磁带机、操作台等。此外,CT机还应包括图像显示器、多幅照相机等辅助设备。

X线球管和探测器分别安装在被扫描组织的两侧,方向相对。当球管产生的X线穿过被扫描组织,透过组织的剩余射线为探测器所接收。探测器对X线高度敏感,它将接收到的X线先变成模拟信号,再变换为数字信号,输入计算机的中央处理系统。处理后的结果送入磁带机储存,或经数/模处理后经显示器显示出来,变成CT图像,再由多幅照相机摄片以供诊断。

二、CT的工作原理

人体各种组织(包括正常和异常组织)对X线的吸收不等。CT即利用这一特性,将人体某一选定层面分成许多立方体小块,这些立方体小块称为体素。X线通过人体测得每一体素的密度或灰度,即为CT图像上的基本单位,称为像素。它们排列成行列方阵,形成图像矩阵。当X线球管从一方向发出X线束穿过选定层面时,沿该方向排列的各体素均在一定程度上吸收一部分X线,使X线衰减。当该X线束穿透组织层面(包括许多体素)为对面探测器接收时,X线量已衰减很多,为该方向所有体素X线衰减值的总和。然后X线球管转动一定角度,再沿另一方向发出X线束,则在其对面的探测器可测得沿第2次照射方向所有体素X线衰减值的总和;以同样方法反复多次在不同方向对组织的选定层面进行X线扫描,即可得到若干个X线衰减值总和。在上述过程中,每扫描一次,即可得一方程。该方程中X线衰减总量为已知值,而形成该总量的各体素X线衰减值是未知值。经过若干次扫描,即可得一联立方程,经过计算机运算可解出这一联立方程,而求出每一体素的 X 线衰减值,再经数/模转换,使各体素不同的衰减值形成相应各像素的不同灰度,各像素所形成的矩阵图像即为该层面不同密度组织的黑白图像。

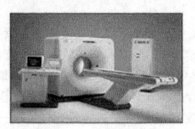

图 17.2-1 CT 外部结构

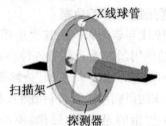

图 17.2-2 CT 内部结构

三、CT 的密度

分析 CT 图像,一方面是观察解剖结构,另一方面是了解密度改变。后者可通过测定 CT 值而知,亦可与周围组织的密度对比观察。人体内肿瘤组织因部位、代谢、生长及伴随情况不同,其密度变化各异。CT 对组织的密度分辨率较高,且为横断面扫描,提高了肿瘤诊断的准确率。

四、造影剂的应用

虽然 CT 较普通 X 线摄影有更高的密度分辨率,但有些病变与正常组织间的密度差异很小,需要利用造影剂使上述密度差异加大,以帮助诊断。CT 扫描用造影剂可分两大类:一类为用于空腔脏器的造影剂,另一类为静脉注射用造影剂(偶尔也通过动脉注射造影剂)。

1. 造影剂

造影剂是一种看起来像水一样的液体,它包含了一种重要的成分——碘。碘的显著特点是不透 X 线,因此在拍摄 X 线片时,可利用其在器官或/及组织的分布,产生对比,因而可以更有效地确诊病变。

2. 造影剂作用

医生为了准确诊断你的疾病,常用的方法是做 X 线或 CT 检查。其原理是根据人体内不同的组织对 X 线的吸收程度不同而显示病变。这种方法最大的缺点就在于某些器官或/及病变与其周围的组织对比不足,难以进行区别,因此不能及时发现病变。为了增加对比度和提高 X 线的诊断价值,必须使用造影剂。

3. 造影剂的选择

通常情况下,医生可能推荐您使用离子型造影剂。但在"高危因素"下,医生将会推荐您使用"非离子型"造影剂。所谓的"高危因素"主要有以下几点:

(1) 肾功能减弱,特别是中重度肾功能衰竭者;
(2) 哮喘、枯热病、荨麻疹及其他过敏性疾病;
(3) 曾有糖尿病、多发性骨髓瘤和失水状态;
(4) 心脏病,尤其是充血性心衰、严重的心率失常、肺动脉高压、冠心病等;
(5) 曾有造影剂或其他药物过敏史;

(6) 65岁以上高龄或1岁以下婴儿；

(7) 某些特别病例，如镰状细胞贫血、嗜铬细胞瘤等。

4. 造影剂对人体的危害

自从1931年碘造影剂的首次应用以来，它已经历了多次的改进和发展。今天，它在全世界已被使用超过十万次于各种检查和诊断中。现在我们多数使用的是50年代和60年代发展和改进的所谓"离子型"造影剂。尽管这些常规的造影剂在通常的情况下相当安全，但是临床的研究和实践告诉我们，有患者会出现轻度、中度甚至严重的副作用。这些反应轻至中度指的是疼痛、眩晕、呕吐；重度则可导致过敏反应、休克等一系列的严重后果。

5. 最安全的造影剂

80年代发展起来的一种新型的"非离子型"造影剂，其价格偏高，但和常规的"离子型"造影剂相比，副作用显著减少，安全性大大提高，这个优点已被国内外大量的临床应用所证实。

五、CT技术的展望

20多年来的实践，已经确认了CT在影像医学中的重要位置，预计将来CT技术的发展，会在以下几个方面取得进展。

目前CT图像的质量有了明显改善，特别是高分辨力扫描（HRCT）图像已能显示肺小叶间隔改变。但这多是提高kV和mAs为代价取得的。而我们的目的是既要获得高质量的图像，又要使患者尽量地减少X线辐射，这应该是下一步CT改革的重点之一。

要想同时获得这两种效益，看来一要提高探测器的灵敏度，能够在不增加甚至减少辐射剂量的前提下，提高图像质量；二要进一步改进图像重建的处理方式，在软件方面下工夫。已有很多厂家在这一方面取得了进展。

扫描速度的提高，也是CT将来发展的趋势。尽管目前常规（包括螺旋）CT的扫描速度已达亚秒级，但仍不能满足需要。如果五代CT的图像质量再能进一步提高到常规CT图像水平甚至超过常规图像，这种扫描方式将会替代目前的机械运动扫描方式。如能实现，将是CT发展史上的又一次革命。

图像后处理功能的发展，将是CT发展的另一个重点。MIP、SSD、CT内窥镜和容积演示等图像后处理功能已将常规CT只能显示二维横断解剖发展到三维观察，这些图像已接近实际人体的大体解剖，更接近手术中的实际所见，为手术方案的制订提供了更为详尽的信息。相信将来这些功能将进一步完善。对比剂的开发是一个难题，期望无副反应的对比剂早日问世。

六、其他一些CT

1. 超高速CT（UTCT）

超高速CT不同于普通CT，它是以电子枪发射的电子束作环形扫描，代替普通CT仪X线球管的机械运动，所以又叫电子束CT（EBCT）。其特点是扫描速度极快，扫描一幅图像仅需0.05 s，比普通CT快几倍至几十倍，从根本上解决了移动伪影等问题，实现了电影CT。

借助计算机系统实现了多种剖面和三维立体图形的重建。UTCT主要用于观察心脏结构和功能,特别是能对冠心病作出早期预测和诊断。还可以定量测定各器官的血流情况,高峰或双峰增强扫描可检出胸、腹部器官的细微病变(如早期肿瘤)。此外,特别适合老人、小儿及危症、神智不清和外伤病人的检查。

2. 螺旋CT

螺旋CT机是目前世界上最先进的CT设备之一,其扫描速度快,分辨率高,图像质量优。用快速螺旋扫描能在15秒左右检查完一个部位,能发现小于几毫米的病变,如小肝癌、垂体微腺瘤及小动脉瘤等。其功能全面,能进行全身各部检查,可行多种三维成像,如多层面重建、CT血管造影、器官表面重建及仿真肠道、气管、血管内窥镜检查。可进行实时透镜下的CT导引穿刺活检,使用快捷、方便、准确。

具体用途与特点(部分):

①肝动脉CT血管造影示肝内血管,指导肝癌介入治疗。
②头颅扫描的图像清晰,无伪影。在发现后颅凹病变上优于其他CT。
③胸部CT扫描图像清晰度明显高于其他CT。
④肝、胆、胰、脾及腹膜后CT扫描,检查快,图像质量好。
⑤肾脏、盆腔及腰椎CT扫描检查快,图像质量好。
⑥显示颅内肿瘤于血管的关系对手术至关紧要。
⑦一般CT或超声不能发现的微小肝癌,在螺旋CT动脉增强扫描上原形毕露。
⑧周围型肺癌和肾上腺肿瘤表面三维重建示肿瘤与血管的关系,有利于手术。

七、关于CT检查的常见问题

(1) 问题一:做CT检查一定要进入那条长长的隧道吗?

答:CT检测器的隧道,或者说桶架,是CT机扫描设备的入口。这个桶架像个电子回旋加速器环状真空室,直径30英寸,两头都有开孔。因为桶架里装着很多断层摄影用的X射线管,所以身体需要检查的部位必须通过这一管道。比如需要做头颈部CT检查,就必须把头颈伸入桶架里数分钟以完成检查;再如检查的是腹部,则你胸部以下的部位就应该位于桶架之内。

(2) 问题二:CT检查属于X线检查吗?

答:是的。CT是利用X线对身体的某一部位进行断层摄影,全过程都要利用计算机操作来进行。所拍摄出来的断层影像可以观察到人体内部的情况,就好像我们用刀来切面包那样,可以看到面包的内层。CT检查需要得到一系列的断层影像。

(3) 问题三:在做CT检查之前需要进行注射吗?

答:进行某些CT检查确实需要事先给血管注射染料或对比剂。对比剂可以帮助医生辨别正常与病变的组织,而且还有助于区分血管和其他结构,如淋巴结等。

(4) 问题四:为什么在做CT检查前要喝下那么多的药水呢?

答:进行腹部或骨盆部CT检查前,喝下足量的含有钡元素的口服对比剂是非常重要的。对比剂可以帮助医生分辨胃肠道的各个器官(胃、小肠和大肠),避免与腹部的其他器官混淆,以准确检查胃肠道是否发生了病变。

（5）问题五:这种注射染色的做法对身体有害吗？

答:正如很多其他的药物疗法一样,患者服用 X 线对比剂之后有可能会出现不良反应,但医院使用的都是十分安全的对比剂,而且医院还会对病人进行甄别,看看哪些病人出现不良反应的机会更高一些,例如发生过对比剂严重过敏者、哮喘或肺气肿患者、严重心脏病人等,如果是这样的话,医院将在检查前采取一些必要的措施。

（6）问题六:要等多久才会知道结果呢？

答:会在 2 到 3 个工作日之内收到一份书面的诊断报告。

第三节 磁共振成像（MRI）

一、磁共振成像的发现

磁共振成像的临床应用是医学影像学中的一场革命,是继 CT、B 超等影像检查手段后又一新的断层成像方法,与 CT 相比,MRI 具有高组织分辨力、空间分辨力和无硬性伪迹、无放射损伤等优点,同时在不同对比剂的条件下,可测量血管和心脏的血流变化,广泛应用于临床。

核磁共振（Nuclear magnetic resonance，NMR）成像,现称为磁共振成像（Magnetic resonance imaging，MRI）。从原理的发现到目前临床各种先进成像技术的应用,是基于科学家们对原子结构的不断认识。1924 年 Pauli（泡利）发现电子除对原子核绕行外,还可高速自旋,有角动量和磁矩。1946 年美国哈佛大学的 Percell 及斯坦福大学的 Bloch 分别独立地发现磁共振现象并接收到核子自旋的电信号,同时将该原理最早用于生物实验,在物理学、化学方面作出了较大的贡献,1952 年荣获诺贝尔物理奖。磁共振成像的设想出自 Damadian。1971 年发现了组织的良、恶性细胞的 MR 信号有所不同。1972 年 P. C. Lauterbur 用共轭摄影法产生一幅试管的 MR（磁共振）图像。1974 年作出第一幅动物的肝脏图像。随后 MRI 技术在此基础上飞速发展,继而广泛地应用于临床。

由于人体内各种不同组织如骨、软骨、软组织和其他器官的水和脂肪等有机物的含量不同,同一组织中正常与病变环境下质子的分布密度不同,其弛豫时间也存在着明显的差异。因此对人体中 H 原子分布状态进行研究,以组织的二维、三维高分辨力图像加以显示,在医学上具有重要的意义。

二、基本原理

1924 年,奥地利科学家泡利提出了核有自旋以及相应的角动量。并提出质子数或中子数有一个为奇数,或者两个都为奇数的原子核,它的角动量为零。

1. 核的磁矩

表示磁场大小和方向的一个量。核自转时会产生磁矩,大小可以用 $\mu=IS$ 表示,其中的 I 为电流,S 为面积。磁矩相当于一个小磁针。如图 17.3-1 所示。在没有外磁场的时候,它的取向是任意的,但是在有外磁场的时候其取向企图与外磁场一致。

2. 原子核的进动(旋进)

当有外磁场时,磁矩的方向并不总是和外磁场的方向一致,而是在自转的同时,其自转轴线绕外磁场的方向旋转,这种现象叫做进动。进动的频率与外磁场的强度和核的种类有关。其关系为 $\omega_0 = \gamma B_0$(ω_0 为旋进的频率,γ 为与核的种类有关的一个比例常数,叫做旋磁比。B_0 为外磁场的强度)。(图 17.3-1 中虚线为外磁场的方向,实线为自转轴的方向)。

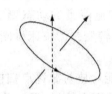  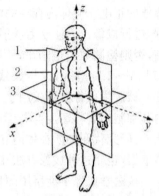

图 17.3-1 核磁共振　　图 17.3-2 核磁共振仪　　图 17.3-3 磁共振原理

3. 核磁共振(Nuclear Magnetic Resonance)

当外磁场的频率等于核的进动频率时,即 $f = f_0$ 或 $\omega = \omega_0$($\omega = 2\pi f$)时,原子核就会与外磁场发生共振,从而吸收能量,使核从低能状态激发到高能状态。此时如果去掉外磁场,原子核就会从高能态自发地跃迁到低能态从而放出光子。这些光子就是核磁共振信号。经过计算机处理后形成图像,它含有独特的化学结构信息。20 世纪 40 年代中期发现这个现象,60 年代开始应用。我国在 80 年代开始应用。其分辨率强于 CT。

磁共振成像技术的发展产生了许多成像技术方法,但总的设计思想是如何用磁场值来标记受检体中共振核子的空间位置。发生共振的频率与它所在的位置的磁场强度成正比。如果能使空间各点的磁场值互不相同,各处的共振频率也就不同,把共振吸收强度的频率分布显示出来,实际就是共振核子的分布,即核磁共振自旋密度图像。但不可能使同一时刻的三维空间中各点具有不同的磁场值,所以需设计突出各特定点信息的方案。

要达到此目的,首先可对观测的对象进行空间编码,把研究对象简化为由 n_x, n_y, n_z 个小体积(体素)的组成,然后采用依次测量每个体素或由体素排列的线或面的信息量,再根据个体素的编码与空间位置的一一对应关系实现图像重建。由于成像的灵敏度、分辨率、成像时间和信噪比(S/N)等要求不同,产生了多种成像方法,归纳起来可分为两大类:一是投影重建法;二是非投影重建法,包括线扫描成像法和直接傅立叶变换(Fourier transform)成像法。

图 17.3-3 说明:磁共振成像的空间定位

(1) 矢向梯度磁场:平行于 y 轴、梯度磁场自后向前变化,从而明确前后关系;

(2) 横向梯度磁场:平行于 x 轴、梯度磁场自右向左变化,从而明确左右关系;

(3) 轴向梯度磁场:平行于 z 轴、梯度磁场自下向上变化,从而明确上下关系。

第四节 核医学成像

一、核医学成像原理

核医学成像属于放射法,它是将放射源(放射性核素)通过一定的方式置于患者体内,释放的正电子与体内存在的电子碰撞而淹没,从而放射出 γ 射线,利用体外检测法获得数据,进行成像。为使 γ 射线射出体外时不致过分衰减,γ 射线的能量应足够高,但也不宜过高,否则检测数据很困难,不易成像。核医学成像中所使用的 γ 射线的能量范围一般在 25 keV~1.0 MeV,这与 X 线成像时应用的能量相近,但平均能量要高些。

核医学成像法不仅用于人体组织和脏器的显影和定位,还可根据放射性示踪剂在体内和细胞内转移速度与数量的变化,提供可以判断脏器功能和血流量的动态测定指标。此外,研究代谢物质在体内和细胞内的吸收、分布、排泄、转移和转变并为临床诊断提供可靠依据,也是这种成像方法在医学上应用的一个重要方面。

核医学成像早期所用的显影仪器是闪烁光点扫描器,它只能对放射源逐点扫描,速度很慢。1958 年问世的闪烁照相机(γ 照相机)以一次成像法代替逐点扫描,经过几十年的发展,具有在短时间内摄取整个脏器的影像,并可对器官作连续动态观察等优点。

核医学成像只需浓度极低的放射物,这与 X 线成像时口服硫酸钡是不同的。一般地说,核医学成像的横向分辨率很难达到 1.0 cm,且图像比较模糊,这是因为有限的光子数目所致。相比之下,X 线成像具有高分辨率及低量子噪声。但 X 线成像所显示的只是解剖学结构,这就使人们对疾病过程的认识,往往会被传统的解剖学形态所歪曲。

二、γ 射线照相机

1. 基本结构及成像原理

(1) 探头

探头的作用是把人体内分布的放射性核素射出的 γ 射线进行限束、定位和探测。探头由铅屏蔽组装成一整体,包括准直器、晶体、光导、光电倍增管(PMT)及定位线路。

晶体作为一种光的波长转换器把高能量 γ 光子转换成低能可见光。NaI(TL)晶体具有高的光转换率。薄晶体在现代 γ 照相机中使用越来越广泛,可提高 γ 照相机的固有分辨率。PMT 在 γ 照相机中用来转换光信号为电信号。晶体与 PMT 之间还加有光导和光偶合剂。

(2) 位置线路

γ 照相机与扫描机成像方式不同,确定闪烁点位置的方法也各异。扫描机用逐点扫描,聚焦准直确定闪烁点的位置。γ 照相机用平行孔准直器,一次成像,众多的闪烁点位置是通过位置线路来定位。位置线路由 PMT 及电阻矩阵构成。位置线路设计的核心是给每一个 PMT(光电倍增管)加一个与距离成比例的权重电阻。

(3) 准直器

准直器是铅合金成的机械装置,准直器的主要参数有孔数、孔径、孔长以及壁间隔厚度。四个参数共同决定准直器的灵敏度、空间分辨率和能量范围。准直器按能量可分为低、中、高能三种。根据临床需要,准直器有平行孔、针孔、发散孔以及会聚孔多种类型。

2. γ照相机的分类

可分为移动式γ照相机、多晶体γ照相机、模拟式和数字式γ照相机等。

γ照相机性能:

(1) γ照相机的分辨率:是指清晰可辨出两个点或线状间的最小距离。γ照相机的总分辨率由准直器的分辨率和相机的固有分辨率所构成。

(2) 均匀性:是描述探头对均匀泛源响应的差异。

(3) 灵敏度:以每3.7 KBq放射性核素药物由人体在每分钟内通过γ照相机所能探测到的"事件"总数确定。准直器孔的多少,闪烁晶体的厚度和死时间都是影响灵敏度的主要因素。

γ照相机作为一种无创伤性的诊断方法,优点主要是:A. 通过连续显像,追踪和记录放射性药物通过某脏器的过程,可对脏器的形态和功能进行动态研究。B. 由于显像迅速,便于多体位、多部位观察。C. 通过对图像的相应处理,可获得有助于诊断的定量数据和参数。

三、正电子发射型计算机断层(PET)

它是继CT和核磁共振(MRI)之后应用于临床的一种新型的影像技术,其全称为:正电子发射型计算机断层显像(Positron Emission Computed Tomography,简称PET)。其原理是将人体代谢所必需的物质,如:葡萄糖、蛋白质、核酸、脂肪酸等标记上短寿命的放射性核素(如18F)制成显像剂(如氟代脱氧葡萄糖,简称FDG)注入人体后进行扫描成像。因为人体不同组织的代谢状态不同,所以这些被核素标记了的物质在人体各种组织中的分布也不同,如:在高代谢的恶性肿瘤组织中分布较多,这些特点能通过图像反映出来,从而可对病变进行诊断和分析。

正电子发射型计算机断层的临床应用是核医学发展的一个新的里程碑。PET是目前所有影像技术中最有前途的显像技术之一。众所周知,许多疾病的发生,发展过程往往在生理、生化方面的变化早于病理、解剖的变化。PET的生命力就在于它使用的放射性核素(C11、O15、N13、F18)都是人体的重要组成。这些核素在研究人体生理生化的代谢方面起重要作用。

从回旋加速器中生产的放射性核素是缺中子的,他们在衰变过程中发生质子、中子的相互转换,同时发射β^+粒子,β^+粒子叫正电子。具有动能的正电子与周围物质中的电子相互作用,相互结合,消失,形成能量相同方向相反的两个γ光子,称湮没辐射。在医学中应用最广的正电子放射性核素是C11、N13、O15、F18,它们的半衰期分别是:20分、10分、2分、110分。这些放射性核素都是人体的重要组成,这些核素在研究人体生理生化的代谢方面起重要作用。

PET检查的优点是:PET是目前唯一可在活体上显示生物分子代谢、受体及神经介质活动的新型影像技术,现已广泛用于多种疾病的诊断与鉴别诊断、病情判断、疗效评价、脏器功能研究和新药开发等方面。

(1) 灵敏度高。PET是一种反映分子代谢的显像,当疾病早期处于分子水平变化阶段,病变区的形态结构尚未呈现异常,MRI、CT检查还不能明确诊断时,PET检查即可发现病灶所在,并可获得三维影像,还能进行定量分析,达到早期诊断,这是目前其他影像检查所无法比拟的。

(2) 特异性高。MRI、CT检查发现脏器有肿瘤时,是良性还是恶性很难作出判断,但PET检查可以根据肿瘤高代谢的特点而作出诊断。

(3) 全身显像。PET一次性全身显像检查便可获得全身各个区域的图像。

(4) 安全性好。PET检查尽管用核素有一定的放射性,但所用核素量很少,而且半衰期很短(2～110分钟),经过物理衰减和生物代谢两方面作用,在受检者体内存留时间很短。一次PET全身检查的放射线照射剂量远远小于一个部位的常规CT检查,因而安全可靠。

适合做PET的人:

(1) 肿瘤病人。目前PET检查85%是用于肿瘤的检查,因为绝大部分恶性肿瘤葡萄糖代谢高,FDG(氟代脱氧葡萄糖)作为与葡萄糖结构相似的化合物,静脉注射后会在恶性肿瘤细胞内积聚起来,所以PET能够鉴别恶性肿瘤与良性肿瘤及正常组织,同时也可对复发的肿瘤与周围坏死及瘢痕组织加以区分,现多用于肺癌、乳腺癌、大肠癌、卵巢癌、淋巴瘤、黑色素瘤等的检查,其诊断准确率在90%以上。这种检查对于恶性肿瘤是否发生了转移,以及转移的部位一目了然,这对肿瘤诊断的分期,是否需要手术和手术切除的范围起到重要的指导作用。据国外资料显示,肿瘤病人术前做PET检查后,有近三分之一需要更改原订手术方案。在肿瘤化疗、放疗的早期,PET检查即可发现肿瘤治疗是否已经起效,并为确定下一步治疗方案提供帮助。有资料表明,PET在肿瘤化疗、放疗后最早可在24小时发现肿瘤细胞的代谢变化。

(2) 神经系统疾病和精神病患者。可用于癫痫灶定位、老年性痴呆早期诊断与鉴别、帕金森病病情评价以及脑梗塞后组织受损和存活情况的判断。PET检查在精神病的病理诊断和治疗效果评价方面已经显示出独特的优势,并有望在不久的将来取得突破性进展。在艾滋病性脑病的治疗和戒毒治疗等方面的新药开发中有重要的指导作用。

(3) 心血管疾病患者。能检查出冠心病心肌缺血的部位、范围,并对心肌活力准确评价,确定是否需要行溶栓治疗、安放冠脉支架或冠脉搭桥手术。能通过对心肌血流量的分析,结合药物负荷,测定冠状动脉储备能力,评价冠心病的治疗效果。虽然PET有以上诸多的优点,但仍存在如下不足:

①对肿瘤的病理性质的诊断仍有一定局限性。
②检查者需要有较丰富的经验。
③检查费用昂贵,目前做一次全身PET检查需花费一万元左右,不易推广。

四、几种主要影像诊断技术比较

表 14.4-1

图像种类	成像方式	成像依据	信息量	影响	特长
X 线	直接透射成像	密度和厚度	大	有损	形态全貌精细
CT	数据测量重建	吸收系数	中	有损	高对比分辨率
超声诊断	数据测量重建	界面反射	中	无损	安全动态
核素	数据测量重建	核素含量或分布	小	有损	功能
磁共振 MRI	数据测量重建	氢核物理状态	中	无损	软组织代谢信息

第五节 体外冲击波碎石机

体外冲击波碎石技术是近年来发展较快的一种新型临床治疗技术，主要采用了在体外把冲击波集中在病灶部位，对结石进行牵拉、挤压、共振等物理作用，使得结石粉碎。它的优点在于治疗过程基本是非侵入性的，患者易于接受，而且它的治疗成功率相对较高，对人体组织的损伤较少，目前在临床上已得到了广泛的应用。按其震波源的不同，一般可分为三大类：

一、液电式

这种方法应用相对较早，1980 年 2 月 2 日在德国慕尼黑首次用于临床。这种碎石机是用水下电极的尖端通过瞬间高压放电产生冲击波，毫微秒级的强脉冲放电产生的液电效应，冲击波经半椭圆球体反射聚焦后，通过水的传播进入人体，其能力作用于第二焦点，结石在冲击波的拉应力和压应力的多次联合作用下粉碎，从而达到碎石的目的。

二、压电式

它是陶瓷晶体元件在电脉冲作用下产生压电效应，使晶体快速变形产生机械振动，即电效应变为机械效应，振动产生冲击波到达球心聚焦进行碎石。

三、电磁式

这种碎石机是通过高压电容对一个线圈放电，放电产生的脉冲电路形成一个很强的脉冲磁场，引起机械振动并在介质中形成冲击波，经声透镜聚焦得到增强而粉碎结石。

第六节 非接触式红外测温仪

人体各个部位的温度（体温）是人类和高等动物不断进行新陈代谢的结果，同时亦是维持生命体正常功能活动的条件之一,体温偏离正常值是各类疾病的征兆。

体温测量的方法很多,常见的有水银体温计,此外热电偶、热敏电阻、晶体管的PN结、液晶、石英晶体均可作为测温元件而被广泛应用,这些测温技术均属接触式测温,容易产生交叉感染,而且当测温元件接触被测部位时,将影响其温度场的分布,响应时间也较长。采用红外辐射式测温仪可较好地克服这些缺点。

利用人体自身的红外辐射来测定其表面温度的方法,称为红外测温法。这种测温法基于有关的辐射定律,根据不同的测温原理,目前红外测温仪常分为全辐射测温仪、亮度测温仪和比色测温仪三类。全辐射测温仪是利用目标发出整波段的辐射功率来测量物质温度的红外仪器;亮度测温仪是选择目标某一光谱的辐射功率来测量温度的仪器,而双色测温仪是由两组不同的单色滤光片筛选目标在两相近波长的辐射功率,并根据两波长辐射功率的比值来确定目标温度的。辐射温度、亮温度的测量结果通常略低于物体表面的真实温度;由于色温度测量取决于辐射功率之比,因而测温误差较小,灵敏度也较高,但仪器结构复杂。三种红外测温方法均以黑体为参考源,仪器经定标后,在测量物体温度时,仪器读数分别为被测体的辐射温度、亮温度和比色温度。

红外辐射测温仪是由光学系统、探测单元和信号处理三部分组成的。光学系统的主要作用是收集被测目标的辐射功率,并使其会聚到探测器上。探测器的作用是将接收到的红外辐射转换为电信号输出。常用红外探测器根据温度敏感元件不同可分为热电偶和热敏电阻式等。电信号处理部分的作用主要是对探测的微弱信号进行放大,以达到显示或记录被测温度的目的。为了使红外测温仪有较高的输出信噪比,必须要求仪器有较大的光学相对孔径,高灵敏度的探测器,低噪声的电信号处理系统。为了使红外辐射测温仪有较高的测量精度,必须采取发射率修正,环境温度补偿和精确的温度定标等措施。

现今用于体温测量的便携(手提)式红外辐射体温计,其指标包括测温范围,温度分辨率和响应时间等,典型值为 $-10 \sim 50$℃范围内测温精度为 0.1℃,响应时间 1 s。目前红外辐射测温仪大多采用微机进行操作控制、数据采集及结果分析,因而使红外测温仪的性能得到大幅度的改善、功能扩展,自动化程度提高,应用范围扩大,使用更加方便。这种仪器由于对人体辐射进行的是远距离、非接触无损测量,测量过程中不会扰乱被测部分的温度场,响应快、温度分辨率高,因而成了各类传染性疾病(例 SARS)患者及群体预防监测理想的体表测温工具。

红外热成像是一种体表温度分布测量装置,目前亦已在医学中广泛应用。这种热成像仪包括扫描系统、聚焦系统、参考黑体和红外检测器等部分。在早期的红外成像仪中,都是采用单个红外检测器与二维扫描镜相组合以获得热像图,故难以获得实时图像。20世纪80年代起采用阵列式红外探测器,它由近200个HgCdTe检测元件构成,采用阵列探测器和一维扫描镜相结合的方法,其图像质量和成像速度均得到了大幅度提高。最近又相继出现了电子扫描、二维红外CCD阵列传感器所组成的热像仪,且采用先进的数字图像处理技术,其图像质量又有进一步提高,一帧图像的成像时间已小于30 ms,温度分辨率可达到0.02℃,这种微机化的红外成像仪器已广泛地应用于乳房恶性肿瘤等的早期诊断中。

第十八章 照明电路

第一节 常用照明灯具、开关

一、白炽灯泡

由灯、灯丝和玻璃壳等组成；6～36 V 的安全照明灯泡，做局部照明用；220～330 V 的普通白炽灯泡，做一般照明用。

二、荧光灯（日光灯）

由灯管、镇流器、启辉器等组成。发光效率较高，约为白炽灯的 3～4 倍。具有光色好、寿命长、发光柔和等优点。

三、高压汞灯

使用寿命是白炽灯的 2.5～5 倍，发光效率是白炽灯的 3 倍。耐震、耐热性能好，线路简单，安装方便。缺点是造价高，启辉时间长，对电压波动适应能力差。

四、高压钠灯

是利用高压钠蒸气放电，其辐射光的波长集中在人眼感受较灵敏的范围内。紫外线辐射少，光效高、寿命长、透雾性好。必须配用镇流器，否则会使灯泡立即损坏。

五、碘钨灯

构造简单，使用可靠，光色好，体积小。发光效率比白炽灯高 30% 左右，功率大，安装维修方便。灯管温度高达 500～700℃，安装必须水平，倾角不得大于 4°。造价较高。

六、室内照明开关的分类

按装置方式分有：明装式、暗装式、悬吊式、附装式；按操作方法分有：跷板式、倒扳式、拉线式、按钮式、推移式、旋转式、触摸式。按接通方式分：单联（单投、单极）、双联（双投、三线）、双控（间歇双投）、双路（同时接通两路）。

第二节　照明线路及常见问题

一、白炽灯电路

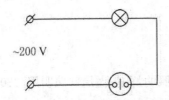 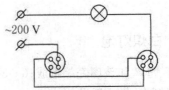

图 18.2-1　单联开关控制白炽灯　　　图 18.2-2　双联开关控制白炽灯

二、白炽灯照明电路常见故障一览表

故障现象	产生故障的原因	处理方法
灯泡不发光	1. 灯丝断裂 2. 灯座或开关接点接触不良 3. 熔丝烧断 4. 电路开路 5. 停电	1. 更换灯泡 2. 把接触不良的触点修复,无法修复时,应更换完好的 3. 修复熔丝 4. 修复线路 5. 开启其他用电器以验明或观察邻近不是同一个进户点的用户的情况给以验明
灯泡发光强烈	灯丝局部短路(俗称搭丝)或接到两根火线上,电压过高	更换灯泡,正确接线,降低电压
灯光忽亮忽暗或时亮时熄	1. 灯座或开关触点(或接线)松动,或因表面存在氧化层(铝质导线、触点易出现) 2. 电源电压波动(通常因附近有大容量负载经常起动) 3. 熔丝接触不良 4. 导线连接不妥,连接处松散	1. 修复松动的触头或接线,去除氧化层后重新接线,或去除触点的氧化层 2. 更换配电变压器,增加容量 3. 重新安装,或加固压接螺钉 4. 重新连接导线
不断烧断熔丝	1. 灯座或吊线盒连接处两线头互碰 2. 负载过大 3. 熔丝太小 4. 线路短路 5. 胶木灯座两触点间胶木严重烧毁(碳化)	1. 重新接妥线头 2. 减轻负载或扩大线路的导线承受力 3. 正确选配熔丝规格 4. 修复线路 5. 更换灯座

故障现象	产生故障的原因	处理方法
灯光暗红	1. 灯座、开关或导线对地严重漏电 2. 灯座、开关接触不良,或导线连接处接触电阻增加 3. 线路导线太长太细、电压降太大	1. 更换完好的灯座、开关或导线 2. 修复接触不良的触点,重新连接接头 3. 缩短线路长度,或更换较大截面的导线

三、荧光灯照明线路

1. 荧光灯的工作原理

当荧光灯接通电源后,电源电压经过镇流器、灯丝,加在起辉器的Ⅱ型动触片和静触片之间,引起辉光放电,放电时产生的热量使双金属Ⅱ型动触片膨胀并向外伸张,与静触片接触,按通电路,使灯丝预热并发射电子。与此同时,由于Ⅱ型动触片与静触片相接触,使两片间的电压为零,而停止辉光放电,使Ⅱ型动触片冷却并复原脱离静触片,在动触片断开瞬间,在镇流器两端会产生一个比电源电压高得多的感应电动势,这个感应电动势加在灯管两端,使灯管内惰性气体被电离而引起弧光放电,随着灯管内温度升高,液态汞就汽化游离,引起汞蒸汽弧光放电而发出肉眼看不见的紫外线,紫外线激发灯管内壁的荧光粉后,发出近似日光的灯光。

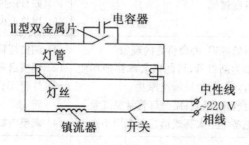

图18.2-3 荧光灯工作原理图

2. 荧光灯的接线

如图所示为采用一般镇流器和电子镇流器的接线。

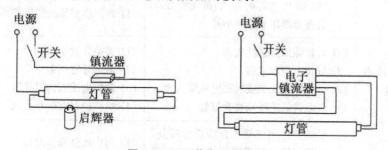

图18.2-4 荧光灯的接线

3. 荧光灯照明电路常见故障一览表

故障现象	产生原因	检修方法
日光灯管不能发光	(1) 灯座或启辉器底座接触不良 (2) 灯管漏气或灯丝断 (3) 镇流器线圈断路 (4) 电源电压过低 (5) 新装日光灯接线错误	(1) 转动灯管，使灯管四极和灯座四夹座接触，使启辉器两极与底座二铜片接触，找出原因并修复 (2) 用万用表检查或观察荧光粉是否变色，若确认灯管坏，可换新灯管 (3) 修理或调换镇流器 (4) 不必修理 (5) 检查线路并正确接线
日光灯灯光抖动或两头发光	(1) 接线错误或灯座灯脚松动 (2) 启辉器氖泡内动、静触片不能分开或电容器击穿 (3) 镇流器配用规格不合适或接头松动 (4) 灯管陈旧，灯丝上电子发射物质将放尽，放电作用降低 (5) 电源电压过低或线路电压降过大 (6) 气温过低	(1) 检查线路或修理灯座 (2) 将启辉器取下，用两把螺丝刀的金属头分别触及启辉器底座两块铜片，然后相碰，并立即分开，如灯管能跳亮，则判断启辉器已坏，应更换启辉器 (3) 调换适当镇流器或加固接头 (4) 调换灯管 (5) 如有条件应升高电压或加粗导线 (6) 用热毛巾对灯管加热
灯管两端发黑或生黑斑	(1) 灯管陈旧，寿命将终的现象 (2) 如为新灯管，可能因启辉器损坏使灯丝发射物质加速挥发 (3) 灯管内水银凝结是灯管常见现象 (4) 电源电压太高或镇流器配用不当	(1) 调换灯管 (2) 调换启辉器 (3) 灯管工作后即能蒸发或将灯管旋转180° (4) 调整电源电压或调换适当的镇流器
灯光闪烁或光在管内滚动	(1) 新灯管暂时现象 (2) 灯管质量不好 (3) 镇流器配用规格不符或接线松动（如40 W的灯配30 W的镇流器） (4) 启辉器损坏或接触不好	(1) 开用几次或对调灯管两端 (2) 换一根灯管试一试有无闪烁 (3) 调换合适的镇流器或加固接线 (4) 调换启辉器或使启辉器接触良好
灯管光度减低或色彩转差	(1) 灯管陈旧的必然现象 (2) 灯管上积垢太多 (3) 电源电压太低或线路电压降太大 (4) 气温过低或冷风直吹灯管	(1) 调换灯管 (2) 清除灯管积垢 (3) 调整电压或加粗导线 (4) 加防护罩或避开冷风
灯管寿命短或发光后立即熄灭	(1) 镇流器配用规格不合或质量较差，或镇流器内部线圈短路，致使灯管电压过高 (2) 受到剧震，使灯丝震断 (3) 新装灯管因接线错误将灯管烧坏（如接到两根火线）	(1) 调换或修理镇流器 (2) 调换安装位置或更换灯管 (3) 检修线路（注意不要接到两根火线上，因为这样电压将达到380 V，极易烧坏灯管和其他家用电器）

故障现象	产生原因	检修方法
镇流器有杂音或电磁声	(1) 镇流器质量较差或其铁芯的硅钢片未夹紧 (2) 镇流器过载或其内部短路 (3) 镇流器受热过度 (4) 电源电压过高引起镇流器发出声音 (5) 启辉器不好,引起开启时辉光杂音 (6) 镇流器有微弱声音,但影响不大	(1) 调换镇流器 (2) 调换镇流器 (3) 检查受热原因并消除 (4) 如有条件设法降压 (5) 调换启辉器 (6) 是正常现象,可用橡皮垫,以减少震动
镇流器过热或冒烟	(1) 电源电压过高或容置过低 (2) 镇流器内线圈短路 (3) 灯管闪烁时间长或使用时间太长	(1) 有条件可调低电压或换用容量较大的镇流器 (2) 调换镇流器 (3) 检查闪烁原因或减少连续使用的时间

四、保险丝烧断的原因

1. 照明电路的一般组成

整个照明电路包括:配电线→接户线→进户线→电表→闸刀→保险盒。电表的进线和出线一般遵循1、3两孔进;2、4两孔出的原则。

2. 保险丝烧断的原因

主要有两个:一是功率过大,二是短路。具体原因:

(1) 插头内部短路。可以把所有的用电器插头拔掉以后看看是否还短路。

(2) 灯头内部短路(灯头内部的引线触碰到一起,或螺口内部触碰)。

(3) 支线或干线接头处短路。

(4) 其他原因造成的短路。

检查次序与方法。如果是自己家里某个用电器短路,则只要这个用电器一插上插头,则保险丝就会立刻烧断。如果是功率过大,则时间要长一些。此时要仔细检查每一用电器内部。如果不是自己家里的用电器短路,则可能是别的原因造成。此时可按照一定次序检查。次序:引入线→电表→闸刀→保险盒。检查结果:如果自己家中的保险丝没有坏,则可能是上一级保险丝出了问题。

(1) 用测电笔测量发现,火线和地线的保险丝都不亮,可能是上级火线保险丝烧断或者是停电。

(2) 如果火线和地线保险丝都亮,则说明极有可能是上级地线保险丝烧断。

(3) 如果在电表、闸刀、保险盒的两根线上都能测出一亮一暗则说明基本正常。问题可能还在自己家里。

第十九章 家用电器常识

第一节 微波炉

一、微波炉的诞生

1946年,斯潘瑟还是美国雷声公司的研究员。一个偶然的机会,他发现微波溶化了糖果。事实证明,微波辐射能引起食物内部的分子振动,从而产生热量。1947年,第一台微波炉问世。

二、微波炉的结构与类型

1. 结构

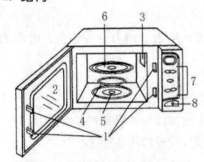

图 19.1-1 微波炉的外部结构

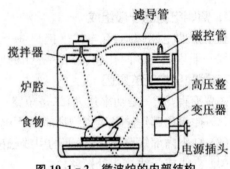

图 19.1-2 微波炉的内部结构

外部结构图说明:

(1) 门安全连锁开关:确保炉门打开,微波炉不能工作。炉门关上,微波炉才能工作。

(2) 视屏窗:有金属屏蔽层,可透过网孔观察食物的烹饪情况。

(3) 通风口:确保烹饪时通风良好。

(4) 转盘支承:带动玻璃转盘转动。

(5) 带动玻璃转盘转动的转轴。

(6) 玻璃转盘:装好食物的容器放在转盘上,加热时转盘转动,使食物烹饪均匀。

(7) 控制板:控制各档烹饪。

(8) 炉门开关:按此开关,炉门打开。

2. 类型

由频率分可分为家用微波炉和商用微波炉,前者的频率为 2 450 MHz,后者的频率为 915 MHz。其功率有大有小,有 500 W、600 W、650 W、700 W、1 000 W、1 500 W、2 000 W 等几种。

由功能来分有普通型和全自动型两种。普通型可以调节功率、加热时间、温度等;全自动型则可以程序解冻,加热,自动保温。

三、微波炉的工作原理

顾名思义,微波炉就是用微波来煮饭烧菜的炉子。微波是一种电磁波。这种电磁波的能量不仅比通常的无线电波大得多,而且还很有"个性",微波一碰到金属就发生反射,金属根本没有办法吸收或传导它;微波可以穿过玻璃、陶瓷、塑料等绝缘材料,但不会消耗能量;而含有水分的食物,微波不但不能透过,其能量反而会被吸收。微波炉正是利用微波的这些特性制作的。微波炉的外壳用不锈钢等金属材料制成,可以阻挡微波从炉内逃出,以免影响人们的身体健康。装食物的容器则用绝缘材料制成。

微波炉的心脏是磁控管。磁控管是个微波发生器,它能产生每秒钟振动频率为24.5亿次的微波。这种肉眼看不见的微波,能穿透食物达5 cm深,并使食物中的水分子也随之运动,剧烈的运动产生了大量的热能,于是食物"煮"熟了,这就是微波炉加热的原理。这里最关键的是水分子是极性分子(即正负电荷的中心不重合)。

水分子存在于大多数食物中。水分子的"两端"分别带有正电荷和负电荷。电场会使水分子的正电荷端指向同一个方向。微波电场的正、负极方向每秒转换49亿次,水分子也不停地随之转换方向。随着水分子不断转向,彼此发生碰撞,相互摩擦进而产生热量。陶瓷和玻璃容器中不含水分,因而不会发热,但变热的食物会通过热传导使它们变热。

变压器、二极管和电容器将民用电从220 V提升到3 000 V以上,通过导线将高压电送往磁控管。磁控管产生微波,微波由天线送出,经由波导管进入炉腔,炉腔的金属腔壁不断反射微波。旋转的玻璃托盘会让食物均匀受热。一些型号的微波炉中没有玻璃托盘,但波导管端部有一个旋转小叶片,它能将微波完全散布开。

微波的产生过程大致是这样的:高压电被传送到阴极灯丝,灯丝变热后便会发射出电子,这些电子被外围带正电的阳极板吸引。一些大磁铁块施加的磁场使向外流动的电子云旋转。在旋转的过程中,电子云形成轮辐状,从阳极板之间的每一个空腔中穿过。移动着的电子云"轮辐"将负电荷传递给空腔,此后负电荷又会在下一个"轮辐"到达之前流出空腔。负电荷的反复增减在空腔内产生出2.45千兆赫兹的振荡电磁场。磁控管上的天线以这一频率发生谐振,从其顶部尖端发射出微波——这和无线电传输天线的原理几乎一模一样。

四、微波炉加热的特点

①不加热炉本身。
②可以自动控制时间和温度。
③无火无烟不粘脏物。
④解冻迅速、不失新鲜。
⑤可以消毒杀菌。
⑥因为微波的穿透深度大约为2~5 cm,所以应该把加热食品切成小块,这样加热起来快些。另外,水多的食物加热比起干燥的食物快些。
⑦用普通炉灶煮食物时,热量总是从食物外部逐渐进入食物内部的。而用微波炉烹

饪，热量则是直接深入食物内部，所以烹饪速度比其他炉灶快4至10倍，热效率高达80%以上。目前，其他各种炉灶的热效率无法与它相比。微波炉由于烹饪的时间很短，能很好地保持食物中的维生素和天然风味。比如，用微波炉煮青豌豆，几乎可以使维生素C一点都不损失。

五、微波炉各部分的主要作用

（1）炉腔

炉腔是一个微波谐振腔，是把微波能变为热能对食品进行加热的空间。为了使炉腔内的食物均匀加热，微波炉炉腔内设有专门的装置。最初生产的微波炉是在炉腔顶部装有金属扇页，即微波搅拌器，以干扰微波在炉腔中的传播，从而使食物加热更加均匀。目前，则是在微波炉的炉腔底部装一只由微型电机带动的玻璃转盘，把被加热食品放在转盘上与转盘一起绕电机轴旋转，使其与炉内的高频电磁场作相对运动，来达到炉内食品均匀加热的目的。国内独创的自动升降型转盘，使得加热更均匀，烹饪效果更理想。

（2）炉门

炉门是食品的进出口，也是微波炉炉腔的重要组成部分。对它要求很高，即要求从门外可以观察到炉腔内食品加热的情况，又不能让微波泄漏出来。炉门由金属框架和玻璃观察窗组成。观察窗的玻璃夹层中有一层金属微孔网，既可透过它看到食品，又可防止微波泄漏。由于玻璃夹层中的金属网的网孔大小是经过精密计算的，所以完全可以阻挡微波的穿透。为了防止微波的泄漏，微波炉的开关系统由多重安全联锁微动开关装置组成。炉门没有关好，就不能使微波炉工作，微波炉不工作，也就谈不上有微波泄漏的问题了。为了防止在微波炉炉门关上后微波从炉门与腔体之间的缝隙中泄漏出来，在微波炉的炉门四周安有抗流槽结构，或装有能吸收微波的材料，如由硅橡胶做的门封条，能将可能泄漏的少量微波吸收掉。抗流槽是在门内设置的一条异型槽结构，它具有引导微波反转相位的作用。在抗流槽入口处，微波会被它逆向的反射波抵消，这样微波就不会泄漏了。由于门封条容易破损或老化而造成防泄作用降低，因此现在大多数微波炉均采用抗流槽结构来防止微波泄漏，很少采用硅橡胶门封条。抗流槽结构是从微波辐射的原理上得到的防止微波泄漏的稳定可靠的方法。

（3）电气电路：电气电路分高压电路、磁控管和低压电路三部分。

①高压电路：高压变压器次级绕组之后的电路为高压电路，主要包括磁控管、高压电容器、高压变压器、高压二极管。

②磁控管：磁控管是微波炉的心脏，微波就是由它产生并发射出来的。磁控管工作时需要很高的脉动直流阳极电压和约3~4 V的阴极电压。由高压变压器及高压电容器、高压二极管构成的倍压整流电路为磁控管提供了满足上述要求的工作电压（变压器能将220 V电压提升到3 000 V以上）。

③低压电路：高压变压器初级绕组之前至微波炉电源入口之间的电路为低压电路，也包括了控制电路。主要包括保险管、热断路器保护开关、联锁微动开关、照明灯、定时器及功率分配器开关、转盘电机、风扇电机等。

（4）定时器。微波炉一般有两种定时方式，即机械式定时和计算机定时。基本功能是选择设定工作时间,设定时间过后,定时器自动切断微波炉主电路。

(5) 功率分配器。功率分配器用来调节磁控管的平均工作时间(即磁控管断续工作时,"工作"、"停止"时间的比例),从而达到调节微波炉平均输出功率的目的。机械控制式一般有3～6个刻度文件位,而计算机控制式微波炉可有10个调整档位。

(6) 联锁微动开关。联锁微动开关是微波炉的一组重要安全装置。它有多重联锁作用,均通过炉门的开门按键或炉门把手上的开门按键加以控制。当炉门未关闭好或炉门打开时,断开电路,使微波炉停止工作。

(7) 热断路器。热断路器是用来监控磁控管或炉腔工作温度的组件。当工作温度超过某一限值时,热断路器会立即切断电源,使微波炉停止工作。

六、微波炉的使用、维护上的禁忌

(1) 使用注意事项

①微波炉要放置在通风的地方,附近不要有磁性物质,以免干扰炉腔内磁场的均匀状态,使工作效率下降。还要和电视机、收音机保持一定的距离,否则会影响视、听效果。

②炉内未放烹饪食品时,不要通电工作。不可使微波炉空载运行,否则会损坏磁控管,为防止一时疏忽而造成空载运行,可在炉腔内置一盛水的玻璃杯。

③凡金属的餐具,竹器、塑料、漆器等不耐热的容器均不宜在微波炉中使用。瓷制碗碟不能镶有金、银花边。盛装食品的容器一定要放在微波炉专用的盘子中,不能直接放在炉腔内。

④微波炉的加热时间要视材料及用量而定,还和食物新鲜程度、含水量有关。由于各种食物加热时间不一,故在不能肯定食物所需加热时间时,应以较短时间为宜,加热后可视食物的生熟程度再追加加热时间。否则,如时间太长,会使食物变得发硬,失去香、色、味。按照食物的种类和烹饪要求,调节定时及功率(温度)旋钮,可以仔细阅读说明书,加以了解。

⑤带壳的鸡蛋、带密封包装的食品不能直接烹调,以免爆炸。

⑥一定要关好炉门,确保连锁开关和安全开关的闭合。微波炉关掉后,不宜立即取出食物,因此时炉内尚有余热,食物还可继续烹调,应过1分钟后再取出为好。

⑦炉内应经常保持清洁。在断开电源后,使用湿布与中性洗涤剂擦拭,不要冲洗,勿让水流入炉内电器中。

⑧定期检查炉门四周和门锁,如有损坏、闭合不良,应停止使用,以防微波泄漏。不宜把脸贴近微波炉观察窗,防止眼睛因微波辐射而受损伤。也不宜长时间受到微波照射,以防引起头晕、目眩、乏力、消瘦、脱发等症状,使人体受损。

(2) 使用微波炉的9个禁忌

①忌用普通塑料容器:一是热的食物会使塑料容器变形,二是普通塑料会放出有毒物质,污染食物,危害人体健康。使用专门的微波炉器皿盛装食物放入微波炉中加热。

②忌用金属器皿:因为放入炉内的铁、铝、不锈钢、搪瓷等器皿,微波炉在加热时会与之产生电火花并反射微波,既损伤炉体又加热不熟食物。

③忌使用封闭容器:加热液体时应使用广口容器,因为在封闭容器内食物加热产生的

热量不容易散发,使容器内压力过高,易引起爆破事故。即使在煎煮带壳食物时,也要事先用针或筷子将壳刺破,以免加热后引起爆裂、飞溅弄脏炉壁,或者溅出伤人。

④忌超时加热:食品放入微波炉解冻或加热,若忘记取出,如果时间超过2小时,则应丢掉不要,以免引起食物中毒。

⑤忌将肉类加热至半熟后再用微波炉加热:因为在半熟的食品中细菌仍会生长,第二次再用微波炉加热时,由于时间短,不可能将细菌全杀死。冰冻肉类食品须先在微波炉中解冻,然后再加热为熟食。

⑥忌再冷冻经微波炉解冻过的肉类:因为肉类在微波炉中解冻后,实际上已将外面一层低温加热了,在此温度下细菌是可以繁殖的,虽再冷冻可使其繁殖停止,却不能将活菌杀死。已用微波炉解冻的肉类,如果再放入冰箱冷冻,必须加热至全熟。

⑦忌油炸食品:因高温油会发生飞溅导致火灾。如万一不慎引起炉内起火时,切忌开门,而应先关闭电源,待火熄灭后再开门降温。

⑧忌将微波炉置于卧室,同时应注意不要用物品覆盖微波炉上的散热窗栅。

⑨忌长时间在微波炉前工作:开启微炉后,人应远离微波炉或人距离微波炉至少在1 m之外。

(3) 如何清除微波炉顽垢

微波炉用过后若不随即擦拭,很容易在内部结成油垢,所以只好用特别的招数除垢:将一个装有热水的容器放入微波炉内热两三分钟,让微波炉内充满蒸气,这样可使顽垢因饱含水分而变得松软,容易去除。清洁时,用中性清洁剂的稀释水先擦一遍,再分别用清水洗过的抹布和干抹布作最后的清洁,如果仍不能将顽垢除掉,可以利用塑料卡片之类来刮除,千万不能用金属片刮,以免伤及内部。最后,别忘了将微波炉门打开,让内部彻底风干。

第二节 压电陶瓷点火器

点火器的发展历程:打火石→火柴→打火机→压电陶瓷点火器。

(1) 居里压电效应

1880年法国人居里兄弟发现了"压电效应——加压力或拉伸某些介质会使得介质的两个表面产生异种电荷从而形成电压,如某些天然的石英晶体,人造的压电陶瓷如锆钛酸钡。1942年,第一个压电陶瓷材料——钛酸钡先后在美国、前苏联和日本制成。1947年,钛酸钡拾音器——第一个压电陶瓷器件诞生了。50年代初,又一种性能大大优于钛酸钡的压电陶瓷材料——锆钛酸铅研制成功。从此,压电陶瓷的发展进入了新的阶段。60年代到70年代,压电陶瓷不断改进,逐趋完美。如用多种元素改进的锆钛酸铅二元系压电陶瓷,以锆钛酸铅为基础的三元系、四元系压电陶瓷也都应运而生。这些材料性能优异,制造简单,成本低廉,应用广泛。

(2) 压电陶瓷点火器原理

点火时旋转开关,被压缩的弹簧突然释放,使它对压电晶体产生一个冲击力,从而在晶体两端产生很高的电压(一万多伏),通过电极和放电端子产生火花,此时煤气阀门正好打开,冲出的煤气遇到火苗就点燃。优点:耐热,耐湿性好,安全方便,不用电源可以点火5万次,如果每天点火7次,则可以使用20年。

(3) 电子打火灶日常保养维护和注意事项

①由于电子打火是由压电陶瓷和金属构成回路起点火作用,平时烧的食物不宜滴溢灶上,保持电极部分清洁。

②对堵塞燃烧器的情况要及时清理。

③发生点火困难时应检查电极与灶体距离是否过大,点火孔是否畅通,压电陶瓷是否失效(火弱),金属构件有无脱落等。

第三节 冰 箱

一、冰箱的发展概况

冰箱是带有制冷装置的储藏箱,用来冷冻、冷藏食品或其他物品。家用冰箱的容积通常为20~500 L。

1910年,世界上第一台压缩式制冷的家用冰箱在美国问世。1925年,瑞典丽都公司开发了家用吸收式冰箱。1927年,美国通用电气公司研制成功全封闭式冰箱。1930年,采用不同加热方式(以煤气、电、煤油为热源)的空气冷却连续扩散吸收式冰箱投放市场。1931年研制成功新型制冷剂氟利昂12并在工业上使用。50年代后半期开始生产家用热冰箱。

压缩式冰箱的发展趋势是大容积、多功能、多种箱温、节能和应用微电子技术。20世纪80年代以来,容积在300 L以上的多门冰箱已经问世。它使用微机控制,箱内设有独立的冷冻室、冷藏室、冰温激冷室、冷藏激冷室和高保鲜蔬菜室,具有快速冷冻、快速冷藏、半解冻等功能。它对于食品的科学冷冻冷藏有着重要的作用。

二、冰箱的基本结构

冰箱由箱体、制冷系统和控制系统组成。

(1) 箱体

由外壳、内胆、隔热材料和箱门构成。其功能是围护隔热,使箱内外空气隔绝,以保持箱内的低温,也可以称保温系统。外壳多用0.5 mm左右的冷轧钢板制作,经磷化处理后,表面喷漆或喷塑;也有的使用装饰性塑料复合板。内胆使用丙烯腈-丁二烯-苯乙烯(ABS)工程塑料板或改性聚苯乙烯塑料板,以真空成型的方式制作;也有的使用钢板搪瓷、钢板喷塑,或用铝板、不锈钢板。外壳与内胆之间填充隔热材料。常用的隔热材料有聚氨酯泡沫塑料,也有的使用玻璃纤维、聚苯乙烯泡沫塑料等。箱门四周和箱体之间用磁性门封密封。

(2) 制冷系统

制冷系统能产生低温环境,是冰箱的核心系统。它是一个封闭的循环系统,运转时不断吸收箱内被冷却物品的热量,并将其转移、传递给箱外的空气或水,以实现制冷。最常用的压缩式冰箱的制冷系统主要由压缩机、冷凝器、干燥过滤器、毛细管、蒸发器等部件组成。

(3) 控制系统

控制或调控系统通过调整电动机电流的通断和转速来改变制冷量,以适应不同的冷藏要求,用于控制箱内温度,保证安全运转及自动除霜等。

三、冰箱的类型

1. 常见类型

①按箱门多少分为单门、双门和多门冰箱(设有冷冻、冷藏、蔬菜、冰温等专用贮藏室);

②按箱内空气循环方式分为直接冷却式和间接冷却式冰箱;

③按制冷原理分为压缩式、吸收式和热电式冰箱;

④按贮藏要求分为冷藏箱和冷藏冷冻箱;

⑤按冷冻能力分为二星级(−12℃)、三星级(−18℃)和有速冻能力的(通常称为四星级)冰箱;

⑥按冰箱在极端环境温度下的工作能力分为亚温带型(代号 SN,适于在 10~32℃环境温度下运转)、温带型(N,适用于 16~32℃)、亚热带型(ST,适用于 18~38℃)和热带型(T,适用于 18~43℃)冰箱;

⑦按蒸发器的除霜方式分为手动除霜、半自动除霜和自动除霜冰箱等;

⑧按制冷剂的不同分为有氟冰箱和无氟冰箱。

2. 各类主要冰箱简介

(1) 直冷式冰箱

直接冷却式(直冷式)冰箱利用空气自然循环进行冷却。结构较简单,耗电量较小,但箱内温度均匀性差,冷冻室除霜不便。单门、双门冰箱多为直冷式。

(2) 间冷式冰箱

间接冷却式(间冷式)冰箱利用风扇使空气强制循环进行冷却。间冷式双门冰箱箱内温度均匀性好,可自动进行除霜,但这种冰箱结构较复杂,耗电量较大(图 19.3 - 1)。多门冰箱一般都为间冷式。

(3) 电机压缩式冰箱

简称压缩式冰箱。它是使用最多的一种冰箱,其产量占冰箱总产量的 90% 以上。吸收式冰箱约占 5%。压缩式冰箱由压缩机、冷凝器、干燥过滤器、毛细管(节流装置)、蒸发器组成封闭的制冷系统(图 19.3 - 2),系统中充入制冷剂氟利昂,实现制冷功能(无氟冰箱采用其他制冷剂)。

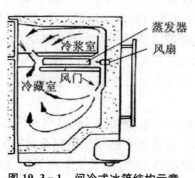 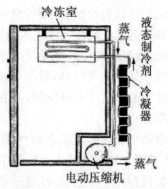

图 19.3-1　间冷式冰箱结构示意　　　图 19.3-2　压缩式冰箱

①压缩机：冰箱上使用的全封闭式压缩机有往复活塞式（简称往复式）和旋转活塞式（简称旋转式）两种。往复式压缩机又分为曲柄滑管式和连杆活塞式。输出功率小于 150 W 的压缩机多采用曲柄滑管式，大于 150 W 的多采用连杆活塞式或旋转式。旋转式压缩机具有体积小、重量轻、零部件少、制冷效率高等特点，但零部件加工精度和材料耐磨性要求高。

②冷凝器：有百叶窗式、丝管式（又称钢丝式）、翅片管式和内装式（冷凝器贴附在箱体后壁或侧壁板内侧）等。

③干燥过滤器：使用 120～180 目的滤网，干燥剂使用分子筛或硅胶。

④毛细管：用内径 0.6～2 mm、长 1～4 m 的铜管制作。

⑤蒸发器：有铝板吹胀式、铝板铝管或铜板铜管粘合的管板式、单脊翅片管式和翅片盘管式（多在间冷式冰箱上使用）。其工作原理详见后面部分。

（4）吸收式冰箱

利用吸收-扩散制冷原理制成的冰箱（图 19.3-3）。由发生器、精馏器、冷凝器、蒸发器、吸收器、贮液罐组成封闭的制冷系统，系统中充入氨（制冷剂）、水（吸收剂）、氢（扩散剂）三种组分。

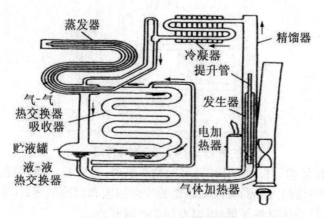

图 19.3-3　吸收式冰箱制冷系统

吸收式冰箱靠工质的液位差和密度差产生自然循环实现制冷。来自贮液罐的浓氨液经液-液热交换器换热后进入发生器。发生器中的浓氨液受到电或气体加热器加热而产生气泡。由于热虹吸的作用，带气泡的氨水自提升管上行，至发生器上部时气泡破裂，含有水蒸气和氨蒸气的混合气体进入精馏器，并在其内分馏。分馏后，因氨蒸气较水蒸气的冷凝温度低，故氨蒸气进入冷凝器，水蒸气则凝成液滴返回发生器的外套管中。进入冷凝器的氨蒸气被外界空气冷却，放出热量，在10多个大气压（相当于1 MPa以上的压力）下变为液态氨。液态氨进入蒸发器，并在扩散剂氢气中迅速蒸发扩散，吸收周围的热量，产生制冷效果。

在蒸发器中形成的氢氨混合气因密度大于氢气，随即下行，经气－气热交换器换热后，通过贮液罐上部空间进入吸收器中。同时，发生器中氨蒸发后剩余的稀氨水由于提升管的作用被汲到发生器上部，经连通管进入吸收器上部，形成从上向下的液流，它与由下向上流动的氢氨混合气在吸收器内相遇，氨气被稀氨水溶液吸收，氢气则经过吸收器上部返回蒸发器。在吸收器中吸入氨气的稀氨水变为浓氨水进入贮液罐，再送往发生器，使循环周而复始。

吸收式冰箱系统内没有机械运转部件，无机械磨损，使用寿命长，且运转时没有振动和噪声，特别适用于医院、卧室等需要保持宁静的场所。这种冰箱可以使用电、煤气、煤油、液化石油气、天然气、太阳能等多种能源制冷，因而也适于电力不足、无电源的农林牧地区、边防哨卡、船舶等的食物冷藏。吸收式冰箱比相同功率的压缩式冰箱的制冷量小，故首次降温速度慢；使用电能制冷时，耗电比压缩式冰箱高。

（5）热冰箱

利用半导体材料的热电效应（珀耳帖效应）实现制冷的冰箱（图19.3-4）。将一块P型半导体和一块N型半导体联接成电偶对，接上直流电源，在两个接头处分别形成"冷端"和"热端"。如果不断移走"热端"的热量，使其保持一定的温度，则"冷端"即开始制冷。实际应用时，要把电偶对串联或并联起来组成热电堆，热端置于箱外向周围介质（空气或水）散热，冷端置于箱内吸热，即成为热冰箱。如果将电源的正负极对调，则可变为加热的保温箱。

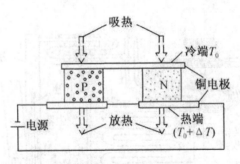

图19.3-4 热电制冷原理

热冰箱无机械运动部件，使用时没有振动和噪声，寿命长，维修简便；不用制冷剂，没有污染；调节工作电流的大小即可改变冰箱的冷却速度和制冷温度；体积可以很小。但由于其制冷效率低，半导体材料昂贵，因而发展受到限制。

四、压缩式冰箱的具体工作原理

由于生活中用得最多的是压缩式冰箱，所以对它的工作原理将作详细介绍。日常生活中,热量总是自发地从高温物体传到低温物体。但是冰箱以及空调却不是这样的。它们正好相反,在压缩机等部件的共同作用下,可以把热量从低温物体传到高温物体。无论是冰箱还是空调,它里面有三个最重要的部件:那就是压缩机、冷凝器和蒸发器(见上图19.3-2)。制冷也罢,制热也罢,它们的工作原理其实非常简单,那就是利用气体液化(或凝结为)液体时会放出热量,如同水蒸气遇到较冷的物体时会凝结为水而放出热量一样。冰箱和空调中的冷凝器就是起这样的作用。由压缩机传来的高温高压气体遇到周围较冷的空气时就会冷凝(或液化)放出热量(它会使环境温度升高)。另一方面,利用低温低压的液体遇到原本较热的空气时会迅速蒸发(变为蒸汽),此时会从周围环境中吸收大量的热量,从而产生制冷效应,使环境温度下降。蒸发器就是起这样的作用。

压缩机、冷凝器和蒸发器三者联合起来,相当于一个"热量搬运工",它们能源源不断地把热量从低温传到高温。当然这其中最最重要的还是压缩机。冷凝器的作用是:(高温高压气体)冷凝放热→(使周围环境)升温。也就是所谓的冷凝致热效应。正是由于这一原因,所以我们也把冷凝器叫做散热器。蒸发器的作用是:(低温低压液体)蒸发吸热→(使周围环境)降温。也即是所谓的蒸发致冷效应。正是由于这一原因,所以我们也可以把蒸发器叫做吸热器。压缩机的作用是把低温低压的气体压缩为高温高压的气体。具体的过程如下:冰箱制冷系统是一个密闭的管路系统,其中充注制冷剂作为工质,制冷剂经蒸发、压缩、节流、冷凝 4 个过程,从周围物体中吸热,将热量转移放出,完成制冷的全过程。同时制冷剂的状态也发生变化,这一过程又称制冷循环。冰箱、冰柜和空调器等,采用机械式制冷循环系统。

工作时,压缩机吸入在蒸发器中吸热蒸发的制冷剂蒸气,经过压缩,成为高温高压(约为 10 几个大气压)蒸气,被送往冷凝器。冷凝器向外界空气散热,将高温高压蒸气冷凝成液态制冷剂,再经过干燥过滤器滤掉混入系统中的微量杂质和水分,以防止在毛细管中发生"脏堵"或"冻堵"。然后,液态制冷剂经毛细管节流,送入蒸发器。在蒸发器内,制冷剂由于压力突然降低而剧烈沸腾蒸发,同时吸收箱内被冷却物品的热量,产生制冷效果。制冷剂蒸气再次送入压缩机。如此循环往复,使箱内保持设定的低温。

通过以上分析我们知道,只要压缩机一工作,其机体内就有高压存在,并且在断电后,要有一段时间才能消失,这就是冰箱为什么不能在关机后立即开机的原因所在。冰箱在运行过程中,其制冷系统压缩机的吸气侧为低压侧,压缩机的排气侧为高压侧,两侧的压强差很大(压力差也是很大),停机后两侧系统仍然保持这个压力差,如果立即启动,此时压缩机活塞压力很大,电机的动力矩不能克服这样的压力差,致使电机不能启动,处于堵转状态,导致电机绕组的电流剧增,温度升高,时间一长,很有可能烧毁电机。因此要求停机后过 4~5 min 再启动。

五、冰箱和空调器的相似之处

冰箱和空调都是制冷设备,因此工作原理有许多相似性,那么如果有人问:冰箱是否可以作为空调来用? 这个问题不能一概而论,要看具体情况。

假设蒸发器中的制冷剂蒸发时从周围环境吸收的热量为 Q_2,而冷凝器中的气体在冷凝过程中向周围环境放出的热量为 Q_1,则一吸一放,吸收的净热量为 (Q_2-Q_1),同时压缩机对工作物质(制冷剂)所做的功为 W。因为制冷剂经过一个循环以后完全恢复原状,所以其内能的变化为零,即 $\Delta U=0$。根据热力学第一定律(系统内能的变化等于外界对它做的功和它吸收的热量之和),我们有 $\Delta U=W+Q_2-Q_1=0$,即 $Q_1=W+Q_2>Q_2$。这就是说,制冷剂在一次循环过程中放出的热量大于吸收的热量(这是很自然的,因为放出的热量包括吸收的热量和由于压缩机做功而使制冷剂能量增加的那一部分)。于是根据冰箱放置状况的不同,有三种可能:

1. 整个冰箱完全放置在室内

由于冰箱放出的热量大于吸收的热量,所以总的效果是放热,于是冰箱不能当作制冷式空调用来制冷。如果在冬天,把它当做制热式空调来取暖的话也没有实际的意义。因为它放出的净热量并不多。因此,这种情况基本上是不能当做空调用的。

2. 冰箱冷凝器一侧放在靠近窗户(已打开)的地方或室外,冰箱门向室内打开

此时,冰箱冷冻室内的蒸发器(吸热器)会吸收室内的热量从而使室内的温度降低,而冷凝器(散热器)则会通过窗户向室外散发热量。因此,这种情况下原则上是可以作为空调来制冷的。为了提高制冷的效果,可以设想在冰箱内加装一个小电风扇,使它内部的冷气非常迅速地吹向室内,同时在冷凝器的一侧也加装一个小电风扇,把它产生的热量快速地吹向室外,这样可以达到使室内的温度快速降低的目的。但是这只是原则上或理论上可行,实际上因为结构上和空调有很大的不同,所以降温的效率不高。另外,如果窗户打开的话,外面的热空气会跑进来。而要单独把冷凝器放在室外,蒸发器放在室内也难以办到,因为冰箱是一个整体,你不能把它一分为二。此外,这样的话,可能会使冰箱一直不停机,可能会导致损坏冰箱。所以说这种情况是原则上行,实际意义不大。

3. 冰箱门向室外打开,冷凝器留在室内

此时冰箱里面的蒸发器(吸热器)是面向室外的,因此,它可以从外面吸收大量的热量(前提是外面空气的温度要比冰箱冷冻室的温度高一些),冷凝器(散热器)是面向室内的,所以放出的热量可以加热室内空气,使其升温,可以作为空调来取暖。同样,如果在冷凝器和蒸发器旁边加装一个小风扇,效果会好一些。

但是,同上面一样,这也是理论上行得通,实际上意义不大。因为既然冰箱是作为取暖用的,那么外面的温度一定很低,甚至会低到比冰箱冷冻室的温度还要低(它一直敞开着,温度就不会很低),这样,冷冻室内的蒸发器就不可能从外面吸收热量,也就不能使低温低压的液体蒸发为蒸气。这样压缩机也就不能工作(没有气体可压),后面的冷凝器也就无法工作(只有气体才有冷凝的问题,已经是液体了就无需再冷凝了),于是所有的一切就会停止。所以这种情况下,原则上可以作为空调来取暖,实际上是很困难的。更何况,蒸发器和室外相通时,可能外面的冷空气也会跑进来,室内的温度很难上升。纵使能够成功,效率也很低。

虽然把冰箱当做空调来用没有多大实际意义,但是从上面的分析我们却可以清楚地看到,冰箱和空调有许多共同之处。它也为后面讲空调的原理打下一个非常好的基础。

六、有关冰箱的常见问题及解答

1. 不停机

用户将过多的食品加入冰箱后发生不停机,这是由于食品过多,所以不可能在短时间内停机的,压缩机需要一段运转的时间制冷,如果此后真的就一直不停机了,则说明装入食品过多,超出冰箱的制冷极限,取出一些装入的食品就可以恢复正常的停机和开机,以上这是属于使用的问题不是故障。

2. 制冷挡位拧错不停机

用户拧动或者孩子玩耍不小心把挡位拧到最高位,如6或7挡,在任何品牌的冰箱中,这都是长开机的挡位,因此是不停机的。要注意避免冰箱因长时间开机机器发热严重而烧毁。只要把挡位恢复到3就可以了(3是普通中挡位)。

3. 修理后的冰箱不停机

修理后的冰箱的确都有类似这种现象出现,这里要指出的是许多用户和维修人员还会经常发生许多误解,实际上并不是维修人员没有修理好(因为修前冰箱的温控器也没有人去碰过的)。凡是坏的冰箱,其温度控制都会失去停机和开机的正常控制,因为开停机它需要由制冷和温度来控制的,所以修理后的冰箱需要在装入食品后的1~3天的时间才能体验出开机和停机是否正常。修理后的冰箱若在不装入食品且在保证不开门情况下,在2小时左右内也是能停和开的(但这种测试不是很实际也不很准确),因为不开机连锁因素很多,请看以下就更明确了。

4. 冰箱内漏,制冷剂不足不停机

冰箱内因管路系统发生腐蚀和轻微的渗漏,造成了制冷剂丢失和不足,虽然能制冷,但制冷产生的温度不能降低到温控器的控制点又怎么能停机呢?可见这是一系列的因果关系。

5. 冰箱摆放位置不佳,不停机(冰箱散热不佳)

冰箱摆放在屋子里的狭窄位置或墙角处、周围不能通风和对流、而且靠墙壁很近造成箱体的热能散不出去(叫做换热不佳),制冷量变小,达不到停机温度而不停机。

6. 关于冰箱的散热器装置

每台冰箱都有散热器。有的安装在冰箱的后背呈网片状,封闭式的冰箱散热器是直接贴在了冰箱周围外皮的内壁上。两种方法中,若在后面看不到散热网片,那么就一定是后一种安排形式。后一种我们在开机后就会摸到冰箱外皮左右是发热的(特殊的还有在冰箱的底部串联一个"加热"装置,为的是能把机箱内流出的排水尽快蒸发掉)。

7. 为什么冰箱的门周围会发热(除露管装置)

冰箱在开机时,你用手去摸箱体门封的周围会发现都是很热的,原来这是厂家有意设计的缘故,由于冰箱内部很冷,当外部气温高时门口就会出现"汗珠"结露现象,所以设计人员都把压缩机出口的气体管路顺便先围绕门口一周,利用管路的热量顺便驱赶掉结露形成的水珠(这一段管路简称为"门封管",也叫门封除露管)。

8. 开机只有几秒的启动——咔哒——停止——最严重最危险的信号

开机只运转几秒钟就听机器"咔哒"一声自己停机了(原来这声响都是由"过流过热保护器"俗称"过流"动作产生的声响),搁置一会又反复如此,这种故障现象的损坏只有两种可能。一是可能压缩机内某线包已经烧坏,二是可能"起动器"内部烧坏,两种故障都会引起"过流过热保护器"产生保护动作声响。

9. 内漏的冰箱怎样解决,为什么很难修理?

内漏的冰箱制冷量不足,对于一般的维修要先查明泄露点,这往往是最麻烦的。例如:加氟口泄露(很少),门封除露管泄露(不少),蒸发器内(即冷冻室内)穿微孔或腐蚀(很多),又因为冰箱内的制冷管路并不都在外部暴露,因此我们可以观察到的只是暴露在外部的这一小部分,埋藏在内部的就没什么好办法了。如过去都在"背部大开刀"手术,可现在进行修理费用太高了,也没有人那么去做的。而目前都采用简洁的简易维修方式,如换蒸发器或者在箱体内排管等。

10. 什么是打压？用什么气打？内漏经常都在什么地方？怎么办？

冰箱内漏一般需要对系统内进行打压观测,打压在原则上要用氮气进行(因氮气干燥无水分)。其他氧气、空气都是有水分的,水分的进入和冰箱系统内的氟制冷剂混合后可以降低绝缘,腐蚀管路系统,但是现在上门修理哪里有什么氮气啊？一般都用另外的压缩机把空气打入,压力大小视管路的材质铜、铝、合金、一般为12~16个压力(原则要求保压24小时的)再利用听、看、抹肥皂沫观察等。由于门封管路的弯折很多,是最经常出现弯折点腐蚀和渗漏,所以维修人员发现时干脆经常去掉"门封除露管"再行打压和观察。

如果是蒸发器(即冷冻室)内漏就需要更换蒸发器,还可以用冷冻室内部盘半圆形的铜管路代之,还可以买整个的"铝复合板片式蒸发器"骧入原来的冷冻室内。

11. 冰箱用制冷剂价格如何？注入量多少？有毒吗？爆炸吗？

冰箱内的制冷剂一般是R12及其同族的其他混合气体R134等,一般注入为150~200克不等。R12等制冷剂一千克大约20元(可以灌5台冰箱用)。还有一种制冷剂叫"R600"(所谓纯绿色制冷剂),和R12(R12不燃烧不爆炸)是完全不同的。注入时是有危险的,因为它是易燃易爆性质的,原则上都不许动用明火焊具,封口都需要专用的卡具。一般的制冷剂如R12等是没有毒的,但是在遇到400度以上的明火焊接时会产有毒的气体,这叫做"光气",它容易使人产生窒息,这点对于冰箱维修人员都应该知晓的。

七、冰箱的常见故障及检修

1. 检查方法

检查冰箱的故障要从几个方面来判断,分别是:看、听、摸、查、测等。

未通电时:

①看冰箱的外观及内胆有无明显的损坏。

②看各零部件有无松动及脱落现象。

③看制冷系统管道是否断裂,各焊口是否有油渍,冰箱底盘是否有油污。

通电时:

①看照明灯是否开门亮,关门灭。

②看冰箱压缩机是否能正常启动和运行。

③看蒸发器的结霜情况,正常时,通电5~10 min应结霜,通电30~40 min蒸发器应结满霜。

若不正常,有下面几种情况:

(1) 只结半边霜。原因主要是:制冷系统泄漏;系统缺少制冷剂;蒸发器内有积油;压缩机效率差。

(2) 入口处结霜一点。原因主要是:制冷系统泄漏;系统内缺少制冷剂;系统发生冰堵或是脏堵。

(3) 不结霜。原因主要是：制冷系统泄漏（大部分是蒸发器损坏）；串气管焊堵导致制冷剂未充入系统内，或者是过滤器与毛细管焊堵，造成制冷剂无法循环。

(4) 看低压回气管是否结霜。正常时应不结霜，不正常时结霜。原因主要是制冷剂充出过多。

2. 常见故障

(1) 冰箱不制冷

原因可能是：①压缩机不起动。②温控器坏。③热保护器坏。④PTC坏[热敏电阻按照温度系数的不同分为：正温度系数热敏电阻（简称PTC热敏电阻）和负温度系数热敏电阻（简称NTC热敏电阻）]。⑤压缩机坏。⑥制冷剂泄漏。⑦冰堵。⑧脏堵。⑨压缩机无压力。⑩制冷系统内有空气。

(2) 冰箱制冷效果差

原因可能是：①冰箱封闭不严；②冰箱开门次数太多；③冷凝器散热效果不好；④制冷剂部分泄露；⑤压缩机压力不足；⑥温控器调节不当；⑦食物放得太多。

(3) 压缩机不启动的检修实例

例1：牌号：BCD—185双门冰箱。故障现象：通电后不能启动；检修部件：温控器。

分析检修：通电试机无反应，但提示灯亮，调节温控器无效，可见压缩机，保护器或温控器电路中有断路处，先检测压缩机机组及保护器均正常，用万用表RXK档测量温控器触点间电阻值为∞，呈断开状态。经检查，温控器感温剂泄漏，导致控温触点断开。

例2：牌号：BCD。故障现象：压缩机不启动；检修部位：热挂保险丝断。

分析检修：通电后，照明灯亮，但感觉不到冷气。压缩机不运转，风扇不转。无霜冰箱正常工作时，在化霜过程中，蒸发器中温度不断上升至霜层全部融化，此时温控保护器双金属片触点应在温度上升到13℃时跳开，使化霜及时结束，这台冰箱的保护器双金属片，在化霜过程中触点粘连。

八、无氟冰箱的检修

1. 无氟冰箱结构特点

(1) 无氟制冷剂的特征

R134a与R12相比较：普通冰箱使用R12制冷剂的首选替代物R134a或HC—600a（异丁烷）。HC—600a的环保性能最好，无毒无味，而且物理性质与R12相近，替换时不需更换压缩机和冷冻油，它的不足之处是易燃易爆，生产及维修过程中安全条件要求很高。

R134a制冷剂的性能与R12十分相近，无毒无味，不可燃，但在环保和经济方面稍嫌不足。R134a的生产工艺复杂，成本比R12高3～4倍，制冷剂降低约10%，还需要采取特定的冷冻油，压缩机成本也要增加，并对制冷系统清洁度要求较高。

(2) R134a制冷剂的使用特点

① R134a制冷剂的最大优点，是它对臭氧层的破坏潜能为零，满足环保要求。

② R134a对压缩机的洁净度要求很高。

注意：采用R134a的无氟冰箱，对系统管道中的油、水、杂质等需求更高，是它的固有弱点。同时它对专用材料干燥处理,维修工具的要求,也是一般维修店的技术设备难以胜任的。不可否认,R134a 制冷剂在当前仍是一种比较理想的替代品,但在不远的将来,会在它的基础上研制出既无公害,又无负面影响,适应全方位替代的制冷剂,广泛应用于绿色环保冰箱中。

(3) R134a 与 R12 制冷剂不能互换

采用 R12 制冷剂的普通冰箱不能改用 R134a 制剂。普通冰箱的压缩机内部洁净度低,不能满足 R134a 制冷剂的特殊工艺要求。

2. 检修无氟冰箱的工艺要求

(1) 准备必要的工具:①真空泵;②制冷剂充冷机;③检漏仪器;④焊具。

(2) 修理材料的选用与处理

无氟冰箱使用的压缩机和 XH—7 型干炼过原器,在出厂时已将吸气管、排气管及进出口密封,不能轻易试机或打开,一旦打开就要马上使用,如果打开存放一段时间不用就不能再用。凡 R12 或 R22 制冷系统用过的铜管和有关配材,不能再用于 R134 制冷系统。

(3) 修理操作要点

①冰箱小修的要求

无氟冰箱的 R134a 的制冷系统,要保持绝对干燥才能正常工作,冰箱小修时,要以眼看、耳听、手摸为主,仔细分析,准确判断,一旦能确认故障为干燥过滤器堵塞或压缩机坏等,需要打开系统时,断开的管口要及时封密,焊接也要迅速,尤其在压缩机工艺管上装入三通修理阀,充冷软管时在与装制冷剂的钢瓶阀连接后,要用同类工质的气体对内腔试压检漏,保证有良好的气密性,维修中动作要快,开口时间要短,全部操作不能大于 20 min。在操作时,作出开口决定要慎之又慎,管道一旦被打口,就会有水气、杂物进入系统。

②冰箱大修的要求

所谓大修是指冰箱发生内漏故障,需要开背修理,动"大手术"。清洁制冷系统要用 R134a 冲洗,也可用 R134a 气体试压检漏,合格后,再反复充注,放出 R134a 代替抽空,尤其泄漏出现在压缩机的低压侧时,最好更换压缩机。

凡动修系统管道时,必须更换同型号的干燥过滤器,毛细管插入量与普通冰箱基本相同,一般为 10~15 cm,如果用肥皂水对低压测检漏,应在停机压力平衡后进行,检修动作一定要迅速,注意在打开管路之前做好准备,备齐工具材料,完成过程不超过 50 min,否则冰箱的修理质量无法保证。

③充注制冷剂的要求

目前市售的 R134a 制冷剂,多为小瓶 0.4 kg 分装,在加制冷剂之前要释放少量的气,口部有少量的空气,必须先放出空气,空气会影响制冷效果。

3. 无氟冰箱检修实例

例 1:牌号:BCD260 型。故障现象:压缩机运转但不制冷;检修部位:毛细管堵塞。

①分析检修:冰箱压缩机运转正常,冷凝器有热感,听箱体毛细管出口处有气流声,但稍后气流声逐渐消失,冷凝器变凉,这是典型的毛细管堵塞故障特征。用热毛巾加热毛细管与过滤器,毛细管与蒸发器的结合部分加热 8 min 后又能听到制冷剂的流动声,证明毛细管发生了冰堵。

②此冰箱采用了 R134a 制冷剂,打开压缩机工艺管封头,有制冷剂继续喷出,表明管道畅通。

③在工艺管上接上修理阀。

④割断过滤器出口处的毛细管。

⑤通过修理阀向系统内充注 0.8 MPa 氮气,将黑的冷冻油吸出,保证毛细管畅通。

⑥采用连续抽真空方法,每次用真空泵抽真空 60 min,关闭三通阀,运转压缩机 30 min,重复 3 次,真空度能达 750 mmHg 保持负压 24 h,定量加入 R134a 制冷剂 130 g,吸气压力表读数约为 0.2 kg,连续运转 5 天后,再将压缩机工艺管封口。

例 2:牌号:BCD—260 直冷式。检修部位:制冷管路冰箱;故障现象:刚启动时制冷正常,然后逐渐不制冷。

①分析检修:此型冰箱采用 R134a 制冷剂,新机使用两年多一直很好,后来逐渐发现压缩机运转时间长,停机时间短,最后形成不制冷故障。

②通电启动冰箱检查,最初压缩机运转正常,冷凝器有热感,冰箱体毛细管出口与蒸发气接口处有制冷剂流动的声音,然后声音逐渐消失,冷凝器变凉,这是典型的毛细管堵塞故障特征。

③方法和技巧:为判断堵塞性质,试用热毛巾包敷毛细管与过滤器,几分钟后能听到制冷剂的流动声,说明毛细管出现"冰堵"。维修方法同例 1。

通过上面两个例子可以得到以下经验:

①无氟冰箱制冷管路内洁净度要求高,最好采用专用设备排除冰箱制冷管路中的微量水分和杂质。

②无氟冰箱制冷系统真空度要求高,采取 3 次抽真空法,并利用系统内高压侧不凝性气体的排出,把高低压两侧的空气同时抽出,这样能保证系统内真空度较高,而且抽空时间短,效率高,冰箱在修理过程中如果不能达到真空要求,制冷系统内部的水分、杂质就会在冰箱正常运行一段时间后与 R134a 润滑油等物质发生酸解反应,产生酸性化合物、腐蚀管道、堵塞系统、使冰箱不能制冷。

九、使用冰箱时的一些注意点

(1) 冰箱应放置于通风凉爽处,远离热源,四周留空,避免阳光直射。

(2) 取食物时要迅速,避免频繁开关。

(3) 热的食物应该冷却后再放入。

(4) 水分多的食物应该用塑料袋包装后再放入,可以减少除霜时间。

(5) 放置食物不宜太多。

(6) 合理调节温度,不可长时间置于极冷点。

第四节　空调器

一、空调器的分类

所谓空调即空气调节,它是利用空调设备对某一范围(空间)的空气进行温、湿、清、净、速的调节,使空气的温度、相对湿度、清新度、洁净度和空气流动速度符合生产科研或生活舒适的要求。

1. 按空气处理方式分类

分为集中式、半集中式和局部式。前两者要使用大中型的空调设备,而局部式一般使用空调器。

(1) 集中式

是将空气集中处理后,由风机通过管道分别输送到各个房间中去。一般适用于大型宾馆、购物中心。这种方式需专人操作,有专门的机房,具有空气处理量大、参数稳定、运行可靠的优点。

(2) 半集中式

为以上两种的折衷。又包括诱导式和风机盘管式两种:诱导式把集中空调系统送来的高速空气通过诱导喷嘴,就地吸入经过二次盘管处理后的室内空气,混合送到房间内;风机盘管式是把类似集中式的机组直接安装在空调房间内。

(3) 局部式

是将空调器直接或就近装配在所需房间内,安装简单方便,适用于家庭用。

2. 按实用功能分类

分为单制冷式、制冷或制热两用式(即冷暖型空调器)。根据其制热原理不同,冷暖型空调器分为三类:热泵型空调器、电热型空调器、电辅热泵型空调器。

(1) 热泵型空调器

热泵型空调器结构和单冷型空调器的结构基本相同,它是利用空调在夏季制冷的原理,即空调在夏季时,是室内制冷,室外散热,而在秋冬季制热时,方向同夏季相反,室内制热,室外制冷来达到制暖的目的。它的优点是功效较高,缺点是适用温度范围较小,一般当温度在-5℃以下就会停止工作。

热泵式在普通空调器系统上增加了一个四通阀,当改变阀的操作位置时可以使系统换向,即制冷系统中的蒸发器和冷凝器功能对换,使原来用于制冷的蒸发器对空气加热,原来用于携带室内热量的冷凝器对室外空气降温。

(2) 电热型空调器

电热型空调器是在单冷型空调器结构的基础上,在室内机的左侧循环系统安装了电热元件,制热运行时,依靠电热元件的制热作用,通过风扇的运转达到制暖的目的。电热型空调器结构简单,使用方便,并且不受室外环境温度影响,缺点是耗电量大。

(3) 电辅热泵型空调器

电辅热泵型空调器即在热泵型空调器的基础上,增加电热元件,它将热泵型空调器和电热型空调器的优点和特点结合起来,用少量的电加热来补充热泵制热时能量不足的缺点,既可有效地降低用单纯电加热的功率消耗,又能够达到用单纯热泵的温度范围。

3. 按装置方式分类

有窗式、壁式、柜式;分体式的室内机组有落地式、吊顶式、壁挂式、嵌入式、台式。

4. 按系统组合情况分类

有分体式、整体式(或称组合式)。分体式是将整体式空调器一分为二,分别装在室内和室外。一般装在室内的系统有蒸发器、毛细管、离心风机、温控器、电器控制元件等;装在室外的系统有压缩机、冷凝器、轴流风机等。压缩机、冷凝器放在室外,机械运转噪声发生在室外,减少了室内噪声。一般组合式空调器的噪声约在 60 dB,分体式空调器者低于 40 dB～50 dB。此外分体式室内占地小,安装维修方便。又因冷凝器放在室外,外形尺寸可不受限制,冷凝面积和风量都可以加大,因而制冷效率高、冷凝温度较低。

各种分体式空调器虽然外形、结构布置不一样,但其室内机组主要都由蒸发器、蒸发器风扇(离心式)、毛细管、电控开关组成;而室外机组主要由冷凝器、冷凝器风扇(轴流式)组成,制冷剂多使用 R22。

二、房间空调器的型号命名及技术参数

1. 型号命名

根据国家标准 GB7725—87《房间空调器》的规定,空调器结构分类代号如下。

整体式——代号 C,分体式——代号 F。分体式的室内机组:壁挂式代号 G;落地式代号 L;嵌入式代号 Q;台式代号 T。分体式的室外机组,代号 W。单冷式——代号省略(或代号 L);热泵式——代号 R;电热式——代号 D;热泵、电热混合式——代号 Rd。

2. 主要技术参数

有制冷量、制热量、性能系数、风量、电源功率、噪声等。

(1) 制冷量和制热量

空调器在进行制冷(或制热)运转时,单位时间内从密闭空间、房间内除去(或送入)的热量,其法定计量单位是 W(瓦)。匹是功率单位马力(Hp)的通信称呼,是指压缩机的功率,并不等于空调器的制冷量。1 匹 = 735 W,在现实生产中,1 匹的输出功率约等于 2 300 W 的制冷量。

(2) 电源额定消耗功率

空调器在额定情况下进行制冷(或制热)运转是消耗的功率,单位为 W。在实际使用中所消耗的功率可能略有差异。

(3) 性能系数

又称能效比、COP 值、EER 值,是空调制冷运转时,制冷量与制冷消耗功率之比,单位 W/W(瓦/瓦),其他单位有 kcal/(h·W)[千卡/(小时·瓦)]。

(4) 风量

指单位时间内向密闭空间、房间送入的风量,也即室内侧的空气循环量,单位是 m^3/s

(米³/秒)或 m³/h(米³/小时)。

(5) 噪声

空调器的噪声主要来自风机和压缩机。实测噪声是在标准工况下,在距空调器出风口中心法线 1 m 处,距地面约高 1 m 的位置,用声级计测量的。

三、空调器的基本组成

以分体式两用空调机为例,其结构由循环制冷(热)系统、空气循环通风系统、电气控制系统、箱体等组成。

(1) 制冷(热)循环

制冷循环系统一般采用蒸气压缩式制冷循环,与冰箱一样,由全封闭式压缩机,风冷凝顺器,毛细管和肋循系统、系统内充注氟利昂 22 为制冷剂,为避免液击,有些制冷系统还设有气液分离器。

(2) 空气循环通风系统:主要由离心风扇、轴流风扇、电动机、风门、风道构成。

(3) 电气控制系统:主要由温度控制器、启动器、选择开关,各种过载保护器,中间继电器等组成,热泵型还应有四通换向阀及除霜温度控制器。

(4) 箱体:它包括外表、面板、底盘及若干加强筋,支架等。

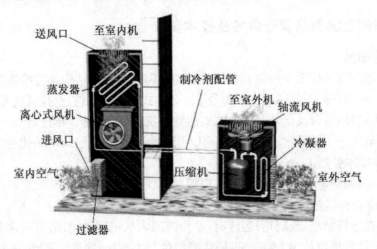

图 19.4-1　分体式空调器原理图

四、空调器的工作原理

1. 原理

目前比较受欢迎的冷暖空调主要有两种。一种是热泵型空调器,空调在夏季时,是室内制冷,室外散热,而在秋冬季制热时,方向同夏季相反,室内制热,室外制冷来达到制暖的目的。它的优点是功效较高,缺点是适用温度范围较小,一般当温度在-5℃以下就会停止工作。

还有一种是电辅热泵型空调器,即在热泵型空调器的基础上,增加电热元件,用少量的电加热来补充热泵制热时能量不足的缺点,既可有效地降低用单纯电加热的功率消耗,又能够达到比用单纯热泵使用温度更广的范围。

冷暖空调不仅可以制冷,也可以制热。冬天取暖时,如果纯粹用电来加热器件把电功直接转化为热,那是很不经济的。如果把这电功输给一台制冷剂,使它从温度较低的室外吸取热量,向需要取暖的室内输热,这样除了电功转化为热以外,还额外从低温吸取了一部分热传到高温热源去,取暖效率当然要高得多。这种装置就是所谓的热泵。如同水泵可以从低处把水抽到高处一样,它能把热量由低温处"抽到"高温处。

热泵型空调和冷冻机或冰箱相似,只不过将两个热交换器分别装于室内和室外,并借助于一只四通阀分别对流进和流出压缩机的高压气体的流向进行切换。

夏天,从压缩机流出的高温高压气体进入室外热交换器(相当于冷凝器或散热器)放热冷却后呈液态,再经毛细管节流降温后进入室内热交换器(相当于蒸发器或吸热器)蒸发吸热(从而降低周围环境的温度),最后回流进压缩机。空调器制冷的原理与冰箱有很多相似之处。空调器通电后,制冷系统内制冷剂的低压蒸汽被压缩机吸入并压缩为高压蒸汽后排至冷凝器。同时轴流风扇吸入的室外空气流经冷凝器,带走制冷剂放出的热量,使高压制冷剂蒸汽凝结为高压液体。高压液体经过过滤器、节流机构后喷入蒸发器,并在相应的低压下蒸发,吸取周围的热量。同时贯流风扇使空气不断进入蒸发器的肋片间进行热交换,并将放热后变冷的空气送向室内。如此室内空气不断循环流动,达到降低温度的目的。

冬天,温度较高的高压气体流进室内热交换器(相当于冷凝器或散热器),被室内空气冷却从而升高室内温度。被冷却而呈液态的高压液体经毛细管节流降温而进入室外热交换器(相当于蒸发器或吸热器)蒸发吸热,然后低温低压的蒸气流进压缩机再次被压缩成高温高压蒸气。讲得更具体一点,空调器制热时,压缩机吸入制冷剂蒸气,在气缸内被压缩成高温高压气体,经排气阀片排至室内侧冷凝器,在冷凝器中,制冷剂被室内循环空气冷却成高压液体,制冷剂释放出来的热量加热空气,使温度上升。高压液体制冷剂通过毛细管节流降压后,进入室外侧蒸发器,吸收室外的热量变为蒸气,再被压缩机吸入。如此循环不止,可见,热泵型空调器除有冷风型空调器的通风、制冷、除尘去湿的功能外,还多了一个制热功能。

前面在讲冰箱能否当空调时讲过,冬天,当室外的环境温度很低时(低于零下5度),室外热交换器(相当于蒸发器或吸热器)要想从如此低的空气中再吸取热量就不那么容易了,这是因为此时液态制冷剂在这么低的温度下蒸发得比较慢(只有在较高温度下液体才比较容易蒸发)。因此热泵型空调制热时大多数只能在零下5度以上才能正常工作。有些冷暖型空调的制冷效果很好,但制热效果不太好,也与这一因素有关[注:空调制冷剂R22的化学名为二氟一氯甲烷,分子式$CHClF_2$,分子量86.47。R22是一种低温制冷剂,可得到$-80℃$的制冷温度。适用于家用空调、中央空调和其他商业制冷设备。其标准沸点为$-40.8℃$,不过在高压下的沸点会高一些。虽然从理论上讲,液态制冷剂在低于$-5℃$时仍然可以蒸发,从周围空气中吸热,但是实际上很难。退一万步讲,即使可以蒸发,因为蒸发以后的蒸气温度比较低(零下几度),经过压缩机压缩后也很难形成真正的高温高压气体,如果压缩后的蒸气温度和室内环境温度差不多,那么经排气阀片排至室内冷凝器(散热器)时也就散发不出热量,因此难以达到制热的目的]。

冷暖空调的基本原理与前面讲的冰箱是非常相似的,只不过在冰箱中,冷凝器(散热器)和蒸发器(吸热器)是放在同一台冰箱中,而空调器中则把它们放置在室内和室外两个地方。当然结构上也有少许不同。

2. 各部件的作用

(1)压缩机的作用——将低温低压的制冷剂蒸气压缩成高温高压的制冷剂蒸气。

(2)室内热交换器——制热时,相当于冰箱的冷凝器,将高温高压的制冷剂蒸气冷却成液态制冷剂,同时制冷剂放出热量。制冷时,相当于冰箱的蒸发器,制冷剂在其中蒸发吸收热量、制冷。

(3)过滤器——滤去制冷剂中的杂质同时吸收制冷剂中的水分。

(4)毛细管——降压节流,将高温高压的液态制冷剂经毛细管限流后,压强迅速降低。

(5)四通电磁阀——改变制冷剂的流动方向,从而达到制冷和制热的目的。

(6)汽液分离器——从蒸发器内回流的制冷剂中既有气态,也有少数呈液态,必须使液态制冷剂从分离器中滤化,防止液态制冷剂进入压缩机而损坏压缩机。

(7)室外风机——将室外热交换机上的热量吹走或冷气吹走。

(8)室内风机——将室内热交换机上的冷气或热气吹向房间。

(9)主控制板——控制压缩机的供电和各风机的供电,自动地控制压缩机和风机的工作。

(10)室温传感器——当室内环境温度发生变化时,传感器的电阻发生变化,流过它的电流的大小也发生变化,这时给CPU(中央处理器)提供了一个开机或关机的信号,让CPU自动地控制压缩机的通电状态,从而控制了温度。

五、空调器的常见故障及一般维修

1. 空调器工作状态的检查

空调器维修时,为了准确地判断有无故障,发生故障的部位和故障的性质,必须按照一定的步骤进行检查和判断,切忌盲目动手,大拆大卸,实践证明,"先简单,后复杂,先外部后内部,先电器线路,后系统管道"的检查维修步骤是比较科学的,对空调器故障的初步判断,可以采用"听、摸、看、测"几种方法。

一听:仔细听用户的讲述,了解空调出现了什么现象。①听空调器的运行声音。②听压缩机运转的声音。③听室内外风机的声音。

二摸:①摸室内热交换器的温度。②摸液管的温度。③摸气管的温度。④摸室外热交换器的温度。

三看:①看空调器外表作外观检查。②看指示灯的亮暗情况。③看室内热交换器表面的结霜情况。④看液管和气管表面的结霜结露情况。⑤看管接头有无爆裂。⑥看管路连接是否正确。

四测:①用万用表检测电源电压。②用钳形电流表检测运行电流。③用摇表检测压缩机接线柱与机壳的绝缘电阻。④用温度计测制冷系统的制冷效果。⑤压力表测制冷系统管路压力是否正常。

2. 几种"假故障"的排除

所谓"假故障"是指空调器使用中出现的一些引起用户担心和关注的情况,出现这些情况的原因并不是空调器有故障,一般是操作方法或使用技巧问题,甚至本来就是正常现象,只是用户对空调器的性能不很清楚,才产生的一些误解。

空调器在使用中容易造成用户忧虑的有以下一些情况:

(1) 空调器不能立即启动

①空调器关机后,制冷系统管路中的制冷剂从循环运行状态逐渐停止下来,但管路高压侧和低压侧的压力还要保持平衡,所以正确使用时,空调器停机后应该等 3 min 才能开机。

②新型空调器大多采用电脑控制,电路中都设计了 3 min 保护定时器,空调器停机后守时保护器自动起作用,所以必须在 3 min 以后压缩机才能再次运转,未到 3 min 以前的时间是不能启动的,这是正常现象。

③热泵式空调器还会遇在寒冷时不启动的情况。在室外温度低于 $-5℃$ 不能正常启动,不能制热。

(2) 遥控操作失灵

①遥控器未对准室内机接收窗口。

②用户按错了按键。

③遥控器电池没电了。

(3) 自动停机

①电源电压过低。

②过滤网堵塞使压缩机负载过重。

③制热时停机则可能在除霜。

(4) 送风不畅,送风口有霜

①空调器过滤器堵塞。

②空气中的水蒸气过多时,在闷热的夏天会形成霜。

③长时间在高湿度环境中运转就会形成霜层。

(5) 运行中有杂声

①塑料机壳在热胀冷缩时发出"啪啪"声正常。

②机器部分的机械金属撞击声,不正常。

(6) 送出的风有臭味

①空调器将室外的煤气、烟气和其他异味吸回空调调节器内,又从出风口送出造成。

②空调器内可能有死老鼠等动物尸体。

3. 空调器的一般故障及检修

(1) 窗外安装位置不当

例:牌号:KC—20 型窗机。故障现象:经常自动停机,室内温度降不下来。

分析与检修:

空调器安装在里面房间的气窗上,冷凝器排出的热气吹到阳台上,经检查电源电压正常,压缩机启动后工作电压、电流也正常,经检查发现阳台装有玻璃门窗,这造成空调器排除的热量散发不畅。由此判断停机的原因是通风散热不良引起热保护继电器频繁动作。

(2) 温控器感温不良

例:型号 KC—16 型窗机。故障现象:使用一段时间后,压缩机开、停非常频繁。

分析检修:

清洗空气过滤网,并把温度控制器的旋钮转到"强冷"位置,压缩机开、停仍非常频繁,而且室内温度也降不下来,经检查空调器过载保护器没有动作,电源进线的保险也未熔断,说明压缩机内部及其线路正常,没有短路故障。故障特征:拆下空调器面板和空气过滤网,发现固定在蒸发器前下方的感温管末端附近覆盖了一层潮湿的灰尘,蒸发器翅片之间也有灰尘,使感温管感受的只是湿灰尘的温度,而不能感受室内空气的真实温度,这些湿灰尘温度较低,使得温度控制器经常动作,造成空调机频繁停机。

维修重点:空调器使用一个季度后,应及时进行常规保养,长期不用。重新使用之前,也要对空调进行必要的检查,才能通电开机。注意:检查空调器外表;清洗过滤网;清洗底盘与内壳;开机运转检查;对长期不使用的空调器,要做好保养。

4. 空调器制冷系统常见故障的检修

(1) 制冷系统检查要点

检修口诀:结合构造、了解原理、弄清现象、具体分析、从易到难、从简到繁、由表及里、逐步推理。观察整机工作状态:看面板指示灯显示;观察压缩机工作情况。

(2) 方法与技巧

压缩机工作情况可以通过触摸它的壳体温度来判断。

①吸气管周围约 20℃摸着会感到凉。

②机壳上在 60℃到 80℃之间。

③夏季排气管温度达到 70℃到 100℃。

(3) 了解制冷剂流动情况

①系统中有足够的制冷剂流动,是空调器正常制冷和必要条件。

②在视液镜中看到液体制冷剂能顺利通过没有气泡出现,可表明管道中制冷剂充足。

③液体制冷剂通过视液镜时,在进口处能够看到少量气泡,表明制冷剂微缺少。

④液体制冷剂通过视液镜时,在进口处看到气泡连续不断,则可判断制冷剂不足。

⑤液体制冷剂通过视液镜时,充满了整个镜面,则说明制冷剂充注过量。

⑥视液镜里如果看不到液体,则表明制冷剂全部泄漏。

(4) 重点检查测量项目

①测量送出冷风的温度。若看到排水管口滴水不断,说明制冷正常。若很少滴水或不滴水,则说明制冷效果差。

②测量系统管路压力值。

③检查电磁换向阀的动作。

(5) 空调器不制冷的原因

①压缩机不运转:A. 控制板失灵;B. 起动电容坏;C. 热保护器坏;D. 压缩机坏。

②外风机不转:A. 控制板未输出电压;B. 电容器坏;C. 电机坏。

③漏制冷剂(制冷剂泄漏一般在连接螺管处)。

④内风机不转:A. 控制板不供电;B. 电容器坏;C. 电机坏。

⑤换向电磁阀坏。
⑥室内传感器坏。
⑦室外传感器坏。
⑧压缩机供电的继电器坏。
⑨控制板的供电变压器坏。
⑩室内鼓风机卡死了。

(6) 制冷系统维修基本操作

空调制冷系统中,最常见的故障是制冷剂泄漏和管路堵塞。

1) 检查泄漏点的常见方法

空调器查找制冷剂泄漏的方法很多,要根据当时的具体条件决定采用一种或几种办法才能方便、简捷、准确地找到泄漏点,对于正在工作的空调器,如果还有制冷能力,或通过视液镜看到管路中仍有制冷剂流动,应该采用外观检查、仪器检查、气泡检查等方法。

①外观检测:制冷剂泄漏部位常常会有冷冻油随着渗出,仔细观察制冷系统管路,如果看到某处有油污渗出,则可以肯定这里是泄漏点,检查要特别注意管道的接头处和背面不能直接看到的地方。

②压力检漏:装上压力表,充上氮气,用肥皂水检测这种方法最可靠。

③真空检漏:在对系统抽真空时,同时进行检漏复测,用真空泵对系统抽空,如果长时间接在吸气侧的压力表的读数降不下去,达不到真空要求,说明管路有泄漏的地方,反之,如果抽真空后管路能在24小时内保持真空密度,表明系统没有泄漏。

④充氟检漏:充氟检漏是在压力检漏,真空检漏连带进行的,向制冷系统充注R22制冷剂,使管路压力达到0.2~0.3 MPa,即可用卤素灯或检漏仪检漏,也可以用洗涤灵液的方法做最后的检查。

2) 堵塞的检查与处理

空调器制冷系统的堵塞故障,常常发生在毛细管和干燥过滤器中,因为这两个地方是管路中最狭窄的地方,制冷管路堵塞的常见原因有脏堵和冰堵两种。

①脏堵:脏堵是制冷系统中的污物堵塞了管路。

②冰堵:冰堵则主要是由于制冷剂中有水分,如果它凝结成为小冰粒,也会堵塞管道使制冷剂不能正常流动,脏堵和冰堵的原因虽然不同,但故障表现与结果是相似的,由于堵塞处两边制冷剂压力不同,检查从管路之表面凝露、结霜、过冷、过热等现象可以对堵塞的性质和地点作出初步判断。冰堵一般发生在毛细管的出口端。

③脏堵一般发生毛细管的进口端。

六、空调省电方法

有不少人家中虽买了空调,但大多数时间都不敢开,让它在那里"闲置",当然是怕电费太高了。这虽可理解,其实要省电省钱,还有很多好招数。

(1) 设定适当的温度。制冷时,不要设置过低温度,若把室温调到26~27℃,其冷负荷可以减少8%以上。实践证明,对静坐或轻度劳动的人来说,室温保持在28~29℃,相对湿度保持在50%~60%,人并不感到闷热,也不会出汗,它应属于舒适性范围。人在睡眠时,代谢量减少 30%~50%,可将空调器设于睡眠开关档,设置温度高 2℃,可达到节电 20%;冬季制热,温度设置低 2℃,也可节电 10%。

(2) 选择能力适中的空调。一台制冷能力不足的空调,不仅不能提供足够的制冷效果,还会使机器由于长时间不间断运转,增加使用故障可能性,并会给用户以耗电大、功率不足等不佳的印象。一台制冷功率过大的空调,会使空调恒温器过于频繁开关,导致对压缩机的磨损加大;同时,造成空调耗电的增大。

(3) 避免阳光直射。在夏季,遮住日光的直射,可节电 5%。

(4) 开空调时关闭门窗。空调房间不要频频开门,以减少热空气渗入;少开新风门,当室内无异味时可以不开新风门,可以节省 5%~8%的能量。

(5) 出风口调节高度适中。制热时导风板向下,制冷时导风板水平,效果较好。

(6) 出风口保持顺畅。不要堆放大件家具阻挡散热增加耗电。

(7) 提前关空调。离家前十分钟即关冷气可以节省电能。

(8) 近年来出现的所谓变频空调,号称节能。实际上是通过变频技术调节拖动压缩机的电动机的供电频率来实现调节电机的转速。我们知道交流电机调速很难实现,冰箱、空调中的压缩机都是有交流电机拖动的,特别是空调,如果不采用变频调速使电机平稳运转,只能通过间断运行来实现。我们知道,电动机在启动过程中,需要较大的起动电流,因此对电网的电压造成波动,甚至烧掉不耐压的设备。刚刚起动不久的电机往往由于温度对它的控制又要求停机,反反复复导致电机频繁启动,一方面浪费电能,另一方对压缩机等部件的机械部分也会造成疲劳、磨损等。采用变频空调,就可以让电机根据温度的不同选择不同的转速来实现。交流电机的变频调速本身不节能,但是避免了需要频繁起动的电机等,这时候相对传统手段就节能了。

第五节　电视机

一、电视机的种类

1. 概述

电视(television),简写为 TV。是指利用电子设备传送活动图像的技术及设备,即电视接收机。1925 年由英国的约翰·洛奇·贝尔德发明。目前,电视机的种类繁多,分类复杂。不像以前那样只分为黑白和彩色两种。

从使用效果和外形来分,可以粗分为 4 大类:平板电视(等离子、LCD 液晶和一部分超薄壁挂式 DLP 背投);CRT 显像管电视(纯平 CRT、超平 CRT、超薄 CRT 等);背投电视(CRT 背投、DLP 背投、LCOS 背投、液晶背投);投影电视。

2. 专有名词解释

(1) CRT

CRT 是英文 Cathode Ray Tube 的缩写,直译为阴极射线管。表示一种使用阴极射线管的显示器。它主要有五部分组成:电子枪,偏转线圈,荫罩,荧光粉层及玻璃外壳。它是目前应用最广泛的显示器之一。CRT纯平显示器具有可视角度大、无坏点、色彩还原度高、色度均匀、可调节的多分辨率模式、响应时间极短等LCD显示器难以超越的优点,而且现在的CRT显示器价格要比LCD显示器便宜不少。

(2) LCD

LCD是Liquid Crystal Display的缩写,直译为液晶显示器。LCD的构造是在两片平行的玻璃当中放置液态的晶体,两片玻璃中间有许多垂直和水平的细小电线,透过通电与否来控制杆状水晶分子改变方向,将光线折射出来产生画面。性能比CRT要好得多,但是价钱较其贵。

(3) LCOS

提到液晶显示器,人们就会联想到笔记本电脑中的液晶显示器。新出现的令人振奋的LCOS是制作在单晶硅上的LCD(液晶显示)技术。LCOS可视为LCD的一种,但传统的LCD是做在玻璃基板上,但LCOS则是长在硅晶圆上。

LCOS是Liquid Crystal on Silicon的缩写,直译为硅基液晶。是一种全新的数码成像技术,它采用半导体CMOS集成电路芯片作为反射式LCD的基片,CMOS芯片上涂有薄薄的一层液晶硅,控制电路置于显示装置的后面,可以提高透光率,从而实现更大的光输出和更高的分辨率。LCOS的成像原理如图19.5-1所示,其成像方式类似于三片式的LCD液晶技术,不过采用LCOS技术的投影机其光线不是穿过LCD面板,而是采用反射方式形成彩色图像。它采用涂有液晶硅的CMOS集成电路芯片作为反射式LCD的基片。用先进工艺磨平后镀上铝当作反射镜,形成CMOS基板,然后将CMOS基板与含有透明电极之上的玻璃基板相贴合,再注入液晶封装而成。LCOS将控制电路放置于显示装置的后面,可以提高透光率,从而达到更大的光输出和更高的分辨率。与其他投影技术相比,LCOS技术最大的优点是分辨率高,采用该技术的投影机产品在亮度和价格方面也有一定优势。由于硅基板与对向基板的热膨胀系数不同,难以组装,使成品率较低、成本较高。

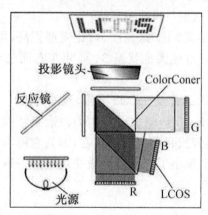

图19.5-1 LCOS成像原理

和透射式LCD技术相比,LCOS可以很容易地实现高分辨率和充分的色彩表现,而且可以较大地降低成本。LCOS的用途十分广泛,大到背投彩电,小至数码相机都可以使用它作为显像器件。目前,基于LCOS技术的投影机及投影电视在投影市场上还处在试探阶段,没有对其他类型投影机形成真正的竞争。LCOS技术一经推出便在全世界范围内造成极大影响,但由于制造工艺等方面的原因,目前基于 LCOS 技术的产品还没有形成大规模量产,只有少数厂家开发出了应用于投影机的 LCOS 芯片和应用 LCOS 技术的投影机及背投电视样机。

LCOS 技术在以后大屏幕显示应用领域里具有很大优势,它没有晶元模式,且具有开放的架构和低成本的潜力;还有一点很重要,就是生产工艺难关被攻破后,适合开发生产我们民族工业的产品,而不像 LCD 及 DLP 产品那样受制于人。省电、便宜与高解析度为 LCOS 最大优点。

(4) DLP

DLP 是"Digital Light Procession"的缩写,直译为数字光处理,也就是说这种技术要先把影像信号经过数字处理,然后再把光投影出来。DLP 技术是一种独创的、采用光学半导体产生数字式多光源显示的解决方案。它是可靠性极高的全数字显示技术,能在各类产品如大屏幕数字电视、公司/家庭/专业会议投影机和数码相机(DLP Cinema)中提供最佳图像效果。同时,这一解决方案也是被全球众多电子企业所采用的完全成熟的独立技术。自 1996 年以来,已向超过 75 家的制造商供货 500 多万套系统。

DLP 技术已被广泛用于满足各种追求视觉图像优异质量的需求。它还是市场上的多功能显示技术。它是唯一能够同时支持世界上最小的投影机(低于 2~1 bs)和最大的电影屏幕(高达 75 英尺)的显示技术。这一技术能够使图像达到极高的保真度,给出清晰、明亮、色彩逼真的画面。

3. 各类电视简介

(1) 平板电视

主要的优点是相当薄,可以挂在墙壁上观看,而且它们的显示屏可以做到很大(目前市场上等离子、液晶电视可以达到 60 英寸以上)。不过其缺点就是可视角度、反应速度等受到一定限制,而且价格较贵。

(2) CRT 显像管电视(这里只说数字高清)

主要优点就是各个方面都很优秀(亮度、对比度都很高,可视角度大、反应速度快,色彩还原也很好),但是它的屏幕最大也就是 34 英寸左右而已,并且很厚很笨重,还费电。不过相比之下价格很便宜。

(3) 背投(CRT 背投、DLP 背投、LCOS 背投、液晶背投)

传统 CRT 背投已经退出主流,绝大部分市场被数字背投(DLP 背投、LCOS 背投、液晶背投)所占据。DLP 光显背投目前比较受欢迎,因为它可以说是真正的数字电视,各方面表现都很好,屏幕大了、个头小了。目前是最受欢迎的一种。液晶背投由于发热量高,灯泡寿命短等问题稍显逊色。

(4) 投影电视

其实就是我们在公司会议室里面看到的那种投影仪的民用版,通常装在家里可以用来看电影。

二、电视的发展历程

1883 年圣诞节,德国电气工程师尼普柯夫用他发明的"尼普柯夫圆盘"使用机械扫描方法,作了首次发射图像的实验。每幅画面有 24 行线,且图像相当模糊。

1908 年,英国肯培尔·斯文顿、俄国罗申克无提出电子扫描原理,奠定了近代电技术的理论基础。

1923 年,美籍苏联人兹瓦里金发明静电积贮式摄像管。不久发明电子扫描式显像管,这是近代电视摄像术的先驱。

1925 年,英国约翰·洛奇·贝尔德,根据"尼普科夫圆盘"进行了新的研究工作,发明机械扫描式电视摄像机和接收机。当时画面分辨率仅 30 行线,扫描器每秒只能 5 次扫过扫描区,画面本身仅 2 英寸高,一英寸宽。在伦敦一家大商店向公众作了演示。

1926 年,贝尔德向英国报界作了一次播发和接收电视的演示。

1927—1929 年,贝尔德通过电话电缆首次进行机电式电视试播;首次短波电视试验;英国广播公司开始长期连续播发电视节目。

1930 年,实现电视图像和声音同时发播。

1931 年,首次把影片搬上电视银幕。人们在伦敦通过电视欣赏了英国著名的地方赛马会实况转播。美国发明了每秒可以映出 25 幅图像的电子管电视装置。

1936 年,英国广播公司采用贝尔德机电式电视广播,第一次播出了具有较高清晰度,步入实用阶段的电视图像。

1939 年,美国无线电公司开始播送全电子式电视。瑞士菲普发明第一台黑白电视投影机。

1940 年,美国古尔马研制出机电式彩色电视系统。

1949 年 12 月 17 日,开通使用第一条敷设在英国伦敦与苏登·可尔菲尔特之间的电视电缆。

1951 年,美国 H. 洛发明三枪荫罩式彩色显像管,洛伦期发明单枪式彩色显像管。

1954 年,美国得克萨期仪器公司研制出第一台全晶体管电视接收机。

1966 年,美国无线电公司研制出集成电路电视机。3 年后又生产出具有电子调谐装置的彩色电视接收机。

1972 年,日本研制出彩色电视投影机。

1973 年,数字技术用于电视广播,实验证明数字电视可用于卫星通信。

1976 年,英国完成"电视文库"系统的研究,用户可以直接用电视机检查新闻,书报或杂志。

1977 年,英国研制出第一批携带式电视机。

1979 年,世界上第一个"有线电视"在伦敦开通。它是英国邮政局发明的。它能将计算机里的信息通过普通电话线传送出去并显示在用户电视机屏幕上。

1981 年,日本索尼公司研制出袖珍黑白电视机,液晶屏幕仅 2.5 英寸,由电池供电。

1984 年,日本松下公司推出"宇宙电视"。该系统的画面宽 3.6 m,高 4.62 m,相当于 210 英寸,可放置在大型卡车上,在大街和广场等需要的地方播放。系统中采用了松下独家研制的"高辉度彩色发光管",即使是白天,在室外也能得到色彩鲜艳,明亮的图像。

1985 年 3 月 17 日,在日本举行的筑波科学万国博览会上,索尼公司建造的超大屏幕彩色电视墙亮相。它位于中央广场上,长 40 m、高 25 m,面积达 1 000 m²,整个建筑有 14

层楼房那么高。相当于一台1857英寸彩电。超大屏幕由36块大型发光屏组成,每块重1 t,厚1.8 m,共有45万个彩色发光元件。通过其顶部安装的摄像机,可以随时显示会场上的各种活动,并播放索尼公司的各种广告录像。

1985年,英国电信公司(BT)推出综合数字通信网络。它向用户提供话音、快速传送图表、传真、慢扫描电视终端等。

1991年11月25日,日本索尼公司的高清晰度电视开始试播:其扫描线为1 125条,比目前的525条多出一倍,图像质量提高了100%;画面纵横比改传统的9∶12为9∶16,增强了观赏者的现场感;平机视角从10°扩展到30°,映图更有深度感;电视面像"画素"从28万个增加为127万个,单位面积画面的信息量一举提高了近4倍。因此,观看高清晰度电视的距离不是过去屏高的7倍而是3倍,且伴音逼真,采用4声道高保真立体声,富有感染力。

1995年,日本索尼公司推出超微型彩色电视接收机(即手掌式彩电),只有手掌一样大小,重量为280 g。具有扬声器,也有耳机插孔,液晶显示屏约5.5 cm,画面看来虽小,但图像清晰,其最明显的特点是:以人的身体作天线来取得收视效果,看电视时将两根引线套在脖子上,就能取得室外天线般的效果。

1996年,日本索尼公司推向市场"壁挂"式电视:其长度60 cm、宽38 cm,而厚度只有3.7 cm,重量仅1.7 kg,犹如一幅壁画。

三、中国电视制造业发展史

1958年,我国第一台黑白电视机北京牌14英寸黑白电视机在天津712厂诞生。1958年9月2日,我国开始播送黑白电视。

1970年12月26日,我国第一台彩色电视机在同一地点诞生,从此拉开了中国彩电生产的序幕。1973年,开始试播彩色电视。

1978年,国家批准引进第一条彩电生产线,定点在原上海电视机厂即现在的上广电集团。

1982年10月份竣工投产。不久,国内第一个彩管厂咸阳彩虹厂成立。这期间我国彩电业迅速升温,并很快形成规模,全国引进大大小小彩电生产线100多条,并涌现熊猫、金星、牡丹、飞跃等一大批国产品牌。

1985年,中国电视机产量已达1 663万台,超过了美国,仅次于日本,成为世界第二的电视机生产大国。但由于我国电视机市场受结构、价格、消费能力等条件的限制,电视机普及率还很低,城乡每百户拥有电视机量分别只有17.2台和0.8台。

1987年,我国电视机产量已达1 934万台,超过了日本,成为世界最大的电视机生产国。

1985—1993年,中国彩电市场实现了大规模从黑白电视替换到彩色电视的升级换代。

1993年,TCL在上半年就开始推出"TCL王牌"大屏幕彩电,29英寸彩电的市场价格在6 000元左右,到年底已经售出10多万台。

1996年3月,长虹向全国发布了第一次大规模降价的宣言——降低彩电价格8%至18%,两个月后,康佳随后跟进,打响了彩电业历史上规模空前的价格战。当年4月,长虹的销售额跃居市场第一,国产品牌通过价格战将国外品牌大量的市场份额夺在了手中。这场降价战后来也导致整个中国彩电业的大洗牌,几十家彩电生产厂商从此退出。

1999年,消费级等离子彩电出现在国内商场。当时40英寸等离子彩电的价格在十几万元。

2001年,中国彩电业大面积亏损,康佳、厦华、高路华亏损,长虹每股赢利只有1分钱,这种局面直到2002年才通过技术提升得以扭转。

2002年,长虹宣布研制成功了中国首台屏幕最大的液晶电视。其屏幕尺寸大大突破22英寸的传统业界极限,屏幕尺寸达到了30英寸,当时被誉为"中国第一屏"。

2002年,TCL发动等离子电视"普及风暴",开启了等离子电视走向消费者家庭的大门。海信随即跟进。

2003年4月,倪润峰掀起背投普及计划,背投电视最高降幅达40%。

2004年,美国开始对中国彩电实施反倾销,导致中国彩电无法直接进入美国市场。

2004年,中国彩电总销量是3 500万台,其中平板电视销量不过区区40万台,占整个彩电产品的1.14%。

2004年10月开始,平板电视在国内几个主要大城市市场的销售额首次超过了传统CRT(模拟)彩电。

2005年上半年,我国平板彩电的销售量达到72.5万台,同比增长260%;城市家庭液晶电视拥有率达到了3.56%,等离子电视拥有率也达到了2.81%。

四、电视机工作原理简介

电视信号从发送到接收大致经历以下几个过程:光信号→电(或磁)信号→电磁波→电信号→光信号。第一个过程即光电转换过程,是由摄像机完成的,而第二过程电信号转换为电磁波则由发射天线完成;第三过程:电磁波转换为电信号则由接收天线完成,最后一个过程电信号转换为光信号则由电视机完成。对于有线电视而言,则直接由光信号→电(或磁)信号→光信号。

1. 电视摄像

将景物的光像聚焦于摄像管的光敏(或光导)靶面上,靶面各点的光电子的激发或光电导的变化情况随光像各点的亮度而异。当用电子束对靶面扫描时,即产生一个幅度正比于各点景物光像亮度的电信号。传送到电视接收机中使显像管屏幕的扫描电子束随输入信号的强弱而变。当与发送端同步扫描时,显像管的屏幕上即显现发送的原始图像。

2. 电视信号

从点到面的顺序取样、传送和复现是靠扫描来完成的。各国的电视扫描制式不尽相同,在中国是每秒25帧,每帧625行。每行从左到右扫描,每帧按隔行从上到下分奇数行、偶数行两场扫完,用以减少闪烁感觉。扫描过程中传送图像信息。当扫描电子束从上一行正程结束返回到下一行起始点前的行逆程回扫线,以及每场从上到下扫完,回到上面的场逆程回扫线均应予以消隐。在行场消隐期间传送行场同步信号,使收、发的扫描同步,以准确地重现原始图像。

我国的电视画面传输率之所以采用每秒25帧(50场)是因为25 Hz的帧频能以最少

的信号容量有效地满足人眼的视觉残留特性;50 Hz 的场频隔行扫描,把一帧分成奇、偶两场,奇偶的交错扫描相当于有遮挡板的作用。这样,在其他行还在高速扫描时,人眼不易觉察出闪烁,同时也解决了信号带宽的问题。由于我国的电网频率是 50 Hz,采用 50 Hz 的场刷新率可以有效地去掉电网信号的干扰。

电视信号中除了图像信号以外,还包括同步信号。所谓同步是指摄像端(发送端)的行、场扫描步调要与显像端(接收端)扫描步调完全一致,即要求同频率、同相位才能得到一幅稳定的画面。一帧电视信号称为一个全电视信号,它又由奇数场行信号和偶数场行信号顺序构成。

3. 电视信号的发送、传输和接收三种形式

(1) 地面广播系统

通过电视发射天线向周边地域空间发射电磁波(微波)信号。优点是成本低,覆盖范围宽,电视机使用不受场所限制,在广大农村采用最广泛。缺点是电视信号容易受地面障碍物(如高楼)阻挡和反射,形成多径干扰,图像经常出现重影;另外,电视信号强度按距离的平方成反比,离电视台稍远一些的地区,接收到的电视信号非常差,容易受周边干扰信号(如:汽车、电器设备、家用电器等)和气候及本机噪音干扰,图像画面经常出现雪花状干扰条。

(2) 卫星电视广播系统

电视信号不是通过微波中继站接力传送,而是通过通信卫星传送。其主要优点为覆盖面大、转播电视质量高,适应性强;缺点是成本高,需另购一个卫星接收机顶盒和安装一个抛物面微波天线。目前,我国还没有发射 K 波段的电视卫星,接收 U 波段通信卫星信号需用 1.5 m 的抛物面微波天线,安装和使用非常困难,只适用于政府部门和企事业单位安装使用。

(3) 有线电视系统

通过同轴电缆传输,不受外界干扰,也不干扰别人,使信号的频谱能得到充分利用,图像质量在所有传输系统中最好。目前,有线电视信号已把 V 波段的频谱全部利用完,U 波段的低端也利用了大部分,工作频段包括 VHF(12 个)和 UHF(56 个)两个频段,共计 68 个频道;另外还增加了 37 个有线电视专用频道(开路广播不能使用的频道),最多可用的频道达到 105 个。有线电视系统的缺点是成本还比较高,用户每月须交一笔设备维护费。

广播电视信号、卫星电视信号及有线电视信号的区别只是高频传输和调制方式不同,对于电视机来说,就是高频头工作方式不一样。高频信号首先被送入电视机的高频调谐器,经解调或变频,输出 TS 流(数字信号)或中频信号(模拟信号),再由 MPEG2 解码或进行中频放大、图像解调,将图像信号与音频信号从数字信号或载波中提取出来。图像信号经过处理后,再经视频放大电路放大,最后送给电视机显像管进行图像显示;音频信号在经过伴音通道处理后通过扬声器还原为原来的声音。

五、电视频段

各国的电视信号扫描制式与频道宽带不完全相同,按照国际无线电咨询委员会(CCIR)的建议用拉丁字母来区别。如 M 代表每秒 30 帧、每帧 526 行,视频带宽 4.2 兆

赫,加上调频伴音和调幅视频的残留下边带的总高频带宽是 6 兆赫;D,K 代表每秒 25 帧、每帧 625 行,视频带宽 6 兆赫,高频带宽 8 兆赫。将视频基带的全电视信号连同伴音信号分别调制到甚高频(VHF)或超高频(UHF)频段上进行广播发射。

国际上划分给电视广播用频段在甚高频有Ⅰ、Ⅲ频段,在超高频有Ⅳ、Ⅴ频段。电视频道则是某一路电视广播的频率占有的标称频道位置。各国采用的电视标准不同,频道划分也不同。在中国,Ⅰ频段48.5～92兆赫,分为第1～5频道;Ⅲ频段167～233兆赫,分为第6～12频道。Ⅳ频段470～566兆赫,分为第13～24频道;Ⅴ频段606～958兆赫,分为25～68频道。每个频道占有的频率间隔是固定的。

六、彩色电视的制式

电视信号的标准也称为电视的制式。目前各国的电视制式不尽相同,制式的区分主要在于其帧频(场频)的不同、分解率的不同、信号带宽以及载频的不同、色彩空间的转换关系不同等等。世界上现行的彩色电视制式有三种:NTSC制(简称N制)、PAL制和SECAM制。

1. NTSC 彩色电视制式

它是1952年由美国国家电视标准委员会指定的彩色电视广播标准,它采用正交平衡调幅的技术方式,故也称为正交平衡调幅制。美国、加拿大等大部分西半球国家以及中国的台湾、日本、韩国、菲律宾等均采用这种制式。

2. PAL 制式

它是西德在1962年指定的彩色电视广播标准,它采用逐行倒相正交平衡调幅的技术方法,克服了NTSC制相位敏感造成色彩失真的缺点。西德、英国等一些西欧国家,新加坡、中国大陆及香港、澳大利亚、新西兰等国家采用这种制式。PAL制式中根据不同的参数细节,又可以进一步划分为G、I、D等制式,其中PAL—D制是我国内地采用的制式。

3. SECAM 制式

SECAM 是法文的缩写,意为顺序传送彩色信号与存储恢复彩色信号制,是由法国在1956年提出,1966年制定的一种新的彩色电视制式。它也克服了NTSC制式相位失真的缺点,但采用时间分隔法来传送两个色差信号。使用SECAM制的国家主要集中在法国、东欧和中东一带。为了接收和处理不同制式的电视信号,也就发展了不同制式的电视接收机和录像机。

三种不同制式表

彩色电视国际制式			
TV 制式	NTSC—M	PAL—D	SECAM
帧频(Hz)	30	25	25
行/帧	525	625	625
亮度带宽(MHz)	4.2	6.0	6.0
彩色幅载波(MHz)	3.58	4.43	4.25
色度带宽(MHz)	1.3(I),0.6(Q)	1.3(U),1.3(V)	>1.0(U),>1.0(V)
声音载波(MHz)	4.5	6.5	6.5

七、电视机的保养与维护

(1) 当机内发生异常声音或气味时,请立即关闭电源并拔掉插头,经确认为异常时,不要继续使用,应请专业人员检修。

(2) 如外出时间较长或长时间不看电视,一定要把电视机关闭,拔掉电源插头,雷雨季节时还应断开机器与天线的连接。

(3) 雷雨时不能收看电视。在雷雨未到之前就要拔掉电源插头和天线,以防雷击。按国家"三包"规定,雷击损坏属非免费保修机范围。

(4) 不要在电视机罩上放置易燃易爆物,蜡烛、电炉、灯泡等均不能放在机器上和靠近机器的地方,避免机器出现意外。

(5) 小心液体、金属进入电视机体内。如有液体、金属掉入机内,一定不能再开机使用,应尽快请专业人员处理。

(6) 不能用化学试剂擦拭机器。溶剂可能会使机壳变质,以及损坏其涂漆面。如有灰尘污垢,应在关掉电视机十分钟后用湿布拧干后擦拭,荧光屏可用干净软布擦拭。

(7) 防尘的荧光屏千万不能擦拭。防尘的荧光屏会自动防止灰尘沾染,若略有灰尘、污垢,可用软丝绸轻轻地掸几下,千万不能擦拭。

(8) 注意磁场的影响,防止电视机被磁化。

(9) 注意电视机的散热,防止元器件过热损坏。

八、延长电视机使用寿命的措施

(1) 防止显像管过早老化。措施是平时收看时亮度不要开得太亮,不要频繁开关电视机,尽量在电源稳定的情况下收看电视。一般显像管的有效使用寿命均在 5 000~10 000 小时以上,平均每天使用 3~5 小时的话,显像管一般寿命在 5~10 年甚至更长时间。

(2) 注意电视机散热通风。电视机内部大部分零件在工作时都要发热,如果散热效果不好,热量不能及时散发出去,它们的温度就会越来越高,以至于损坏。另外,电视机使用时间长了,应请维修人员清除机内的灰尘。

(3) 不常使用的电视机反而容易损坏,尤其在雨季,经常开一开电视机,利用内部散发的热量来驱除机内的潮气是非常必要的。

(4) 电视机使用时间过长,由于静电吸引的原因,屏幕上会出现灰尘,此时不要用化学试剂擦洗(如:酒精)。目前很多电视机为了提高画面的效果,在屏幕表面涂抹了一层氧化物保护膜。如果用化学试剂擦拭,势必破坏这层保护膜造成不应有的损失。最好的方法是使用专用的屏幕擦拭材料。如果没有专用的,可以使用餐巾纸、柔软的棉布轻轻擦拭,但注意不要沾水。

(5) 电视机不宜无节制地反复开关,这样会加速老化、影响其使用寿命。

(6) 彩色电视机最怕强磁场干扰。带有磁性的物体在荧光屏前移动,将会导致电视机受磁、色彩紊乱,尤其注意音箱、磁铁等不要放在电视机近旁。

(7) 电视机应该放在阴凉、干爽、通风的环境,潮湿的环境将会导致故障率提高,缩短电视机的使用寿命。

(8) 使用时,电视机四周应留有 5～10 cm 以上的空间,并要注意机壳四周的通气孔不被遮挡。关机冷却一段时间后,才可以将电视机罩住防尘。

(9) 看完电视,最好使用电源开关机,不要贪图方便用遥控器直接关机,遥控关机电源部分还在工作,不但耗电,而且长期遥控关机还会引起受磁现象。

(10) 雷雨天气时,最好把电源插头及天线(或有线)插头拔掉,最大限度避免雷电的危害,保证电视机的安全使用。

九、电视机选购指南

1. 普通电视机

(1) 频道:一般选择预制频道数应大于 50 个以上。

(2) 图像:一般电视机每秒播出 50 幅图像,这样的速度,肉眼看起来有闪烁感,时间久了眼睛会疲劳。而 100 Hz 数码彩电通过数字信号处理,在一秒钟内播出 100 张图像,从而使图像的闪烁程度大大降低,画面清晰、稳定、流畅,即使长时间看电视,也不会觉得眼睛疲劳,属于环保型产品,经济条件较好的用户应该尽量考虑。

(3) 画面:纯平彩电是市场上的一个热点。其优点是不论你从什么角度去看节目,图像失真都能减小到最小程度,图像对比度高、画面层次更加分明,色彩更鲜艳,可大大减少环境光线在荧屏上的反射。

(4) 用途:市面上推出的多媒体彩电,可与计算机相连。在不改变电视机现有工作方式的前提下,它采用数字存储及扫描技术,将计算机图像信号转换为电视机图像信号,在电视屏幕上显示,使电视机成为一台大屏幕显示器。

(5) 声音:目前具有丽音功能彩电种类很多,但只有符合中国标准的制式才比较适合我国消费者。有效的中国丽音制式有香港 PAL 和内地的 PAL—D。

(6) 电视屏幕尺寸

人们说的电视机尺寸,实际上是电视机显示屏幕对角线的长短。我国从 20 世纪 80 年代开始,已经法定用厘米替代英寸,但人们习惯上仍是以英寸来计量电视机的尺寸大小。

计量单位的换算,1 厘米＝0.3937 英寸(或 1 英寸＝2.54 厘米),比如 64 cm 的电视机为 25 英寸。CRT 彩电的技术参数标准中,电视机尺寸指的是显像管玻璃的对角线尺寸,由于有较厚的玻璃边角,允许实际可视图像的对角线长短有一定的弹性空间,比如 54 cm (21 英寸)大小的 CRT 彩电,其可视图像对角线只需大于等于 51 cm 即算符合标准。

平板电视的屏幕对角线尺寸基本等同于有效可视图像尺寸,但有的企业把四周的黑边也计算进尺寸大小之内,因此出现了有的标注尺寸与有效可视图像尺寸产生差距的现象。目前平板电视的尺寸较多,也比较混乱,不像 CRT 彩电那样明确规定有具体的尺寸。在选购时,可以自带尺子量取可视图像尺寸(边框内)。

2. 背投电视选购

(1) 选购背投彩电应先考虑功能和机芯质量,机芯技术先进性对图像质量有决定性影响。

(2) 背投电视的清晰度至少要达到 500 线,尽量选购照度高的投影电视。

(3) 背投电视比普通显像管电视视角小,因此选购时其视角大小和亮度相当重要。

（4）图像，主要分为亮度、噪波点、色度几项。先将背投彩电的亮度进行由暗转亮的调控，以不出现明显的偏色为佳，如有偏色则说明彩电的阴极不平衡。其次是在无信号输入的情况下看噪波点，噪波点越多、越小、越圆就说明这台背投彩电的灵敏度越高。

（5）色度，将色度调至最小时，图像应是黑白，调至最大时应色彩浓郁，调至适当位置时，人物肤色应正常，层次应明显，无大色块聚积。

（6）声音，将音量电位器进行大小调控，以声音大小变化明显，声音柔和、洪亮为佳，不应有沙哑和交流声。

（7）注意事项：检查投影屏幕箱体后盖密封是否完好。因为一旦灰尘通过箱体后部缝隙掉进去弄脏透镜和屏幕就会导致图像质量下降，而另一个重点就是看屏幕是否有擦伤和划伤以及缺陷，因为投影电视的屏幕不是用坚硬的玻璃制成，而是用塑料有机布制成，极易擦伤划伤，一旦出现擦伤后无法修复只能换屏幕。屏幕不要用酒精等溶剂擦拭，以免造成屏幕损坏，电视顶上不要放东西，防止电视机箱和屏幕变形。最后试耐震。以手轻拍背投彩电机壳，图像不闪不跳、无异响的背投耐震性较好，反之则差。

十、等离子体电视简介

1. 原理简介

等离子电视又称PDP。全称是 Plasma Display Panel，中文叫等离子显示器，它是在两张超薄的玻璃板之间注入混合气体，并施加电压利用荧光粉发光成像的设备。

等离子体显示器又称电浆显示器，是继CRT（阴极射线管）、LCD（液晶显示器）后的最新一代显示器，其特点是厚度极薄，分辨率佳。可以当家中的壁挂电视使用，占用极少的空间，代表了未来显示器的发展趋势（不过对于现在中国大多数的家庭来说，那还是一种奢侈品）。

等离子体显示技术之所以令人激动，主要出于以下两个原因：可以制造出超大尺寸的平面显示器（50英寸甚至更大）；与阴极射线管显示器不同，它没有弯曲的视觉表面，从而使视角扩大到了160度以上。另外，等离子体显示器的分辨率等于甚至超过传统的显示器，所显示图像的色彩也更亮丽，更鲜艳。

等离子体显示技术（Plasma Display）的基本原理是这样的：显示屏上排列有上千个密封的小低压气体室（一般都是氙气和氖气的混合物），电流激发气体，使其发出肉眼看不见的紫外光，这种紫外光碰击后面玻璃上的红、绿、蓝三色荧光体，它们再发出我们在显示器上所看到的可见光。

换句话说，利用惰性气体（Ne、He、Xe等）放电时所产生的紫外光来激发彩色荧光粉发光，然后将这种光转换成人眼可见的光。等离子显示器采用等离子管作为发光元器件，大量的等离子管排列在一起构成屏幕，每个等离子对应的每个小室内都充有氖氙气体。在等离子管电极间加上高压后，封在两层玻璃之间的等离子管小室中的气体会产生紫外光激发平板显示屏上的红、绿、蓝三原色荧光粉发出可见光。每个等离子管作为一个像素，由这些像素的明暗和颜色变化组合使之产生各种灰度和彩色的图像，与显像管发光很相似。

从工作原理上讲，等离子体技术同其他显示方式相比存在明显的差别，在结构和组成方面领先一步。其工作原理类似普通日光灯和电视彩色图像，由各个独立的荧光粉像素发光组合而成，因此图像鲜艳、明亮、干净而清晰。另外，等离子体显示设备最突出的特点是可做到超薄，可轻易做到 40 英寸以上的完全平面大屏幕，而厚度不到 100 毫米(实际上这也是它的一个弱点：即不能做得较小。目前成品最小只有 42 英寸，只能面向大屏幕需求的用户和家庭影院等方面)。依据电流工作方式的不同，等离子体显示器可以分为直流型(DC)和交流型(AC)两种，而目前研究的多以交流型为主，并可依照电极的安排区分为二电极对向放电(Column Discharge)和三电极表面放电(Surface Discharge)两种结构。

等离子体显示器具有体积小、重量轻、无 X 射线辐射的特点，由于各个发光单元的结构完全相同，因此不会出现 CRT 显像管常见的图像几何畸变。等离子体显示器屏幕亮度非常均匀，没有亮区和暗区，不像显像管那样屏幕中心比四周亮度要高一些，而且，等离子体显示器不会受磁场的影响，具有更好的环境适应能力。

等离子体显示器屏幕也不存在聚焦的问题，因此完全消除了 CRT 显像管某些区域聚焦不良或使用时间过长开始散焦的毛病；不会产生 CRT 显像管的色彩漂移现象，而表面平直也使大屏幕边角处的失真和色纯度变化得到彻底改善。同时，其高亮度、大视角、全彩色和高对比度，意味着等离子体显示器图像更加清晰，色彩更加鲜艳，感受更加舒适，效果更加理想，令传统显示设备自愧不如。与 LCD 液晶显示器相比，等离子体显示器有亮度高、色彩还原性好、灰度丰富、对快速变化的画面响应速度快等优点。由于屏幕亮度很高，因此可以在明亮的环境下使用。另外，等离子体显示器视野开阔，视角宽广(高达 160 度)，能提供格外亮丽、均匀平滑的画面和前所未有的更大观赏角度。当然，由于等离子体显示器的结构特殊也带来一些弱点。比如由于等离子体显示是平面设计，其显示屏上的玻璃极薄，所以它的表面不能承受太大或太小的大气压力，更不能承受意外的重压。等离子体显示器的每一个像素都是独立地自行发光，相比显示器使用的电子枪而言，耗电量自然大增。一般等离子体显示器的耗电量高于 300 W，是不折不扣的耗电大户。由于发热量大，所以等离子体显示器背板上装有多组风扇用于散热。

等离子体电视和背投电视、液晶电视相比具有非常突出的优点。背投电视最大的特点就是大屏幕、档次高、气派，突破了普通显像管电视不能做到 38 英寸以上的局限。但是，背投电视也有致命的"硬伤"，它亮度和清晰度不高，体积庞大，尤其是随着使用时间的增长，品质衰减快。

液晶电视具有超薄、超轻的特点，画面清晰度高，无辐射，占地面积小，放置位置随意性强，既可放在电视机上，又可放到墙上，甚至天花板上，人们躺卧在床上也可看到画面，造型精美。但是从当前的技术条件来看，它很难做到像背投、等离子电视那样大。

等离子电视融合了两者的优点，又克服了两者的缺点。它可以做到像背投电视那样大，亮度和清晰度却远远超过了背投；它克服了背投电视体积庞大的缺点，又具有液晶电视超薄、超轻的特点。

等离子电视的致命缺陷有以下几个方面：

(1) 等离子电视高电压高耗电的问题让很多人无法忍受。

(2) 等离子电视的使用寿命有先天不足，1 万小时后屏幕亮度就会衰减一半。

(3) 难以在海拔 2 500 m 以上的地区正常工作，这让很多整天守在电视机前生活的人难以接受。

2. 等离子电视的日常保养及维护

（1）散热：大功率产生的高温可以看作是等离子电视的头号大敌，所以在使用中要特别注意等离子电视的散热。

（2）屏幕灼伤：因为长时间播放固定静止画面而使屏幕局部受到灼伤产生画面残影，这是等离子电视本身特性所决定的。

（3）电压：有条件的情况下应为等离子电视提供独立的供电线路，或者再增加一个稳定电源也是不错的选择。

（4）清洁：定期为等离子电视机的屏幕做清洁，保持屏幕表面光亮如新也是保持画面质量的好办法。

（5）防潮、防尘、防雷击：保持机器工作环境的相对干燥，不要让水进入机体中；在不使用机器时，可以考虑使用防尘罩；为等离子及周边电器配置一款防雷击插座就可以了。

十一、液晶电视简介

1. 液晶电视的历史

1888年奥地利植物学家发现了一种白浊有黏性的液体，后来，德国物理学家发现了这种白浊物质具有多种弯曲性质，认为这种物质是流动性结晶的一种，由此而取名为Liquid Crystal即液晶。

世界上第一台液晶显示设备出现在20世纪70年代初，被称之为TN—LCD（扭曲向列）液晶显示器。尽管是单色显示，它仍被推广到了电子表、计算器等领域。80年代，STN—LCD（超扭曲向列）液晶显示器出现，同时TFT—LCD(Thin Film Transistor LCD)即薄膜场效应晶体管液晶显示器技术被研发出来，但液晶技术仍未成熟，难以普及。80年代末90年代初，日本掌握了STN—LCD及TFT—LCD生产技术，LCD工业开始高速发展。2008年Sony品牌电视26寸以下的最薄可以做到22毫米。

2. 中国液晶电视产业发展概况

2007年全球液晶电视出货量达到7 933万台，较2006年大幅成长73%；出货金额则达到679亿美元，较2006年成长40%。市场需求带动了液晶电视产量的持续增长。高端平板电视中，液晶和等离子电视在国内彩电销售量中占到一半以上，在大城市的销量更是占到九成以上。

2008年，雪灾、地震、全球金融危机给液晶电视(LCD)市场带来不小的影响，2008年1～9月中国彩电零售量同比增长5.2%。其中液晶电视零售量达878.2万台，比2007年同期增长72.0%。

3. 液晶电视的显示原理

液晶是一种介于固态和液态之间的物质，是具有规则性分子排列的有机化合物，如果把它加热会呈现透明状的液体状态，把它冷却则会出现结晶颗粒的混浊固体状态。正是由于它的这种特性，所以被称之为液晶。用于液晶显示器的液晶分子结构排列类似细火柴棒，称为Nematic液晶，采用此类液晶制造的液晶显示器也就称为LCD。

LCD液晶电视主要采用TFT型的液晶显示面板，其主要的构成包括了萤光管、导光板、偏光板、滤光板、玻璃基板、配向膜、液晶材料、薄膜式晶体管等。液晶显示器必须先利用背光源,也就是萤光灯管投射出光源,这些光源会先经过一个偏光板然后再经过液晶,这时液晶分子的排列方式发生变化,进而改变穿透液晶的光线角度。然后这些光线接下来还必须经过前方的彩色滤光膜与另一块偏光板。因此只要改变刺激液晶的电压值就可以控制最后出现的光线强度与色彩,并进而能在液晶面板上变化出有不同深浅的颜色组合了。

TFT 液晶显示器(即薄膜场效应晶体管液晶显示器)采用两夹层间填充液晶分子的设计,上部夹层电极为 FET 晶体管,下层为共同电极。在光源设计上,TFT 的显示采用"背透式"照射方式,即假想的光源路径不是从上至下,而是从下向上,这样的做法是在液晶的背部设置类似日光灯的光管。光源照射时先通过下偏光板向上透出,它也借助液晶分子来传导光线,由于上下夹层的电极分别是 FET 电极和共通电极,在 FET 电极导通时,液晶分子的排列状态会发生改变,通过遮光和透光来达到显示的目的。由于 FET 晶体管具有电容效应,能够保持电位状态,先前透光的液晶分子会一直保持这种状态,直到 FET 电极下一次再加电改变其排列方式。

液晶电视屏幕由超过两百万个红、绿、蓝三色液晶光阀组成,液晶光阀在极低的电压驱动下被激活,此时位于液晶屏后的背光灯发出的光束从液晶屏通过,产生 1024×768 点阵(点距为 0.297 mm)、分辨率极高的图像。同时,先进的电子控制技术使液晶光阀产生 1 677 万种颜色变化(红 256×绿 256×蓝 256),还原真实的亮度、色彩度,再现自然纯真的画面。液晶显像从根本上改变了传统彩电以"行"为基础的模拟扫描方式,实现了以"点"为基础的数字显示技术。

通俗地讲,液晶显示器的工作原理是这样的:通电时分子排列变得有秩序,使光线容易通过,不通电时分子排列混乱,阻止光线通过。液晶分子如闸门般地阻隔或让光线穿透。这样通过控制电压或电流就可以控制透射光的强度和颜色。

因为液晶材料本身并不发光,所以在液晶显示屏背面有一块背光板(或称匀光板)和反光膜,背光板由荧光物质组成,可以发射光线,其作用主要是提供均匀的背景光源。背光板发出的光线在穿过第一层偏振过滤层之后进入包含成千上万液晶液滴的液晶层。对于液晶显示器来说,亮度往往和他的背板光源有关。背板光源越亮,整个液晶显示器的亮度也会随之提高。而在早期的液晶显示器中,因为只使用 2 个冷光源灯管,往往会造成亮度不均匀等现象,同时亮度也不尽人意。一直到后来使用 4 个冷光源灯管产品的推出,才有了不小的改善。光源的好坏将直接影响到画面的亮度和质量。这也是为什么笔记本的液晶显示器使用寿命有限,就是因为受灯管影响非常大。

4. 液晶电视的优缺点

LCD 优点:

(1) 轻薄便携

传统显示器由于使用 CRT(阴极射线管),必须通过电子枪发射电子束到屏幕,因而显像管的管颈不能做得很短,当屏幕增加时也必然增大整个显示器的体积。液晶显示器通过显示屏上的电极控制液晶分子状态来达到显示目的,即使屏幕加大,它的体积也不会成正比的增加(只增加尺寸不增加厚度所以不少产品提供了壁挂功能,可以让使用者更节省空间),而且在重量上比相同显示面积的传统显示器要轻得多,液晶电视的重量大约是传统电视的1/3。厚度在4厘米以内,仅有等离子电视的1/2~1/3,是普通CRT电视厚度的1/10左右。

(2) 分辨率大,清晰度高

液晶显示器一开始就使用纯平面的玻璃板,其平面直角的显示效果比传统显示器看起来好得多。不过在分辨率上,液晶显示器理论上可提供更高的分辨率,但实际显示效果却差得多(存在一个最佳分辨率的问题),虽然液晶电视可以克服扫描线的抖动和闪烁,但由于液晶本身的缝隙较粗,会造成图像如网格般的收看效果。所以液晶屏幕的最佳分辨率一般可达1024×768(已经足够了)。而传统显示器在较好显示卡的支持下可达到完美的显示效果。

(3) 绿色环保

液晶显示器根本没有辐射可言,而且只有来自驱动电路的少量电磁波,只要将外壳严格密封即可排除电磁波外泄。所以液晶显示器又称为冷显示器或环保显示器。液晶电视不存在屏幕闪烁现象,不易造成视觉疲劳。

(4) 耗电量低

21英寸液晶电视功率为40瓦,30英寸为120瓦,比普通CRT彩电省电。按照行业标准,以使用时间为每天4.5小时的年耗电量换算,用30英寸液晶电视替代32英寸显像管电视,每年每台可节约电能71千瓦小时。

(5) 使用寿命长

一般达到50 000小时以上,按一天使用8小时计算,可使用17年,比普通CRT彩电使用寿命还长。

LCD的缺点:

(1) 在显示反应速度上,传统显示器由于技术上的优势,反应速度非常好。TFT液晶显示器由于显示特性,就不怎么乐观了(低温无法正常工作,且存在反应时间)。LCD的响应时间比较长,因此在动态图像方面的表现不理想。

(2) 显示品质:传统显示器的显示屏幕采用荧光粉,通过电子束打击荧光粉而显示,因而显示的明亮度比液晶的透光式显示(以日光灯为光源)更为明亮。LCD理论上只能显示18位色(约262144色),但CRT的色深几乎是无穷大。

(3) LCD的可视角度相对CRT显示器来说是比较小的。

(4) LCD显示屏比较脆弱,容易受到损伤。这就提高了液晶电视的使用和维护难度。

(5) 由于液晶是一种介于固体与液体之间,具有规则性分子排列的有机化合物。在不同电流电场作用下,液晶分子会做规则旋转90度排列,产生透光度的差别,如此在电源ON/OFF下产生明暗的区别,依此原理控制每个像素,便可构成所需图像。液晶电视就是利用这种原理制成的。但是正是由于这个原理,所有液晶电视在工艺上很难做大,而且价格昂贵。

(6) 目前的制造工艺决定了LCD存在点缺陷问题,其制造的良品率相对较低,这也在一定程度上增加了LCD的制造成本。所以价格是困扰LCD推广的最大障碍。

大部分国内外电视厂商认为:未来几年,较受欢迎的高清晰度电视和背投电视将逐渐被液晶电视取代。

5. 液晶电视和等离子体电视的比较

液晶电视和等离子电视都是新一代电视机的主流技术，代表了两种不同的发展方向。两种平板电视都各有优缺点，等离子彩电具有图像无闪烁、厚度薄、重量轻、色彩鲜艳、图像逼真等特点，而且在屏幕大型化方面相对容易，其缺点是耗电大、寿命有限、容易老化。

液晶电视机也具有图像无闪烁、厚度薄、重量轻等特点，且液晶屏已被广泛应用于 PC 领域，但在大屏幕化方面液晶技术落后于等离子，大屏幕彩电成本较高，观看易受视角影响。

(1) 屏幕尺寸

等离子电视一般不小于 37 英寸，因为要将大量的等离子 pixel 挤入较小屏幕比较困难；而 LCD 电视如果在 32 英寸以上则比较不合乎经济性，不过这个情况目前已有所改变，因为新世代工厂已经克服了这个问题，例如 Samsung 与 Sony 的新工厂将开始生产 40 英寸 LCD 电视，Sharp 也将启用一座能够生产 45 英寸与 50 英寸 LCD 电视的工厂。2007 年 42 英寸高分辨率等离子电视售价为 4 200 美元，到了 2008 年下跌到 1 800 美元，因此与 LCD 电视的价位差不多。

(2) 性能

在家庭影院效果方面，等离子电视效果强于液晶电视。因为液晶电视通常无法显示等离子电视那种黑度。所以，液晶电视难以显示更多的细节，视频玩家也会感觉图像的"立体"感不太好。虽然总体来说液晶和等离子电视的图像质量年年都有改善，但各个厂家的产品性能则相差甚远，因此在购买前要到家电卖场各个品牌产品专柜去多方比较。

①在分辨率方面

等离子电视一般比不上 LCD 电视，何况等离子电视制造商为了降低成本，提供许多所谓的 ED(enhanced definition)机种而不是真正的高分辨率机种。就算是真正的高分辨率机种，等离子电视的分辨率也比较低，不过分析家指出在某个观看距离下，消费者并不容易辨识两者之间的差距。

②在对比度方面

等离子电视优于 LCD 电视，等离子电视的对比度为 3000∶1，LCD 电视为 800∶1。不过在比较明亮的地方，LCD 电视的对比度将会提高，而等离子电视会变得较差。

③在色彩方面

等离子电视能够显示比较多样的色彩，但两者之间的差距正在缩小中。Sony 最近发布的 LCD 电视 Qualia005 采用 LED(light emitting diodes)技术让它在这方面的表现优于等离子电视，不过这个技术非常昂贵，46 英寸 Qualia 售价为 12 000 美元，而 Samsung 的 40 英寸产品售价为 9 000 美元。

(3) 寿命

在使用寿命这一点上液晶电视比等离子电视优势明显。前者仅需更换背光的灯泡，但等离子电视在影像色泽大幅消退之际必须整个以旧换新。幸好等离子电视目前在这方面也有改善，大约使用六万个小时后才会明显有这个问题。虽然等离子电视的寿命各有差异，但降低到一半亮度大约要花 2 万小时，而液晶可以在 5 万小时后才降低到半亮度。

（4）耗电

在耗电量方面，等离子电视的耗电量比较高。美国最近所作的一项测试发现，30英寸LCD电视的耗电量为133.5 W，而42英寸等离子电视为346.5 W。液晶功耗只有等离子电视的1/3。

（5）烧屏和海拔问题

"烧屏"是等离子电视的问题，如果屏幕上长时间保持一幅静止图像，则屏幕上会留下该图像的"鬼影"。如果电视台台标或新闻滚动条长时间显示在电视上方和下方，或者经常在宽屏幕上看标准幅面的电视节目，屏幕的上下或两侧会出现影像侧边的影子。所以最好在使用中注意，比如不要长时间在屏幕上播放静止图像，以及将对比度设定到50%以下等。

另外，等离子电视在高海拔地区可能会出现问题，因为海拔不同的气压差会使等离子电视发出一种难听的嗡嗡声，而液晶电视则不会出现上述两个问题。

6. 购买液晶电视应注意的问题

（1）注意是否带有HDMI接口

HDMI接口是现在唯一的一种可以同时传输音频和视频信号的数字接口，它不但可以简化连接，减少你的连线负担，而且可以提供庞大的数字信号传输所需带宽，强调这一接口的重要性主要在于现在新的和未来的碟机、电脑、家庭影院等设备，都会积极采用这一接口，而应用这一接口来与这些设备连接，无疑可以获得最好的效果。所以在购买前先确认你是否需要HDMI接口，可以减少你购买以后的后悔几率。

（2）注意实际分辨率

液晶电视的实际分辨率是指液晶电视本身可以达到的分辨率，一般应该选择1280×768以上的分辨率，达到这种分辨率以上的产品在收看高清电视和做电脑的多媒体终端时效果会好很多，需要注意的是有些厂商把可以兼容的信号输入来蒙蔽消费者，一定要分清实际分辨率和兼容信号输入之间的区别。还有就是由于液晶工作原理所决定的，液晶电视的分辨率是固定的，它的最佳分辨率就是它的实际分辨率，而我们与电脑连接时，最好选择与液晶电视分辨率最接近的分辨率设置。目前液晶电视主要有800×600、1280×768与1366×768等几种常见分辨率。

（3）亮度、对比度、可视角度

厂商在亮度和对比度上往往夸大其词，一般来说亮度在500流明，对比度在600：1以上的产品就不错了。其实消费者可以直接忽略厂商提供的亮度和对比度参数，直接以自己的目测感受为主，方法为在5米以外的距离，查看屏幕显示亮度和对比度，注意一些黑暗场景中的细节表现，多做几款产品对比，这样下来以后，就知道你将购买的液晶电视在亮度与对比度方面是否能够令你满意了。现在的液晶面板可视角度一般都在170度以上，需要注意的问题是，在侧面观看时，注意屏幕左右和中央的画面是否清晰，亮度是否差异较大，选择差异尽量小的产品。

7. 液晶电视屏幕种类和屏幕格式

液晶屏由于技术和工艺的不同而分成PC屏和专用AV屏，普通PC屏成本要比同尺寸专用AV屏便宜千元以上，性能也逊色很多，一般只用于PC或笔记本的液晶显示屏。

屏幕宽度与高度的比例称为屏幕比例。目前液晶电视的屏幕比例一般有4：3(16：12)和16：9两种。16：9是最适合人眼视角的格式,有更强的视觉冲击力。同时,未来数字电视的显示格式也将采用16：9的格式。4：3是适合目前模拟电视信号的显示格式,因此如果主要用来看电视还是有一定优势的。需要指出的是,目前很多16：9和4：3格式的电视都可以通过菜单调整画面的显示格式,但这都是以浪费一定面积的屏幕为代价的。如果是主要用来观看电视的,建议选择4：3的产品,否则经过拉伸处理的画面会使你难以忍受;而主要用来观赏DVD大片的,建议选购16：9的产品,因为16：9会带来4：3永远都达不到的视觉享受。

8. 液晶电视的寿命

液晶面板本身不能发光,它属于背光型显示器件。在液晶屏的背后有背光灯,液晶电视是靠面板上的液晶单元"阻断"和"打开"背光灯发出的光线,来实现还原画面的。

可以发现,只要液晶显示器接通电源,背光灯就开始工作,即使显示的画面是一幅全黑的图片,背光灯也同样会保持在工作状态。

由于液晶面板的透光率极低,要使液晶电视的亮度达到还原画面的水平,背光灯的亮度至少达到 $6\,000\,cd/m^2$。背光灯的寿命就是液晶电视的寿命,一般液晶电视的背光寿命基本在5万小时以上。也就是说,如果你平均每天使用液晶电视5小时,那5万小时的寿命等于你可以使用该液晶电视27年。

9. 液晶电视接收制式

目前世界上彩色电视主要有三种制式,即 NTSC、PAL 和 SECAM 制式,三种制式目前尚无法统一。我国采用的是 PAL-D 制式。

10. 液晶电视声音输出功率

液晶电视为了能正常发声,都至少带有两个内置的音箱,它的功率决定的是音箱所能发出的最大声强。由于液晶电视的主要作用并不是欣赏音乐,因此声音的功率并不是十分重要,相比之下,声音的质量也许更重要一些。目前一般液晶电视音箱功率为2到10 W。

当然,如果您需要将液晶电视接驳家庭影院,那么就一定不会绕过功放这个单元,因此液晶电视的声音输出功率也就可以忽略不计了。

11. 液晶电视接口

考虑液晶电视要与家庭影院以及电脑等外设相连,所以,除必备的 AV、S-Video 等接口外,DVI 与 D-Sub 接口、光纤输出等等也应在考察范围之内。

12. 液晶电视机的日常保养

在液晶电视机中,唯一的一个逐渐消耗的零件就是显示器的背景照明灯。长期使用以后,会发现屏幕变得暗淡或者干脆就不亮了,在这两种情况下,只要更换背景照明灯就可以使液晶电视机起死回生,变得和新的一样。

(1) 避免屏幕内部烧坏

CRT 电视机能够因为长期工作而烧坏,对于液晶电视机也如此。所以一定要记住,如果在不用的时候,一定要关闭液晶电视机,否则时间长了,就会导致内部烧坏或者老化。这种损坏一旦发生就是永久性的,无法挽回。所以一定要引起足够的重视。另外,如果长时间地连续显示一种固定的内容,就有可能导致某些液晶电视机像素过热,进而造成内部烧坏。

(2) 保持环境的湿度、避免与化学药品的接触

不要让任何具有湿气性质的东西进入液晶电视机。发现有雾气,要用软布将其轻轻地擦去,然后才能打开电源。如果湿气已经进入液晶电视机了,就必须将液晶电视机放置到较温暖而干燥的地方,以便让其中的水分和有机化物蒸发掉。对含有湿气的液晶电视机加电,能够导致液晶电极腐蚀,进而造成永久性损坏。

现在的液晶屏幕,都在屏幕上涂有特殊的涂层,使屏幕具有更好的显示效果,平常大家使用的发胶、酒精、夏天频繁使用的灭蚊剂等喷洒到屏幕上,会溶解这层特殊的涂层,对液晶分子乃至整个屏幕造成损伤,导致整个电视寿命的缩短,因此尽量避免与水分和化学药品的接触。

(3) 正确清洁显示屏表面

液晶面板主要是由两块无钠玻璃夹着一个由偏光板、液晶层和彩色滤光片构成的夹层所组成。液晶屏幕的表面看似一片坚固的黑色屏幕,其实在这层屏幕上厂商都会加上一层特殊的涂层。这层特殊涂层的主要功能就在于防止使用者在使用时所受到其他光源的反光以及炫光,同时加强液晶屏幕本身的色彩对比效果。

不过因为各厂商所使用的这层镀膜材料也不尽相同,当然它的耐久程度也会因此有所差异。因此使用者在清洁时,千万不可随意用任何碱性溶液或化学溶液擦拭屏幕表面。

如果发现显示屏表面有污迹,可用沾有少许玻璃清洁剂的软布轻轻地将其擦去,不要将清洁剂直接洒到显示屏表面上。清洁剂进入液晶电视机将导致屏幕短路。禁止使用酒精一类的化学溶液,不要用硬质毛巾擦洗屏幕表面,以免将屏幕表面擦起毛而影响显示效果,也不能用粗糙的布或是纸类物品,因为这类物质易产生刮痕。清洁屏幕还要定时定量,频繁擦洗也是不对的,那样同样会对电视屏造成一些不良影响。

(4) 避免不必要的振动

液晶电视机屏幕十分脆弱,所以要避免强烈的冲击和振动。液晶电视机差不多就是用户家中或者办公室中所有用品中最敏感的电气设备。LCD 中含有很多玻璃的和灵敏的电气元件,掉落到地板上或者其他类似的强烈打击会导致 LCD 屏幕以及 CFL 单元的损坏。还要注意不要对 LCD 显示器表面施加压力。

(5) 请勿拆卸

有一个规则就是,永远也不要拆卸液晶电视机。即使在关闭了很长时间以后,背景照明组件中的 CFL(紧凑型荧光灯)换流器依旧可能带有大约 1 000 V 的高压,这种高压能够导致严重的人身伤害。所以永远也不要企图拆卸或者更改 LCD 显示屏,以免遭遇高压。未经许可的维修和变更会导致显示屏暂时甚至永久不能工作。

十二、LED 电视简介

以前平板电视主要是液晶电视和等离子电视两种,但这种情况在近年变得复杂起来,各大厂家似乎不约而同的开始推广一种叫做"LED 电视"的产品,市场上出现了液晶电视、等离子电视和 LED 电视三种产品,消费者一时不知该选择什么。那么究竟什么是 LED 电

视呢？与液晶电视到底孰优孰劣？

1. 成像原理解析

1888年奥地利植物学家发现了液晶分子，但是直到1968年美国才做出LCD产品，并且没有投入实用。1972年夏普推出了世界第一台液晶电子计算器，之后推出了用于特殊行业的液晶显示设备，标志着液晶正式进入显示领域。1996年，日本索尼公司制造出第一台家用液晶电视。

液晶电视的成像原理是在两张玻璃基板之间加入液晶分子，通入电压后分子排列发生曲折变化，屏幕通过电子群的冲撞，制造画面并通过外部光线的透视反射来形成画面。而液晶面板本身是不发光的，所以需要在液晶面板后加入背光源来提供成像所需的亮度。LCD液晶电视采用的是CCFL背光源，依靠冷凝式背光灯来照明。

（1）LED电视的特点

LED电视听起来深奥，实际上还是液晶电视的一种，只是将液晶电视中的CCFL背光灯管换成了发光更加稳定的二极管，主要的优势是发光均匀、色彩更好、节能环保、寿命更长。RGB-LED有助于提升液晶电视的色域，最高可达105%。

LED是Light Emitting Diode的缩写，直译为发光二极管，是一种固态的半导体器件，它可以直接把电转化为光。LED的心脏是一个半导体的晶片，晶片的一端附在一个支架上，一端是负极，另一端连接电源的正极，使整个晶片被环氧树脂封装起来。半导体晶片由两部分组成，一部分是P型半导体，在它里面空穴占主导地位，另一端是N型半导体，在这边主要是电子。但这两种半导体连接起来的时候，它们之间就形成一个"P—N结"。当电流通过导线作用于这个晶片的时候，电子就会被推向P区，在P区里电子跟空穴复合，然后就会以光子的形式发出能量，这就是LED发光的原理。而光的波长也就是光的颜色，是由形成P—N结的材料决定的。

LED优点：

LED的内在特征决定了它用最理想的光源去代替传统的光源，它有着广泛的用途。

①体积小、坚固耐用

LED被完全封装在环氧树脂里面，它比灯泡和荧光灯管都坚固。灯体内也没有松动的部分，这些特点使得LED可以说是不易损坏的。LED基本上是一块很小的晶片被封装在环氧树脂里面，所以它非常小，非常轻。

②耗电量低、高节能

直流驱动，超低功耗（单管0.03～0.06 W）电光功率转换接近100%，相同照明效果比传统光源节能80%以上。LED耗电非常低，一般来说LED的工作电压是2～3.6 V。工作电流是0.02～0.03 A。这就是说它消耗的电不超过0.1 W。

③使用寿命长

LED光源有人称它为长寿灯，意为永不熄灭的灯。固体冷光源，环氧树脂封装，灯体内也没有松动的部分，不存在灯丝发光易烧、热沉积、光衰等缺点，使用寿命可达6万到10万小时，比传统光源寿命长10倍以上。

④环保

LED是由无毒的材料作成，不像荧光灯含汞会造成污染，光谱中没有紫外线和红外线,既没有热量,也没有辐射,眩光小,而且废弃物可回收。冷光源,可以安全触摸,属于典型的绿色照明光源。

⑤多变幻

LED 光源可利用红、绿、蓝三基色原理,在计算机技术控制下使三种颜色具有 256 级灰度并任意混合,即可产生 $256\times256\times256=16\,777\,216$ 种颜色,形成不同光色的组合变化多端,实现丰富多彩的动态变化效果及各种图像。

⑥高新尖

与传统光源单调的发光效果相比,LED 光源是低压微电子产品,成功融合了计算机技术、网络通信技术、图像处理技术、嵌入式控制技术等,所以亦是数字信息化产品,是半导体光电器件"高新尖"技术,具有在线编程,无限升级,灵活多变的特点。

(2) CCFL 背光源介绍

CCFL 为 Cold Cathode Fluorescent Lamps 的缩写,直译为冷阴极荧光灯。是一种气体放电发光器件,其构造类似常用的日光灯,如图所示,通过连接插头与高压板相连。

由于 CCFL 具有灯管细小、结构简单、表面温升小、表面亮度高、易加工成各种形状(直管形、L 形、U 形、环形等),使用寿命长、显色性好、发光均匀等优点,所以,CCFL 是当前液晶屏最为理想的背光源,同时广泛应用于广告灯箱、扫描仪等仪器设备上。

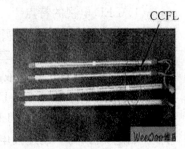

图 19.5-2

CCFL 为什么是"冷"阴极呢? 通常发射电子的材料,即阴极,分冷与热两种。热阴极,是指用电流方式把阴极加热至 800℃ 以上,让阴极内的电子因获得热能后转换为动能而向外发射。冷阴极,是指无须把阴极加热,而是利用电场的作用来控制界面的势能变化,使阴极内的电子把势能转换为动能而向外发射。两种阴极的最大区别是,热阴极用低电压就可以产生电子发射,而冷阴极往往需要很高的电压才能产生电子发射;热阴极的寿命比较短,冷阴极的寿命比较长。故在液晶屏的背光源中,常常使用冷阴极。

2. 画质比拼

液晶显像的优势主要体现在:画面的细腻程度超过以往所有的显示设备,并且分辨率的提高更加容易。液体晶体比较稳定,屏幕的寿命可以达到 60 000 小时。也不会有气体显像所产生的画面闪烁问题,耗电量大幅降低,辐射小。液晶电视也有其局限性,液体晶体的转动和遮透光需要一定的响应时间,在播放快速画面时液晶电视的清晰度不如 CRT 和等离子电视。

测试中的 LED 电视是 RGB—LED 三色背光电视,可以明显看出在色彩的锐度、对比、还原方面可以说是完胜 CCFL 电视,LED 电视的显示效果基本已经还原了图片的本身颜色。

3. 外观厚度比拼

LED 电视中采用的发光二极管比 CCFL 液晶电视中的冷凝式背光在体积上要小很多,所以在外观方面 LED 电视的厚度要薄一些,即使目前最薄的 CCFL 液晶电视,厚度也在 3 cm 以上,但三星的 LED 电视在所有接口内置的情况下轻松达到了 2.99 cm,索尼的

LED 电视更是仅有 0.99 cm,不过将接口等设备外置。

4. 功耗比拼

测试的结果表明,LED 电视在节能方面确实要比 CCFL 背光液晶电视优秀一些,大约功耗相差 100 W。这是由于 LED 背光可以自主调节发光亮度和开闭,而 CCFL 灯管只能被动长时间点亮,自然要耗电一些。

5. 环保比拼

常规的 CCFL 背光灯管在制造中必须要加入汞,众所周知汞是剧毒物质,虽然在使用中不会挥发,一旦搬运过程中发生碰撞使得背光灯损坏,对人身的伤害和环境的污染是相当大的,而且在电视"报废"后回收也是一件很麻烦的事。LED 通过半导体发光,对环境和节省资源的负面影响自然小很多。

从评测结果来看,LED 电视在画质、外观、节能、环保等方面完胜 CCFL 液晶电视,这与厂家的宣传不谋而合,那就是 LED 电视将是 CCFL 液晶电视的替代品。但 LED 也不是万能的,在响应时间方面与 CCFL 相比没有明显的优势,并且目前 LED 电视的价格偏高。一般消费者不容易接受。

第六节 高清晰度电视

一、概述

我们知道 DVD 给了我们 VCD 时代所无法比拟的视听享受,但随着技术的进步和人们需求的不断跟进,人们对视频的各项品质提出了更高的要求:屏幕要更宽、画质要更高!于是,HDTV(高清晰度电视)就孕育而生了。

高清晰度电视是一种新的电视业务,国际电联所作的定义是:"高清晰度电视应是一个透明系统,一个正常视力的观众在距该系统显示屏高度的三倍距离上所看到的图像质量应具有观看原始景物或表演时所得到的印象"。目前水平和垂直清晰度是常规电视的两倍左右,配有多路环绕立体声。其效果与 35 mm 电影相当。与现有电视系统相比,高清晰度电视既改善了瞬时分辨率,又改善了色彩保真度,色差信号与亮度信号分开,有较大的幅型比及多路高保真声音。

HDTV 是 High Definition Television 的简称,翻译成中文是"高清晰度电视"的意思,HDTV 技术源于 DTV(Digital Television)即"数字电视"技术,HDTV 技术和 DTV 技术都是采用数字信号,而 HDTV 技术则属于 DTV 的最高标准,拥有最佳的视频、音频效果。HDTV 与当前采用模拟信号传输的传统电视系统不同,HDTV 采用了数字信号传输。由于 HDTV 从电视节目的采集、制作到电视节目的传输,以及到用户终端的接收全部实现数字化,因此 HDTV 给我们带来了极高的清晰度,分辨率最高可达 1920×1080,帧率高达 60fps(fps 即每秒传输帧数,也可以理解为我们常说的"刷新率"),让目前的 DVD 汗颜。除此之外,HDTV 的屏幕宽高比也由原先的 4:3 变成了 16:9,若使用大屏幕显示则有亲临影院的感觉。同时由于运用了数字技术,信号抗噪能力也大大加强,在声音系统上,

HDTV支持杜比5.0声道传送,带给人Hi-Fi级别的听觉享受(Hi-Fi是英语High-Fidelity的缩写,直译为"高保真",其定义是:与原来的声音高度相似的重放声音)。和模拟电视相比,数字电视具有高清晰画面、高保真立体声伴音、电视信号可以存储、可与计算机完成多媒体系统、频率资源利用充分等多种优点,诸多的优点也必然推动HDTV成为家庭影院的主力。

DTV是一种数字电视技术,是目前传统模拟电视技术的接班人。所谓的数字电视,是指从演播室到发射、传输、接收过程中的所有环节都是使用数字电视信号,或对该系统所有的信号传播都是通过由二进制数字所构成的数字流来完成的。DTV技术可分为三大类:

① LDTV(Low Definition Television)即低清晰度电视,其图像水平清晰度大于250线,分辨率为340×255,采用4:3的幅型比,主要是对应现有VCD的分辨率量级。

② 标准清晰度电视SDTV(Standard Definition Television),其图像水平清晰度为500~600线,最低为480线,分辨率为720×576,采用4:3的幅型比,主要是对应现有DVD的分辨率量级。应用于广播级的后期制作中的视频标准主要是SDTV及HDTV。

③ HDTV(High Definition Television)即高清晰度电视。规定视频必须至少具备720线非交错式(720p,即常说的逐行)或1080线交错式隔行(1080i,即常说的隔行)扫描(DVD标准为480线),屏幕纵横比为16:9。音频输出为5.1声道(杜比数字格式),同时能兼容接收其他较低格式的信号并进行数字化处理重放。

HDTV有三种显示格式,分别是:720P(1280×720,非交错式,场频为24、30或60),1080i(1920×1080,交错式,场频60),1080P(1920×1080,非交错式,场频为24或30),不过这从根本上说也只是继承模拟视频的算法,主要是为了与原有电视视频清晰度标准对应。对于真正的HDTV而言,决定清晰度的标准只有两个:分辨率与编码算法。其中网络上流传的以720P和1080i最为常见,而在微软WMV—HD站点上1080P的样片相对较多。

美国的高清标准主要有两种格式,分别为1280×720p/60和1920×1080i/60;欧洲倾向于1920×1080i/50;其中以720 p为最高格式,需要的行频支持为45 kHz,而1080i/60 Hz的行频支持只需33.75 kHz,1080i/50 Hz的行频要求就更低了,仅为28.125 kHz。

在高清信号的三种格式中,1080i/50 Hz及1080i/60 Hz虽然在扫描线数上突破了1 000线,但它们采用的都是隔行扫描模式,1080线是通过两次扫描来完成的,每场实际扫描线数只有一半即1080/2=540线。由于一幅完整的画面需要用两次扫描来显示,这种隔行扫描技术原理上的限制,在显示精细画面尤其是静止画面时仍然存在轻微的闪烁和爬行现象。但720p/60 Hz不同,它采用的是逐行扫描模式,一幅完整画面一次显示完成,单次扫描线数可达720线,水平扫描达到1 280点;同时由于场频为60 Hz,画面既稳定清晰又不闪烁。

我们经常看到的HDTV分辨率是1280×720和1920×1080,这对于如今的显示器而言的确是不小的考验,如果分辨率进一步提高,那么将很难在现有的显示器上获得更加出色的画质,因为此时的瓶颈在于显示设备。另外也可以肯定的是,对于32英寸以下的屏幕而言,1920×1080分辨率基本已经达到人眼对动态视频清晰度的分辨极限,也就是说再高的分辨率也只有在大屏幕显示器上才能显现出优势。

除了分辨率是 HDTV 的关键，编码算法也是不可忽视的环节。HDTV 基本可以分为 MPEG2—TS、WMV—HD 和 H.264 这三种算法，不同的编码技术自然在压缩比和画质方面有着区别。

〔注：MPEG2—TS 别称为 TS、TP、MPEG—TS、M2T。它是一种用于音效、影像与资料的通讯协定。TS 的全称则是 Transport Stream（传输流）。MPEG—TS 主要应用于实时传送的节目，比如实时广播的电视节目。WMV—HD 是由软件业巨头微软公司所创立的一种视频压缩格式。其压缩率甚至高于 MPEG—2 标准，同样是 2 小时的 HDTV 节目，如果使用 MPEG—2 最多只能压缩至 30GB，而使用 WMV—HD 这样的高压缩率编码器，在画质丝毫不降的前提下都可压缩到 15GB 以下。H.264 是一种高性能的视频编解码技术。目前国际上制定视频编解码技术的组织有两个，一个是"国际电联（ITU—T）"，它制定的标准有 H.261、H.263、H.263＋等，另一个是"国际标准化组织（ISO）"它制定的标准有 MPEG—1、MPEG—2、MPEG—4 等。而 H.264 则是由两个组织联合组建的联合视频组（JVT）共同制定的新数字视频编码标准，所以它既是 ITU—T 的 H.264，又是 ISO/IEC 的 MPEG—4 高级视频编码（Advanced Video Coding，AVC），而且它将成为 MPEG—4 标准的第 10 部分。因此，不论是 MPEG—4 AVC、MPEG—4 Part 10，还是 ISO/IEC 14496—10，都是指 H.264。

H.264 最大的优势是具有很高的数据压缩比率，在同等图像质量的条件下，H.264 的压缩比是 MPEG—2 的 2 倍以上，是 MPEG—4 的 1.5～2 倍。举个例子，原始文件的大小如果为 88GB，采用 MPEG—2 压缩标准压缩后变成 3.5GB，压缩比为 25∶1，而采用 H.264 压缩标准压缩后变为 879MB，从 88GB 到 879MB，H.264 的压缩比达到惊人的 102∶1！H.264 为什么有那么高的压缩比？低码率（Low Bit Rate）起了重要的作用，和 MPEG—2 及 MPEG—4 ASP 等压缩技术相比，H.264 压缩技术将大大节省用户的下载时间和数据流量收费。尤其值得一提的是，H.264 在具有高压缩比的同时还拥有高质量流畅的图像。

相对而言，MPEG2—TS 的"压缩比"较差，而 WMV—HD 和 H.264 更加先进一些。而十分容易理解的是，"压缩比"较差的编码技术对于解码环境的要求也比较低，也就说在硬件设备方面的要求可以降低。

二、高清电视的诞生与发展

1970 年，日本广播公司最早开始了模拟式高清晰度电视的研制。这种高清晰度电视在一秒内可交错绘出 30 幅画面，每幅画面用 1125 线的行扫描，荧光屏长宽比 5∶3。与普通的电视机相比，双倍的扫描线和加宽的画面（普通电视为 4∶3）使得一幅图像所容纳的信息量增加了 5 倍。1980 年，英国的 BBC 和 IBA 广播公司开发了一种不同于日本的高清晰度电视系统。它充分利用卫星通道上的可用频带来传送信号，可与现有的电视系统兼容。BBC 公司还开发了一种数控电视，用数字信号去控制被压缩的图像信号，通过电视机

图 19.6－1

上的一块简单电路来控制电视机再现画面,这种系统的信号处理设备主要是发射机和摄像机。因此不会给消费者增加什么费用。英国采用的是控制信号数字化、图像信号模拟化的混合系统。

新一代的高清晰度电视是数字式高清晰度电视。数字电视图像清晰,色彩鲜艳,声音悦耳,画面质量不受影响,观众还可改变电视节目的内容。电视节目的传输采用电子计算机技术,以数学形式来传输信号,在传输过程中不会受信号强弱的干扰。并且由于数字信号可以重新编排组合,因此数字电视也能像电脑一样存储大量的数据信息,于是观众便可以有选择地收看电视内容,还可以自己编制程序,只播出他所选择的那部分内容,而略过中间的其他节目。观众甚至可以任意调换电视剧中的男、女主角,改变剧情,将自己喜爱的主人公"请"出来宣读晚间新闻,或是把自己拍摄的录相带放在某个电视剧中,亲自当一回导演。因此,未来的电视观众将拥有看电视的主动性。

1982年,数字式电视机由美国的数字电视公司首先研制成功。这种电视机的结构主要由5块超大规模集成电路组成,元部件比模拟式电视机减少一半以上,因而使生产工艺大大简化,生产成本降低。1983年,该电视机开始正式生产并投放市场。

由于欧美已完成数字式高清晰度电视的研制,并将之纳入多媒体技术,迫使日本也发展数字式高清晰度电视。日本电报电话公司、日本电气公司、日立制作所、东京大学等11家公司和8所大学,1990年开始合作研究开发下一代高清晰度电视机。下一代高清晰度电视的最大特征是清晰度更高,扫描线数为2 048条,约为已有的高清晰度电视(1 125条)的两倍,是一般电视的4倍,就连出现在电视屏幕上的报纸上的小铅字都能加以辩认。预计到2015年将实现家庭实用化。

三、高清电视(HDTV)常识

(1) 高清电视机≠高清电视

高清电视机只是收视高清频道的设备之一。用户仅购买高清电视机,并不能保证收视到高清频道,因为收视高清频道还需要一台高清机顶盒。只有用高清机顶盒,收视高清频道时,高清电视机才能派得上用场,否则,高清电视机只是客厅里的一个摆设。

(2) 高清频道≠标清频道

高清频道是一种对现场的还原,具有革命性、颠覆性的视听升级。标清频道是对公共频道的延伸和补充,它的内容更丰富,广告更少,高清频道与标清频道各有优势。高清电视机可以收视标清频道。但仅仅收视标清频道,是对高清电视机的浪费。只有用高清电视机收视高清频道,才能让高清电视机有用武之地。

(3) 真正的高清电视=高清电视机+高清机顶盒+高清频道

真正意义上的高清电视,必须具备高清电视机、高清机顶盒和高清频道三个条件,三者缺一不可。用高清机顶盒接收信号,用高清电视机显示出高清频道的效果,才能看上真正的高清电视。

(4) 真高清和伪高清的差别

真高清是指通过高清电视机和机顶盒等设备把有线网络中传输的高清视音频信号如实的还原出来。例如:如果一个用户家中有高清电视机和支持5.1声道的音响设备。如果购买了高清产品,通过安装机顶盒设备后,可以把在有线网络中传输的 CHC 高清频道完整的呈现出来,用户不仅可以看到 1920×1080 显示的画面,而且可以体会到 5.1 声道的音响效果。

如果用户直接使用家中的高清电视机和支持 5.1 声道的音响设备收看普通的有线电视节目,由于节目本身只有 720×576 的分辨率和单声道的音源,所以用户看到的是通过电视机本身处理过的伪 1920×1080 图像,而且用于播出 5.1 声道的 6 个环绕音响也只能同时播出一样的声音,因此这样的设备和内容的不匹配是一种极大的浪费。

(5) 如何收看 HDTV?

目前有两种方式可欣赏到 HDTV 节目。一种是在电视上实时收看 HDTV,需要满足两个条件,首先是电视可接收到 HDTV 信号,这需要额外添加相关的硬件,其次是电视符合 HDTV 标准,主要是指电视的分辨率和接收端口而言。

另一种是在电脑上通过软件播放。目前我国只有极少部分地区可接收到 HDTV 数字信号,而且真正能称为 HDTV 电视的价格仍高高在上,不是普通消费者所能承受的。因此,在网络中找寻 HDTV 源,下载后在个人电脑上播放,成了大多数 HDTV 迷们的一个尝鲜方法。

第七节　数字电视机顶盒

一、机顶盒概述

机顶盒的全称叫做"数字电视机顶盒",英文缩写"STB"(Set-Top Box)。它是一种将数字电视信号转换成模拟信号的变换设备,它把经过数字化压缩的图像和声音信号解码还原成模拟信号送入普通的电视机。

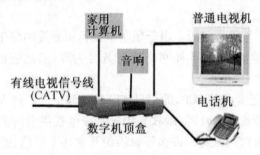

图 19.7－1

数字电视机顶盒是一种将数字电视信号转换成模拟信号的变换设备,它对经过数字化压缩的图像和声音信号进行解码还原,产生模拟的视频和声音信号,通过电视显示器和音响设备给观众提供高质量的电视节目。目前的数字电视机顶盒已成为一种嵌入式计算设备,具有完善的实时操作系统,提供强大的 CPU 计算能力,用来协调控制机顶盒各部分硬件设施,并提供易操作的图形用户界面,如增强型电视的电子节目指南,给用户提供图文并茂的节目介绍和背景资料。

同时，机顶盒具有"傻瓜计算机"的能力，这样通过内部软件功能和对网络稍加进行双向改造，很容易实现如因特网浏览、视频点播、家庭电子商务、电话通信等多种服务，可谓一网打天下。

电视从黑白电视向彩色电视过渡时，采用了兼容的办法，PAL—D制在中国一直延续到现在。从模拟电视向高清晰度数字电视过渡，是一个跨越式的过渡，可以说无法直接兼容，也就是说目前的所有模拟电视是不能使用的，所以一步到位是不现实的，目前各国采用了一个过渡办法——即数字机顶盒，使用了数字机顶盒后将数字信号转变成模拟信号，输入给现在的模拟电视机显示信息，这样有效地避免了电视信号在传输过程中导致的干扰和损耗，电视接收的信号质量得到了很大程度的改善。这只是一种过渡，由于模拟电视机的扫描线已定，所以它与高清晰度数字电视相比，还有相当大的距离。

高清晰度数字电视（HDTV）是未来的发展方向，到那时现在的模拟电视被全部淘汰，电视台的射、录、编设备也相应更换，人们在电视屏幕上看到的将是高清晰度的电视画面和更多的功能，HDTV会把电视带入一个崭新的时代。

有人问：目前数字机顶盒接收的信号是高清晰度数字电视吗？不是，使用了数字机顶盒后将数字信号转变成模拟信号输入给现在的模拟电视机显示信息，这样电视接收的信号质量虽然有了很大程度的改善，由于模拟电视机的扫描线已定，所以它与高清晰度数字电视相比，还有相当大的距离。这只是一种过渡。

二、数字电视机顶盒在我国的发展现状

数字电视机顶盒将改变我们现有的电视的概念，也将为互联网提供一个崭新的消费终端，而且这个消费终端将比其他任何终端如PC、手机、PDA都普及、方便、吸引人。随着各地有线数字电视的试播，数字电视机顶盒的推广与几年前相比已有长足的进步，但是数字机顶盒在国内还没有得到广泛的应用，这主要有几个原因：

（1）数字机顶盒的技术含量较高，真正的产品并不是很多，许多厂商的VOD（视频点播）事实上大多处于概念阶段。

（2）网络双向改造与质量问题。由于数字电视机顶盒受网络带宽制约较大，尤其是目前国内网络发展基础薄弱，而且各种网络资源各自为阵，因此它的大范围普及推广还需时日。

（3）服务不力、缺乏专业的ICP，即信息和节目资源贫乏。如VOD业务推广应用的一大难点就是节目源的开放以及片源、版权。国家有线电视主干网的建立、专业供片商的出现可在一定程度上缓解这一难题。许多厂家纷纷开发基于宾馆、酒店、小区的VOD系统，也是为了避开这一难题(注：VOD是Video On Demand的缩写，即"视频点播"的意思。它是一种可以按用户需要点播节目的交互式视频系统，或者更广义一点讲，它可以为用户提供各种交互式信息服务。交互式视频点播系统一般由VOD前端处理系统、传输网络、用户机顶盒三个部分组成)。

（4）资费偏高，对多数用户而言也是不小的开支。中国人的消费心理是可以承受一次性较大的购置成本，却不大愿意接受长期持续不断的、没有明显回报的消费支付。

尽管当前数字机顶盒的推广受到了很大的限制，但是数字电视机顶盒不仅是用户终

端,也是网络终端,它能使模拟电视机从被动接收模拟电视转向交互式数字电视(如视频点播等),并能接入因特网,使用户享受电视、数据、语言等全方位的信息服务。随着数字技术、多媒体技术和网络技术的发展,数字电视机顶盒功能将逐步完善,尤其是单片PC技术的发展,将促使数字电视机顶盒内置和整个成本下降,让大多数用户在普通模拟电视机上实现既能娱乐,又能上网等多种服务。

三、机顶盒的发展趋势

1. 硬件平台

从机顶盒发展趋势看,调谐器(Tuner)和解调芯片合二为一,物理上减小体积,降低成本,提高性能;或者采用芯片实现 Tuner 的功能。由于 CPU 与 TS 流解复用器、MPEG—2 A/V 解码器,视频编码器集成,形成 STB 的核心芯片,它的发展速度将决定机顶盒未来的方向。必然的趋势是 CPU 处理速度越来越快,存储器容量越来越大,MPEG 解码器将同时支持多路节目的解码;同时用户可以直接看到的图形显示界面将从简单的 OSD,发展到强大的 2D、3D 图形引擎(注:OSD 是 on-screen display 的简称,即屏幕菜单式调节方式。一般是按 Menu 键后屏幕弹出的显示器各项调节项目信息的矩形菜单,可通过该菜单对显示器各项工作指标包括色彩、模式、几何形状等进行调整,从而达到最佳的使用状态。通过显示在屏幕上的功能菜单达到调整各项参数的目的,不但调整方便,而且调整的内容增加了失真、会聚、色温、消磁等高级调整内容。像以前显示器出现的网纹干扰、屏幕视窗不正、磁化等需要送维修厂商维修的故障,现在举手之间便可解决。另外在 OSD 选项里还可以调整显示的位置、无动作关闭显示的时间)。

由于有线电视网络较好的传输质量以及电缆调制解调器技术的成熟,可以实现各种交互式应用。通过上行通道和机顶盒,观众坐在家中就能享受到视频点播(VOD)、网上冲浪、远程购物、交互游戏等增值业务。这种交互性将极大地改变人们看电视的方式。因此,双向传输方案将成为机顶盒发展的主流。

外部接口将更加丰富,通过 USB 接口可以实现和数码相机的连接,通过 IDE 接口可以挂接硬盘实现节目存储等等。

机顶盒是网络的终端产品,现实中存在着通信网、计算机网和广播电视网。虽说三网合一是必然趋势,而且三网在骨干网的传输技术上已经融合。最终将数字机顶盒发展成为家庭网关,将机顶盒与 PC、打印机、DVD 机等数字设备连接起来,并通过双向模块与 Internet 相连,真正地成为信息家电。

2. 软件平台

有线电视网络数字化改造的不断深入,开放式业务系统的广泛使用,运营商的利润增长点将从以前靠收视费和广告费转向靠多种应用去支撑。因此,机顶盒将支持越来越多的应用,如电子节目指南、PPV 节目(PPV 是 Pay Per View 的缩写,意为《每分付费节目》)。电视台每次播出 PPV 节目都要购买它的播出权,也即如果想转播一年所有的 PPV 的话,那每次都要跟 WWE 购买播出权,所以 PPV 节目属于很精彩、重要的节目。因为每个 PPV 的价格都是不同的)、IPPV 节目[IPPV 英文全名:Impulse Pay Per View;汉语意思:即时按次付费。它提供了一个一次性付费收看节目的方法,用户在限定的时间内收看

IPPV 节目。IPPV 为没有回传能力的订户提供了一个单向订购电子代币的方式,然后以"点数(信用值)"的形式保存在智能卡(电子钱包)上,用来购买 IPPV 节目。一旦订户的消费值超过了点数的上限值,机顶盒将会启动屏幕显示信息,提醒订户使用的点数已经超过了上限值,订户需要订购更多的点数(电子代币)〕、准视频点播、数据广播、Internet 接入、电子邮件、视频点播以及 IP 电话和可视电话等。而上述应用的发展,必须依靠机顶盒的软件平台,也就是中间件。因此,机顶盒的发展趋势在很大程度上依靠中间件技术的发展方向。

第八节 家用电脑

家用电脑,顾名思义,就是专为普通家庭用户所设计制造的微型计算机,和其他微型计算机,比如商用电脑相比,在硬件结构和系统软件结构上,基本无异,主要是功能用途上有所差异。家用电脑主要侧重于影音娱乐和游戏方面的应用,同时,也具备一定的学习办公方面的能力,可以满足家庭用户的绝大多数需要。

由于电脑在信息技术一章中已经有所介绍,所以这里重点介绍一些选购、维护、防毒等方面的知识。其他知识只是顺便说一下。

一、电脑的构成

家用电脑的基本组成与办公室使用的台式微型计算机没什么区别,同样是冯·诺依曼体系结构。大体上分为主机、输入设备和输出设备等几个部分。

1. 主机

主机主要包括 CPU、主板、内存、硬盘、显卡、声卡、网卡、光驱、电源和机箱等主要部件。当前家用电脑的发展更新速度很快,基本 2 年左右,主要部件就会有更新换代一次。

外部信息经输入设备输入主机,由主机分析、加工、处理,再经输出设备输出。

2. 输入设备

电脑只能识别二进制数字电信号,而人们习惯于接受图文声像信号。输入、输出设备起着信号转换和传输的作用。输入设备主要包括键盘、鼠标,根据实际应用需要,还可为家用电脑配备麦克风、摄像头、数码相机、扫描仪、手写板等设备。

3. 输出设备

对于家用电脑来说,最重要的输出设备是显示器,显示器是人机交流的窗口,是家用电脑必不可少的配件,当前市场上主流的显示器产品为液晶显示器,同时,传统 CRT 显示器,在一些较老型号的家用电脑中,也是可以见到的。此外,根据实际需要,还可为电脑配备音响、打印机等其他输出设备。

下面对电脑中的一些主要部件作一些必要的说明。

(1) CPU:CPU(中央处理器)是电脑的核心,电脑处理数据的能力和速度主要取决于 CPU。通常用位长和主频评价 CPU 的能力和速度,如 PⅡ 300 CPU 能处理位长为 32 位的二进制数据,主频为 300 MHz。

(2) 主板:也称主机板,是安装在主机机箱内的一块矩形电路板,上面安装有电脑的主要电路系统。主板的类型和档次决定着整个微机系统的类型和档次,主板的性能影响着整个微机系统的性能。主板上安装有控制芯片组(一般被称为主板北桥、南桥芯片)、BIOS芯片和各种输入输出接口、键盘和面板控制开关接口、指示灯插接件、扩充插槽及直流电源供电接插件等元件。CPU、内存条插接在主板的相应插槽(座)中,驱动器、电源等硬件连接在主板上。主板上的接口扩充插槽用于插接各种接口卡,这些接口卡扩展了电脑的功能。常见接口卡有显示卡、声卡、网卡等等。

(3) 系统总线:系统总线是连接扩充插槽的信息通路。PCI-E 和 PCI 总线是目前 PC 机常用系统总线,主板上相应有 ISA 和 PCI 插槽。

(4) 输入输出接口:简称 I/O 接口,是连接主板与输入输出设备的界面。主机后侧的串口、并口、键盘接口、PS/2 接口、USB、HDMI 等接口以及主机内部的硬盘、软驱接口都是输入输出接口。

(5) 串行通讯接口:简称串行口,是电脑与其他设备传送信息的一种标准接口。现在的电脑至少有两个串行口 COM1 和 COM2。

(6) 并行通讯接口:简称并行口,是电脑与其他设备传送信息的一种标准接口,这种接口将 8 位数据位同时并行传送,并行口数据传送速度较串行口快,但传送距离较短。并行口使用 25 孔 D 形连接器,常用于连接打印机。

(7) EIDE 接口:也称为扩展 IDE 接口,主板上连接 EIDE 设备的接口。常见 EIDE 设备有硬盘和光驱。目前较新的接口标准还有 Ultra DMA/33、Ultra DMA/66。

(8) AGP:即"加速图形端口",是 Intel 公司在 1996 年 7 月提出的显示卡接口标准,通过主板上的 AGP 插槽连接 AGP 显示卡。PCI 总线的传输速度只能达到 132MB/s,而 AGP 端口则能达到 528MB/s,传输速度四倍于前者。AGP 技术使图形显示(特别是 3D 图形)的性能有了极大的提高,使 PC 机在图形处理技术上又向前迈了一大步。

(9) 光盘驱动器:读取光盘信息的设备。是多媒体电脑不可缺少的硬件配置。光盘存储容量大,价格便宜,保存时间长,适宜保存大量的数据,如声音、图像、动画、视频信息、电影等多媒体信息。光盘驱动器有三种,CD-ROM、CD-R 和 MO,CD-ROM 是只读光盘驱动器;CD-R 只能写入一次,以后不能改写;MO 是可写、可读光盘驱动器。

(10) 内存储器:对于计算机来说,有了存储器,才有记忆功能,才能保证正常工作。存储器的种类很多,按其用途可分为主存储器和辅助存储器,主存储器又称内存储器(简称内存),辅助存储器又称外存储器(简称外存)。外存通常是磁性介质或光盘,像硬盘,软盘,磁带,CD 等,能长期保存信息,并且不依赖于电来保存信息,但是由机械部件带动,速度与内存相比就显得慢得多。内存指的就是主板上的存储部件,是 CPU 直接与之沟通,并用其存储数据的部件,存放当前正在使用的(即执行中)的数据和程序,它的物理实质就是一组或多组具备数据输入输出和数据存储功能的集成电路,内存只用于暂时存放程序和数据,一旦关闭电源或发生断电,其中的程序和数据就会丢失。内存容量不大,但存取迅速。广义的内存包括 RAM、ROM 和 Cache。

① RAM:RAM 是 random access memory 的缩写,意即随机存取存储器。存储单元的内容可按需随意取出或存入,且存取的速度与存储单元的位置无关的存储器[相对的,

读取或写入顺序访问存储设备中的信息时,其所需要的时间与位置就会有关系(如磁带)]。

它是电脑的主存储器,人们习惯将 RAM 称为内存。RAM 的最大特点是关机或断电数据便会丢失,主要用于存储短时间使用的程序。其次是它具有高访问速度。现代的随机存取存储器几乎是所有访问设备中写入和读取速度最快的,取存延迟也和其他涉及机械运作的存储设备相比显得微不足道。另外还有一个特点是对静电敏感。正如其他精细的集成电路,随机存取存储器对环境的静电荷非常敏感。静电会干扰存储器内电容器的电荷,导致数据流失,甚至烧坏电路。故此触碰随机存取存储器前,应先用手触摸金属接地。

从一有计算机开始,就有内存。内存发展到今天也经历了很多次的技术改进,从最早的 DRAM 一直到 FPMDRAM、EDODRAM、SDRAM 等,内存的速度一直在提高且容量也在不断的增加。IA 架构的服务器普遍使用的内存是 REGISTEREDECCSDRAM。

既然内存是用来存放当前正在使用的(即执行中)的数据和程序,那么它是怎么工作的呢? 按照存储信息的不同,随机存储器又分为静态随机存储器和动态随机存储器。我们平常所提到的计算机的内存指的是动态内存(即 DRAM),动态内存中所谓的"动态",指的是当我们将数据写入 DRAM 后,经过一段时间,数据会丢失,因此需要一个外设电路进行内存刷新操作。具体的工作过程是这样的:一个 DRAM 的存储单元存储的是 0 还是 1 取决于电容是否有电荷,有电荷代表 1,无电荷代表 0。但时间一长,代表 1 的电容会放电,代表 0 的电容会吸收电荷,这就是数据丢失的原因;刷新操作定期对电容进行检查,若电量大于满电量的 1/2,则认为其代表 1,并把电容充满电;若电量小于 1/2,则认为其代表 0,并把电容放电,藉此来保持数据的连续性。

内存越大的电脑,能同时处理的信息量越大。用刷新时间评价 RAM 的性能,单位为 ns(纳秒),刷新时间越小存取速度越快。存储器芯片安装在手指宽的条形电路板上,称之为内存条。内存条安装在主板上的内存条插槽中。按内存条与主板的连接方式有 30 线、72 线和 168 线等。

② ROM:ROM(只读存储器)是一种存储计算机指令和数据的半导体芯片,但只能从其中读出数据而不能写入数据,关机或断电后 ROM 的数据不会丢失。生产厂商把一些重要的不允许用户更改的信息和程序存放在 ROM 中,例如存放在主板和显示卡 ROM 中的 BIOS 程序。

RAM 和 ROM 内存的区别:简单地说,在计算机中,RAM、ROM 都是数据存储器。RAM 是随机存取存储器,它的特点是易挥发性,即掉电失忆。ROM 通常指固化存储器(一次写入,反复读取),它的特点与 RAM 相反。ROM 又分一次性固化、光擦除和电擦除重写两种类型。

③ Cache:Cache(高速缓冲存储器)是位于 CPU 与主内存间的一种容量较小但速度很高的存储器。由于 CPU 的速度远高于主内存,CPU 直接从内存中存取数据要等待一定时间周期,Cache 中保存着 CPU 刚用过或循环使用的一部分数据,当 CPU 再次使用该部分数据时可从 Cache 中直接调用,这样就减少了 CPU 的等待时间,提高了系统的效率。

Cache 又分为一级 Cache(L1 Cache)和二级 Cache(L2 Cache),L1 Cache 集成在 CPU

内部，L2 Cache 一般是焊在主板上，常见主板上焊有 256KB 或 512KB L2 Cache。

（11）BIOS：BIOS 是一个程序，即微机的基本输入输出系统。BIOS 程序的主要功能是对电脑的硬件进行管理。BIOS 程序是电脑开机运行的第一个程序。开机后 BIOS 程序首先检测硬件，对系统进行初始化，然后启动驱动器，读入操作系统引导记录，将系统控制权交给磁盘引导记录，由引导记录完成系统的启动。电脑运行时，BIOS 还配合操作系统和软件对硬件进行操作。BIOS 程序存放在主机板上的 ROM BIOS 芯片中。

（12）CMOS：CMOS 是主板上一块可读写的 RAM 芯片，用于保存当前系统的硬件配置信息和用户设定的某些参数。CMOS RAM 由主板上的电池供电，即使系统掉电信息也不会丢失。对 CMOS 中各项参数的设定和更新需要运行专门的设置程序，开机时通过特定的按键（一般是 Del 键）就可进入 BIOS 设置程序，对 CMOS 进行设置。CMOS 设置习惯上也被叫做 BIOS 设置。

（13）显卡：又称显示器适配卡，是连接主机与显示器的接口卡。其作用是将主机的输出信息转换成字符、图形和颜色等信息，传送到显示器上显示。显卡插在主板的 ISA、PCI、AGP 扩展插槽中，ISA 显卡现已基本淘汰。

（14）声卡：多媒体电脑中用来处理声音的接口卡。声卡可以把来自话筒、收录音机、激光唱机等设备的语音、音乐等声音变成数字信号交给电脑处理，并以文件形式存盘，还可以把数字信号还原成为真实的声音输出。声卡尾部的接口从机箱后侧伸出，上面有连接麦克风、音箱、游戏杆和 MIDI 设备的接口。

（15）视频捕获卡：用于捕获从电视天线、录像机、影碟机等输入的动态或静态视频影像的接口卡，是多媒体制作的重要工具。高级的视频捕获卡还能在捕获影像的同时进行 MPEG 压缩，制作 VCD。

（16）DVD：即数字通用光盘。DVD 光驱指读取 DVD 光盘的设备。DVD 盘片的容量为 4.7GB，相当于 CD-ROM 光盘的七倍，可以存储 133 分钟电影，包含七个杜比数字化环绕音轨。DVD 盘片可分为：DVD-ROM、DVD-R（可一次写入）、DVD-RAM（可多次写入）和 DVD-RW（读和重写）。目前的 DVD 光驱多采用 EIDE 接口，能像 CD-ROM 光驱一样连接到 IDEas、SATA 或 SICI 接口上。

二、家用电脑选购建议

家用电脑配置选购要三思。电脑进入家庭势不可挡，大多数人选购电脑时并没有把家用电脑与商用电脑、办公电脑等各种不同的用途的电脑区分开来。

有些电脑对于一部分家庭来说，不一定适合。家用电脑在确定选购类型、档次、选购方式上都应该量体裁衣。

1. 根据自身要求选购电脑

如果你年纪已大或者是准备给父母选购，并且只想满足用电脑来打字、制表、看影碟、上网聊天等，并且不会考虑日后会升级。对于这些人来说，一般建议购买品牌电脑。因为品牌机越来越家电化的设计，越来越简单的操作方法一定会满足你的需求。如果是一位狂热的游戏发烧友，那么只有配备了双核处理器、独立显卡、大内存、大功率电源的组装电脑才能胜任，不过价钱自然不菲。如果你准备给自己的孩子购买，那么建议你购买组装电脑,孩子都喜欢追求个性,一台外观和别人一样毫无个性的电脑是无法满足他彰显个性的需求的。

2. 根据自己的预算选购电脑

除了要根据自身的实际使用需要,还有要考虑的就是自己准备购买电脑的资金预算数额,计算一下自己的资金预算,是否能够足够购买自己所期望功能的计算机。如果预算不足或超出,要根据实际情况,进行取舍。否则,就有可能购买一台和自己期望差别很大的家用电脑,或者造成资源浪费等情况的发生。

3. 实用够用即可

家用电脑更新换代速度很快,尤其是CPU、内存和硬盘,能够超前半载,很难领先一年,随时都有落伍的危险。买电脑前首先应明确需要,家庭辅助教育、多媒体视听、网络浏览这些普遍要求应该满足,并保证绘图、游戏、编程、工作、娱乐对电脑性能的特殊需求,本着实用够用的原则,确定选购的配置。

4. 选择主流产品

选用主流配置一般能满足基本需求。主流产品,是最大众化的产品,得到了最广泛的软、硬件厂商的支持,使用起来更放心。而有些超前产品,很有可能没有经过时间的检验而性能不过关,更有可能由于生产批量小,导致价格较同类产品高许多。别图一时便宜而选用落伍产品,否则可能会为之付出昂贵的代价。

5. 慎重选择

事先没有接触过电脑的消费者,一定要先学点硬件知识,或者请一些有经验的人帮忙指导。每一个部件的当场实验都是必不可少的,人云亦云最容易上当,卖主海阔天空的吹嘘仅仅能做个参考。即使有说明书,也可能与自己买的产品不配套。如今的电子市场,鱼龙混杂,必须加倍小心。临走时还要向卖方索要散件的说明书和各种驱动程序,要求开具正规发票保修单,以防后患。

三、电脑的保养维护

1. 日常保养不能松懈

环境对电脑寿命的影响是不可忽视的。电脑理想的工作温度是10～35℃,太高或太低都会影响计算机配件的寿命。其相对湿度是30%～75%,太高会影响CPU、显卡等配件的性能发挥,甚至引起一些配件的短路;太低易产生静电,同样对配件的使用不利。另外,空气中灰尘含量对电脑影响也较大。灰尘太多,天长日久就会腐蚀各配件,芯片的电路板。电脑室最好保持干净整洁。

有人认为使用电脑的次数少或使用的时间短,就能延长电脑寿命,这是片面、模糊的观点;相反,电脑长时间不用,由于潮湿或灰尘、汗渍等原因,会引起电脑配件的损坏。当然,如果天气潮湿到一定程度,如:显示器或机箱表面有水气,此时决不能未烘干就给机器通电,以免引起短路等造成不必要的损失。

良好的个人使用习惯对电脑的影响也很大。所以请大家正确地执行开机和关机顺序。开机的顺序是:先外设(如打印机,扫描仪,UPS电源,Modem等),显示器电源不与主机相连的,还要先打开显示器电源,然后再开主机;关机顺序则相反:先关主机,再关外设。

其原因在于尽量减少对主机的损害。因为在主机通电时,关闭外设的瞬间,会对主机产生较强的冲击电流。关机后一段时间内,不能频繁地开、关机,因为这样对各配件的冲击很大,尤其是对硬盘的损伤更严重。一般关机后距下一次开机时间至少应为10秒。特别注意当电脑工作时,应避免进行关机操作。如:计算机正在读写数据时突然关机,很可能会损坏驱动器(硬盘,软驱等);更不能在机器正常工作时搬动机器。关机时,应注意先退出Windows操作系统,关闭所有程序,再按正常关机顺序退出,否则有可能损坏应用程序。当然,即使机器未工作时,也应尽量避免搬动电脑,因为过大的震动会对硬盘、主板之类的配件造成损坏。

就像我们每天都要洗脸刷牙一样,电脑也需要你每天对她关心,一般的电脑维护有以下几点:

①保持安置电脑的房间干燥和清洁,尤其是电脑工作台要每天(或两三天,视房间的清洁度而定)除尘。要知道,显示器是一个极强的"吸尘器"。曾经就遇到过因为环境不良,显示器内部灰尘厚积,天气转潮时,导致线路板短路打火损坏显示器的事故。

②正确开机(先外设,后主机)和关机。其实这本不应该算是维护的内容,但是很多用户对此总不以为然,甚至错误地认为现在的电脑连"软关机"都有了,还要"老生常谈"。但是这绝对是有必要的:"先外设,后主机"的顺序如果搞反了,就有可能使系统无法识别相关硬件,或者无法装载设备驱动程序。

③使用光盘或软盘前,一定要先杀毒;安装或使用后也要再查一遍毒,因为一些杀毒软件对压缩文件里的病毒无能为力。

④系统非正常退出或意外断电,应尽快进行硬盘扫描,及时修复错误。因为在这种情况下,硬盘的某些簇链接会丢失,给系统造成潜在的危险,如不及时修复,会导致某些程序紊乱,甚至危及系统的稳定运行。

2. 三个月左右打扫一次

为了能让电脑长期正常工作,用户有必要学习打开机箱进行电脑维护,当然,如果你没有把握,还是包给专业人员每年进行清洁一次,对于部分品牌机,说明书中申明不得随意拆封机箱,就不要打开机箱,否则是不给予保修的。

要进行硬件维护,一般用户不可能拥有专业工具,我们用以下工具就可将其轻松搞定:十字螺丝刀,镜头拭纸,吹气球(皮老虎),回形针,一架小型台扇。

①切断电源,将主机与外设之间的连线拔掉,用十字螺丝刀打开机箱,将电源盒拆下。你会看到在板卡上有灰尘,用吹气球或者皮老虎细心地吹拭,特别是面板进风口的附件和电源盒(排风口)的附近,以及板卡的插接部位,同时应用台扇吹风,以便将被吹气球吹起来的灰尘盒机箱内壁上的灰尘带走。

②将电源拆下,电脑的排风主要靠电源风扇,因此电源盒里的灰尘最多,用吹气球仔细清扫干净后装上。另外还需注意电风扇的叶子有没有变形,特别是经过夏季的高温,塑料的老化常常会使噪音变大,很可能就是这方面的原因。机箱内其他风扇也可以按照这个方法作清理。经常清除风扇上的灰尘可以最大程度的延长风扇寿命。

③将回形针展开,插入光驱前面板上的应急 bomb 出孔,稍稍用力,光驱托盘就打开了。用镜头试纸将所及之处轻轻擦拭干净,注意不要探到光驱里面去。

④用吹气球清除软驱中的灰尘。

⑤如果要拆卸板卡,再次安装时要注意位置是否准确,插槽是否插牢,连线是否正确等等。

⑥用镜头拭纸将显示器擦拭干净。

⑦将鼠标的后盖拆开,取出小球,用清水洗干净,晾干(光电鼠标可以免去这个步骤,但是光电鼠标的底部四个护垫很容易粘上桌面上的灰尘和油渍,而影响它的顺滑度,用户可以使用硬塑料,将附着在护垫上的污渍剥掉,使鼠标重新恢复好的手感。建议大家使用适当规格的鼠标垫,可以很大程度地延长鼠标护垫使用寿命)。

⑧用吹气球将键盘键位之间的灰尘清理干净。

⑨如果您有一定的装机基础,建议您每5个月给CPU重新涂抹一次硅脂,硅脂虽然使用的是沸点较高的油脂作为介质,但是,难免在使用中挥发。油脂挥发会影响到它与散热片之间的衔接与导热,所以一般5个月左右重新涂抹一次硅脂,这样可以让硅脂的导热能力时刻保持在最好的状态。当然,如果您使用的是质地比较好的硅脂,比如北极银等,更换硅脂的时间可以延长一些。

像一些学生朋友,在寝室使用电脑,环境更加恶劣,更应该对电脑进行妥善的及时的维护工作,周期可以适当缩短。在各风扇上添加防尘网,增加机箱的通风风扇等都是不错的方法。相信按照这些方法维护和使用电脑,电脑的寿命将大大延长,更好地为大家服务。

3. 软件维护不能大意

软件分为系统软件与应用软件。而系统软件是计算机运行的基础,没有了系统软件或其存在致病缺陷,计算机便无法正常运行。计算机的硬盘一般要分为几个逻辑驱动器,家用电脑采用的操作系统一般都是安装在C盘上的Windows系列,最好在D驱上建立一个备份,以便在系统损害时及时恢复。不用或不必要的软件请不要安装,不经常安装或删除应用软件,如果是真的删除程序时,也要用程序本身所附带的添加与删除组附件或者用控制面板中的添加删除进行,而不要用鼠标右键点击出的删除进行,否则对系统就造成损害。不要经常地安装、卸载应用程序,因为这些应用程序在系统注册表中添加的设置通常并不能够彻底删除,时间长了会导致注册表变得非常大,系统的运行速度就会受到影响。因此,经常听到这样的话:我的机器刚安装时很快,后来就越来越慢了。为此,我们可以使用"开始"菜单下的"运行"子菜单的regedit的导出功能直接将注册表文件复制到备份文件路径下,当系统出错时再将备份文件导入到Windows路径下,覆盖源文件即可恢复系统。另外应用程序安装到Windows中后,通常会在Windows的安装路径下的system文件夹中复制一些.dll文件。而当你将相应的应用程序删除后,其中的某些.dll文件通常会保留下来;当该路径下的.dll文件不断增加时,将在很大程度上影响系统整体的运行速度,为此,删除无用的.dll文件会大大提高运行速度。

另外,我们的家用电脑一般使用者的范围较小,为此可以每人建立一个用户名及相应密码,使用起来,互不干扰。但不要以为这样就万事大吉了,还要将自己的东西备份到一个不常用的磁盘上,如果东西不多,还可以暂时放在自己的邮箱中,以免丢失。

4. 液晶显示器的维护

第一怕粗暴:尊重LCD的脆弱性。在使用清洁剂的时候也要注意,不要把清洁剂直接喷到屏幕上,它有可能流到屏幕里造成短路。正确的做法是用软布粘上清洁剂轻轻地擦拭屏幕。记住,LCD 抗撞击的能力很小,许多晶体和灵敏的电器元件在遭受撞击时会被损坏。

第二怕水:千万不要让任何带有水分的东西进入 LCD。当然,一旦发生这种情况也不要惊慌失措。如果在开机前发现只是屏幕表面有雾气,用软布轻轻擦掉就可以了,然后再开机。如果水分已经进入 LCD,那就把 LCD 放在较温暖的地方,比如说台灯下,将里面的水分逐渐蒸发掉。如果发生屏幕"泛潮"的情况较严重时,普通用户还是打电话请服务商帮助为好。因为,较严重的潮气会损害 LCD 的元器件,会导致液晶电极腐蚀,造成永久性的损害。

第三怕拆卸:不要拆卸 LCD。同其他电子产品一样,在 LCD 的内部会产生高电压。LCD 背景照明组件中的 CFL 交流器在关机很长时间后依然可能带有高达 1 000 V 的电压,即使没有发生对人体的危害,可对 LCD 而言,暂时的或永久的"丧失工作能力"是不可避免的。

第四怕长烧:不要让 LCD 长时间工作。LCD 的像素是由许许多多的液晶体构筑的,过长时间的连续使用,会使晶体老化或烧坏。损害一旦发生,就是永久性的、不可修复的。一般来说,不要使 LCD 长时间处于开机状态(连续 72 小时以上),如果在不用的时候,还是把它关掉为好,或者将它的显示亮度调低。不注意的后果虽然听起来有点可怕,但是避免它的发生很容易,比如说,没事的时候就关掉显示器;注意屏幕保护程序的运行或者就让它显示全白的屏幕内容;不要让显示器的亮度太高等等,举手之劳,不足为忧。

四、电脑病毒及防护常识

1. 概述

编制或在计算机程序中插入破坏计算机功能或数据,影响计算机使用并且能够自我复制的一组计算机指令或者程序代码被称为计算机病毒(Computer Virus)。它具有破坏性,复制性和传染性。计算机病毒最早出现在 70 年代 David Gerrold 科幻小说 When H. A. R. L. I. E. was One。最早科学定义出现在 1983 年 Fred Cohen 的博士论文"计算机病毒实验"———一种能把自己(或经演变)注入其他程序的计算机程序。同生物病毒类似,生物病毒也是把自己注入细胞之中。

2. 计算机病毒的产生

病毒不是来源于突发或偶然的原因。一次突发的停电和偶然的错误,会在计算机的磁盘和内存中产生一些乱码和随机指令,但这些代码是无序和混乱的,病毒则是一种比较完美的,精巧严谨的代码,按照严格的秩序组织起来,与所在的系统网络环境相适应和配合起来,病毒不会偶然形成,需要有一定的长度,这个基本的长度从概率上来讲是不可能通过随机代码产生的。现在流行的病毒是由人为故意编写的,多数病毒可以找到作者和产地信息,从大量的统计分析来看,病毒作者主要情况和目的是:一些天才的程序员为了表现自己和证明自己的能力,出于对上司的不满,为了好奇,为了报复,为了祝贺和求爱,为了得到控制口令,为了软件拿不到报酬预留的陷阱等。当然也有因政治,军事,宗教,民族,专利等方面的需求而专门编写的,其中也包括一些病毒研究机构和黑客的测试病毒。

计算机病毒的产生是计算机技术和以计算机为核心的社会信息化进程发展到一定阶段的必然产物。它产生的背景是：

（1）计算机病毒是计算机犯罪的一种新的衍化形式。

计算机病毒是高技术犯罪，具有瞬时性、动态性和随机性。不易取证，风险小破坏大，从而刺激了犯罪意识和犯罪活动。是某些人恶作剧和报复心态在计算机应用领域的表现。

（2）计算机软硬件产品的脆弱性是根本的技术原因。

计算机是电子产品。数据从输入、存储、处理、输出等环节，易误入、篡改、丢失、作假和破坏；程序易被删除、改写；计算机软件设计的手工方式，效率低下且生产周期长；人们至今没有办法事先了解一个程序有没有错误，只能在运行中发现、修改错误，并不知道还有多少错误和缺陷隐藏在其中。这些脆弱性就为病毒的侵入提供了方便。

3. 计算机病毒的特点

（1）寄生性：计算机病毒寄生在其他程序之中，当执行这个程序时，病毒就起破坏作用，而在未启动这个程序之前，它是不易被人发觉的。

（2）传染性：计算机病毒不但本身具有破坏性，更有害的是具有传染性，一旦病毒被复制或产生变种，其速度之快令人难以预防。传染性是病毒的基本特征。在生物界，病毒通过传染从一个生物体扩散到另一个生物体。在适当的条件下，它可得到大量繁殖，并使被感染的生物体表现出病症甚至死亡。同样，计算机病毒也会通过各种渠道从已被感染的计算机扩散到未被感染的计算机，在某些情况下造成被感染的计算机工作失常甚至瘫痪。与生物病毒不同的是，计算机病毒是一段人为编制的计算机程序代码，这段程序代码一旦进入计算机并得以执行，它就会搜寻其他符合其传染条件的程序或存储介质，确定目标后再将自身代码插入其中，达到自我繁殖的目的。只要一台计算机染毒，如不及时处理，那么病毒会在这台机子上迅速扩散，其中的大量文件（一般是可执行文件）会被感染。而被感染的文件又成了新的传染源，再与其他机器进行数据交换或通过网络接触，病毒会继续进行传染。正常的计算机程序一般是不会将自身的代码强行连接到其他程序之上的。而病毒却能使自身的代码强行传染到一切符合其传染条件的未受到传染的程序之上。计算机病毒可通过各种可能的渠道，如软盘、计算机网络去传染其他的计算机。当您在一台机器上发现了病毒时，往往曾在这台计算机上用过的软盘已感染上了病毒，而与这台机器相联网的其他计算机也许也被该病毒染上了。是否具有传染性是判别一个程序是否为计算机病毒的最重要条件。病毒程序通过修改磁盘扇区信息或文件内容并把自身嵌入到其中的方法达到病毒的传染和扩散。被嵌入的程序叫做宿主程序。

（3）潜伏性：有些病毒像定时炸弹一样，让它什么时间发作是预先设计好的。比如黑色星期五病毒，不到预定时间一点都觉察不出来，等到条件具备的时候一下子就爆炸开来，对系统进行破坏。一个编制精巧的计算机病毒程序，进入系统之后一般不会马上发作，可以在几周或者几个月内甚至几年内隐藏在合法文件中，对其他系统进行传染，而不被人发现，潜伏性愈好，其在系统中的存在时间就会愈长，病毒的传染范围就会愈大。潜伏性的第一种表现是指，病毒程序不用专用检测程序是检查不出来的，因此病毒可以静静地躲在磁盘或磁带里呆上几天，甚至几年，一旦时机成熟，得到运行机会，就又要四处繁殖、扩散,继续为害。潜伏性的第二种表现是指,计算机病毒的内部往往有一种触发机制,不满足触发条件时,计算机病毒除了传染外不做什么破坏。触发条件一旦得到满足,有的在屏幕上显示信息、图形或特殊标识,有的则执行破坏系统的操作,如格式化磁盘、删除磁盘文件、对数据文件做加密、封锁键盘以及使系统死锁等。

(4) 隐蔽性:计算机病毒具有很强的隐蔽性,有的可以通过病毒软件检查出来,有的根本就查不出来,有的时隐时现、变化无常,这类病毒处理起来通常很困难。

(5) 破坏性:计算机中毒后,可能会导致正常的程序无法运行,把计算机内的文件删除或受到不同程度的损坏。通常表现为:增、删、改、移。

(6) 可触发性:病毒因某个事件或数值的出现,诱使病毒实施感染或进行攻击的特性称为可触发性。为了隐蔽自己,病毒必须潜伏,少做动作。如果完全不动,一直潜伏的话,病毒既不能感染也不能进行破坏,便失去了杀伤力。病毒既要隐蔽又要维持杀伤力,它必须具有可触发性。病毒的触发机制就是用来控制感染和破坏动作的频率的。病毒具有预定的触发条件,这些条件可能是时间、日期、文件类型或某些特定数据等。病毒运行时,触发机制检查预定条件是否满足,如果满足,启动感染或破坏动作,使病毒进行感染或攻击;如果不满足,使病毒继续潜伏。

4. 计算机病毒分类

按照科学的、系统的、严密的方法,计算机病毒可分类如下:

(1) 根据病毒存在的媒体,病毒可以划分为网络病毒,文件病毒,引导型病毒。网络病毒通过计算机网络传播感染网络中的可执行文件,文件病毒感染计算机中的文件(如:COM,EXE,DOC 等),引导型病毒感染启动扇区(Boot)和硬盘的系统引导扇区(MBR),还有这三种情况的混合型,例如:多型病毒(文件和引导型)感染文件和引导扇区两种目标,这样的病毒通常都具有复杂的算法,它们使用非常规的办法侵入系统,同时使用了加密和变形算法。

(2) 根据病毒传染的方法可分为驻留型病毒和非驻留型病毒,驻留型病毒感染计算机后,把自身的内存驻留部分放在内存(RAM)中,这一部分程序挂接系统调用并合并到操作系统中去,它处于激活状态,一直到关机或重新启动。非驻留型病毒在得到机会激活时并不感染计算机内存,一些病毒在内存中留有小部分,但是并不通过这一部分进行传染,这类病毒也被划分为非驻留型病毒。

(3) 根据病毒破坏的能力可划分为以下几种:

无害型(除了传染时减少磁盘的可用空间外,对系统没有其他影响);无危险型(这类病毒仅仅是减少内存、显示图像、发出声音及同类音响);危险型(这类病毒在计算机系统操作中造成严重的错误);非常危险型(这类病毒删除程序、破坏数据、清除系统内存区和操作系统中重要的信息)。

这些病毒对系统造成的危害,并不是本身的算法中存在危险的调用,而是当它们传染时会引起无法预料的和灾难性的破坏。由病毒引起其他的程序产生的错误也会破坏文件和扇区,这些病毒也按照他们引起的破坏能力划分。一些现在的无害型病毒也可能会对新版的 DOS、Windows 和其他操作系统造成破坏。例如:在早期的病毒中,有一个"Denzuk"病毒在 360K 磁盘上很好的工作,不会造成任何破坏,但是在后来的高密度软盘上却能引起大量的数据丢失。

（4）根据病毒特有的算法，病毒可以划分为：

①伴随型病毒，这一类病毒并不改变文件本身，它们根据算法产生 EXE 文件的伴随体，具有同样的名字和不同的扩展名(COM)，例如：XCOPY.EXE 的伴随体是 XCOPY.COM。病毒把自身写入 COM 文件并不改变 EXE 文件，当 DOS 加载文件时，伴随体优先被执行到，再由伴随体加载执行原来的 EXE 文件。

②"蠕虫"型病毒，蠕虫病毒是一种常见的计算机病毒。它利用网络进行复制和传播，传染途径是通过网络和电子邮件。最初的蠕虫病毒定义是因为在 DOS 环境下，病毒发作时会在屏幕上出现一条类似虫子的东西，胡乱吞吃屏幕上的字母并将其改形。蠕虫病毒是自包含的程序（或是一套程序），它能传播自身功能的拷贝或自身（蠕虫病毒）的某些部分到其他的计算机系统中（通常是经过网络连接）。

与一般病毒不同，蠕虫病毒不需要将其自身附着到宿主程序，它是一种独立智能程序。有两种类型的蠕虫：主机蠕虫与网络蠕虫。主计算机蠕虫完全包含（侵占）在它们运行的计算机中，并且使用网络的连接仅将自身拷贝到其他的计算机中，主计算机蠕虫在将其自身的拷贝加入到另外的主机后，就会终止它自身（因此在任意给定的时刻，只有一个蠕虫的拷贝运行），这种蠕虫有时也叫"野兔"，蠕虫病毒一般是通过 1434 端口漏洞传播。它通过计算机网络传播时，不改变文件和资料信息，利用网络从一台机器的内存传播到其他机器的内存。

③寄生型病毒除了伴随和"蠕虫"型，其他病毒均可称为寄生型病毒，它们依附在系统的引导扇区或文件中，通过系统的功能进行传播。

④诡秘型病毒它们一般不直接修改 DOS 和扇区数据，而是通过设备技术和文件缓冲区等 DOS 内部修改，不易看到资源，使用比较高级的技术。利用 DOS 空闲的数据区进行工作。

⑤变型病毒（又称幽灵病毒）。这一类病毒使用一个复杂的算法，使自己每传播一份都具有不同的内容和长度。它们一般是由一段混有无关指令的解码算法和被变化过的病毒体组成。

5. 计算机病毒的破坏行为

计算机病毒的破坏行为体现了病毒的杀伤能力。病毒破坏行为的激烈程度取决于病毒作者的主观愿望和他所具有的技术。数以万计不断发展扩张的病毒，其破坏行为千奇百怪，不可能穷举其破坏行为，而且难以作全面的描述，根据现有的病毒资料可以把病毒的破坏目标和攻击部位归纳如下：

①攻击系统数据区。攻击部位包括：硬盘主引寻扇区、Boot 扇区、FAT 表、文件目录等。一般来说，攻击系统数据区的病毒是恶性病毒，受损的数据不易恢复。

②攻击文件。病毒对文件的攻击方式很多，可列举如下：删除、改名、替换内容、丢失部分程序代码、内容颠倒、写入时间空白、变碎片、假冒文件、丢失文件簇、丢失数据文件等。

③攻击内存。内存是计算机的重要资源，也是病毒攻击的主要目标之一，病毒额外地占用和消耗系统的内存资源，可以导致一些较大的程序难以运行。病毒攻击内存的方式

如下：占用大量内存、改变内存总量、禁止分配内存、蚕食内存等。

④干扰系统运行。此类病毒会干扰系统的正常运行,以此作为自己的破坏行为,此类行为也是花样繁多,可以列举下述诸方式:不执行命令、干扰内部命令的执行、虚假报警、使文件打不开、使内部栈溢出、占用特殊数据区、时钟倒转、重启动、死机、强制游戏、扰乱串行口、并行口等。

⑤速度下降。病毒激活时,其内部的时间延迟程序启动,在时钟中纳入了时间的循环计数,迫使计算机空转,计算机速度明显下降。

⑥攻击磁盘。攻击磁盘数据、不写盘、写操作变读操作、写盘时丢字节等。

⑦扰乱屏幕显示。病毒扰乱屏幕显示的方式很多,可列举如下:字符跌落、环绕、倒置、显示前一屏、光标下跌、滚屏、抖动、乱写、吃字符等。

⑧干扰键盘操作。已发现有下述方式:响铃、封锁键盘、换字、抹掉缓存区字符、重复、输入紊乱等。

⑨喇叭病毒。许多病毒运行时,会使计算机的喇叭发出响声。有的病毒作者通过喇叭发出种种声音,有的病毒作者让病毒演奏旋律优美的世界名曲,在高雅的曲调中去杀戮人们的信息财富,已发现的喇叭发声有以下方式:演奏曲子、警笛声、炸弹噪声、鸣叫、咔咔声、嘀嗒声等。

⑩攻击 CMOS。在机器的 CMOS 区中,保存着系统的重要数据,例如系统时钟、磁盘类型、内存容量等。有的病毒激活时,能够对 CMOS 区进行写入动作,破坏系统 CMOS 中的数据。干扰打印机,典型现象为:假报警、间断性打印、更换字符等。

6. 计算机中毒的 24 种症状

(1) 计算机系统运行速度减慢。

(2) 计算机系统经常无故发生死机。

(3) 计算机系统中的文件长度发生变化。

(4) 计算机存储的容量异常减少。

(5) 系统引导速度减慢。

(6) 丢失文件或文件损坏。

(7) 计算机屏幕上出现异常显示。

(8) 计算机系统的蜂鸣器出现异常声响。

(9) 磁盘卷标发生变化。

(10) 系统不识别硬盘。

(11) 对存储系统异常访问。

(12) 键盘输入异常。

(13) 文件的日期、时间、属性等发生变化。

(14) 文件无法正确读取、复制或打开。

(15) 命令执行出现错误。

(16) 虚假报警。

(17) 换当前盘。有些病毒会将当前盘切换到 C 盘。

(18) 时钟倒转。有些病毒会命名系统时间倒转,逆向计时。

(19) WINDOWS 操作系统无故频繁出现错误。
(20) 系统异常重新启动。
(21) 一些外部设备工作异常。
(22) 异常要求用户输入密码。
(23) WORD 或 EXCEL 提示执行"宏"。
(24) 不应驻留内存的程序驻留内存。

7. 计算机病毒的传染途径

计算机病毒之所以称之为病毒是因为其具有传染性的本质。传统渠道通常有以下几种：

（1）通过软盘：通过使用外界被感染的软盘，例如，不同渠道来的系统盘、来历不明的软件、游戏盘等是最普遍的传染途径。由于使用带有病毒的软盘，使机器感染病毒发病，并传染给未被感染的"干净"的软盘。大量的软盘交换，合法或非法的程序拷贝，不加控制地随便在机器上使用各种软件，形成了病毒感染、泛滥、蔓延的温床。

（2）通过硬盘：通过硬盘传染也是重要的渠道，由于带有病毒机器移到其他地方使用、维修等，将干净的硬盘传染并再扩散。

（3）通过光盘：因为光盘容量大，存储了海量的可执行文件，大量的病毒就有可能藏身于光盘，对只读式光盘，不能进行写操作，因此光盘上的病毒不能清除。以谋利为目的的非法盗版软件的制作过程中，不可能为病毒防护担负专门责任，也决不会有真正可靠可行的技术保障避免病毒的传入、传染、流行和扩散。当前，盗版光盘的泛滥给病毒的传播带来了很大的便利。

（4）通过网络：这种传染扩散极快，能在很短时间内传遍网络上的机器。

随着 Internet 的风靡，给病毒的传播又增加了新的途径，它的发展使病毒可能成为灾难，病毒的传播更迅速，反病毒的任务更加艰巨。Internet 带来两种不同的安全威胁，一种威胁来自文件下载，这些被浏览的或是被下载的文件可能存在病毒。另一种威胁来自电子邮件。大多数 Internet 邮件系统提供了在网络间传送附带格式化文档邮件的功能，因此，遭受病毒的文档或文件就可能通过网关和邮件服务器涌入企业网络。网络使用的简易性和开放性使得这种威胁越来越严重。

计算机病毒的传染分两种。一种是在一定条件下方可进行传染，即条件传染。另一种是对一种传染对象的反复传染即无条件传染。

8. 计算机病毒传染的一般过程

在系统运行时，病毒通过病毒载体即系统的外存储器进入系统的内存储器，常驻内存。该病毒在系统内存中监视系统的运行，当它发现有攻击的目标存在并满足条件时，便从内存中将自身存入被攻击的目标，从而将病毒进行传播。而病毒利用系统 INT 13H 读写磁盘的中断又将其写入系统的外存储器软盘或硬盘中，再感染其他系统。

9. 远离计算机病毒的八大注意事项

（1）建立良好的安全习惯

例如：对一些来历不明的邮件及附件不要打开，不要上一些不太了解的网站、不要执行从 Internet 下载后未经杀毒处理的软件等，这些必要的习惯会使您的计算机更安全（下载一些未经消毒的软件或资料最有可能引起中毒,尤其在一些不健康网站上下载)。

(2) 关闭或删除系统中不需要的服务

默认情况下,许多操作系统会安装一些辅助服务,如 FTP 客户端、Telnet 和 Web 服务器。这些服务为攻击者提供了方便,而又对用户没有太大用处,如果删除它们,就能大大减少被攻击的可能性。

(3) 经常升级安全补丁

据统计,有 80% 的网络病毒是通过系统安全漏洞进行传播的,象像虫王、冲击波、震荡波等,所以我们应该定期到微软网站去下载最新的安全补丁,以防范未然。

(4) 使用复杂的密码

有许多网络病毒就是通过猜测简单密码的方式攻击系统的,因此使用复杂的密码,将会大大提高计算机的安全系数。

(5) 迅速隔离受感染的计算机

当您的计算机发现病毒或异常时应立刻断网,以防止计算机受到更多的感染,或者成为传播源,再次感染其他计算机。

(6) 了解一些病毒知识

这样就可以及时发现新病毒并采取相应措施,在关键时刻使自己的计算机免受病毒破坏。如果能了解一些注册表知识,就可以定期看一看注册表的自启动项是否有可疑键值;如果了解一些内存知识,就可以经常看看内存中是否有可疑程序。

(7) 最好安装专业的杀毒软件进行全面监控

在病毒日益增多的今天,使用杀毒软件进行防毒,是越来越经济的选择,不过用户在安装了反病毒软件之后,应该经常进行升级、将一些主要监控经常打开(如邮件监控)、内存监控等,遇到问题要上报,这样才能真正保障计算机的安全。

(8) 用户还应该安装个人防火墙软件进行防黑

由于网络的发展,用户电脑面临的黑客攻击问题也越来越严重,许多网络病毒都采用了黑客的方法来攻击用户电脑,因此,用户还应该安装个人防火墙软件,将安全级别设为中、高,这样才能有效地防止网络上的黑客攻击。

10. 计算机病毒的预防

病毒往往会利用计算机操作系统的弱点进行传播,提高系统的安全性是防病毒的一个重要方面,但完美的系统是不存在的,过于强调提高系统的安全性将使系统多数时间用于病毒检查,系统失去了可用性、实用性和易用性,另一方面,信息保密的要求让人们在泄密和抓住病毒之间无法选择。病毒与反病毒将作为一种技术对抗长期存在,两种技术都将随计算机技术的发展而得到长期的发展。

预防:

①杀毒软件经常更新,以快速检测到可能入侵计算机的新病毒或者变种。

②使用安全监视软件(和杀毒软件不同,比如 360 安全卫士,瑞星卡卡)主要防止浏览器被异常修改,插入钩子,安装不安全恶意的插件。

③使用防火墙或者杀毒软件自带防火墙。

④关闭电脑自动播放(网上有)并对电脑和移动储存工具进行常见病毒免疫。

⑤定时全盘病毒木马扫描。

⑥注意网址正确性，避免进入山寨网站。

下面推荐几款软件：

杀毒软件：卡巴斯基，NOD32；

U盘病毒专杀：AutoGuarder2；

安全软件：360安全卫士（可以查杀木马）；

单独防火墙：天网，comodo，或者杀毒软件自带防火墙；

内网用户使用antiARP，防范内网ARP欺骗病毒（比如：磁碟机，机械狗）；

使用超级巡警免疫工具；

高手使用SSM(system safety monitor)。

11. 不让系统感染上U盘病毒的方法

把好安全关，不让系统感染上U盘病毒是最明智的选择。

首先，必须让自己的机器不自动打开U盘，即当U盘成功与计算机连接后系统不自动弹出浏览或运行窗口。安装有360安全卫士的用户，可启用"U盘病毒免疫"功能，开启后，360将关闭光盘和U盘的自动运行功能并实时对系统外来磁盘的连接进行监控。

其次，在机器还未感染病毒的情况下就安装好杀毒软件并及时升级防病毒库。我们建议使用卡巴斯基，事实证明，在卡巴斯基的保护下，U盘病毒是很难感染系统的，卡巴斯基通常都能够在第一时间有效地拦截病毒。但必须注意不要使用太陈旧的版本，最低限度也需要使用上一年的版本。其他的杀毒软件不是不行，但我们经常见到U盘病毒能够在它们的监控之下大摇大摆地进驻内存并彻底感染机器。再次强调：不论你选择了什么杀毒软件，防病毒库不更新等于没用，不能上网的机器必须定时采用离线升级的方式升级防病毒库。

第三，当机器还正常的时候，应该做一个Ghost备份并保护好它（即不乱删除）。这样，当系统感染了病毒，实在没办法杀毒了，恢复系统将大大地节省时间。恢复Ghost备份前先检查其他逻辑盘有没有病毒，否则，如果有，尤其是有autorun.inf之类的文件，机器恢复后再度感染病毒的速度是很快的。我们之所以建议使用Ghost镜像备份系统，原因之一是，到目前止，该格式的文档尚未有病毒可以感染它。应该注意把一些非常重要的文件不放在C盘，而放在D盘或E盘等，这样一旦系统出现崩溃，恢复时不至于丢失C盘上的一些重要资料。

此外，也可以在电脑运行良好的情况下，定期设置系统还原点，在系统出现问题时可以通过系统还原恢复功能。它的好处是恢复时不会丢失数据。

第四，注意升级你的XP系统，以提高它自身的健康度。我们不建议用户开启Windows的自动更新功能，那将消耗很大的系统资源，它自动升级时也严重影响用户的网络。一个可行的举措是利用360安全卫士检查系统漏洞并下载安装（安装过程是自动的）。一般地，一旦用户的系统存在安全漏洞，360会提示用户，用户按向导操作即可。当然了，用户得每隔一段时间（比如一周）启动一下360，否则不可能得到贴心的服务。

物防是必要的，人防更不可少。上述建议中，不乱打开U盘的建议值得普通计算机用户再次仔细阅读并牢牢把它记住，更重要的，在使用计算机过程中要养成正确而良好的使用 U 盘的习惯。

12. 系统还原问题

（1）系统还原的目的

"系统还原"是 windows 提供的一种故障恢复机制，"系统还原"的目的是在不需要重新安装系统，也不会破坏数据文件的前提下使系统回到正常工作状态。系统还原点就是你设置系统备份时的时间，还原后会恢复到该时间时电脑内的文件系统。还原一般在误删除重要文件或者系统崩溃时使用。您不能指定要还原的内容：要么都还原，要么都不还原。

（2）如何创建系统还原点？

创建系统还原点也就是建立一个还原位置，系统出现问题后，就可以把系统还原到创建还原点时的状态了。

①创建还原点：打开"开始"菜单，选择"程序→附件→系统工具→系统还原"命令，打开系统还原向导，选择"创建一个还原点"，然后点击"下一步"按钮，在还原点描述中填入还原点名，单击"创建"按钮即完成了还原点的创建。

②还原系统：电脑出现问题或误删了文件后，系统还原就派上大用场了。打开"开始"菜单，选择"程序→附件→系统工具→系统还原"命令，选择"恢复我的计算机到一个较早的时间"，单击"下一步"按钮选择还原点，在左边的日历中选择还原点创建的时间后，右边就会出现这一天中创建的所有还原点，选中想还原的还原点，单击"下一步"即可进行系统还原，这时系统会重启并完成系统的还原。

（3）系统还原与系统备份有何不同？

系统还原服务监测的文件种类仅是特定的系统文件与应用程序文件的核心设置（如.exe，.dll 文件等），而备份功能与此不同，它通常是将所有的文件进行备份，包括用户的个人资料文件，以确保将一份安全的拷贝存储在本地磁盘或其他的媒体上。系统还原服务并不会监测用户个人数据文件如文档，图片，电子邮件等的改变，也不会将用户的这些文件进行恢复。包含在系统还原服务还原点中的系统数据可以被用来仅在一段有限的时间内（如果默认的还原点存在的时间超过 90 天，它就会被删除）将系统还原，而备份工具进行的文件备份可以在任何时间得到恢复。

参考文献

[1] 刘大椿,何立松. 现代科技导论. 北京:中国人民大学出版社,1998

[2] 林德宏. 现代科学技术概论. 南京:南京大学出版社,2001

[3] 范近东,冯亚男. 现代科技常识. 南京:江苏教育出版社,1991

[4] 周金才,梁兮. 数学的过去、现在和将来. 北京:中国青年出版社,1982

[5] 石萍之. 科学与技术. 北京:中央广播电视大学出版社,2003

[6] [苏]N.C.什克洛夫斯基著,延军译. 宇宙生命智慧. 北京:科学普及出版社,1984

[7] 杨钧锡,杨立忠,周碧松. 信息技术. 北京:中国科学技术出版社,1994

[8] 杨立忠,杨钧锡,别义勋. 新能源技术. 北京:中国科学技术出版社,1994

[9] 李宗伟,肖兴华. 天体物理学. 北京:高等教育出版社,2000

[10] [美]史蒂夫·亚当斯著,周福新,轩植华,单振国译. 20世纪的物理学. 上海:上海科学技术出版社,2006